PowerPoint 2016 从新手到高手

龙马高新教育 编著

人 民 邮 电 出 版 社

北 京

图书在版编目（CIP）数据

PowerPoint 2016从新手到高手 / 龙马高新教育编著
. -- 北京 : 人民邮电出版社, 2017.5
ISBN 978-7-115-44852-1

Ⅰ. ①P… Ⅱ. ①龙… Ⅲ. ①图形软件 Ⅳ.
①TP391.412

中国版本图书馆CIP数据核字(2017)第071970号

内 容 提 要

本书以零基础讲解为宗旨，用实例引导读者学习，深入浅出地介绍了 PowerPoint 2016 的相关知识和操作方法。

全书分为 6 篇，共 24 章。第 1 篇【入门篇】介绍了什么是优秀的 PPT、PowerPoint 2016 的入门知识，以及演示文稿与视图的操作等；第 2 篇【设计篇】介绍了 PPT 高手的设计理念、文本的输入与编辑、设计图文并茂的 PPT、图形和图表的使用，以及模板、主题与母版等；第 3 篇【动画篇】介绍了 PPT 动画的要素和原则、动画的运用、添加多媒体，以及创建超链接、动作与设置切换效果等；第 4 篇【演示与发布篇】介绍了 PPT 的演示原则与技巧、PPT 的放映，以及 PPT 的打印与发布等；第 5 篇【案例实战篇】介绍了简单实用型、报告型、展示型 PPT 的实战案例；第 6 篇【高手秘籍篇】介绍了 PowerPoint 的共享与安全、PowerPoint 2016 与其他 Office 组件的协同应用、PPT 的跨平台应用、PowerPoint 的帮手、快速设计 PPT 中元素的秘籍，以及 VBA 在 PowerPoint 2016 中的应用等。

在本书附赠的 DVD 多媒体教学光盘中，包含了与图书内容同步的教学录像，以及所有案例的配套素材和结果文件。此外，还赠送了大量相关学习资源，供读者扩展学习。除光盘外，本书还赠送了纸质《PPT 制作技巧随身查（PowerPoint 2016 版）》，便于读者随时翻查。

本书不仅适合 PowerPoint 2016 的初、中级用户学习使用，也可以作为各类院校相关专业学生和计算机培训班学员的教材或辅导用书。

◆ 编　　著　龙马高新教育
责任编辑　张　翼
责任印制　彭志环

◆ 人民邮电出版社出版发行　　北京市丰台区成寿寺路 11 号
邮编　100164　　电子邮件　315@ptpress.com.cn
网址　http://www.ptpress.com.cn
北京隆昌伟业印刷有限公司印刷

◆ 开本：787×1092　1/16
印张：24
字数：586 千字　　2017 年 5 月第 1 版
印数：1 – 2 500 册　　2017 年 5 月北京第 1 次印刷

定价：59.80 元（附光盘）

读者服务热线：(010)81055410　印装质量热线：(010)81055316
反盗版热线：(010)81055315
广告经营许可证：京东工商广字第 8052 号

前言

计算机是现代信息社会的重要工具，掌握丰富的计算机知识，正确熟练地操作计算机已成为信息时代对每个人的要求。为满足广大读者的学习需要，我们针对不同学习对象的接受能力，总结了多位计算机高手、高级设计师及计算机教育专家的经验，精心编写了这套“从新手到高手”丛书。

丛书主要内容

本套丛书涉及读者在日常工作和学习中各个常见的计算机应用领域，在介绍软、硬件的基础知识及具体操作时，均以读者经常使用的版本为主，在必要的地方也兼顾了其他版本，以满足不同领域读者的需求。本套丛书主要包括以下品种。

《学电脑从新手到高手》	《电脑办公从新手到高手》
《Office 2013 从新手到高手》	《Word/Excel/PowerPoint 2013 三合一从新手到高手》
《Word/Excel/PowerPoint 2007 三合一从新手到高手》	《Word/Excel/PowerPoint 2010 三合一从新手到高手》
《PowerPoint 2013 从新手到高手》	《PowerPoint 2010 从新手到高手》
《Excel 2016 从新手到高手》	《Office VBA 应用从新手到高手》
《Dreamweaver CC 从新手到高手》	《Photoshop CC 从新手到高手》
《AutoCAD 2014 从新手到高手》	《Photoshop CS6 从新手到高手》
《Windows 7 + Office 2013 从新手到高手》	《PowerPoint 2016 从新手到高手》
《黑客攻防从新手到高手》	《老年人学电脑从新手到高手》
《Excel 2013 从新手到高手》	《中文版 Matlab 2014 从新手到高手》
《HTML+CSS+JavaScript 网页制作从新手到高手》	《Project 2013 从新手到高手》
《Windows 10 从新手到高手》	《AutoCAD 2016 从新手到高手》
《Word/Excel/PPT 2016 三合一从新手到高手》	《Office 2016 从新手到高手》
《电脑组装与硬件维护从新手到高手》	《电脑办公（Windows 10 + Office 2016）从新手到高手》
《AutoCAD 2017 从新手到高手》	《电脑办公（Windows 7 + Office 2016）从新手到高手》
《AutoCAD + 3ds Max+ Photoshop 建筑设计从新手到高手》	

本书特色

+ 零基础、入门级的讲解

无论读者是否从事相关行业，是否使用过 PowerPoint 2016，都能从本书中找到最佳的起点。本书从入门级开始讲解，可以帮助读者快速地从新手迈向高手的行列。

+ 精心排版，实用至上

双色印刷既美观大方，又能突出重点、难点。精心编排的内容能够帮助读者深入理解所学知识并实现触类旁通。

✚ 实例为主，图文并茂

在介绍的过程中，每个知识点均配有实例辅助讲解，每个操作步骤均配有对应的插图以加深认识。这种图文并茂的表现方法，能够使读者在学习过程中直观、清晰地看到操作过程和效果，便于深刻理解和掌握相关知识。

✚ 高手指导，扩展学习

本书在每章的最后以“高手私房菜”的形式为读者提炼了各种高级操作技巧，同时在全书最后的“高手秘籍篇”中，还总结了大量实用的操作方法，以便读者学到更多的内容。

✚ 精心排版，超大容量

本书采用单双栏混排的形式，大大扩充了信息容量，在 300 多页的篇幅中容纳了传统图书 700 多页的内容，在有限的篇幅中为读者奉送更多的知识和实战案例。

✚ 书盘互动，手册辅助

本书配套的多媒体教学光盘中的内容与书中的知识点紧密结合并互相补充。在多媒体光盘中，我们模拟工作和学习场景，帮助读者体验实际应用环境，并由此掌握日常所需的技能和各种问题的处理方法，达到学以致用的目的。而赠送的纸质手册，更是大大增强了本书的实用性。

光盘特点

✚ 19 小时全程同步教学录像

教学录像涵盖本书的所有知识点，详细讲解每个实例的操作过程和关键点。读者可以轻松掌握书中所有的操作方法和技巧，而扩展的讲解部分则可使读者获得更多的知识。

✚ 超多、超值资源大放送

除了与图书内容同步的教学录像外，光盘中还奉送了大量超值学习资源，赠送资源包括 Office 2016 软件安装教学录像、Office 2016 快捷键查询手册、2000 个 Word 精选文档模板、1800 个 Excel 典型表格模板、1500 个 PPT 精美演示模板、Word/Excel/PPT 2016 技巧手册、Excel 函数查询手册、网络搜索与下载技巧手册、7 小时 Windows 10 教学录像、7 小时 Photoshop CC 教学录像及本书配套的教学用 PPT 课件等，以方便读者扩展学习。

配套光盘运行方法

❶ 将光盘印有文字的一面朝上放入 DVD 光驱中，几秒钟后光盘会自动运行。在 Windows 7 操作系统中，桌面右上角会显示快捷操作界面，单击该界面后，在其列表中选择【运行 MyBook.exe】选项即可运行光盘系统。或者单击【打开文件夹以查看文件】选项打开光盘文件夹，双击光盘文件夹中的 MyBook.exe 文件，也可以运行光盘系统。

② 在 Windows 10 操作系统中，系统会弹出【自动播放】对话框，单击【运行 MyBook.exe】选项即可运行光盘系统。或者单击【打开文件夹以查看文件】选项打开光盘文件夹，双击光盘文件夹中的 MyBook.exe 文件，也可以运行光盘系统，如下图所示。

③ 光盘运行后会首先播放片头动画，之后便可进入光盘的主界面，如下图所示。

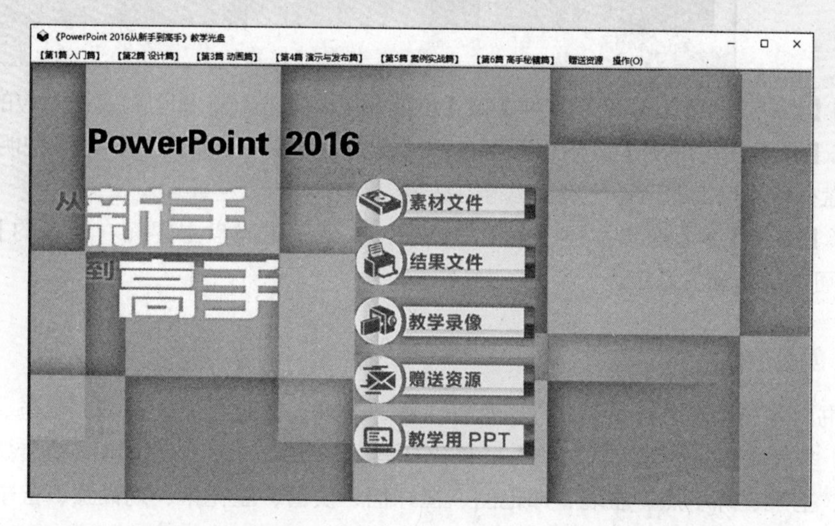

④ 单击【教学录像】按钮，在弹出的菜单中依次选择相应的篇、章、录像名称，即可播放相应录像，如下图所示。

❺ 单击【赠送资源】按钮，在弹出的菜单中选择赠送资源名称，即可打开相应的赠送资源文件夹，如下图所示。

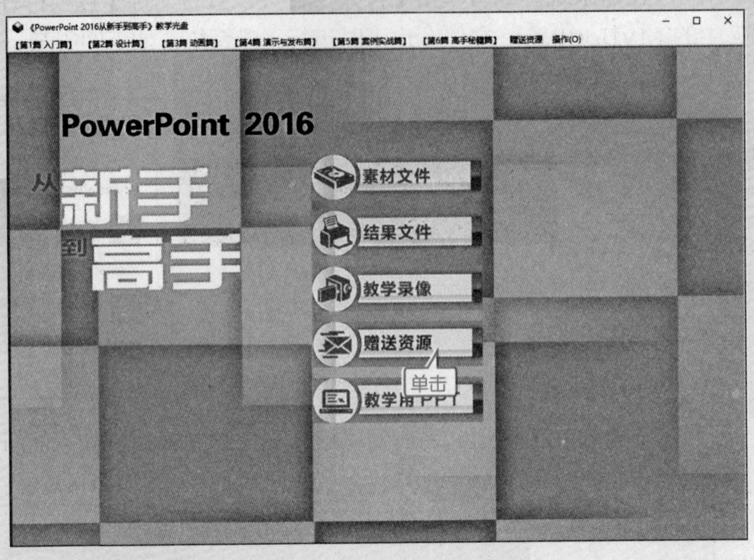

❻ 单击【素材文件】、【结果文件】或【教学用 PPT】按钮，即可打开相对应的文件夹。

❼ 单击【光盘使用说明】按钮，即可打开“光盘使用说明 .pdf”文档，该说明文档详细介绍了光盘在计算机上的运行环境和运行方法等。

❽ 选择【操作】➤【退出本程序】菜单选项，或者单击光盘主界面右上角的【关闭】按钮 ，即可退出本光盘系统。

创作团队

本书由龙马高新教育策划，孔长征任主编，李震、赵源源任副主编。参与本书编写、资料整理、多媒体开发及程序调试的人员有孔万里、周奎奎、张任、张田田、尚梦娟、李彩红、尹宗都、王果、陈小杰、左琨、邓艳丽、崔姝怡、侯蕾、左花苹、刘锦源、普宁、王常吉、师鸣若、钟宏伟、陈川、刘子威、徐永俊、朱涛和张允等。

在编写过程中，我们竭尽所能地将最好的讲解呈现给读者，但也难免有疏漏和不妥之处，敬请广大读者不吝指正。若您在学习过程中产生疑问，或有任何建议，可发送电子邮件至 zhangyi@ptpress.com.cn。

编者

目录

第1篇 入门篇

目前，PPT 的应用已经非常普遍。在开始设计 PPT 之前，我们先了解一下 PPT 的概念及其制作软件——PowerPoint 2016 的基本操作。

第 1 章 了解什么是优秀的 PPT 2

本章视频教学录像：12 分钟

有的 PPT 能给人一种赏心悦目的感觉，让人看起来非常舒服，很容易就能认同演讲者的观点；而有的 PPT 则让观众昏昏欲睡。这是为什么呢？本章就来告诉你答案。

1.1 演示文稿、PPT 和幻灯片的概念 3
1.2 优秀的 PPT 能带给你什么 3
1.3 优秀 PPT 的关键要素 4
1.4 我做的 PPT 为什么得不到好评 5
1.5 站在观众的角度设计 PPT 5

第 2 章 PowerPoint 2016 入门 7

本章视频教学录像：57 分钟

PowerPoint 2016 因其强大的功能和便捷的操作，深爱广大用户喜爱。本章就来认识一下这款工具。

2.1 PowerPoint 2016 的安装与卸载 8
2.1.1 安装 PowerPoint 2016 的硬件和软件要求 8
2.1.2 安装 PowerPoint 2016 8
2.1.3 卸载 PowerPoint 2016 10
2.2 PowerPoint 2016 的启动与退出 11
2.2.1 启动 PowerPoint 2016 11
2.2.2 退出 PowerPoint 2016 12
2.3 PowerPoint 2016 的新增功能 12
2.3.1 更为人性化的界面 13
2.3.2 【插入】选项卡的改变 13
2.3.3 墨迹书写功能 14
2.4 认识 PowerPoint 2016 的工作界面 14

2.4.1 快速访问工具栏 15
2.4.2 标题栏 16
2.4.3 【文件】选项卡 16
2.4.4 功能区 18
2.4.5 工作区 19
2.4.6 状态栏 19
2.5 自定义工作界面 20
2.5.1 自定义快速访问工具栏 20
2.5.2 自定义功能区 21
2.5.3 自定义状态栏 22
2.6 综合实战——将自定义的操作界面转移到其他计算机中 22

高手私房菜

技巧1：将多个PPT文档合并成一个 23
技巧2：快速重复上一个操作 24

第3章 演示文稿与视图的操作 25

本章视频教学录像：47分钟

本章主要介绍演示文稿的基本操作以及使用各种视图查看演示文稿的方法。

3.1 演示文稿的操作 26
3.1.1 新建演示文稿 26
3.1.2 保存演示文稿 27
3.1.3 关闭演示文稿 29
3.2 幻灯片的基本操作 29
3.2.1 添加幻灯片 29
3.2.2 更改幻灯片的布局 30
3.2.3 复制幻灯片 32
3.2.4 重排幻灯片 32
3.2.5 删除幻灯片 32
3.3 演示文稿的视图 33
3.3.1 普通视图 33
3.3.2 大纲视图 33
3.3.3 幻灯片浏览视图 34
3.3.4 备注页视图 34
3.3.5 阅读视图 35
3.4 缩放查看 35
3.5 颜色模式 36
3.6 其他辅助工具 37

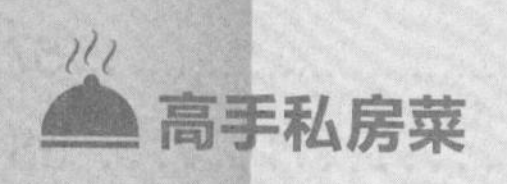

技巧：快速对齐图形等对象 40

第 2 篇　设计篇

在 PPT 中展示你的思想和创意。

第 4 章　PPT 高手的设计理念 42

本章视频教学录像：14 分钟

高手的设计理念，可以为 PPT 初学者提供捷径。了解 PPT 的设计思路和设计技巧，才能设计出赏心悦目的幻灯片。

4.1　PPT 制作的最佳流程 43
4.2　PPT 的完整结构 43
4.3　PPT 的高手设计理念 44
4.3.1　从构思开始 44
4.3.2　体现你的逻辑 45
4.3.3　更好地展示主题 45
4.3.4　简洁而不简单 47
4.4　排版提升 PPT 47

第 5 章　文本的输入与编辑 49

本章视频教学录像：1 小时

PPT 的目的就是向别人传递信息，文字内容是 PPT 中的重要环节。本章主要介绍 PPT 中文本的基本操作，包括文本框的操作、输入文本、设置文本格式等。

5.1　文本框的操作 50
5.1.1　插入、复制和删除文本框 50
5.1.2　设置填充和轮廓 51
5.1.3　设置填充透明度 52
5.2　文本的输入 53
5.2.1　输入标题和正文 53
5.2.2　在文本框中输入文本 54
5.2.3　输入符号 54
5.3　文本字体设置 55
5.3.1　字体设置 56
5.3.2　字号设置 56

5.3.3 调整字符间距......57
5.4 段落设置......58
5.4.1 对齐方式设置......58
5.4.2 缩进设置......59
5.4.3 间距与行距设置......60
5.5 添加项目符号或编号......61
5.5.1 使用预设项目符号......61
5.5.2 为文本添加编号......62
5.5.3 更改项目符号的大小和颜色......62
5.5.4 更改项目符号的字符......63
5.6 综合实战——制作产品简介演示文稿......63

高手私房菜

技巧：减少文本框的边空......65

第6章 设计图文并茂的 PPT......67

本章视频教学录像：1 小时 1 分钟

本章主要介绍在 PowerPoint 2016 中使用艺术字、表格图片、屏幕截图以及创建相册的方法。

6.1 使用艺术字和文本效果......68
6.1.1 插入艺术字......68
6.1.2 更改艺术字的样式......68
6.1.3 艺术字文本效果......69
6.2 使用表格......70
6.2.1 插入表格的几种方法......70
6.2.2 设置表格背景......72
6.2.3 设置表格样式......73
6.2.4 设置表格线型......74
6.2.5 设置表格特性......74
6.3 使用图片......76
6.3.1 插入图片......76
6.3.2 调整图片的大小......77
6.3.3 裁剪图片......77
6.3.4 为图片设置样式......80
6.3.5 为图片设置艺术效果......81
6.4 插入屏幕截图......82
6.5 创建相册......83
6.6 综合实战——创建产品规格幻灯片......85

高手私房菜

技巧1：快速删除图片背景......87
技巧2：快速替换幻灯片上的图片......88

第7章 图形和图表的使用......89

本章视频教学录像：50分钟

本章主要介绍在PowerPoint 2016中使用图表、图形的基本知识，包括图表、形状和SmartArt图形的操作方法。

7.1 图形的绘制......90
7.1.1 快速绘制图形......90
7.1.2 使用【Shift】键绘制标准图形......91
7.1.3 按住【Ctrl】键拉伸图形......92
7.1.4 使用一条线勾勒图形......92
7.2 编辑图形......93
7.2.1 填充图形颜色......93
7.2.2 渐变色的填充......94
7.2.3 在图形上添加文字......94
7.2.4 图形的组合与排列......95
7.2.5 更改图形的边角形状......96
7.2.6 手工设置图形的阴影效果......97
7.3 插入SmartArt图形......98
7.3.1 创建SmartArt图形......98
7.3.2 美化SmartArt图形......99
7.3.3 更改SmartArt图形的布局......101
7.4 使用图表......101
7.4.1 图表的作用......102
7.4.2 图表的分类......102
7.4.3 插入图表......105
7.5 综合实战——绘制图示形状......106
7.5.1 并列列表图示......106
7.5.2 流程步骤图示......107
7.5.3 循环重复图示......109
7.5.4 图文混排图示......110
7.5.5 数据图表图示......112

高手私房菜

技巧1：巧用SmartArt图形实现图文混排......113
技巧2：统一替换幻灯片中使用的字体......114

第 8 章　模板、主题与母版 115

本章视频教学录像：1 小时 4 分钟

使用模板和母版，可以有效解决繁琐的样式修改问题，从而提高设计效率。

8.1　什么是模板、主题和母版 116

8.1.1　主题与模板 116

8.1.2　主题的来源 116

8.1.3　主题、版式和“幻灯片母版”视图 117

8.2　使用模板 118

8.3　设计版式 118

8.3.1　什么是版式 119

8.3.2　添加幻灯片编号 120

8.3.3　添加日期和时间 121

8.3.4　添加水印 122

8.4　设置背景和主题 123

8.4.1　设置背景 123

8.4.2　配色方案 124

8.4.3　主题字体 125

8.4.4　主题效果 125

8.5　设计母版 126

8.5.1　在幻灯片母版上更改背景 126

8.5.2　插入新的幻灯片母版和版式 128

8.6　综合实战——制作汽车销售宣传模板 129

高手私房菜

技巧：制作属于自己的 PPT 模板 134

第 3 篇　动画篇

加入动画，让 PPT 中的内容动起来。

第 9 章　PPT 动画的要素和原则 138

本章视频教学录像：10 分钟

动画效果可以大大提高 PPT 的表现力，在 PPT 展示的过程中起到画龙点睛的作用。在介绍动画的具体操作之前，本章先来介绍一下 PPT 动画的要素及使用原则。

9.1　动画的要素 139

9.1.1　过渡动画 139

9.1.2 重点动画......139
9.2 动画的使用原则......139
9.2.1 醒目原则......139
9.2.2 自然原则......140
9.2.3 适当原则......140
9.2.4 简化原则......140
9.2.5 创意原则......140
第10章 动画的运用......141
本章视频教学录像：1小时13分钟
本章主要介绍动画效果的添加方法。
10.1 创建动画......142
10.1.1 创建进入动画......142
10.1.2 创建强调动画......142
10.1.3 创建退出动画......143
10.1.4 创建路径动画......144
10.1.5 创建组合动画......145
10.1.6 查看动画列表......146
10.2 设置与修改动画......146
10.2.1 调整动画顺序......147
10.2.2 设置动画时间......148
10.2.3 反向路径......148
10.2.4 路径顶点......149
10.2.5 触发动画......150
10.2.6 复制动画效果......151
10.2.7 删除动画效果......151
10.3 将SmartArt图形制作为动画......152
10.4 综合实战——制作产品推广方案......153
高手私房菜
技巧1：制作电影字幕效果......157
技巧2：动画的使用技巧......158
第11章 添加多媒体......159
本章视频教学录像：42分钟
本章主要介绍在PowerPoint 2016中添加多媒体文件的方法。
11.1 添加音频......160
11.1.1 什么时候适合使用声音......160

11.1.2 PowerPoint 2016 支持的声音格式 160
11.1.3 添加 PC 上的音频 161
11.1.4 录制音频并添加 161
11.2 播放音频与设置音频 162
11.2.1 播放音频 162
11.2.2 鼠标单击或鼠标悬停时播放 162
11.2.3 设置播放选项 163
11.2.4 添加淡入淡出效果 164
11.2.5 剪裁音频 164
11.2.6 删除音频 165
11.3 添加视频 165
11.3.1 PowerPoint 2016 支持的视频格式 165
11.3.2 在 PPT 中添加文件中的视频 166
11.4 预览视频与设置视频 166
11.4.1 预览视频 167
11.4.2 设置播放选项 167
11.4.3 在视频中插入书签 168
11.4.4 删除视频 169
11.5 综合实战——制作圣诞节卡片 169

高手私房菜

技巧 1：优化演示文稿中多媒体的兼容性 173
技巧 2：压缩多媒体文件以减小演示文稿的大小 174

第 12 章 创建超链接、动作与设置切换效果 175

本章视频教学录像：47 分钟

在播放演示文稿时，通过超链接可以快速地转至需要的页面。此外，通过设置切换效果，可以使幻灯片更吸引观众。

12.1 创建超链接 176
12.1.1 链接到同一演示文稿中的幻灯片 176
12.1.2 链接到不同演示文稿中的幻灯片 177
12.1.3 链接到电子邮件地址 178
12.1.4 链接到 Web 上的页面或文件 179
12.1.5 编辑超链接 180
12.2 创建动作 181
12.2.1 创建动作按钮 181
12.2.2 为文本或图片添加动作 182
12.3 添加切换效果 183
12.3.1 给单张幻灯片添加切换效果 183

12.3.2 全部应用切换效果......184

12.4 设置切换效果......184

12.4.1 更改切换效果的属性......184

12.4.2 为切换效果添加声音......185

12.4.3 设置效果的持续时间......186

12.4.4 设置切换方式......186

12.5 综合实战——制作城市交通演示文稿......186

高手私房菜

技巧1：切换声音持续循环播放......190

技巧2：在PowerPoint演示文稿中创建自定义动作......191

第4篇 演示与发布篇

制作好的PPT，只有经过演示和发布，才能展示给别人。

第13章 PPT的演示操作......194

本章视频教学录像：18分钟

本章主要介绍PPT演示应遵循的原则和设置方法。用户通过对这些PPT演示方法的学习，能够更好地提高演示效率。

13.1 PPT的演示原则......195

13.2 PPT的演示技巧......196

第14章 PPT的放映......199

本章视频教学录像：19分钟

制作好的幻灯片通过检查之后就可以进行播放了，掌握幻灯片播放的方法与技巧并灵活运用，可以更好地传递演讲者的思想。

14.1 演示方式......200

14.1.1 演讲者放映......200

14.1.2 观众自行浏览......201

14.1.3 在展台浏览......202

14.2 放映幻灯片......203

14.2.1 自定义放映方式......203

14.2.2 放映时隐藏指定幻灯片......204

14.3 给幻灯片添加注释......204

14.3.1 在放映中添加标注......204

14.3.2 设置绘图笔颜色 205
14.3.3 清除标注 205
14.4 综合实战——教学课件的放映 206

高手私房菜

技巧 1：取消以黑幻灯片结束 209
技巧 2：在窗口模式下播放 PPT 209

第 15 章 PPT 的打印与发布 211

本章视频教学录像：21 分钟

幻灯片除了可在计算机屏幕上做电子展示外，还可以将它们打印出来长期保存。此外，通过发布幻灯片，还能够轻松共享和打印这些文件。

15.1 打印幻灯片 212
15.2 发布为其他格式 214
15.2.1 创建为 PDF 文档 214
15.2.2 创建为 Word 文档 215
15.2.3 创建为视频 216
15.3 综合实战——打印工作总结 217

高手私房菜

技巧 1：在没有安装 PowerPoint 的计算机上放映——打包 PPT 219
技巧 2：打印公司内部服务器上的幻灯片 220

第 5 篇 案例实战篇

学以致用才是学习的最终目的，经过实战的洗礼、才能将知识转化成炫丽的 PPT。

第 16 章 将内容表现在 PPT 上——实用型 PPT 实战 222

本章视频教学录像：1 小时 6 分钟

不靠花拳绣腿，实用才是 PPT 的首要选择。本章将主要介绍简单实用型 PPT 的制作方法。

16.1 制作毕业设计 PPT 223
16.1.1 设计首页幻灯片 223
16.1.2 设计第 2 张幻灯片 224

16.1.3 设计第 3 张幻灯片......225
16.1.4 设计第 4 张幻灯片......227
16.1.5 设计结束幻灯片......228
16.2 制作员工培训 PPT......229
16.2.1 设计员工培训首页幻灯片......229
16.2.2 设计员工培训现况简介幻灯片......230
16.2.3 设计员工学习目标幻灯片......233
16.2.4 设计员工曲线学习技术幻灯片......235
16.2.5 设计工作要求幻灯片......236
16.2.6 设计问题与总结幻灯片......237
16.2.7 设计结束幻灯片页面......238
16.3 制作会议 PPT......238
16.3.1 设计会议首页幻灯片页面......239
16.3.2 设计会议内容幻灯片页面......239
16.3.3 设计会议讨论幻灯片页面......241
16.3.4 设计会议结束幻灯片页面......242
第 17 章 让别人快速明白你的意图——报告型 PPT 实战......243

本章视频教学录像：3 小时 10 分钟

让报告中的数据一目了然，各行各业的工作都将轻松快捷。

17.1 电脑销售报告 PPT......244
17.1.1 设计幻灯片母版......244
17.1.2 设计首页和报告概要幻灯片......246
17.1.3 设计业绩综述幻灯片......248
17.1.4 设计业务种类幻灯片......249
17.1.5 设计销售组成和地区销售幻灯片......251
17.1.6 设计未来展望和结束页幻灯片......254
17.2 服装市场研究报告 PPT......256
17.2.1 设计幻灯片母版......256
17.2.2 设计首页和报告概述幻灯片......257
17.2.3 设计服装行业背景幻灯片......259
17.2.4 设计市场总量分析幻灯片......263
17.2.5 设计竞争力分析和结束页幻灯片......264
17.3 制作投标书 PPT......266
17.3.1 创建首页幻灯片......266
17.3.2 创建投标书和公司简介幻灯片......267
17.3.3 创建产品规格幻灯片页面......268
17.3.4 创建投标企业资格报告幻灯片......269
17.3.5 创建同意书和结束幻灯片......271
17.3.6 给幻灯片添加切换方式和动画效果......272

第 18 章　吸引别人的眼球——展示型 PPT 实战 273

本章视频教学录像：1 小时 14 分钟

发挥你的创意，体现你的个性，展示 PPT 的与众不同。

18.1　制作公司形象宣传 PPT 274
18.1.1　设计产品宣传首页和公司概况幻灯片 274
18.1.2　设计公司组织结构幻灯片 275
18.1.3　设计公司产品宣传展示幻灯片 276
18.1.4　设计产品宣传结束幻灯片 278
18.1.5　设计产品宣传幻灯片的转换效果 278
18.2　制作中国茶文化 PPT 279
18.2.1　设计幻灯片母版和首页 280
18.2.2　设计茶文化简介页面和目录 281
18.2.3　设计其他页面 283
18.2.4　设置超链接 284
18.2.5　添加切换效果和动画效果 285
18.3　制作花语集 PPT 287
18.3.1　完善首页和结束页幻灯片 287
18.3.2　创建玫瑰花幻灯片 288
18.3.3　创建百合花幻灯片 291
18.3.4　创建郁金香幻灯片 292
18.3.5　创建牡丹花幻灯片 294
18.3.6　添加动画效果和切换效果 295

第 6 篇　高手秘籍篇

高手是这样制作 PPT 的，向高手学习，才能更快地步入高手行列。

第 19 章　PowerPoint 的共享与安全 298

本章视频教学录像：19 分钟

本章主要介绍 PowerPoint 的共享、保护和取消保护等内容，使用户能够更深一步地了解 PowerPoint 的应用，掌握 PowerPoint 的共享技巧，并学会通过 PowerPoint 的安全设置来保护文档。

19.1　文件共享 299
19.1.1　保存到云端 OneDrive 299
19.1.2　电子邮件 300
19.1.3　向存储设备中传输 301
19.2　演示文稿的保护 301
19.2.1　标记为最终状态 302

19.2.2 使用密码加密 303
19.2.3 限制访问 304
19.2.4 添加数字签名 304
19.3 取消保护 305

高手私房菜

技巧：联机演示幻灯片 307

第 20 章 PowerPoint 2016 与其他 Office 组件的协同应用 309

本章视频教学录像：26 分钟

PowerPoint 2016 和其他 Office 2016 组件之间可以非常方便地相互调用，本章就来学习 PowerPoint 2016 与其他组件的协同应用方法。

20.1 在 PowerPoint 中调用 Word 文档 310
20.2 在 PowerPoint 中调用 Excel 工作表 311
20.3 在 PowerPoint 中插入 Excel 图表 313
20.4 在其他组件中调用 PowerPoint 315
20.4.1 在 Excel 中调用 PowerPoint 演示文稿 315
20.4.2 在 Word 中调用 PowerPoint 演示文稿 316

高手私房菜

技巧：将 PPT 导出为 Word 文档 317

第 21 章 PowerPoint 的跨平台应用 319

本章视频教学录像：34 分钟

本章介绍如何使用移动设备随时随地进行办公，轻轻松松甩掉繁重的工作。

21.1 移动办公概述 320
21.1.1 移动办公的优势 320
21.1.2 如何在移动设备中使用 Office 软件 321
21.2 将办公文件传输到移动设备中 322
21.2.1 数据线传输 322
21.2.2 无线同步传输 323
21.2.3 使用手机查看 PPT 演示文稿 325
21.2.4 编辑修改幻灯片 327
21.3 制作幻灯片——制作产品宣传方案 328
21.4 使用手机与同事共享 PPT 331

21.5 使用邮箱发送 PPT..332

高手私房菜

技巧 1：手机连接打印机打印 PPT 文档..332
技巧 2：以链接的形式共享文档..334

第 22 章 PowerPoint 的帮手..335

本章视频教学录像：17 分钟

PowerPoint 除了自身的强大功能外，还有众多的“帮手”，让用户对于 PPT 的使用更加顺手、便捷。

22.1 快速提取 PPT 中的内容..336
22.2 转换 PPT 为 Flash 动画..337
22.3 将 PPT 应用为屏保..338
22.4 为 PPT 瘦身..340

高手私房菜

技巧：PPT 的演示帮手..341

第 23 章 快速设计 PPT 中元素的秘籍..343

本章视频教学录像：16 分钟

模板是由背景及其他元素组成的，不要以为这些都是设计人员的事情，有了本章所介绍工具，你也一样可以进行设计。

23.1 制作水晶按钮或形状..344
23.2 制作 Flash 图表..345
23.3 使用 Photoshop 抠图..347
23.4 使模糊的背景图片变清晰..349

第 24 章 VBA 在 PowerPoint 2016 中的应用..351

本章视频教学录像：30 分钟

使用 VBA 可以自动完成某些操作，从而帮助用户提高效率并减少失误。本章就来介绍 VBA 在 PowerPoint 2016 中的使用。

24.1 认识宏..352
24.2 VBA 基础..354

24.2.1 VBA 与宏的关系 355
24.2.2 VBA 的编程环境 355
24.2.3 VBA 应用基础 356

高手私房菜

技巧：宏的安全性设置 362

光盘赠送资源

赠送资源1　Office 2016软件安装教学录像

赠送资源2　Office 2016快捷键查询手册

赠送资源3　2000个Word精选文档模板

赠送资源4　1800个Excel典型表格模板

赠送资源5　1500个PPT精美演示模板

赠送资源6　Word/Excel/PPT 2016技巧手册

赠送资源7　Excel函数查询手册

赠送资源8　网络搜索与下载技巧手册

赠送资源9　7小时Windows 10教学录像

赠送资源10　7小时Photoshop CC教学录像

赠送资源11　教学用PPT课件

第1篇
入门篇

第1章 了解什么是优秀的 PPT

第2章 PowerPoint 2016 入门

第3章 演示文稿与视图的操作

第 1 章

了解什么是优秀的 PPT

本章视频教学录像：12 分钟

高手指引

外出做报告不仅展示了技巧，也体现出个人的特点。有声有色的报告常常会令人印象深刻，从而使报告达到最佳效果。要做到这一点，制作一个好的幻灯片是基础。在介绍 PPT 之前，我们先来了解一下 PPT。

重点导读

- 了解演示文稿、PPT 和幻灯片的概念
- 了解优秀的 PPT 能给你带来什么
- 了解优秀 PPT 的关键要素
- 了解怎样站在观众的角度设计 PPT

1.1 演示文稿、PPT 和幻灯片的概念

本节视频教学录像：3 分钟

PowerPoint 和 Word、Excel 等应用软件一样，是 Microsoft 公司推出的 Office 系列产品之一。PowerPoint 主要用于创建演示文稿，即制作幻灯片，可有效帮助用户进行演讲、教学及产品演示等。

本节就重点介绍演示文稿、PPT 和幻灯片的概念。

1. 演示文稿

演示文稿是一个由幻灯片、备注页和讲义三部分组成的文档文件，扩展名为“.pptx”。

当启动 PowerPoint 时，系统会自动创建一个新的演示文稿文件，名称为“演示文稿 1”，以后创建演示文稿的名称默认为“演示文稿 2”“演示文稿 3”……

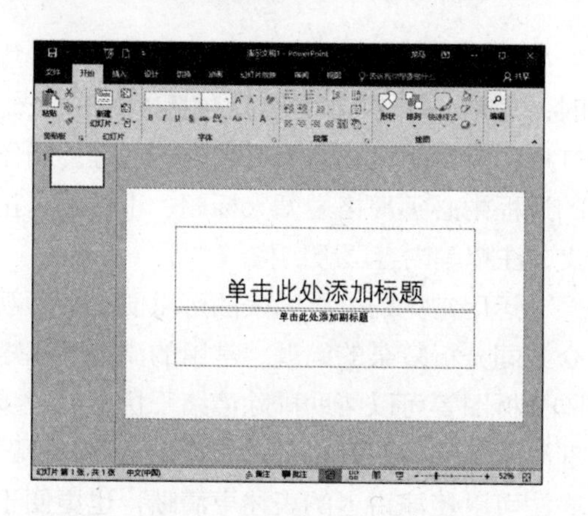

2. 幻灯片

幻灯片是演示文稿的核心部分，演示文稿中的每一页都叫幻灯片。每页幻灯片都是演示文稿中既相互独立又相互联系的内容。一个演示文稿中可以添加多页幻灯片。

3. PPT

PPT 是 PowerPoint 的英文缩写，也是由它制作生成的文件的扩展名。人们一般也将 PPT 当成 PowerPoint 文档的代名词。PPT 文档可以用来直接演示，制作起来也比较直观、简单。

1.2 优秀的 PPT 能带给你什么

本节视频教学录像：2 分钟

当前，PPT 在工作和学习中的使用频率越来越高，其重要性也越来越凸显。比起动辄几十页的 Word 文件，PPT 用几页就能展示要点，并提供更丰富的视觉化表达方式，因此 PPT 成为更多人士的首选。一个优秀的 PPT 能给使用者和观众带来双重的成功与收获。

一份优秀的 PPT 报告，可以打造一鸣惊人的效果，有效帮助用户实现即定目标、提升工作质量并提高工作效率。通常做幻灯片是为了工作需要，为了客户需要。精彩的 PPT 报告，可以实现有效沟通、使观众容易接受，从而帮助使用者取得好的工作成绩，在职场上一步一步走向成功！

1.3 优秀 PPT 的关键要素

本节视频教学录像：3 分钟

一个优秀的 PPT 往往具备以下 4 个要素。

1. 目标明确

制作 PPT 通常是为了追求简洁、明朗的表达效果，以便有效地协助沟通。因此，一个优秀的 PPT 必须先确定一个合理明确的目标。

明确了目标，在制作 PPT 的过程中就不会偏离主题，以致制作出多页无用内容的幻灯片，也不会在一个文件里面讨论多个复杂问题。

2. 形式合理

PPT 主要有两种用法：一是辅助现场演讲的演示，二是直接发送给观众自己阅读。要保证达到理想的效果，就必须针对不同的用法选用合理的形式。

如果制作的 PPT 用于演讲现场，就要全力服务于演讲。制作的 PPT 要多用图表和图示，少用文字，以使演讲和演示相得益彰。此外，还可以适当地运用特效及动画等功能，使演示效果更加丰富多彩。

发送给多个人员阅读的演示文稿，必须使用简洁、清晰的文字引领读者理解制作者的思路。

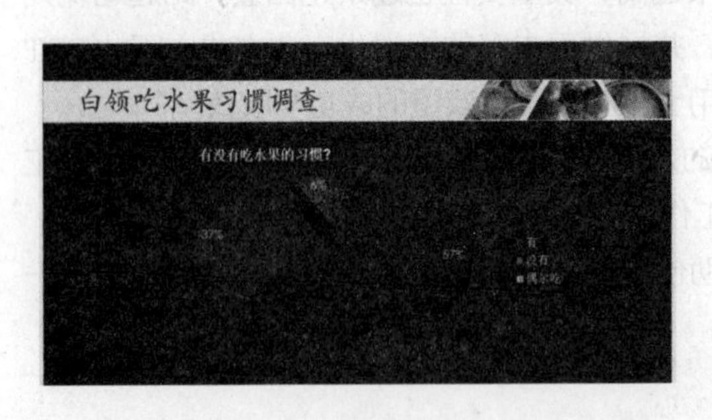

3. 逻辑清晰

制作 PPT 的时候既要使内容齐全、简洁、清晰，又必须建立清晰、严谨的逻辑。做到逻辑清晰，可以遵循幻灯片的结构逻辑，也可以运用常见的分析图表法。

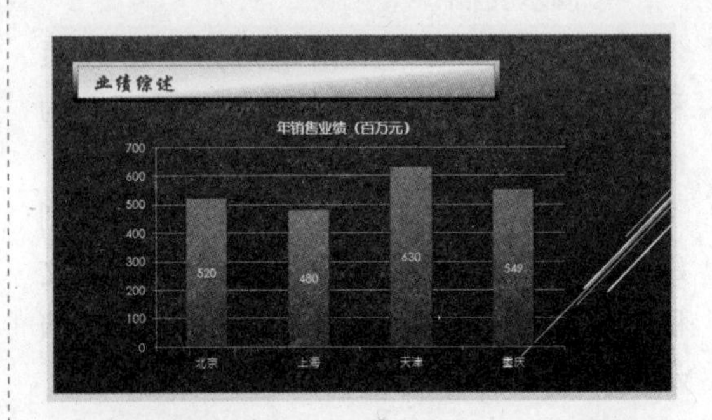

在遵循幻灯片的结构逻辑制作幻灯片时，通常一个 PPT 文档会包括 10~30 张幻灯片，有封面页、结束页和内容页等。制作的过程中必须严格遵循大标题、小标题、正文、注释等内容层级结构。

运用常见的分析图表法可以便于带领观众共同分析复杂的问题。常用的流程图和矩阵分析图等可以帮助排除情绪干扰，进一步理清思路和寻找解决方案。通过运用分析图表法可以使演讲者的表述更清晰，也更便于观众理解。

4. 美观大方

要使制作的 PPT 美观大方，具体可以从色彩和布局两个方面进行设置。

色彩是一门大学问，也是一个很感观的东西。PPT 制作者在设置色彩时，要运用和谐但不张扬的颜色搭配。可以使用一些标准色，因为这些颜色都是大众容易接受的颜色。同时，为了方便辨认，制作 PPT 时应尽量避免使用相近的颜色。

幻灯片的布局要简单、大方，将重点内

容放在显著的位置，以便观众一眼就能够看到。

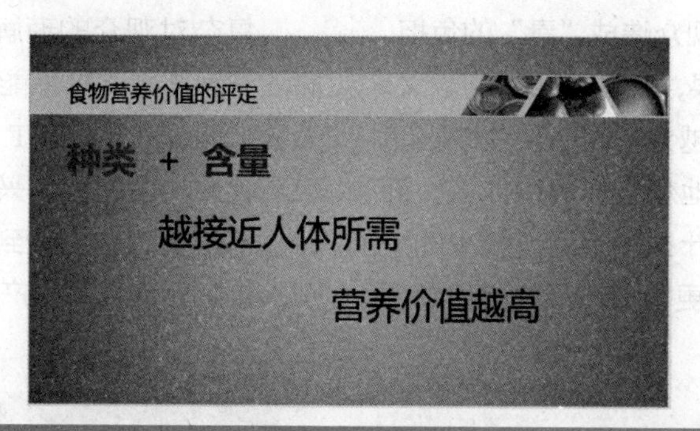

1.4 我做的 PPT 为什么得不到好评

本节视频教学录像：2 分钟

PPT 是否优秀的关键在于其设计思维，一个没有理解 PPT 设计思维的制作者做出的 PPT 往往是得不到好评的。

做不出好的 PPT，其原因往往在于对幻灯片的用途、思路和逻辑认识得不够清晰，没有使用有效的材料或对汇报材料不够熟悉，表达方式不够好，缺乏感官意识上的美感等。

总结起来，一个好的 PPT 制作的时候要做到“齐、整、简、适”。相对来说，一个得不到好评的 PPT 有犯许多种错误的可能，但其共同点都是“杂、乱、繁、过”。这里简单举例介绍几种情况。

(1) 使用大量密布的文字来表达信息。

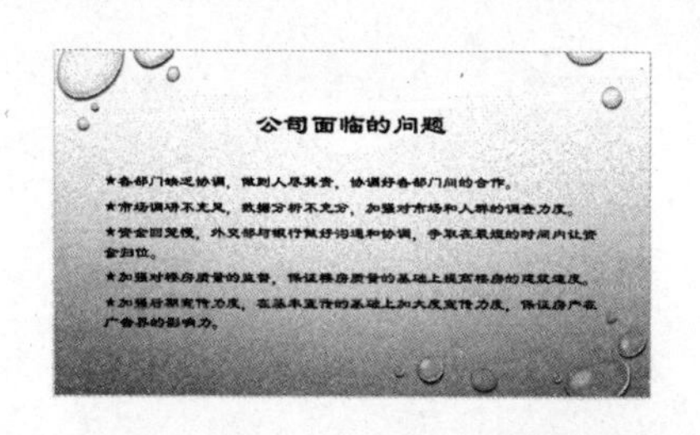

(2) 文字颜色与背景色过于近似，如下图中的描述部分的文字颜色不够清晰。

(3) 使用与内容不相关的图片。

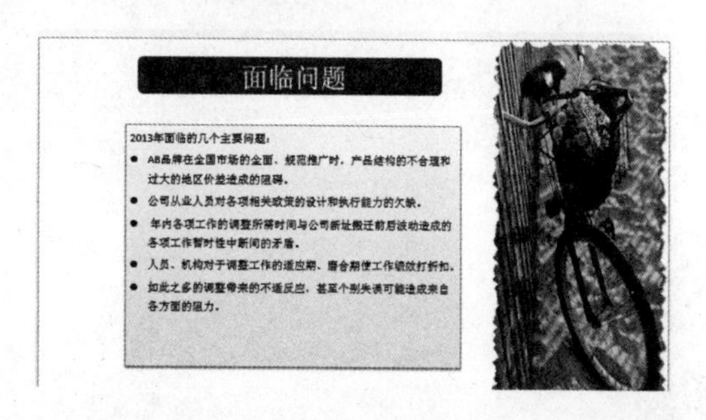

1.5 站在观众的角度设计 PPT

本节视频教学录像：2 分钟

整个报告过程中，演讲者是主角，PPT 只能是配角。而无论主角还是配角，都应以观众为核心，每一次激情演绎，主配角的每一次配合，都为观众而为。在制作 PPT 的过程中，制作者不应只在乎自己的感受，而应学会换位思考，试着站在观众的角度去审视这个 PPT。

1. 文字不要过多

过多的文字会给观众造成“看”的负担，从而影响“听”的效果，失去了演讲的意义。PPT 中提供的信息量越大，观众记住的信息量就越少。不要一味地想着你要说什么，而要考虑观众希望看到什么。相反，较少的文字比大量文字的 PPT 更容易让观众有效掌握和吸收内容。

商业插画概述

插画是运用图案表现的形象，本着审美与实用统一的原则，尽量使线条、形态清晰明快，制作方便。插画的发展，有着悠久的历史。根据考古学家认定，人类最早的绘画约在公元20000年前法国南部的"拉斯哥的洞窟画"。这是现代人类最早的绘画，商业插画顾名思义就是有商业价值的插画，它不属于纯艺术范畴。这种艺术形式是为企业或产品绘制插图，获得与之相关的报酬，作者放弃对作品的所有权，只保留署名权的商业买卖行为。它是设计者为一定的商业目的而绘制的插画，在推动人们的物质文明和精神文明进步方面发挥着不可忽略的作用。

2. 不要过于复杂

复杂对观众的理解能力是一种挑战，而简洁对制作者的提炼能力是一种挑战。人的大脑都偏爱简单，PPT 中的信息量过度复杂，观众就会失去浏览的兴趣。所以在制作 PPT 时，不仅要想别人看到的是什么，还要想想别人看到后是否可以产生一致的理解。

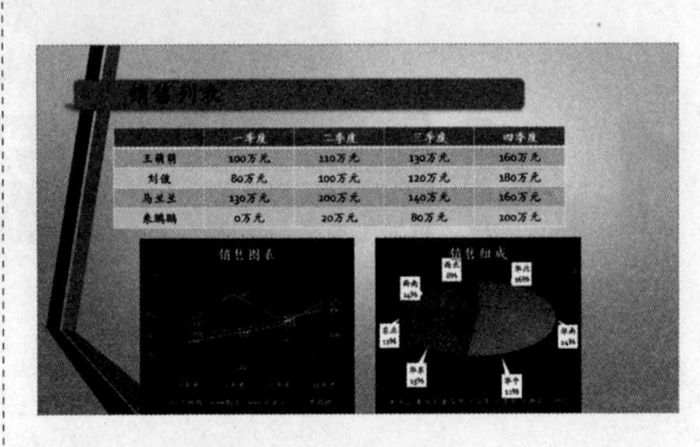

第2章 PowerPoint 2016 入门

本章视频教学录像：57 分钟

高手指引

PowerPoint 2016 是微软公司推出的 Office 2016 办公系列软件的一个重要组成部分，主要用于幻灯片制作，可以用来创建和编辑用于幻灯片播放、会议和网页的演示文稿，并可以使会议或授课变得更加直观、丰富。

重点导读

- 掌握 PowerPoint 2016 的安装与卸载方法
- 熟悉启动与退出 PowerPoint 2016 的操作方法
- 了解 PowerPoint 2016 的新增功能
- 认识 PowerPoint 2016 的工作界面
- 掌握自定义工作界面的方法

2.1 PowerPoint 2016 的安装与卸载

本节视频教学录像：8 分钟

在使用软件之前，首先要将软件移植到计算机中，此过程为安装。如果不想使用此软件，可以将软件从计算机中清除掉，此过程为卸载。本节就来讲解 PowerPoint 2016 的安装和卸载。

2.1.1 安装 PowerPoint 2016 的硬件和软件要求

计算机硬件和软件的配置要达到以下的要求才能安装和顺利运行 PowerPoint 2016。

1. CPU 和内存

CPU 的主频建议在 1 GHz，内存建议 2GB 或更高，目前大部分计算机基本上都满足这个要求。

2. 操作系统

Win7SP1、Win8、Win8.1、Win10、Windows Server 2008R2、Windows Server 2012、Windows Server 2012R2 或 Windows10 Server。

3. 硬盘可用空间

至少要有 3.0 GB 的可用硬盘空间。

4. 其他

显示器分辨率在 1280×800 及以上，以便更好地显示操作界面。

要求计算机能够联网，因为安装后可能会需要联网激活。浏览器：Win10 Edge、Firefox35 或更高、Chrome 或更高、IE9 或更高。

2.1.2 安装 PowerPoint 2016

PowerPoint 2016 是 Office 2016 中的一个组件，安装 PowerPoint 2016，首先要启动 Office 2016 的安装程序，按照安装向导的提示来完成 PowerPoint 2016 组件的安装。安装的具体操作如下。

❶ 将 Office 2016 安装光盘插入计算机的 DVD 光驱中，系统会自动弹出安装启动界面。若不自动弹出，则双击安装目录中的 setup.exe 文件。

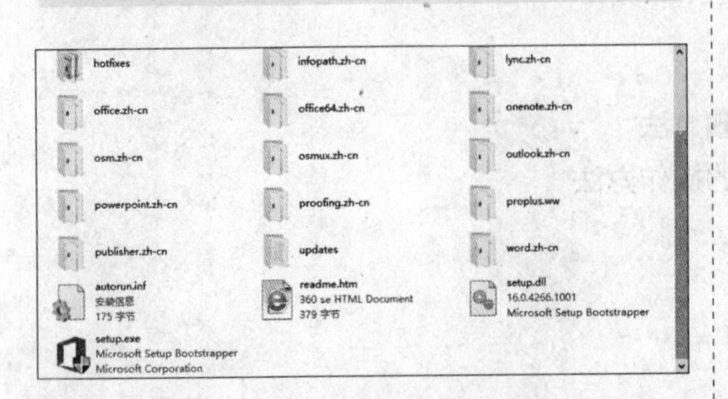

❷ 几秒钟后进入【阅读 Microsoft 软件许可证条款】对话框，选中【我接受此协议的条款】复选框，单击【继续】按钮。

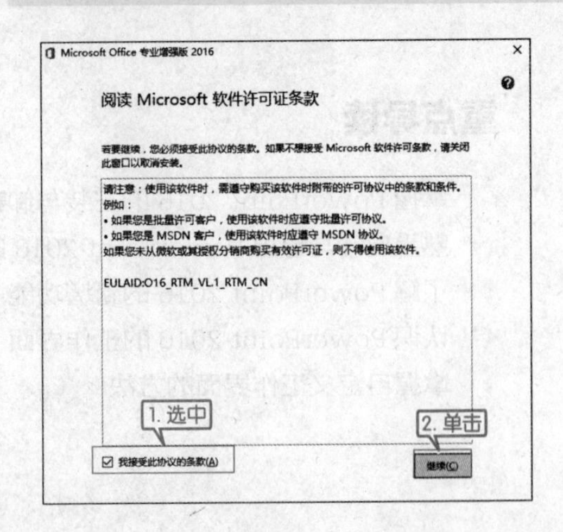

❸ 弹出【安装】对话框，有【立即安装】和【自定义】两个按钮。单击【立即安装】按钮，按程序默认的安装方式安装；单击【自定义】按钮，则会根据用户的选择进行安装。此处单击【自定义】按钮。

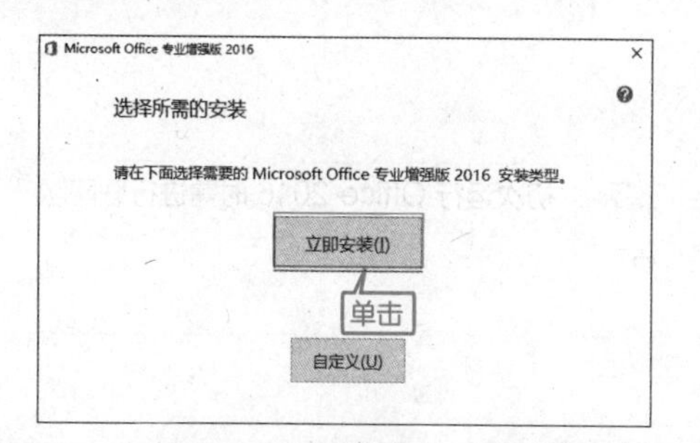

❹ 弹出一个新的对话框，含有【安装选项】、【文件位置】和【用户信息】3 个选项卡。在【安装选项】选项卡中单击 Office 组件右侧的下拉箭头，在弹出的列表中选【不可用】，在安装时即可不运行该 Office 组件。

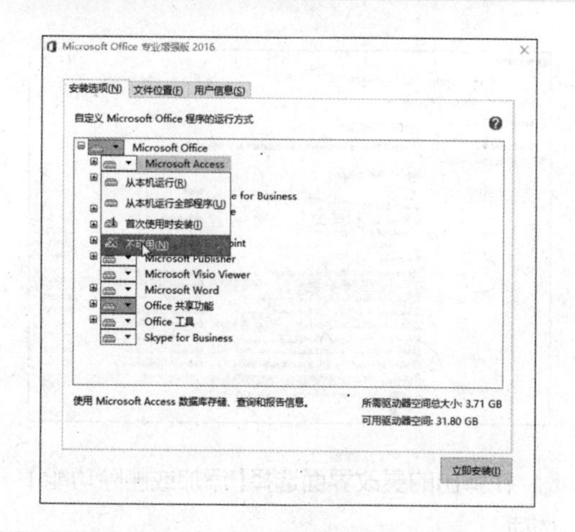

提示 单击组件前面的下拉箭头，有 4 个选项。

(1)【从本机运行】：安装此程序的默认功能。

(2)【从本机运行全部程序】：安装此程序的所有功能。

(3)【首次使用时安装】：保留安装源，使用此功能时才安装。

(4)【不可用】：不安装此组件。

为了减少占用计算机的硬盘空间，不需要的程序可以选择不安装。

❺ 在【文件位置】选项卡中输入安装位置或单击【浏览】按钮选择安装位置。

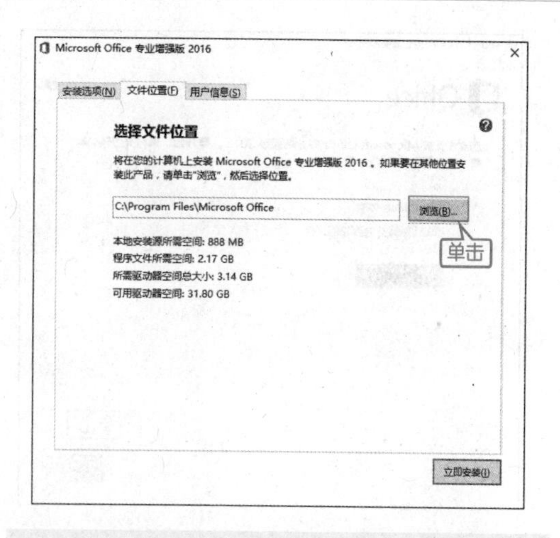

❻ 在【用户信息】选项卡中输入个人信息，然后单击【立即安装】按钮。

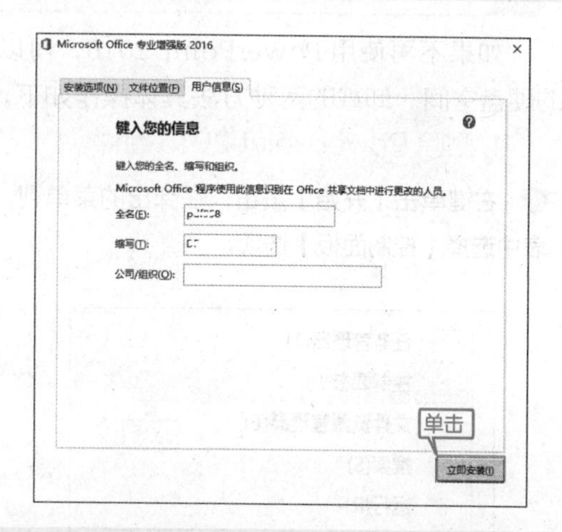

❼ 弹出【安装进度】对话框，显示安装的进度。

安装进度

正在安装 Microsoft Office 专业增强版 2016 ...

❽ 安装完毕后弹出完成界面，单击【关闭】按钮，完成 Microsoft Office 2016 的安装。

提示 初次运行 Office 2016 时需进行联网激活。

2.1.3 卸载 PowerPoint 2016

如果不再使用 PowerPoint 2016，可以删除此组件或卸载 Office 程序以释放其所占用的硬盘空间。卸载的两种方法具体操作如下。

1. 删除 PowerPoint 2016 组件

❶ 右键单击【开始】按钮，在弹出的菜单列表中选择【控制面板】选项。

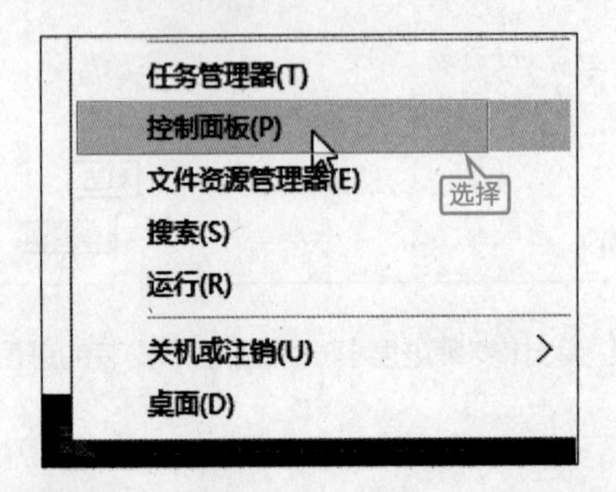

❷ 在弹出【控制面板】对话框单击【卸载程序】按钮。

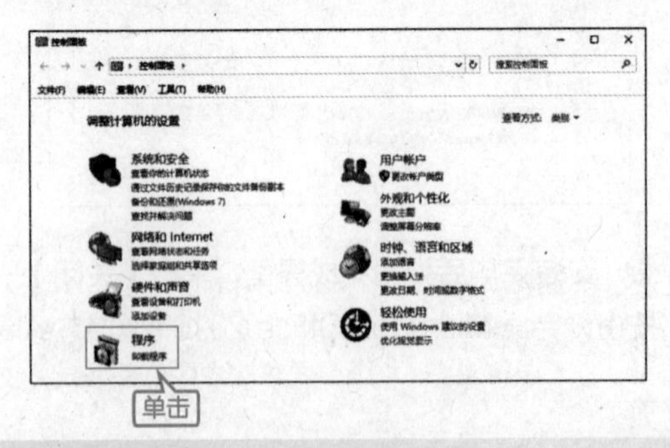

❸ 弹出【程序和功能】窗口，选择【Microsoft Office 专业增强版 2016】选项，然后单击【更改】按钮。

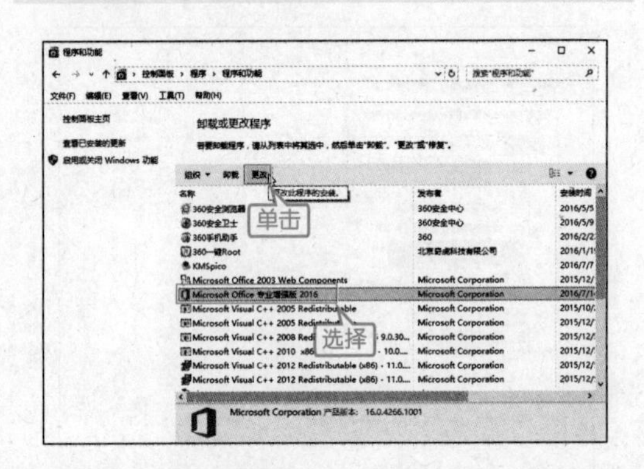

❹ 在弹出的更改界面选择【添加或删除功能】选项。

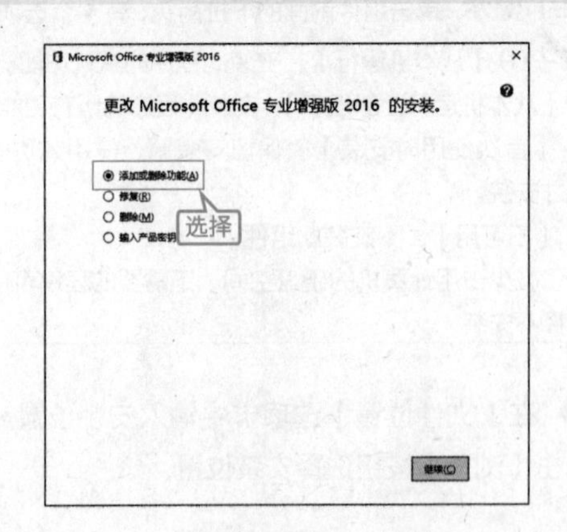

❺ 单击【继续】按钮，然后在弹出的【安装选项】对话框单击【Microsoft PowerPoint】前的下拉箭头，选择【不可用】选项，单击【立即安装】按钮，即可从 Office 2016 程序中删除 PowerPoint 2016 组件。

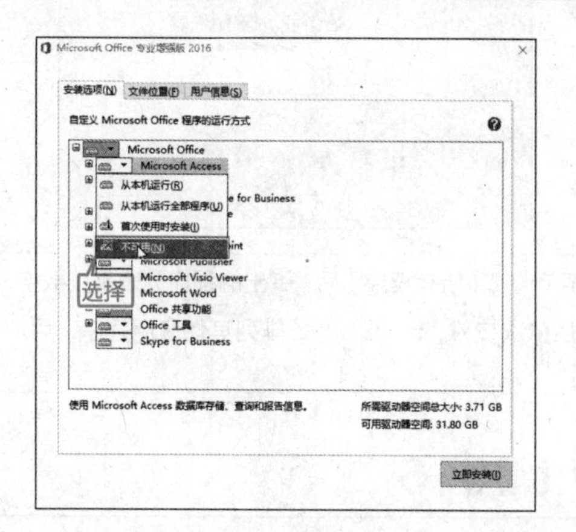

2. 卸载 Office 2016 应用程序

❶ 在上面的步骤❸中单击【删除】按钮，或在步骤❹中选中【删除】单选按钮，单击【继续】按钮，弹出【安装】对话框，询问是否要删除所选应用程序及其所有组件。

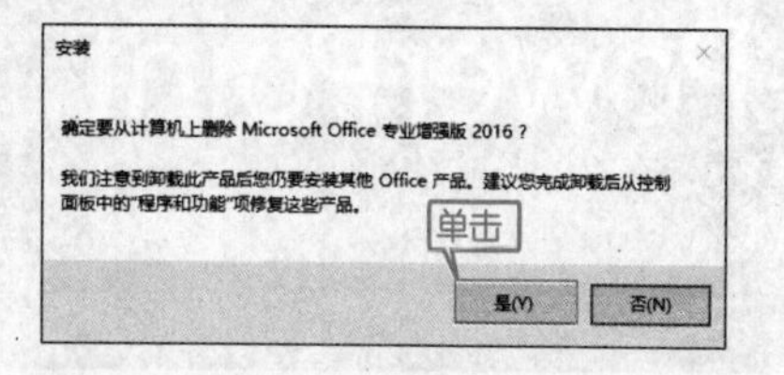

❷ 单击【是】按钮，弹出【卸载进度】界面，显示卸载的进度条。卸载完毕后，单击【关闭】按钮即可。

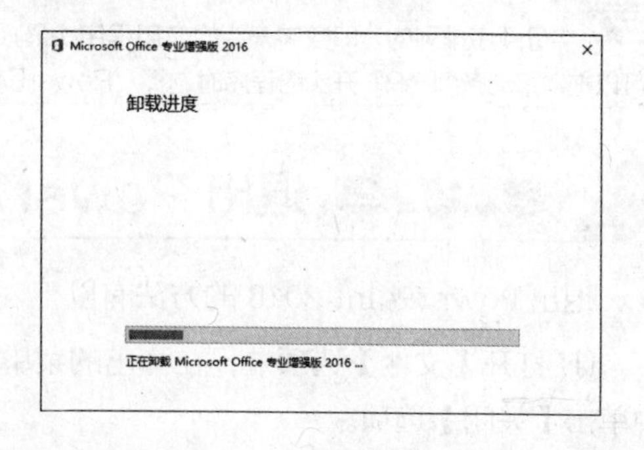

2.2 PowerPoint 2016 的启动与退出

本节视频教学录像：3 分钟

本节介绍如何启动和退出 PowerPoint 2016。

2.2.1 启动 PowerPoint 2016

在成功安装了 Office 2016 办公软件中的 PowerPoint 组件后，接下来就可以启动 PowerPoint 2016，启动的方法有以下 3 种。

1. 从【开始】菜单启动

在 Win10 操作系统下，单击【开始】按钮，然后选择【所有程序】➢【PowerPoint 2016】命令，启动 PowerPoint 2016。

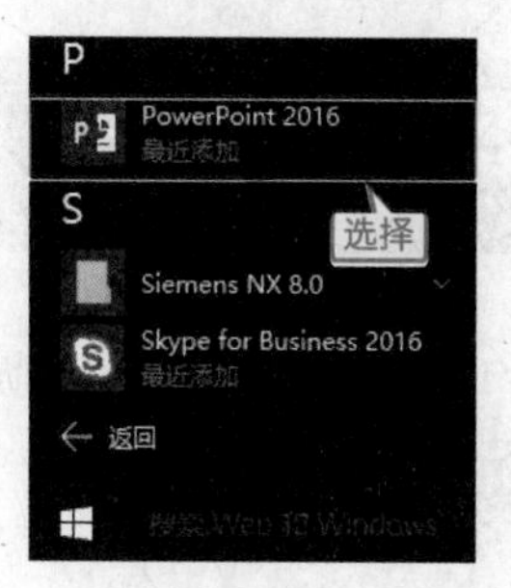

2. 通过打开 PowerPoint 文档启动

在计算机中找到并双击一个已存在的 PowerPoint 文档（扩展名为 .pptx）的图标，可以启动 PowerPoint 2016。

3. 从桌面快捷方式启动

双击桌面上的快捷图标，可快速启动 PowerPoint 2016。

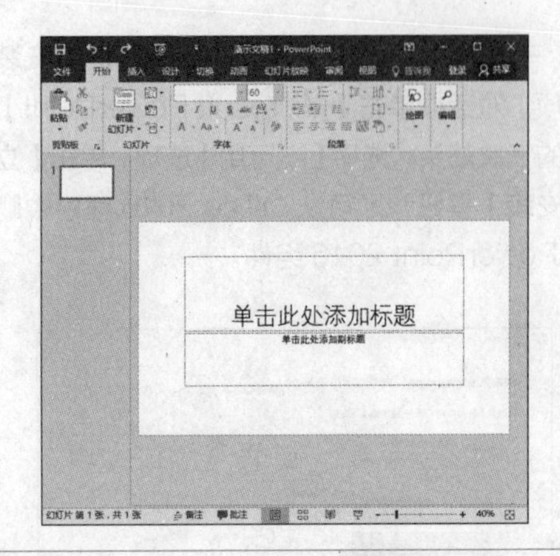

提示 本书所使用的操作系统是 Win10，单击【开始】菜单选择【所有程序】后，弹出的程序列表是按数字、字母顺序排列的，即数字开头的应用程序在最顶端，然后依次按 A、B、C……Z 排列其他应用程序，用户可以拖动滚动条到“P”开头的程序时选择“PowerPoint 2016”。

2.2.2 退出 PowerPoint 2016

退出 PowerPoint 2016 的方法有以下 4 种。

(1) 打开【文件】选项卡，在弹出的菜单中单击【关闭】选项。

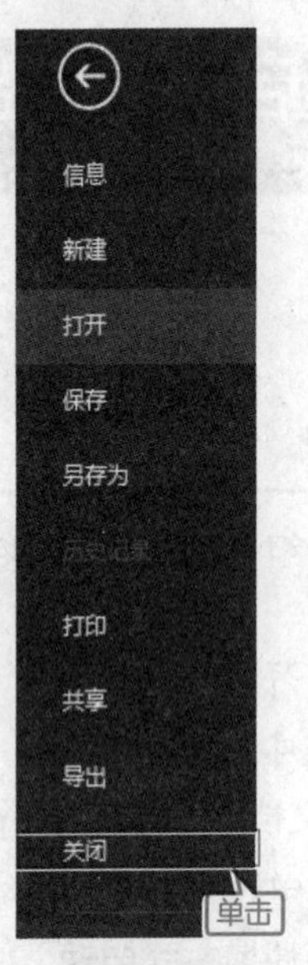

(2) 单击标题栏中的【关闭】按钮☒退出。

(3) 在标题栏的空白位置处单击右键，在弹出的下拉菜单中选择【关闭】命令。

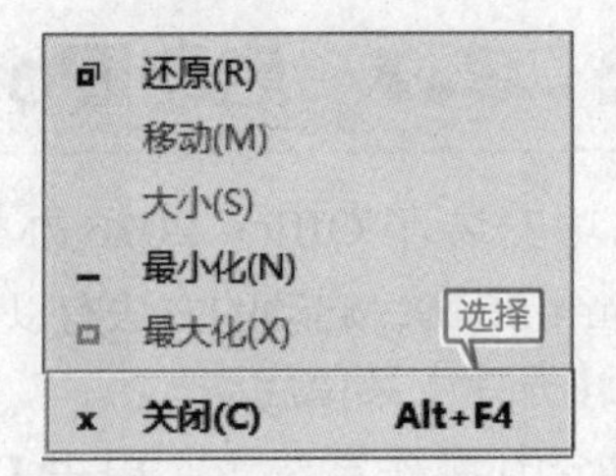

(4) 单击 PowerPoint 2016 窗口，按【Alt+F4】快捷键也可以退出 PowerPoint 2016。

2.3 PowerPoint 2016 的新增功能

本节视频教学录像：4 分钟

PowerPoint 2016 界面和之前有了较大变化，PowerPoint 2016 相比之前的版本更加简洁，此外，还新增了屏幕录制功能和墨迹书法功能等。接下来简单地介绍一下 PowerPoint 2016 的部分新增功能。

2.3.1 更为人性化的界面

【开始】选项卡靠右侧的【帮助】改成了更人性化的【告诉我您想要做什么】，单击【告诉我您想要做什么】它会自动提示你帮助的方向，如下图所示。

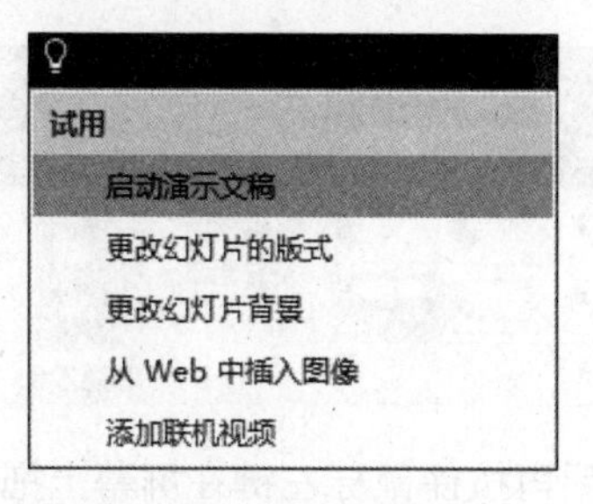

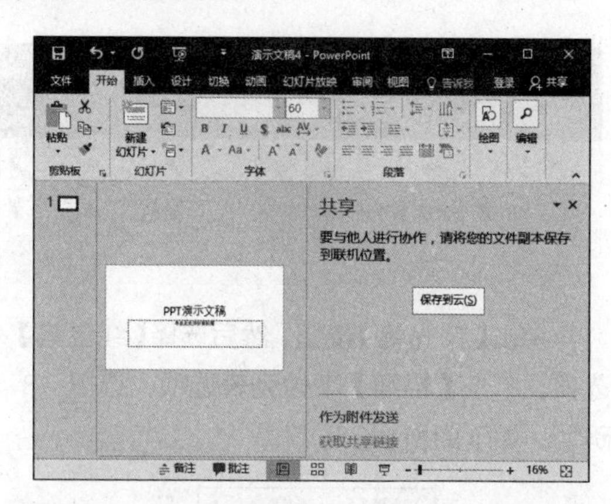

【开始】选项卡的最右侧多了一个【共享】快捷键，弹出【共享】界面，并可将共享文件保存到云，如右图所示。

2.3.2 【插入】选项卡的改变

PowerPoint 2016 的【插入】选项卡的媒体面板上增加了【屏幕录制】功能，如下图所示。

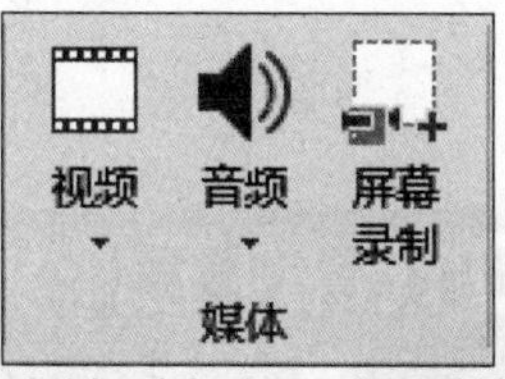

【插入】选项卡中，除了增加【屏幕录制】功能外，还对应用程序更进一步地划分，在【加载项】选项卡下，将原来单独的【Office 加载项】分成了【应用商店】和【我的加载项】，如下图所示。

应该说 PowerPoint 2016 改变最大的就是【插入】选项卡的内容，因为它不仅新增了【屏幕录制】功能，将【加载项】进行了细分，还增加了新的图表模型，如【树状图】、【旭日图】、【直方图】、【箱形图】和【瀑布图】等。

单击【插入】选项卡 ➢【插入】面板 ➢ 图表按钮，弹出【插入图表】对话框，在对话框中除了原来的柱形图、折线图、饼图、面积图等，还新增了旭日图、箱形图等，如下图所示。

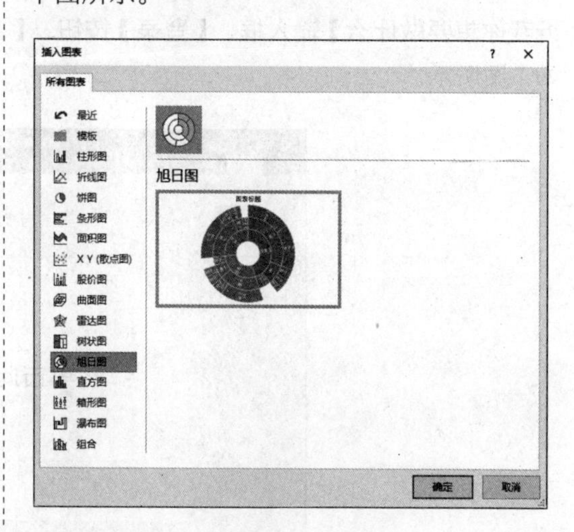

2.3.3 墨迹书写功能

在 PowerPoint 2016 的【审阅】选项卡增加了【墨迹】面板，单击【墨迹】面板的【开始墨迹书写】按钮，将弹出新选项卡【笔】，如下图所示。

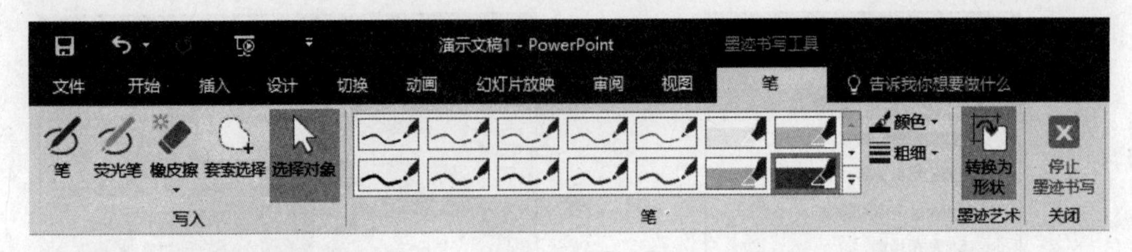

单击【荧光笔】按钮，然后选择【红色笔】选项，单击【粗细】下拉列表选项，选择“3 磅”，如下图所示。

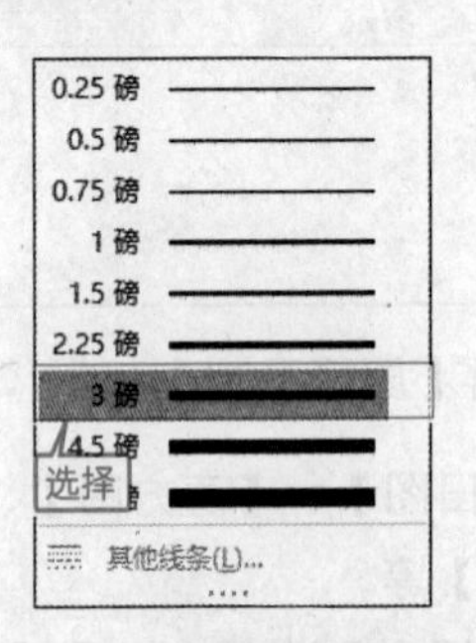

然后再按住鼠标左键在屏幕上拖动即可绘制图形，如下图所示。

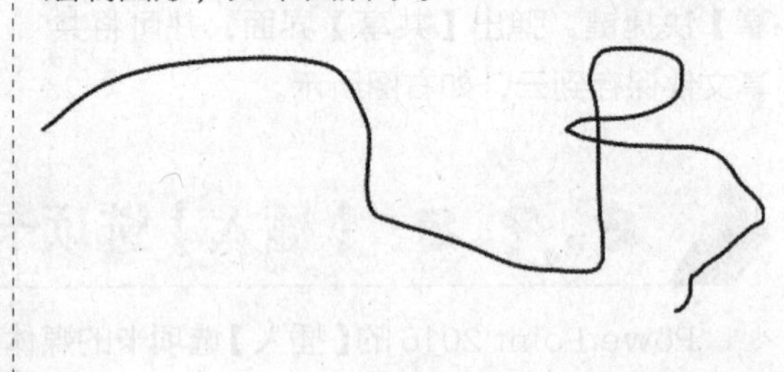

2.4 认识 PowerPoint 2016 的工作界面

本节视频教学录像：27 分钟

PowerPoint 2016 的工作界面由快速访问工具栏、标题栏、【文件】选项卡、功能区、【告诉我你想要做什么】输入框、【登录】按钮、【共享】按钮、工作区、状态栏和视图栏等组成，如下图所示。

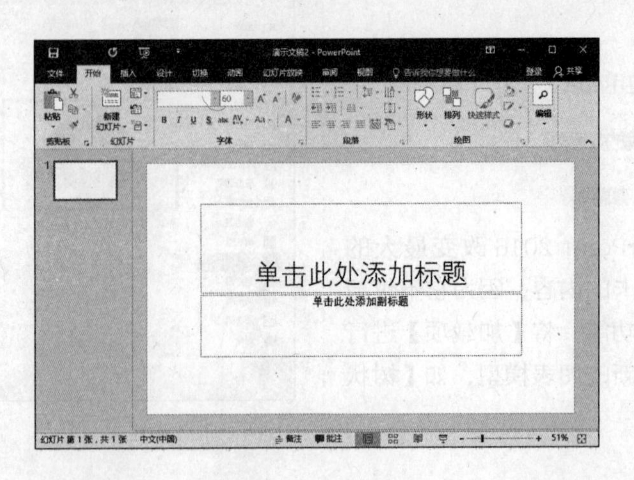

2.4.1 快速访问工具栏

快速访问工具栏位于 PowerPoint 2016 工作界面的左上角，由最常用的工具按钮组成。如【保存】按钮、【撤销】按钮、【恢复】按钮和【从头开始】按钮等。单击快速访问工具栏的按钮，可以快速实现其相应的功能。

单击快速访问工具栏右侧的下拉按钮，弹出【自定义快速访问工具栏】下拉菜单。

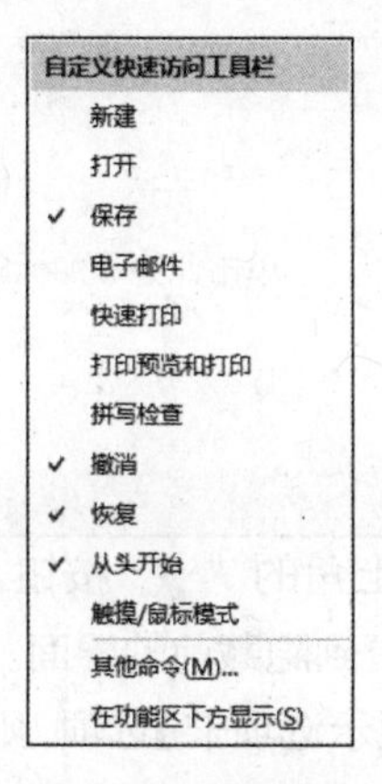

单击【自定义快速访问工具栏】下拉菜单中的【新建】和【打开最近使用过的文件】之间的选项，可以添加或删除快速访问工具栏中的按钮。如单击【新建】选项，可以添加【新建】按钮到快速访问工具栏中。再次单击下拉列表中的【新建】选项，则可删除快速访问工具栏中的【新建】按钮。

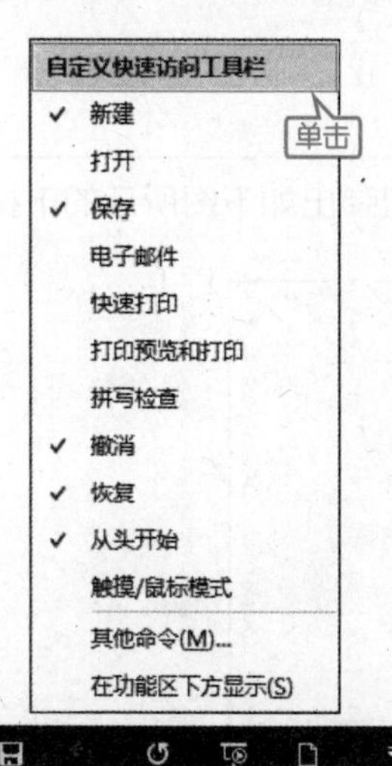

单击【自定义快速访问工具栏】下拉菜单中的【其他命令（M）】选项，弹出【PowerPoint 选项】对话框。通过该对话框也可以自定义快速访问工具栏。

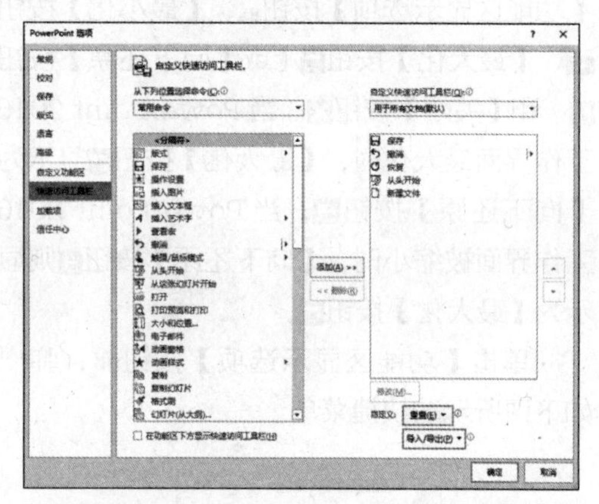

单击【自定义快速访问工具栏】下拉菜单中的【在功能区下方显示（S）】选项，可以将快速访问工具栏显示在功能区的下方。

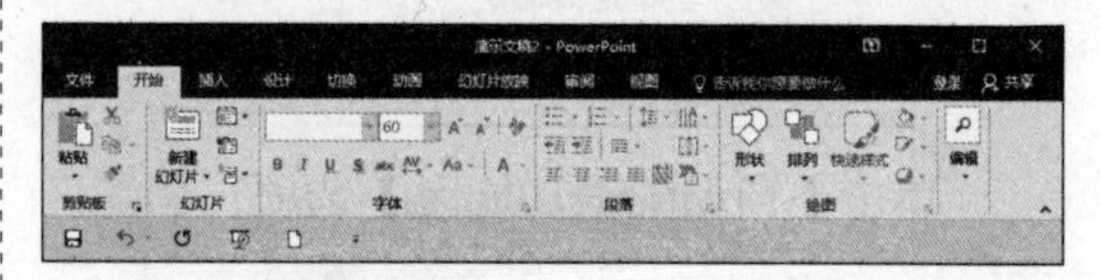

再次单击【在功能区下方显示(S)】选项，则可以将快速访问工具栏恢复到功能区的上方显示。

另外，通过在快速访问工具栏的按钮图标上右键单击，在弹出的快捷菜单中也可以进行相应的操作。

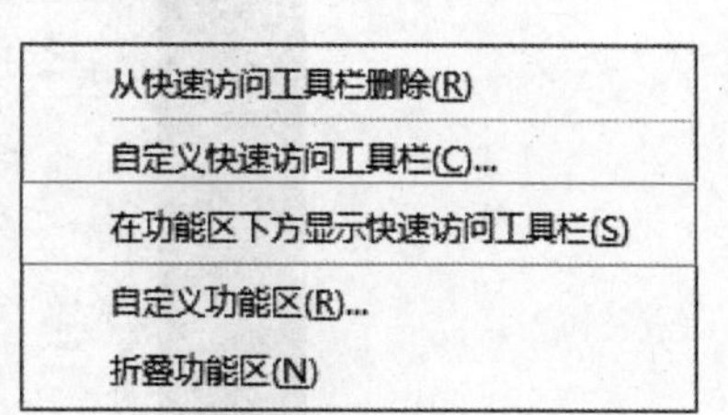

2.4.2 标题栏

标题栏位于快速访问工具栏的右侧，主要用于显示正在使用的文档名称、程序名称及窗口控制按钮等。

在上图所示的标题栏中，“演示文稿 2”即为正在使用的文档名称，正在使用的程序名称是 PowerPoint。当文档被重命名后，标题栏中显示的文档名称也随之改变。

位于标题栏右侧的窗口控制按钮包括【功能区显示选项】按钮、【最小化】按钮、【最大化】按钮（或【向下还原】按钮）和【关闭】按钮。当 PowerPoint 2016 工作界面最大化时，【最大化】按钮显示为【向下还原】按钮；当 PowerPoint 2016 工作界面被缩小时，【向下还原】按钮则显示为【最大化】按钮。

单击【功能区显示选项】按钮，弹出如下图所示的快捷菜单。

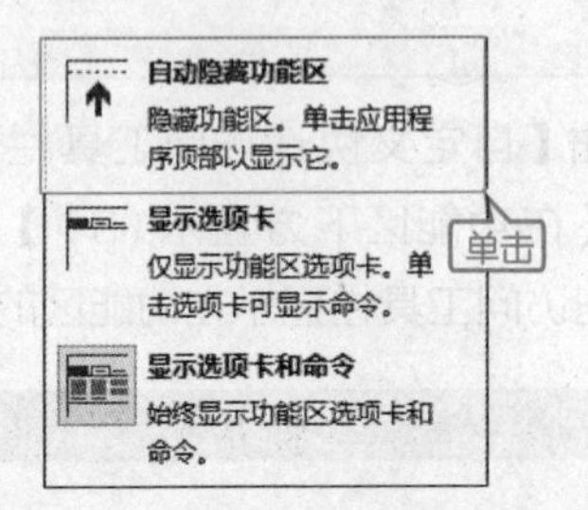

单击【自动隐藏功能区】选项，功能区隐藏后显示如下。

单击右上角的“...”按钮，则重新显示功能区，恢复到隐藏前的界面。

单击【显示选项卡】选项，则功能区隐藏，但功能区的选项卡仍然显示，单击选项卡可显示该选项卡下面的命令。

单击【显示选项卡和命令】选项，则重新恢复到原来的界面，这是 PowerPoint 2016 的默认选项。

2.4.3 【文件】选项卡

【文件】选项卡位于功能区选项卡的左侧，单击该按钮弹出如下图所示的下拉菜单。

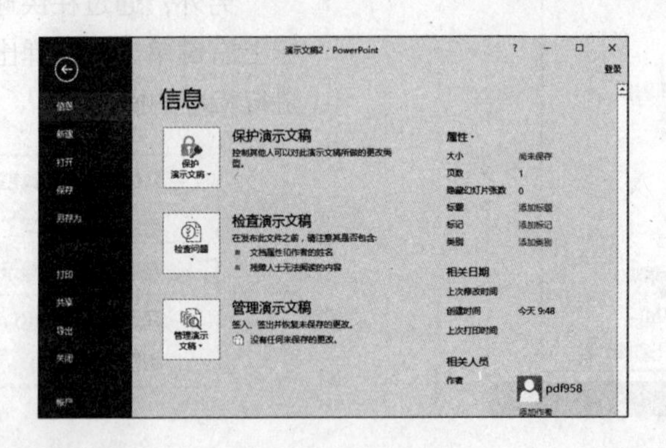

下拉菜单中主要包括【信息】、【新建】、【打开】、【保存】、【另存为】、【历史记录】、【打印】、【共享】、【导出】、【关闭】、【账户】、【选项】和【反馈】命令。下面对各选项的功能简单介绍一下。

【信息】显示当前文档的基本信息，包括属性、相关日期、相关人员等，如上图所示。

选择【新建】命令，弹出【新建】模板，如下图所示。

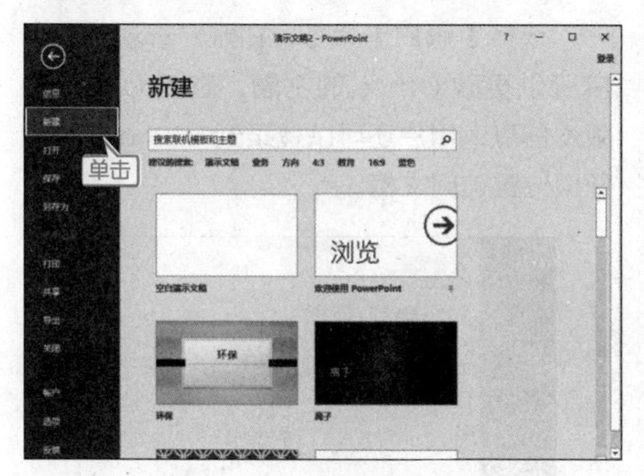

选择【打开】命令，显示最近、OneDrive、这台电脑、添加位置和浏览选项，每个选项都对应着相应的内容，例如选择最近选项，弹出最近打开的PPT文件，单击这些文件，可以打开它。

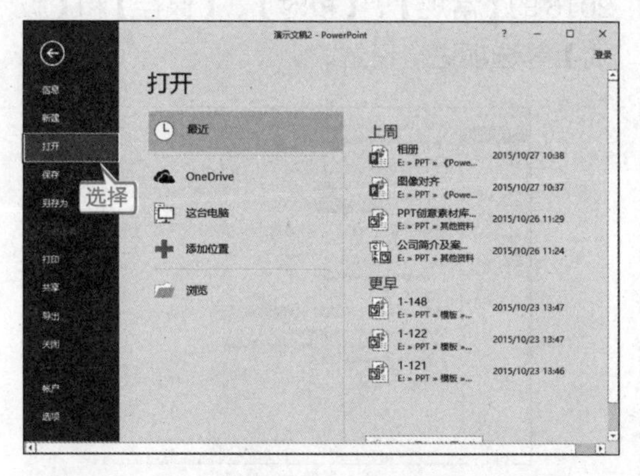

单击【浏览】选项，在弹出的【打开】对话框中可以选择要打开的演示文稿或幻灯片。

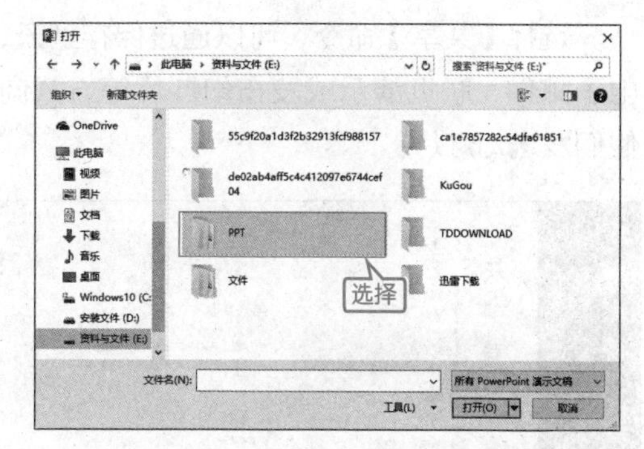

单击【保存】或【另存为】选项，可以选择【另存为】的位置。选择相应的位置后可以保存该文件。

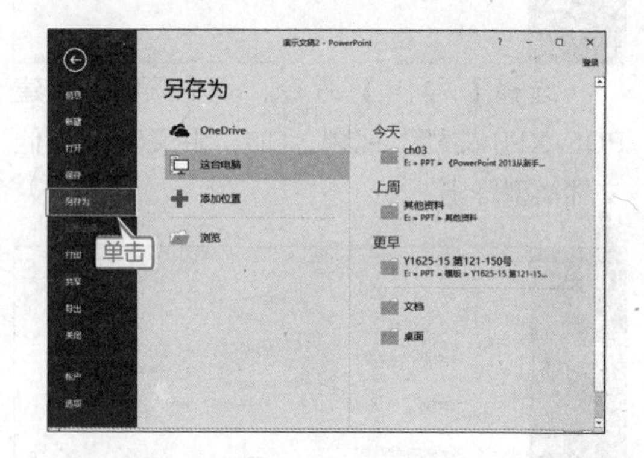

提示　如果是首次保存文件，单击【保存】或【另存为】弹出的选项是相同的。如果打开的是已保存的文件，单击【保存】直接保存后回到PPT操作界面，单击【另存为】则弹出对话框，重新选择保存位置。

选择【打印】命令，可以对打印文稿进行设置，比如选择打印机、设置打印文稿的页数、颜色以及份数等。

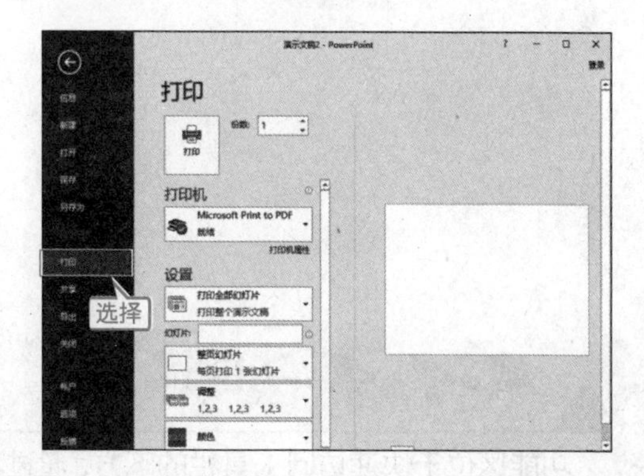

选择【共享】命令，可以通过保存到云、电子邮件、联机演示或发布幻灯片等方式向他们发送幻灯片。

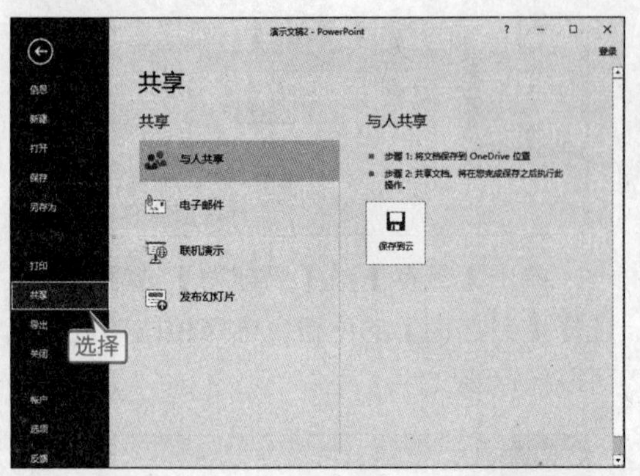

选择【导出】命令，可以通过创建PDF/XPS文档、视频、CD、讲义以及其他文件类型导出。

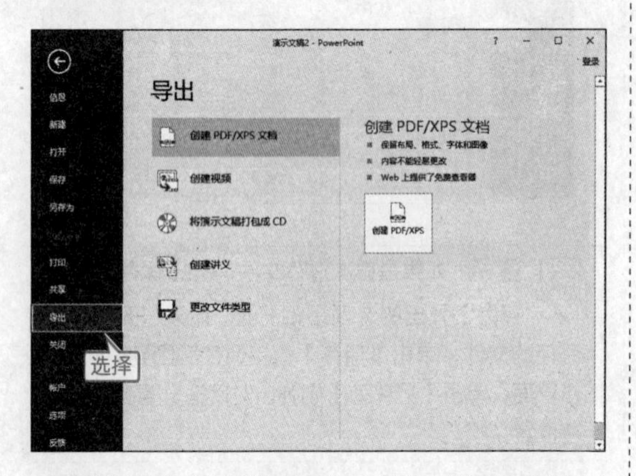

选择【关闭】命令，则可以直接关闭已打开的演示文稿或幻灯片，但没有退出PowerPoint 2016。

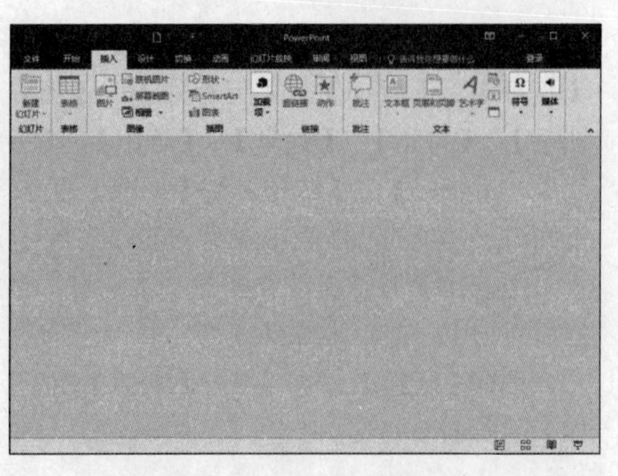

选择【账户】命令，在账户选项下，用户可以更改Office的主题，查看Office的版本信息，用户还可以登录到Office在其他任何位置访问文档。

选择【选项】命令，可以通过弹出的【PowerPoint 选项】对话框对PowerPoint 2016的【常规】、【校对】、【保存】和【版式】等选项进行设置。

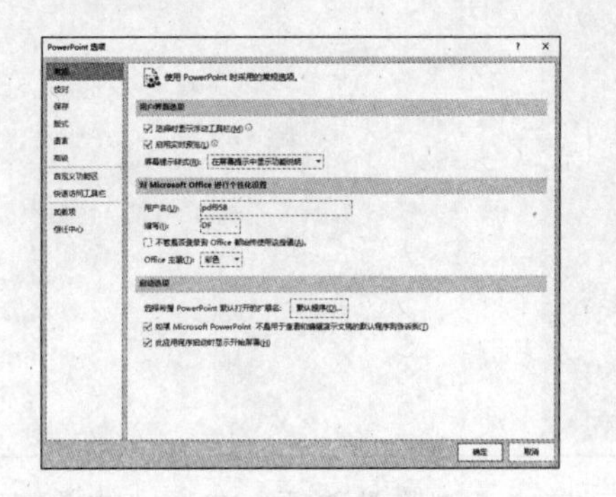

2.4.4 功能区

功能区位于快速访问工具栏的下方，通过功能区可以快速找到完成某项任务所需要的命令。

功能区主要包括【开始】、【插入】、【设计】、【转换】、【动画】、【幻灯片放映】、【审阅】和【视图】等8个选项卡以及这些选显卡的组和各组中所包含的命令或按钮。

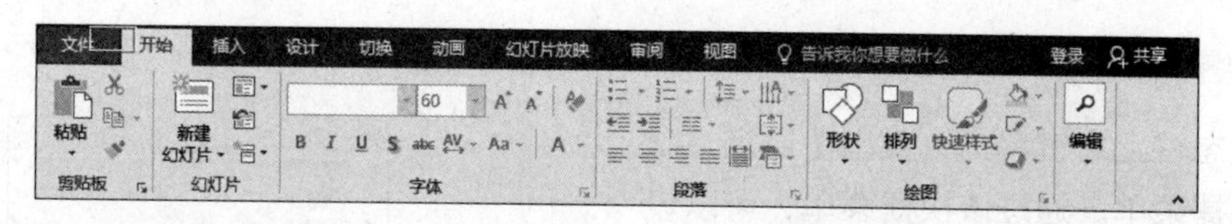

单击选项卡右侧的【功能区最小化】按钮，可以将功能区最小化到只显示选项卡。此时，【功能区最小化】按钮转变为【展开功能区】按钮。也可以通过使用【Ctrl+F1】组合键实现功能区的最小化或展开功能区的操作。

2.4.5 工作区

PowerPoint 2016 的工作区包括位于左侧的【幻灯片大纲】窗格、位于右侧的【幻灯片】窗格和【备注】窗格。

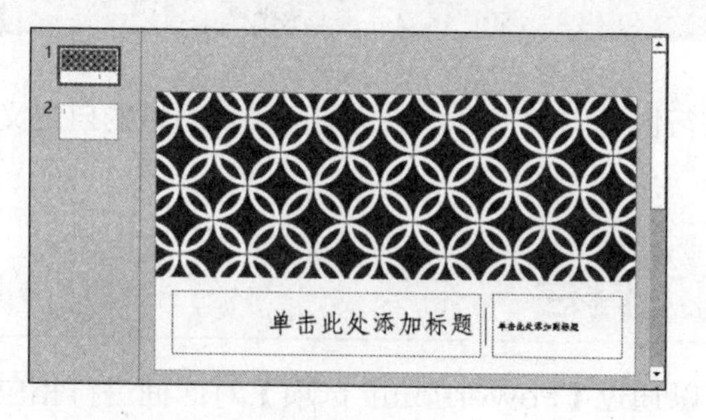

1.【幻灯片大纲】窗格

在普通视图模式下，【幻灯片大纲】窗格位于【幻灯片】窗格的左侧，用于显示当前演示文稿的幻灯片数量及位置。

2.【幻灯片】窗格

【幻灯片】窗格位于 PowerPoint 工作界面的中间，用于显示和编辑当前的幻灯片。可以直接在虚线边框标识占位符中键入文本或插入图片、图表和其他对象。

提示 【幻灯片】占位符是一种带有虚线或阴影线边缘的框，绝大部分幻灯片版式中都有这种框。在这些框内可以放置标题及正文，或者是图表、表格和图片等对象。

3.【备注】窗格

【备注】窗格是在普通视图中显示的用于键入关于当前幻灯片的备注，可以将这些备注打印为备注页或在将演示文稿保存为网页时显示它们。

在打开空白演示文稿模板后，只能看到【备注】窗格的一小部分。为了便于有更多的空间键入备注内容，可以通过调整【备注】窗格的大小来实现。具体操作方法如下。

❶ 将鼠标指针指向【备注】窗格的上边框。

❷ 当指针变为↕形状后，向上拖动边框即可增大演讲者的备注空间。

提示 【幻灯片】窗格中的幻灯片会自动调整大小以适合可用空间。

2.4.6 状态栏

状态栏位于当前窗口的最下方，用于显示当前文档页、总页数、备注、批注、视图按钮组、显示比例和调节页面显示比例的控制杆等。其中，单击【视图】按钮可以在视图中进行相应的切换。

幻灯片 第 1 张，共 2 张　中文(中国)　备注　批注　47%

在状态栏上右键单击，弹出【自定义状态栏】快捷菜单。通过该快捷菜单，可以设置状态栏中要显示的内容。

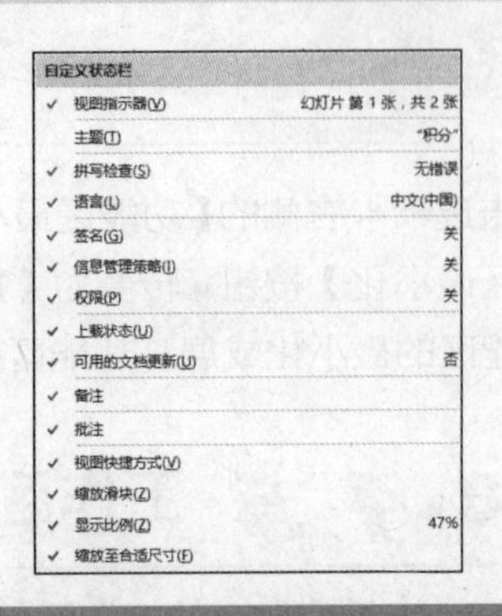

2.5 自定义工作界面

本节视频教学录像：8 分钟

在 PowerPoint 2016 的工作界面中可以进行快速访问工具栏、功能区和状态栏的自定义操作。

2.5.1 自定义快速访问工具栏

自定义快速访问工具栏和自定义功能区可以通过【PowerPoint 选项】对话框进行相应的操作。

弹出【PowerPoint 选项】对话框的方法主要有以下几种。

(1) 单击【文件】选项卡，在弹出的菜单中选择【选项】选项。

(2) 单击快速访问工具栏右侧的下拉按钮，在弹出的【自定义快速访问工具栏】下拉菜单中选择【其他命令（M）】选项。

(3) 右键单击快速访问工具栏上的命令按钮或功能区，在弹出的快捷菜单中选择【自定义快速访问工具栏】选项或【自定义功能区】选项。

在弹出的【PowerPoint 选项】对话框的左侧列表中选择【快速访问工具栏】选项，即可在右侧对应的选项中进行自定义快速访问工具栏的操作。

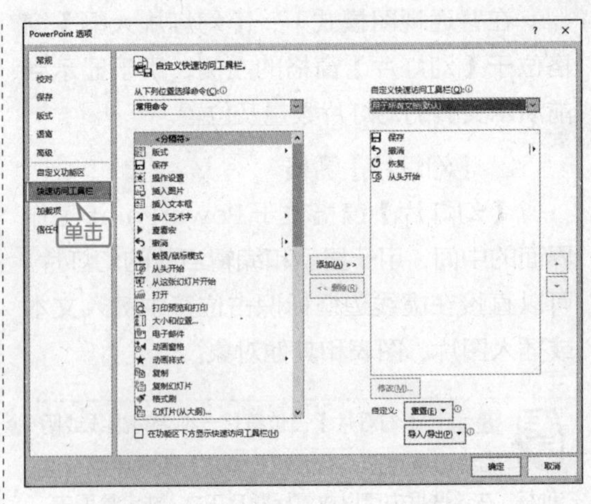

1. 添加命令

单击【从下列位置选择命令】下三角按钮，从弹出的下拉菜单中选择要添加到快速访问工具栏的组或命令。如选择【常用命令】组下的【格式刷】命令。

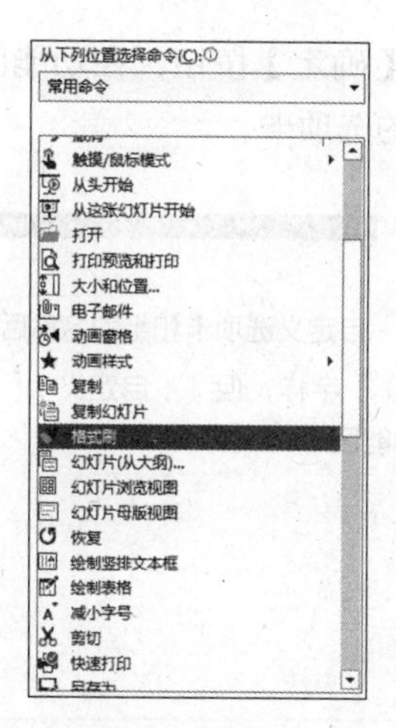

然后单击【添加】按钮，则【格式刷】命令添加到右侧的列表框中。

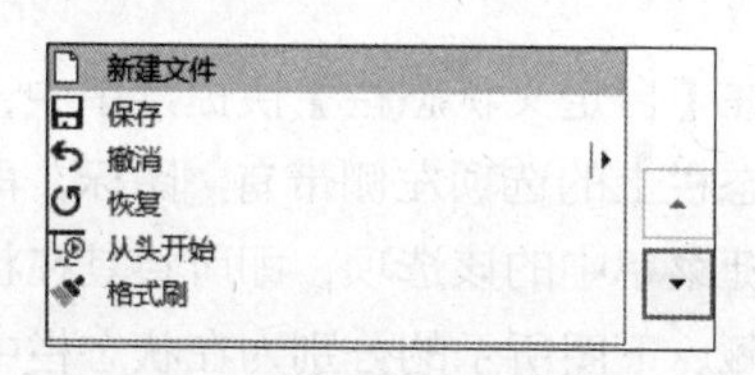

单击【确定】按钮，【格式刷】命令按钮即可添加到快速访问工具栏中。

提示 在右侧的【自定义快速访问工具栏】下拉列表中可以设置需要添加的特定文档。

2. 移动命令的位置

选中右侧列表框中的【新建文件】命令，然后单击右侧的“[▲]”按钮。将【新建文件】命令移动到第一个的位置。

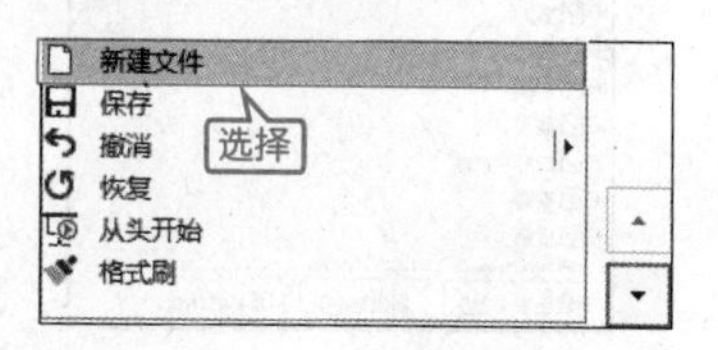

重复上述步骤，将【格式刷】命令移到【恢复】下面，如下图所示。

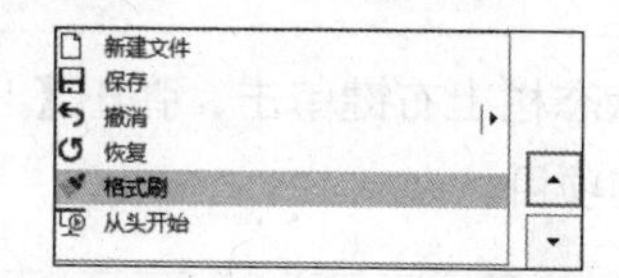

单击【确定】按钮，快速访问工具栏中图标的顺序发生了变化。

在【PowerPoint 选项】对话框【自定义】区域的【重置】按钮用于设置快速访问工具栏到默认状态。单击【导入/导出】按钮可以实现将命令导入或导出到相应文件中的操作。

2.5.2 自定义功能区

在【PowerPoint 选项】对话框的左侧列表中选择【自定义功能区】选项，即可在右侧对应的选项中进行自定义功能区的操作。

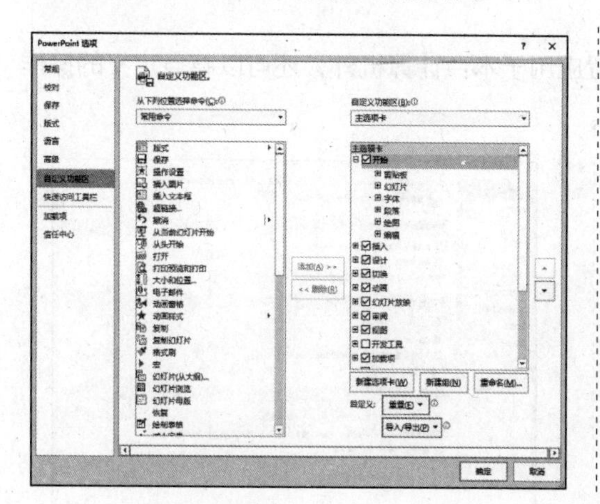

自定义功能区的添加或删除已有选项卡、组或命令的操作方法与自定义快速访问工具栏中的操作类似，这里不再赘述。

右侧的【主选项卡】列表框下包含【新建选项卡】、【新建组】和【重命名】等按钮。单击【新建选项卡】按钮时，会在【主选项卡】列表框相应增加【新建选项卡】选项，并自动创建一个选项卡下的【新建组】选项。

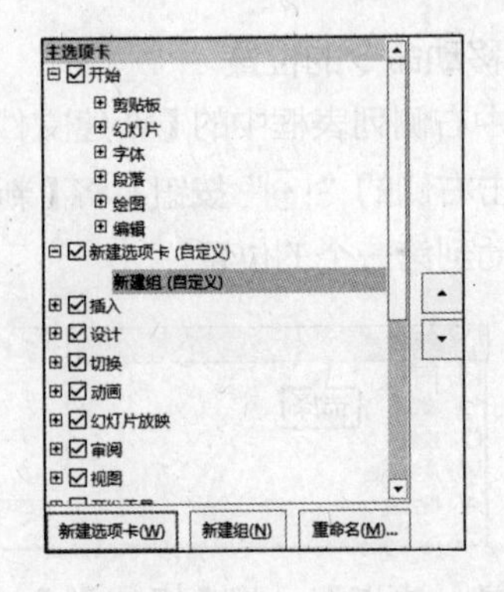

单击【确定】按钮，在功能区中即可显示刚添加的选项卡。

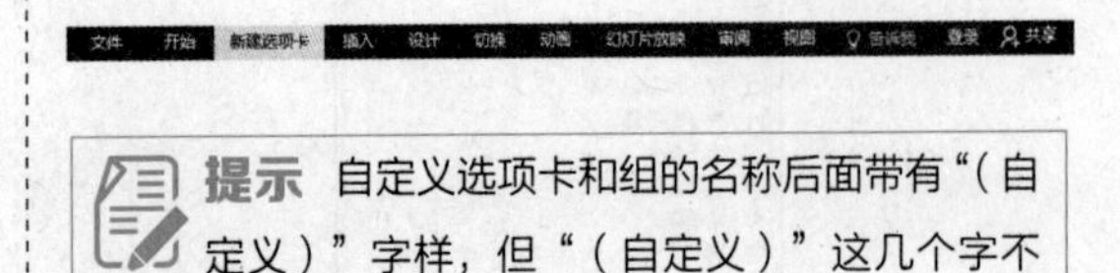

提示 自定义选项卡和组的名称后面带有“(自定义)”字样，但“(自定义)”这几个字不会显示在功能区中。

2.5.3 自定义状态栏

在状态栏上右键单击，弹出【自定义状态栏】快捷菜单，从中可以选择状态栏中要显示或隐藏的项目。

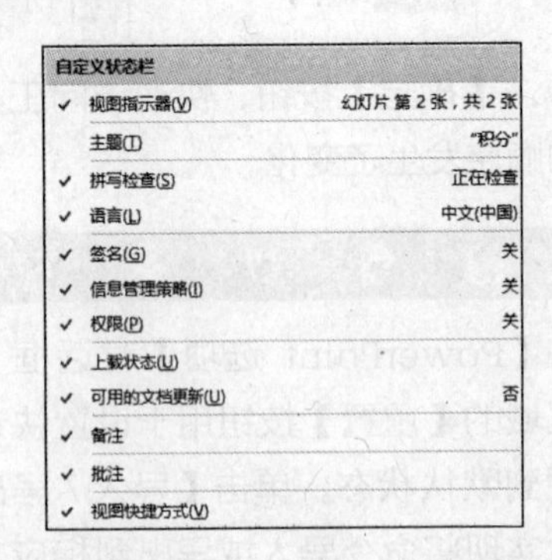

在【自定义状态栏】快捷菜单中，显示在状态栏上的选项左侧带有☑图标，再次单击快捷菜单中的该选项，即可将其在状态栏中隐藏。下图所示的分别为在状态栏中显示和隐藏【显示比例】选项。

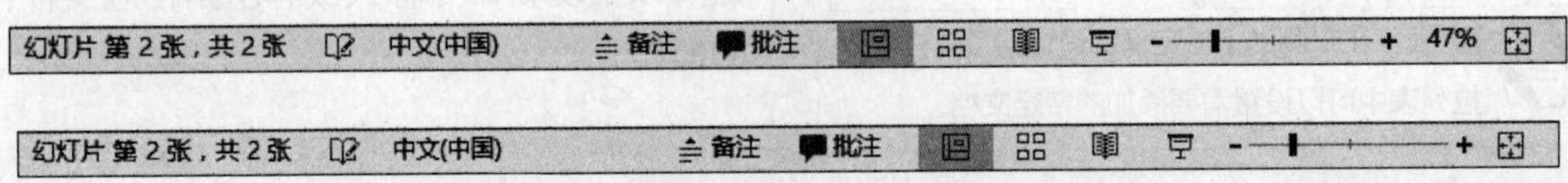

2.6 综合实战——将自定义的操作界面转移到其他计算机中

本节视频教学录像：3 分钟

在 PowerPoint 2016 中，除了可以将设置应用于本台计算机外，还可以将自定义的操作界面应用到其他计算机中，具体操作步骤如下。

❶ 选择【文件】选项卡，在弹出的列表中选择【选项】选项，弹出【PowerPoint 选项】对话框。

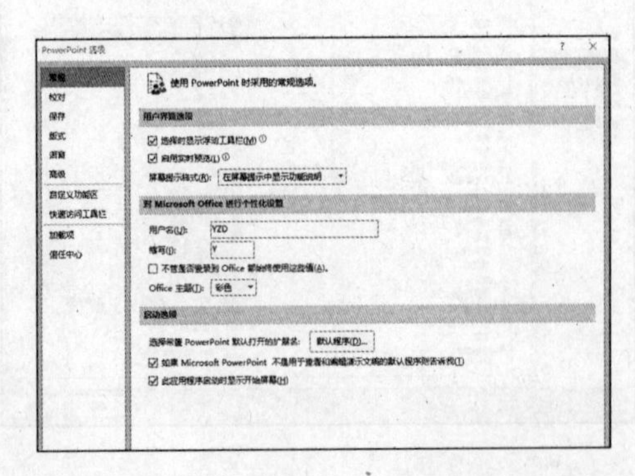

❷ 选择【自定义功能区】选项。

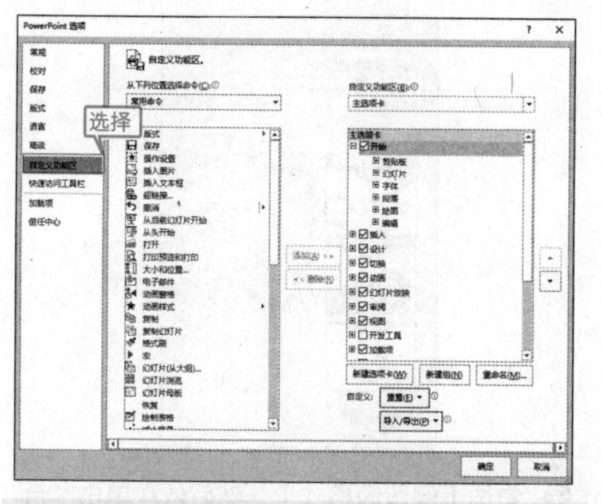

❸ 在右侧的下方单击【导入 / 导出】按钮，在弹出的下拉菜单中选择【导出所有自定义设置】选项。

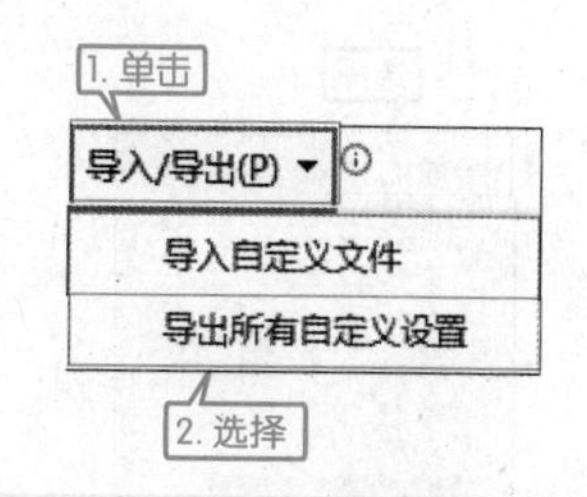

❹ 将文件导出到合适的位置进行保存。

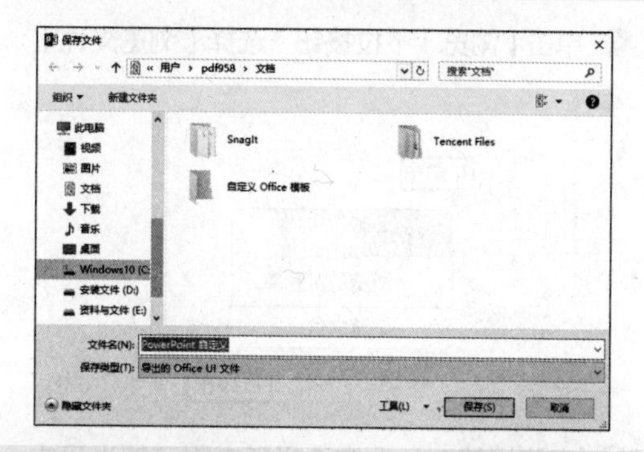

❺ 将保存的文件复制到其他计算机，启动 PowerPoint 2016，重复步骤❶ ~ ❷，然后单击【导入 / 导出】按钮，选择【导入自定义文件】选项，将复制的文件导入即可。

高手私房菜

本节视频教学录像：4 分钟

技巧 1：将多个 PPT 文档合并成一个

在 PowerPoint 2016 中可以将多个 PPT 演示文稿合并成一个，并且每一部分仍保持原来的外观和特性。

将多个 PPT 文档合并成一个的具体操作步骤如下。

❶ 打开随书附带的光盘中的“素材 \ch02\ 合并文件 1”文件，如下图所示。

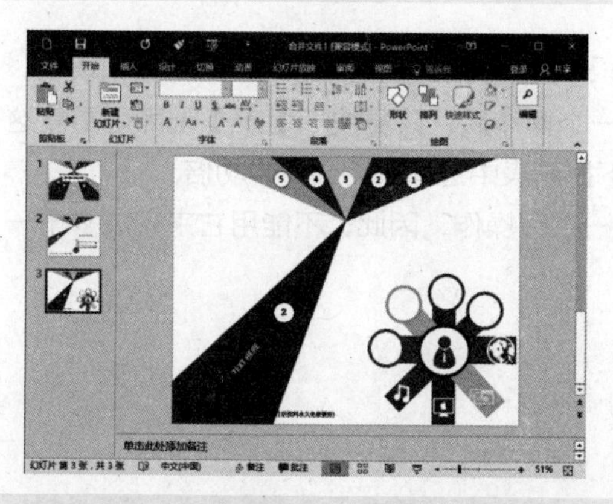

❷ 单击【开始】选项卡 ➤【幻灯片】组 ➤【新建幻灯片】的下拉按钮。

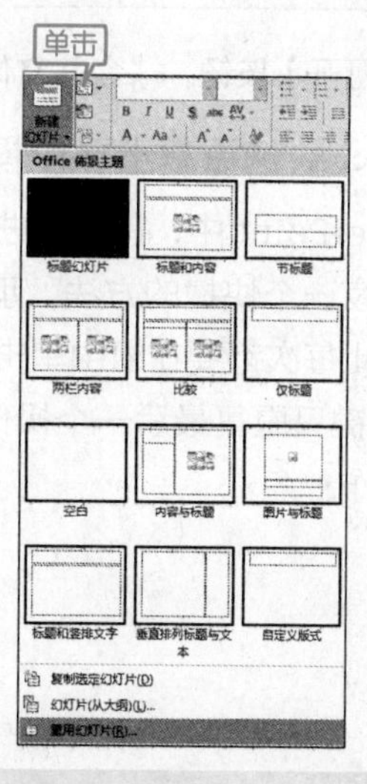

❸ 选择【重用幻灯片】选项，在界面的右侧弹出【重用幻灯片】窗口。

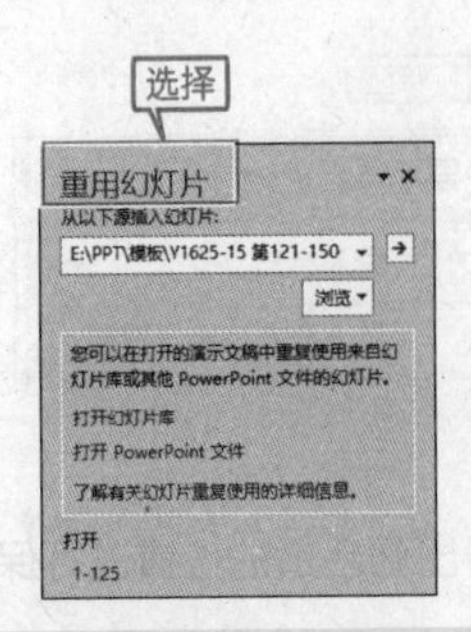

❹ 单击【浏览】下拉按钮，选择【浏览文件】选项。

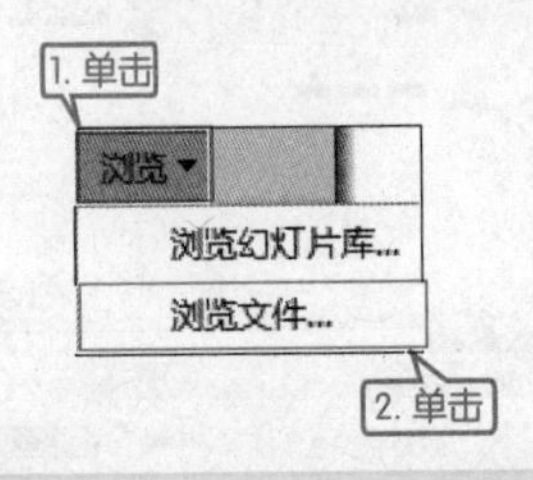

❺ 在弹出的对话框中选择随书附带的光盘中的“素材\ch02\合并文件2”文件。

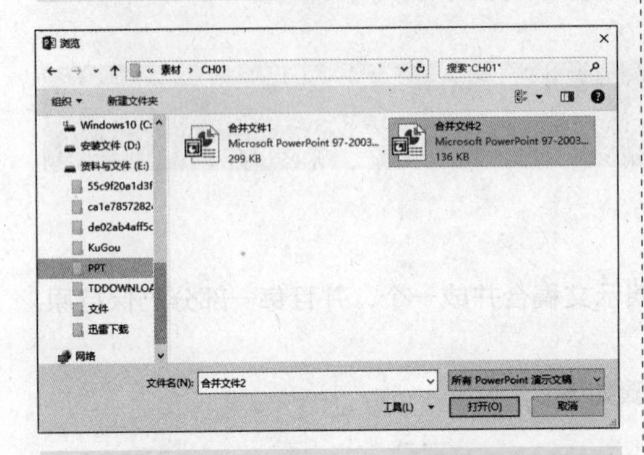

❻ 单击【打开】按钮，“合并文件2”中的幻灯片显示在“重用幻灯片”窗口，如下图所示。

❼ 勾选【保留源格式】，然后依次单击“合并文件2”中的幻灯片，将它们合并到文件1。

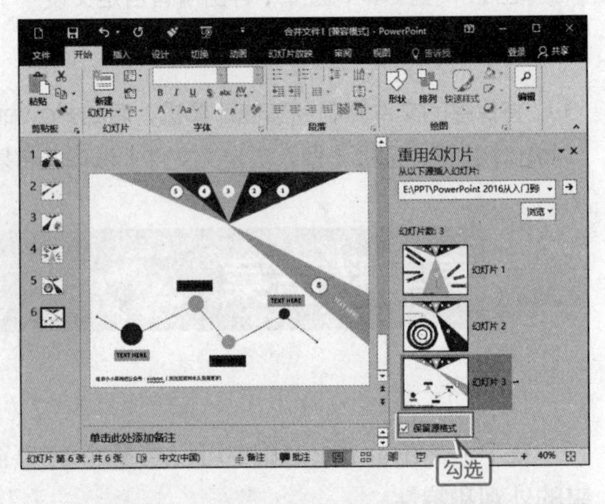

❽ 单击“重用幻灯片”窗口的关闭按钮，然后将合并后的文件重新保存即可将两个 PPT 文件合并为一个。

技巧 2：快速重复上一个操作

在 PowerPoint 中，有时会进行很多重复操作，如果每次都重复操作，显得机械和烦琐。这里告诉大家一个快捷的方法，那就是在执行了一个操作后，只要按下【F4】键即可重复这个操作。相比每次都要在组中单击该命令或者从下拉列表中选择，将会事半功倍。

【F4】键只重复最后一个操作，并不能记录一系列操作，因此，不能用它来完成多于一个动作的操作。

第 3 章

演示文稿与视图的操作

本章视频教学录像：47 分钟

高手指引

本章主要介绍 PowerPoint 2016 的一些基本知识，包括演示文稿与幻灯片的基本操作、演示文稿视图、缩放查看、颜色模式及其辅助工具等，用户通过学习这些演示文稿的基本知识，能更好地使用演示文稿。

重点导读

- 熟悉演示文稿与幻灯片的操作方法
- 掌握演示文稿视图
- 熟悉缩放查看的方法
- 了解颜色模式及其他辅助工具

3.1 演示文稿的操作

本节视频教学录像：18 分钟

本节主要介绍 PowerPoint 2016 支持的文件格式，以及新建、保存和关闭演示文稿等操作。

3.1.1 新建演示文稿

新建演示文稿的方法有很多，可以从头开始新建一个空白演示文稿，也可以使用已安装的模板新建演示文稿，还可以通过搜索使用联机模板新建演示文稿。

1. 通过功能区的【开始】选项卡新建幻灯片

❶ 启动 PowerPoint 2016，单击【文件】选项卡，在弹出的下拉菜单中选择【新建】命令。

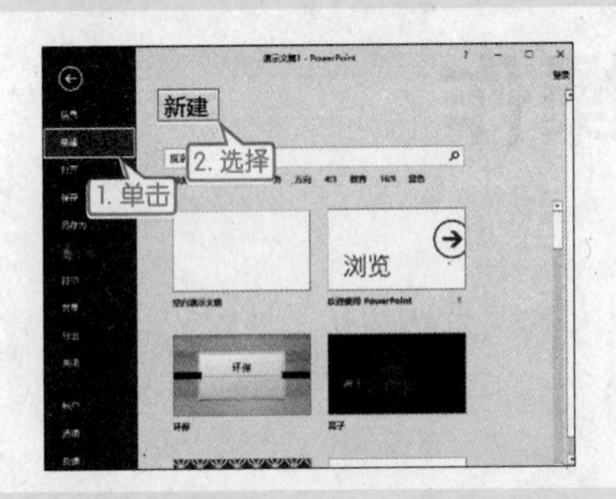

❷ 在弹出的子菜单中选择【空白演示文稿】命令，单击【创建】按钮。系统自动创建空白演示文稿。

2. 使用已安装的模板新建幻灯片

❶ 启动 PowerPoint 2016，单击【文件】选项卡，在弹出的下拉菜单中选择【新建】命令。

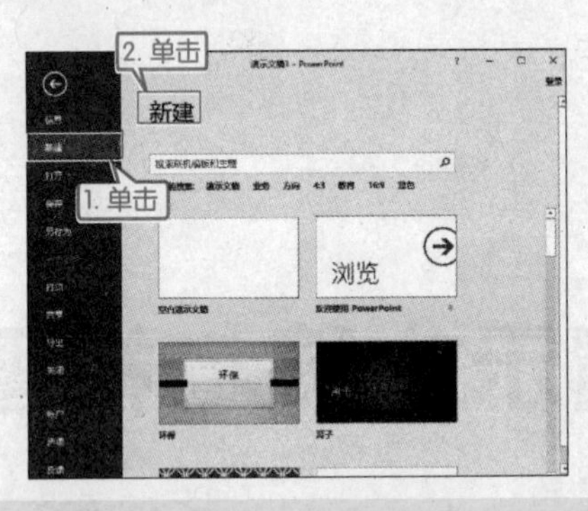

❷ 在弹出的子菜单中选择【环保】选项，弹出各种环保模板，如下图所示。

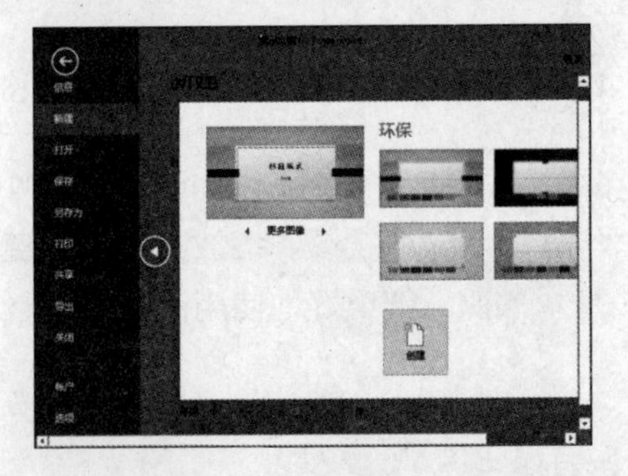

❸ 选择一种样式，然后单击【新建】即可新建一张幻灯片，如下图所示。

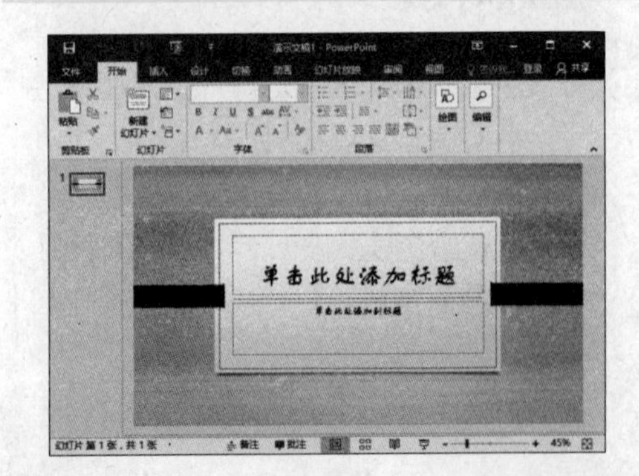

3. 使用联机模板新建幻灯片

❶ 启动 PowerPoint 2016，单击【文件】选项卡，在弹出的下拉菜单中选择【新建】命令。

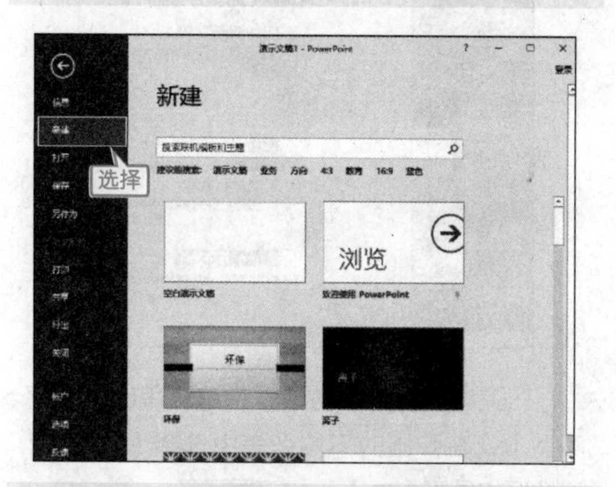

❷ 在弹出的子菜单中选择【教育】选项，搜索出与教育相关的模板如下图所示。

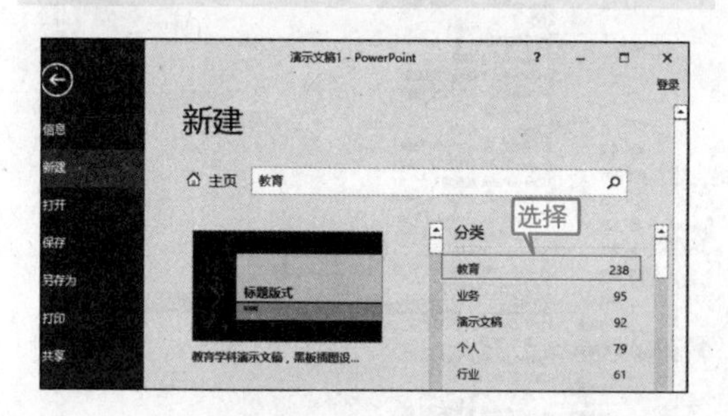

❸ 选择一种模板，如下图所示。

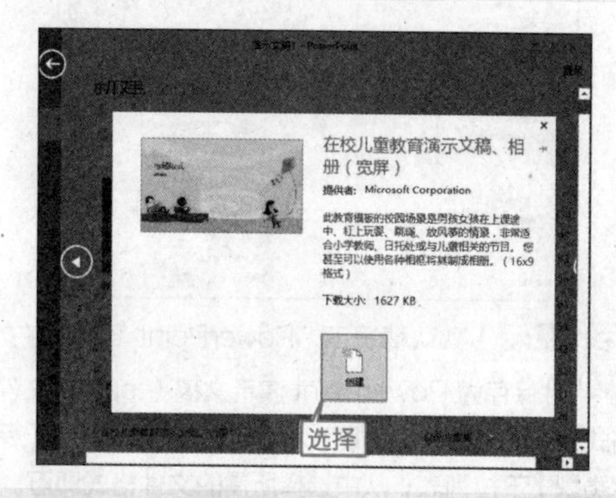

❹ 单击【新建】即可创建一个以教育模板为模板的演示文稿，如下图所示。

3.1.2 保存演示文稿

保存 PowerPoint 时，整个 PowerPoint 演示文稿保存在一个文件中，任何图片、图表和其他元素都整合到一个文件之中。

首次保存演示文稿时，PowerPoint 会打开“另存为”对话框，提示输入名称和位置，此后再保存演示文稿时，PowerPoint 使用相同的设置，不会再提示输入名称和位置。

1. 保存为 PPTX 格式

❶ 单击【文件】选项卡，在弹出的下拉菜单中选择【保存】或【另存为】选项。

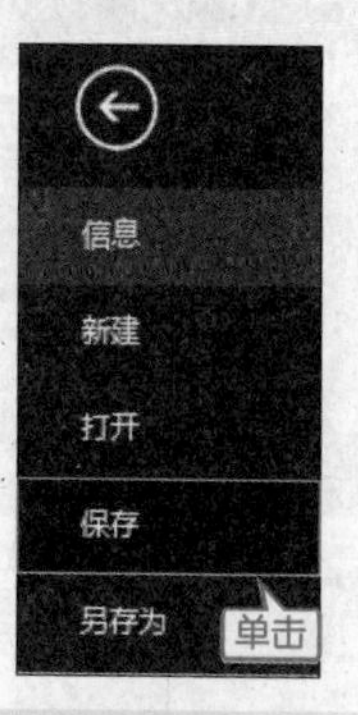

❷ 弹出【另存为】对话框，在【保存位置】下拉列表中选择保存的位置，并在【文件名】文本框中输入 PowerPoint 演示文稿的名称，然后单击【保存】按钮即可。

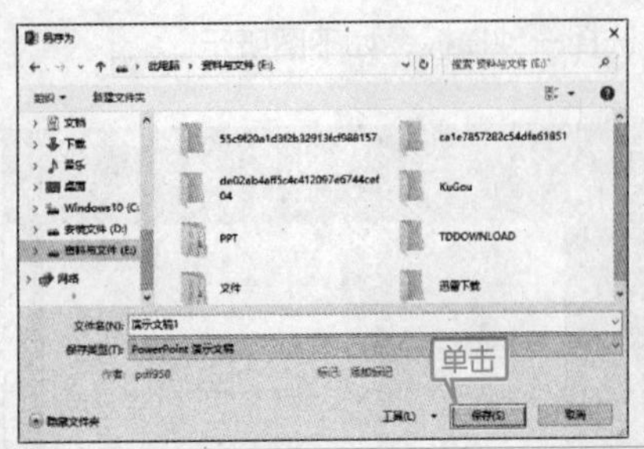

提示 默认情况下，PowerPoint 2016 将文件保存为 PowerPoint 演示文稿（.pptx）文件格式。若要将演示文稿保存为其他格式，可以单击【保存类型】下拉列表，从中选择所需的文件格式即可。

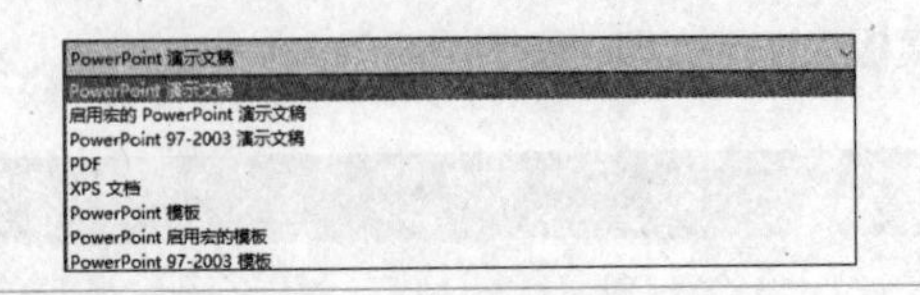

2. 将幻灯片保存为图形

如果将演示文稿保存为一种图形格式，文件将不再是演示文稿，而成为一系列彼此独立的图形文件——每张幻灯片一个文件。将幻灯片保存为图形的操作步骤如下。

❶ 打开随书光盘中的“素材\ch02\电子商务 PPT 模板 .pptx”文件，如下图所示。

❷ 单击【文件】➤【另存为】菜单选项，如下图所示。

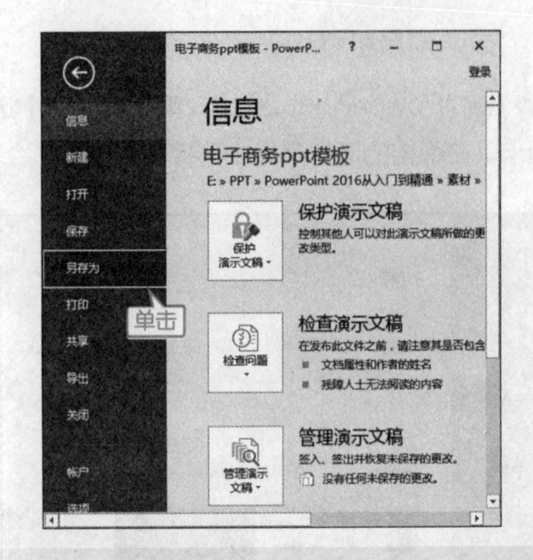

❸ 在弹出的另存为对话框中选择单击【保存类型】，在弹出的下拉列表中选择【PNG 可移植网络图形格式】，如下图所示。

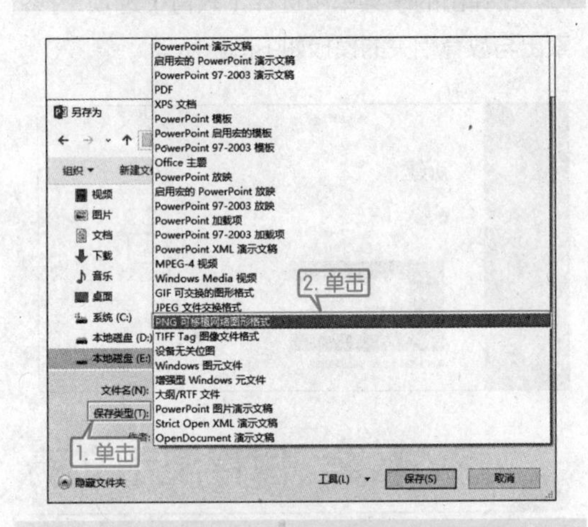

❹ 单击【保存】按钮，弹出导出警示框，如下图所示。

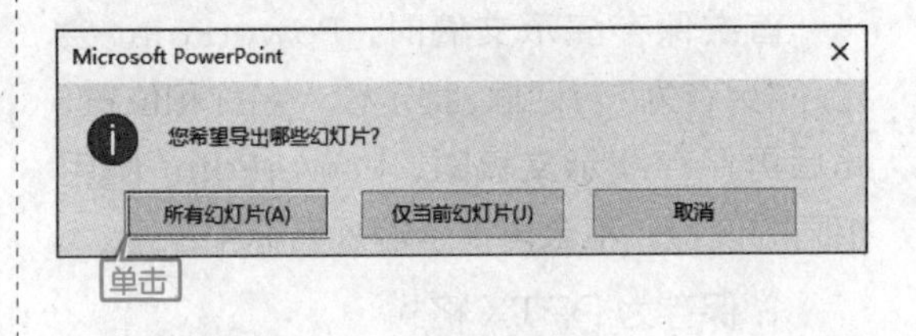

提示 如果选择【所有幻灯片】，PowerPoint 将会在选定的文件夹中新建一个文件夹，名称与原演示稿文件名称相同，并将所有生成的图形文件都放在这个这个新建文件夹中。

如果选择【仅当前幻灯片】，PowerPoint 将会在选定的文件中以图片的形式新建一个文件，名称与原演示稿文件名称相同。

⑤ 单击【所有幻灯片】按钮，在弹出的警示框中单击【确定】按钮。

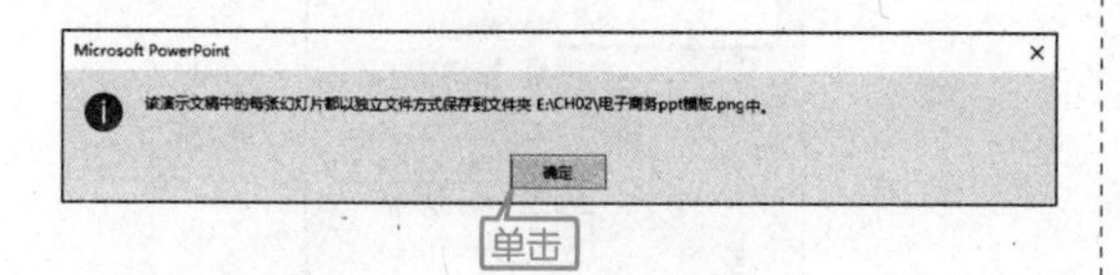

⑥ 找到图片的保存位置，可以看到演示文稿中的幻灯片以单独的图片形式保存在生成的文件夹中，如下图所示。

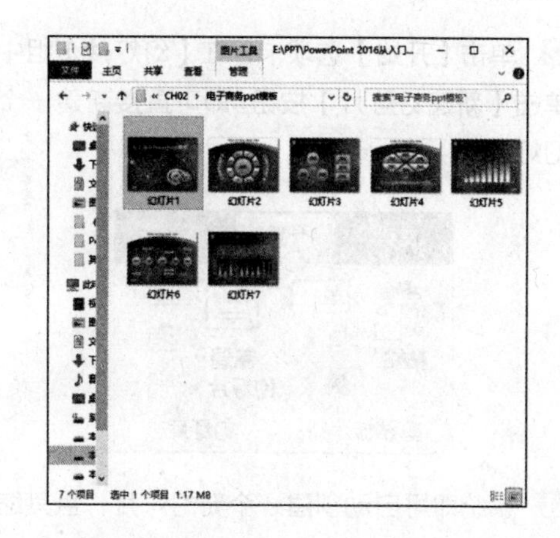

3.1.3 关闭演示文稿

演示文稿编辑完成后，就可以关闭了。

如果关闭时演示文稿已经保存，单击【文件】选项卡，在弹出的下拉菜单中选择【关闭】命令即可。

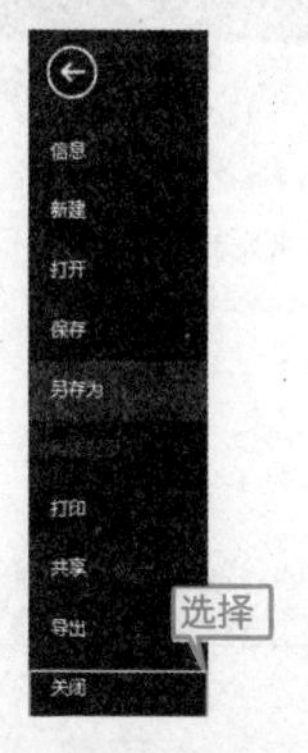

如果编辑后的演示文稿还未保存，直接单击【文件】选项卡，在弹出的下拉菜单中选择【关闭】命令，会弹出提示是否保存演示文稿的对话框。

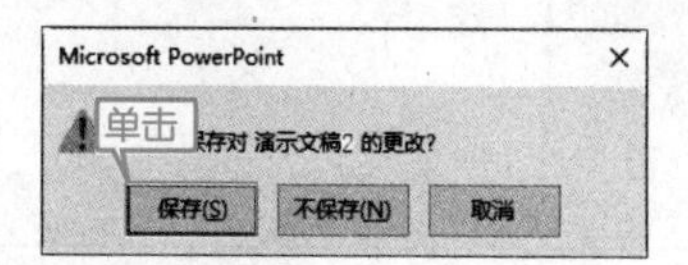

如果需要保存，单击【保存】按钮，在弹出的【另存为】对话框中选择保存位置及输入演示文稿名称即可。

如果不需要保存，直接单击【不保存】按钮即可关闭演示文稿。单击【取消】按钮，则是放弃关闭演示文稿的操作，可以继续进行其他操作。

3.2 幻灯片的基本操作

本节视频教学录像：7 分钟

本节主要介绍幻灯片的基本操作，包括添加幻灯片、更改幻灯片布局、复制幻灯片、重排幻灯片及删除幻灯片等。

3.2.1 添加幻灯片

新建完演示文稿后，用户可以添加新幻灯片。本小节介绍添加幻灯片的 3 种操作方法。

1. 通过功能区的【开始】选项卡新建幻灯片

❶ 启动 PowerPoint 2016 应用软件，进入 PowerPoint 工作界面。

❷ 单击【开始】选项卡，在【幻灯片】组中单击【新建幻灯片】按钮即可直接新建一个幻灯片。

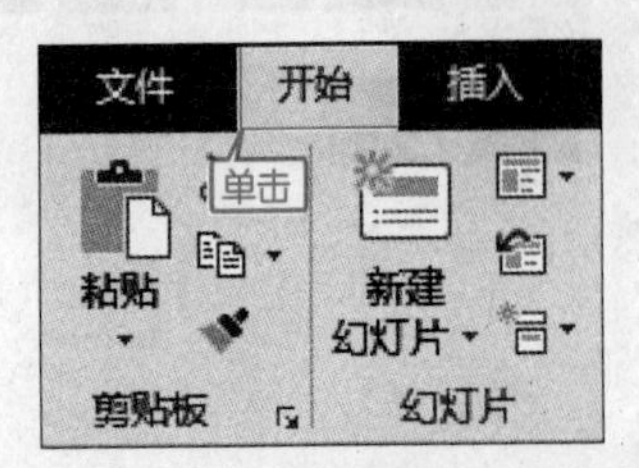

❸ 系统即可自动创建一个新幻灯片，且其缩略图显示在左侧【幻灯片】列表窗格中。

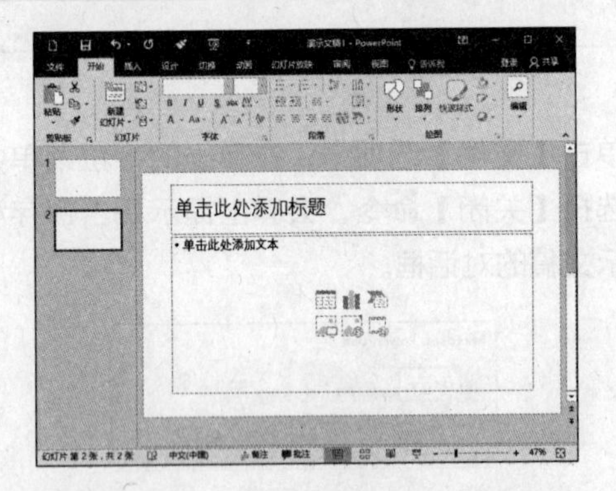

2. 使用鼠标右键新建幻灯片

❶ 在【幻灯片/大纲】窗格的【幻灯片】选项卡下的缩略图上或空白位置右键单击，在弹出的快捷菜单中选择【新建幻灯片】选项。

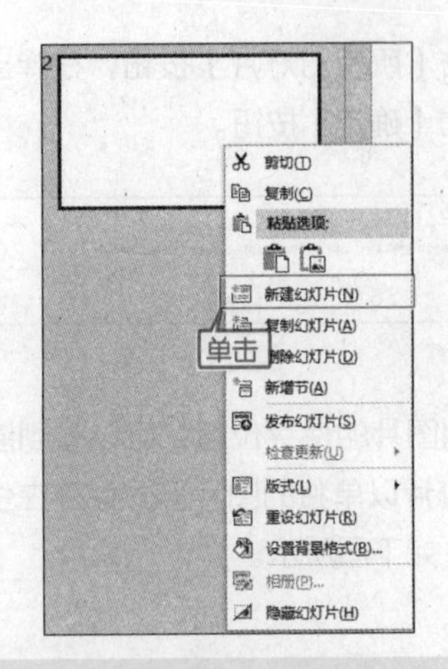

❷ 系统即可自动创建一个新幻灯片，且其缩略图显示在【幻灯片/大纲】窗格中。

3. 使用快捷键新建幻灯片

使用【Ctrl+M】组合键也可以快速创建新的幻灯片。

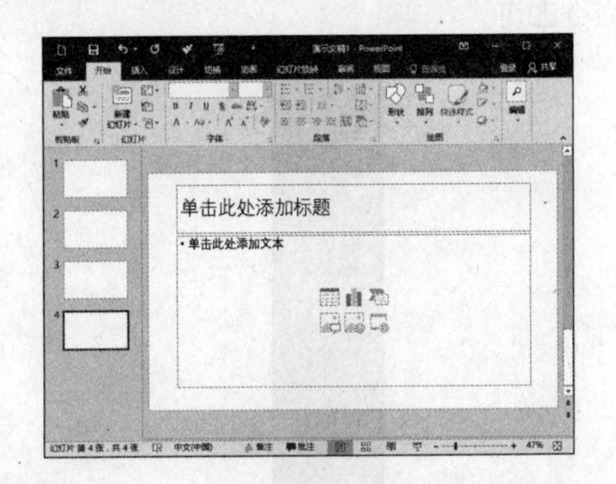

3.2.2 更改幻灯片的布局

打开 PowerPoint 时自动出现的单个幻灯片有两个占位符。占位符是一种带有虚线或阴影线边缘的框，绝大部分幻灯片版式中都有这种框。在这些框内可以放置标题及正文，或者是图表、表格和图片等对象。一个用于标题格式，另一个用于副标题格式。幻灯片上的占位符排列称为布局。

更改幻灯片布局的操作如下。

1. 通过【幻灯片版式】选项卡为幻灯片更改布局

❶ 单击选择颜色文稿中需要更改布局的幻灯片。

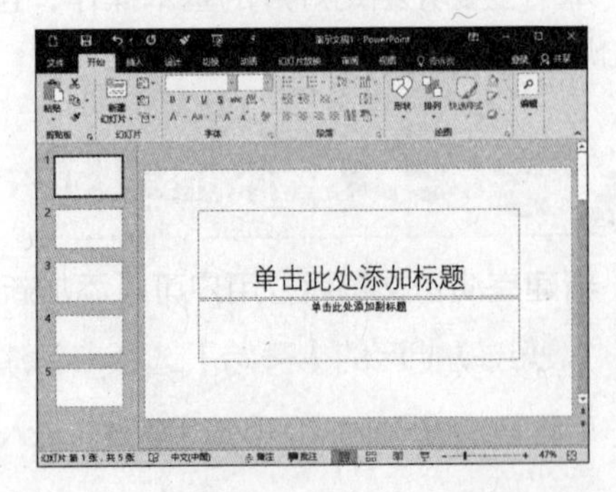

❷ 单击【幻灯片】组中的【幻灯片版式】按钮或其下拉箭头▣·，从弹出的下拉菜单中可以选择所要使用的 Office 主题，即幻灯片布局。

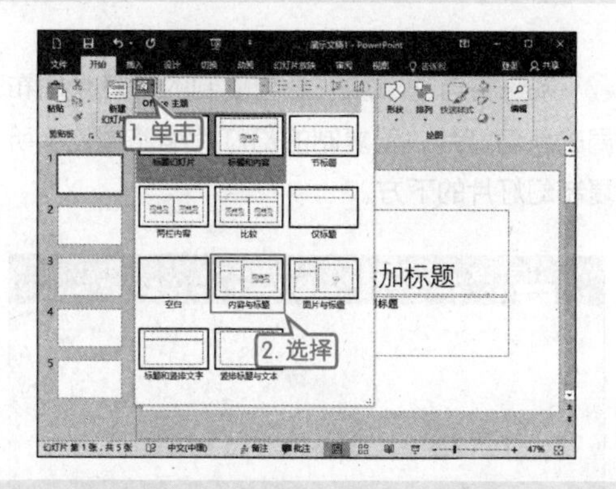

❸ 选择【内容与标题】选项，原来的幻灯片格式发生变化，如下图所示。

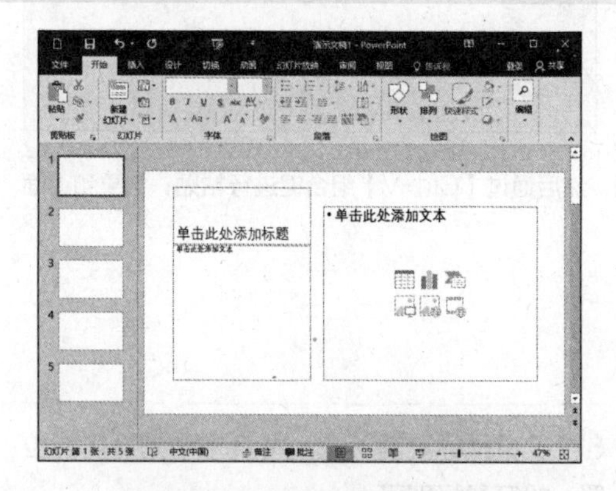

2. 使用鼠标右键更改幻灯片的布局

❶ 在【幻灯片】列表窗格的【幻灯片】选项卡下的缩略图上右键单击，在弹出的快捷菜单中选择【版式】选项，从其子菜单中选择要应用的新的布局。

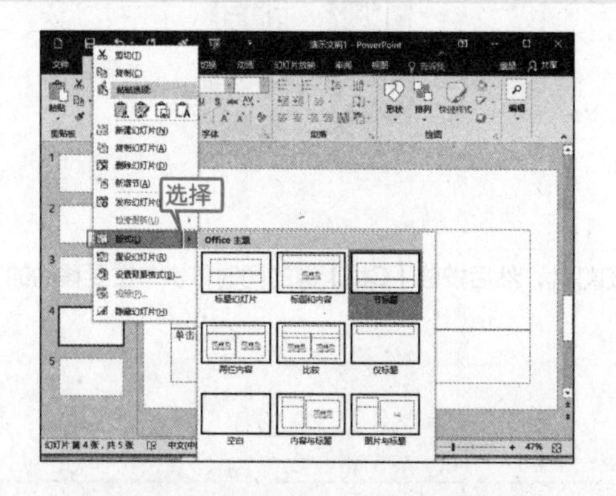

❷ 在弹出的 Office 主题选项列表中选择【两栏内容】选项，结果如下图所示。

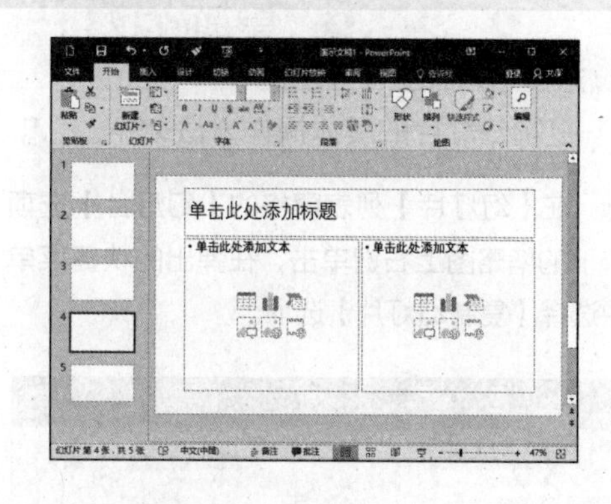

3. 在创建时设定布局

除了通过调整更改幻灯片布局外，其实，在一开始创建幻灯片的时候，就可以为幻灯片设定布局。

❶ 单击【幻灯片】组中的【新建幻灯片】按钮或其下拉箭头，从弹出的下拉菜单中可以选择所要使用的 Office 主题，即幻灯片布局。

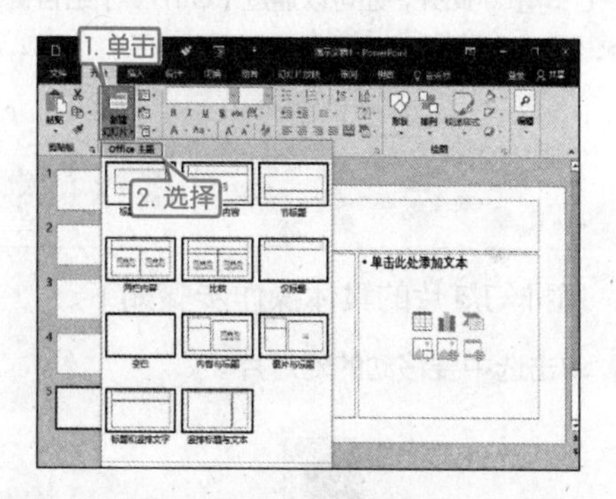

❷ 在弹出的 Office 主题上选择一个布局，例如选择【比较】选项，系统自动创建一个使用该布局的新幻灯片。

3.2.3 复制幻灯片

复制幻灯片的具体操作方法如下。

❶ 在【幻灯片】列表窗格的【幻灯片】选项卡下的缩略图上右键单击，在弹出的快捷菜单中选择【复制幻灯片】选项。

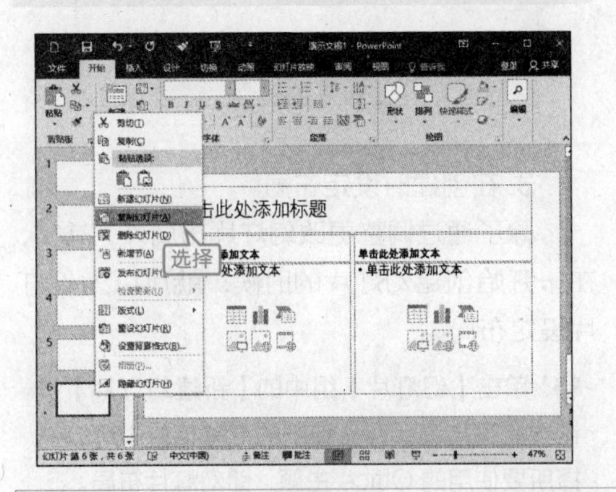

❷ 系统将自动添加一个与复制的幻灯片同布局的新幻灯片，新复制的幻灯片缩略图位于所复制幻灯片的下方。

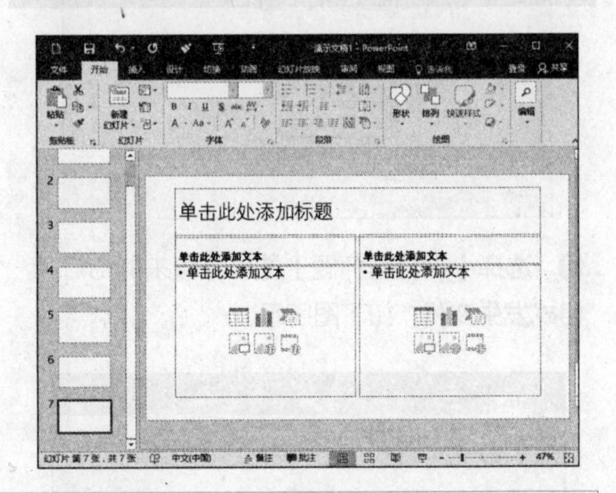

提示 此外，还可以通过【Ctrl+C】组合键进行复制，然后通过【Ctrl+V】组合键进行粘贴，结果和上面的操作相同。

3.2.4 重排幻灯片

重排幻灯片的具体操作步骤如下。

❶ 单击选中要移动的幻灯片。

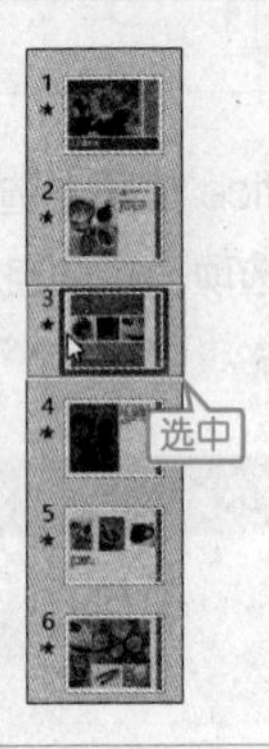

❷ 按着鼠标左键不放，将其拖动到所需的位置，松开鼠标即可。

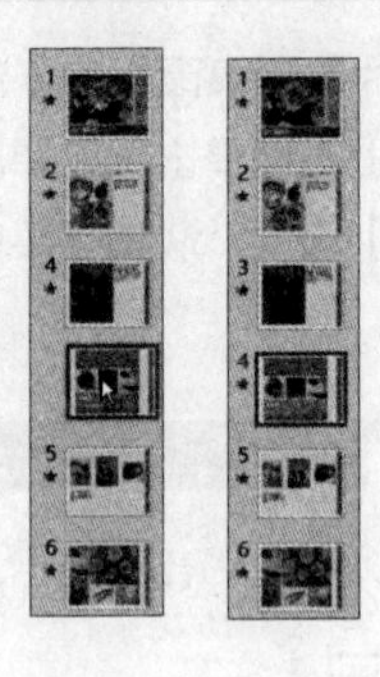

提示 如果选择多个幻灯片，可以单击某个要移动的幻灯片，然后按住【Ctrl】键的同时依次单击要移动的其他幻灯片。

3.2.5 删除幻灯片

删除幻灯片的具体操作步骤如下。

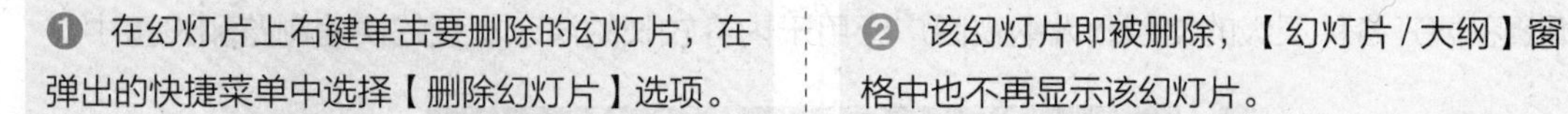

❶ 在幻灯片上右键单击要删除的幻灯片，在弹出的快捷菜单中选择【删除幻灯片】选项。

❷ 该幻灯片即被删除，【幻灯片 / 大纲】窗格中也不再显示该幻灯片。

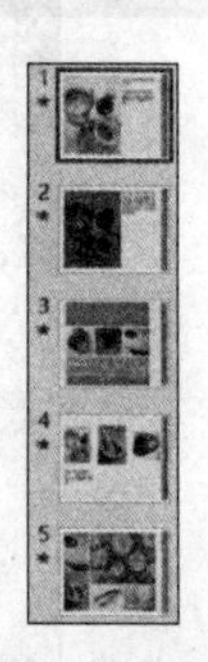

3.3 演示文稿的视图

本节视频教学录像：5 分钟

PowerPoint 2016 中用于编辑、打印和放映演示文稿的视图包括普通视图、大纲视图、幻灯片浏览视图、备注页视图、阅读视图、母版视图和幻灯片放映视图。

在 PowerPoint 2016 工作界面中用于设置和选择演示文稿视图的方法有以下两种。

(1)【视图】选项卡上的【演示文稿视图】组和【母版视图】组中进行选择或切换。

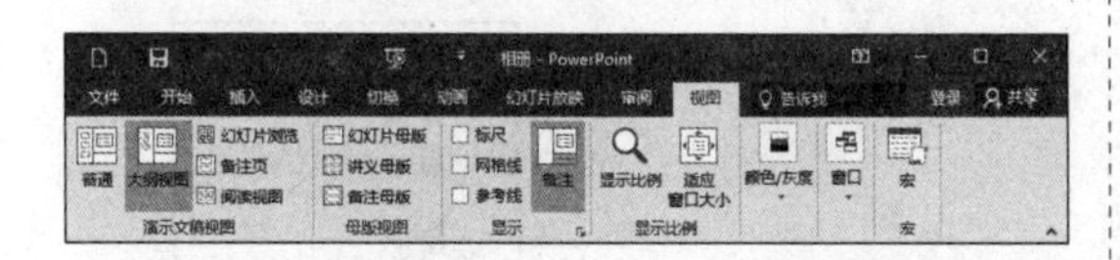

(2) 在状态栏上的【视图】区域进行选择或切换，包括普通视图、幻灯片浏览视图、阅读视图和幻灯片放映视图。

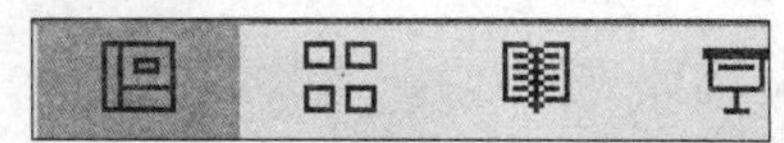

本节主要介绍普通视图、大纲视图、幻灯片浏览视图、备注页视图和阅读视图。

3.3.1 普通视图

普通视图是主要的编辑视图，可用于撰写和设计演示文稿。普通视图包含【幻灯片大纲】窗格、【幻灯片】窗格和【备注】窗格等 3 个工作区域。

这 3 个工作区域已在 1.5.5 节中进行了详细的介绍，这里不再赘述。

3.3.2 大纲视图

大纲视图主要用于设置演示文稿的属性和显示标题的层级结构，在该视图中可以方便地折叠和展开各种层级的文档。大纲视图广泛用于内容较长的演示文稿的快速浏览和设置中。

3.3.3 幻灯片浏览视图

幻灯片浏览视图可以查看缩略图形式的幻灯片。通过此视图，在创建演示文稿以及准备打印演示文稿时，将可以轻松地对演示文稿的顺序进行排列和组织。

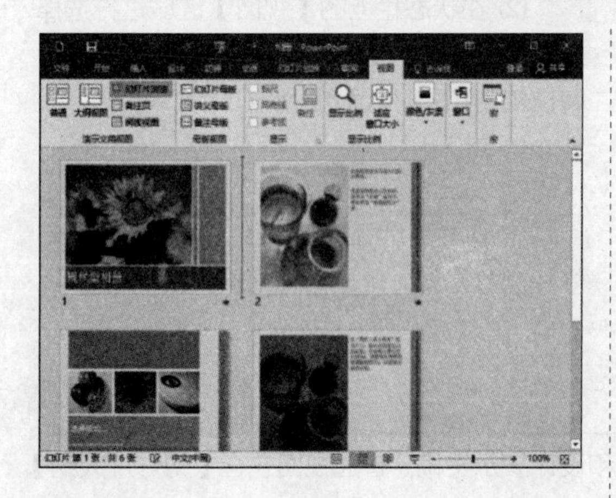

在幻灯片浏览视图的工作区空白位置或幻灯片上右键单击，在弹出的快捷菜单中选择【新增节】选项，可以在幻灯片浏览视图中添加节，并按不同的类别或节对幻灯片进行排序。

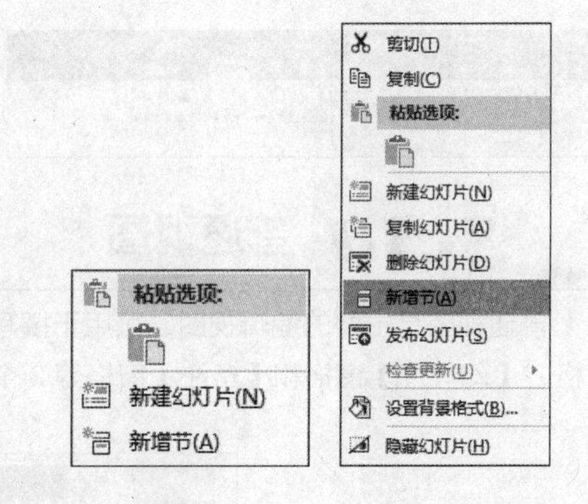

3.3.4 备注页视图

在【备注】窗格中输入要应用于当前幻灯片的备注后，可以在备注页视图中显示出来，也可以将备注页打印出来并在放映演示文稿时进行参考。

如果要以整页格式查看和使用备注，可以在【视图】选项卡上的【演示文稿视图】组中单击【备注页】按钮。此时【幻灯片】窗格在上方显示，【备注】窗格在其下方显示。

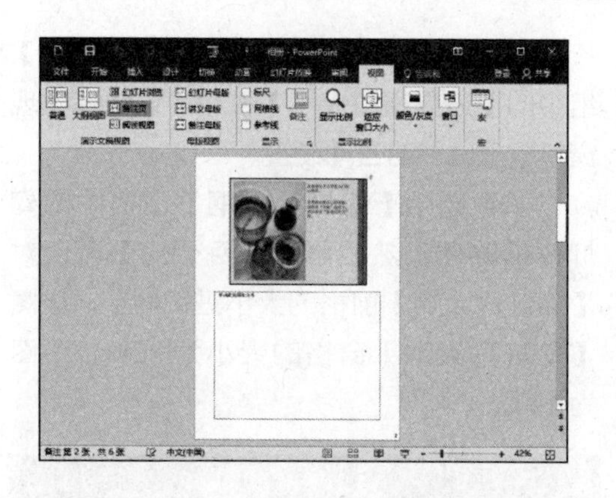

此时，还可以直接在【备注】窗格中对备注内容进行编辑。

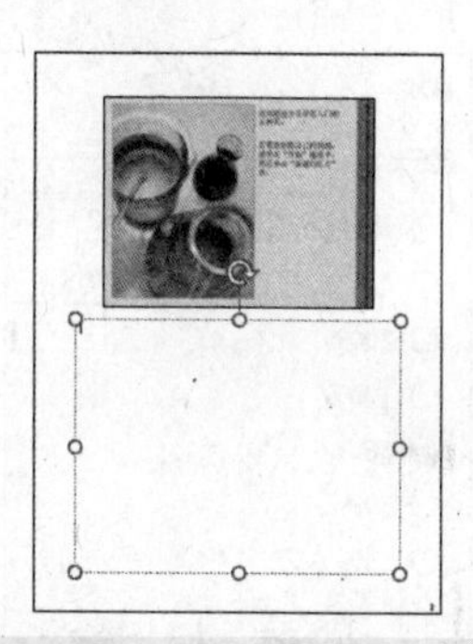

3.3.5 阅读视图

阅读视图用于通过自己的计算机在大屏幕放映演示文稿，便于查看。如果希望在一个设有简单控件以方便审阅的窗口中查看演示文稿，而不想使用全屏的幻灯片放映视图，则也可以在自己的计算机上使用阅读视图。

在【视图】选项卡上的【演示文稿视图】组中单击【阅读视图】按钮，或单击状态栏上的【阅读视图】按钮都可以切换到阅读视图模式。

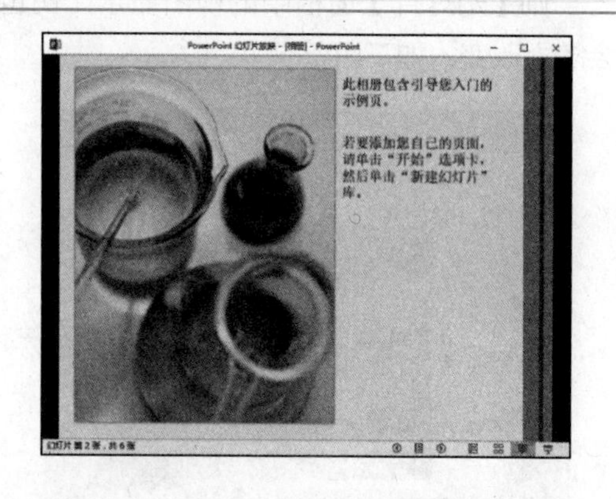

如果要更改演示文稿，可以随时从阅读视图切换至某个其他视图。具体操作方法为，在状态栏上直接单击其他视图模式按钮，或直接按【Esc】键退出阅读视图模式即可。

3.4 缩放查看

本节视频教学录像：3 分钟

通过【视图】选项卡【显示比例】组中的各选项可以对视图进行显示比例的设置，以便进行缩放查看。

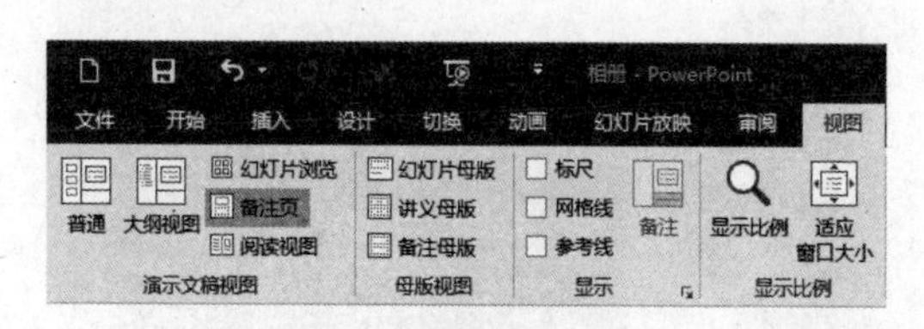

单击【显示比例】按钮，弹出【显示比例】对话框。

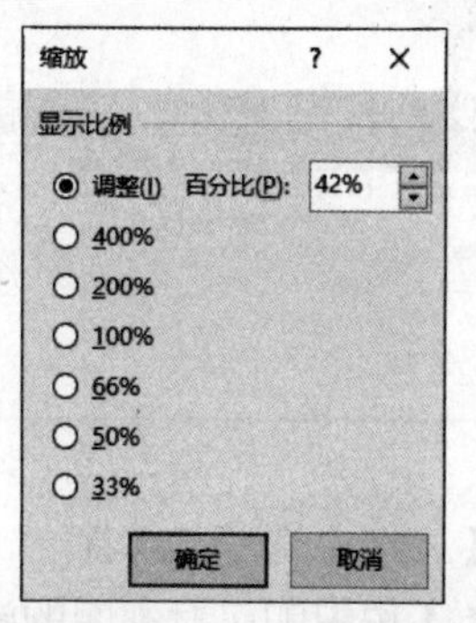

选中【显示比例】对话框左侧的单选按钮可以设置视图的显示比例，也可以单击【百分比】微调按钮进行设置或直接在【百分比】文本框中输入百分比。

如在【显示比例】对话框的【百分比】文本框中输入“55%”的显示比例。

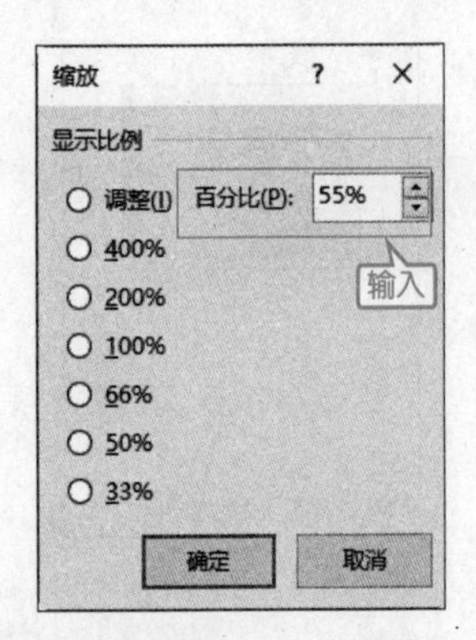

则【幻灯片】窗格中的视图显示比例也会随之改变，如下图所示。

直接单击【视图】选项卡【显示比例】组中的【适应窗口大小】按钮可以快速实现窗口显示比例的自动设置。

如果选中【幻灯片大纲】窗格中的幻灯片缩略图，然后修改【百分比】可以对【幻灯片大纲】窗格的大小进行调节。上图【幻灯片大纲】窗格的大小为30%，下图为15%。

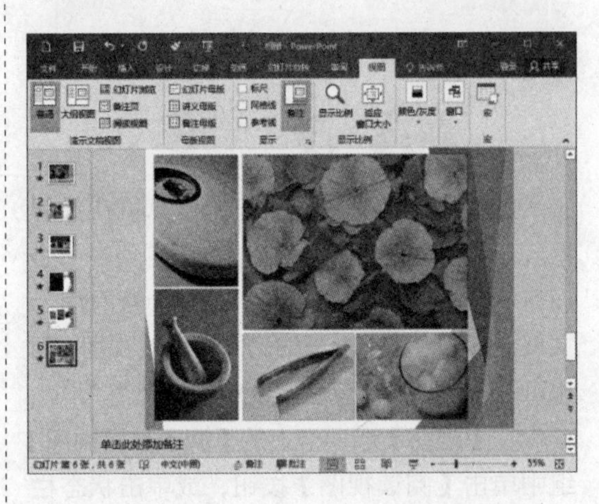

3.5 颜色模式

本节视频教学录像：4 分钟

单击【视图】选项卡【颜色 / 灰度】组中的相应按钮即可对视图的颜色、灰度和黑白模式进行设置。

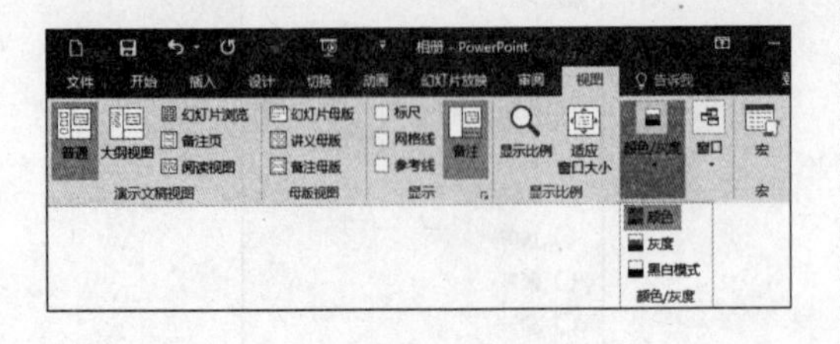

单击【视图】选项卡【颜色 / 灰度】组中的【颜色】按钮即可对视图的颜色进行设置。演示文稿默认的颜色模式为颜色视图。

单击【视图】选项卡【颜色 / 灰度】组

中的【灰度】按钮，演示文稿中的所有幻灯片将以灰度视图模式显示。功能区的选项卡中随之新增一个【灰度】选项卡。

【灰度】选项卡中包括了【更改所选对象】组和【关闭】组。在【更改所选对象】组中可以选择幻灯片所要使用的灰度的形式，包括【自动】、【灰度】、【浅灰度】、【逆转灰度】、【灰中带白】、【黑中带灰】、【黑中带白】、【黑色】、【白】和【不显示】等选项。

单击【视图】选项卡【颜色 / 灰度】组中的【黑白模式】按钮，演示文稿中的所有幻灯片以黑白模式视图显示。在功能区的选项卡中随之新增一个【黑白模式】选项卡。

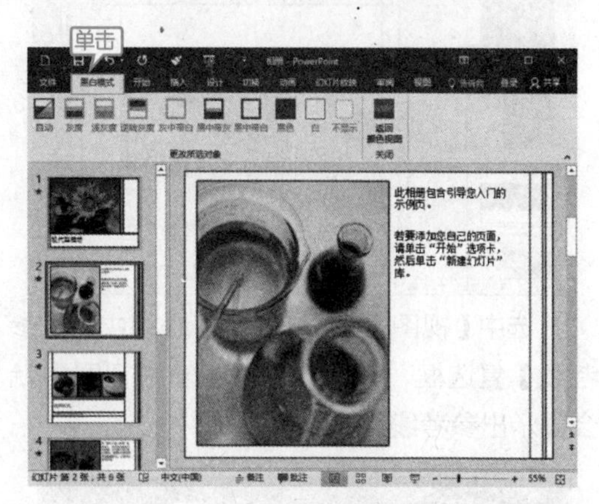

【黑白模式】选项卡中同样包括了【更改所选对象】组和【关闭】组。在【更改所选对象】组中可以选择幻灯片所要使用的黑白模式的形式，其选项和【灰度】选项卡中【更改所选对象】组中的选项一样。

在【灰度】或【黑白模式】选项卡中单击【关闭】组中的【返回颜色视图】按钮，可以关闭【灰度】或【黑白模式】选项卡，返回到默认的颜色视图。

3.6 其他辅助工具

本节视频教学录像：7 分钟

除了上面介绍的设置幻灯片视图、缩放查看和颜色模式等功能外，在【视图】选项卡的【显示】组和【窗口】组中还可以对视图中的标尺、网格线以及窗口进行相应的设置。

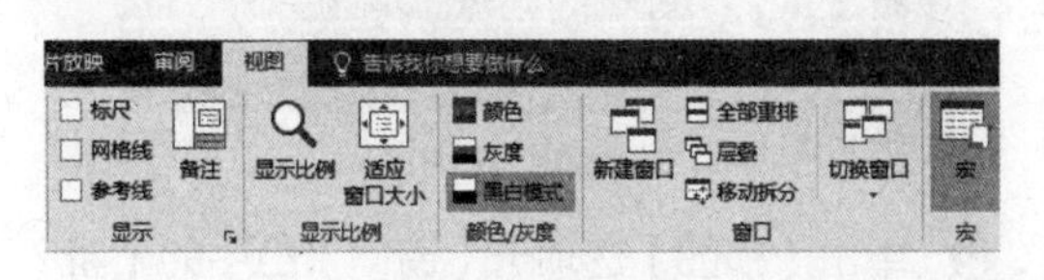

1. 标尺、网格线的设置

选中【视图】选项卡【显示】组中的【标尺】复选框，【幻灯片】窗格视图中就会显示出标尺。

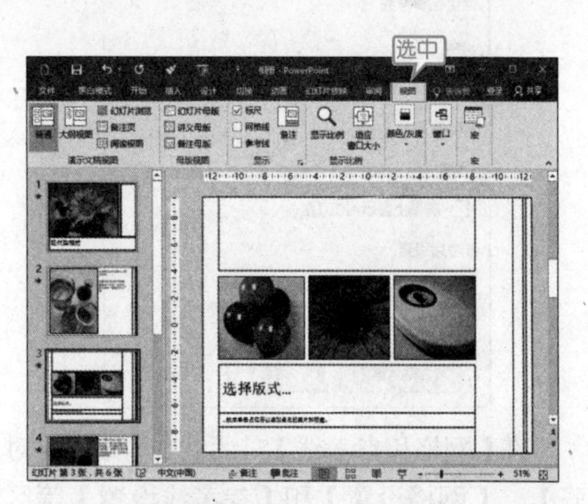

选中【视图】选项卡【显示】组中的【网格线】复选框，在【幻灯片】窗格视图中就会显示出网格线。

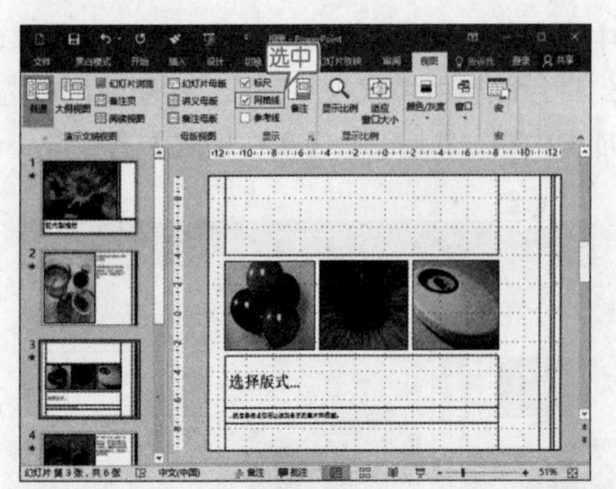

选中【视图】选项卡【显示】组中的【参考线】复选框，在【幻灯片】窗格视图中就会显示出参考线。

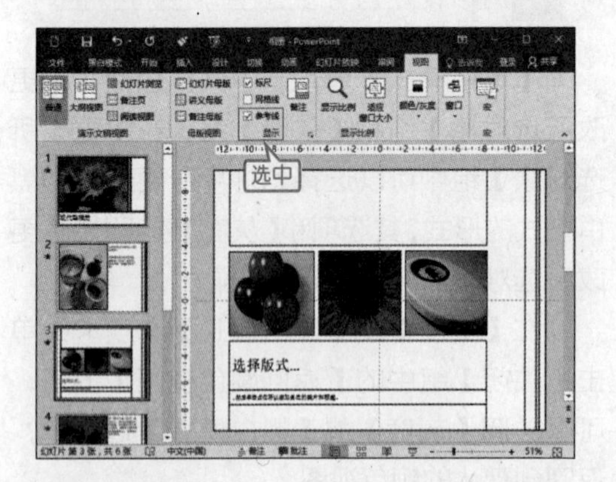

单击【视图】选项卡【显示】组右下角的【网格设置】按钮，弹出【网格和参考线】对话框。

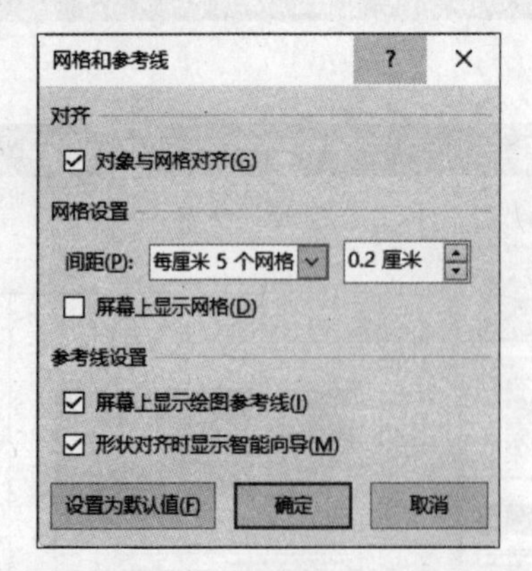

在【网格和参考线】对话框中可以对【对齐】、【网格设置】和【参考线设置】等区域的选项进行相应设置。如在【网格和参考线】对话框的【网格设置】区域的【间距】文本框中设置每厘米 8 个网格，则视图中的网格线间距自动随之更改为 0.13 厘米。

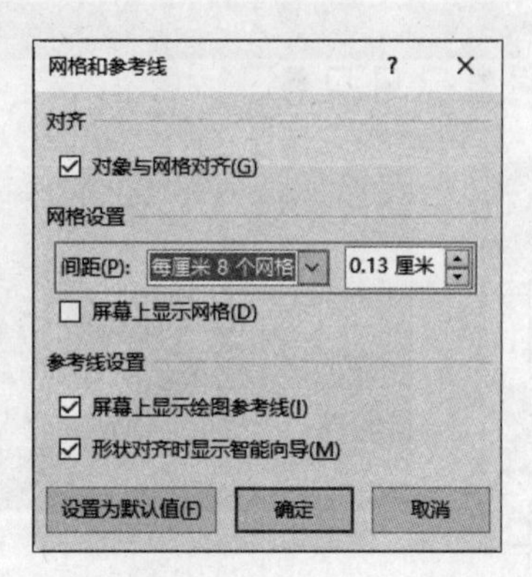

此外，单击间距下拉列表，选择“自定义”选项，可以通过更改间距值来任意设置每厘米上网格的个数。

2. 窗口设置

在【视图】选项卡【窗口】组中可以对打开的窗口进行相应的设置，比如新建窗口、重排窗口、层叠窗口或切换窗口等。

(1) 新建窗口。

❶ 打开随书光盘中的“素材\ch02\相册.pptx”文件作为要新建窗口的演示文稿。

❷ 单击【视图】选项卡【窗口】组中的【新建窗口】按钮，系统会自动创建一个内容相同的演示文稿，其名称为“相册:2”。

❸ 原来的演示文稿名称由“相册”转变为“相册:1”。

❹ 关闭新建的“相册:2”窗口后，原名称为“相册:1”的演示文稿的名称还原为“相册”。

(2) 全部重排窗口。

❶ 打开“素材\ch02\相册.pptx”文件，单击【视图】选项卡【窗口】组中的【全部重排】按钮。

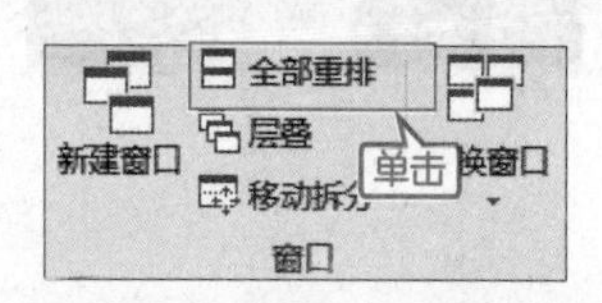

❷ 打开的所有演示文稿将会并排平铺显示在显示器桌面上。

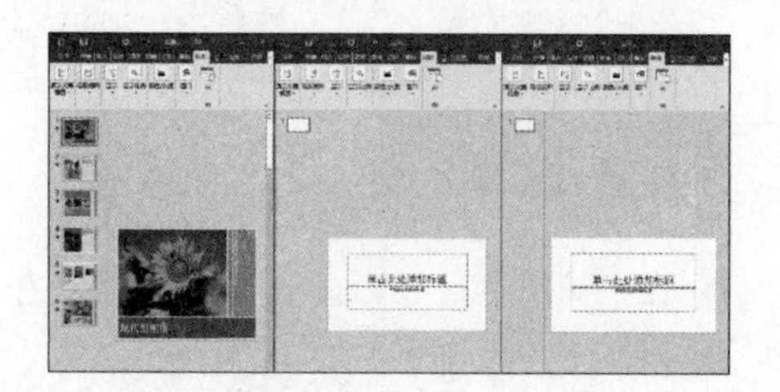

❸ 单击任一演示文稿标题栏右上方的【最大化】按钮即可将该演示文稿更改为全屏显示。

(3) 层叠窗口。

❶ 打开“素材\ch02\相册.pptx”文件，单击【视图】选项卡【窗口】组中的【层叠】按钮。

❷ 打开的所有演示文稿将会层叠显示在显示器桌面上。

(4) 切换窗口。

❶ 打开“素材\ch02\相册.pptx”文件，单击【视图】选项卡【窗口】组中的【切换窗口】按钮。

❷ 在弹出的下拉列表中选择要切换到的窗口，如选择下图所示的【2 演示文稿 1】选项。

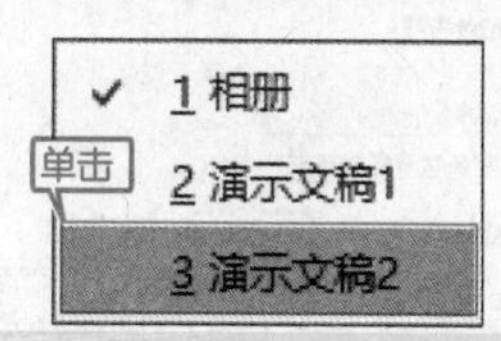

❸ 即可切换到名称为“演示文稿 1”的演示文稿窗口。

高手私房菜

本节视频教学录像：3 分钟

技巧：快速对齐图形等对象

在 PowerPoint 中可以通过参考线快速对齐页面中的图像、图形等元素，使得版面整齐美观。

❶ 打开随书光盘中的“素材 \ch02\ 图像对齐 .pptx”文件。

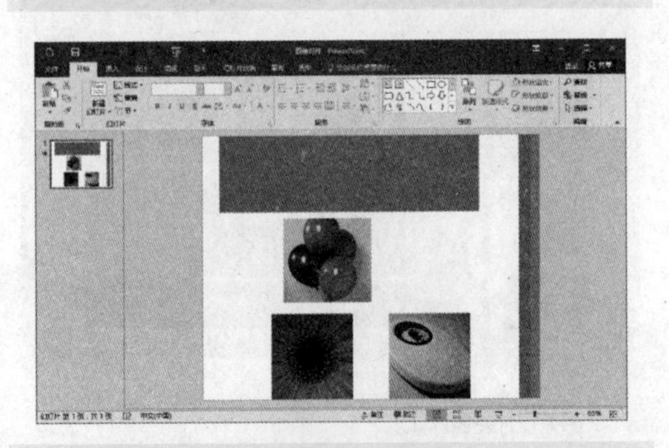

❷ 单击【视图】选项卡【显示】组右下角的【网格设置】按钮，在弹出的【网格和参考线】对话框中选中【对齐】区域的【对象与网格对齐】复选框和【参考线设置】区域的【屏幕上显示绘图参考线】复选框，并对间距进行设置。

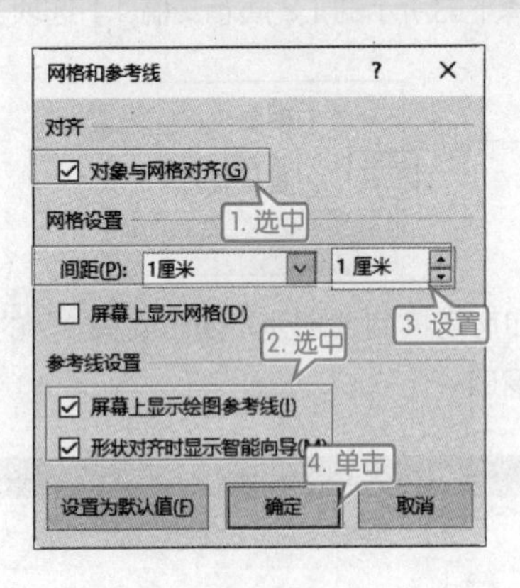

❸ 单击【确定】按钮，【幻灯片】窗格视图中就会显示出十字参考线。

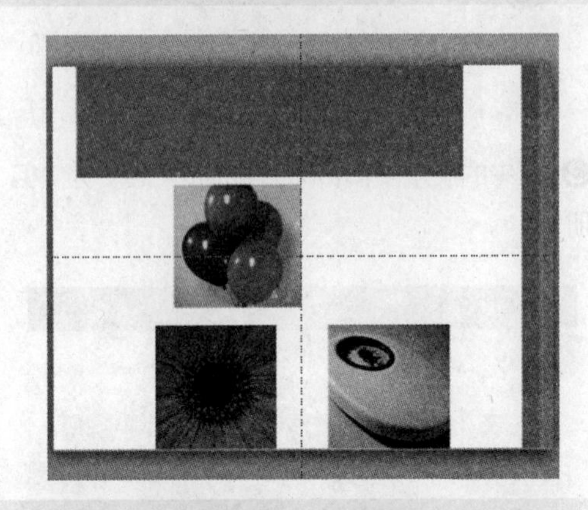

❹ 选中【幻灯片】窗格中的气球图像，并拖动至十字参考线附近。此时，选中的图像会被自动吸附到参考线的位置。

第2篇

设计篇

第4章 PPT高手的设计理念

第5章 文本的输入与编辑

第6章 设计图文并茂的PPT

第7章 图形和图表的使用

第8章 模板与母版

第4章 PPT 高手的设计理念

本章视频教学录像：14 分钟

高手指引

想要制作出一个优秀的 PPT，不仅要熟练运用 PPT 软件，还要学一学高手的设计理念，如了解 PPT 的制作流程、设计一个好的 PPT 的构思以及巧妙安排内容等。

重点导读

- 了解 PPT 最佳制作流程
- 掌握 PPT 的完整结构
- 熟悉 PPT 的高手设计理念

4.1 PPT 制作的最佳流程

本节视频教学录像：3 分钟

PPT 的制作，不仅靠技术，更要靠创意和理念。以下是制作 PPT 的最佳流程，掌握了基本操作之后，依照这些流程进一步融合独特的想法和创意，可以让我们制作出令人惊叹的 PPT。

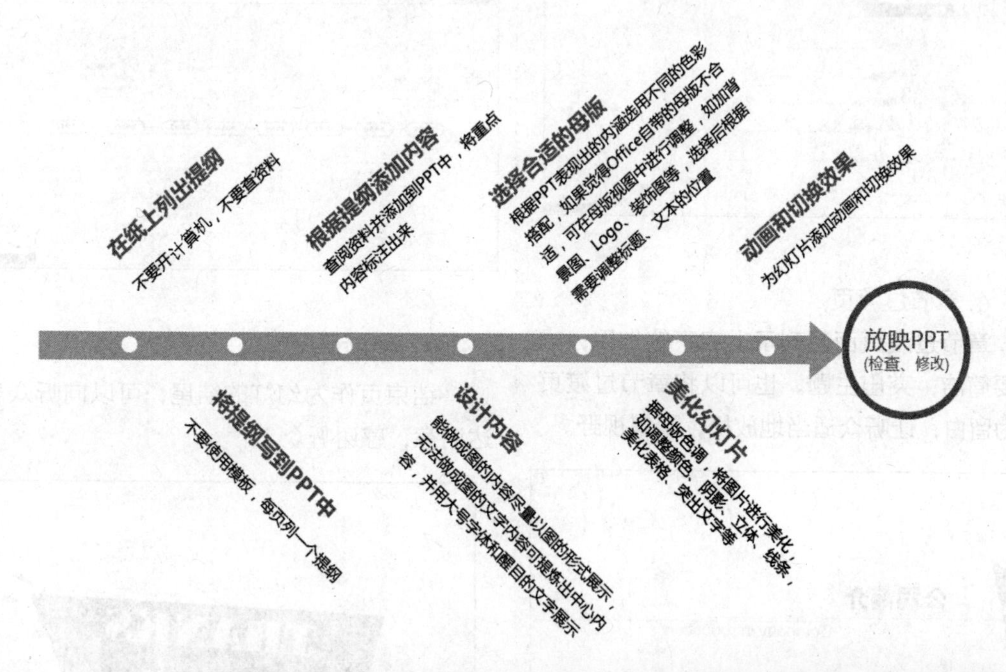

4.2 PPT 的完整结构

本节视频教学录像：3 分钟

一份完整的 PPT 主要包括首页、引言、目录、章节过渡页、正文、结束页等。

1. 首页

首页是幻灯片的第一个页面，用于显示该幻灯片的名称、作用、目的、作者以及日期等信息。下图所示的幻灯片首页显示幻灯片的名称以及作用。

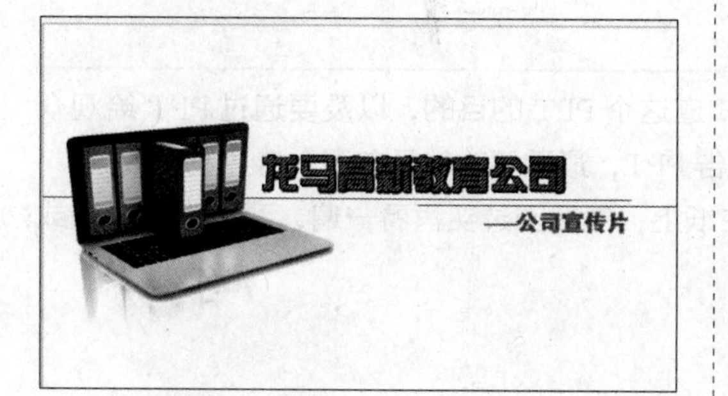

2. 引言页面

引言页面可用于介绍企业 LOGO、宣传语以及其他非正文内容的文本，让听众对幻灯片有大致的了解。下图所示的引言页面就显示了企业的 LOGO 以及宣传语。

3. 目录页面

目录页面主要列举 PPT 的主要内容，可以在其中添加超链接，便于从目录页面进入任何其他页面。

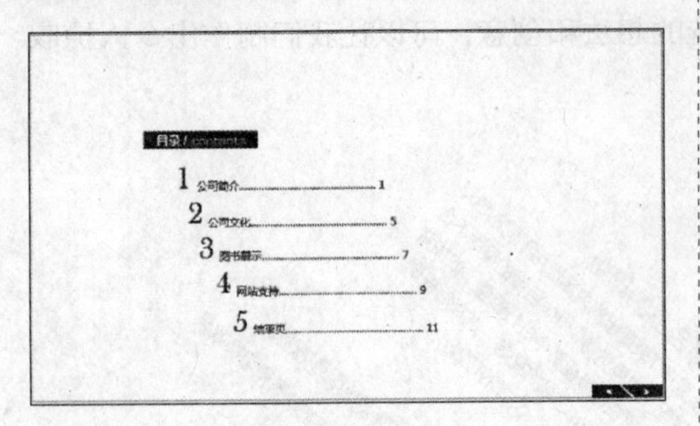

4. 章节过渡页

章节过渡页面起到承上启下的作用，内容要简洁，突出主题。也可以将章节过渡页作为留白，让听众适当地放松，聚集视野。

5. 正文

正文页面主要显示每一章节的主要部分，可以使用图表、图形、动画等吸引听众注意力，切忌不可使用大量文字，防止听众视觉疲劳。

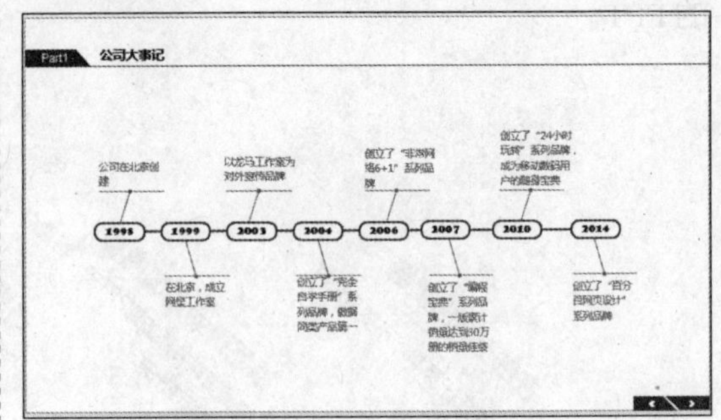

6. 结束页

结束页作为幻灯的结尾，可以向听众表达谢意，感谢听众。

4.3 PPT 的高手设计理念

本节视频教学录像：6 分钟

如果需要使用 PPT 传达大量的信息，就需要考虑如何将重点内容展现在 PPT 中，然后再考虑如何更好地展现出这些重点，以使观众轻松观看。这就是 PPT 高手的设计理念。

4.3.1 从构思开始

制作 PPT 前，先要理清头绪，要清楚地知道这个 PPT 的目的，以及要通过 PPT 给观众传达什么样的信息。例如，要制作一个业绩报告 PPT，最重要的就是向观众传达业绩数据。

清楚了要表达的内容后，先将这些记录在纸上，然后回过头再看一遍，看有没有遗漏或者不妥的内容。务必要深入构思，清晰整理。

4.3.2 体现你的逻辑

如果你的逻辑思维混乱，就不可能制作出条理清晰的 PPT，观众看到后也会一头雾水、不知所云。所以 PPT 中内容的逻辑性非常重要，这是 PPT 的灵魂。

制作 PPT 前，在梳理 PPT 观点时，如果有逻辑混乱的情况，可以尝试使用金字塔原理来创建思维导图。

“金字塔原理”是在 1973 年由麦肯锡国际管理咨询公司的咨询顾问巴巴拉·明托（Barbara Minto）发明的，旨在阐述写作过程的组织原理，提倡按照读者的阅读习惯改善写作效果。因为主要思想总是从次要思想中概括出来的，文章中所有思想的理想组织结构也就必定是一个金字塔结构——由一个总的思想统领多组思想。在这种金字塔结构中，思想之间的联系方式可以是纵向的（即任何一个层次的思想都是对其下面一个层次思想的总结），也可以是横向的（即多个思想因共同组成一个逻辑推断式，而被并列组织在一起）。

金字塔原理图如下图所示。

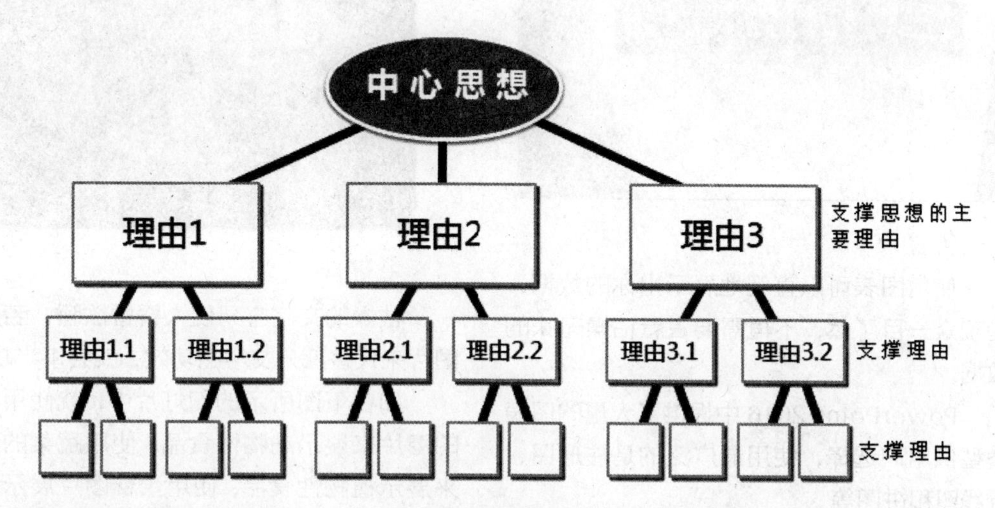

在理清 PPT的制作思路后，可以运用此原理将要表现内容的提纲列出来，并在 PPT 中做成目录和导航的形式，使观众也能快速地明白你的意图。

4.3.3 更好地展示主题

在理清 PPT 的制作思路后，可以运用此原理将要表现内容的提纲列出来，并在 PPT 中做成目录和导航的形式，使观众也能快速地明白你的意图。

PPT 中内容的展示原则是“能用图，不用表；能用表，不用字”，所以要尽量避免大段的文字和密集的数据，将这些文字和数据尽可能地使用图示、图表和图片展示出来。

1. 图示

PowerPoint 2016 中提供了大量美观的 SmartArt 图形，可以使用这些图形展示出列表、流程、循环、层次结构、关系、矩阵、棱锥图、图片等形式，如下图所示，也可以将插入 PPT 中的图片直接转换为上述这些形式。

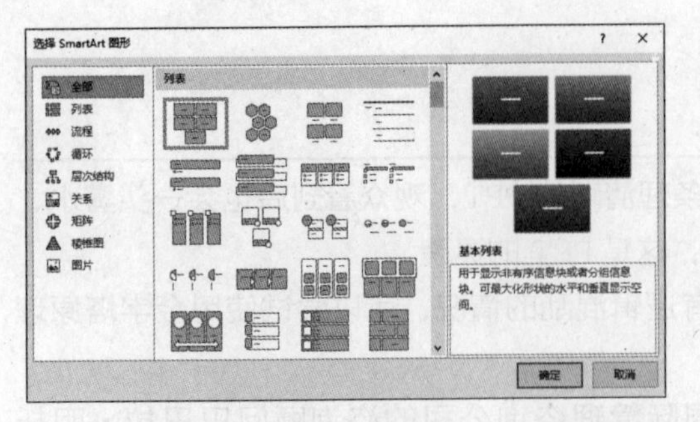

下图所示的幻灯片就使用了流程类型的SmartArt 图形来展示高效沟通的步骤。

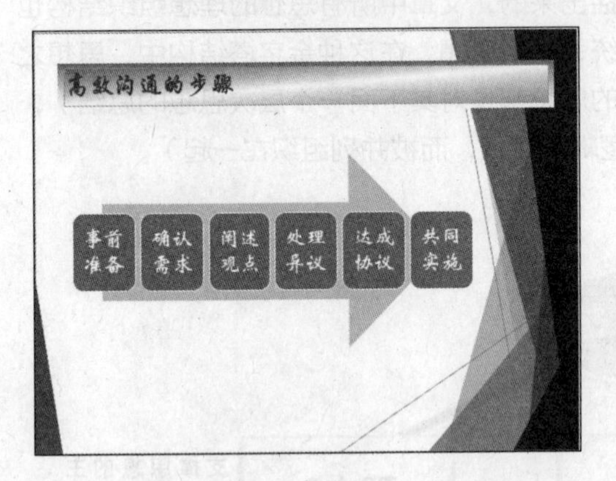

2. 图表

使用图表可以直观地展示出你的数据，使观众一目了然，不再需要去看枯燥无味的数据。

PowerPoint 2016 中提供了大量的图表类型供用户选择，使用最广泛的是柱形图、折线图和饼图等。

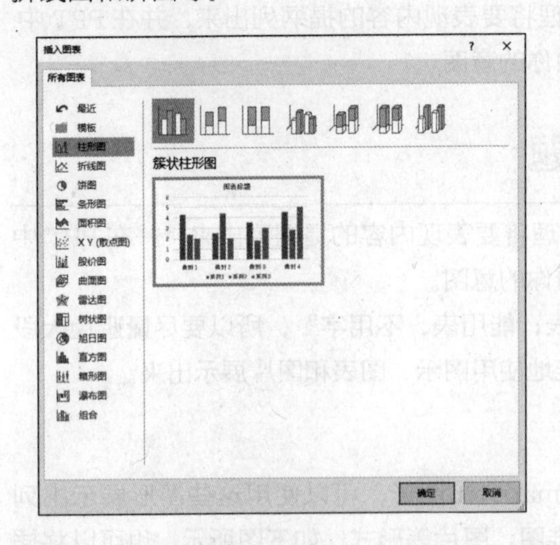

在使用图表时，要根据数据的类型和对比方式来选择图表的类型，如果使用了不合适的图表，反而会使演示的效果大打折扣。如柱形图通常用来表现同一时期不同种类的数据对比情况，折线图通常用来展示数据的上下浮动情况，饼图通常用来展示部分与整体、部分与部分之间的关系。

下图为使用饼图来展示各个地区的销售情况，从此图表中，可以看出各地区之间的销售对比情况，也能看出地区在整体中所占的比例。

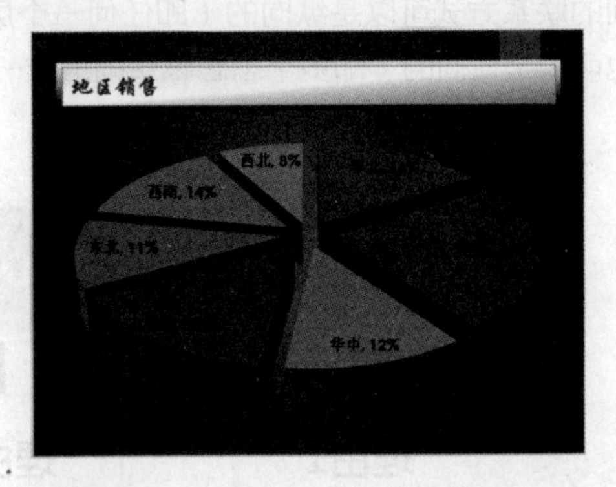

3. 图片

枯燥的文字容易使人昏昏欲睡，若使用图片来代替部分文字的功效，就会事半功倍。

如在下图所示的幻灯片中，就使用了牛的图片来展示动物性食品，使用蔬菜的图片来展示植物性食品，使用蛋糕图片展示食品的制品,这比使用纯文字更能吸引观众的注意。

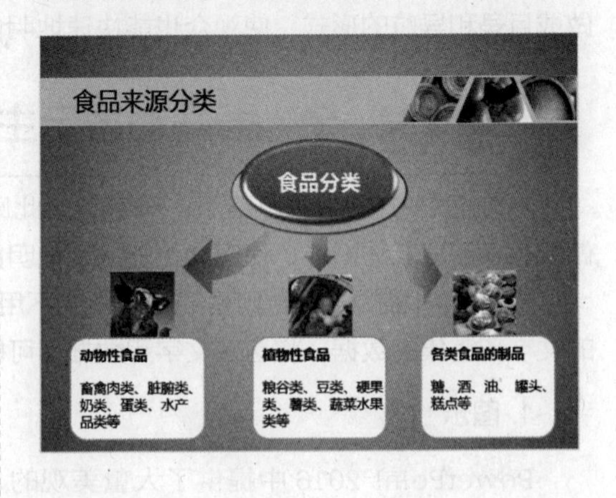

在 PowerPoint 2016 中，通过【联机图片】功能，可以搜索到网络图片、云端存储的图片等，要充分利用这些手边的素材，使自己的 PPT 内容更加丰富。

4.3.4　简洁而不简单

有些 PPT 中的内容，观众即使从头到尾、认认真真地观看，也难以从中找出重点。这是因为 PPT 中的文字内容太多、重点太多，反而体现不出来主要的、作者想表达的思想。可以通过下面的方法在 PPT 中展示出重点内容。

1. 只展示出中心思想，以少胜多

下图所示的幻灯片中，以大字体、不同的颜色来展示出所要表达的中心思想，这比长篇大论更容易让人接受。

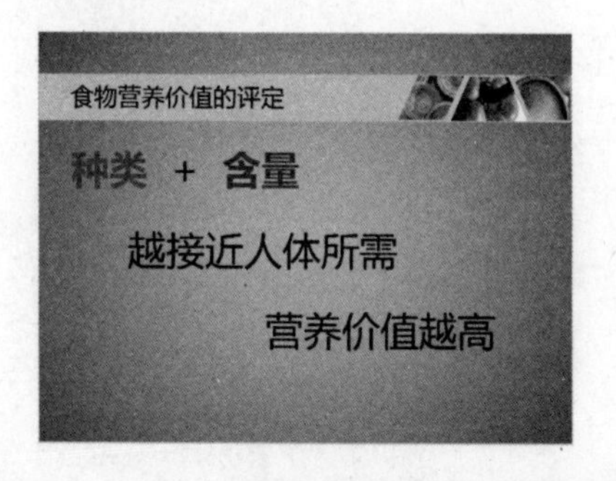

2. 使用颜色及标注吸引观众注意

在比较多的文字或数据中，观众需要看完才能了解到重点。在制作 PPT 时，不妨将这些重要的信息以不同的颜色、不同的字号或者使用标注重点突出出来,使观众一目了然。

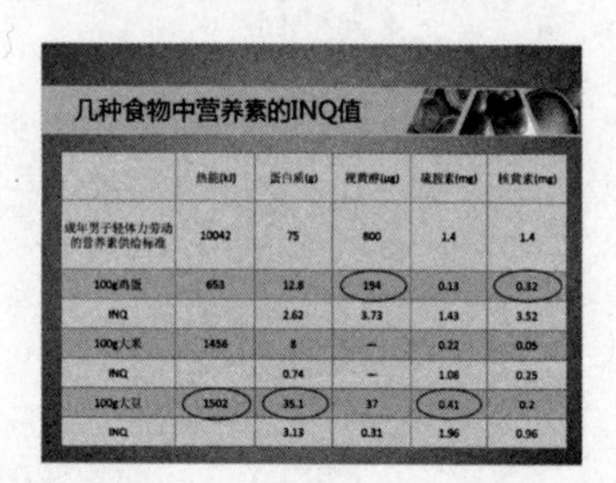

	热能(kJ)	蛋白质(g)	视黄醇(μg)	硫胺素(mg)	核黄素(mg)
成年男子轻体力劳动的营养素供给标准	10042	75	800	1.4	1.4
100g鸡蛋	653	12.8	194	0.13	0.32
INQ		2.62	3.73	1.43	3.52
100g大米	1456	8	–	0.22	0.05
INQ		0.74	–	1.08	0.25
100g大豆	1502	35.1	37	0.41	0.2
INQ		3.13	0.31	1.96	0.96

4.4　排版提升 PPT

本节视频教学录像：2 分钟

很多演示文稿中整张的幻灯片版面上都是密密麻麻的文字，让观众看起来非常辛苦。

要想在现有的内容中提升 PPT 的观众穿透力，其中最重要的就是排版。

1. 留白是体现段落感的最好方法

如果直接将 Word 文档中的文字复制到幻灯片中，而不加任何修饰，这是行不通的。最基本的做法，是适当地对文本内容进行分段。

分段就是把大段文字切成小段文字，段与段之间留出足够的空白，这样就算是你的文字比较多，看上去也不会太难看。

2. 要提炼文本关键字

与 Word 文档相比，PowerPoint 就是要突出那些重点关键词。每个幻灯片的标题应该是结论性的能够高度概括本页中心思想的一句话。

另外，提炼出关键词之后，要适当地用大字号显示并且单独列出来，作为小标题。这样幻灯片看上去会更专业。

3. 选择适当的字体和字号

排版时同一类的内容尽量使用同样的字体和字号，一方面可以让读者快速了解内容的层次关系，另一方面也可以使版面看起来更加整齐。

4. 在幻灯片中插入图片

幻灯片上全是文字，很容易让读者厌倦。这时候可以加入与文字内容相关的图片，让整个版面更容易被人接受。

除了图片外，也可以使用图表、形状等代替文字，让数据类内容更清晰。

第5章

文本的输入与编辑

本章视频教学录像：1 小时

高手指引

本章主要介绍PowerPoint 2016中文本的输入及编辑方法，包括设置文字字体、字号、文本段落及添加项目符号和编号等方法，通过这些基本知识的学习，使读者能更好地进行演示文稿的制作。

重点导读

- 熟悉使用文本框的方法
- 掌握文本输入的方法
- 熟悉文字的设置方法
- 段落设置
- 项目符号和编号的使用

5.1 文本框的操作

本节视频教学录像：12 分钟

文本框是一个对象，在文本框中可以输入文本。本节主要介绍插入、复制和删除文本框，以及设置文本框样式的操作方法。

5.1.1 插入、复制和删除文本框

本小节中将分别介绍插入文本框、复制文本框和删除文本框的具体操作方法。

1. 插入文本框

插入文本框的具体操作方法如下。

❶ 单击【插入】选项卡➤【文本】组➤【文本框】按钮，从中选择要插入的文本框为横排文本框或垂直文本框。

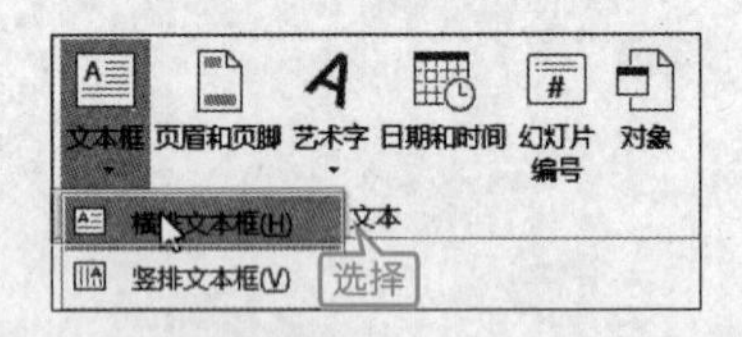

❷ 如选择横排文本框后，在幻灯片中单击，然后按住鼠标左键并拖动鼠标指针按所需大小绘制文本框。

❸ 松开鼠标左键后显示出绘制的文本框。可以在其中直接输入需要添加的文本。

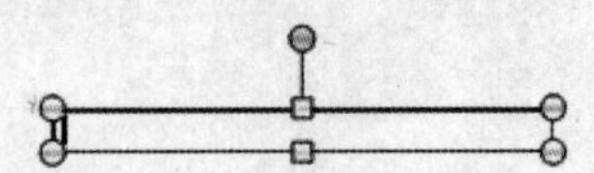

❹ 若要确定文本框的位置，可以单击该文本框，然后在指针变为✛时，将文本框拖到新位置即可。

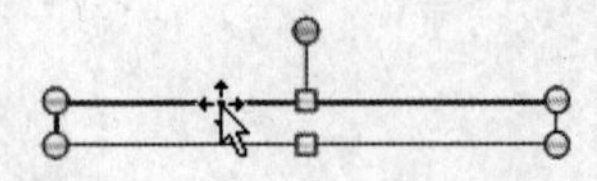

2. 复制文本框

复制文本框的具体操作方法如下。

❶ 单击要复制的文本框的边框，使文本框处于下图所示的选中状态。

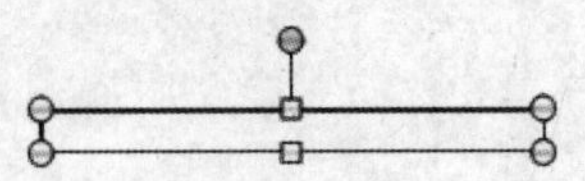

❷ 单击【开始】选项卡【剪贴板】组中的【复制】按钮。

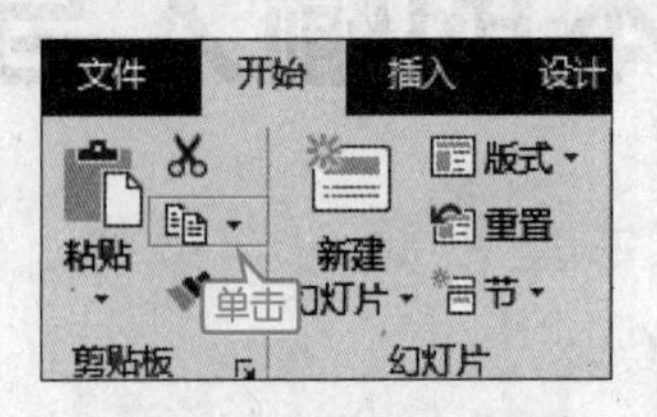

> **提示** 请确保指针不在文本框内部，而是在文本框的边框上。如果指针不在边框上，则单击【复制】按钮后复制的是文本框内的文本，而不是文本框。

❸ 单击【开始】选项卡【剪贴板】组中的【粘贴】按钮，系统自动完成文本框的复制操作。

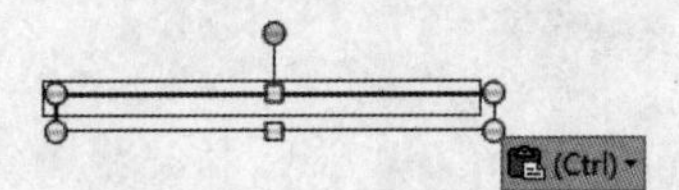

❹ 将鼠标指针放置到选中状态的复制文本框边框，在指针变为✛时，将文本框拖动到适当的位置。

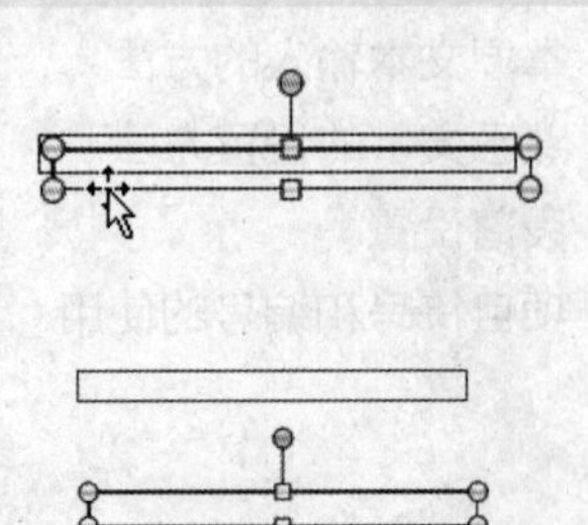

> **提示**　除了上面介绍的复制、粘贴外，还可以通过快捷键【Ctrl+C】进行复制，然后按【Ctrl+V】进行粘贴。也可以选中文本框，然后按住【Ctrl】键，当出现 时按住鼠标左键将文本框拖动至合适的位置也可以进行复制。

3. 删除文本框

要删除多余或不需要的文本框，可以先单击要删除的文本框的边框以选中该文本框，然后按【Delete】键即可。

> **提示**　删除文本框时要确保指针不在文本框内部，而是在文本框的边框上。如果指针不在边框上，则按【Delete】键会删除文本框内的文本，而不会删除文本框。

5.1.2 设置填充和轮廓

轮廓是文本框的边框，而填充是文本框的中心。两者都可以有自己独立的格式，例如，可以应用无填充、实线边框，或者也可以反过来，无边框实心填充。可以将"格式"选项卡中的预设"形状样式"之一同时应用于二者，也可以利用"格式"选项卡上它们各自的菜单单独调整。创建文本框后自动弹出【格式】选项卡，单击【格式】选项卡，文本框的填充和轮廓在该选项板的【形状样式】组中，如下图所示。

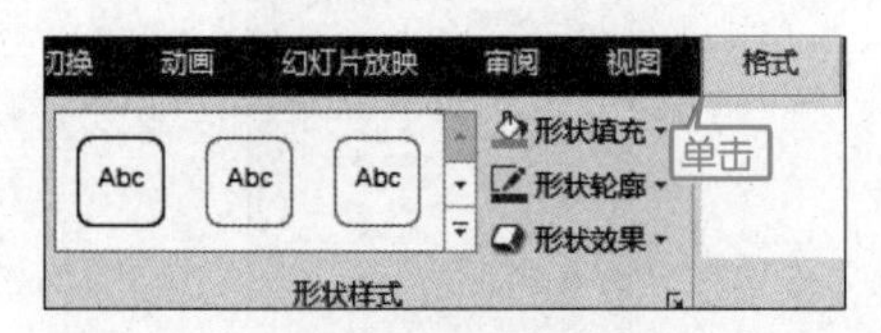

通过【设置形状格式】对话框可以对文本框进行填充、线条颜色、线型、大小和位置等设置。

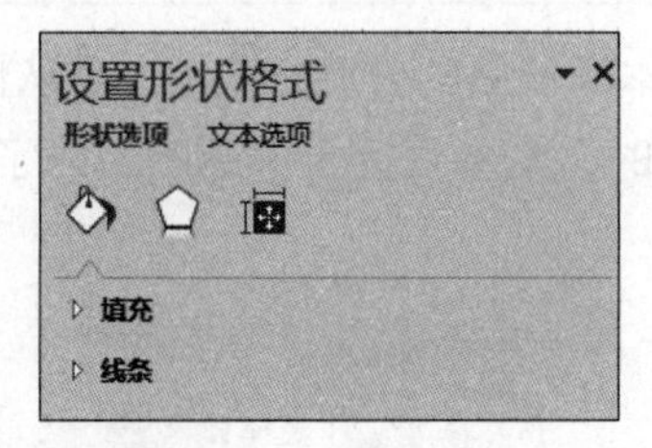

1. 设置填充

单击【设置形状格式】对话框中的【填充】选项，可以选中对话框右侧显示的【填充】下的各单选按钮对文本框进行相应形式的填充设置。填充的方式如下图所示。

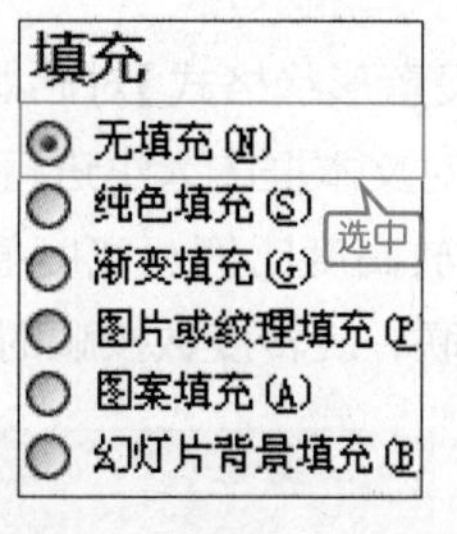

选中不同的单选按钮，下方会显示不同设置选项，进行相应的设置即可完成对文本框的填充。

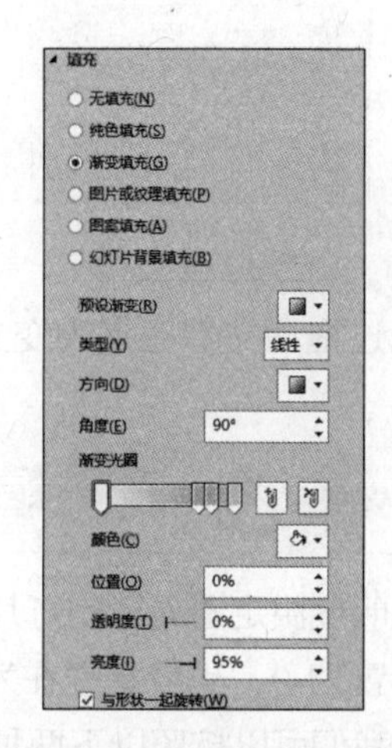

2. 设置线条文本框颜色和线型

单击【设置形状格式】对话框中的【线条】选项，同样可以通过选择不同的选项对文本框边框的线条颜色、线条线型进行相应的设置。线条包括无线条、实线和渐变线 3 种设置方式。当选择【实线】单选按钮时，可以对线条的颜色、透明度、宽度、复合类型、短画线类型、端点类型、联接类型及箭头前末端类型和大小等进行相应的调整。

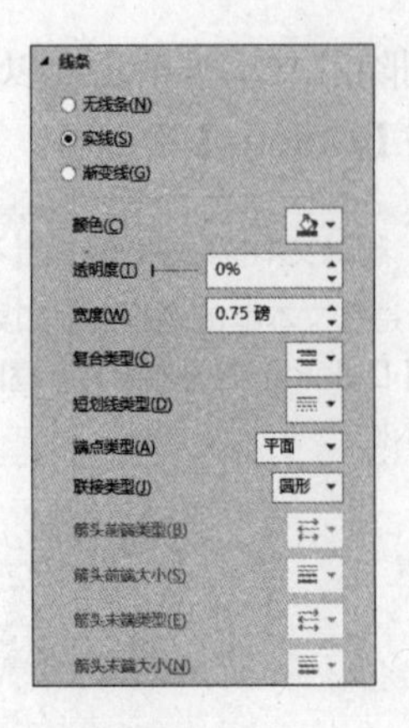

3. 设置文本框大小

单击【设置形状格式】对话框中的【大小】选项，可以对文本框的大小进行设置，其中，高度值与缩放高度比例、宽度值与缩放宽度比例相互关联，旋转度数按顺时针旋转。

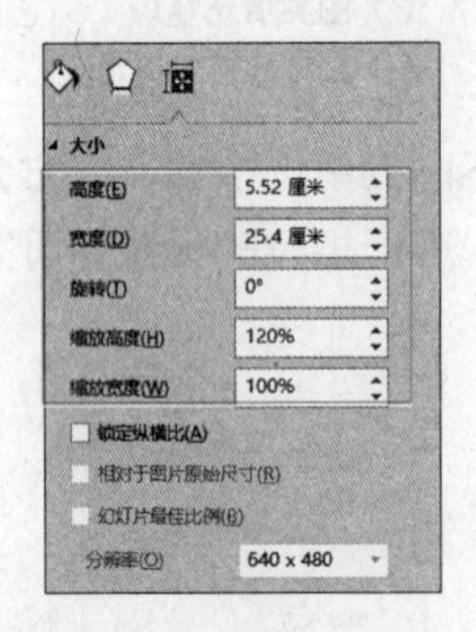

4. 设置文本框位置

除了通过拖动文本框来改变文本框的位置外，也可以单击【设置形状格式】对话框中的【位置】选项对文本框所处的位置进行相应的设置。

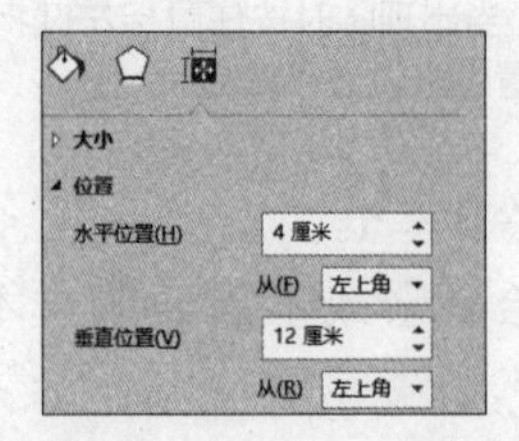

在【水平】和【垂直】文本框中直接输入数值，可以直接确定文本框在幻灯片上的位置。

5. 设置文本框

单击【设置形状格式】对话框中的【文本框】选项，可以确定文本的文字版式、文本距离文本框的边距，以及可以根据文本内容多少直接自动调整文本框的形状和大小。

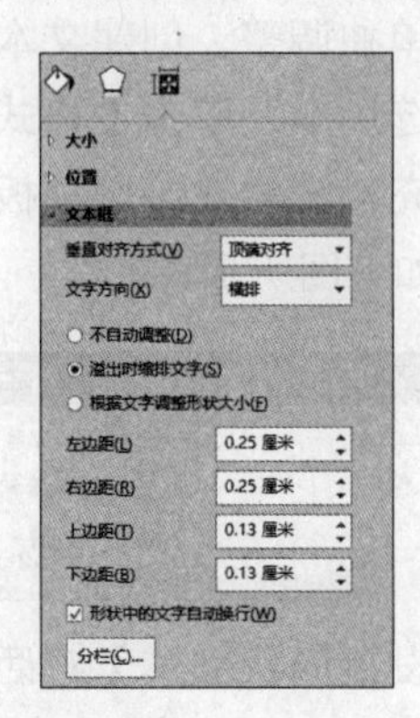

5.1.3 设置填充透明度

填充透明度决定着看透幻灯片背景的程度（或在文本框背后的分层方式）。默认情况下，透明度被设置为 0，也就是说在为文本框指定某一填充时，文本框完全不透明。为了设置填充透明度，我们可以按照以下两种方法。

1. 通过【设置形状格式】填充

右键单击文本框，然后选择【设置形状格式】选项，或者按照 3.1.2 节的打开方式打开【设置形状格式】，然后单击【填充】，选择一种带透明度的填充类型，拖动“透明度”滑块，或者在其文本框中输入一个百分比。

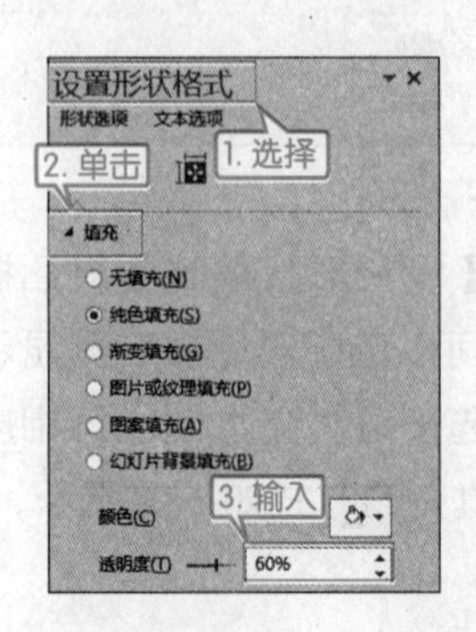

> **提示**　渐变填充，必须为每一渐变光圈分别设置透明度。（光圈是渐变光中的一种）。设定“渐变光圈”下拉列表为“光圈 1”、调整透明度，设定它为“光圈 2”，调整透明度，依次类推。

2. 使用【形状填充】选项填充

与第一种方法相比，这一种方法仅适用于应用纯色时，单击文本框，单击“绘图工具”下的【格式】➤【形状填充】选项，在弹出的下拉菜单中选择一种颜色进行填充。

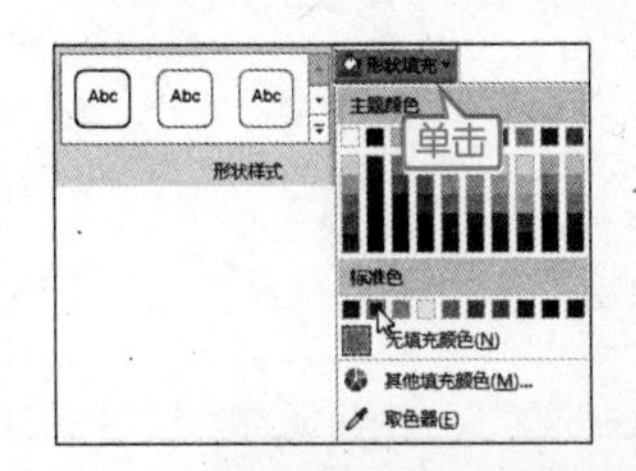

如果选择【其他填充颜色】，则弹出【颜色】对话框，单击【标准】选项卡，可以设置其他标准色，或单击【自定义】选项卡，自行设置填充颜色。

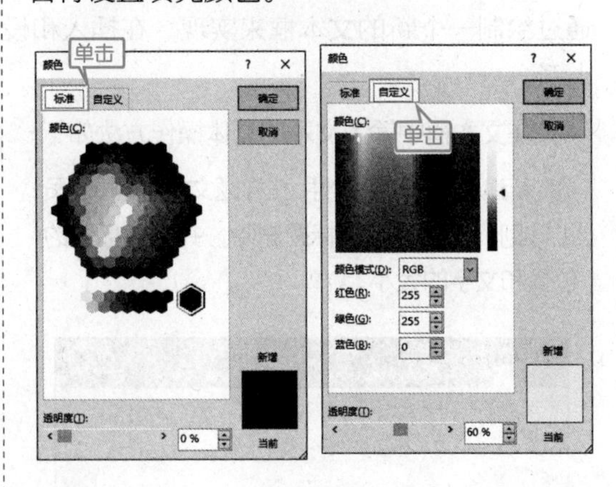

5.2 文本的输入

本节视频教学录像：8 分钟

本节主要介绍输入标题和正文，在文本框中输入文本、符号及公式等的操作方法。

5.2.1 输入标题和正文

在普通视图中，幻灯片会出现“单击此处添加标题”或“单击此处添加副标题”等提示文本框，这种文本框统称为【文本占位符】。

在【文本占位符】中输入文本是最基本、最方便的一种输入方式。

❶ 单击【幻灯片】窗格中的【文本占位符】。

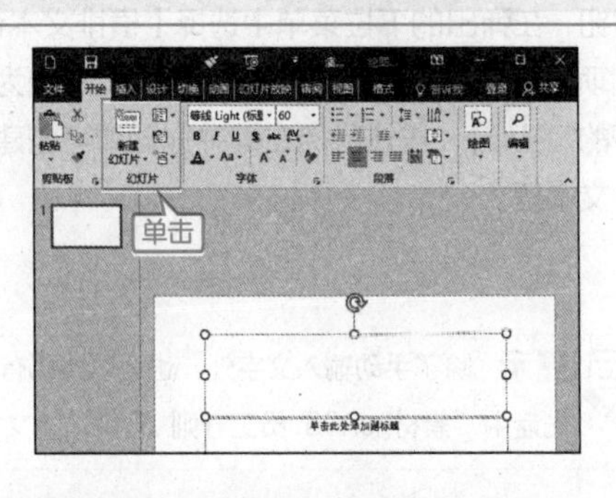

❷ 输入文本“有志者事竟成”，输入的文本会自动替换【文本占位符】中的提示性文字。

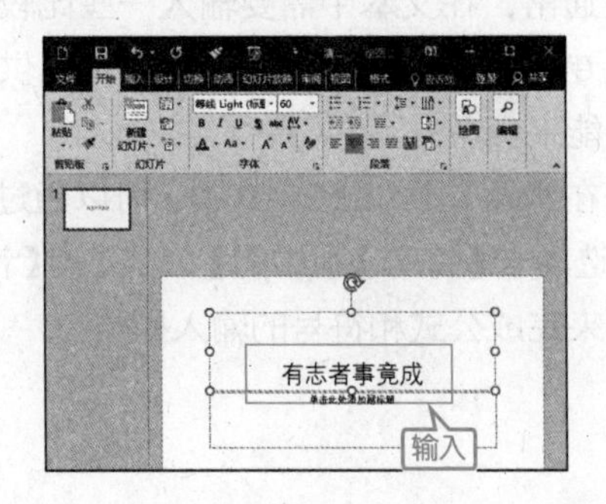

5.2.2 在文本框中输入文本

幻灯片中【文本占位符】的位置是固定的，如果想在幻灯片的其他位置输入文本，可以通过绘制一个新的文本框来实现。在插入和设置文本框后，就可以在文本框中进行文本的输入了。

在文本框中输入文本的具体操作方法如下。

❶ 新建一个.pptx文件，在标题文本框输入“员工守则”，然后将副标题删除，并调节标题的位置和文字的大小。

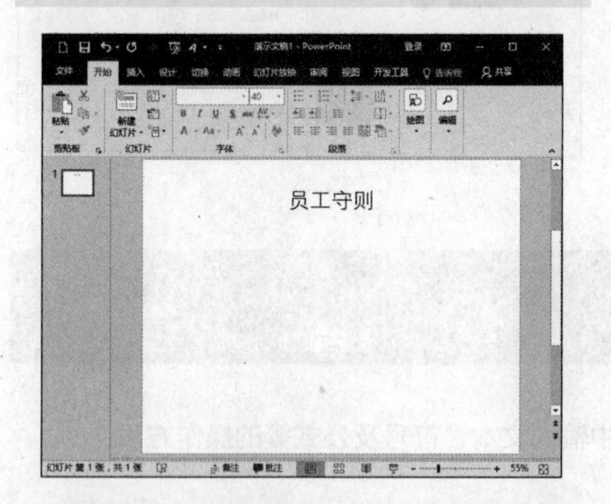

❷ 单击【插入】选项卡【文本】组中的【文本框】按钮，在弹出的下拉菜单中选择【横排文本框】选项，将光标移动到幻灯片中，当光标变为向下的箭头时，按住鼠标左键并拖动即可创建一个文本框。

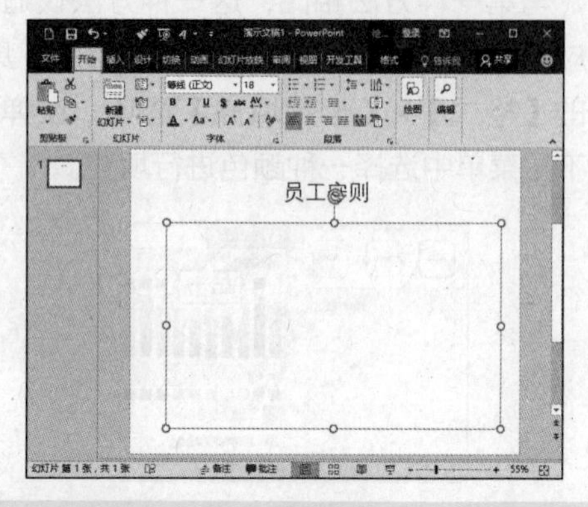

❸ 单击文本框就可以直接输入文本，并对文本的段落和文字大小进行调整，如下图所示。

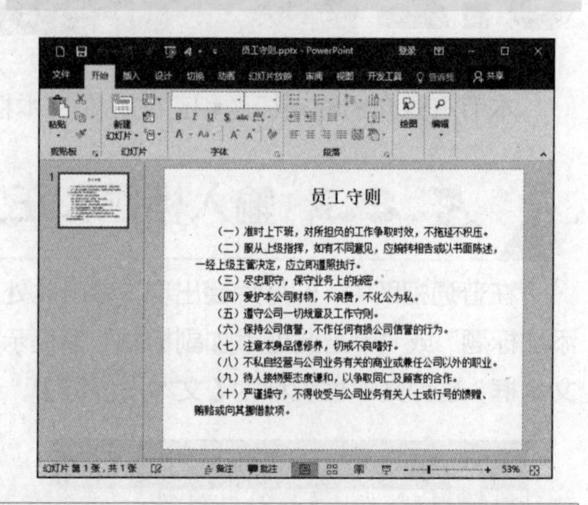

提示 除了手动输入文字外，也可以将已有的文本内容复制到相应的文本框，例如本例中就可以将随书附带光盘中“素材\ch05\员工守则.TXT”的文字内容直接复制过来。

5.2.3 输入符号

通常，在文本中需要输入一些比较个性或是专业用的符号，可以利用软件提供的符号功能来实现。

在 PowerPoint 2016 中，可以通过【插入】选项卡【符号】组中的【公式】和【符号】选项来完成公式和符号的输入操作。

输入符号的具体操作方法如下。

❶ 打开随书光盘中的“素材\ch05\企业文化

手册 .pptx”文件，将光标定位于文本内容的第 1 行开头，单击【插入】选项卡【符号】组中的【符号】按钮。

❷ 弹出【符号】对话框，在【字体】下拉列表中选择【Wingdings】选项，然后选择需要使用的字符，单击【插入】按钮。

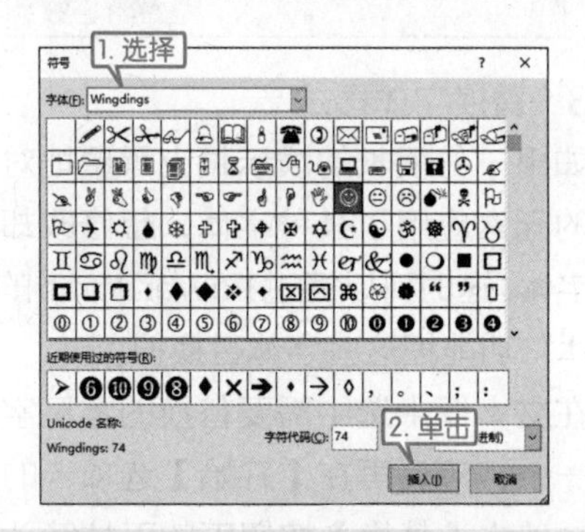

❸ 完成插入后，【取消】按钮显示为【关闭】按钮，单击【关闭】按钮即可关闭【符号】对话框，在编辑区可以看到新添加的符号。

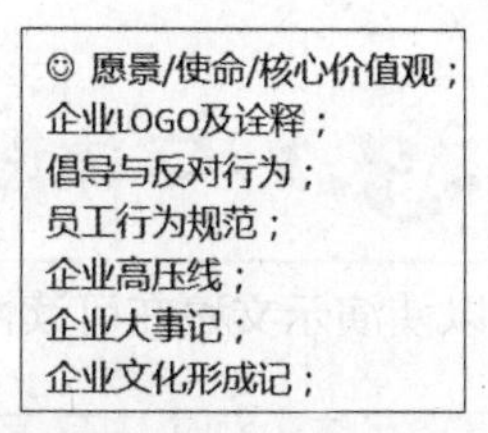

❹ 按照步骤❶～❷的操作，继续在其他各行的开头插入符号，最终效果如下图所示。

提示 如果插入的符号相同或近期使用过，也可以直接在【符号】对话框的【近期使用过的符号】区域中选择直接插入。

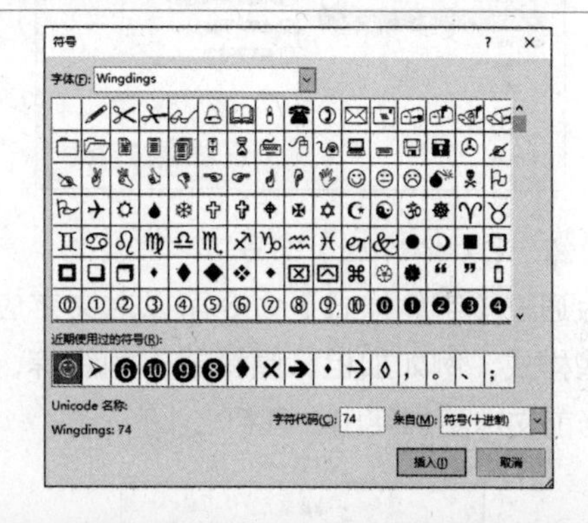

5.3 文本字体设置

本节视频教学录像：10 分钟

选中要设置的文字后，可以在【开始】选项卡【字体】组中设定文字的大小、样式和颜色等。

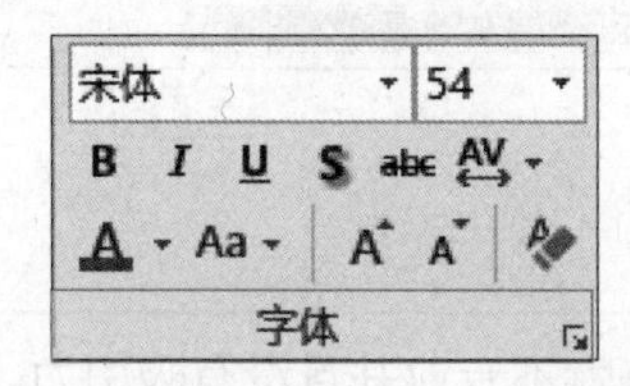

也可以单击【字体】组右下角的小斜箭头，打开【字体】对话框，对文字进行设置。

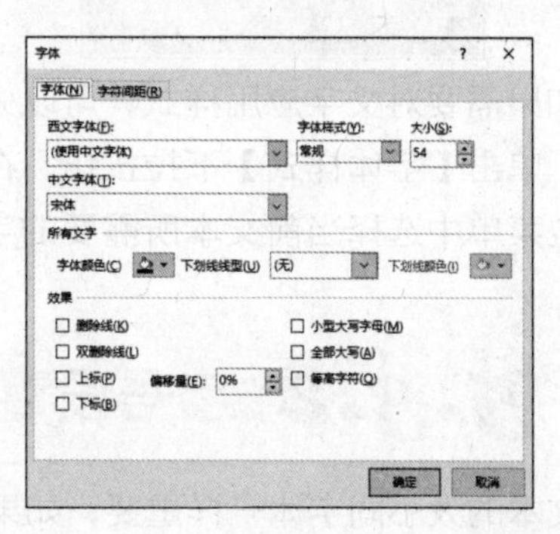

本节主要介绍对文字的字体和颜色进行设置的方法。

5.3.1 字体设置

字体可以使演示文稿在可读性和感染力方面有很大差别，因此选择合适的字体非常重要。

1. 【西文字体】和【中文字体】命令

PowerPoint 默认的字体为宋体，读者如果需要对字体进行修改，可以在【开始】菜单下字体组中单击按钮，会出现一个字体对话框，单击【西文字体】或【中文字体】命令，在下拉菜单中选择当前文本所需要的字体类型。

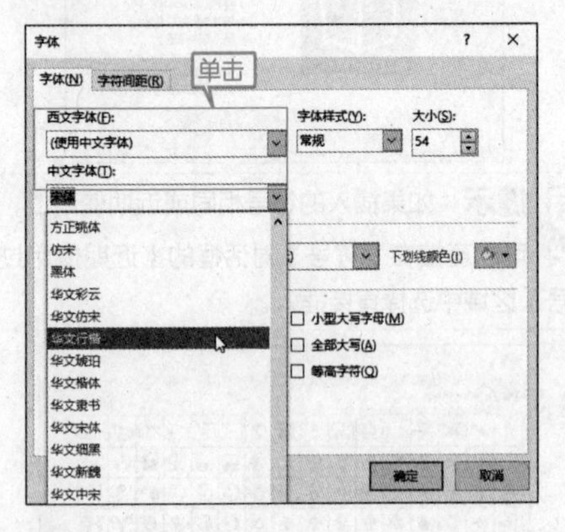

2. 【字体样式】命令

通过【字体样式】命令可以对文字应用一些样式，例如加粗、倾斜或下画线等，可使当前文本更加突出、醒目。

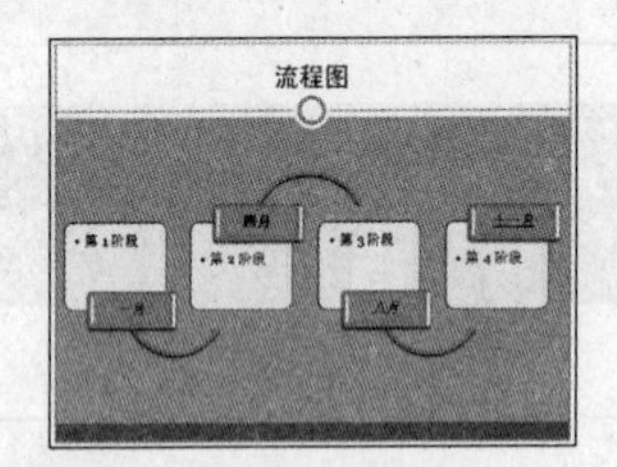

如果需要对文字应用样式，可以先选中文本，单击【字体样式】下拉按钮，在弹出的下拉菜单中选择当前文本所需要的字体样式即可。

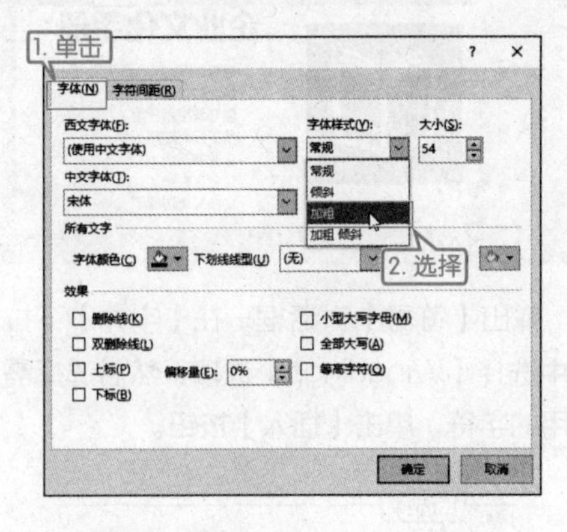

3. 替换字体样式

如果一份很长的演示稿上零星地对某些特殊的元素应用了某种字体，想修改却没有这种字体，这时可以通过PowerPoint 的“替换字体”功能把这些字体替换掉。

在文本框中选中需要替换的零星字体的其中一个，然后再在【开始】选项卡的编辑组中，单击【替换】按钮下的下拉箭头并选择“替换字体”，出现【替换字体】对话框，然后在“替换为”选项下单击下拉按钮选择需要替换为的类型。

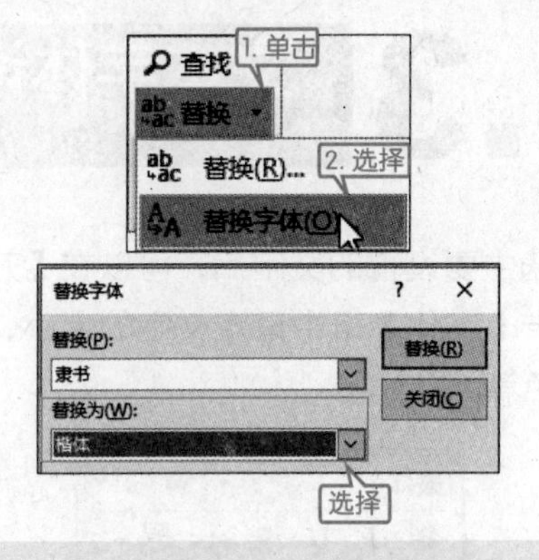

5.3.2 字号设置

文本的大小同字体一样重要，如果文本太大，看上去就不专业并且没有吸引力，但如果太小，坐在后排的人就看不清楚，因此，字号的设置需要根据演示的环境而定。

❶ 如果需要对文字的大小进行设定，可以在【开始】菜单下字体组中单击 按钮，会出现一个字体对话框，在【大小】文本框中输入精确的数值来确定当前文本所需要的字号。

❷ 也可以在【开始】选项卡字体组中的“字号”下拉列表中选择一个值，或者在输入框中输入一个值来直接调整字号的大小。

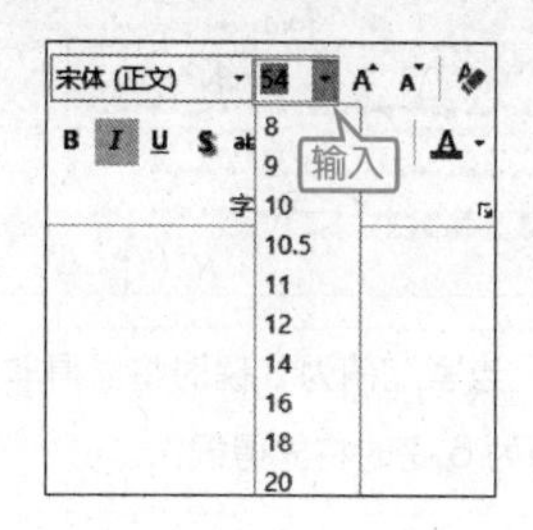

5.3.3 调整字符间距

字符间距是独立的字母之间间隔的量。可以调整这一间隔使文本框容纳更多或者较少的文字。字符间距会影响标题和正文文本的外观和可读性，下面通过具体案例来介绍普通、加宽以及紧缩之间的对比。

❶ 打开随书光盘中的“素材 \ch05\ 调整字符间距 .pptx”文件，并选中要调整间距的文字。

❷ 单击【开始】选项卡【字体】组右下角的 ，在弹出的【字体】对话框中选择【字符间距】选项卡，然后将间距设置为紧缩，并将度量值设置为 0.9 磅，如下图所示。

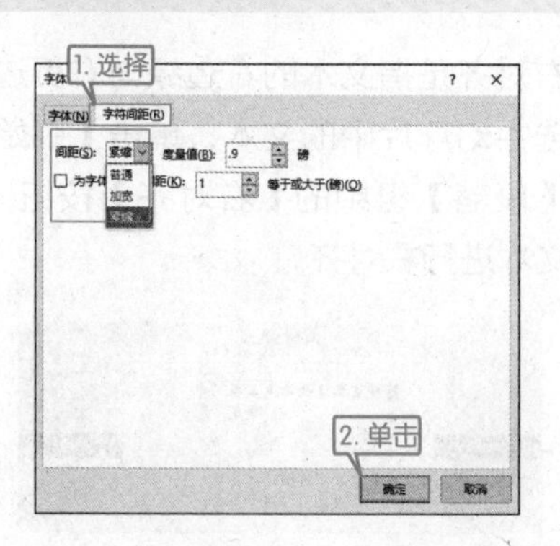

❸ 单击【确定】按钮，结果文字由三行变成了两行，如下图所示。

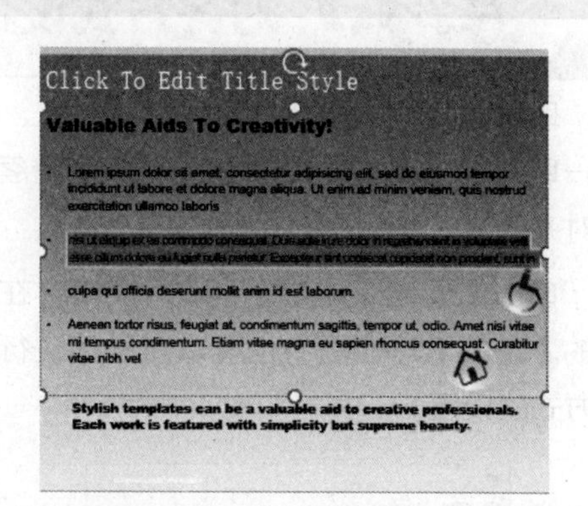

❹ 选中第三段文字，然后重复步骤❷，将间距设置为加宽，如下图所示。

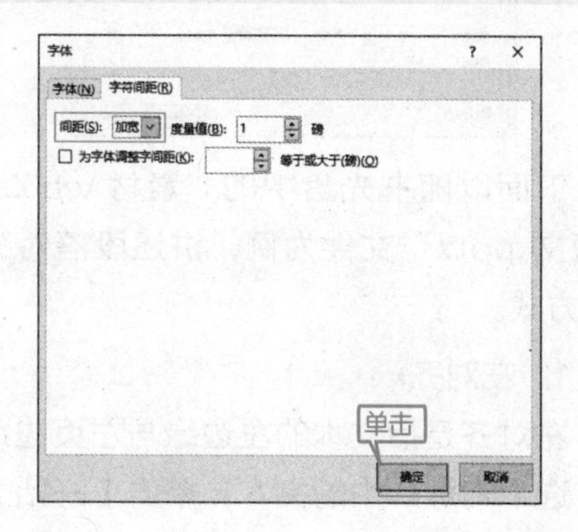

❺ 单击【确定】后结果如下图所示。

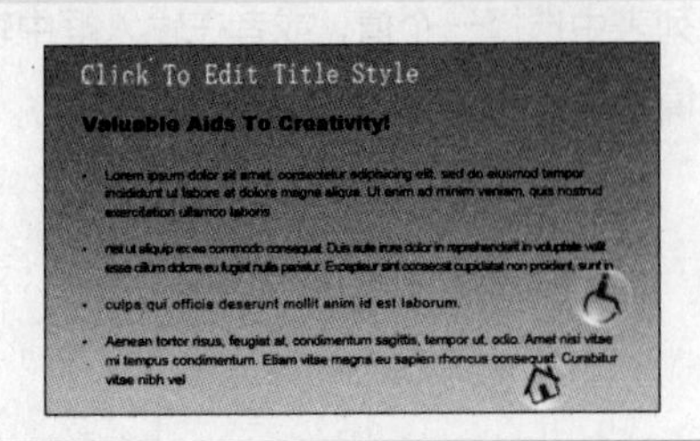

提示 当紧缩值为 3 磅时将显得非常紧密，当加宽值为 6 磅时将显得很松。

5.4 段落设置

本节视频教学录像：10 分钟

本节主要讲述设置段落格式的方法，包括对齐方式、缩进、间距与行距等方面的设置。对段落的设置主要是通过单击【开始】选项卡【段落】组中的各命令按钮来进行的。

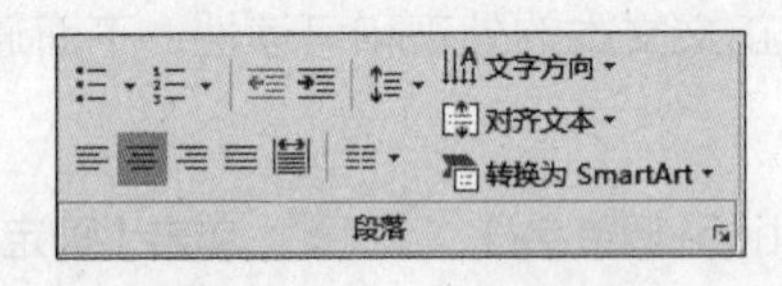

5.4.1 对齐方式设置

段落对齐方式包括左对齐、右对齐、居中对齐、两端对齐和分散对齐等。将光标定位在某一段落中，单击【开始】选项卡【段落】组中的【对齐方式】按钮，即可更改段落的对齐方式。

单击【段落】组右下角的按钮，在弹出的【段落】对话框中也可以对段落进行对齐方式的设置。

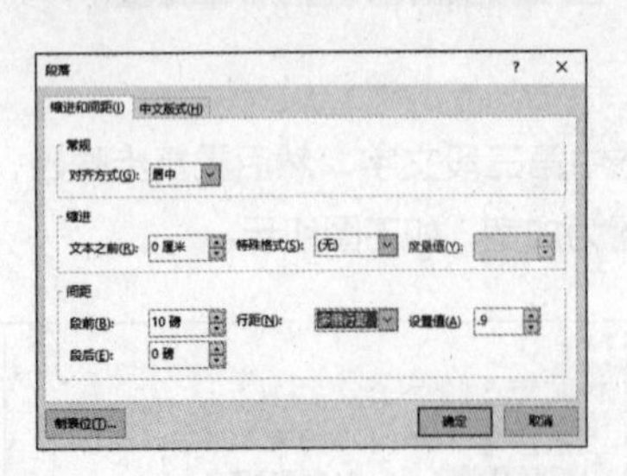

下面以随书光盘中的“素材 \ch05\ 阅读短文 .pptx”文件为例，讲述段落对齐的 5 种方式。

1. 左对齐

左对齐是指文本的左边缘与左页边距对齐。选中幻灯片中的文本，单击【开始】选项卡【段落】组中的【左对齐】按钮，即可将文本进行左对齐。

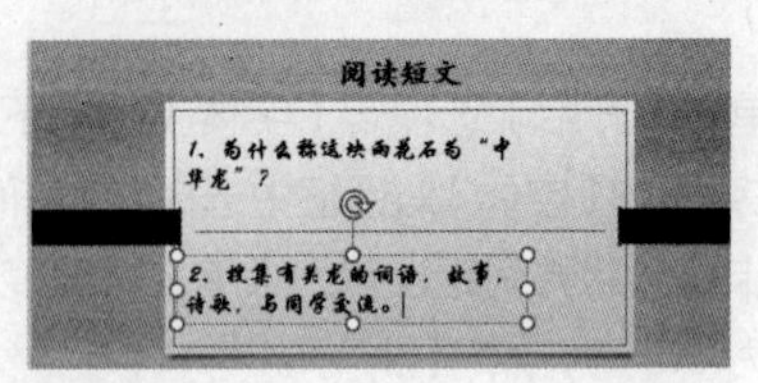

2. 右对齐

右对齐是指文本的右边缘与右页边距对齐。选中幻灯片中的文本，单击【开始】选项卡【段落】组中的【右对齐】按钮，即可将文本进行右对齐。

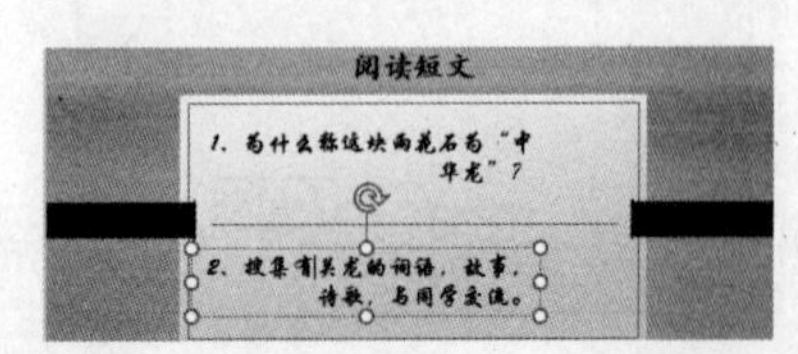

3. 居中对齐

居中对齐是指文本相对于页面以居中的方式排列。选中幻灯片中的文本，单击【开始】选项卡【段落】组中的【居中对齐】按钮，即可将文本进行居中对齐。

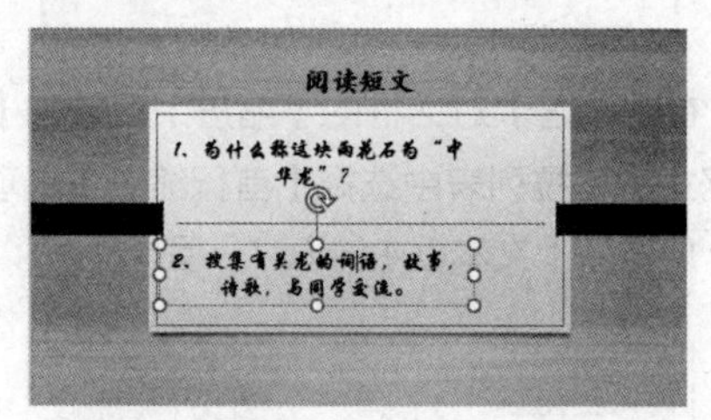

4. 两端对齐

PowerPoint 默认文本对齐方式是两端对齐。选中幻灯片中的文本，单击【开始】选项卡【段落】组中的【两端对齐】按钮，即可将文本进行两端对齐。

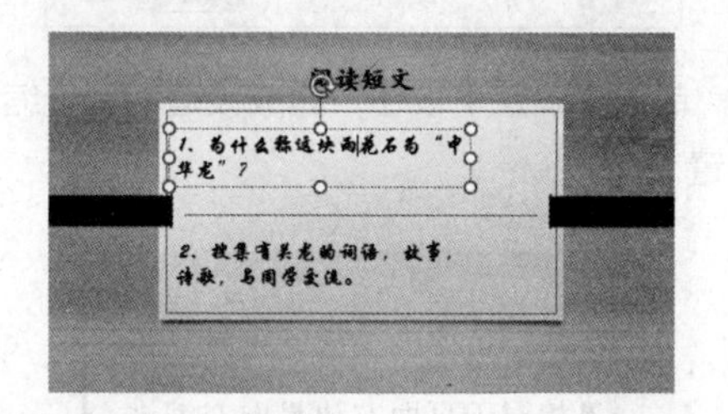

两端对齐是指文本左右两端的边缘分别与左页边距和右页边距对齐。但是，如果段落最后不满一行的文本右边是不对齐的。

提示 左对齐和两端对齐区别不是很明显时，可以观察右侧文字与文本框边缘的间隙区别。

5. 分散对齐

分散对齐是指文本左右两端的边缘分别与左页边距和右页边距对齐。如果段落最后的文本不满一行将自动拉开字符间距，使该行文本均匀分布。

选中幻灯片中的文本，单击【开始】选项卡【段落】组中的【分散对齐】按钮，即可将文本进行分散对齐。

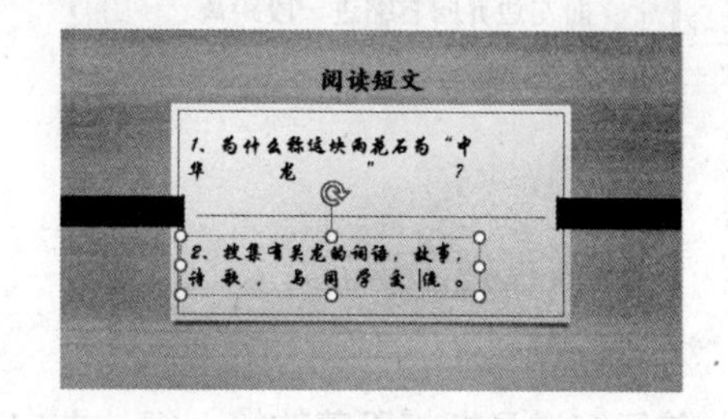

5.4.2 缩进设置

段落缩进指的是段落中的行相对于页面左边界或右边界的位置。

将光标定位在要设置的段落中，单击【开始】选项卡【段落】组右下角的按钮，弹出【段落】对话框。在该对话框的【缩进】区域可以设定缩进的具体数值。

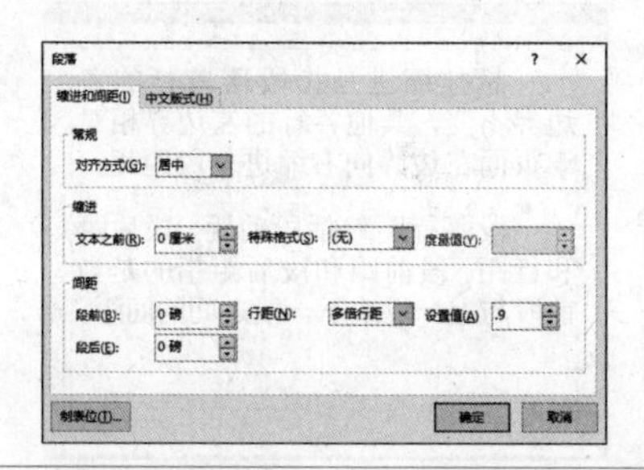

提示 段落缩进方式主要包括左缩进、右缩进、悬挂缩进和首行缩进等。

1. 悬挂缩进

悬挂缩进是指段落首行的左边界不变，其他各行的左边界相对于页面左边界向右缩进一段距离。具体操作步骤如下。

❶ 将光标定位在要设置的段落中，单击【开始】选项卡【段落】组右下角的按钮，弹出【段落】对话框。

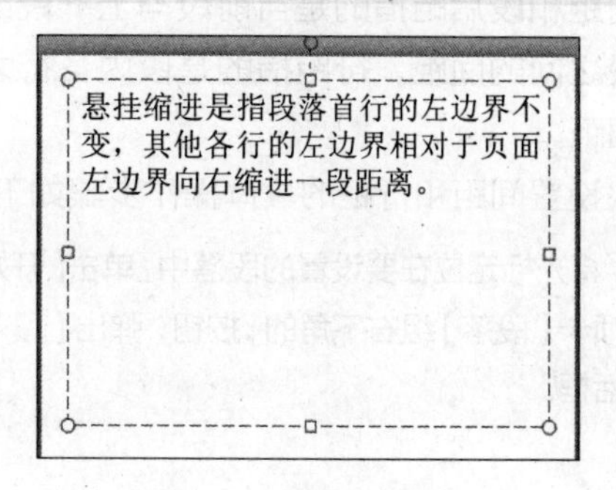

❷ 在【段落】对话框的【缩进】区域的【特殊格式】下拉列表中选择【悬挂缩进】选项，在【文本之前】文本框中输入“2 厘米”，【度量值】文本框中输入“2 厘米”。

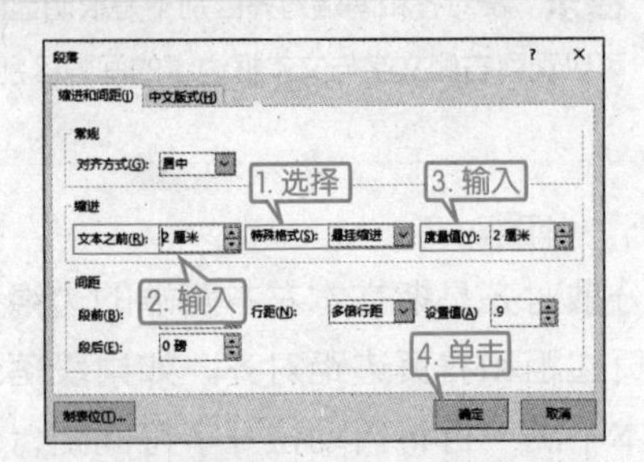

❸ 单击【确定】按钮，完成段落的悬挂缩进。

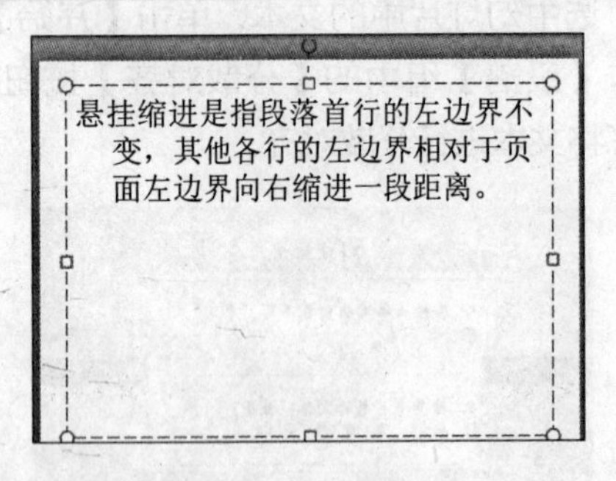

2. 首行缩进

首行缩进是指将段落的第一行从左向右缩进一定的距离，首行外的各行都保持不变。具体操作步骤如下。

❶ 将光标定位在要设置的段落中，单击【开始】选项卡【段落】组右下角的按钮，弹出【段落】对话框。

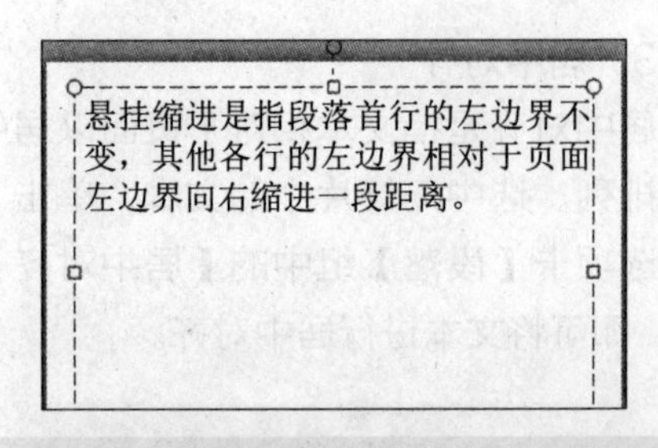

❷ 在【段落】对话框的【缩进】区域的【特殊格式】下拉列表中选择【首行缩进】选项，在【度量值】文本框中输入“2 厘米”。

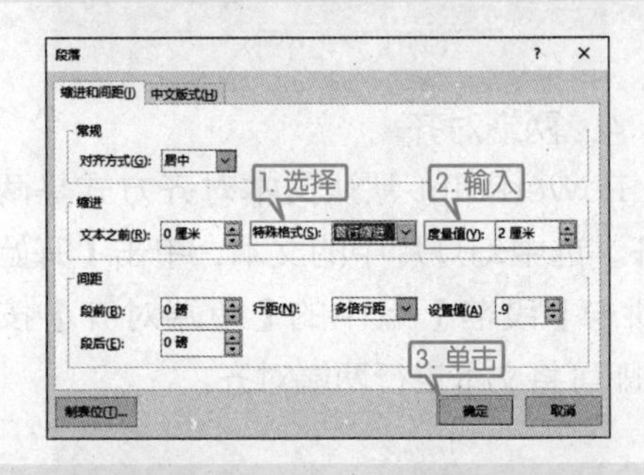

❸ 单击【确定】按钮，完成段落的首行缩进设置。

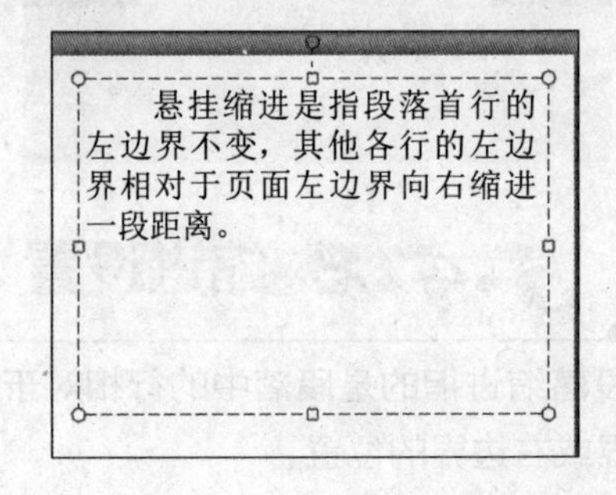

5.4.3 间距与行距设置

段落行距包括段前距、段后距和行距。段前距和段后距指的是当前段与上一段或下一段之间的间距。行距指的是段内各行之间的间距。

设置间距和行距的具体操作步骤如下。

❶ 将光标定位在要设置的段落中，单击【开始】选项卡【段落】组右下角的按钮，弹出【段落】对话框。

悬挂缩进是指段落首行的左边界不变，其他各行的左边界相对于页面左边界向右缩进一段距离。

段落行距包括段前距、段后距和行距。段前距和段后距指的是当前段与上一段或下一段之间的间距。

❷ 在【段落】对话框的【间距】区域的【段前】和【段后】文本框中分别输入“10 磅”和“10

磅”，在【行距】下拉列表中选择【1.5 倍行距】选项。

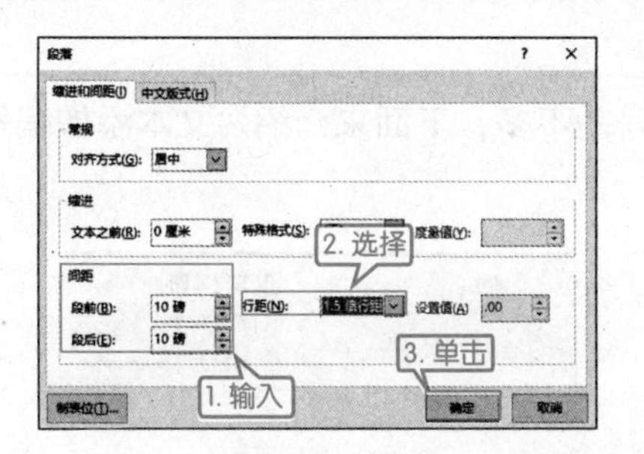

❸ 单击【确定】按钮，完成段落的间距和行距的设置。

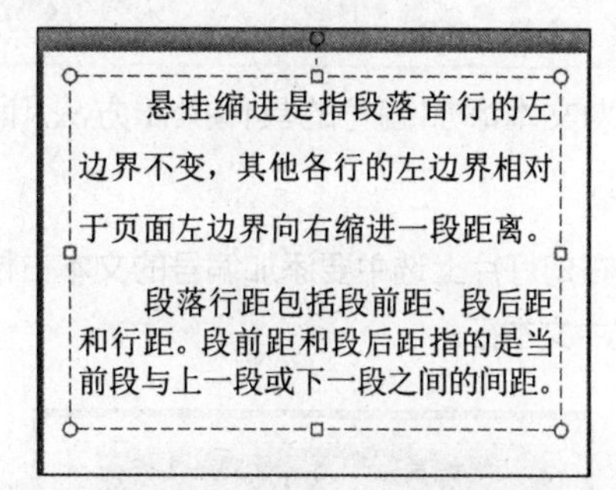

5.5 添加项目符号或编号

本节视频教学录像：7 分钟

在 PowerPoint 2016 演示文稿中，使用项目符号或编号可以演示大量文本或顺序的流程。本节主要介绍为文本添加项目符号或编号、更改项目符号或编号的外形及调整缩进量等操作方法。

5.5.1 使用预设项目符号

选择文本框中任何带有项目符号段落或文本占位符，单击【开始】选项卡【段落】组上的项目符号按钮，然后会看到文本框中被选择的项目符号被关闭了，以同样的方法，可以将项目符号应用于当前没有项目符号的段落或文本占位符。

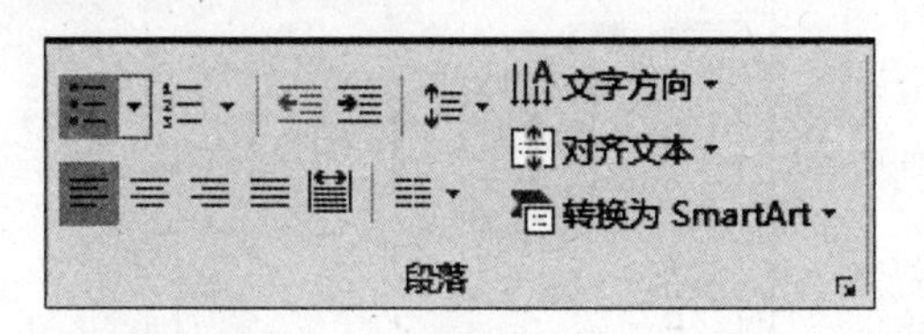

提示 在“幻灯片母版”视图中工作时，用于编辑母版的选项卡会取代【开始】选项卡，但它们具有相同的命令和功能。

单击项目符号右侧的下拉按钮，常用的项目符号如下表所示。

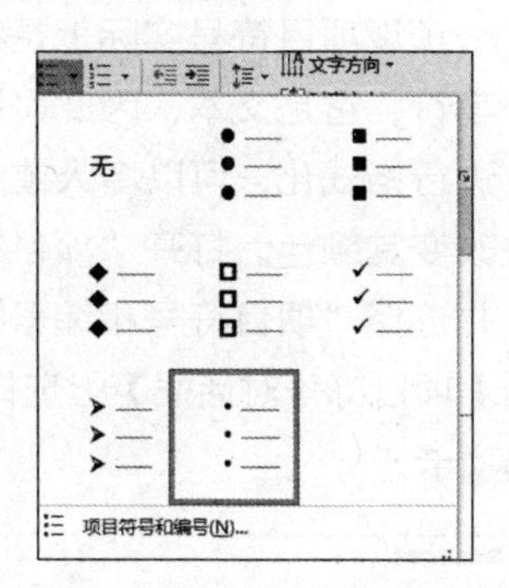

该列表有一个“无”选项，这是关闭项目符号的一种可选方法；这 7 种预设都是占位符，默认情况下，每个占位符要用某一确定的项目符号，但是可以将任意或者所有占位符更改为不同颜色或大小，甚至可以用自己选择的符号或图形代替这些字符。

提示 在 PowerPoint 2016 中将项目符号字符设置为关闭时，段落的缩进不变，因此在多行段落中，第一行会比其他行左边挂出，为修正这一问题，我们可以运用上一节讲的“制表位和缩进”进行修改。

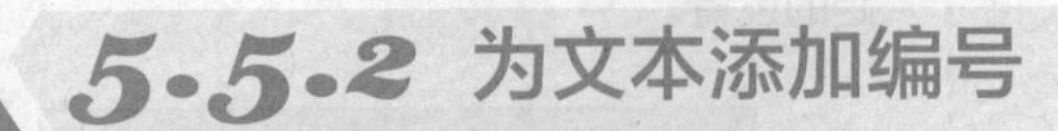

5.5.2 为文本添加编号

为文本添加编号的具体操作方法和添加项目符号差不多，下面来介绍为文本添加编号的方法。

❶ 在幻灯片上选中要添加编号的文本占位符或选中文本行。

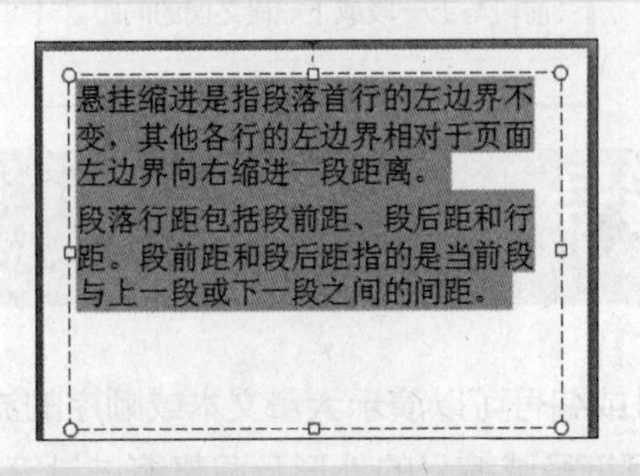

❷ 单击【开始】选项卡【段落】组中的【编号】按钮，即可为文本添加编号。

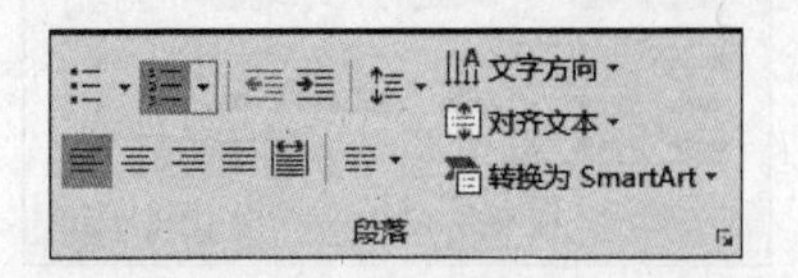

1. 悬挂缩进是指段落首行的左边界不变，其他各行的左边界相对于页面左边界向右缩进一段距离。
2. 段落行距包括段前距、段后距和行距。段前距和段后距指的是当前段与上一段或下一段之间的间距。

5.5.3 更改项目符号的大小和颜色

每一个预设项目符号实际上是符号字体中的一个字符，它是文本，因此可以像文本一样对它进行格式化，可以增大或者减小其尺寸，并改变其颜色。打开“项目符号”按钮菜单，并选择“项目符号和编号”选项，在弹出的【项目符号对话框】上选择 “项目符号”选项卡。

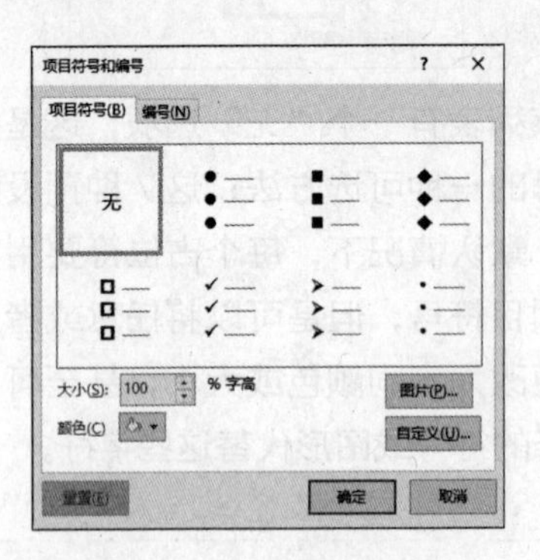

在“大小”框中使用增量按钮增加或者减小其大小，这一大小与段落的文本大小有关。单击“颜色”按钮，并从颜色选取器中选择一种颜色，最后单击“确定”应用更改。

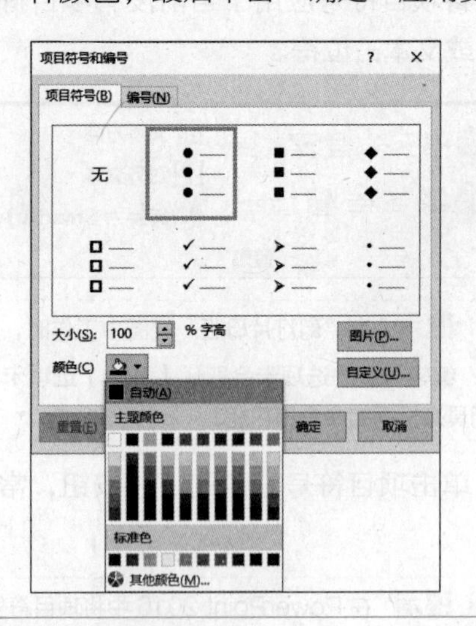

提示 在“项目符号和编号”对话框中对颜色和大小所做的更改会影响所有的预设。

5.5.4 更改项目符号的字符

如果不喜欢预设项目符号的任何一个，可以通过【自定义】选项来更改项目符号。选择要修改项目符号的段落（为获取最好的结果，要在幻灯片母版上进行修改以保证一致性），打开【项目符号和编号】对话框，选择【项目符号】选项卡并单击要替换的预设，然后单击【自定义】，弹出【符号】对话框。

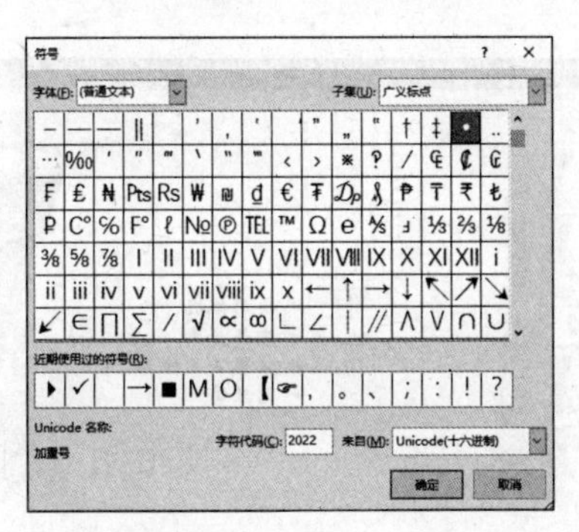

从【字体】列表中选择所需要的字体（虽然所有的字体都可以用，但大多数适合用作项目符号的字符都在 Wingdings 中），单击所需要的字符（注意字符右边的滚动条，上下滑动可以显示更多的字符）。然后单击确定，新的符号将会出现在“项目符号”选项卡中。

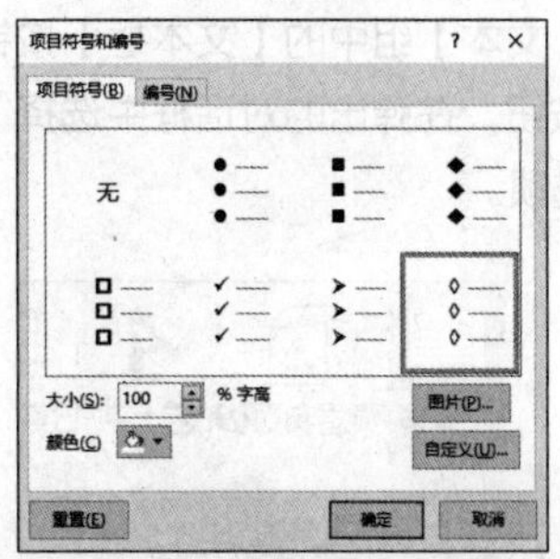

如果需要更改大小和颜色可以按照 5.5.3 节方法更改，修改完成后单击【确定】按钮。

> **提示**　更改编号的方法与更改项目符号方法类似，这里不再赘述，

5.6 综合实战——制作产品简介演示文稿

本节视频教学录像：10 分钟

产品简介演示文稿的作用是以幻灯片的形式向客户介绍产品的种类、作用及优势等，使用户能够快速了解产品，因此，必须要以简洁的语言、工整的布局来吸引用户的注意力。

【案例效果展示】

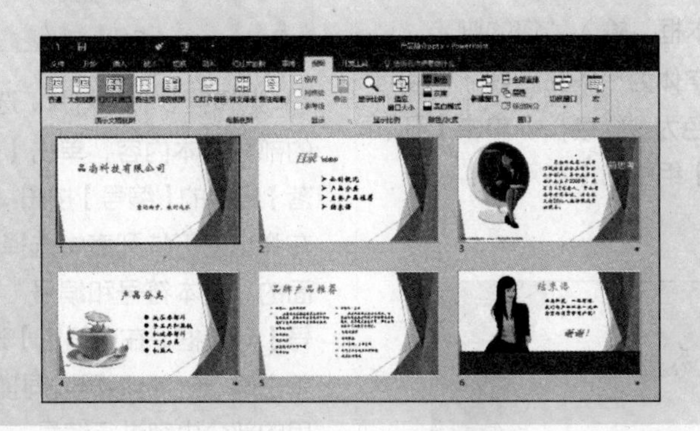

【案例设计知识点】

- 添加和编辑文本

- 设置文本格式
- 添加项目符号
- 设置段落格式

操作步骤

第 1 步：制作标题幻灯片

❶ 打开随书光盘中的“素材 \ch05\ 产品简介 .pptx”，选择第一张幻灯片，单击【插入】选项下的【文本】组中的【文本框】按钮下方的倒三角按钮，在弹出的对话框中选择【横排文本框】选项。

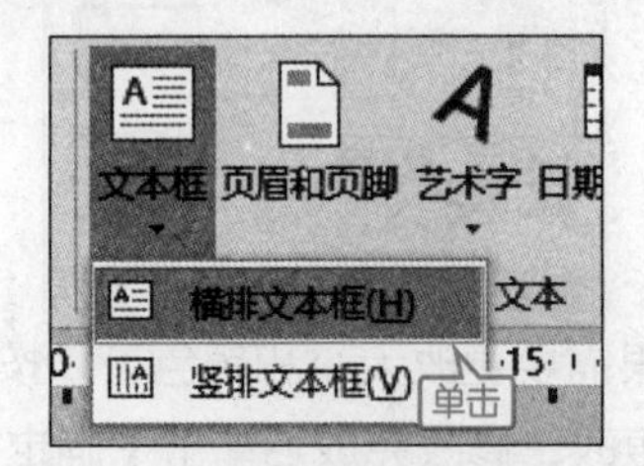

❷ 在打开的第一张幻灯片上创建文本框，并输入“品尚科技有限公司”，并设置字体为“华文新魏”，字号为“60”，设置字体颜色为“绿色”。

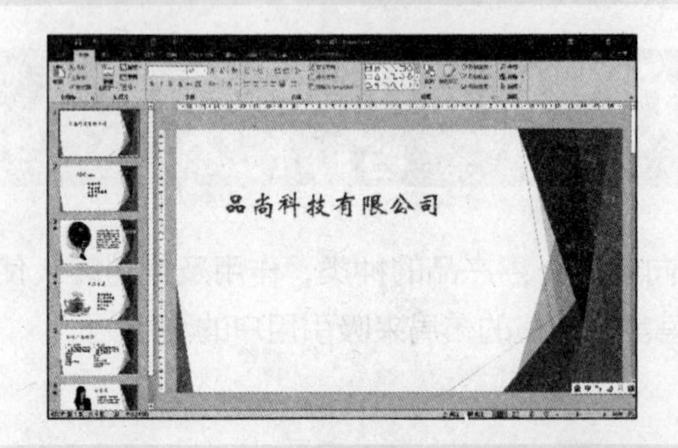

❸ 再次插入一个文本框，输入“您的脚步，我的追求”，并设置字体为“华文新魏”，字号为“32”，字体颜色为“绿色”。单击【开始】选项卡下【段落】组中的【右对齐】按钮，将其进行右对齐。

第 2 步：添加项目符号和编号

❶ 选择第二张幻灯片，选中幻灯片的文本内容，单击【开始】选项卡下【段落】组中的【项目符号】按钮右侧的倒三角箭头，在弹出的下拉列表中选择一种项目符号。

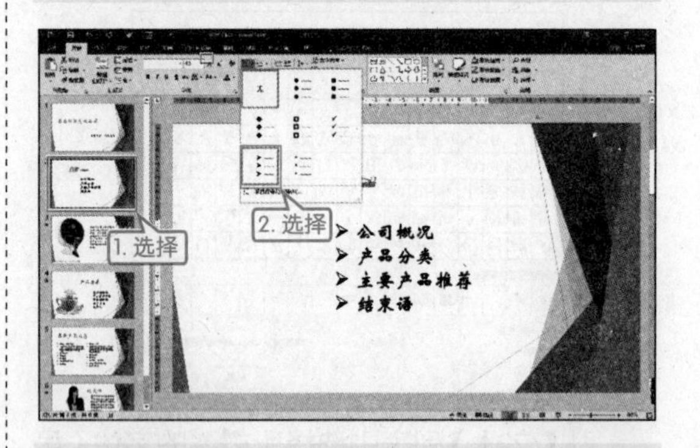

❷ 选择第四张幻灯片与上步操作方法一样选择一种项目符号

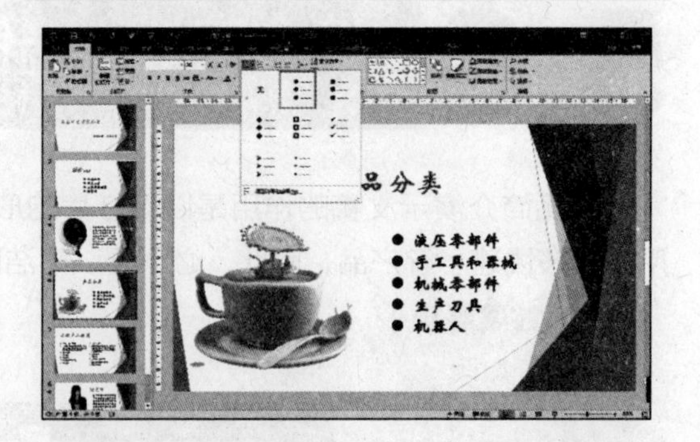

❸ 选择第 5 张幻灯片，选中幻灯片“品牌一”的部分文本内容，单击【开始】选项卡下【段落】组中的【编号】按钮右侧的倒三角箭头，在弹出的下拉列表中选择一种编号，再单击下面的“文本符号和编号”进入【文本符号和编号】对话框，在【颜色】选项栏里选择“红色”单击确 定；然后再以同样的方式对“品牌二”里的部分内容进行编号。

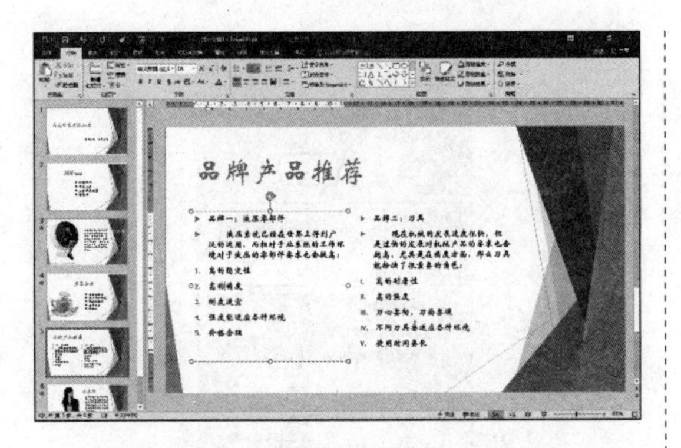

第 3 步：设置段落格式

❶ 选择第三张文本框里的文本，然后单击【开始】选项卡下【段落】组中的▣按钮弹出以下对话框，在弹出的对话框里，在【特殊格式】选项栏选择【首行缩进】选项，在【度量值】中输入数据“2 厘米”。

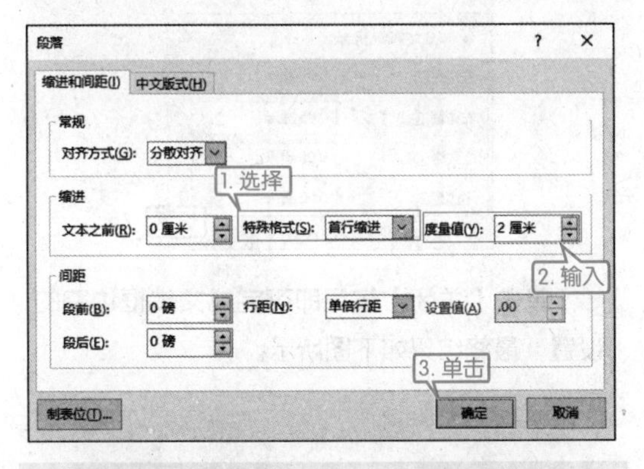

❷ 单击【确定】按钮，文本框里的文本效果如下图所示。

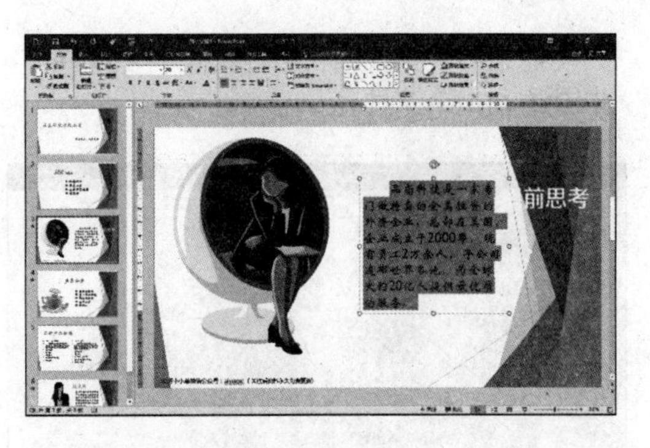

第 4 步：设置结束幻灯片

❶ 选择第 6 张幻灯片单击【插入】选项卡下【文本】组中的【艺术字】按钮，在弹出的下拉列表中选择一种艺术字样式。

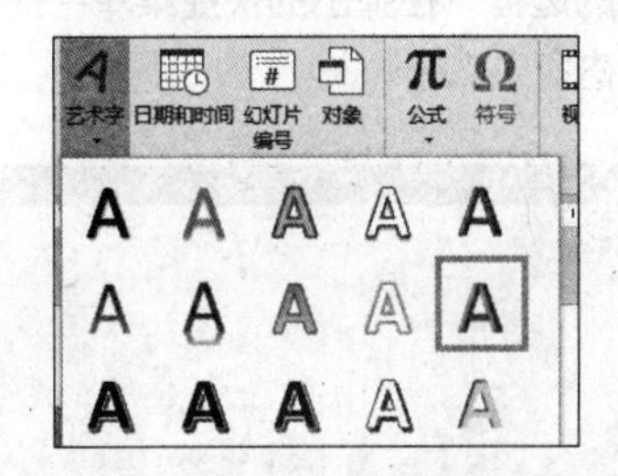

❷ 弹出【请在此处放置您的文字】文本框，将文字删除，输入“谢谢！”，设置其“加粗”“倾斜”“文字阴影”，再将其拖动到合适的位置，最终效果如下。

高手私房菜

本节视频教学录像 3 分钟

技巧：减少文本框的边空

在幻灯片文本框中输入文字时，文字离文本框上下左右的边空是默认设置好的。其实，可以通过减少文本框的边空，以获得更大的设计空间。

❶ 打开随书光盘中的“素材 \ch05\ 少年强则中国强 .pptx”文件。

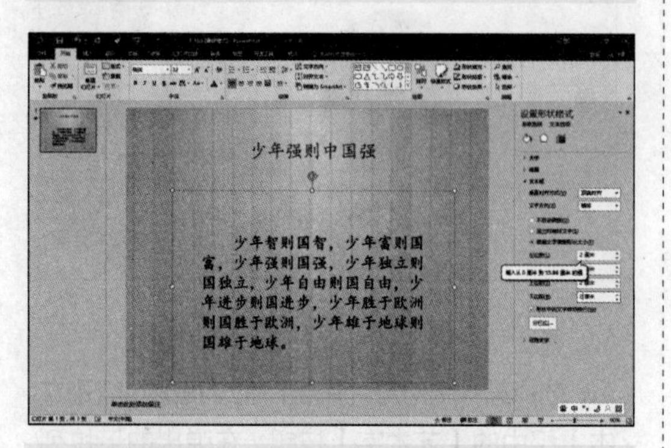

❷ 选中要减少边空的文本框，然后右键单击文本框的边框，在弹出的快捷菜单中选择【设置形状格式】命令。

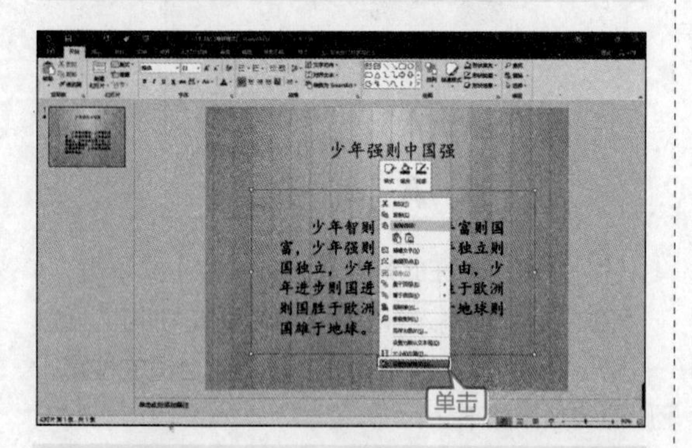

❸ 在弹出的【设置形状格式】对话框中选中【大小】属性中的【文本框】选项。

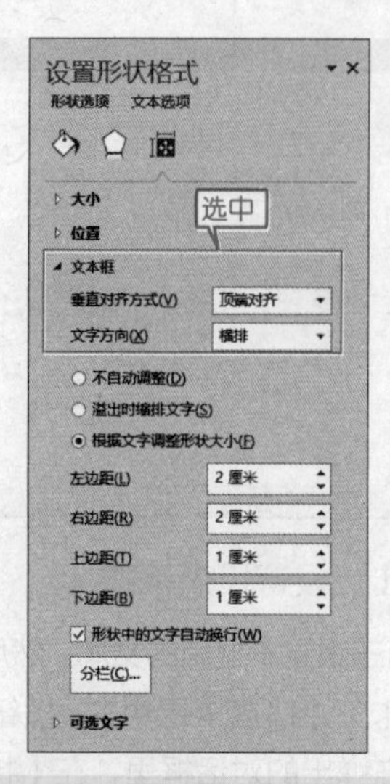

❹ 在【内部边距】区域的【左】、【右】、【上】和【下】文本框中数值重新设置为“0.05 厘米”。

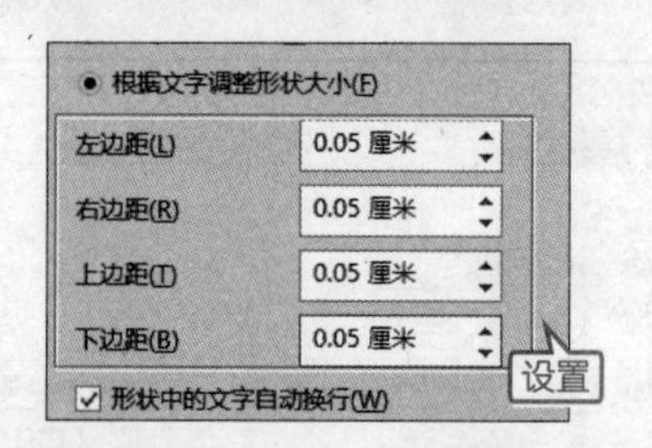

❺ 单击【关闭】按钮即可完成文本框边空的设置，最终结果如下图所示。

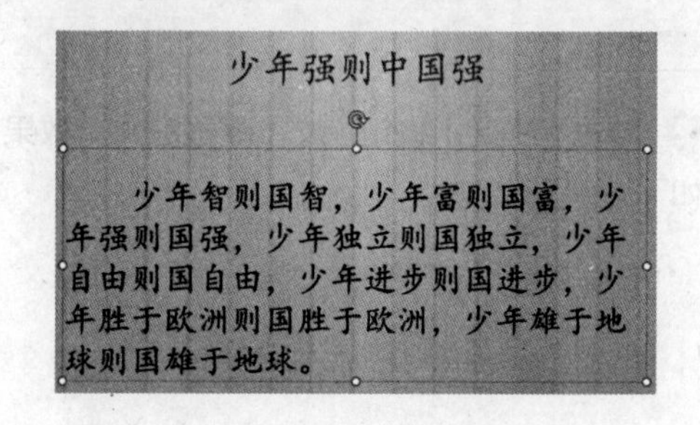

第6章 设计图文并茂的 PPT

本章视频教学录像：1 小时 1 分钟

高手指引

本章主要介绍在 PowerPoint 2016 中使用艺术字、图片，插入屏幕截图，以及创建相册的方法。用户通过对这些知识的学习，可以制作出更出色、漂亮的演示文稿，并可以提高工作的效率。

重点导读

- 熟悉使用艺术字和表格的方法
- 掌握使用图片的方法
- 熟悉插入屏幕截图的方法
- 掌握如何创建相册

6.1 使用艺术字和文本效果

本节视频教学录像：11 分钟

利用 PowerPoint 中的艺术字功能插入装饰文字，可以创建带阴影的、扭曲的、旋转的和拉伸的艺术字，也可以按预定义的形状创建文字。

6.1.1 插入艺术字

插入艺术字的具体操作如下。

❶ 打开随书光盘中的“素材 \ch06\ 霓虹灯下的城市 .pptx”文件。

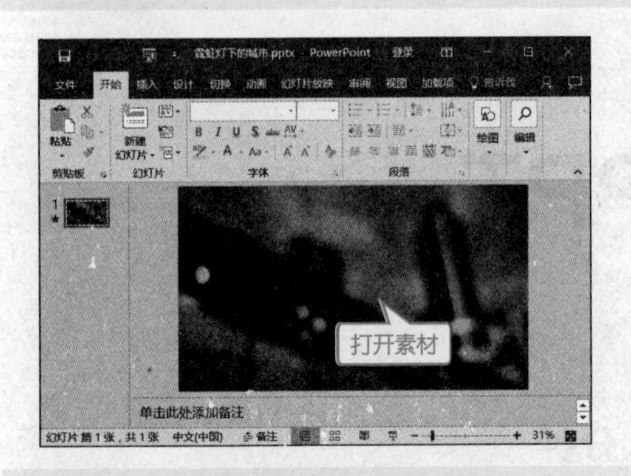

❷ 单击【插入】选项卡【文本】选项组中的【艺术字】按钮，在弹出的【艺术字】下拉列表中选择如下图所示的“填充 - 橙色，着色 2，轮廓 - 着色 2”选项。

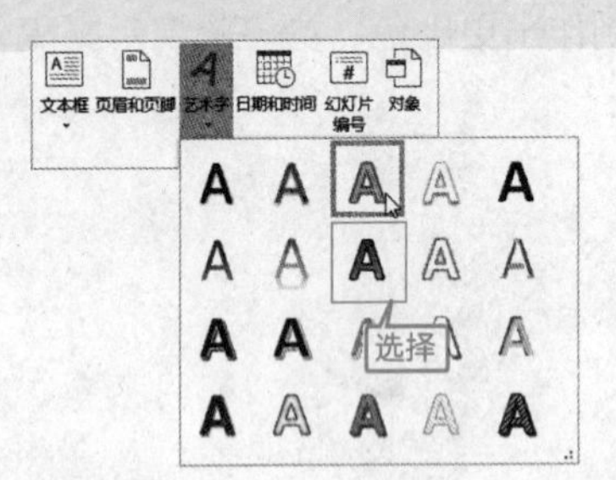

❸ 在幻灯片中即可自动插入一个艺术字框。

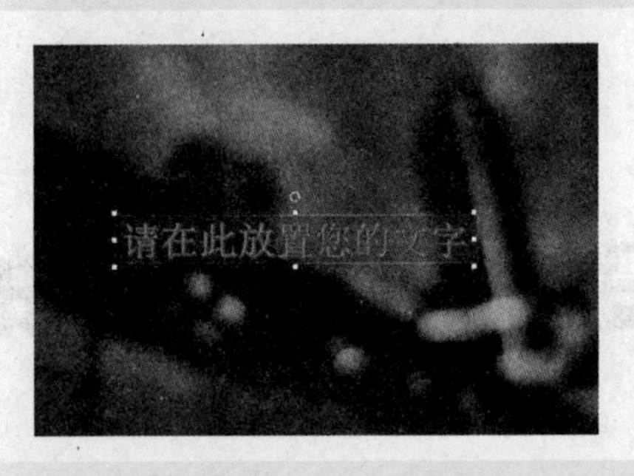

❹ 删除预定的文字，输入需要的文字内容。如输入“霓虹灯下的城市”，单击幻灯片其他地方即可完成艺术字的添加。

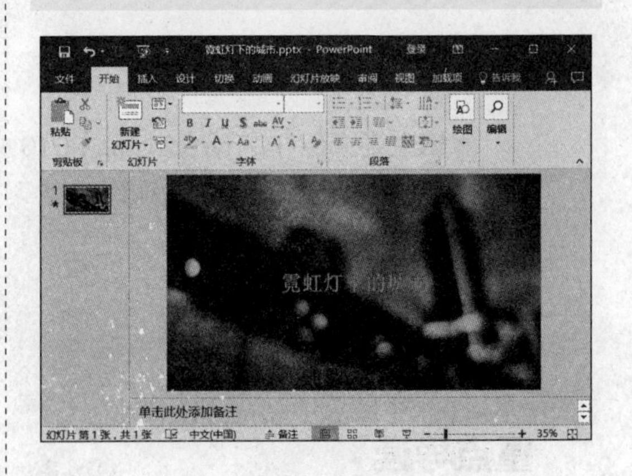

6.1.2 更改艺术字的样式

插入的艺术字仅仅具有一些美化的效果，如果要设置为更艺术的字体，则需要更改艺术字的样式。

选中文本框中要更改的文本，通过【绘图工具】➤【格式】选项卡【艺术字样式】组中的各选项即可完成艺术字样式的更改。

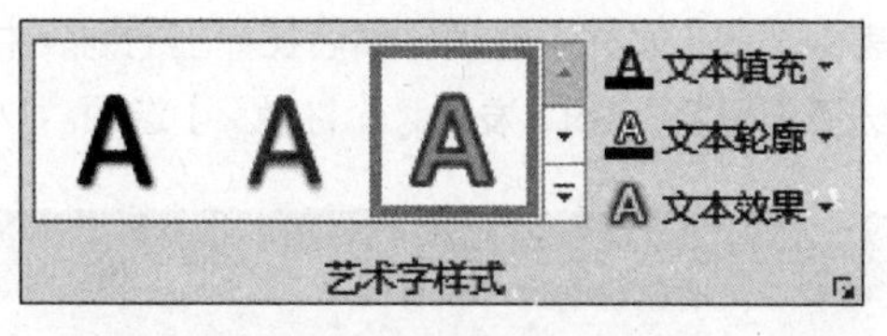

单击【艺术字样式】组左侧的【其他】按钮，在弹出的菜单中可以选择文字所需要的样式。单击该菜单中的【清除艺术字】选项，可以将所选择的艺术字删除，而变为普通文字。

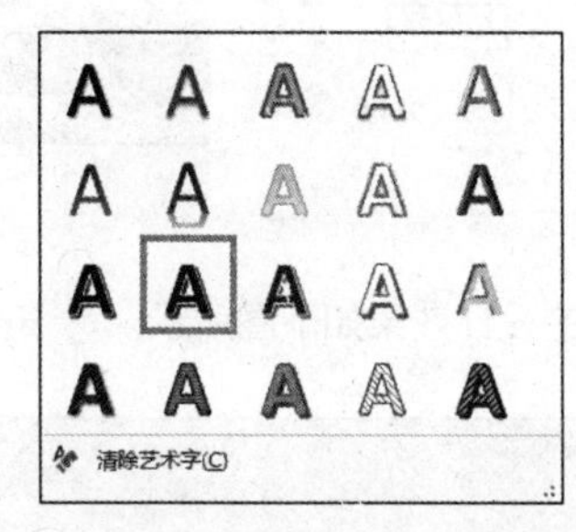

提示　在上图中的艺术字样式，有的只能应用于所选的文字，有的可以应用于整个文本框，要视情况而定。

单击【艺术字样式】组中的【文本填充】按钮或【文本轮廓】按钮右侧的下三角按钮，分别弹出如下图所示的下拉菜单。可以用来设置填充文本的颜色，文本轮廓的颜色、宽度及线型等。

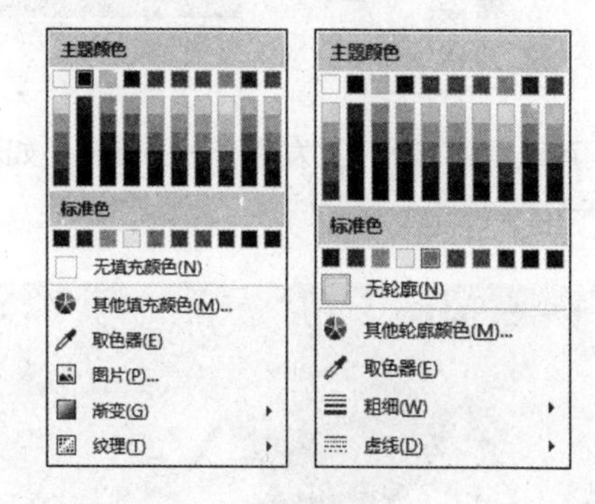

6.1.3 艺术字文本效果

单击【艺术字样式】组中的【文字效果】按钮，在弹出菜单的子菜单中可以设置文本的阴影、映像、发光、棱台、三维旋转和转换等外观效果。

下面以案例形式来介绍艺术字体效果设置的步骤。

❶ 打开随书光盘中的“素材 \ch06\ 一代文豪莎士比亚故居 .pptx”文件。选中艺术字，进入编辑状态，单击【格式】选项卡下【艺术字样式】组中的【文字效果】按钮，在打开的下拉列表中选择【转换】选项，然后在弹出的列表中选择【上弯弧】选项。

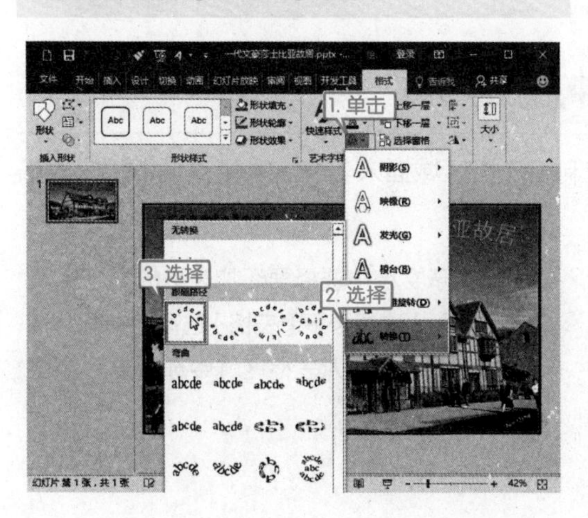

❷ 可以看到艺术字发生了一些变化，如下图所示。

❸ 单击【格式】选项卡下【艺术字样式】组中的【文字效果】按钮，在打开的下拉列表中选择【三维旋转】选项，之后在弹出的下拉列表中选择【极右极大透视】选项。

❹ 可以看到艺术字又发生了一些变化，如下图所示。

❺ 单击【格式】选项卡下【艺术字样式】组中的【文字效果】按钮，在打开的下拉列表中选择【发光】选项，然后在弹出的列表中选择【橙色，18pt 发光，个性色 2】选项。

❻ 最终的设计效果如下图所示。

6.2 使用表格

本节视频教学录像：14 分钟

表格是 PPT 里面最重要的元素之一，好的表格设计能更好地展示信息，也会提升整个 PPT 演示文稿的美感。

6.2.1 插入表格的几种方法

在 PowerPoint 2016 中插入表格的方法有利用表格区域插入表格、利用对话框插入表格和绘制表格三种。

1. 利用表格区域命令

利用表格区域插入表格是最常用的插入表格的方式，但最多只能插入 8 行 10 列的表格。利用菜单命令插入表格的具体操作步骤如下。

❶ 在演示文稿中选择要添加表格的幻灯片，单击【插入】选项卡下【表格】选项组中的【表格】按钮，在插入表格区域中选择要插入表格的行数和列数。

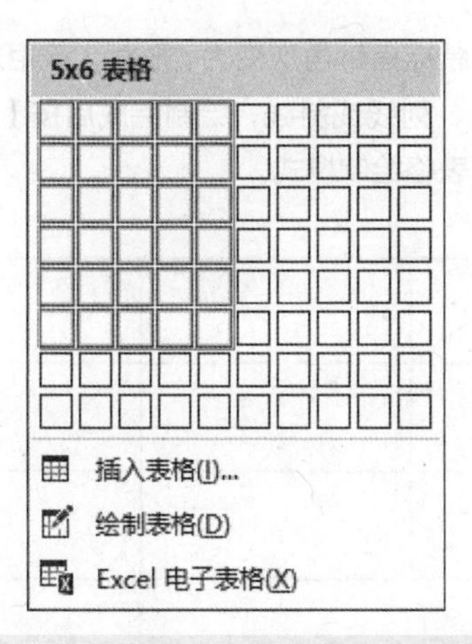

❷ 释放鼠标左键即可在幻灯片中创建 6 行 5 列的表格。

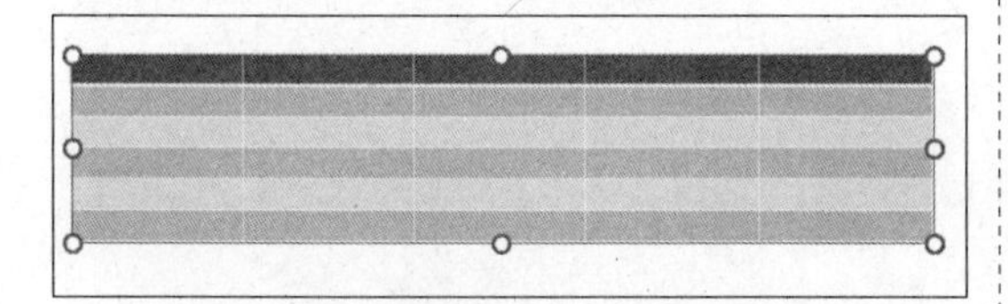

2. 利用对话框

利用【插入表格】对话框可以插入更多行数和列数的表格，满足用户需要，利用【插入表格】对话框插入表格的具体操作步骤如下。

❶ 将鼠标光标定位至需要插入表格的位置，单击【插入】选项卡下【表格】选项组中的【表格】按钮，在弹出的下拉列表中选择【插入表格】选项。

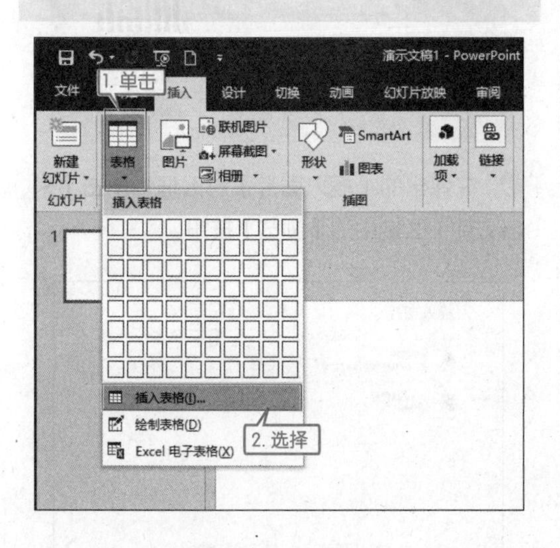

❷ 弹出【插入表格】对话框，分别在【行数】和【列数】微调框中输入行数和列数，单击【确定】按钮。

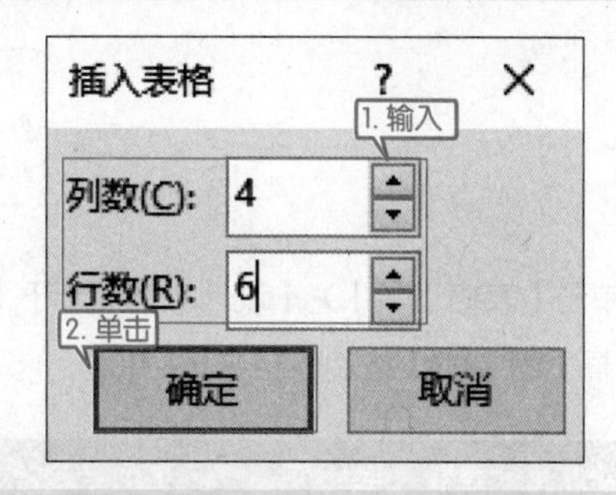

❸ 此时即在演示文稿中插入一个 6 行 4 列的表格。

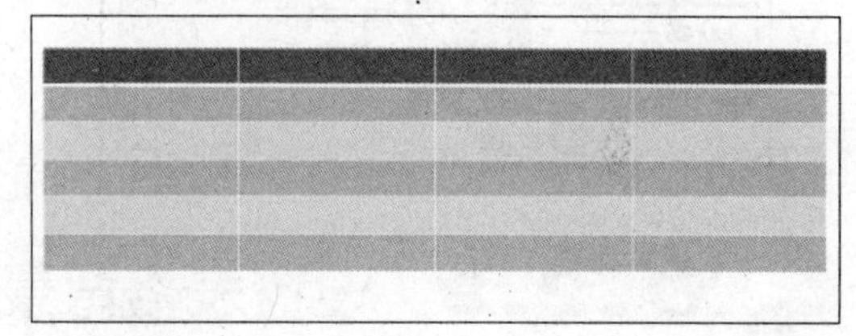

3. 绘制表格

当用户需要创建不规则的表格时，可以使用表格绘制工具绘制表格。

❶ 单击【插入】选项卡下【表格】选项组中的【表格】按钮，在弹出的下拉列表中选择【绘制表格】选项。

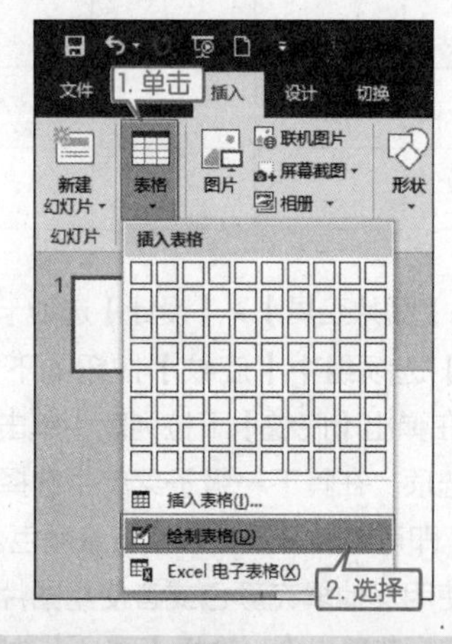

❷ 此时鼠标指针变为 形状，在需要绘制表格的地方按住鼠标左键并拖曳鼠标绘制出表格的外边界，形状为矩形。

❸ 单击【表格工具】➤【设计】选项卡下【绘图边框】组中的【绘制表格】按钮。

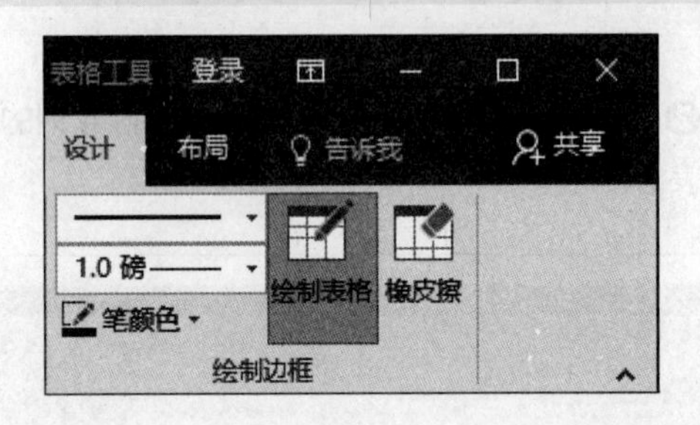

❹ 当鼠标指针再次变为形状，该矩形中绘制行线、列线或斜线，绘制完成后按【Esc】键退出表格绘制模式。

6.2.2 设置表格背景

如果一个单调的表格不符合 PPT 风格要求，可以对表格添加背景，具体操作步骤如下。

❶ 新建空白幻灯片并插入绘制一个无样式表格。选择插入的表格。

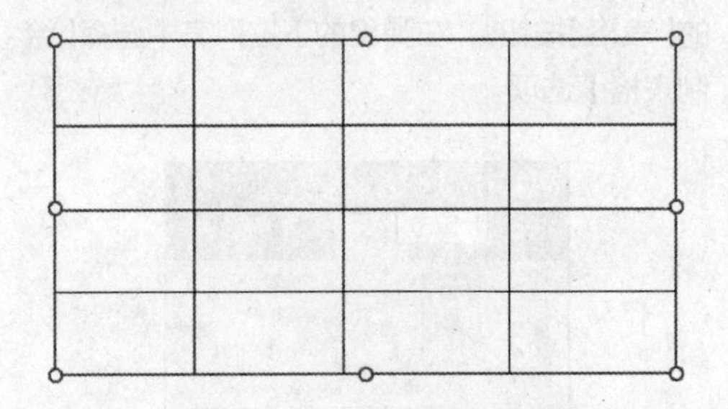

❷ 单击【图片工具】➤【设计】选项卡中【表格样式】选项组中【底纹】按钮的下拉按钮，在弹出【底纹】下拉列表中单击【表格背景】选项，在其下一级子菜单中选择任意一种颜色，即可将其设置为表格背景颜色。此外，还可以使用其他填充颜色或者使用图片，这里以添加图片背景为例，选择【图片】选项。

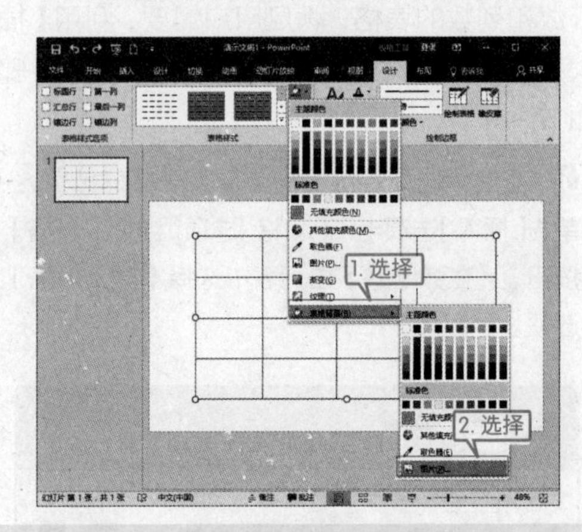

❸ 在弹出的【插入图片】对话框中单击【来自文件】区域中的【浏览】按钮。

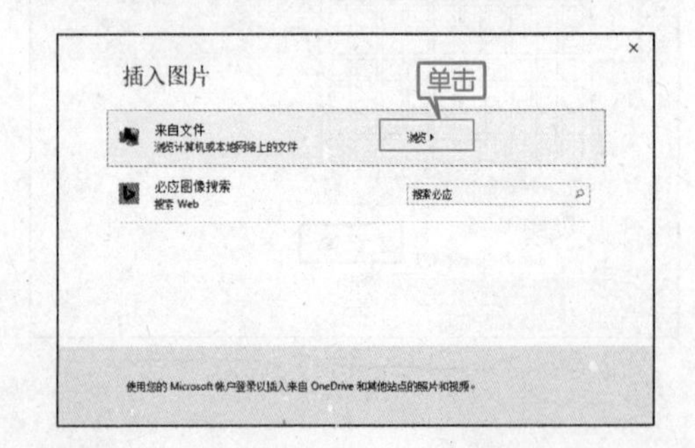

❹ 在弹出的【插入图片】对话框中选择要插入的“素材\ch06\背景.jpg”，单击【插入】按钮。

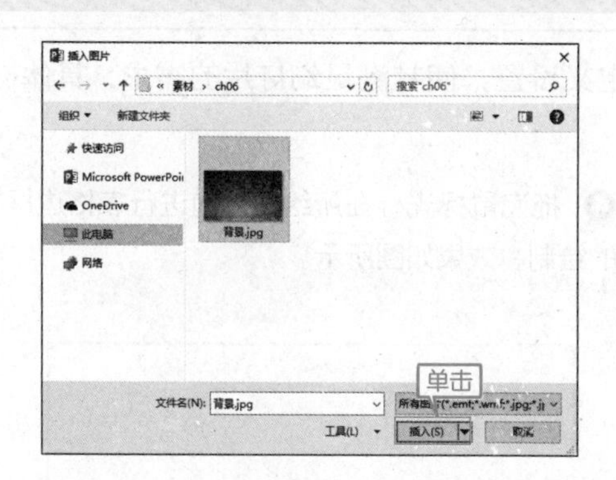

❺ 即可为表格添加图片背景，效果如图所示。

6.2.3 设置表格样式

设置表格不仅可以使表格与幻灯片风格协调、美观，还能突出标题或重点部分内容，吸引观众注意力。设置表格样式的具体操作步骤如下。

❶ 新建空白幻灯片并插入一个 4 行 5 列的表格。

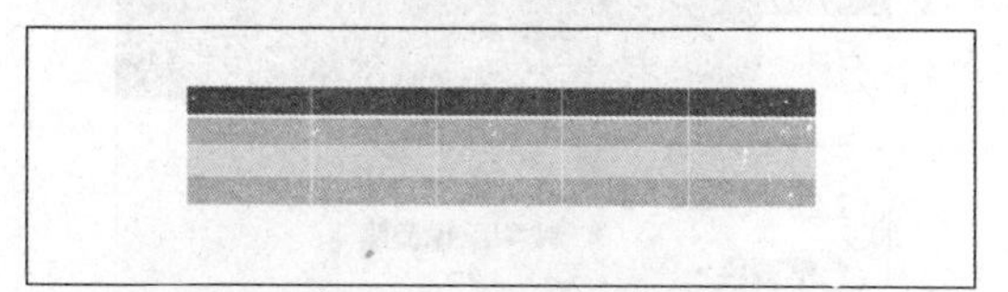

❷ 选择插入的表格，单击【表格工具】➤【设计】选项卡中【表格样式】选项组内【其他】按钮，在弹出的下拉列表中可以选择表格样式，这里选择”浅色样式 2-强调 6“样式。

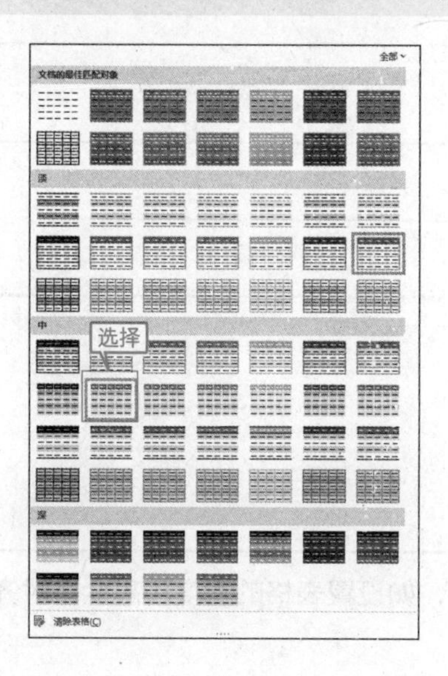

❸ 即可看到应用内置表格样式后的效果。

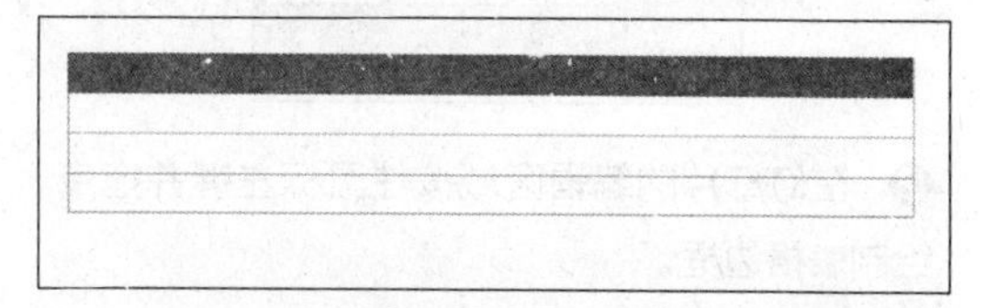

❹ 选中表格，单击【表格工具】➤【设计】选项卡下【表格样式】选项组中的【边框】下拉按钮，在弹出的下拉列表中选择【所有线框】选项。

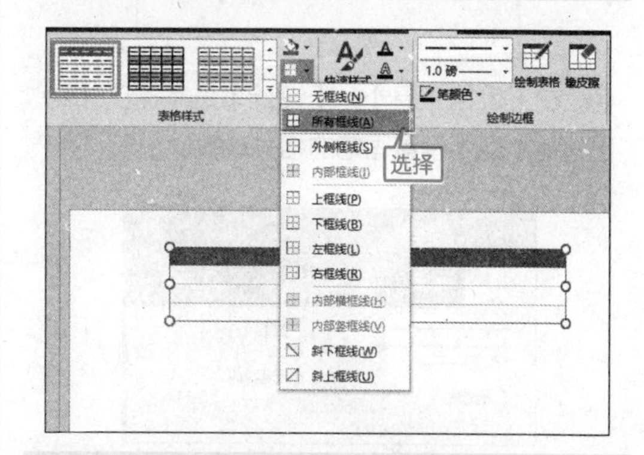

❺ 即可看到设置表格样式后的效果。

6.2.4 设置表格线型

绘制表格的过程中可以对线型和颜色进行自定义设置，使其满足幻灯片的需求，具体操作步骤如下。

❶ 新建一张空白幻灯片，单击【插入】选项卡下【表格】组中的【表格】按钮，在弹出的下拉列表中单击【绘制表格】选项。

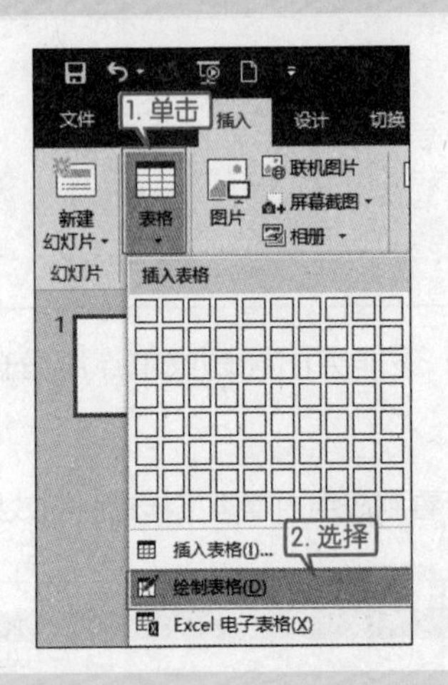

❷ 在幻灯片的编辑区域按住鼠标左键并拖曳绘制表格边框。

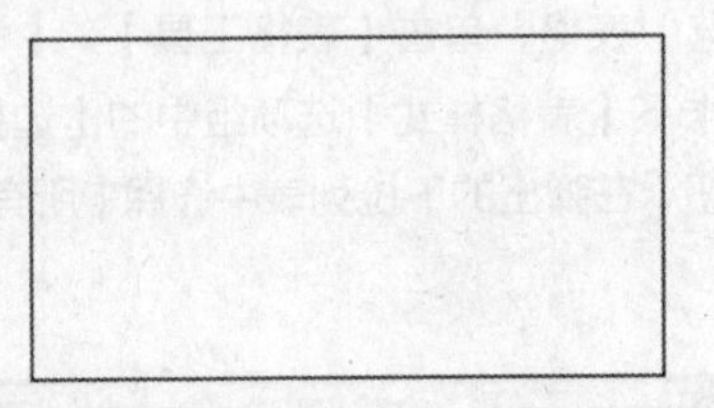

❸ 在【表格工具】➢【设计】选项卡下【绘图边框】组中设置画笔的相关参数。

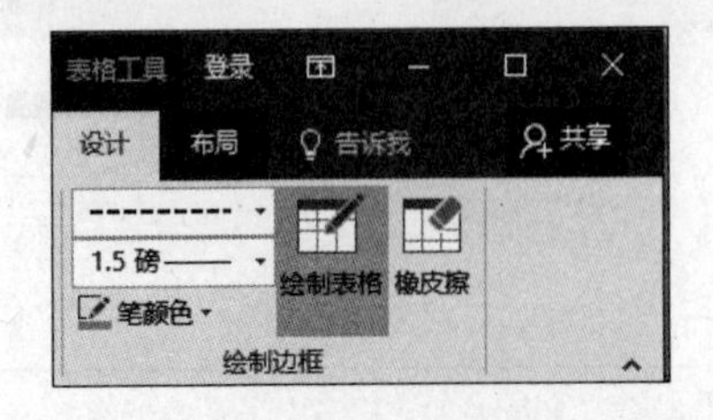

❹ 拖曳鼠标光标在所绘框体内进行表格边框的绘制，效果如图所示。

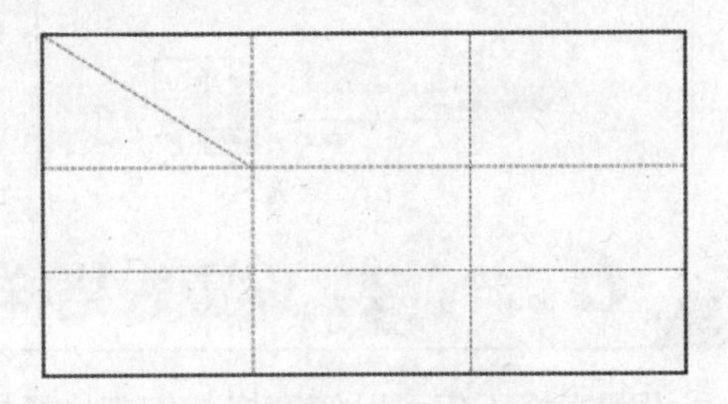

❺ 此时，如要需要更改表格的线型，可以在【绘图边框】选项组中重新设置画笔的相关参数。

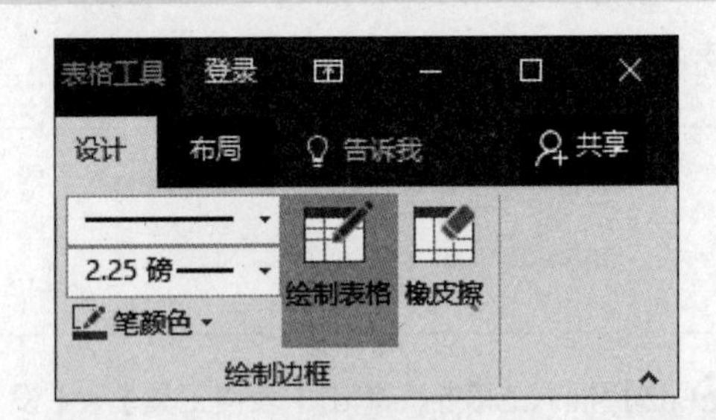

❻ 在【绘制表格】按钮处于高亮状态时，单击要更改线型的线条即可。

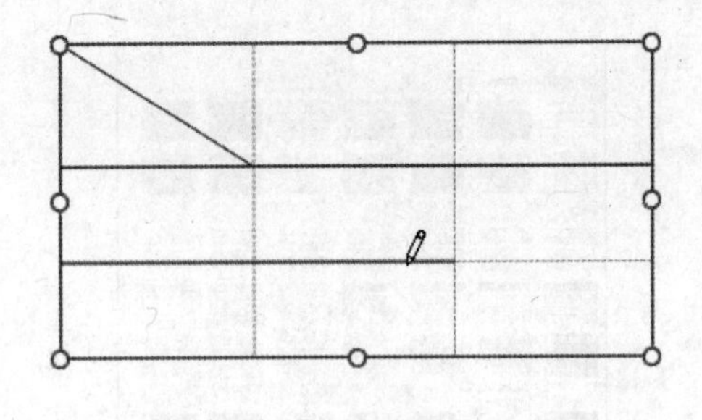

6.2.5 设置表格特性

在 PPT 中插入的表格同样可以对其特性进行设置，如设置表格的宽度和高度、对齐方式以及底纹等。设置表格特性的具体操作步骤如下。

❶ 打开随书光盘中的“素材\ch06\销售额 .pptx”演示文稿。

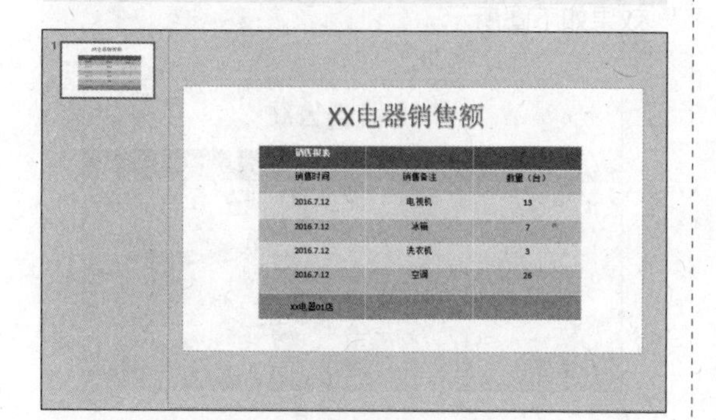

❷ 选中表格，单击【表格工具】➤【布局】选项卡，在【对齐方式】选项组中的【表格尺寸】区域内【高度】和【宽度】文本框内分别输入“14.83 厘米”和“33.88 厘米”，即可改变表格的宽度和高度。

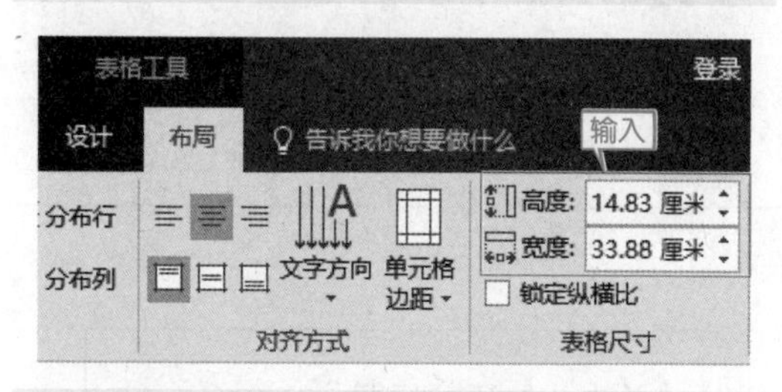

❸ 改变表格尺寸并移动表格位置后的效果如下图所示。

❹ 选中幻灯片内前 6 行的表格，单击【表格工具】➤【布局】选项卡下【对齐方式】选项组中的【居中】按钮和【垂直居中】按钮。

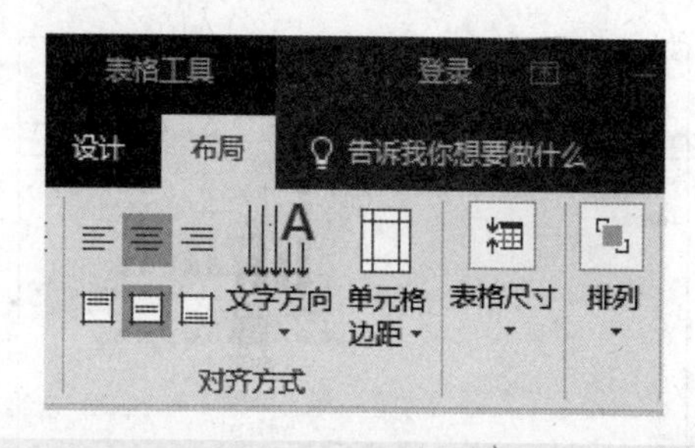

❺ 即可改变表格中文本的对齐方式。使用同样的方法设置最后一行右对齐和垂直居中对齐。

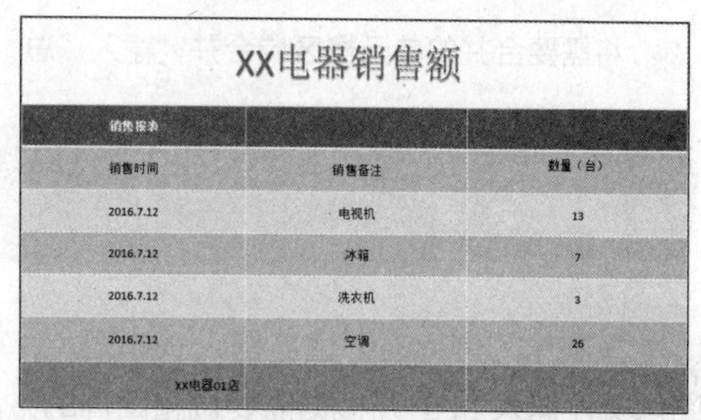

❻ 选中第一行三个单元格，单击【合并】选项组中的【合并单元格】按钮，完成单元格的合并。

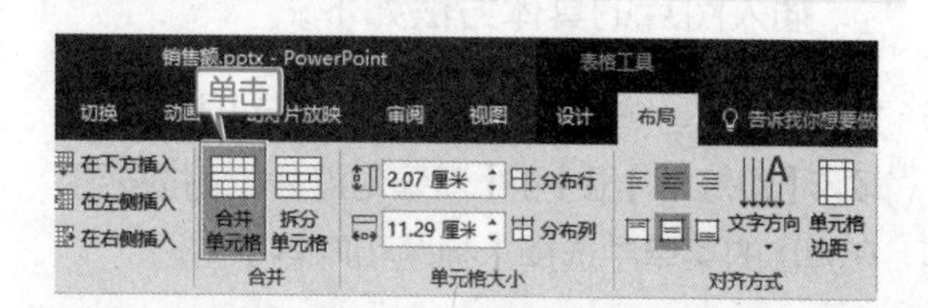

❼ 使用同样的方法合并最后一行，并设置标题【字号】为“28”，效果如下图所示。

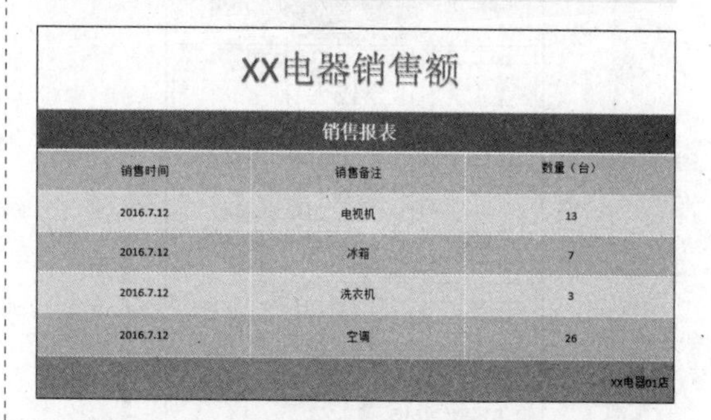

❽ 将鼠标光标放在最后一列单元格内，单击【布局】选项卡下【行和列】组中的【在右侧插入】按钮，即可在右侧插入新列。

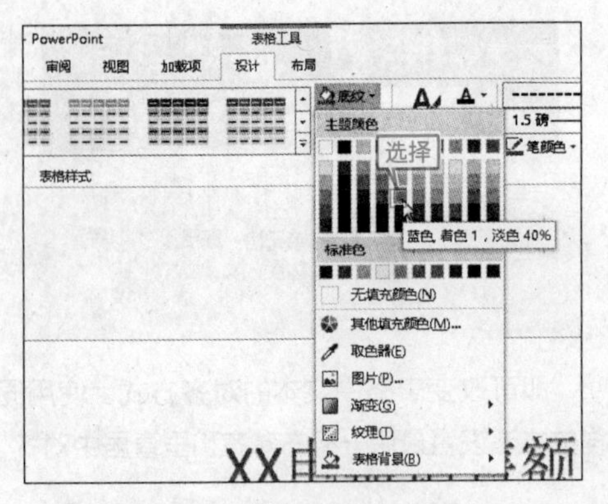

❾ 将需要合并的单元格区域合并，输入“总销售额：”，按【Enter】键换行，再次输入“91000 元”，根据需要设置文本样式，最终效果如下图所示。

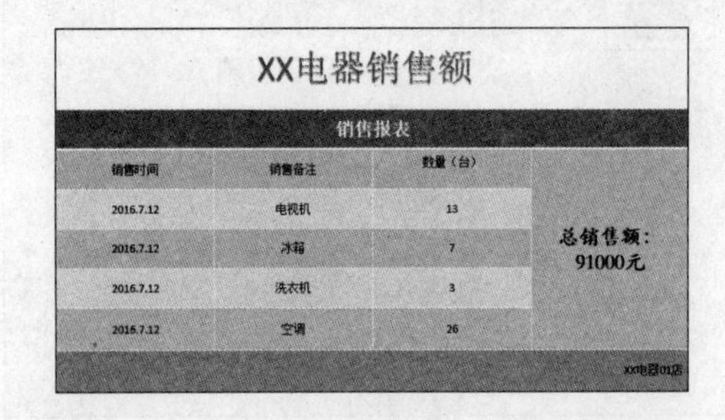

6.3 使用图片

本节视频教学录像：18 分钟

在制作幻灯片时，适当插入一些图片，可达到图文并茂的效果，这一节我们就来介绍将图像文件插入 PPT 并根据需要调整图片的方法。

6.3.1 插入图片

插入图片的具体方法如下。

❶ 启动 PowerPoint 2016，单击【开始】选项卡【幻灯片】组中的【新建幻灯片】下拉按钮，在弹出的菜单中选择【标题和内容】主题。

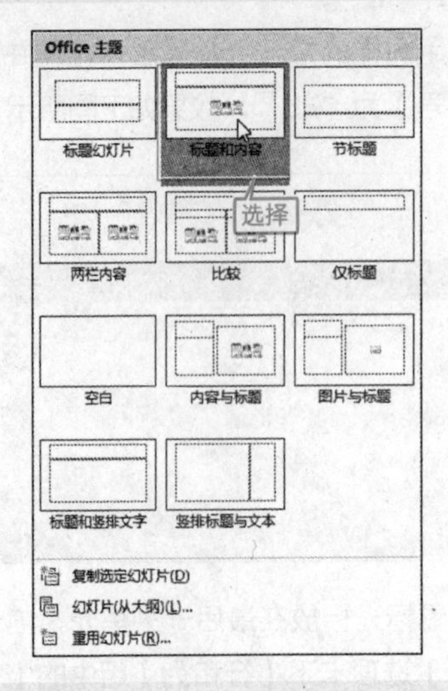

❷ 在新建的【标题和内容】幻灯片上单击【图片】按钮。

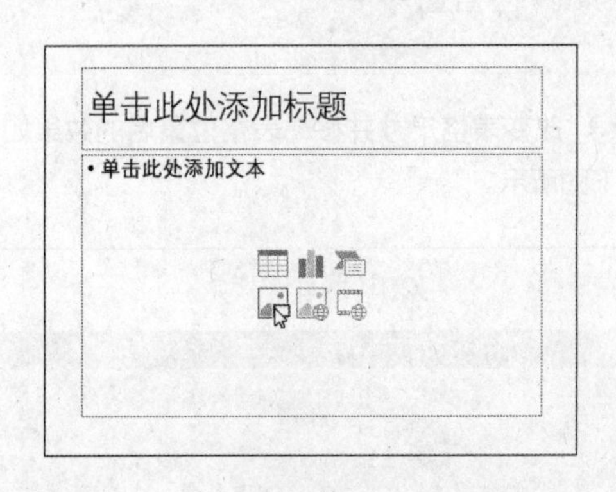

提示 也可以单击【插入】选项卡【图像】组中的【图片】按钮来插入图片。

❸ 在弹出的【插入图片】对话框上选择图片所在的位置。如选择随书光盘中的“素材\ch06\生命之源 .jpeg”文件。

❹ 单击【插入】按钮，即可将图片插入到幻灯片中。

6.3.2 调整图片的大小

插入的图片大小可以根据当前幻灯片的情况进行调整，调整图片大小的具体操作方法如下。

❶ 打开随书光盘中的“素材\ch06\摄影.pptx”文件，单击选中图片并将鼠标指针移至图片四周的尺寸控制点上。

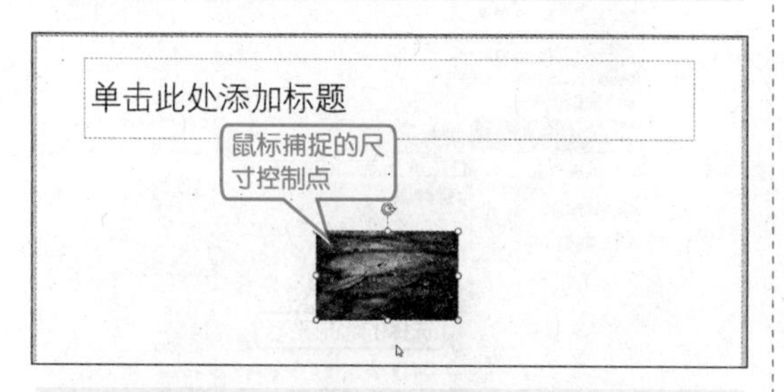

❷ 按住鼠标左键拖曳，就可以更改图片的大小。

❸ 松开鼠标左键即可完成调整操作。

提示　也可以在【图片工具】➤【格式】选项卡【大小】组中的【形状高度】和【形状宽度】文本框中直接输入精确的数值来更改图片的大小。

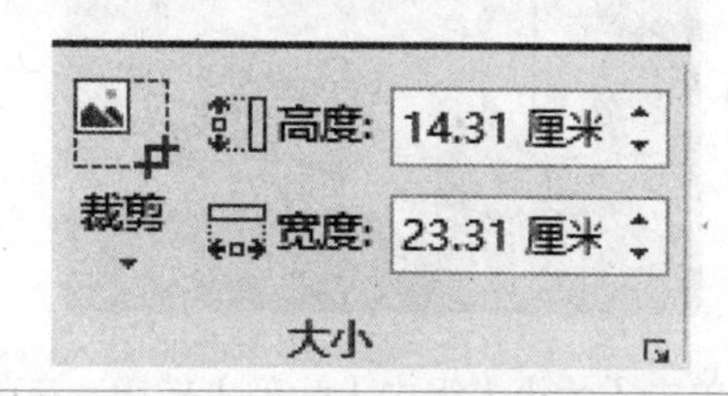

6.3.3 裁剪图片

裁剪通常用来隐藏或修整部分图片，以便进行强调或删除不需要的部分。

裁剪图片时先选中图片，然后在【图片工具】➢【格式】选项卡【大小】组中单击【裁剪】按钮直接进行裁剪。此时可以进行 4 种裁剪操作。

(1) 裁剪某一侧：将该侧的中心裁剪控点向里拖动。

(2) 同时均匀地裁剪两侧：按住【Ctrl】键的同时，将任一侧的中心裁剪控点向里拖动。

(3) 同时均匀地裁剪全部 4 侧：将一个角部裁剪控点向里拖动。

(4) 放置裁剪：通过拖动裁剪方框的边缘移动裁剪区域或图片。

裁剪完成后在幻灯片空白位置处单击或按【Esc】键退出裁剪操作即可。

单击【大小】组中【裁剪】按钮或下三角按钮，弹出包括【裁剪】、【裁剪为形状】、【纵横比】、【填充】和【调整】等选项的下拉菜单。

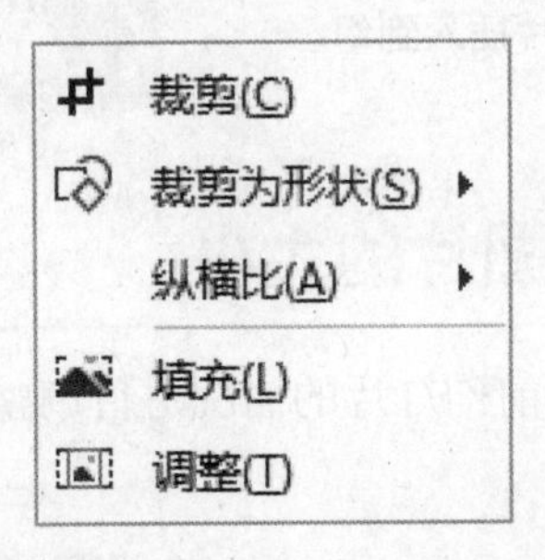

通过该下拉菜单可以进行将图片裁剪为特定形状、裁剪为通用纵横比、通过裁剪来填充形状等操作。

1. 裁剪为特定形状

快速更改图片形状的方法是将其裁剪为特定形状。在剪裁为特定形状时，将自动修整图片以填充形状的几何图形，但同时会保持图片的比例。具体操作方法如下。

❶ 选中要裁剪为一定形状的图片。

❷ 单击【大小】组中【裁剪】按钮，在弹出的下拉菜单中单击【裁剪为形状】选项，从弹出的子菜单中选择【基本形状】区域的【心形】选项。

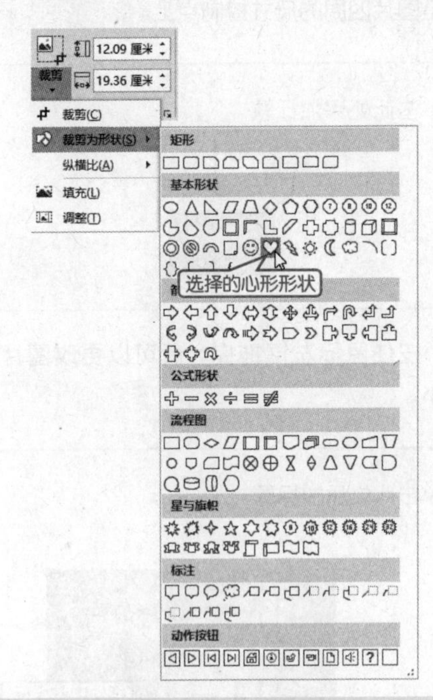

❸ 图片裁剪为特定的心形形状后如下图所示。

2. 裁剪为通用纵横比

将图片裁剪为通用的照片或通用纵横比，可以使其轻松适合图片框。通过这种方法还可以在裁剪图片时查看图片的比例。具体操作方法如下。

提示　纵横比是指图片宽度与高度之比。重新调整图片尺寸时，该比值可保持不变。

❶ 选中要裁剪为通用纵横比的图片。

❷ 单击【大小】组中的【裁剪】按钮，在弹出的下拉菜单中单击【纵横比】选项，从弹出的子菜单中选择【纵向】区域的【4 ：5】选项。

❸ 在空白区域单击即可将图片裁剪为通用纵横比为 4 ：5 的图片。

3. 通过裁剪来填充形状

若要删除图片的某个部分，可以通过【填充】选项来实现。选择此选项时，可能不会显示图片的某些边缘，但可以保留原始图片的纵横比。具体操作方法如下。

❶ 选中要通过裁剪来填充形状的图片。

❷ 单击【格式】菜单下【大小】组中【裁剪】按钮，在弹出的下拉菜单中选择【填充】选项。

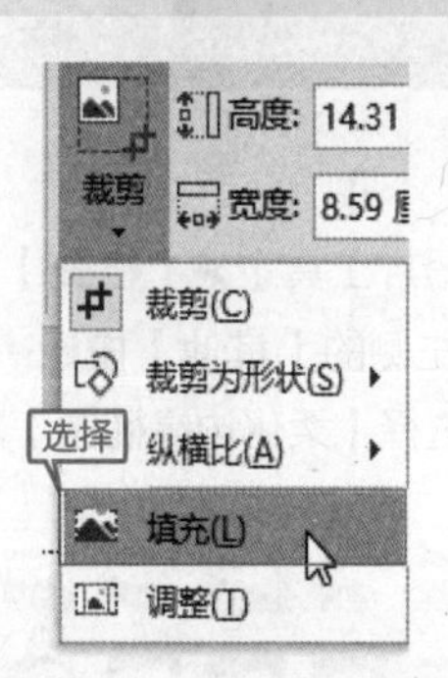

❸ 即可将图片裁剪为填充形状来保留原图片的纵横比。

6.3.4 为图片设置样式

插入图片后，可以通过添加阴影、发光、映像、柔化边缘、凹凸和三维旋转等效果来增强图片的感染力，也可以为图片设置样式来更改图片的亮度、对比度或模糊度等。

选择要设置样式的图片后，可以通过【图片工具】➢【格式】选项卡【图片样式】组中的选项为图片设置样式。

为图片设置样式的具体操作步骤如下。

❶ 选择随书光盘中的“素材\ch06\鸟巢.pptx”文件。

❷ 单击【图片工具】➢【格式】选项卡【图片样式】组左侧的【其他】按钮，在弹出的下拉列表中选择【柔化边缘椭圆】选项。

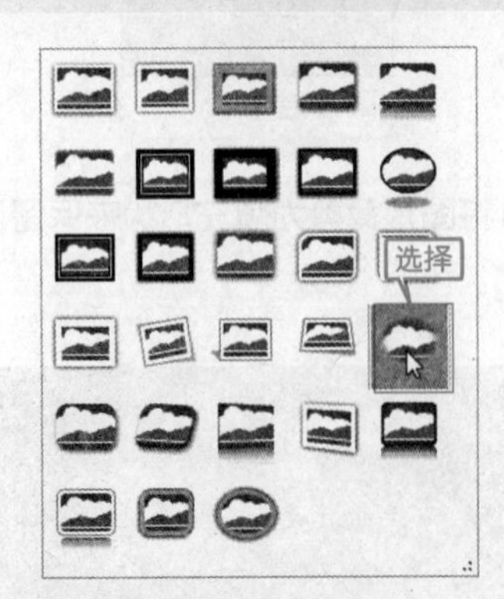

❸ 图片设置为柔化边缘椭圆样式后如下图所示。

❹ 单击【图片工具】➢【格式】选项卡【图片样式】组中的【图片效果】按钮，在弹出的下拉菜单中选择【映像】选项，并从其子菜单中选择【映像变体】➢【半映像、4pt 偏移量】。

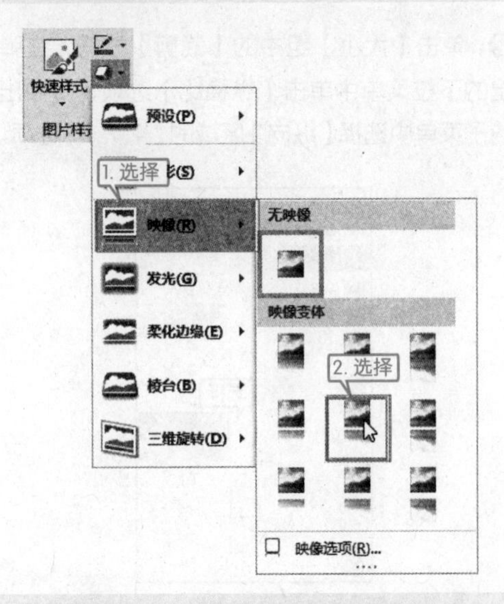

❺ 添加半映像的效果图片如下图所示。

❻ 单击【图片工具】➢【格式】选项卡【图片样式】组中的【图片效果】按钮，在弹出的下拉菜单中选择【柔化边缘】选项，并从其子菜单中选择【25 磅】选项，更改柔化边缘为25 磅。

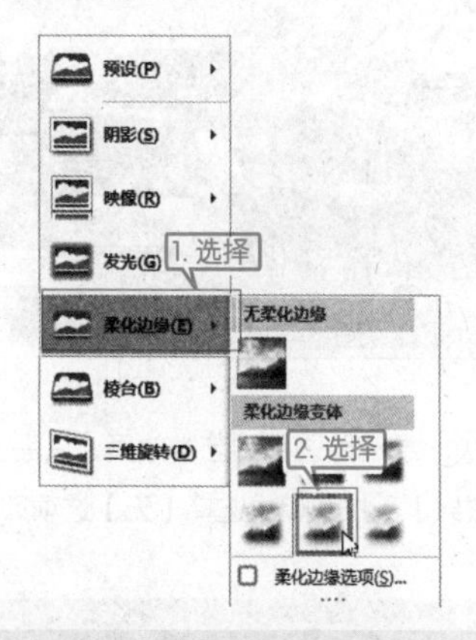

❼ 柔化后的图片效果如下图所示。

❽ 单击【图片工具】➢【格式】选项卡【图片样式】组中的【图片效果】按钮，在弹出的下拉菜单中选择【三维旋转】选项，并从其子菜单中选择【平行】区域的【等轴：左下】选项。

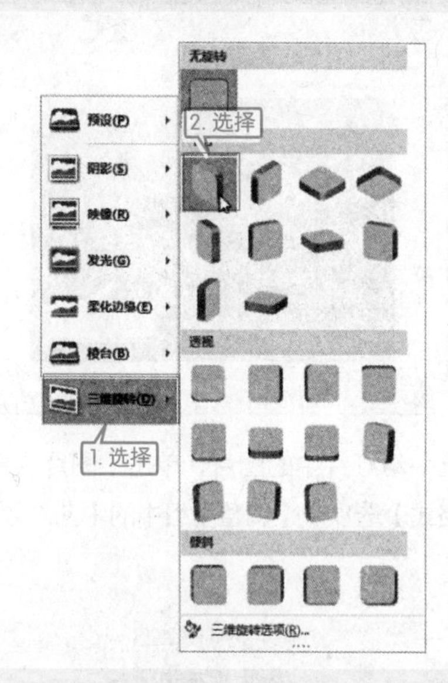

❾ 最终效果如下图所示。

6.3.5 为图片设置艺术效果

可以将艺术效果应用于图片或图片填充，以使图片看上去更像草图、绘图或绘画。图片填充是一个形状，或者是其中填充了图片的其他对象。

一次只能将一种艺术效果应用于图片，因此，应用不同的艺术效果会删除以前应用的艺术效果。为图片设置艺术效果的具体操作步骤如下。

❶ 打开随书光盘中的“素材\ch06\汽车.pptx”文件。

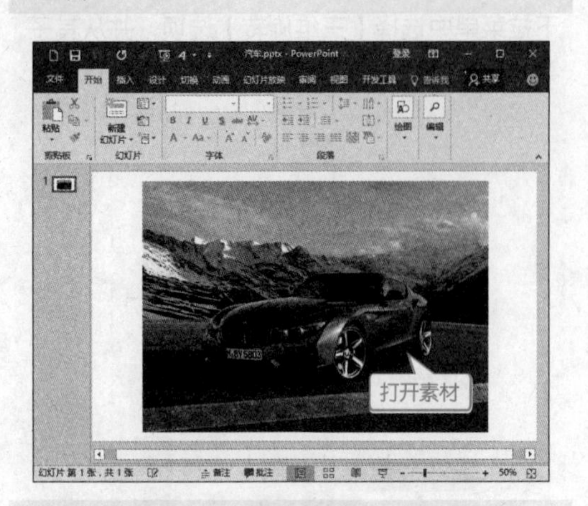

❷ 选中幻灯片中的图片，单击【图片工具】➤【格式】选项卡【调整】组中的【艺术效果】按钮。

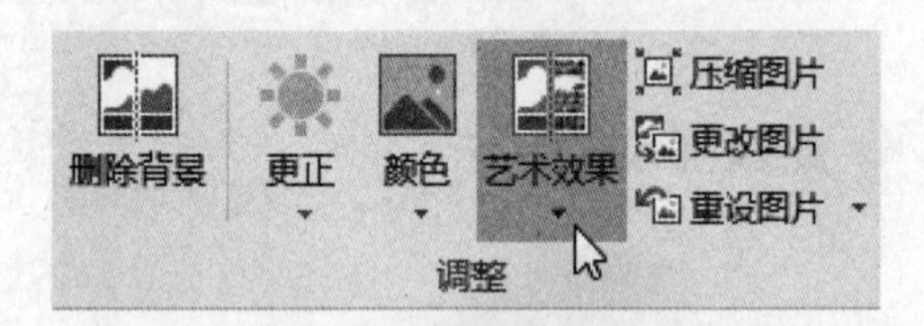

❸ 在弹出的下拉列表中选择【铅笔素描】选项。

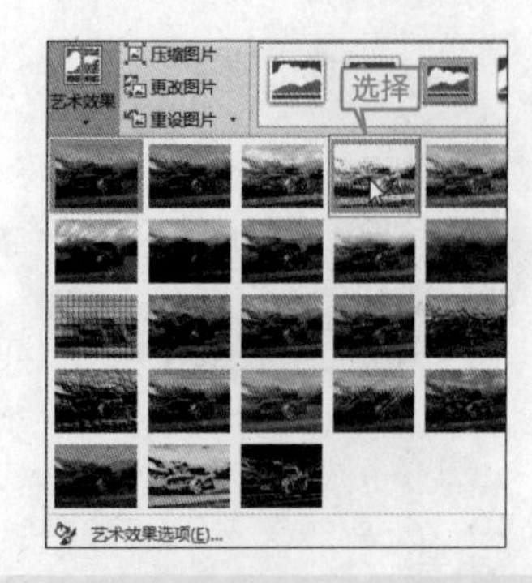

❹ 在幻灯片的空白位置处单击退出艺术效果的设置，最终图片效果如下图所示。

提示 要删除图片的艺术效果，只需要在【艺术效果】下拉菜单中选择【无】选项即可。

6.4 插入屏幕截图

本节视频教学录像：4 分钟

屏幕截图适用于捕获可能更改或过期的信息（例如，重大新闻报道或旅行网站上提供的讲求时效的可用航班和费率的列表）的快照，也适用于将来自网页或其他来源的内容以屏幕截图的方式传输到其他文件中。

在 PowerPoint 2016 中插入屏幕截图的操作方法如下。

❶ 新建一张要插入屏幕截图的空白 PPT。

❷ 打开随书光盘中的“素材\ch06\剪贴画.pptx”文件。

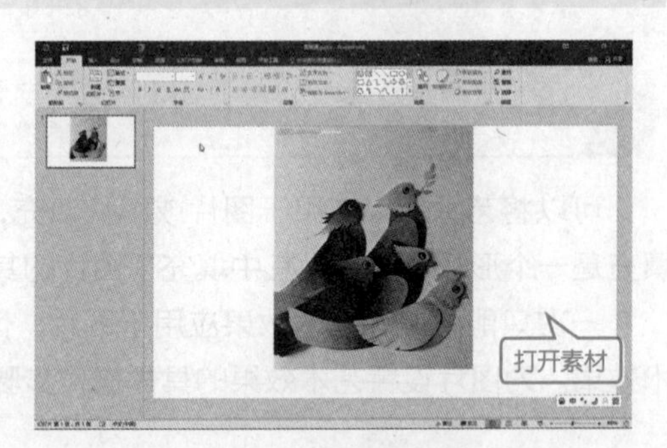

❸ 打开新建的空白 PPT，单击【插入】选项卡【图像】组中的【屏幕截图】按钮，在弹出的【可用视窗】列表中选择“剪贴画 .pptx”。

❹ 插入选取的屏幕截图后如下图所示。

除了直接将可用视窗的屏幕整个截取外，也可以使用【可用视窗】列表中【屏幕剪辑】工具选择窗口的一部分，但只能捕获没有最小化到任务栏的窗口。

❶ 将第四步得到的裁剪图片删去（选中裁剪图片然后按【Delete】键），然后单击【可用视窗】列表中【屏幕剪辑】选项。

❷ 屏幕窗口会切换到没有最小化到任务栏的窗口。单击左键拖动鼠标选取窗口里的小鸟图像，选取完后，选取的截屏会自动添加到幻灯片上。

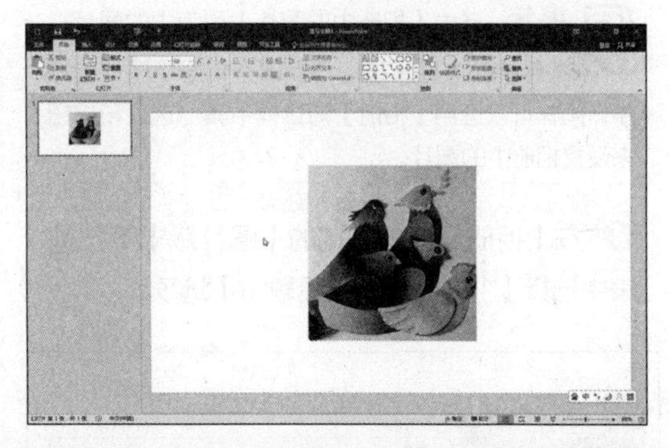

6.5 创建相册

本节视频教学录像：3 分钟

随着数码相机的不断普及，利用计算机制作电子相册的人越来越多。本节来介绍如何使用 PowerPoint 2016 轻松创建漂亮的电子相册。

❶ 选择任一幻灯片，单击【插入】➤【图像】➤【相册】下拉按钮，选择【新建相册】，弹出如下图所示的【相册】对话框。

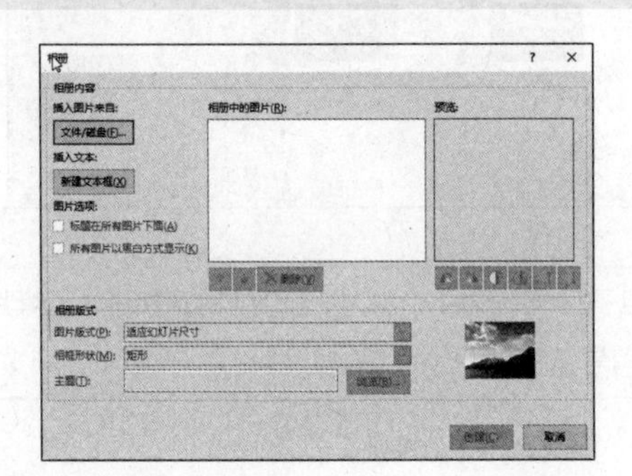

❷ 单击【相册】对话框中的【文件/磁盘】按钮，弹出【插入新图片】对话框。

❸ 在【插入新图片】对话框中按住【Ctrl】键选择随书光盘中的“素材\ch06\鸟巢、汽车、摄影、自然”等图片，然后单击【插入】按钮返回到【相册】对话框。

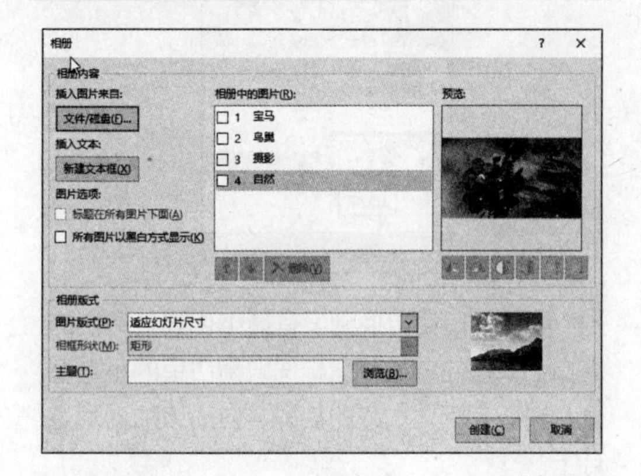

提示 选中【相册中的图片】列表中的图片，然后单击↑或↓按钮可以调整相册中图片的顺序。同样可以运用【相册】对话框中其他选项和按钮来设置相册中的图片。

❹ 在【相册版式】区域的【图片版】下拉列表中选择【1张图片（带标题）】选项。

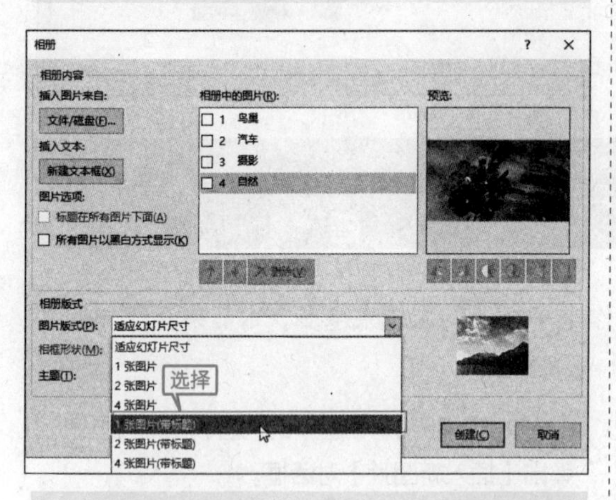

❺ 单击【相册版式】区域【主题】后的【浏览】按钮，在弹出的【选择主题】对话框中选择“Facet.thmx”主题。

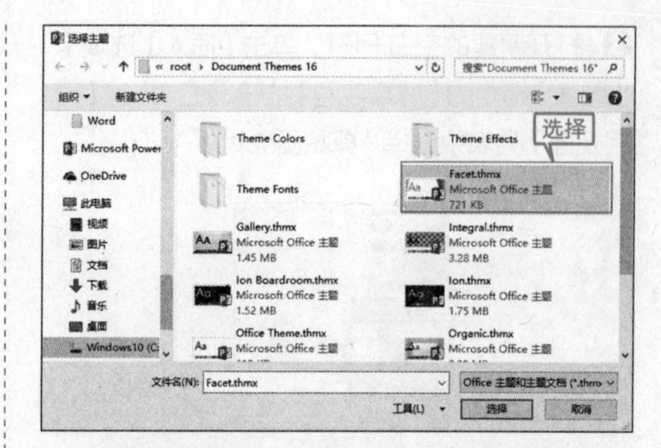

❻ 单击【选择】按钮返回到【相册】对话框，单击【创建】按钮即可创建一个插入相册图片的新演示文稿。

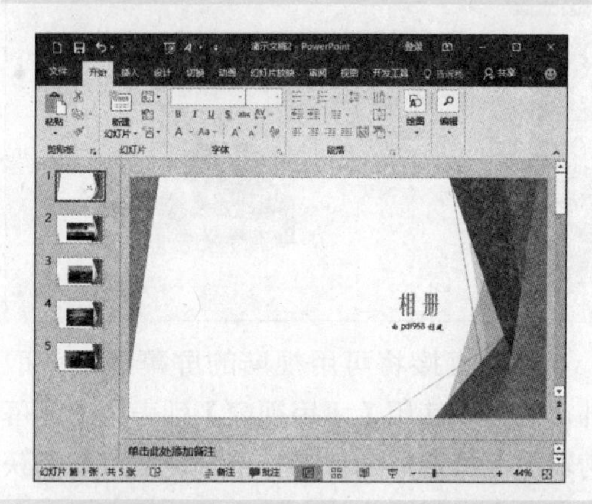

❼ 在演示文稿中为每个幻灯片添加相册标题，并调整图片形状样式。结果保存为“结果\ch06\相册.pptx”文件，在幻灯片浏览视图状态下最终效果图如下所示。

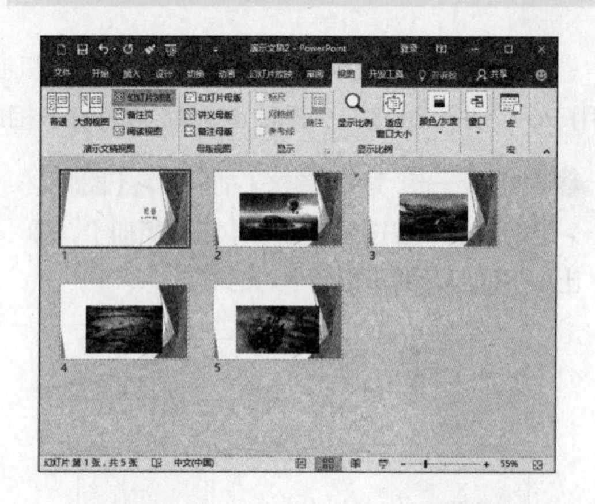

提示 相册中还可以添加音乐，使制作的相册更完美。电子相册完成后，可以按【F5】键直接进入幻灯片放映模式，以便更好地欣赏在 PowerPoint 中制作的相册效果。

6.6 综合实战——创建产品规格幻灯片

本节视频教学录像：8 分钟

本节结合前面所学内容，制作一份产品规格幻灯片页面，详细介绍产品的各项参数，创建产品规格幻灯片的具体操作步骤如下。

第 1 步：创建幻灯片首页

❶ 新建演示文稿，单击【设计】选项卡下【主题】组中的【其他】按钮。在弹出的下拉列表中选择“柏林”主题。

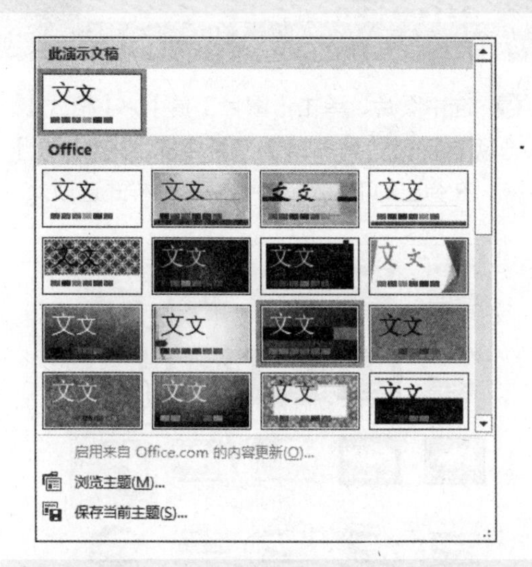

❷ 在文本占位符中输入产品名称等相关文字，并调整标题【对齐方式】为“居中对齐”，副标题【对齐方式】为“右对齐”，制作完成，效果如下图所示。

第 2 步：创建产品规格幻灯片

❶ 新建空白幻灯片页面，单击【插入】选项卡下【表格】选项组中的【表格】按钮， 在弹出的下拉列表中选择【插入表格】选项。

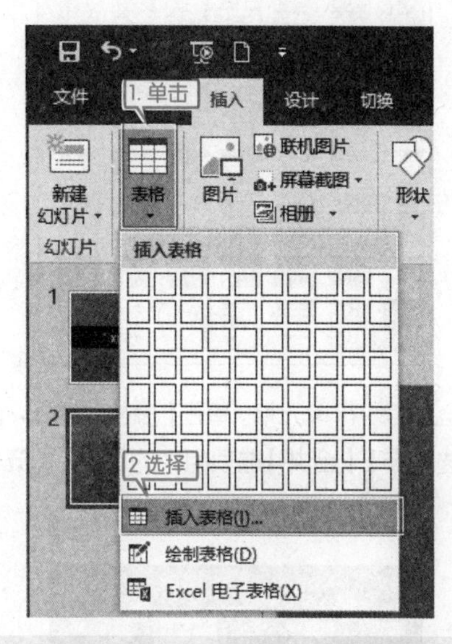

❷ 弹出【插入表格】对话框，分别设置其【行】和【列】为“11”“2”，单击【确定】按钮即可插入表格。

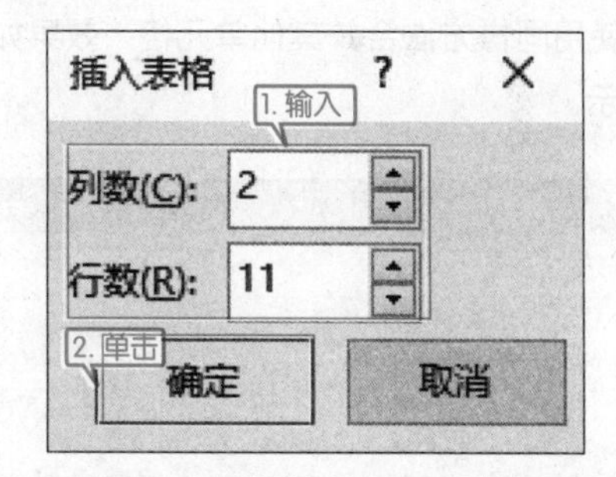

❸ 选择表格，单击【表格工具】➤【设计】选项卡下【表格样式】选项组中【其他】按钮。

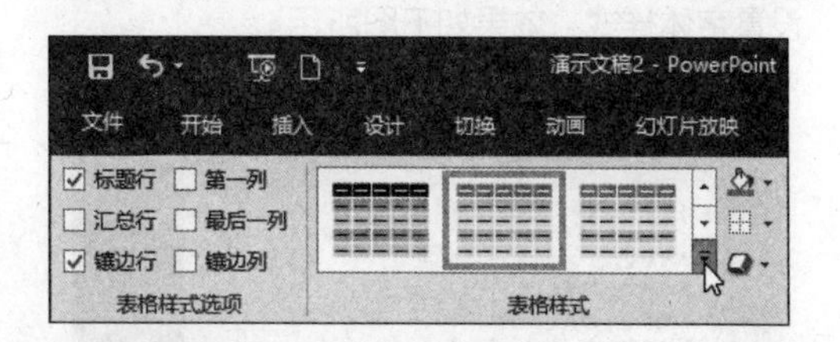

❹ 在弹出的下拉列表中选择【中度样式 1-强调 3】选项。

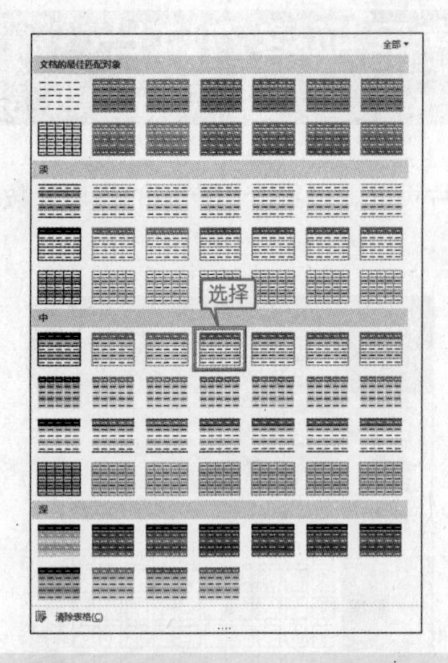

❺ 全选第 1 行单元格，单击【表格工具】➢【布局】选项卡下【合并】选项组中的【合并单元格】按钮，即可合并第一行单元格。

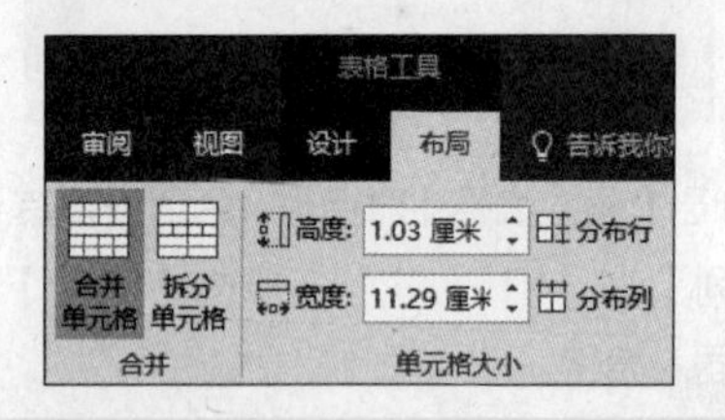

❻ 使用同样方法合并其他单元格，效果如下图所示。

❼ 在单元格中输入如图所示内容，根据需要设置字体样式，效果如下图所示。

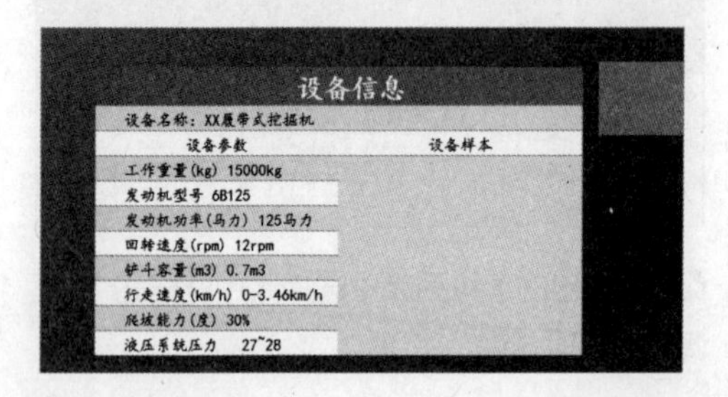

❽ 在幻灯片中插入随书光盘中的“素材\ch03\挖掘机.jpg”图片，拖曳到如图所示位置并根据需要调整图片的大小。

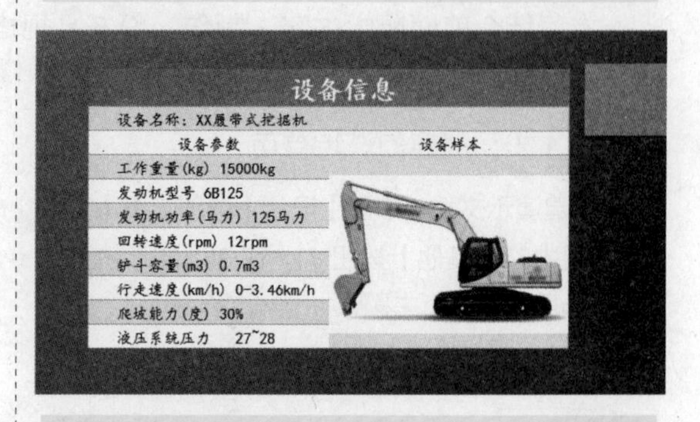

❾ 选中图片，单击【图片工具】➢【格式】选项卡下【图片样式】选项组中的【其他按钮】，在弹出的下拉列表中选择一种样式选项。

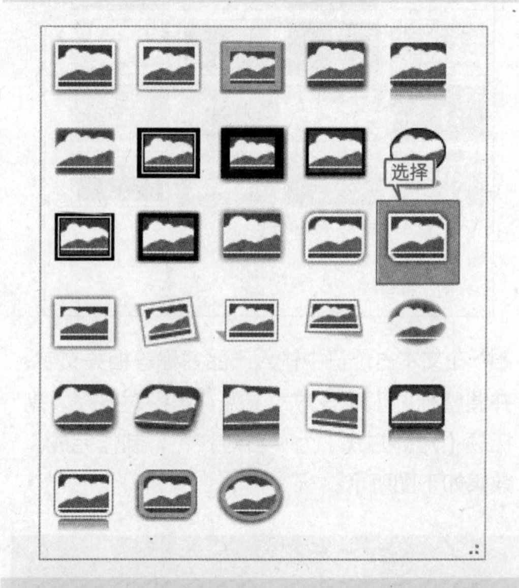

❿ 最后调整表格的大小，使其占据整张幻灯片页面，并根据需要调整表格中的内容，效果如下图所示。

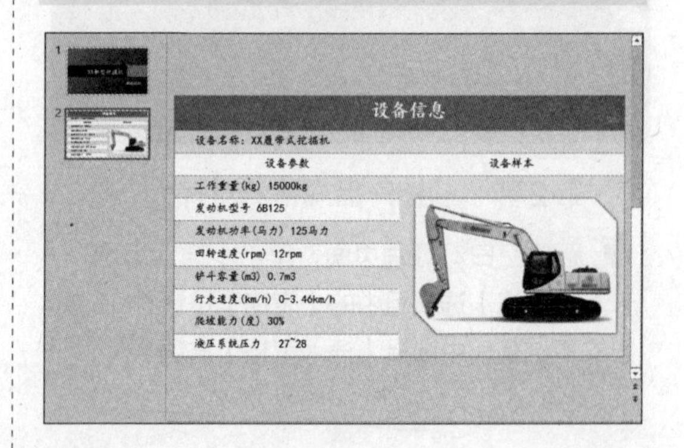

第 3 步：创建结束幻灯片

❶ 插入【标题幻灯片】幻灯片页面并在标题文本占位符中输入“谢谢观赏”，根据需要设置字体样式，删除副标题文本占位符，就完成了结束幻灯片页面的制作。

❷ 选择【文件】选项卡，在打开的列表中选择【另存为】选项，在弹出的【另存为】对话框中选择保存的位置和保存名称，单击【保存】按钮即可完成文档的保存。

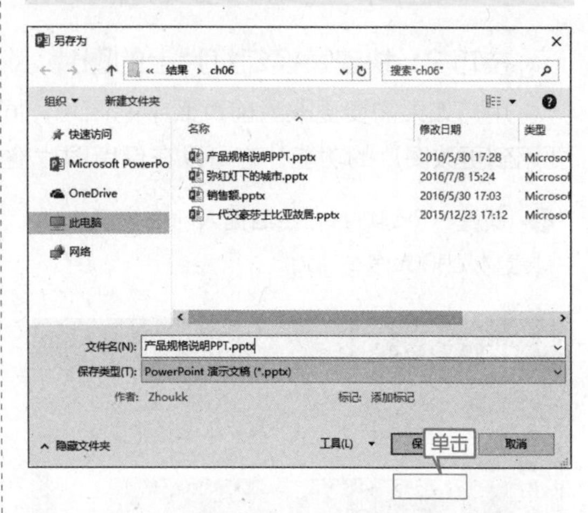

高手私房菜

本节视频教学录像：3 分钟

技巧 1：快速删除图片背景

为了突出图片中的某些事物，可以将图片的背景删除，只保留需要保存的主题，这一效果可以通过 PowerPoint 提供的删除背景功能进行实现。

❶ 打开随书光盘“素材 \ch06\folwer.pptx”文档。

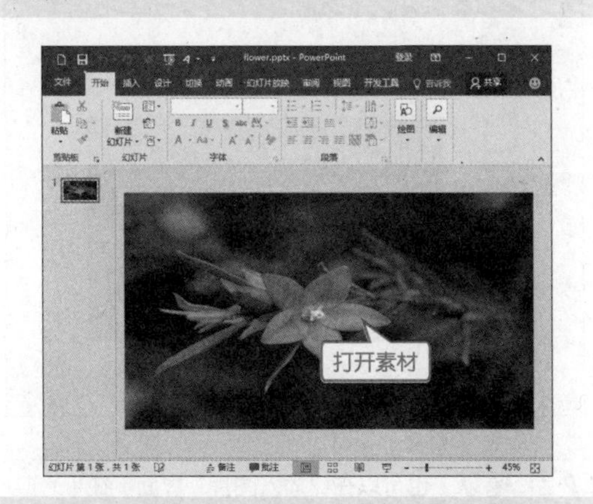

❷ 单击图片，选择【格式】菜单下的【调整】组里的【删除背景】选项。

❸ 在出现的对话框中单击【保留更改】选项

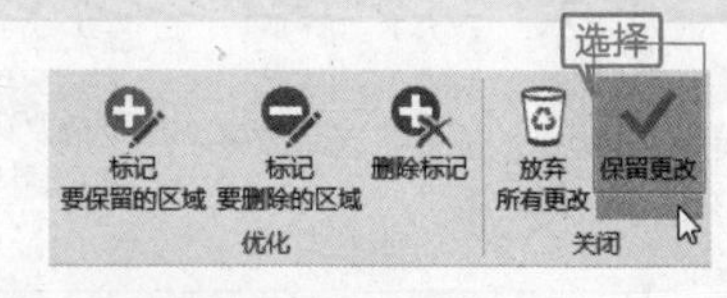

❹ 删除背景后效果如下图所示。

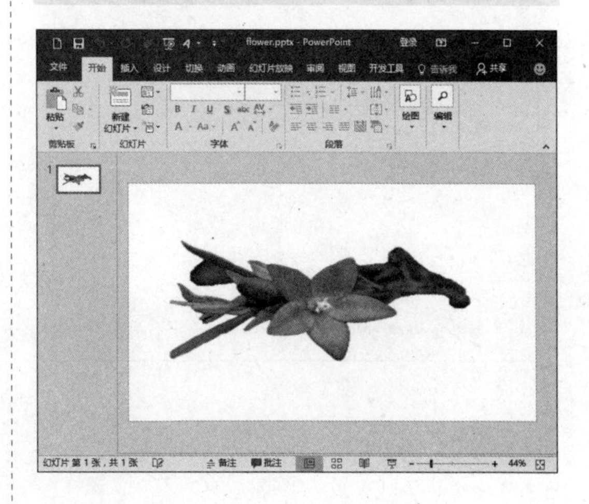

提示 当插入的图片的背景不是单一色的话，就不能直接默认删除区域，那么操作就没有上面的那么简单了，我们需要单击【标记要保留的区域】后按住鼠标左键拖动鼠标，标记需要保留的区域，或者单击【要标记删除的区域】，按住鼠标左键拖动鼠标标记需要删除的区域。

技巧 2：快速替换幻灯片上的图片

用户如果需要更改当前页面中的图片，同时又希望保留对图片格式和大小的设置，就需要用到更改图片的功能，它可以在保留图片格式和大小的前提下，迅速更改图片。

❶ 新建一个幻灯片，然后插入随书光盘文件“素材 \ch06\ 汽车 .jpg”。

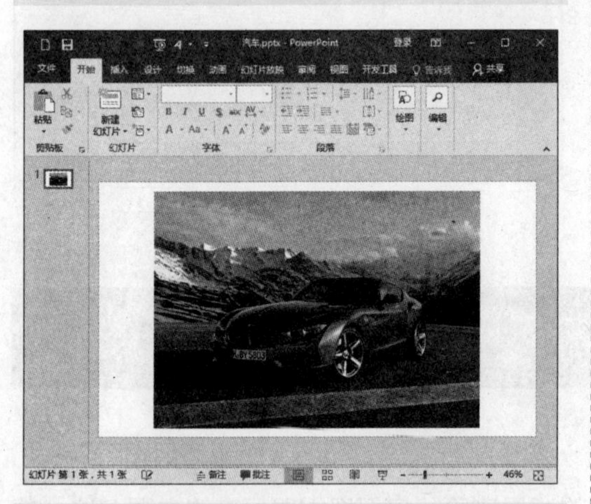

❷ 单击【格式】菜单下【调整】组里的【更改图片】选项。

❸ 弹出【插入图片】对话框，如下图所示。

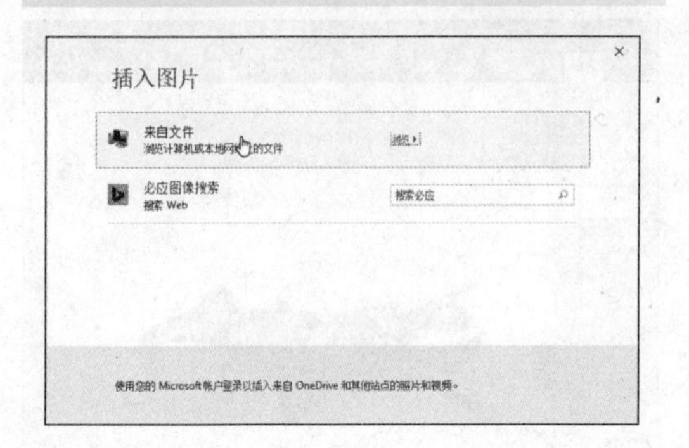

❹ 单击“来自文件”，然后选择随书光盘里的“素材 \ch06\ 摄影 .jpg”图片。

❺ 单击插入按钮，界面会自动回到幻灯片界面，并且幻灯片里的“汽车”图片变成“摄影”图片，如下图所示。

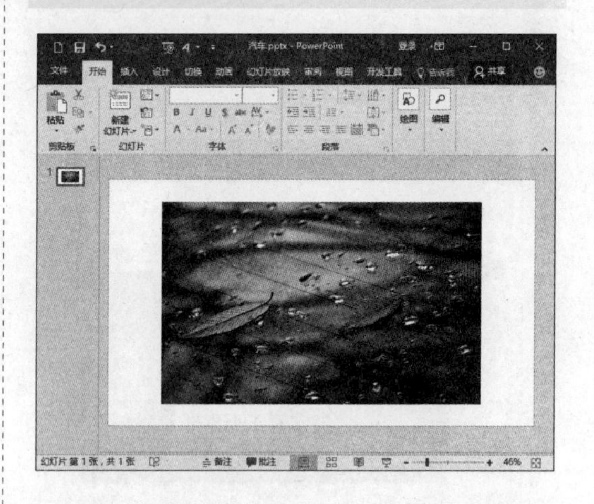

提示 也可以在“插入图片”界面下在【必应图片搜索】里输入自己想要的图片类型，然后选择图片，单击插入，效果会和上面的效果一样。

第7章

图形和图表的使用

本章视频教学录像：50 分钟

高手指引

在幻灯片中加入图表或图形，可以使幻灯片的内容更丰富。本章主要介绍在 PowerPoint 2016 中使用图表、图形的基本操作知识，包括使用图表、形状和 SmartArt 图形的操作方法。用户通过对这些高级排版知识的学习，能够更好地提高工作效率。

重点导读

- 掌握使用形状的方法
- 掌握图表的使用方法
- 熟悉 SmartArt 图形的使用及其设置方法

7.1 图形的绘制

本节视频教学录像：6 分钟

在 PowerPoint 2016 中，使用图形绘制功能可以根据需要制作出一份图文并茂的 PPT 演示文稿。

7.1.1 快速绘制图形

单击【开始】选项卡【绘图】组中的【形状】按钮的下拉按钮，即可弹出如下图所示的【图形】下拉菜单，其中提供了线条、矩形、基本形状、箭头总汇、公式形状、流程图、星与旗帜、标注和动作按钮等多种图形。在【最近使用的形状】区域可以快速找到最近使用过的形状，以便于快速调用。

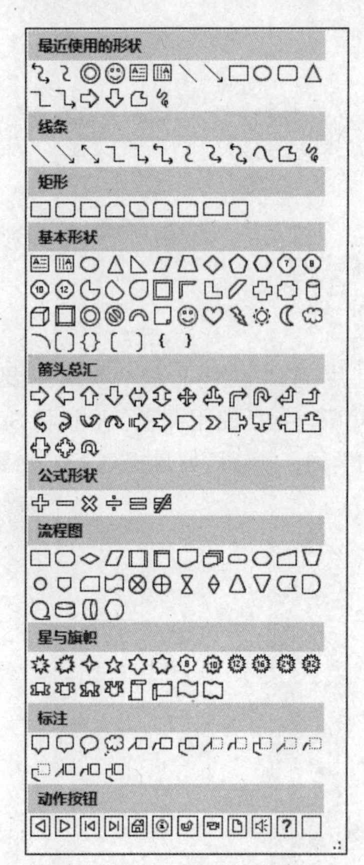

快速绘制形状的具体操作如下。

❶ 单击【开始】选项卡【幻灯片】组中的【新建幻灯片】按钮的下拉按钮，在弹出的菜单中选择【空白】选项，新建一个空白幻灯片。

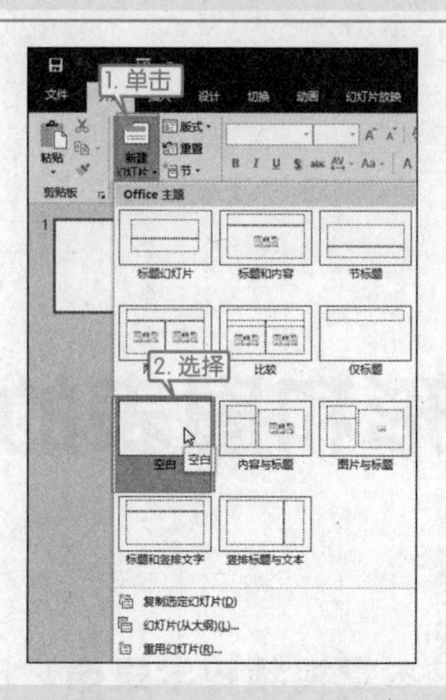

❷ 单击【开始】选项卡【绘图】组中的【形状】按钮的下拉按钮，在弹出的下拉菜单中选择【基本形状】区域的【椭圆】形状。

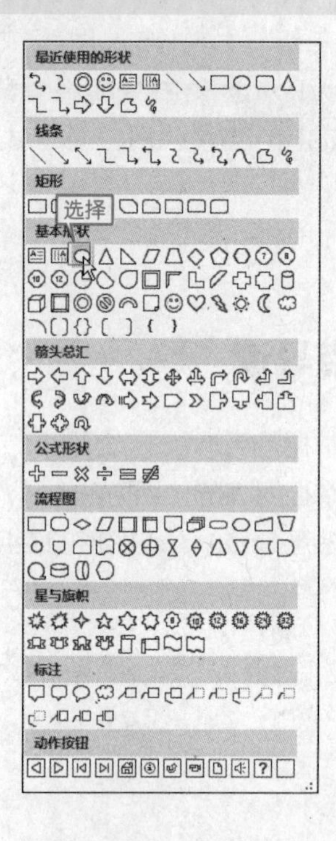

❸ 此时鼠标指针在幻灯片中的形状显示为十，在幻灯片空白位置处单击，按住鼠标左键并拖曳到适当位置处释放鼠标左键。绘制的椭圆形状如下图所示。

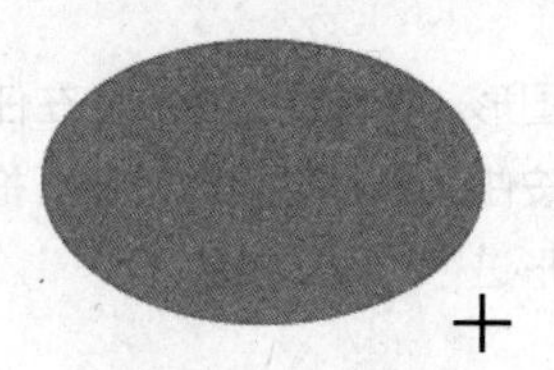

❹ 重复步骤❷～❸的操作，在幻灯片中依次绘制【星与旗帜】区域的“五角星”形状和【基本形状】区域的“笑脸”形状。最终效果如下图所示。

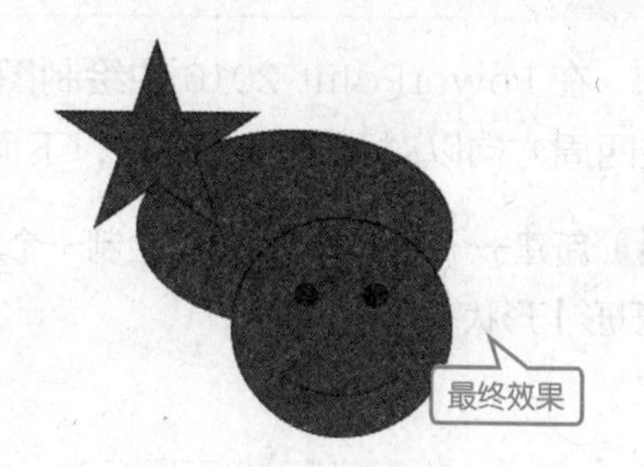

提示 单击【插入】选项卡【插图】组中的【形状】按钮，在弹出的下拉列表中选择所需要的形状，也可以在幻灯片中插入形状。

7.1.2 使用【Shift】键绘制标准图形

用户在绘制图形的时候，按住键盘上的【Shift】键可以绘制出标准对称的图形，具体操作步骤如下。

❶ 单击【开始】选项卡【绘图】组中的【形状】按钮的下拉按钮，在弹出的下拉列表中选择所需要的形状，例如这里选择【基本形状】区域的【椭圆】形状。

❷ 此时鼠标指针在幻灯片中的形状显示为十，在幻灯片空白位置处单击，按住鼠标左键不放，同时按住键盘上的【Shift】键并拖曳到适当位置处释放鼠标左键，即可绘制出一个标准圆形状。

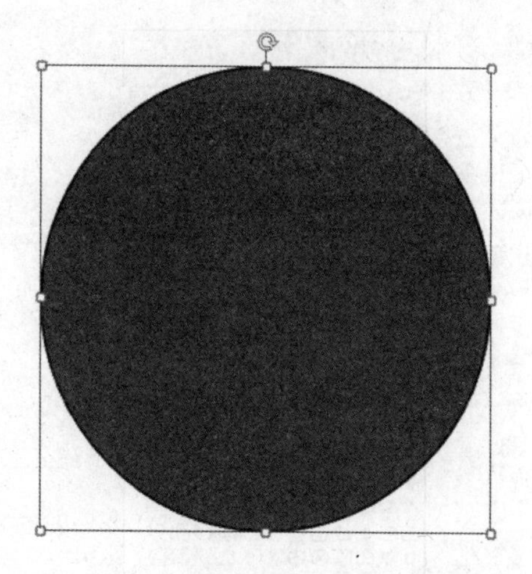

提示 用户在绘制完图形要结束的时候，需要先释放鼠标左键，再释放键盘上的【Shift】键。

7.1.3 按住【Ctrl】键拉伸图形

在 PowerPoint 2016 中绘制图形的时候，按住键盘上的【Ctrl】键，可以让图形在原点往四周方向以对称的形式拉伸，下面来讲述具体操作方法。

❶ 新建一个空白演示文稿，绘制一个对称【太阳形】形状。

❷ 选择图形，将鼠标光标放置在任意一个控制点上，按住键盘上的【Ctrl】键，拖曳鼠标，可以将图形进行对称的拉伸。

7.1.4 使用一条线勾勒图形

在 PowerPoint 2016 中，用户也可以使用【自由曲线】命令勾勒图形，具体操作步骤如下。

❶ 单击【开始】选项卡下【绘图】组中的【形状】选项的下拉按钮，在弹出的下拉列表中选择【线条】选项下的【自由曲线】命令。

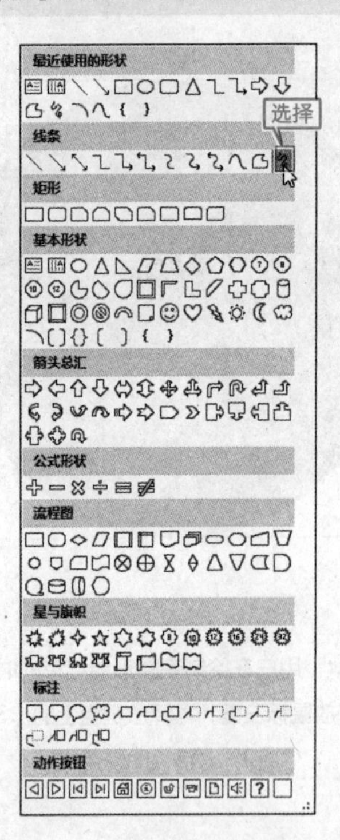

❷ 选择【自由曲线】命令之后，鼠标光标将变成铅笔的形状，在幻灯片上单击一点制作为图形的起点，拖曳鼠标勾勒图形。

❸ 绘制完成，释放鼠标左键即可。

❹ 选择绘制好的图形，单击鼠标右键，在弹出的快捷菜单中选择【编辑顶点】菜单命令。

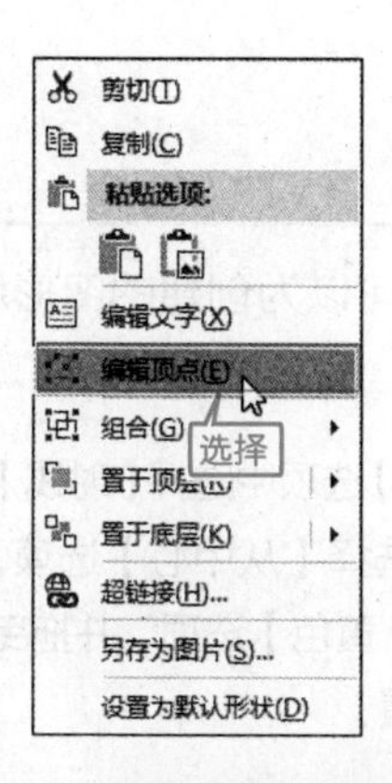

❺ 单击选择要编辑的顶点，按住鼠标左键并拖曳鼠标，即可改变图形顶点形状。

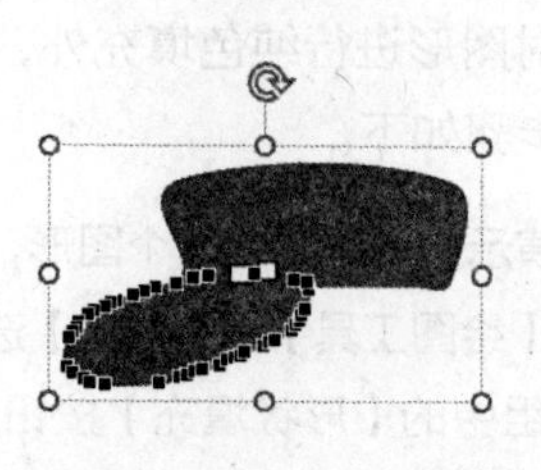

7.2 编辑图形

本节视频教学录像：9 分钟

绘制图形后，用户还可以对图形进行编辑，例如填充颜色、添加文字、更改边角形状等。

7.2.1 填充图形颜色

用户可以使用形状填充工具为绘制的图形填充颜色，具体操作步骤如下。

❶ 新建演示文稿并绘制一个【十字星】形状。

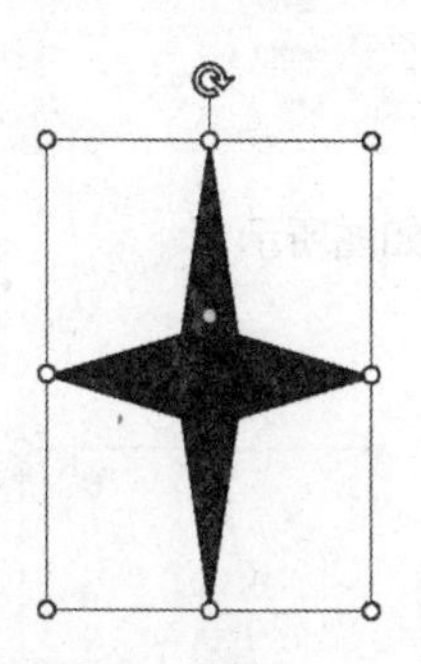

❷ 单击【绘图工具】➤【格式】选项卡【形状样式】组中的【形状填充】按钮，在弹出的下拉列表中选择一种颜色。

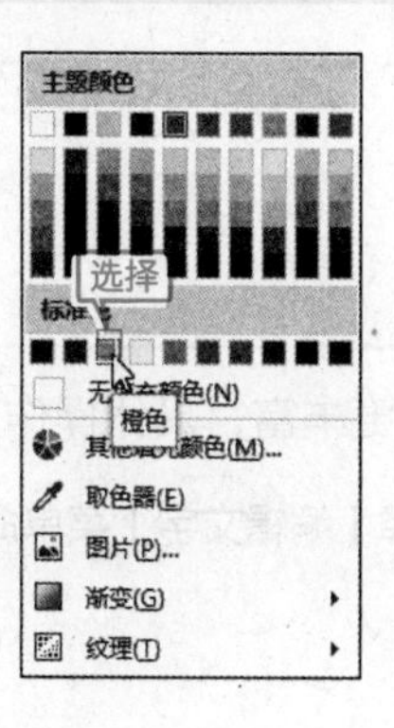

❸ 即可看到绘制的图形颜色已经改变。

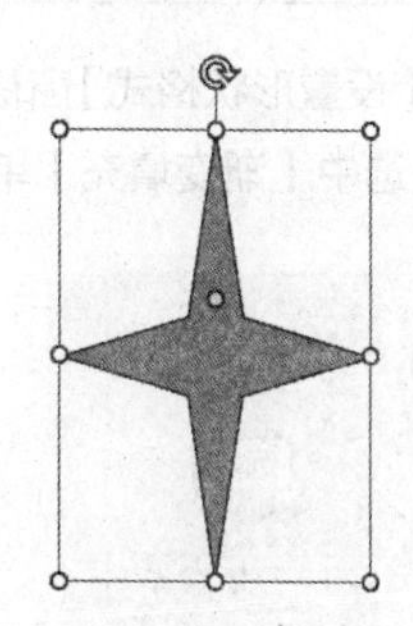

❹ 单击【格式】选项卡【形状样式】组中的【形状轮廓】按钮，在弹出的下拉列表中选择一种轮廓颜色，还可以根据需要设置形状的轮廓。

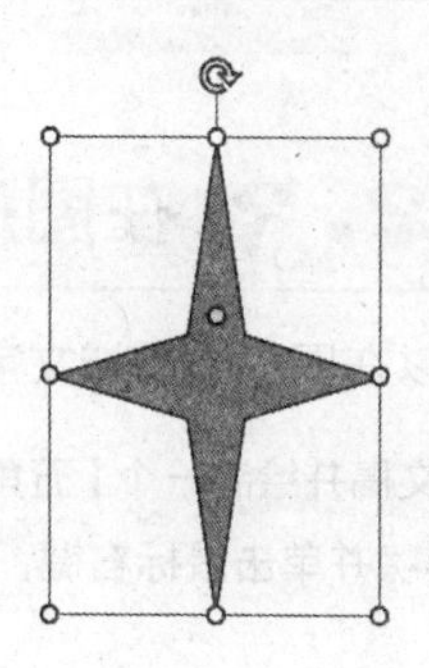

7.2.2 渐变色的填充

除了对图形进行纯色填充外，在 PowerPoint 2016 中还可以为创建的图形填充渐变色，具体操作步骤如下。

❶ 新建演示文稿并绘制一个图形，选择该图形，单击【绘图工具】➤【格式】选项卡【形状样式】组中的【形状填充】按钮，在弹出的下拉列表中选择【渐变】➤【其他渐变】菜单命令。

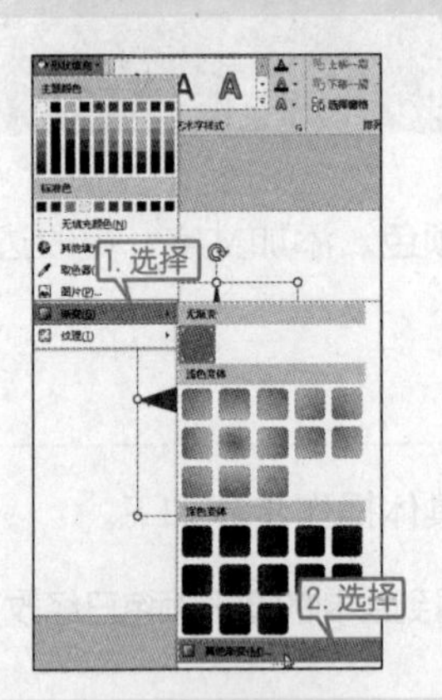

❷ 在弹出的【设置形状格式】窗格中的【填充】选项卡下单击选中【渐变填充】单选项。

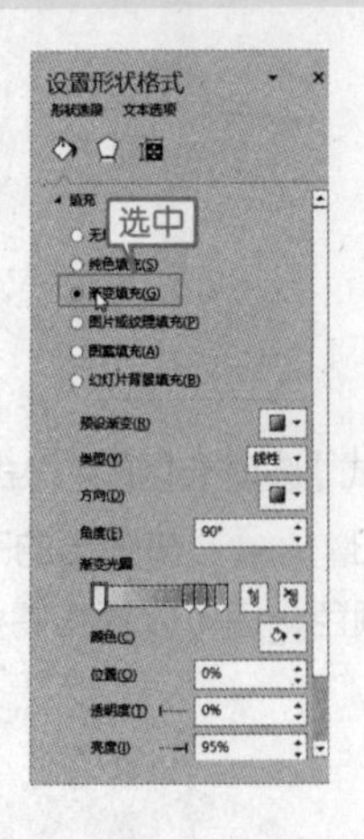

❸ 在【类型】选项中选择【射线】选项，在【方向】选项中选择【从中心】选项，在【颜色】选项中选择【黄色】选项，并拖曳【渐变光圈】到需要的位置。

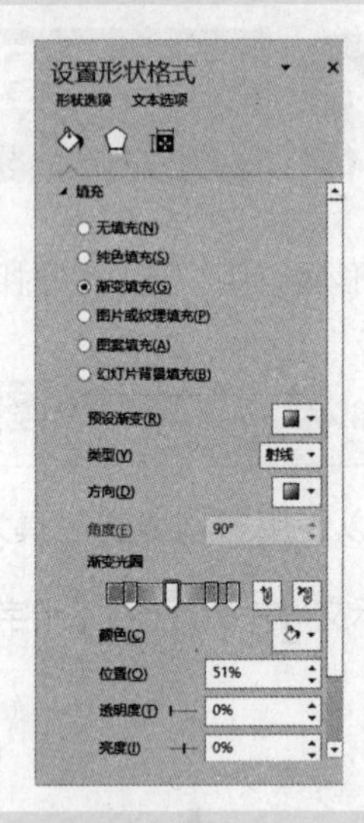

❹ 最终效果如图所示。

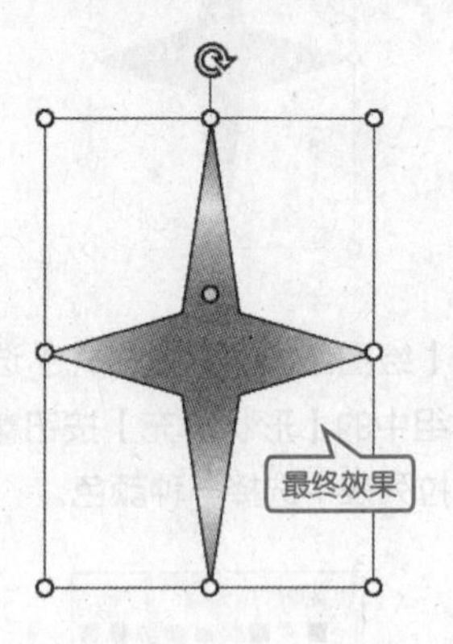

7.2.3 在图形上添加文字

用户可以在图形上添加文字，以使幻灯片的内容看起来更丰富，具体操作步骤如下。

❶ 新建演示文稿并绘制一个【五角星】形状，选择绘制的形状并单击鼠标右键，在弹出的快捷菜单中选择【编辑文字】菜单命令。

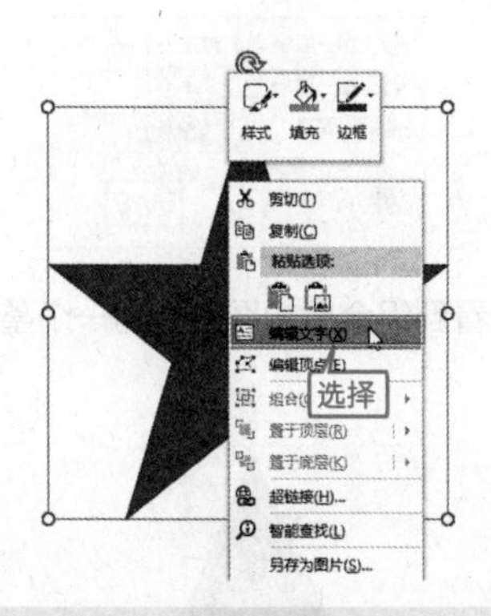

❷ 在图形上输入文字，文字会在图形上自动居中显示。

❸ 设置字体及大小，并单击【格式】选项卡【艺术字样式】组中的【文本填充】按钮，在弹出的下拉列表中选择一种颜色。

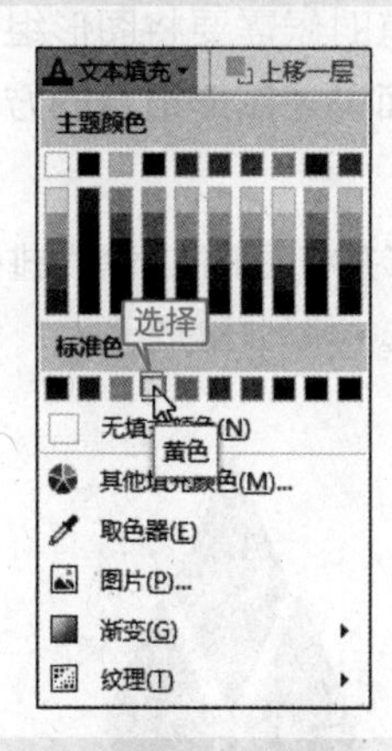

❹ 最终效果如图所示。

7.2.4 图形的组合与排列

在 PowerPoint 2016 中，当绘制多个图形时，可以将这些图形进行统一的组合与排列。

1. 排列

用户可以利用对齐功能将多个图形进行规整的排列，具体操作步骤如下。

❶ 绘制多个图形，并利用框选的方式同时选中多个图形。

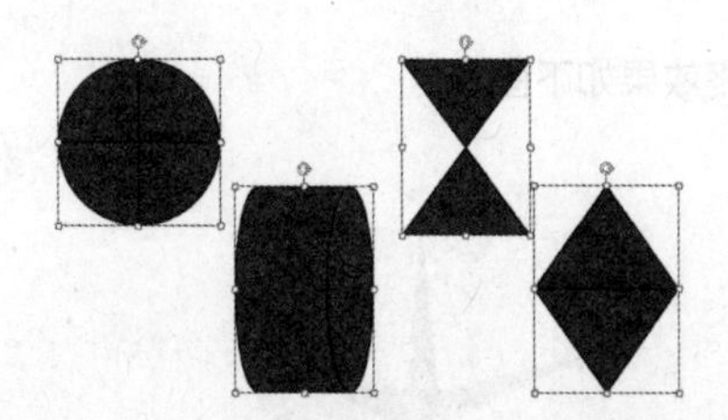

❷ 单击【格式】选项卡【排列】组中【对齐】按钮的下拉按钮，在弹出的【对齐】快捷菜单列表中选择【顶端对齐】菜单命令。

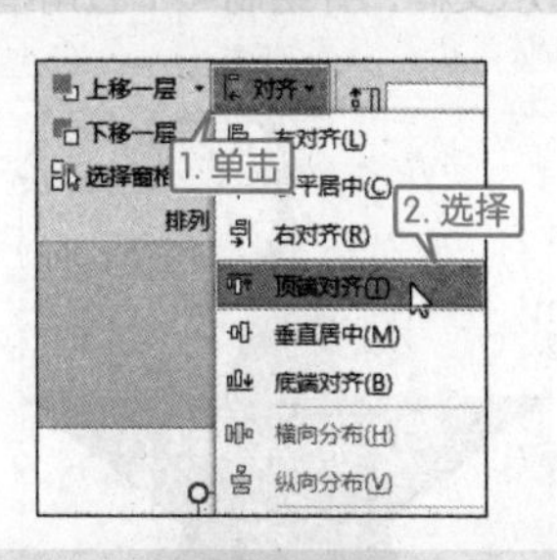

❸ 选中的图形会按照【顶端对齐】的方式排列，效果如下图所示。

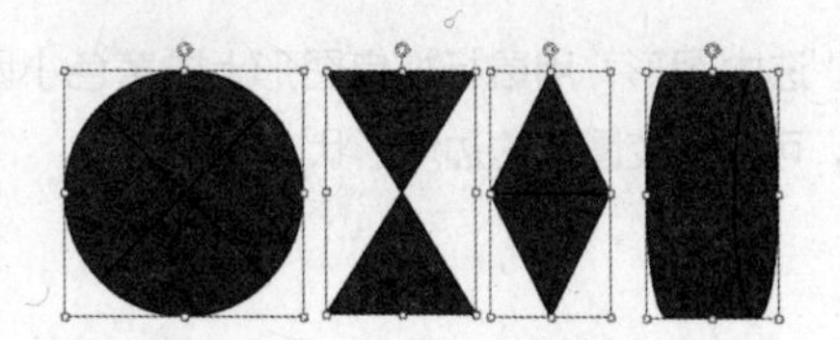

2. 组合

用户在使用 PowerPoint 2016 制作演示文稿时，有时候需要将图形组合在一起进行操作，下面讲述图形组合的方法，具体操作步骤如下。

❶ 绘制图形并将图形按照需要排列好，利用框选的方式选中排列好的图形。

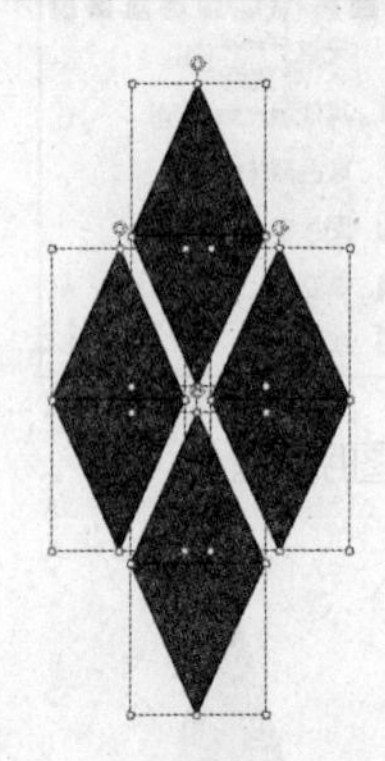

❷ 单击【格式】选项卡【排列】组中的【组合】按钮的下拉按钮，从弹出的快捷菜单中选择【组合】命令。

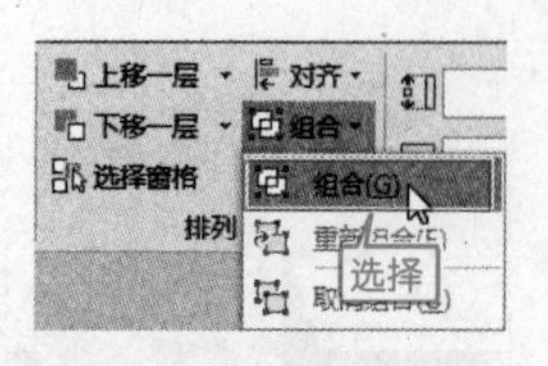

❸ 即可看到组合后的图形变为一个整体。

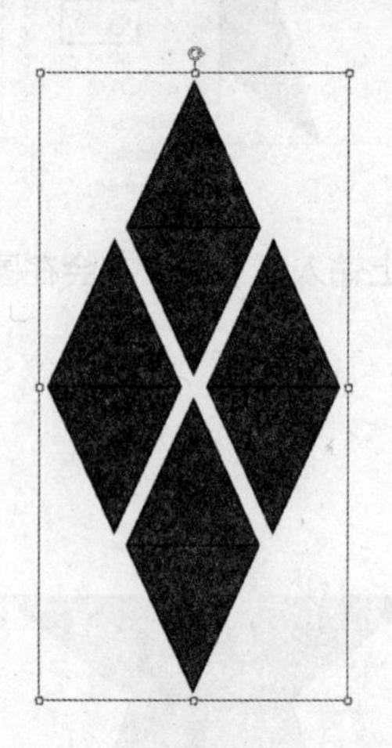

提示 如果需要取消组合，参照步骤❷选择【取消组合】命令即可。

7.2.5 更改图形的边角形状

在绘制图形时，用户也可以改变图形的边角形状，以使图形看起来更为美观，具体操作步骤如下。

❶ 新建演示文稿，并绘制一个五角星形状。

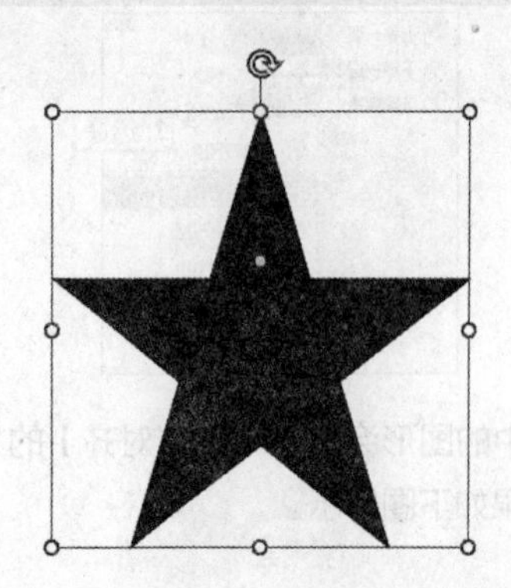

❷ 选中图形，用鼠标拖曳图形上的黄色小圆点，可以改变图形的边角形状。

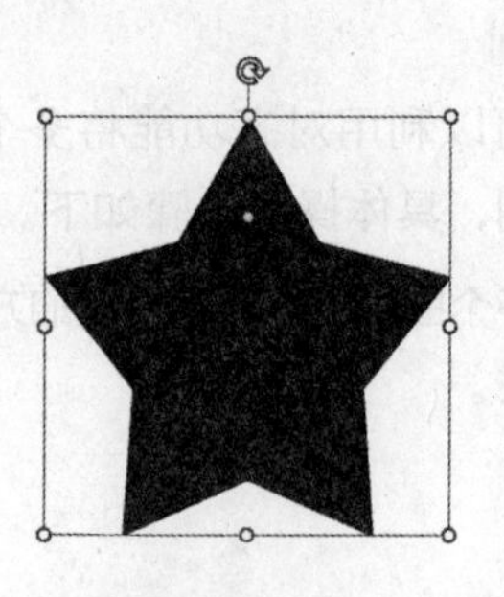

❸ 最终效果如下图。

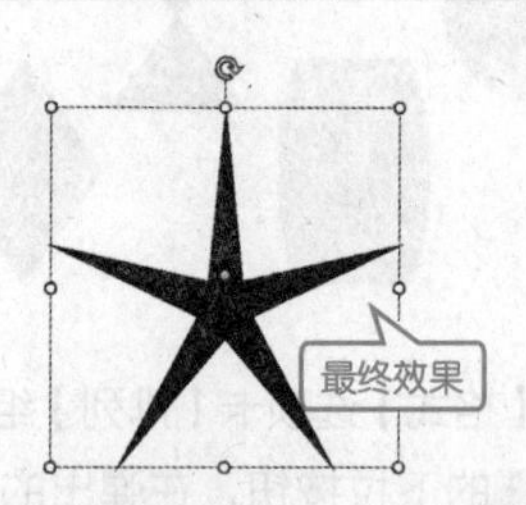

7.2.6 手工设置图形的阴影效果

给图形设置阴影可以加深图形的立体感觉，具体操作步骤如下。

❶ 新建演示文稿并绘制一个图形，选择图形，单击【绘图工具】选项下【格式】选项卡【形状样式】组中的【形状效果】按钮，在弹出的下拉列表中选择【阴影】➤【阴影选项】菜单命令。

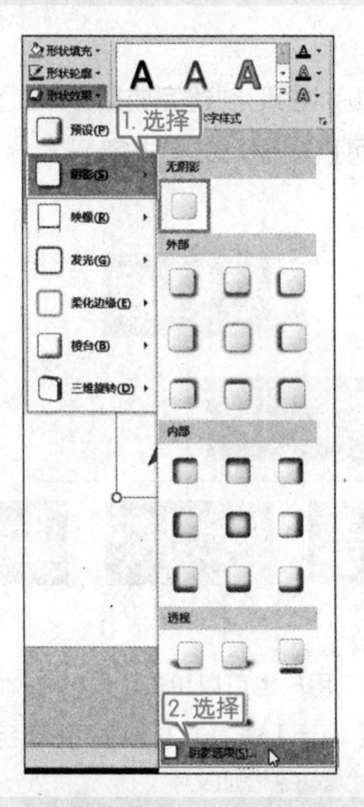

❷ 弹出【设置形状格式】窗格，选择【阴影】选项卡，将【透明度】选项设置为“20”，将【大小】选项设置为“100”，【模糊】选项设置为“5”，【角度】选项设置为“48”，【距离】选项设置为“2”。

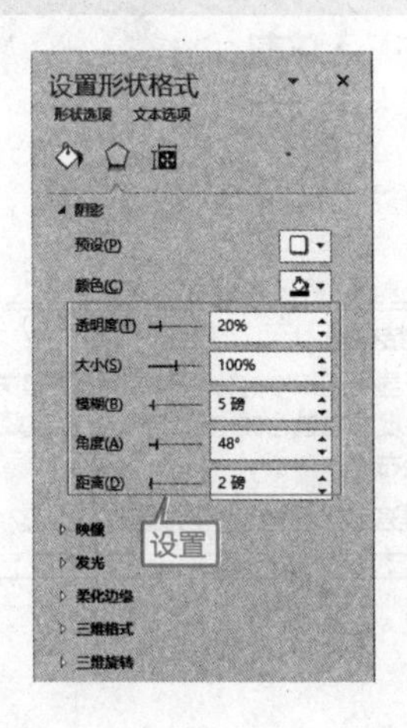

❸ 单击【映像】选项，打开【映像】选项卡，从中设置各选项参数，如下图所示。

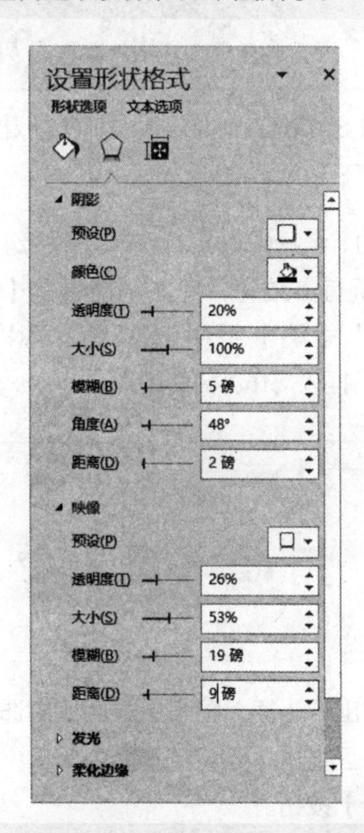

❹ 用户也可以根据需要设置其他选项参数，设置完成后最终效果如下图所示。

7.3 插入 SmartArt 图形

本节视频教学录像：4 分钟

SmartArt 图形是信息和观点的视觉表示形式。用户可以通过多种不同布局进行选择来创建 SmartArt 图形，从而快速、轻松和有效地传达信息。

7.3.1 创建 SmartArt 图形

使用 SmartArt 图形，可以创建具有设计师水准的插图。创建 SmartArt 图形的具体操作步骤如下。

❶ 启动 PowerPoint 2016，删除幻灯片页面中的所有占位符，单击功能区的【插入】选项卡【插图】组中的【SmartArt】按钮 SmartArt，插入 SmartArt 图形。。

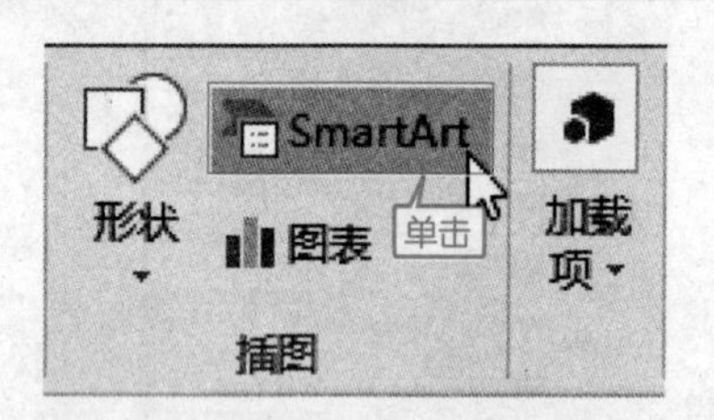

❷ 在弹出的【插入图表】对话框中选择【层次结构】区域的【组织结构图】图样，然后单击【确定】按钮。

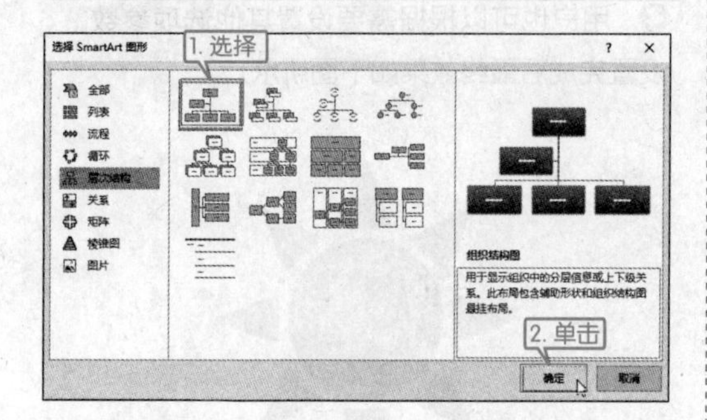

❸ 即可在幻灯片中创建一个组织结构图。

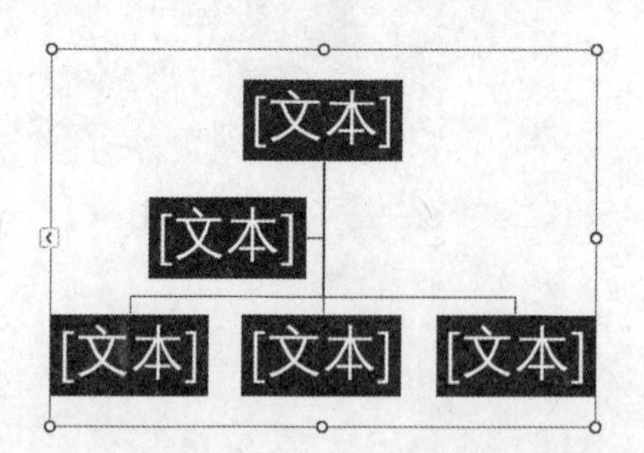

❹ SmartArt 图形创建完成后，单击图形中“文本”字样可直接输入文字内容。

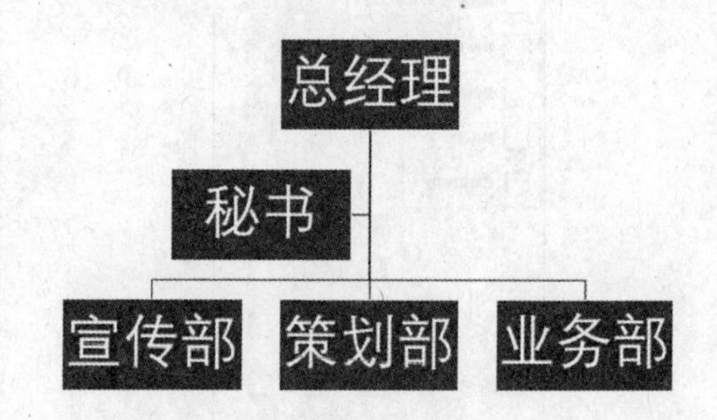

提示 用户也可以单击【SmartArt 工具】选项下【设计】选项卡【创建图形】组中【文本窗格】按钮 文本窗格 来添加文字。

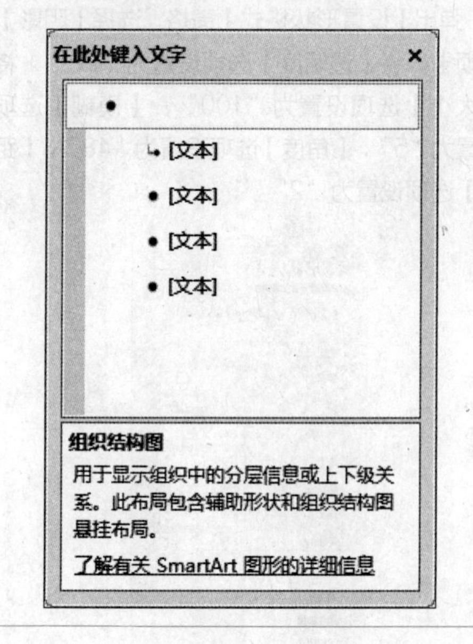

7.3.2 美化 SmartArt 图形

创建 SmartArt 图形后，可以更改图形中的一个或多个形状的颜色和轮廓等，使 SmartArt 图形看起来更美观。

1. 逐个对 SmartArt 图形进行美化

用户可以选中单个 SmartArt 图形逐个进行美化，具体操作步骤如下。

❶ 绘制如下组织结构图并单击选择“总经理”形状。

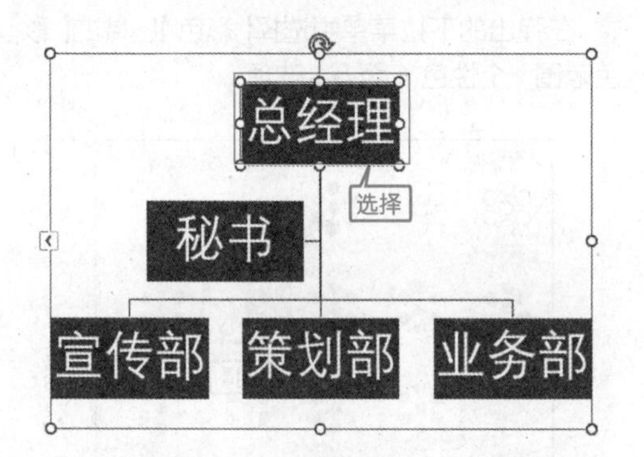

❷ 单击【SmartArt 工具】➤【格式】选项卡【形状样式】组中的【形状填充】按钮，在弹出的下拉菜单中选择【标准色】区域的【橙色】选项，“总经理”形状即被橙色填充。

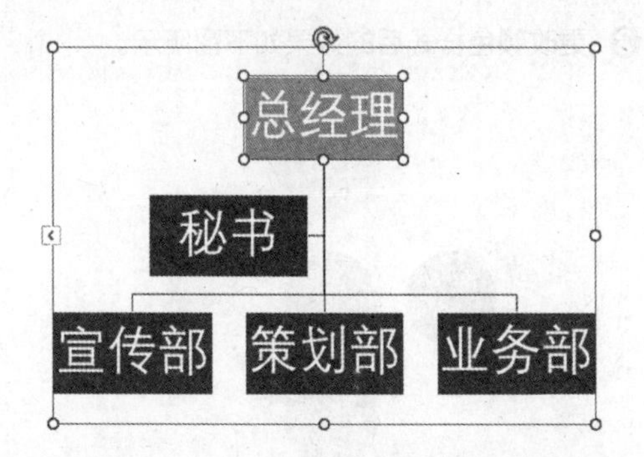

❸ 单击【SmartArt 工具】➤【格式】选项卡【形状样式】组中的【形状轮廓】按钮，在弹出的下拉菜单中选择【虚线】子菜单中的【画线 - 点】选项。

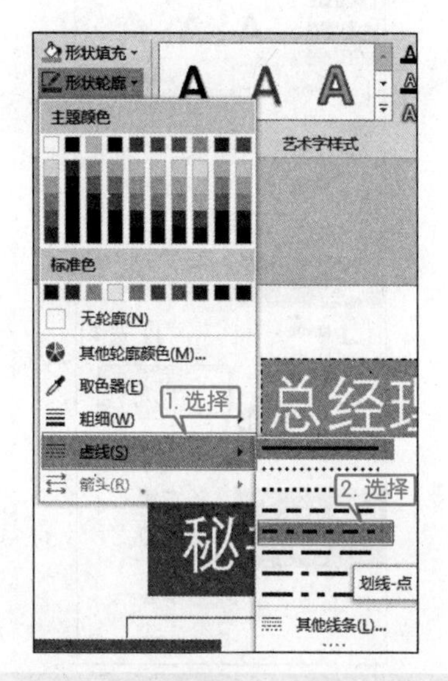

❹ 选择“秘书”形状，单击【SmartArt 工具】➤【格式】选项卡【形状样式】组中的【其他】按钮，在弹出的菜单中选择【细微效果 - 金色，强调颜色 4】选项。

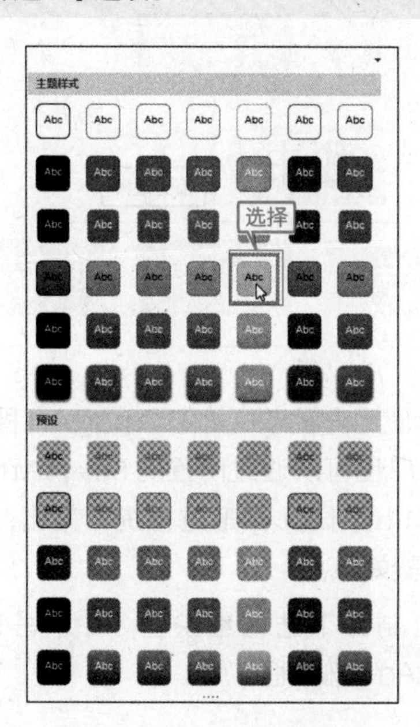

❺ 继续选中"总经理"形状，单击【SmartArt 工具】➤【格式】选项卡【形状样式】组中的【形状效果】按钮，在弹出的下拉菜单中选择【柔化边缘】子菜单中的【2.5 磅】选项。

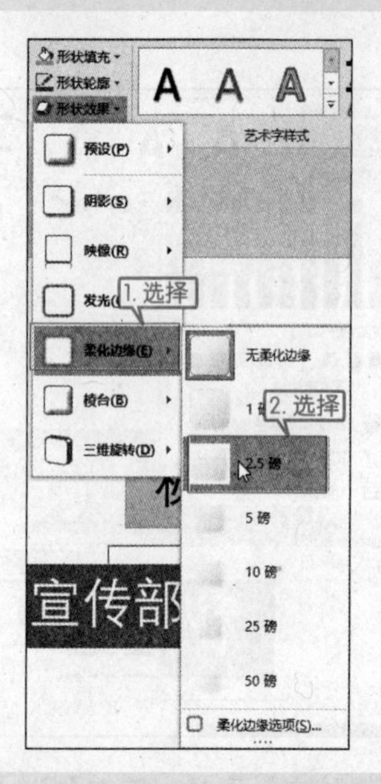

❻ 重复步骤❷到步骤❺，为其他形状设置效果，最终效果如下图。

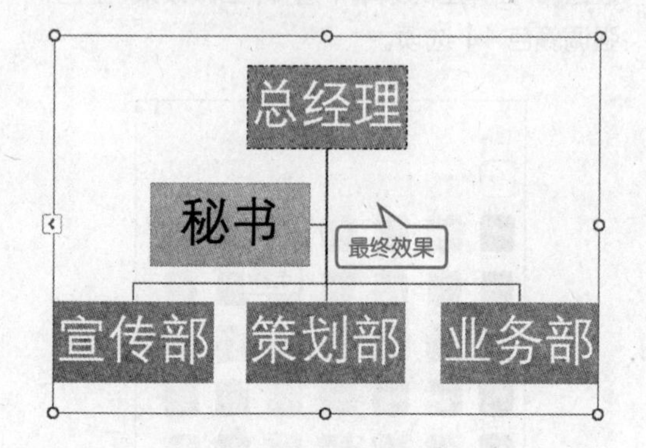

2. 使用内置样式美化 SmartArt 图形

用户也可以通过内置的 SmartArt 图形样式对 SmartArt 图形进行统一美化，具体操作步骤如下。

❶ 绘制如下结构组织图，并单击选择 SmartArt 图形边框。

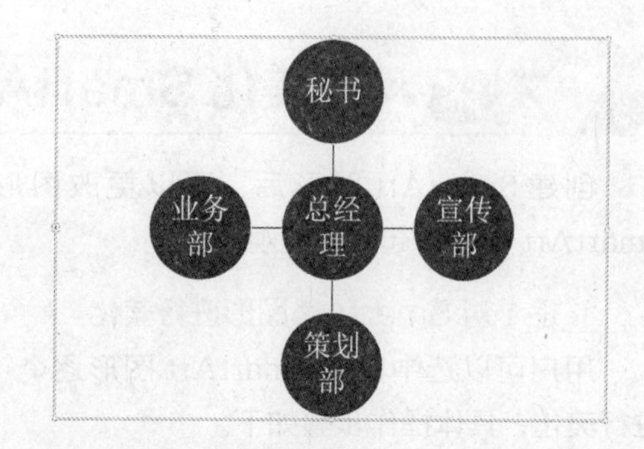

❷ 单击【SmartArt 工具】➤【设计】选项卡【SmartArt 样式】组中的【更改颜色】按钮，在弹出的下拉菜单中选择【彩色】区域的【彩色范围 -个性色 4 至 5】选项。

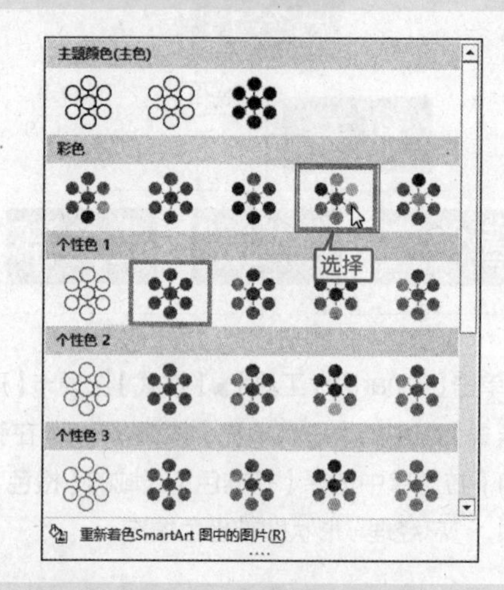

❸ 更改颜色样式后的效果如下图所示。

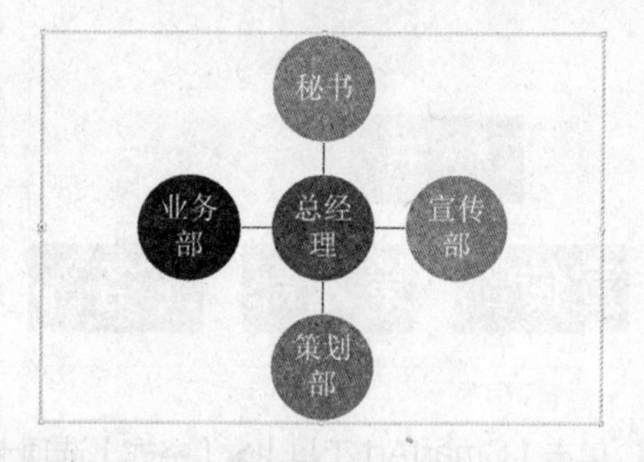

❹ 单击【SmartArt 工具】➤【设计】选项卡【SmartArt 样式】组中【快速样式】区域的【其他】按钮，在弹出的下拉菜单中选择【日落场景】选项。

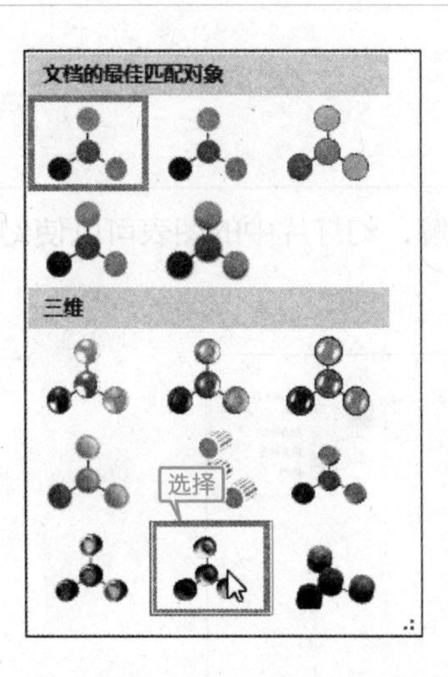

❺ 更改 SmartArt 图形样式为“日落场景”后的效果如下图所示。

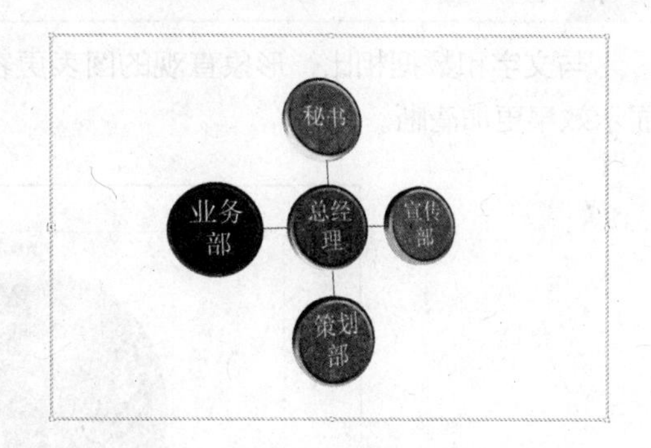

7.3.3 更改 SmartArt 图形的布局

用户也可以利用更改 SmartArt 图形的布局来美化 SmartArt 图形，具体操作步骤如下。

❶ 接上一节操作，选择 SmartArt 图形。

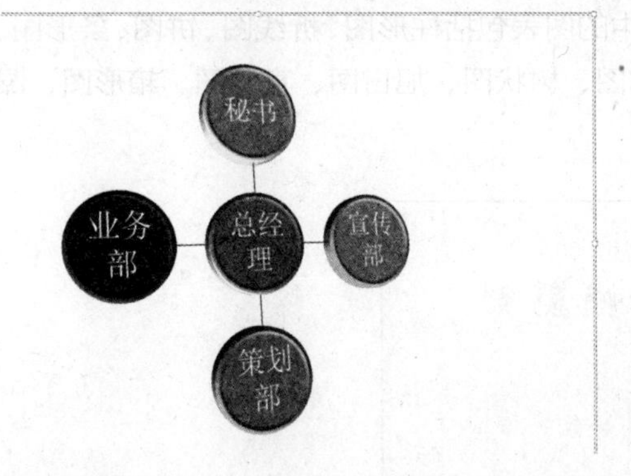

❷ 单击【SmartArt 工具】➤【设计】选项卡【版式】组中的【其他】按钮，从弹出的列表中选择【射线维恩图】选项。

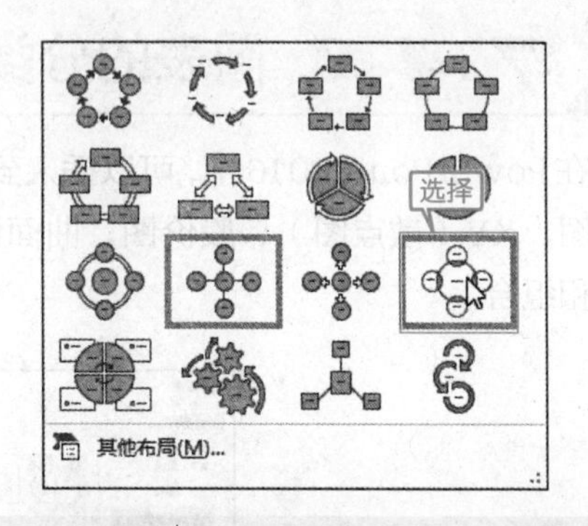

❸ 即可看到 SmartArt 图形的布局已被改变，效果如下图所示。

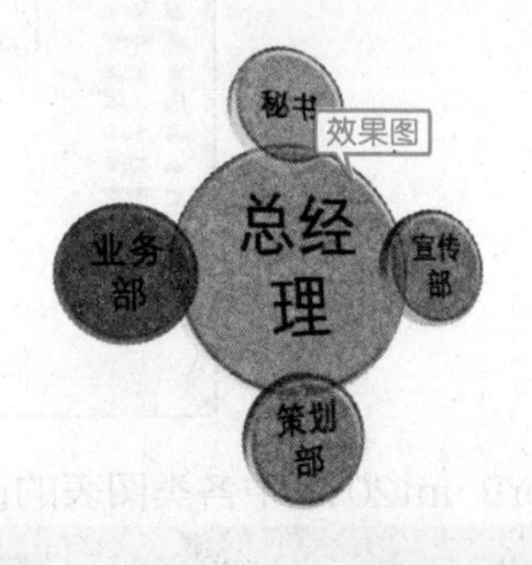

7.4 使用图表

本节视频教学录像：3 分钟

在幻灯片中加入图表或图形，可以使幻灯片的内容更为丰富。

7.4.1 图表的作用

与文字和数据相比，形象直观的图表更容易让人理解，幻灯片中的图表可以使幻灯片的显示效果更加清晰。

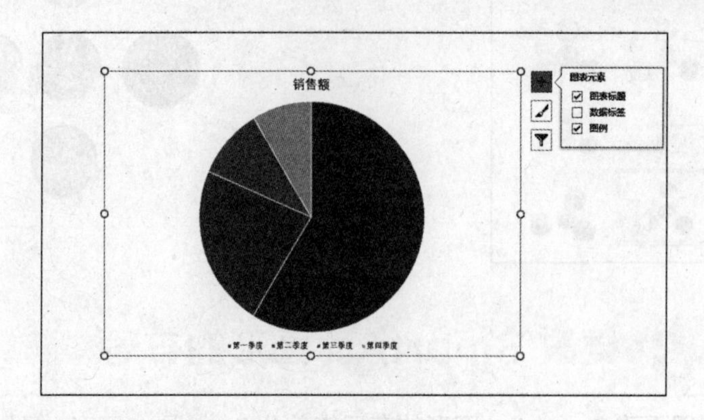

7.4.2 图表的分类

在PowerPoint 2016中，可以插入到幻灯片中的图表包括柱形图、折线图、饼图、条形图、面积图、XY（散点图）、股价图、曲面图、雷达图、树状图、旭日图、直方图、箱形图、瀑布图和组合。

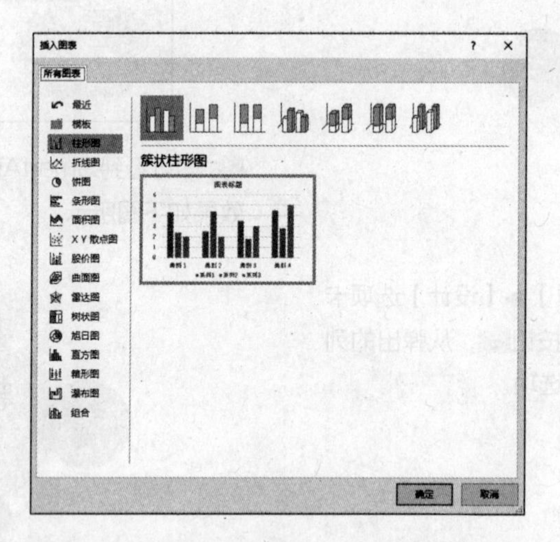

PowerPoint2016 中各类图表的说明及图示如下表所示。

类型	说明	图示
柱形图	垂直数据条，多个数据系列可选，数据条可以成簇，堆积或给予百分比，并且可以是二维或三维图	图表标题 类别 1 类别 2 类别 3 类别 4 ■系列1 ■系列2 ■系列3

续表

类型	说明	图示
折线图	将数值显示为点，并用直线段连接各点，不同系列使用不同的颜色和（或）线型	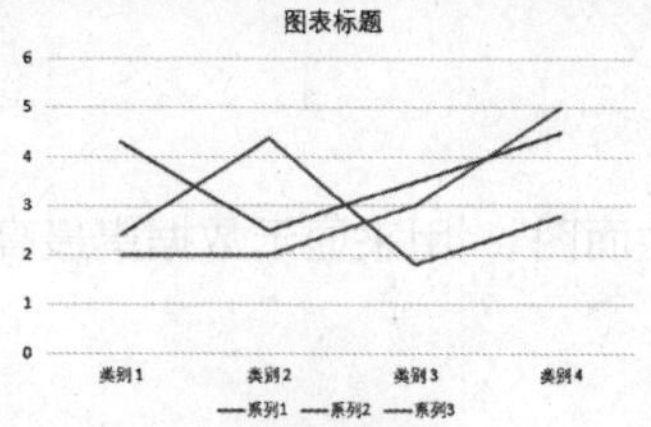 图表标题 6 5 4 3 2 1 0 类别1 类别2 类别3 类别4 系列1 系列2 系列3
饼图	分割成镞形的圆，以显示各部分对总体的贡献。饼图不再强调实际的数值。大多数情况下，饼图只适合单系列数据	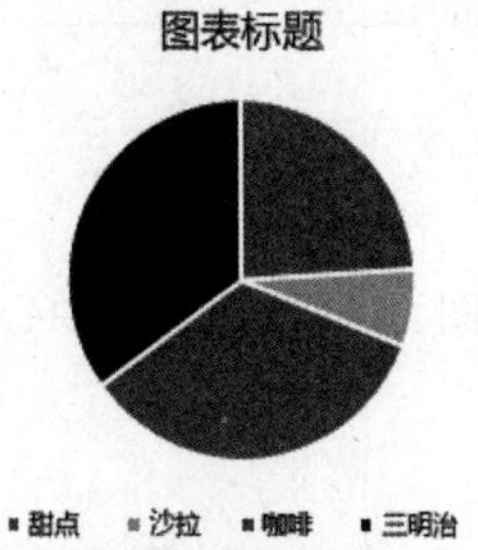 图表标题 甜点 沙拉 咖啡 三明治
条形图	与柱形图相同，只是水平的	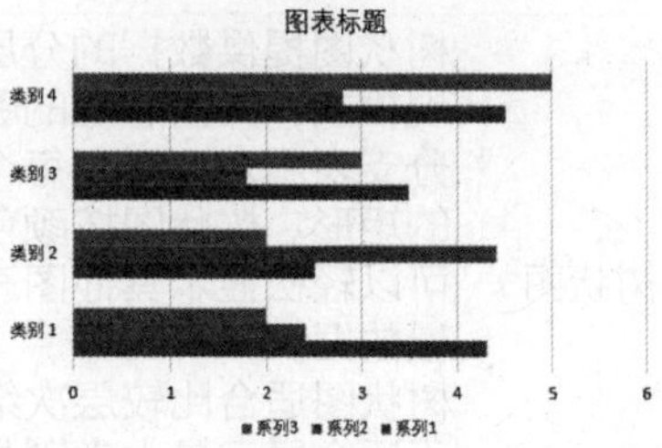 图表标题 类别4 类别3 类别2 类别1 0 1 2 3 4 5 6 系列3 系列2 系列1
面积图	与柱形图相同，只是填充各数据条之间的空间	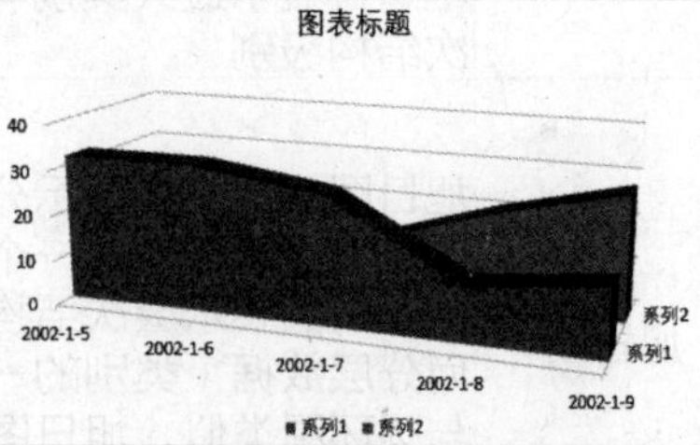 图表标题 40 30 20 10 0 2002-1-5 2002-1-6 2002-1-7 2002-1-8 2002-1-9 系列2 系列1 系列1 系列2
XY（散点图）	将数值显示为两个坐标轴上的点，却不用线段连接这些点，但是可以添加趋势线	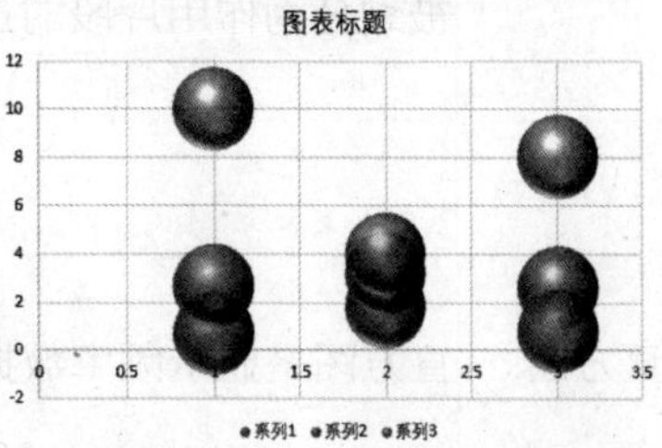 图表标题 12 10 8 6 4 2 0 -2 0.5 1.5 2 2.5 3 3.5 系列1 系列2 系列3
股价图	用来显示股票价格的一种特殊类型的图表	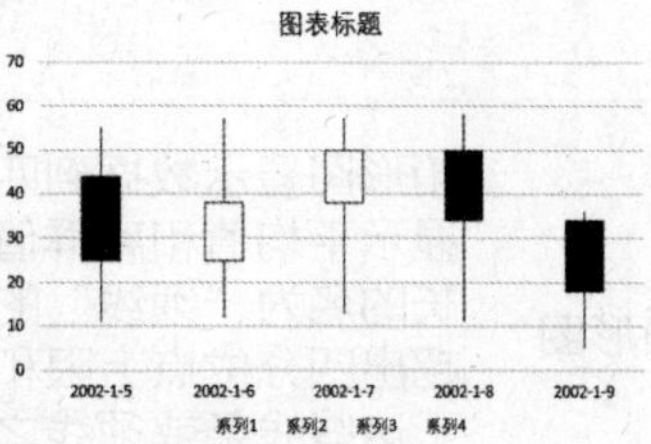 图表标题 70 60 50 40 30 20 10 0 2002-1-5 2002-1-6 2002-1-7 2002-1-8 2002-1-9 系列1 系列2 系列3 系列4

续表

类型	说明	图示
曲面图	用来显示数据集最高和最低点的三维表	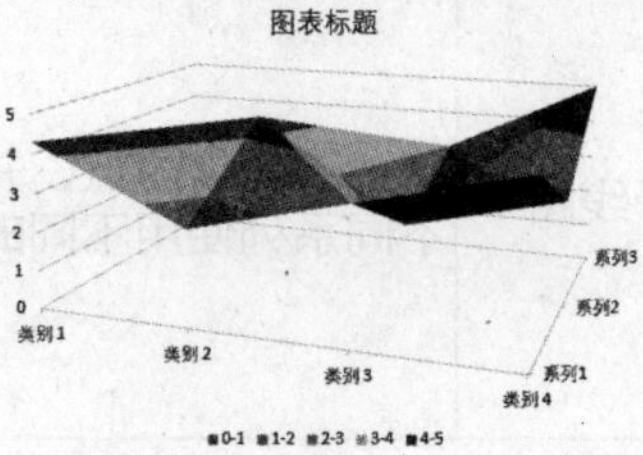
雷达图	显示相对于中心点数据的变化频率	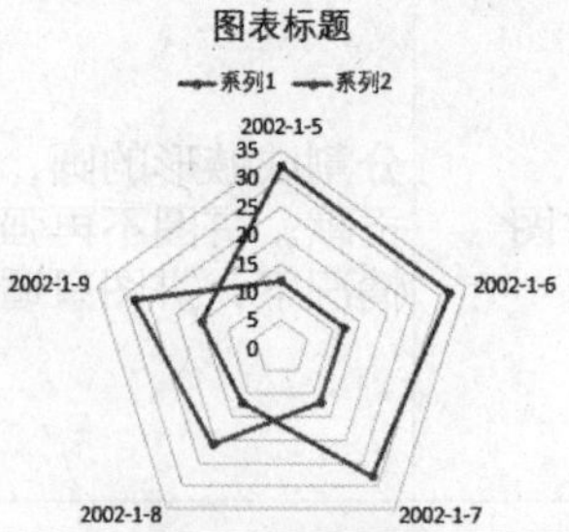
树状图	树状图提供数据的分层视图，以便轻松发现模式，如商店里的哪些商品最畅销。树分支表示为矩形，每个子分支显示为更小的矩形。树状图按颜色和距离显示类别，可以轻松显示其他图表类型很难显示的大量数据。 树状图适合比较层次结构内的比例，但是不适合显示最大类别与各数据点之间的层次结构级别	
旭日图	旭日图非常适合显示分层数据。层次结构的每个级别均通过一个环或圆形表示，最内层的圆表示层次结构的顶级。 不含任何分层数据（类别的一个级别）的旭日图与圆环图类似。旭日图在显示一个环如何被划分为作用片段时最有效	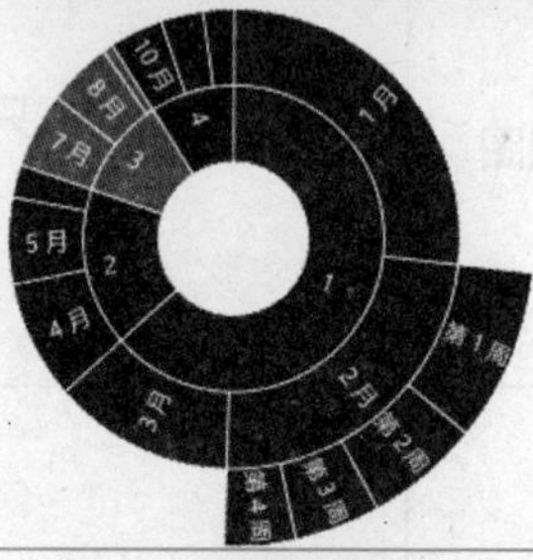
直方图	直方图是显示频率数据的柱形图	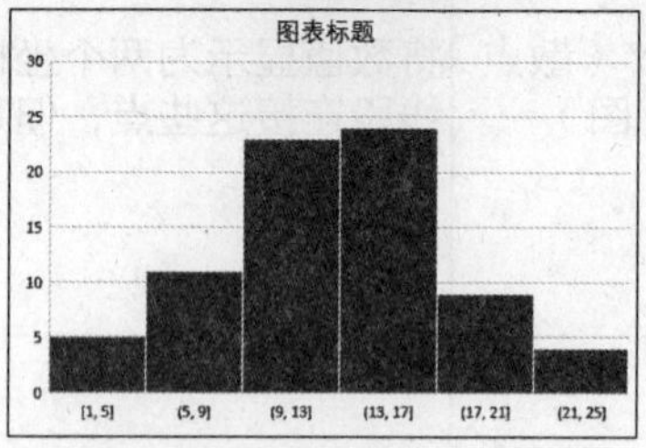
箱形图	箱形图显示数据到四分位点的分布，突出显示平均值和离群值。箱形具有可垂直延长的名为“须线”的线条。这些线条指示超出四分位点上限和下限的变化程度，处于这些线条或须线之外的任何点都被视为离群值。箱形图常用于统计分析	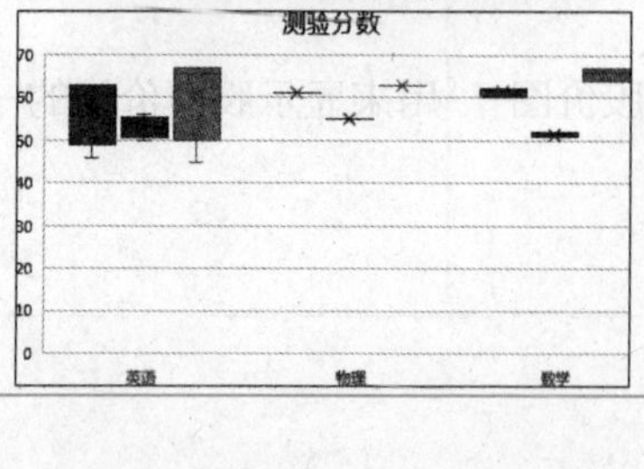

续表

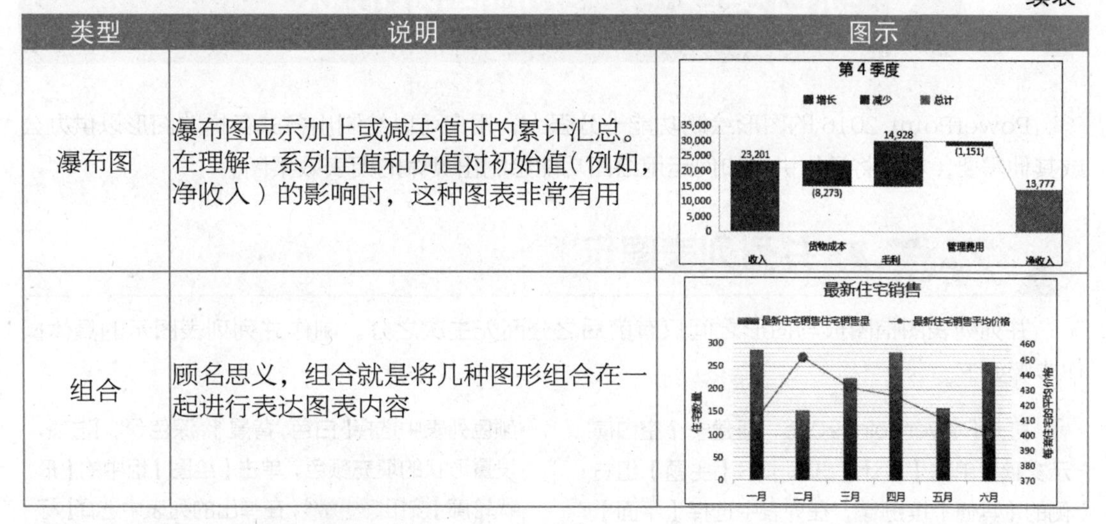

类型	说明	图示
瀑布图	瀑布图显示加上或减去值时的累计汇总。在理解一系列正值和负值对初始值（例如，净收入）的影响时，这种图表非常有用	
组合	顾名思义，组合就是将几种图形组合在一起进行表达图表内容	

7.4.3 插入图表

本小节讲述插入图表的方法，具体操作步骤如下。

❶ 启动 PowerPoint 2016，新建一个空白演示文稿，单击【插入】选项卡下【插图】组中的【图表】按钮。

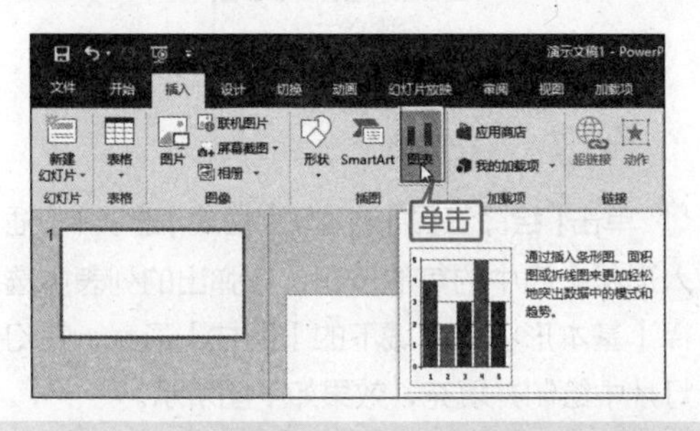

❷ 弹出【插入图表】对话框，在左侧列表中选择【柱形图】选项下的【簇状柱形图】选项，单击【确定】按钮。

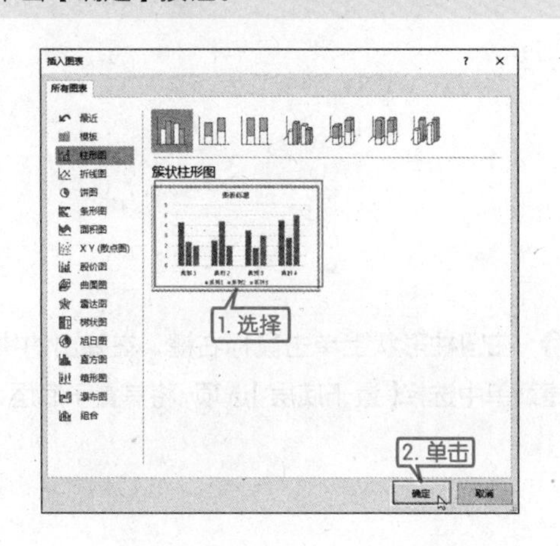

❸ PowerPoint 会自动弹出 Excel 工作表，在表格中输入需要显示的数据，输入完毕后关闭 Excel 表格。

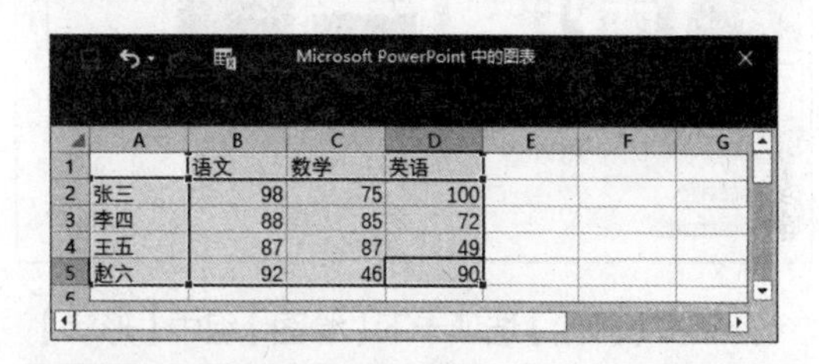

❹ 此时即在演示文稿中插入一个图表。

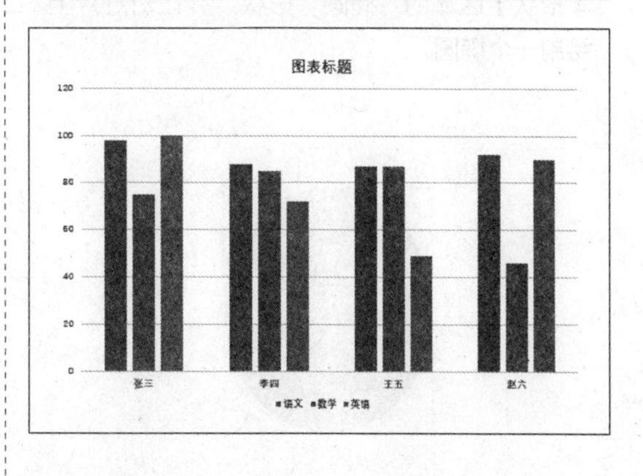

7.5 综合实战——绘制图示形状

本节视频教学录像：24 分钟

PowerPoint 2016 的图形绘制功能十分强大，用户可以绘制出各式各样的图形以供办公或其他需要，本节将具体讲述如何运用绘图功能绘制出具体的图表效果图。

7.5.1 并列列表图示

并列列表图指图形与图形之间只有前后之分而无主次之分。制作并列列表图示的具体操作步骤如下。

❶ 打开 PowerPoint 2016，新建一个空白演示文稿，单击【设计】选项卡下【主题】组右侧的【其他】按钮，在列表中选择【平面】主题。

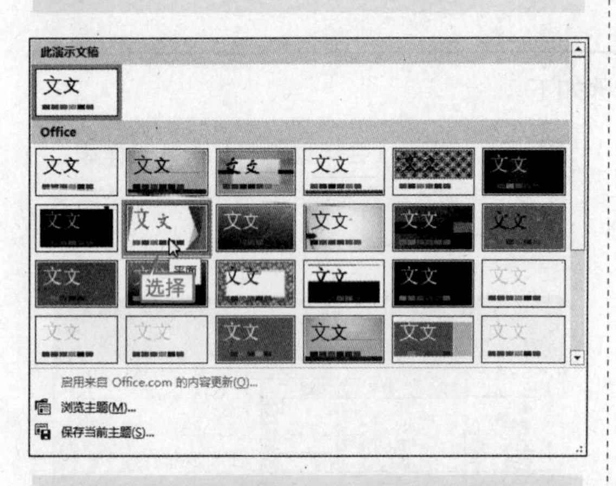

❷ 单击【开始】选项卡下【绘图】组中【形状】区域的【其他】按钮，在弹出的列表中选择【基本形状】区域的"椭圆"形状，并在幻灯片上绘制一个椭圆。

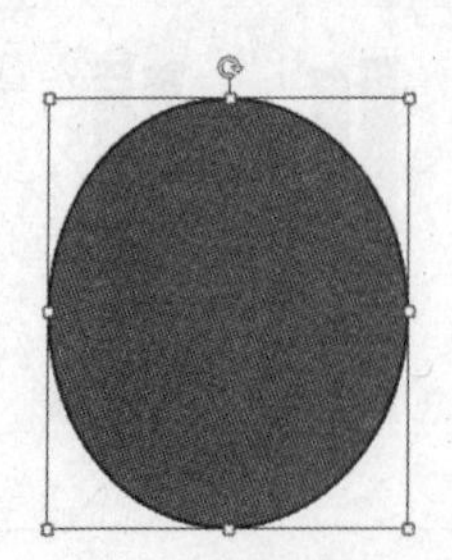

❸ 单击【绘图工具】选项下【格式】选项卡【形状样式】组中的【形状填充】按钮，从弹出的颜色列表中选择【白色，背景 1，深色 5%】选项，设置形状的填充颜色，单击【绘图】组中的【形状轮廓】按钮，在弹出的列表中选择【标准色】选项下的【浅绿】选项。

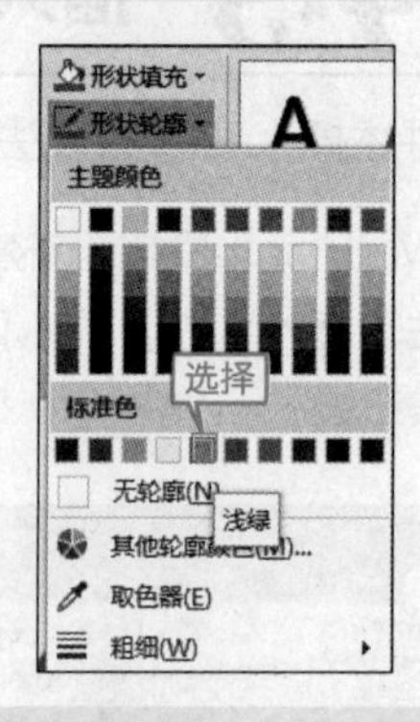

❹ 单击【绘图工具】选项下【格式】选项卡【插入形状】组中的其他按钮，在弹出的列表中选择【基本形状】区域下的【圆柱】形状，在幻灯片中绘制并填充，效果如下图所示。

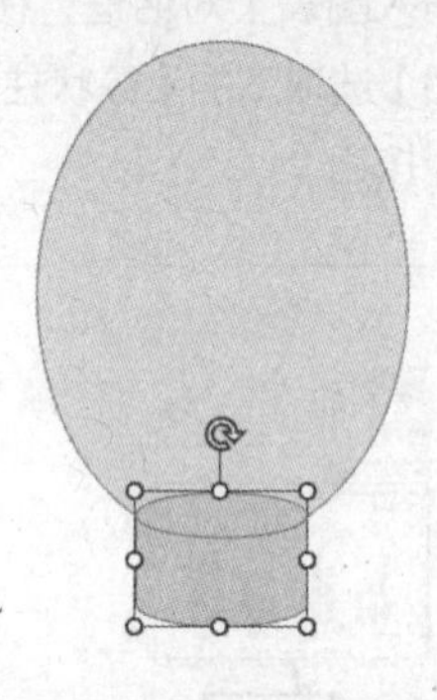

❺ 在圆柱形状上单击鼠标右键，在弹出的快捷菜单中选择【置于底层】选项，将其置于底层。

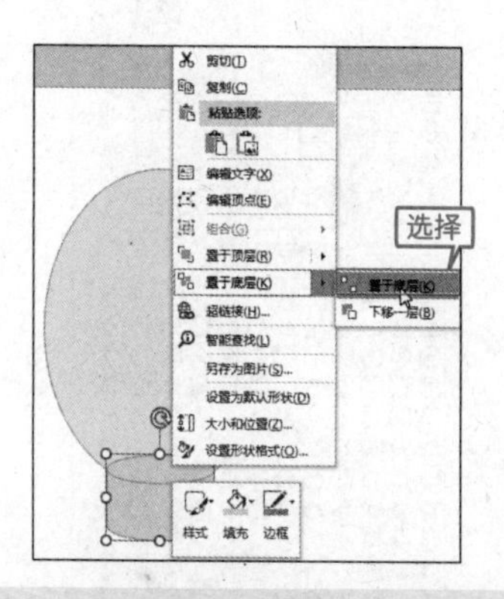

❻ 单击【绘图工具】选项下【格式】选项卡【插入形状】组中的【其他】按钮，在弹出的列表中选择【椭圆】形状，在【圆柱】图形下方绘制，并根据需要填充图形，如下图所示。

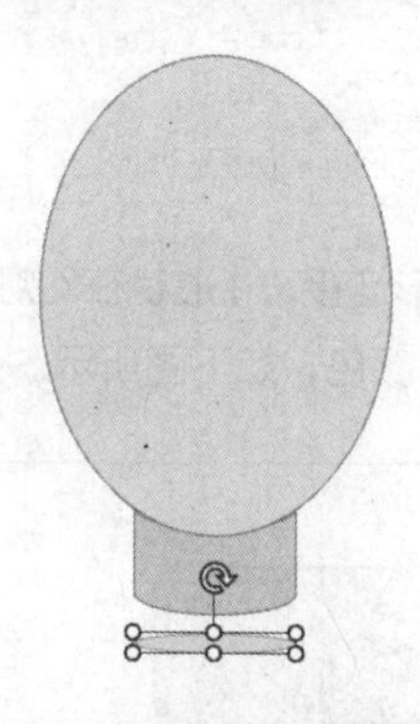

❼ 重复❺，绘制并填充椭圆形状，绘制完成后将图形组合在一起并调整大小，如下图所示。

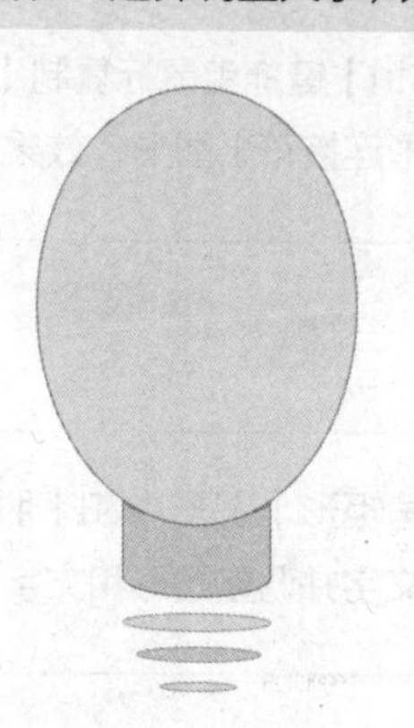

❽ 单击【绘图工具】选项下【格式】选项卡【插入形状】组中的【其他】按钮，在弹出的列表中选择【线条】区域的【直线】选项，在幻灯片中画直线，并在直线顶端绘制椭圆，根据需要填充颜色后效果如下图所示。

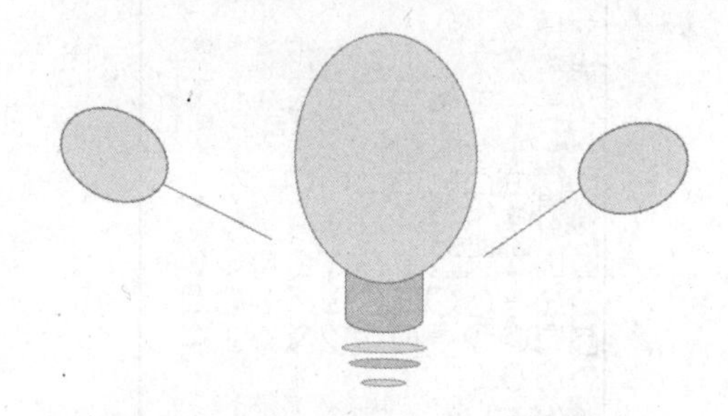

❾ 继续上一步绘制直线和椭圆，并调整位置，绘制完成后效果如下图所示。

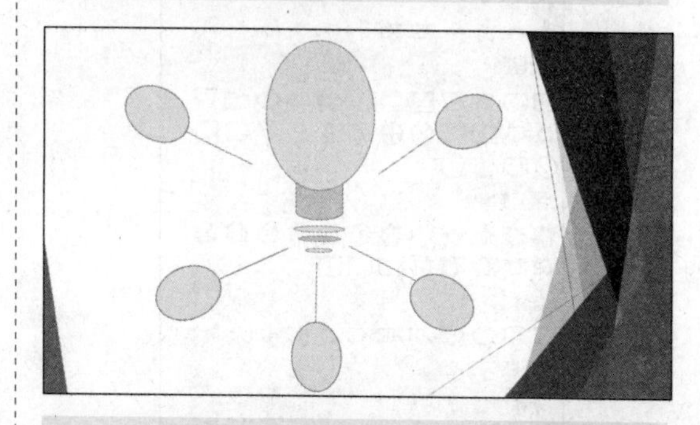

❿ 在直线上和绘制的图形中输入文字并调整字体颜色和位置，制作完成后并列图标示例如下图所示。

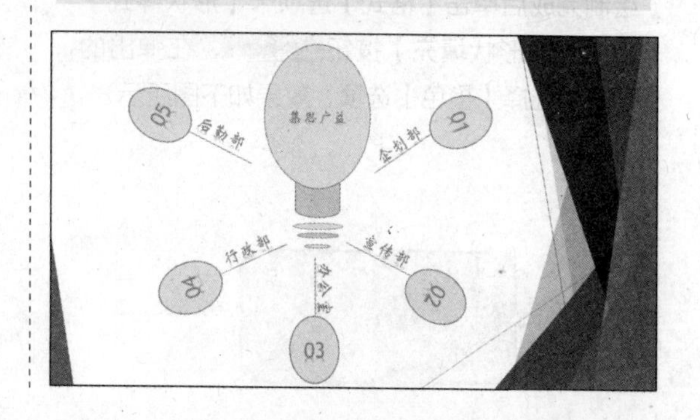

7.5.2 流程步骤图示

流程步骤图是利用一定的符号将实际的流程图展示出来，以便于确定可能的变量。它可以对要改进的过程有一个全面的、统一的了解。制作流程步骤图示的具体操作步骤如下。

❶ 新建一个空白幻灯片，单击【绘图】组中的【形状】区域的【其他】按钮，在弹出的列表中选择【矩形】区域的【圆角矩形】形状。

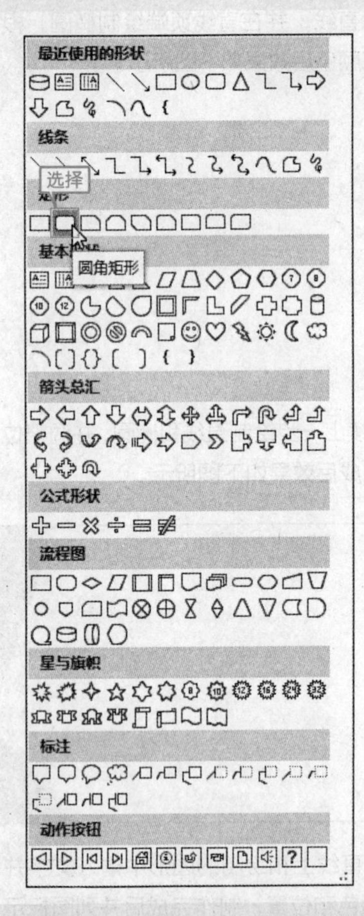

❷ 使用圆角矩形工具在幻灯片上绘制图形，绘制完成后单击【格式】选项卡【形状样式】组中的【形状填充】按钮，在弹出的列表中选择【橙色】选项，效果如下图所示。

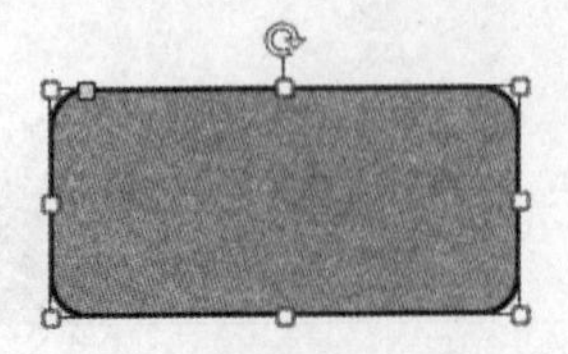

❸ 单击【绘图工具】选项下【格式】选项卡【插入形状】组中的【其他】按钮，在弹出的列表中选择【线条】区域下的【肘形连接符】形状。

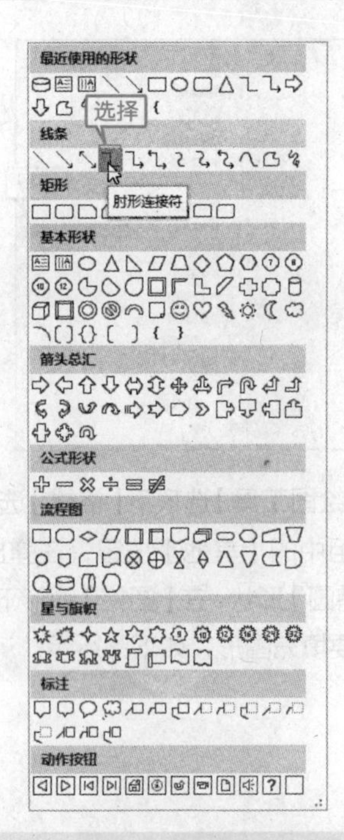

❹ 使用【肘形连接符】形状在幻灯片上绘图，并调整图形与颜色，如下图所示。

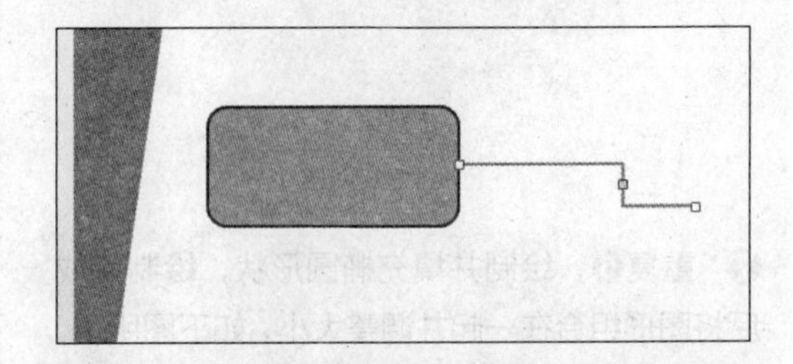

❺ 按住【Ctrl】键拖曳鼠标复制【圆角矩形】图形和【肘形连接符】图形，效果如下图。

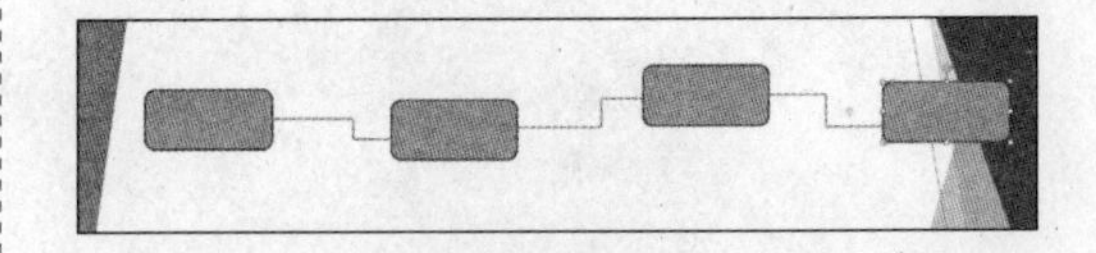

❻ 在【圆角矩形】图形中和【肘形连接符】图形上输入文字并调整图形和文字。

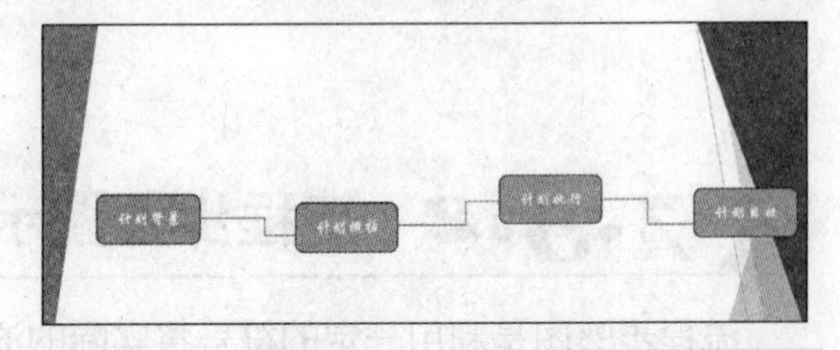

❼ 单击【绘图】组中的【其他】按钮，在弹出的列表中选择【标注】区域的【圆角矩形标注】

形状。

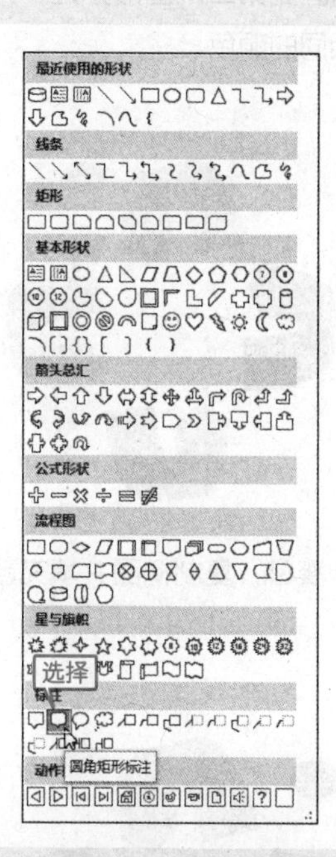

❽ 在幻灯片中绘制【圆角矩形标注】图形，在图形中输入文字，并填充颜色调整位置，如图所示。

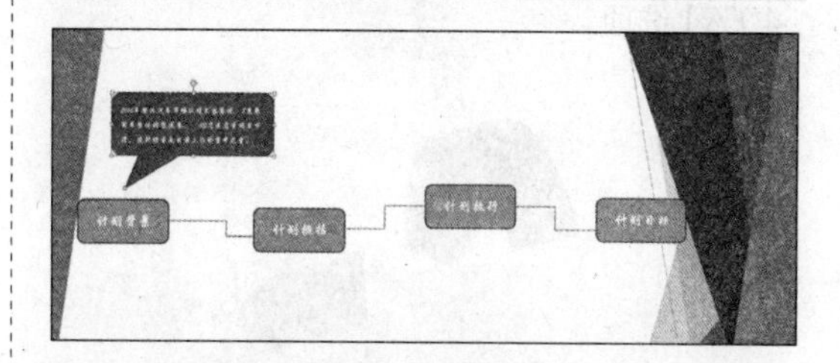

❾ 继续绘制【圆角矩形标注】图形，分别输入文字，并填充颜色和调整位置，最终效果如图所示。

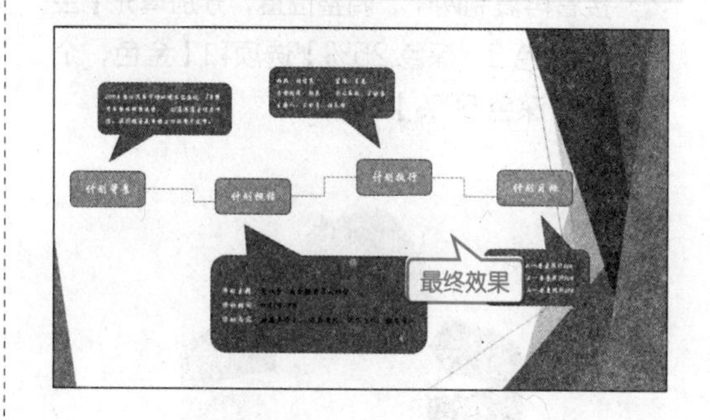

7.5.3 循环重复图示

循环重复图指利用绘图的方式表现出周而复始地完成一整套工序的过程。制作循环重复图的具体操作步骤如下。

❶ 新建一张幻灯片，单击【开始】选项卡下【绘图】组中的【形状】区域的【其他】按钮，在弹出的列表中选择【箭头总汇】区域下的【上弧形箭头】形状。

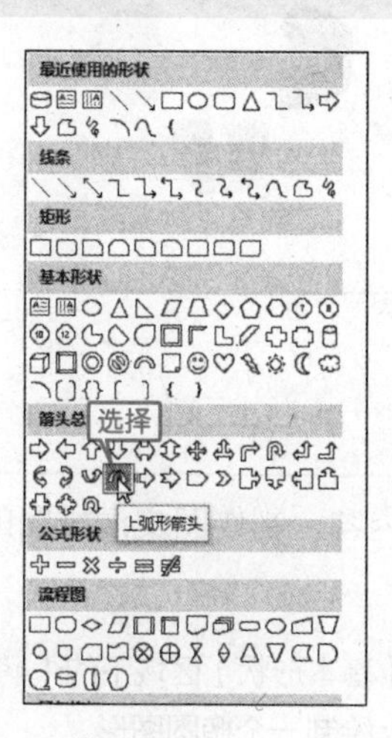

❷ 在幻灯片上绘制图形，调整边角形状，单击【绘图工具】选项下【格式】选项卡【形状样式】组中的【形状填充】按钮，在弹出的列表中选择【橙色，个性色 4，淡色 40%】选项，如图所示。

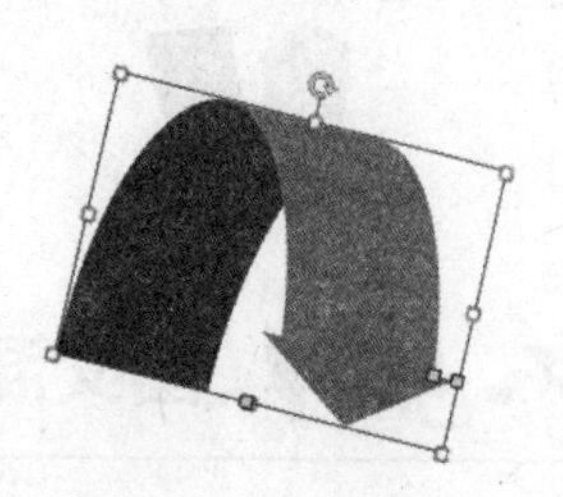

❸ 按住【Ctrl】键拖曳鼠标复制一个，并调整位置，单击【绘图】组中的【形状填充】按钮，

在弹出的列表中选择【金色，个性色 3，淡色 40%】选项。

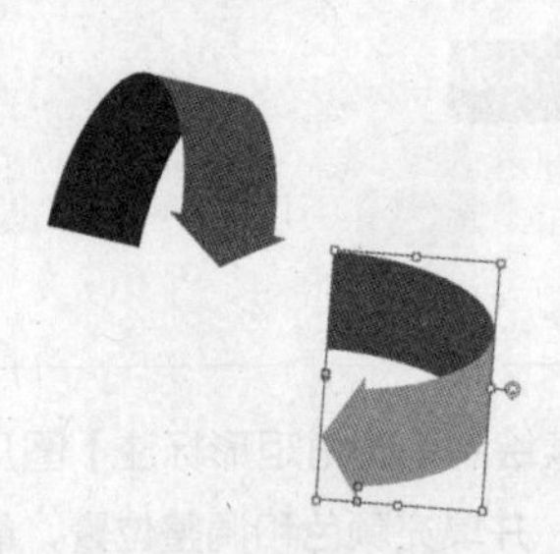

❹ 接着再复制两个，调整位置，分别填充【金色，个性色 3，深色 25%】选项和【金色，个性色 3，深色 50%】选项。

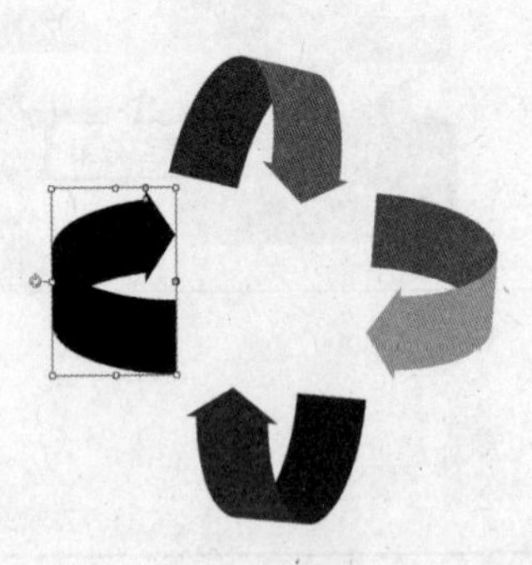

❺ 在幻灯片上绘制一个椭圆，放在第一个图形旁边并填充相同的颜色。

❻ 复制椭圆到第二个图形旁边，并填充与第二个图形相同的颜色。

❼ 重复步骤❻，复制椭圆并填充颜色，如下图所示。

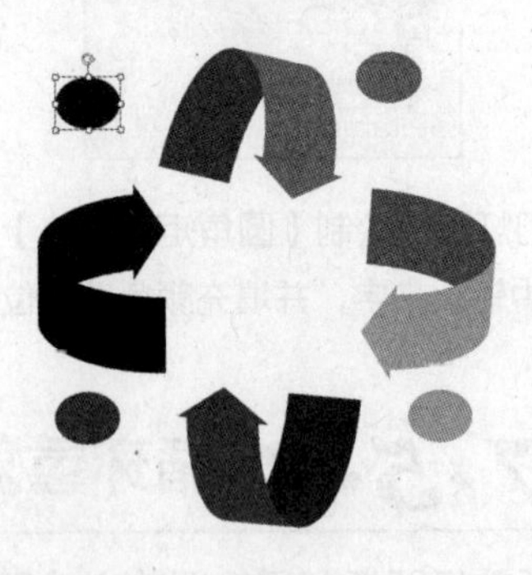

❽ 在椭圆图形中输入数字序号，并在旁边输入文字并调整文字，如图所示。

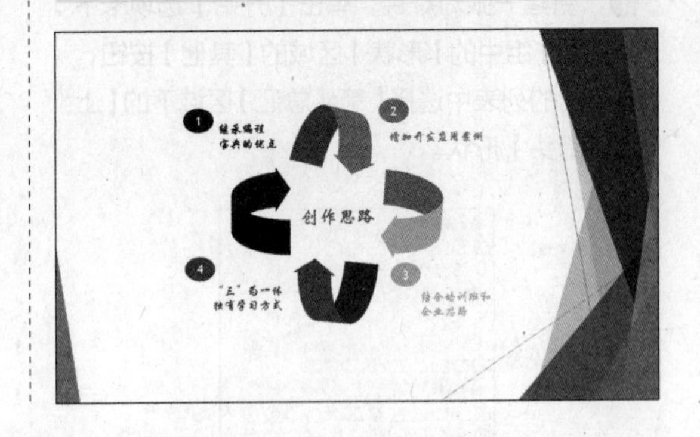

7.5.4 图文混排图示

图文混排指利用绘图加文字排列的方式表现出某一个内容。制作图文混排图的具体操作步骤如下。

❶ 新建一个空白幻灯片，单击【绘图】组中的【形状】区域的【其他】按钮，在弹出的列表中选择【基本形状】区域下的【椭圆】形状，在幻灯片上绘制一个椭圆图形。

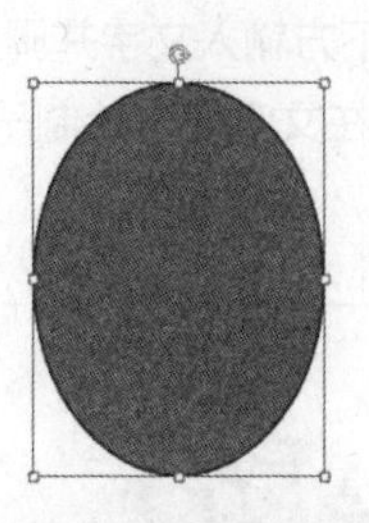

❷ 绘图完成后按住图片上的旋转按钮旋转图片至合适位置，并单击【绘图工具】选项下【格式】选项卡【形状样式】区域【形状填充】按钮，在弹出的列表中选择【图片】选项。

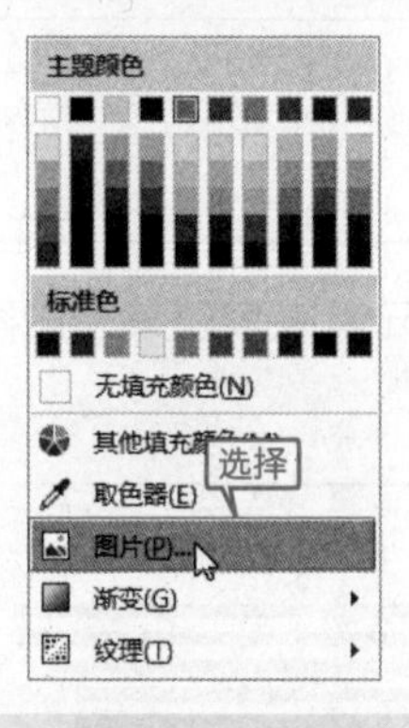

❸ 在弹出的窗口中单击【来自文件】选项中的【浏览】按钮，弹出【插入图片】窗口，选择随书光盘中的“素材\ch07\烟花.jpg”文件，单击【插入】按钮插入图片。

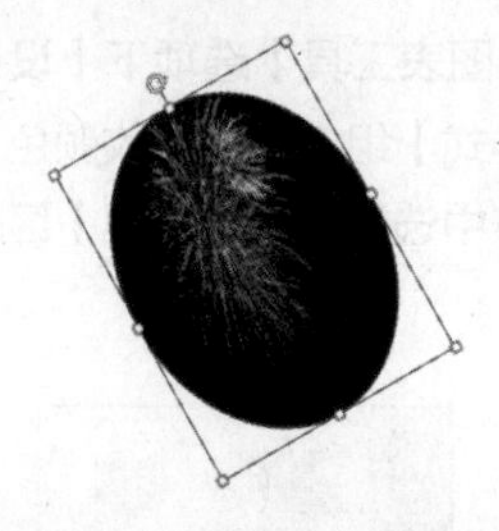

❹ 单击【绘图工具】选项下【格式】选项卡【插入形状】组中的【其他】按钮，在弹出的列表中选择【流程图】区域下的【流程图：库存数据】形状，在幻灯片上绘制图形并调整位置。

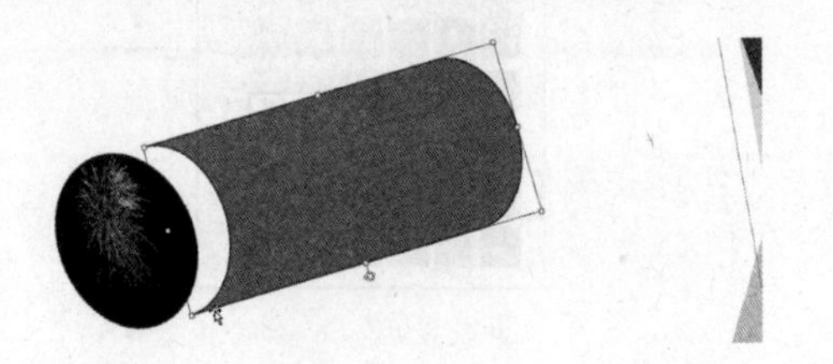

❺ 单击【绘图工具】选项下【格式】选项卡【形状样式】组中【形状填充】按钮，在弹出的列表中选择【图片】选项。

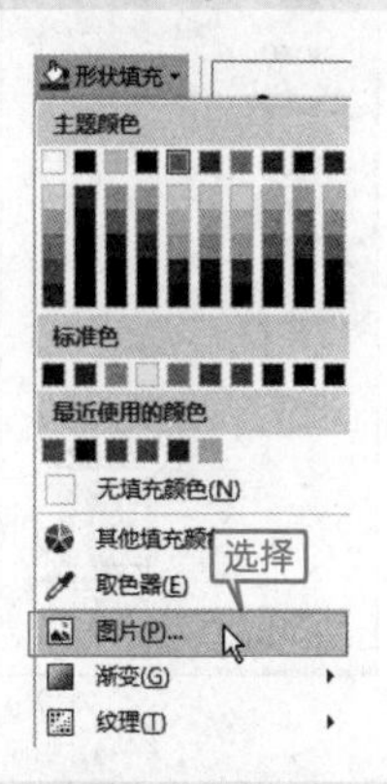

❻ 在弹出的【插入图片】对话框中单击【来自文件】选项中的【浏览】按钮，选择随书光盘中的“素材\ch07\底图.jpg”文件，单击【插入】按钮。

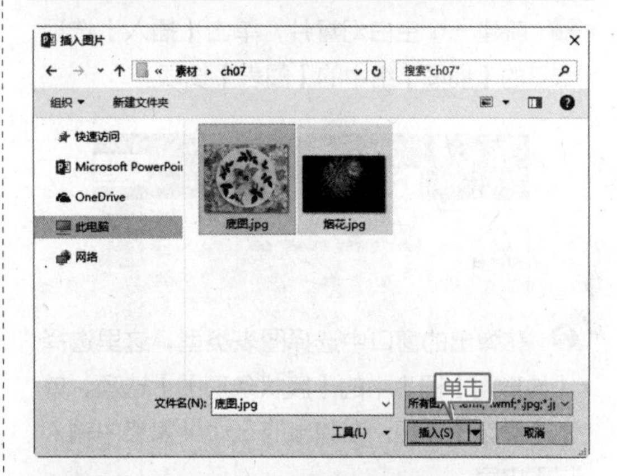

❼ 插入图片以后，调整两张图片的位置，框选两张图片，单击【排列】组中的【组合】按钮，在弹出的列表中单击【组合】命令。

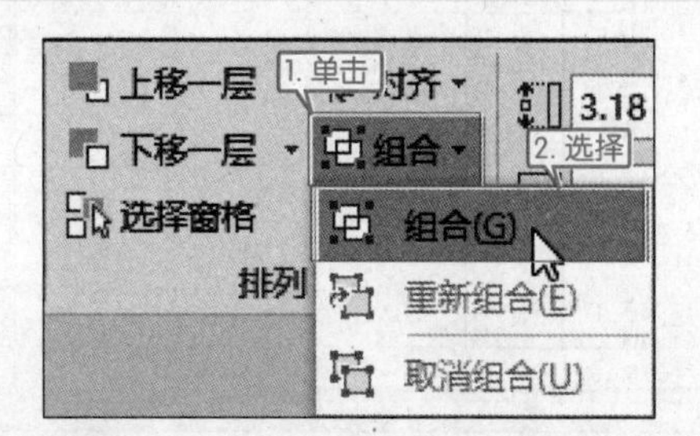

❽ 单击【形状样式】组中的【形状效果】选项，在弹出的列表中选择【阴影】选项下【透视】区域的【右上对角透视】选项。

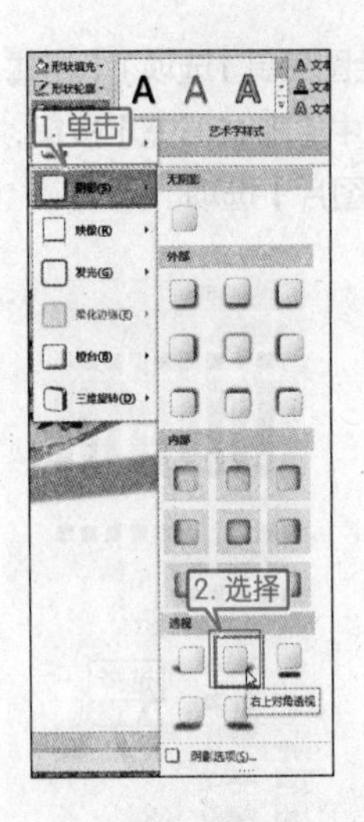

❾ 在幻灯片下方输入文字并调整字体和颜色，选择直线工具在文字下方绘制一条直线，最终效果如图所示。

7.5.5 数据图表图示

数据图表图指利用数据创造的图表加文字或其他图片等元素来表现某一内容。制作数据图表图的具体操作步骤如下。

❶ 新建一个空白幻灯片，单击【插入】选项卡下的【插图】组中的【图表】选项。

❷ 在弹出的窗口中选择图表类型，这里选择【柱形图】图表中的【簇状条形图】选项，单击【确定】按钮，在弹出的Excel表格中输入以下内容。

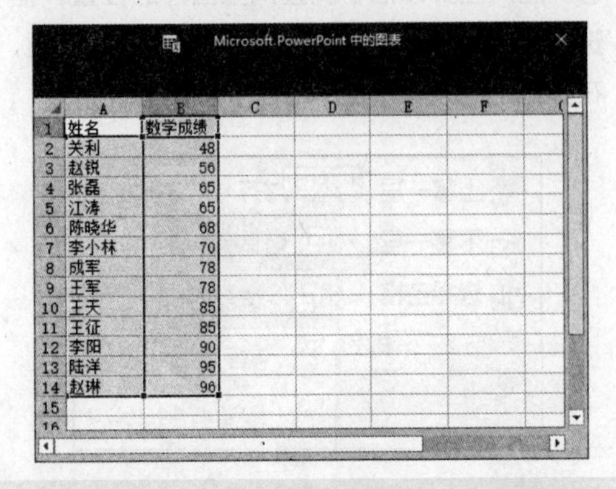

Microsoft.PowerPoint 中的图表

	A	B
1	姓名	数学成绩
2	关利	48
3	赵锐	56
4	张磊	65
5	江涛	65
6	陈晓华	68
7	李小林	70
8	成军	78
9	王军	78
10	王天	85
11	王征	85
12	李阳	90
13	陆洋	95
14	赵琳	96

❸ 关闭表格，在图表上方的文本框中输入文字，用鼠标拖曳自动生成的图表边角调整图表大小。

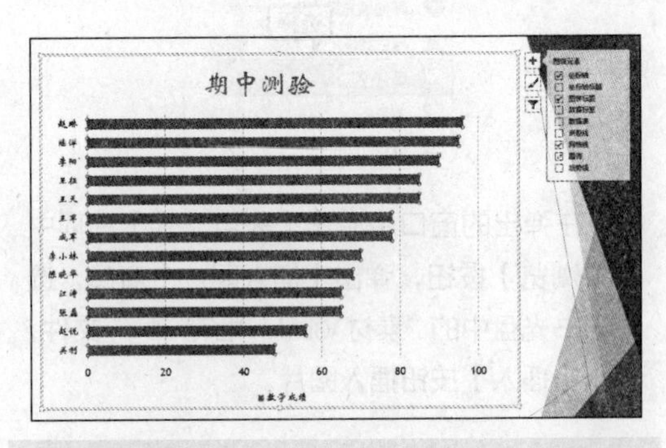

❹ 单击【图表工具】选项下【设计】选项卡中【图表样式】组中的【更改颜色】选项，在弹出的列表中选择【单色选项】区域下的【颜色8】选项。

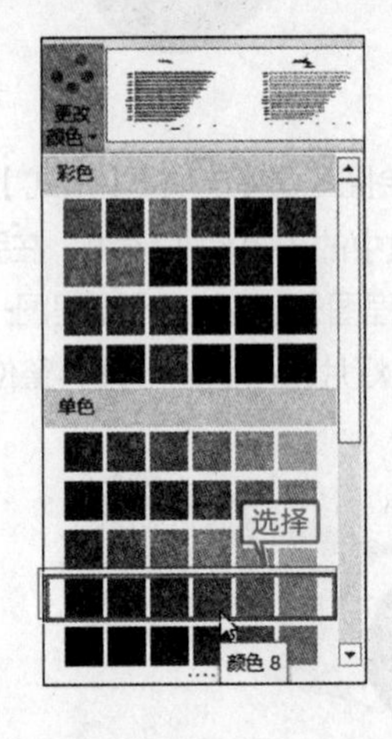

❺ 单击图表旁边的【图表元素】按钮+，勾选【数据标签】选项，单击【图表工具】选项下【设计】选项卡中【类型】组中的【更改图表类型】选项，在弹出的列表中选择【柱形图】选项的【三维簇状柱形图】选项。

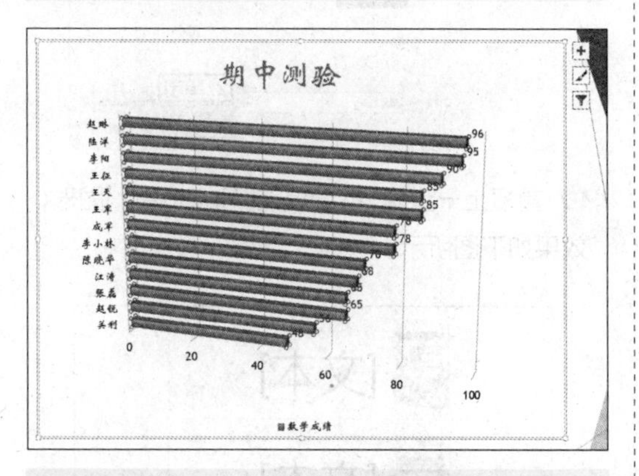

❻ 单击【插入形状】组中的【其他】按钮，在弹出的列表中选择【基本形状】区域的“椭圆”形状，在幻灯片上画椭圆并填充颜色，复制多个，效果如下图。

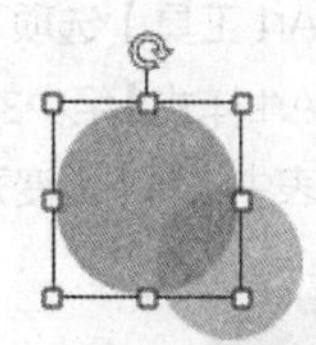

❼ 调整椭圆的位置，在图表下方输入备注信息，最终效果如下图。

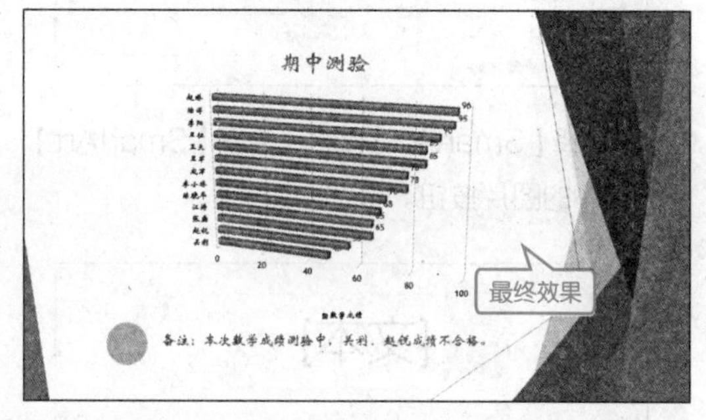

高手私房菜

本节视频教学录像：4 分钟

技巧 1：巧用 SmartArt 图形实现图文混排

在 PowerPoint 2016 中，用户也可以使用 SmartArt 图形制作出图文混排的效果，具体操作步骤如下。

❶ 启动 PowerPoint 2016，弹出如图所示 PowerPoint 界面，单击【空白演示文稿】选项，新建一个空白演示文稿。

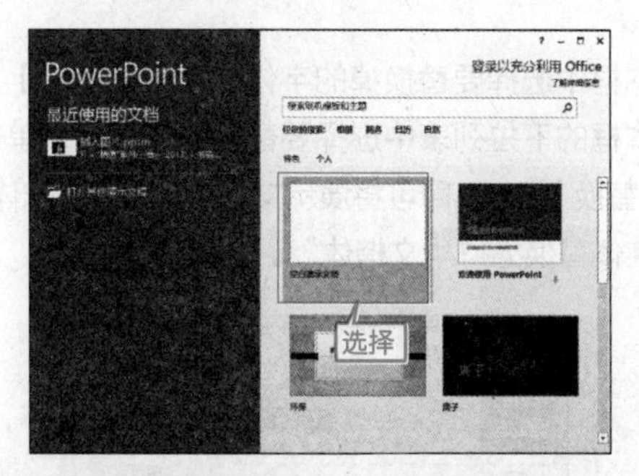

❷ 单击【设计】选项卡下【主题】组中的【其他】按钮，在弹出的列表中选择【丝状】主题选项。新建一张空白幻灯片，单击【插入】选项卡下【插图】组中的【SmartArt】按钮，在弹出的窗口中选择【列表】选项中的【图片条纹】选项，单击确定按钮。

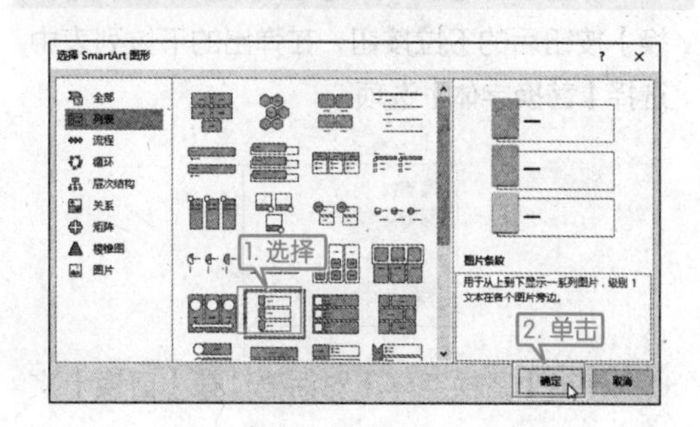

❸ 单击【SmartArt 工具】选项下的【设计】选项卡中【SmartArt 样式】组中的【更改颜色】按钮，在弹出的列表中选择【渐变范围 -着色 1】选项。

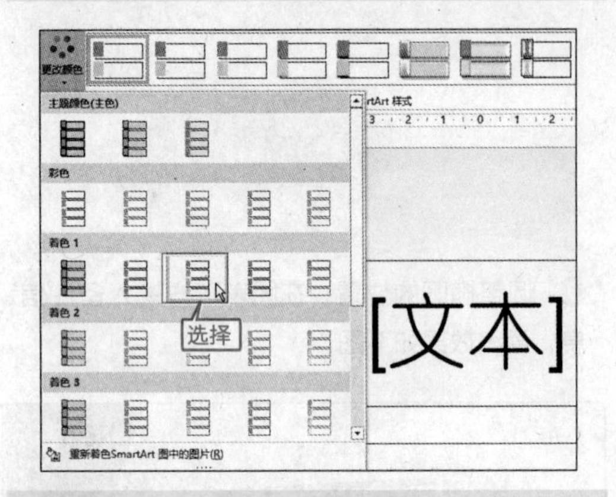

❹ 选择【SmartArt】图形，单击【SmartArt】图形中的图片按钮。

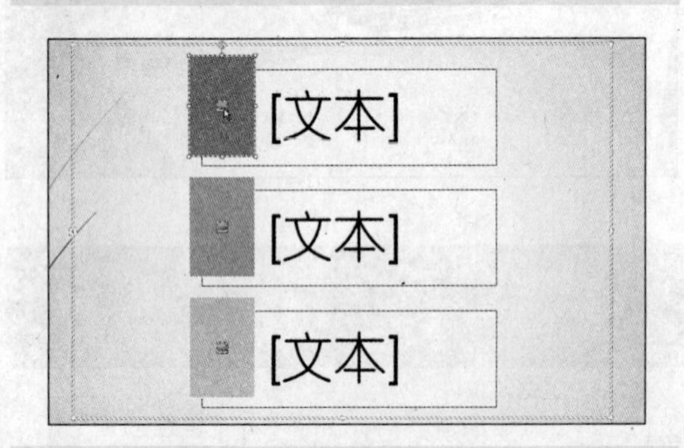

❺ 在弹出的【插入图片】窗口中单击【来自文件】选项后的【浏览】选项，弹出【插入图片】对话框，选择要插入的图片，单击【确定】按钮。

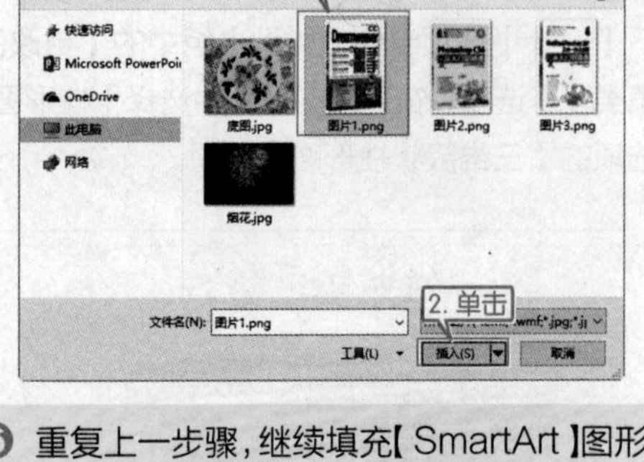

❻ 重复上一步骤，继续填充【SmartArt】图形，效果如下图所示。

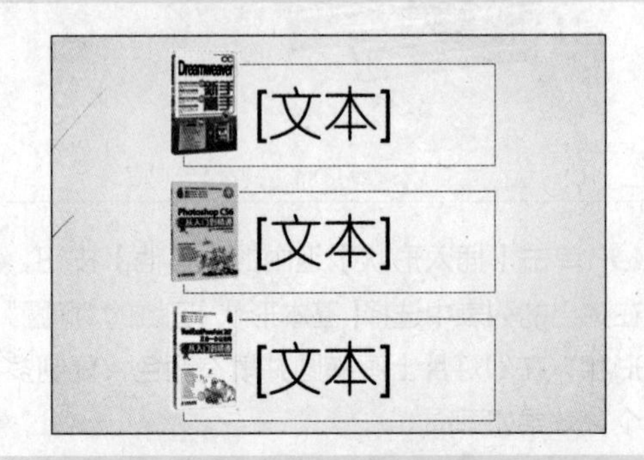

❼ 在文本框中输入文字，并调整字体和颜色，最终效果如下图所示。

技巧 2：统一替换幻灯片中使用的字体

制作幻灯片后，如果需要更换幻灯片中的某一字体，可以使用【替换字体】命令。具体操作步骤如下。

❶ 单击【开始】选项卡下【编辑】选项组中的【替换】按钮后的下拉按钮，在弹出的下拉列表中选择【替换字体】选项。

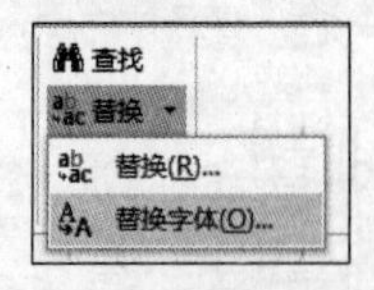

❷ 弹出【替换字体】对话框，在【替换】文本框中选择要替换掉的字体，在【替换为】文本框的下拉列表中选择要替换为的字体。单击【替换】按钮，即可将演示文稿中的所有“宋体”字体替换为“华文楷体”。

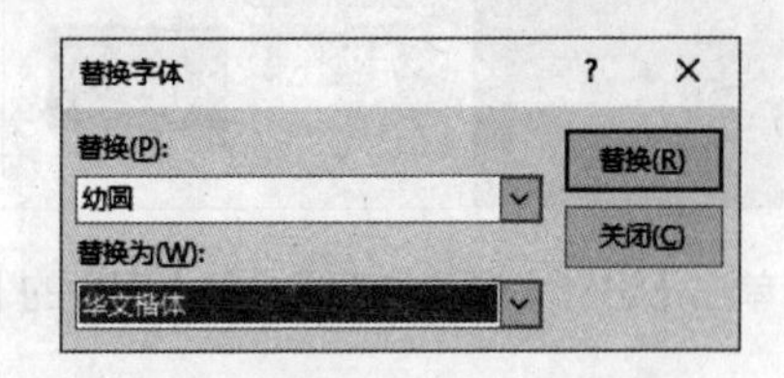

模板、主题与母版

本章视频教学录像：1 小时 4 分钟

高手指引

对于初学者来说，模板就是一个框架，可以方便地填入内容。在 PPT 中使用了模板和母版，如果要修改所有幻灯片标题的样式，只需要在幻灯片的母版中修改一处即可。

重点导读

- 熟悉使用模板的方法
- 掌握设计版式的方法
- 熟悉设计主题的方法
- 掌握设计母版的方法

8.1 什么是模板、主题和母版

本节视频教学录像：14 分钟

模板就是版式，用于确定幻灯片显示哪些内容的占位符以及它们的排列方式。例如，默认版式称为“标题和内容”，其中包含一个位于幻灯片顶部的标题以及一个位于中央、用于正文内容的多用途占位符。

主题就是一组设计设置，其中包含颜色设置、字体选择、对象效果设置，在很多时候还包括背景图形。

母版是示例幻灯片，并非常规演示文稿的一部分，仅在幕后为实际幻灯片提供其设置。母版包含在演示文稿的所有幻灯片中保持一致的格式设置。从技术角度讲，不是在向幻灯片应用主题，而是向幻灯片母版应用主题，然后再向幻灯片应用幻灯片母版。幻灯片母版能包含除主题格式外的一些元素，如额外的图形、日期、页脚文本等。

8.1.1 主题与模板

在 PowerPoint 的早期版本中，向幻灯片母版应用设计模板，设计模板就是一个正常的 PowerPoint 模板文件（.pot 扩展名），带有颜色选择、字体选择和背景图形。在一个演示文稿中可以使用多个幻灯片母版，因此某些幻灯片所依据的设计可能与其他幻灯片不同。从 PowerPoint 2007 开始，依然使用模板，但其更改演示文稿外观的主要方式是向幻灯片母版应用不同的主题，而不是向演示文稿整体应用不同模板。

PowerPoint 2016 模板包含至少一个幻灯片母版，幻灯片母版应用了一种主题，因此从技术角度来讲，每个模板都至少包含一个主题。一个带有多个幻灯片母版的模板自然也就可以具有多个主题。然而，在向现有演示文稿应用模板时，仅有与其默认（第一个）幻灯片母版相关联的主题会应用，而若根据模板新建一个演示文稿，而且该模板包含多个主题，那么就可以使用其中存储的全部主题。

主题既比模板简单，也比模板复杂。之所以说简单，是因为它无法容纳一个真正的模板可以容纳的部分内容。主题仅能为演示文稿提供字体、颜色、效果和背景设置。一个主题仅能包含一组设置，而具有多个幻灯片母版的模板则可以包含多组设置。另一方面，主题的功能多于 PowerPoint 模板，可以将另存为独立文件的主题应用于其他 Office 应用程序。

8.1.2 主题的来源

主题就是一个 XML 文件（或内嵌于演示文稿或模板文件中的 XML 代码片段），主题可以来自以下任意一种方式。

(1) 内置：PowerPoint 本身内置了一些主题，无论使用的是哪种模板，都可以通过“设计”选项卡的“主题”库使用这些主题。

(2) 自定义（自动加载的）：在 Win10 系统中，主题文件默认存储位置“C:\Users\Administrator\Appdata\Roming\Microsoft\Templates\Document Themes”，对于 Win XP 用户，路径则是“C:\Documents and Settings\username\Application Data\

Microsoft\Templates\Document Themes”。所有主题（包含主题的模板）都存储在这里，并自动显示在“设计”选项卡的“主题”库之中，构成“自定义”类别。

(3) 继承自动初始模板：如果使用模板创建了新演示文稿，而未使用默认的空白演示文稿，模板将为演示文稿包含一个或多个主题。

(4) 当前演示文稿中：如果在处理一个演示文稿时，在“幻灯片母版”视图中修改了一个主题，该主题修改后的代码将嵌入在该演示文稿文件中。

(5) 单独的文件中：如果保存了一个主题，也就是创建了一个带有“.thmx”扩展名的独立的主题文件，这些文件可以在其他 Office 应用程序中共享，因此可以跨应用程序标准化设置，如字体和颜色选择等。

8.1.3 主题、版式和“幻灯片母版”视图

在早期的 PowerPoint 版本中，幻灯片版式几乎完全独立于幻灯片母版并完全独立于设计模板。早期的 PowerPoint 版本不可自定义模板，这些版式很大程度上不受为幻灯片母版应用的设计影响。幻灯片母版包含一张幻灯片，为所有标题和内容占位符定义通用位置，还有可选的第二张幻灯片，单独定义标题幻灯片的位置。

从 PowerPoint 2007 开始，幻灯片母版具有各种版式的独立版式母版，可以自定义或创建新版式。如下图所示的 PowerPoint 2016“幻灯片母版”视图，在左侧窗口，每种可用版式都有一种不同的、单独的、可自定义的版式母版，均组织在幻灯片母版下方。对幻灯片母版所做的任何更改都会反映在各单独的版式母版中，但也可以自定义各自独立版式母版，覆盖原本继承来的设置。例如，可以在任意一个具体版式中选择忽略背景，在幻灯片上为其内容腾出空间。

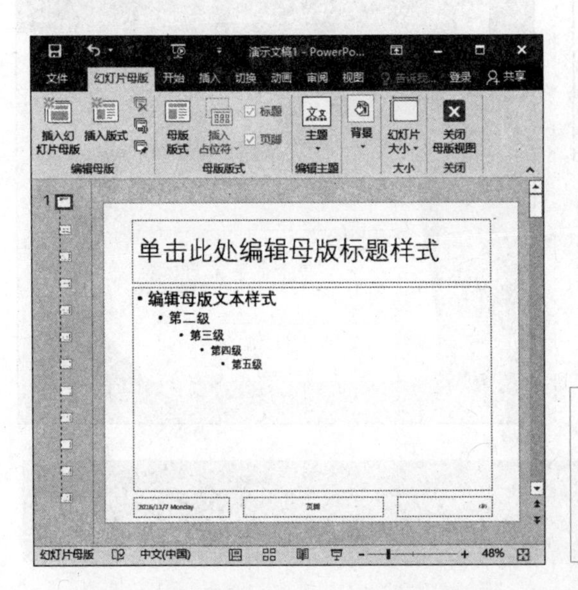

提示 母版就是一组规范，它管理格式设置和外观。PowerPoint 实际上有三种母版：幻灯片母版（用于幻灯片）、讲义母版（用于讲义）和备注母版（用于演讲者备注）。本章仅介绍幻灯片母版。

幻灯片母版包括来自一个主题的设置，并将其应用于演示文稿中的一张或多张幻灯片。幻灯片母版和主题大体相似，但并不完全等同，因为主题可以位于 PowerPoint 外部，也可以在其他程序中使用，而幻灯片母版是应用于特定演示文稿的特定主题的表示。

对一个幻灯片母版做出更改时，这些更改会传递到与之相关的各版式母版。对于单独的版式母版做出更改时，更改则仅限于该母版中的版式。

8.2 使用模板

本节视频教学录像：3 分钟

利用 PowerPoint 2016 可以轻松地创建和处理 PPT 演示文稿，掌握创建演示文稿的方法和使用模板创建演示文稿是制作优秀幻灯片的基础。

PowerPoint 2016 中内置有大量联机模板，在设计不同类别演示文稿的时候可以选择使用，既美观漂亮，又节省了大量空间。

下面具体介绍使用内置模板的操作方法。

❶ 在打开的演示文稿中单击【文件】选项卡，从弹出的菜单中选择【新建】选项，在右侧区域显示了多种联机模板样式。

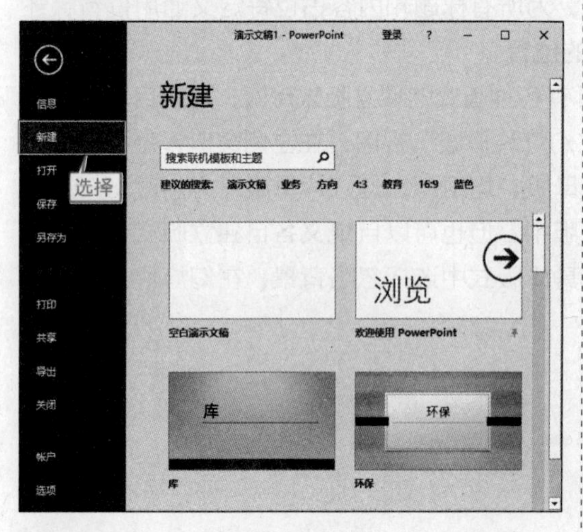

提示 在【新建】选项下的文本框中输入联机模板或主题名称，然后单击【搜索】按钮即可快速找到需要的模板或主题。

❷ 选择相应的联机模板，即可弹出预览界面，如单击【平面】模板，会弹出【平面】模板类型，在右侧预览框中可查看预览效果。

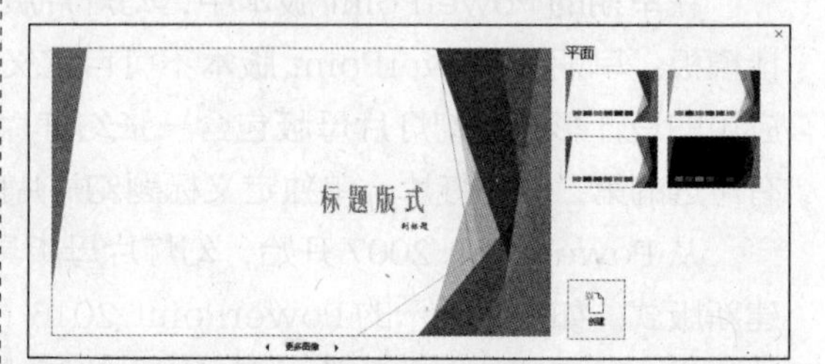

❸ 单击【创建】按钮，即可使用联机模板创建演示文稿。

8.3 设计版式

本节视频教学录像：11 分钟

本节主要介绍幻灯片版式，以及向演示文稿中添加幻灯片编号、备注页编号、日期和时间及水印等内容的方法。

8.3.1 什么是版式

幻灯片版式包含要在幻灯片上显示的全部内容的格式设置、位置和占位符。PowerPoint 中包含标题幻灯片、标题和内容、节标题等，在创建演示文稿时选择的内置模板不同，幻灯片的版式种类也不相同，空白演示文稿有 11 种内置幻灯片版式，如果选中平面内置模板，则有 16 种。

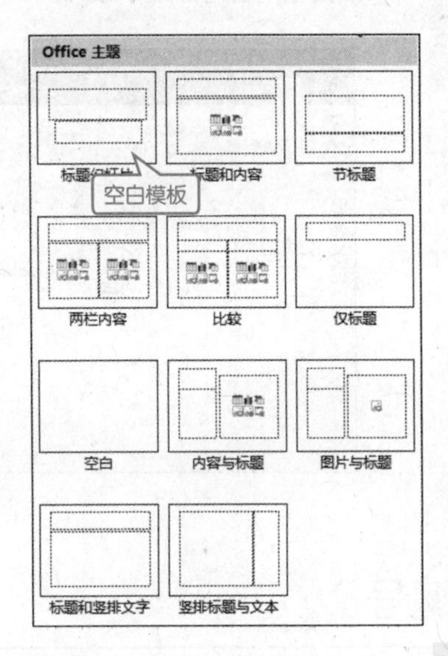

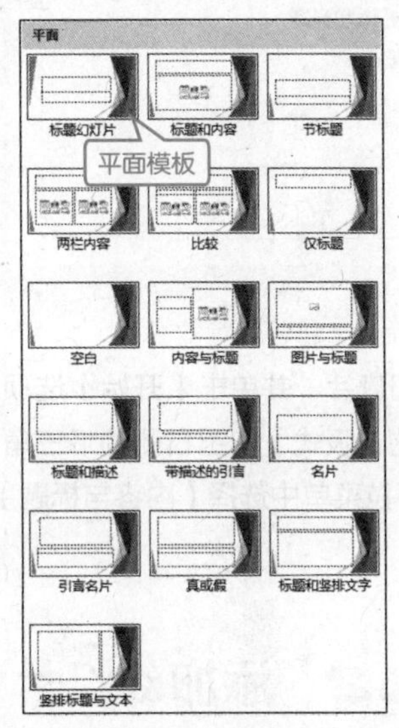

以上每种版式均显示了将在其中添加文本或图形的各种占位符的位置。

在 PowerPoint 中使用幻灯片版式的具体操作步骤如下。

❶ 启动 PowerPoint 2016，创建一个空白演示文稿。

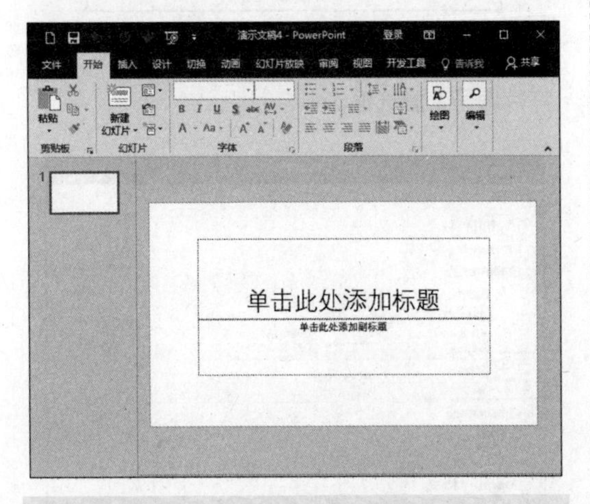

❷ 单击【开始】选项卡【幻灯片】组的【新建幻灯片】按钮下方的下三角按钮。

❸ 在弹出的【Office 主题】下拉菜单中选择一个要新建的幻灯片版式即可，如此处选择【标题和内容】幻灯片。

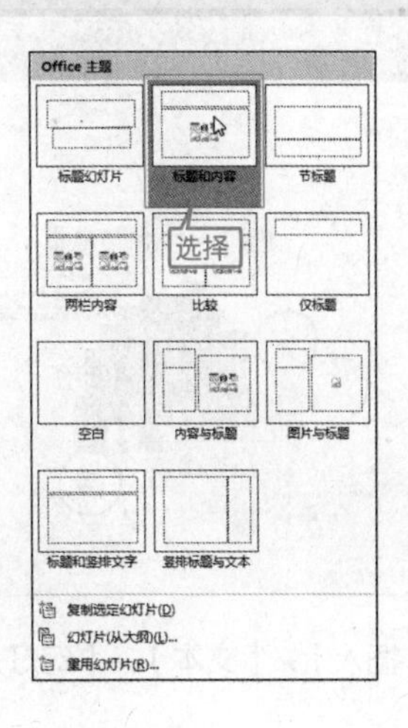

❹ 即可在演示文稿中创建一个标题和内容的幻灯片。

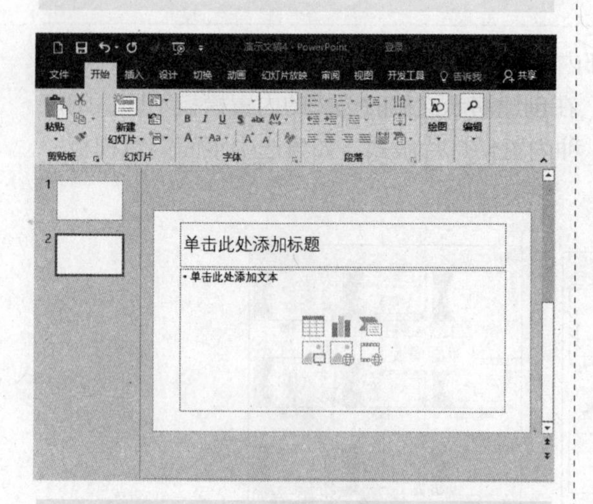

❺ 选择第 2 张幻灯片，并单击【开始】选项卡【幻灯片】组的【版式】按钮右侧的下三角按钮，在弹出的下拉菜单中选择【内容与标题】选项。

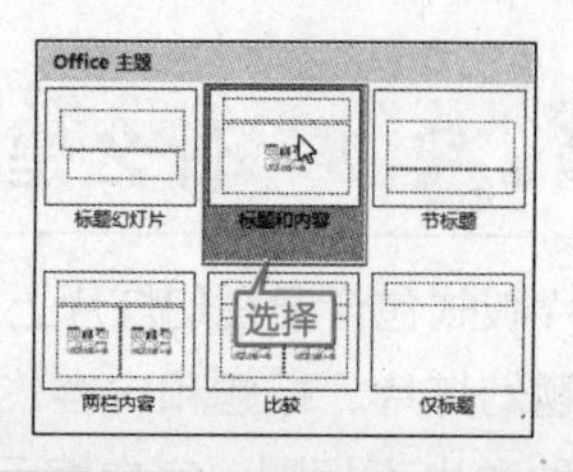

❻ 即可将该幻灯片的【标题与内容】版式更改为【内容与标题】版式。

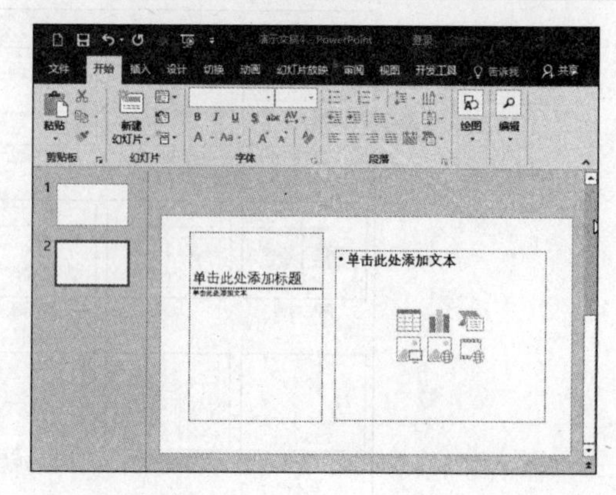

8.3.2 添加幻灯片编号

在演示文稿中既可以添加幻灯片编号、备注页编号、日期和时间，还可以添加水印。在接下来的章节中将分别详细介绍。

在演示文稿中添加幻灯片编号的具体操作步骤如下。

❶ 打开随书光盘中的“素材 \ch08\ 能源与环保 .pptx”文件，单击【视图】➤【演示文稿视图】➤【普通视图】，并单击演示文稿中的第一张幻灯片缩略图。

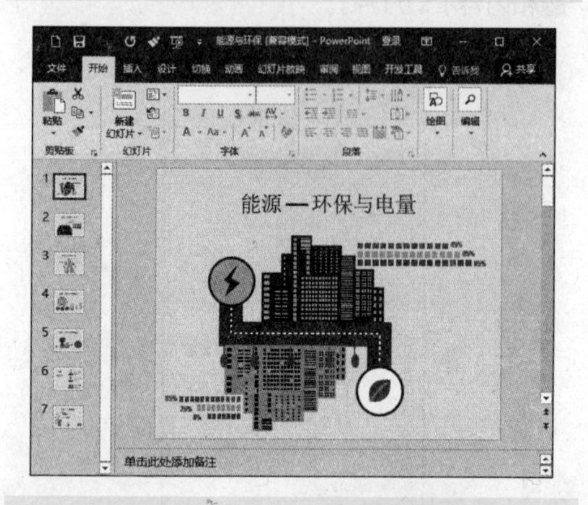

❷ 单击【插入】➤【文本】➤【幻灯片编号】。

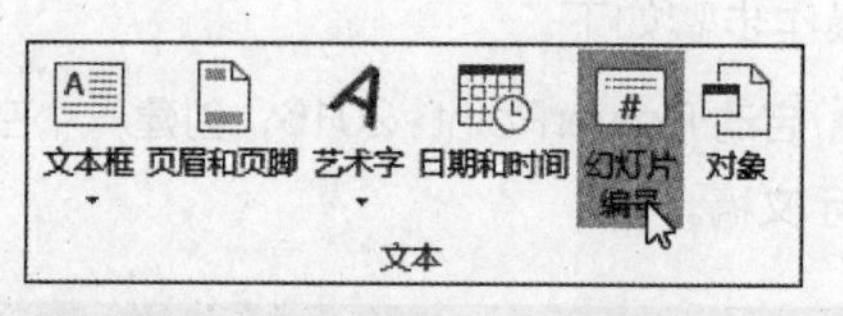

❸ 在弹出的【页眉和页脚】对话框中选中【幻灯片编号】复选框。

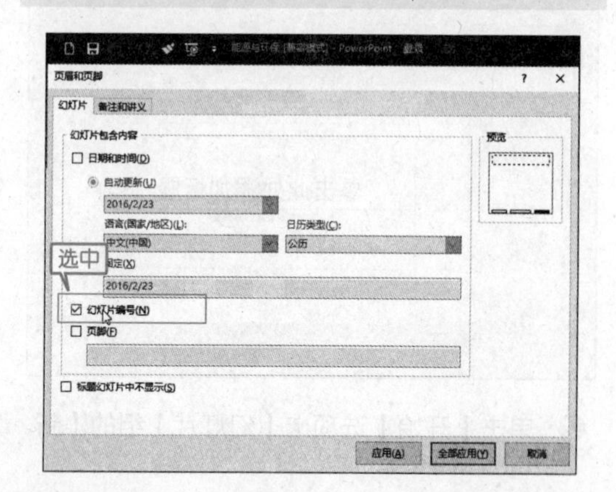

❹ 单击【应用】按钮，选择的第一张幻灯片右下角即插入幻灯片编号。

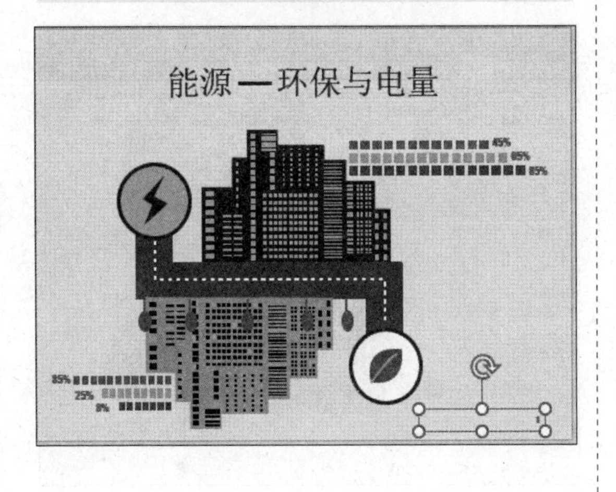

提示　第❹步操作中如果单击【全部应用】按钮则所有的幻灯片都将添加编号。在弹出的【页眉和页脚】对话框中选择【备注和讲义】选项卡，然后选中【页码】复选框，最后单击【全部应用】按钮即可添加备注页编号。

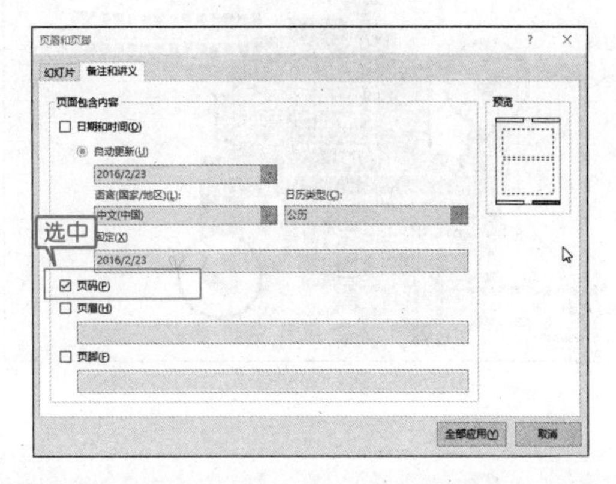

8.3.3 添加日期和时间

在演示文稿中添加日期和时间的具体操作步骤如下。

❶ 单击【插入】➤【文本】➤【幻灯片编号】。

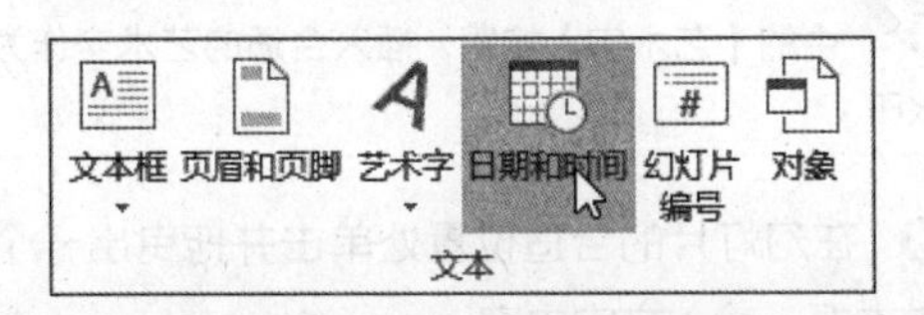

❷ 在弹出的【页眉和页脚】对话框的【幻灯片】选项卡中选中【日期和时间】复选框。

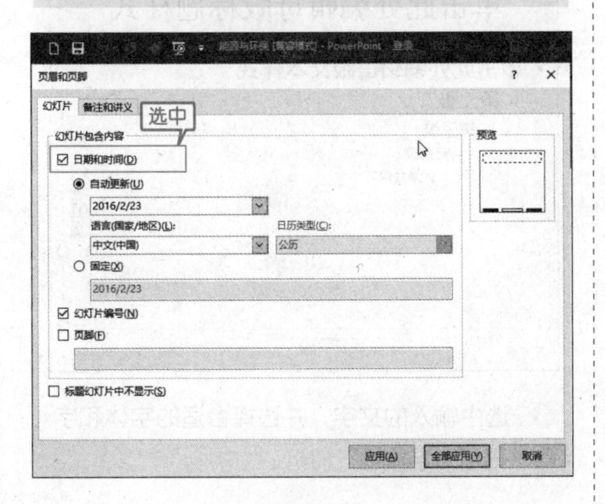

提示　选择【幻灯片】选项卡，可在幻灯片中添加日期和时间；选择【备注和讲义】选项卡，可在备注页中添加日期和时间。

❸ 选中【固定】单选按钮，并在其下的文本框中输入想要显示的日期。

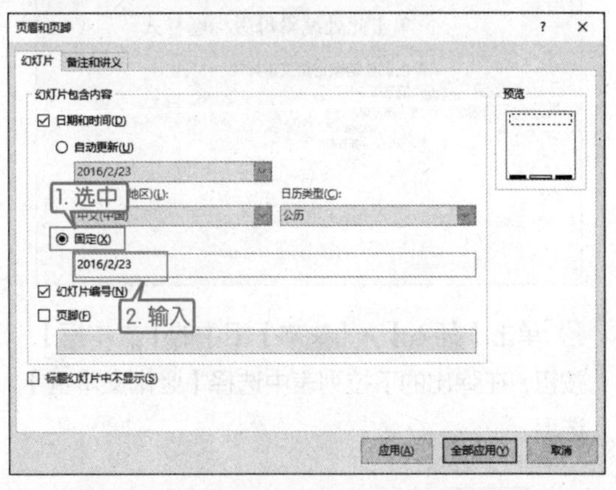

提示　若要指定在每次打开或打印演示文稿时反映当前日期和时间，可以选中【自动更新】单选按钮，然后选择所需的日期和时间格式即可。

❹ 单击【应用】按钮，选择的第一张幻灯片左下角即插入幻灯片编号。

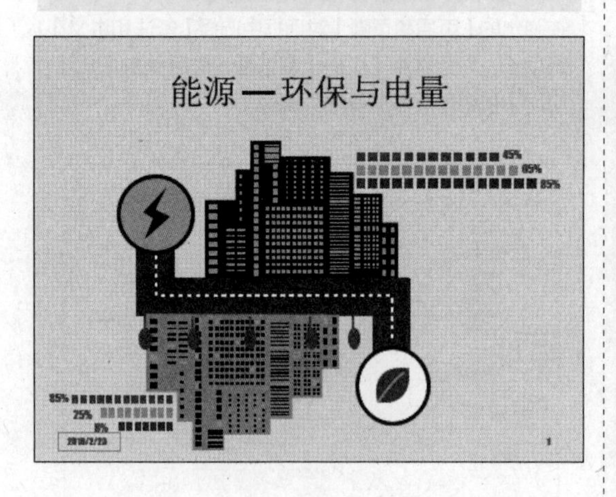

❺ 若在演示文稿中的所有幻灯片中都添加日期和时间，单击【全部应用】按钮即可。

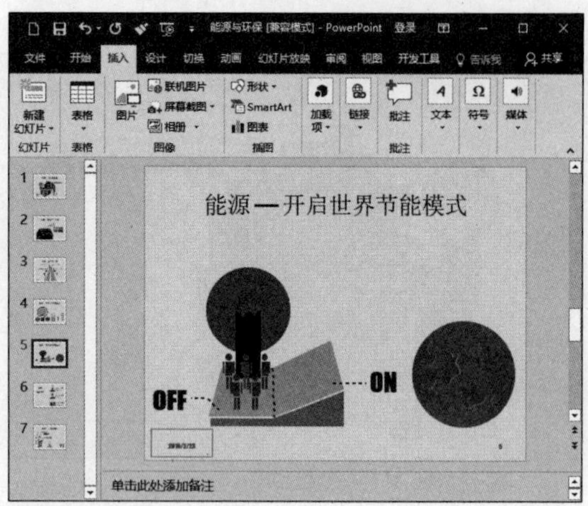

8.3.4 添加水印

在幻灯片中添加水印时既可以使用图片作为水印，也可以使用文本框或艺术字作为水印。使用文本框添加水印的操作步骤如下。

❶ 单击【视图】➤【母版视图】➤【幻灯片视图】，并单击演示文稿中最顶端的图片。

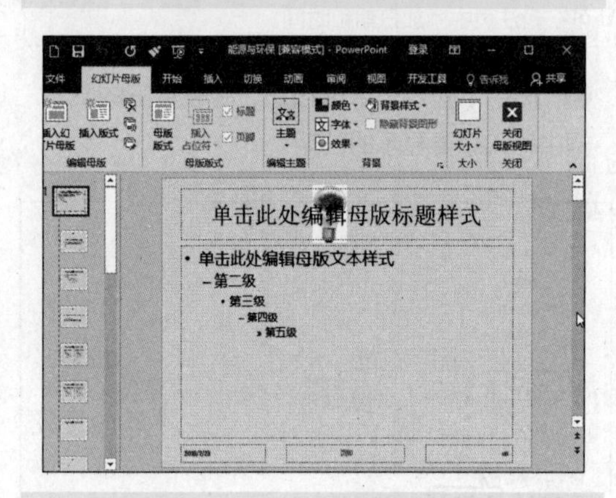

❷ 单击【插入】➤【文本】组中的【文本框】按钮，在弹出的下拉列表中选择【竖排文本框】选项。

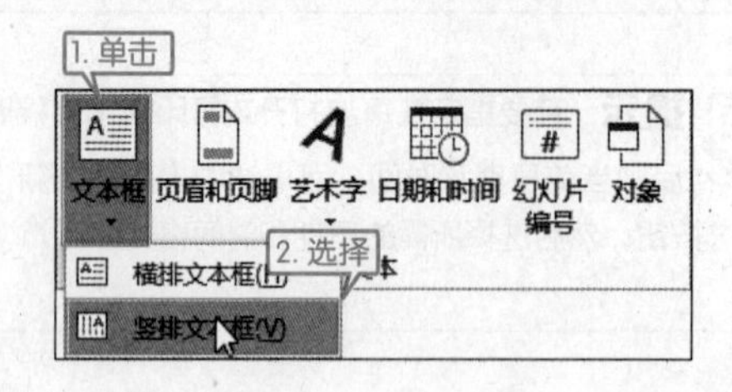

提示 也可以单击【插入】选项卡【文本】组中的【艺术字】按钮，插入合适的艺术字作为水印。

❸ 在幻灯片的合适位置处单击并拖曳出一个文本框，输入文字内容。

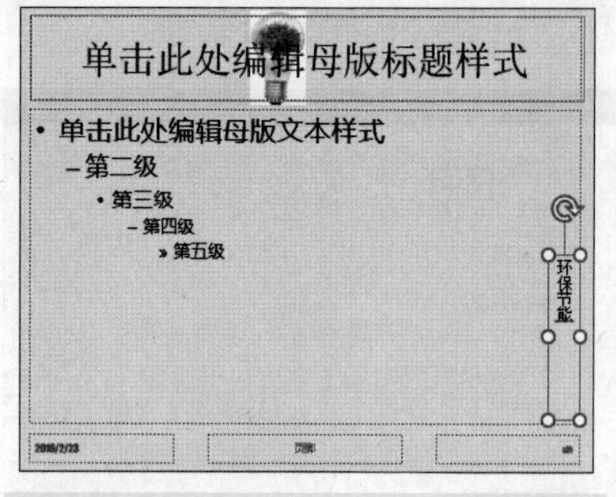

❹ 选中输入的文字，并选择合适的字体和字号，最后对字体进行加粗。

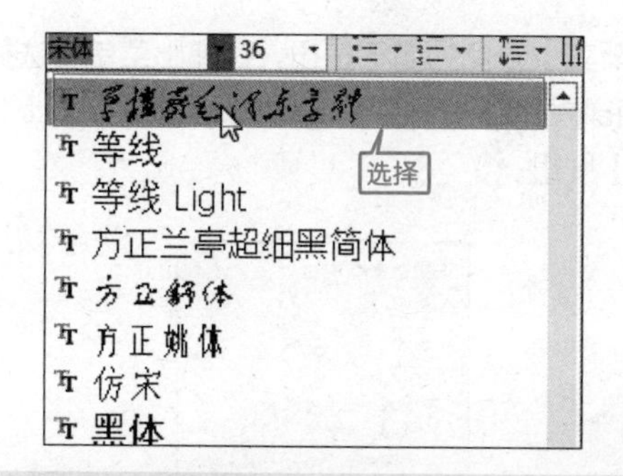

❺ 单击【绘图工具】➢【格式】选项卡【排列】组中的【上移一层】右侧的下三角按钮，然后从弹出的下拉列表中选择【置于顶层】选项。

❻ 单击【视图】➢【演示文稿视图】➢【普通视图】，可以看到每张幻灯片上都添加了刚制作的水印。

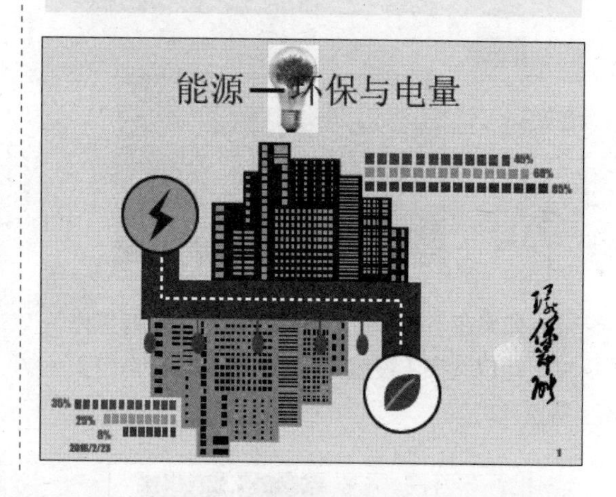

8.4 设置背景和主题

本节视频教学录像：9 分钟

为了使当前演示文稿整体搭配比较合理，用户除了需要对演示文稿的整体框架进行搭配外，还需要对演示文稿进行颜色、字体和效果等主题的设置。

8.4.1 设置背景

PowerPoint 中自带了多种背景样式，用户可以根据需要挑选使用。

❶ 打开随书光盘中的“素材 \ch08\ 公司市场研究项目方案 .pptx”文件，选择要设置背景样式的幻灯片。

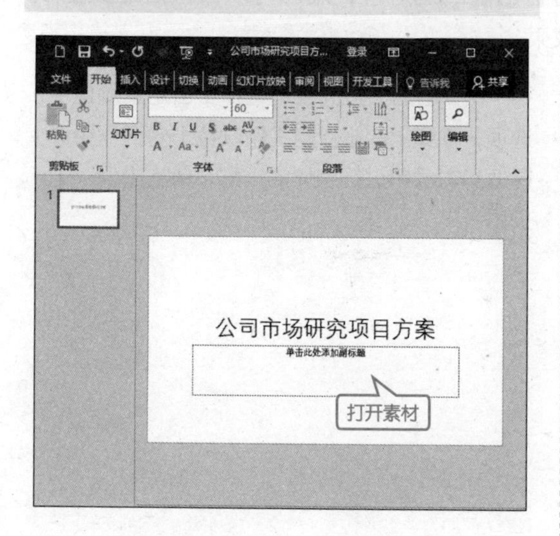

❷ 单击【设计】➢【变体】➢【背景样式】按钮，在弹出的下拉列表中选择一种样式来应用于当前演示文稿中，如选择“样式 11”。

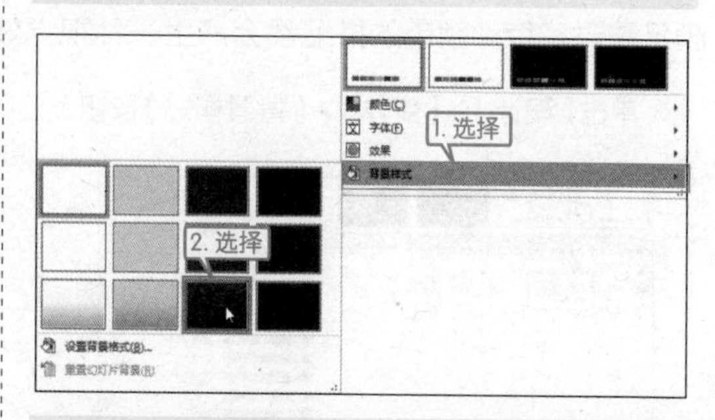

❸ 所选的背景样式会直接应用于当前幻灯片上。

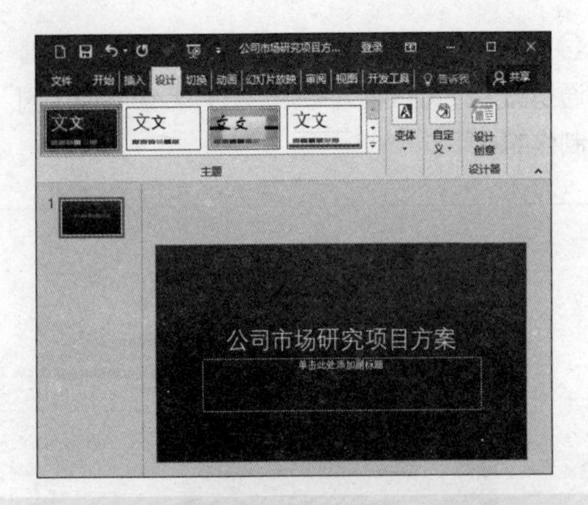

❹ 如果在当前下拉列表中没有适合的背景样式，可以选择【设置背景格式】选项以自定义背景样式。

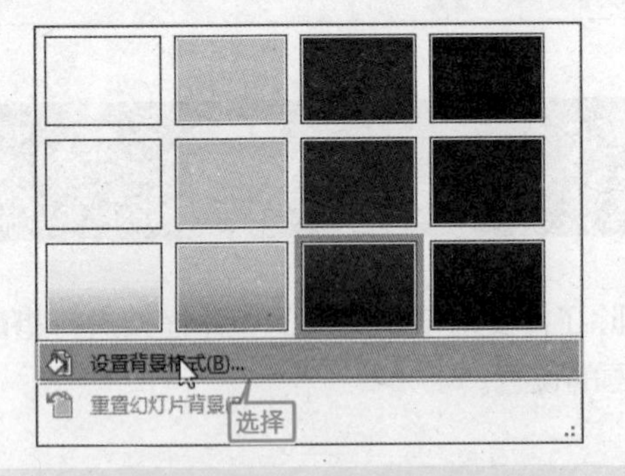

❺ 在弹出的【设置背景格式】任务窗格中设置合适的背景样式。如单击【填充】区域中【预设渐变】右侧的向下按钮，在弹出菜单中选择【顶部聚光灯—个性色 5】选项，然后单击【关闭】按钮。

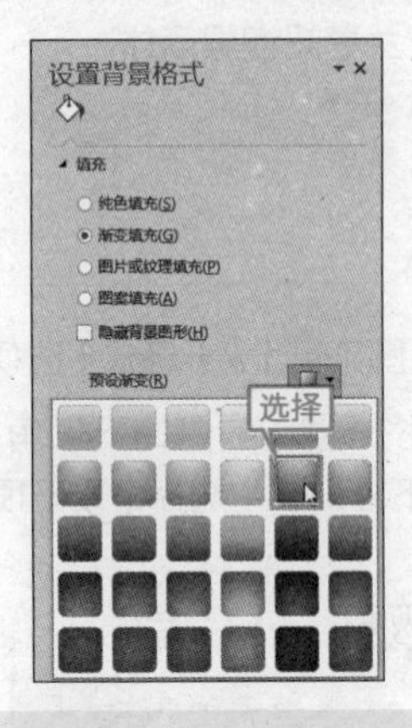

❻ 自定义的背景样式将被应用到当前幻灯片上。

8.4.2 配色方案

PowerPoint 中自带的主题样式如果都不符合当前的幻灯片，用户可以自行搭配颜色以满足需要。每种颜色的搭配都会产生一种视觉效果。

❶ 单击【设计】➢【变体】➢【背景样式】按钮。

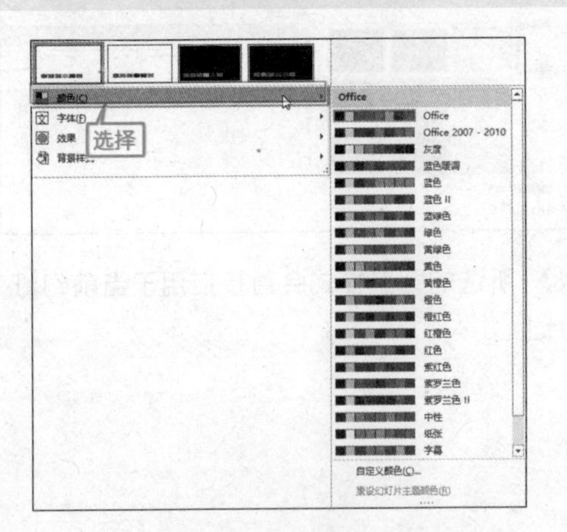

❷ 在弹出的下拉列表中选择【自定义颜色】选项，在弹出的【新建主题颜色】对话框中选择适当的颜色进行整体的搭配，单击【保存】按钮。

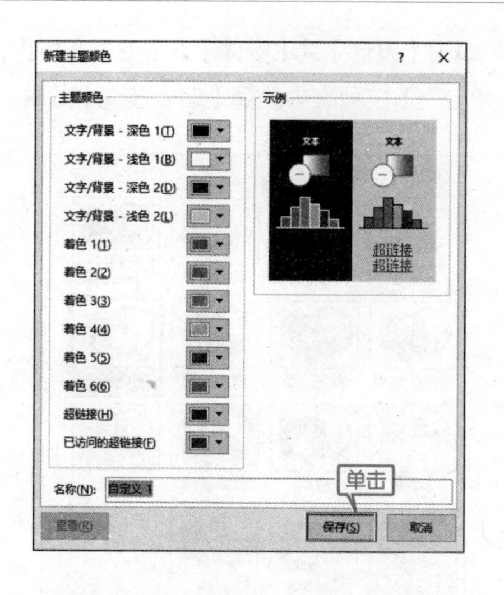

❸ 所选择的自定义颜色将会直接应用于当前幻灯片上。

8.4.3 主题字体

主题字体定义了两种字体：一种用于标题，另一种用于正文文本。二者可以是相同的字体（在所有位置使用），也可以是不同的字体。PowerPoint 使用这些字体可以构造自动文本样式，更改主题字体将对演示文稿中的所有标题和项目符号文本进行更新。

选择要设置主题字体效果的幻灯片后，单击【设计】➢【变体】➢【字体】按钮，在弹出的下拉列表中用于每种主题字体的标题字体和正文文本字体的名称将显示在相应的主题名称下，从中可以选择需要的字体。

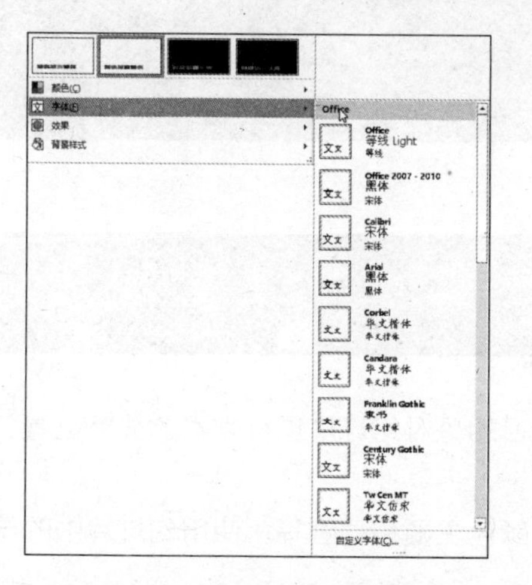

如果内置字体中没有满足需要的字体效果，可以单击下拉列表中的【自定义字体】选项，弹出【新建主题字体】对话框。

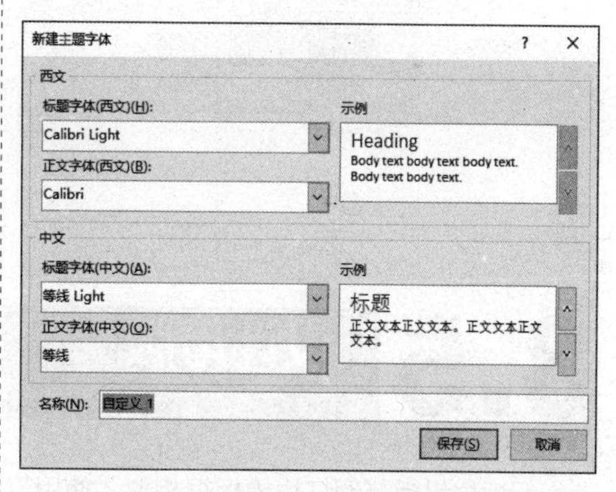

在该对话框中通过设置西文字体和中文字体，然后单击【保存】按钮即可完成对主题字体的自定义。

8.4.4 主题效果

主题效果是应用于文件中元素的视觉属性的集合。主题效果、主题颜色和主题字体三者构成一个主题。

选择幻灯片后，单击【设计】➢【变体】➢【效果】按钮，在弹出的下拉列表同样可以选择需要的内置艺术效果。

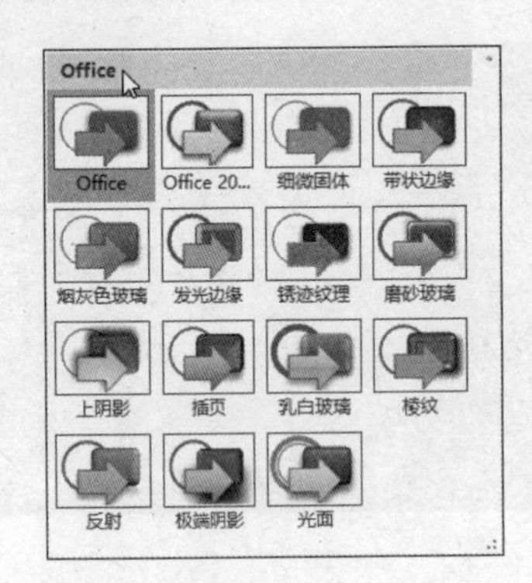

下面举例介绍在 PowerPoint 2016 中使用主题字体和主题效果的具体操作方法。

❶ 单击【设计】➢【变体】➢【字体】按钮，从弹出的下拉列表中选择【隶书 - 华文楷体】字体。

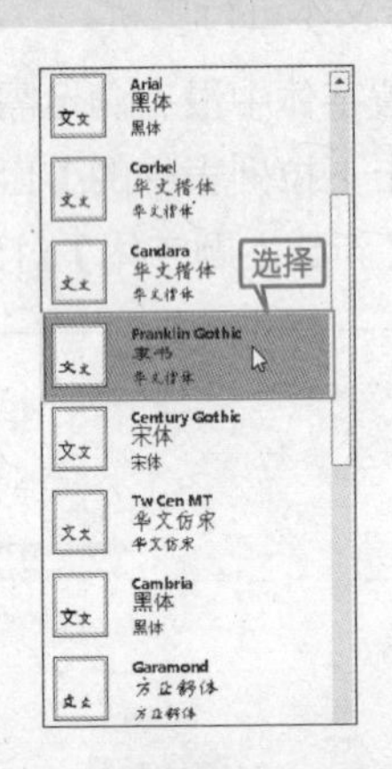

❷ 单击【设计】➢【变体】➢【效果】按钮，从弹出的下拉列表中选择【磨砂玻璃】效果。

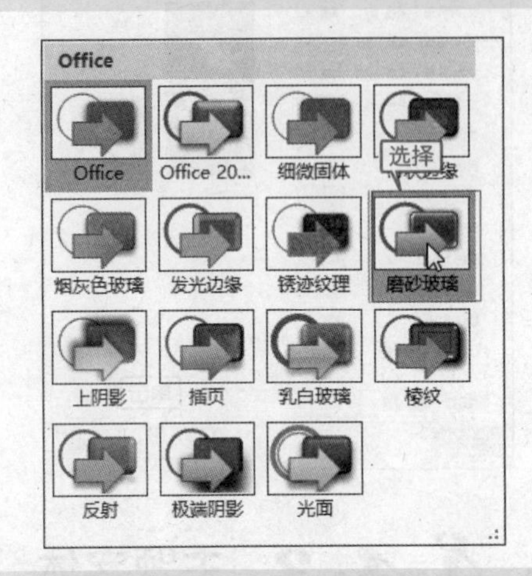

❸ 演示文稿中的字体即被修改为【隶书 - 华文楷体】，主题效果即被更改为【磨砂玻璃】。

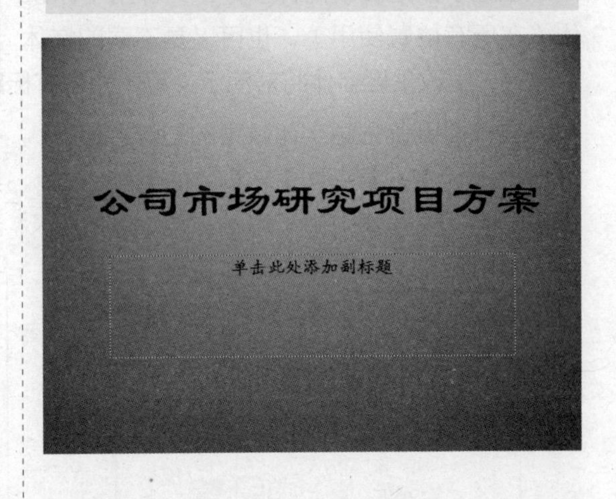

8.5 设计母版

本节视频教学录像：7 分钟

幻灯片母版与幻灯片模板很相似。使用母版的目的是对幻灯片进行文本的放置位置、文本样式、背景和颜色主题等效果的更改。

幻灯片母版可以用来制作演示文稿中的背景、颜色主题和动画等。使用幻灯片中的母版也可以快速制作出多张具有特色的幻灯片。

8.5.1 在幻灯片母版上更改背景

创建或自定义幻灯片母版最好在开始构建各张幻灯片之前，而不要在构建了幻灯片之后再创建母版。这样可以使添加到演示文稿中的所有幻灯片都基于创建的幻灯片母版和相关联的版式，从而避免幻灯片上的某些项目不符合幻灯片母版设计风格现象的出现。

在幻灯片母版上更改背景的具体操作步骤如下。

❶ 单击【视图】➢【母版视图】➢【幻灯片母版】按钮。

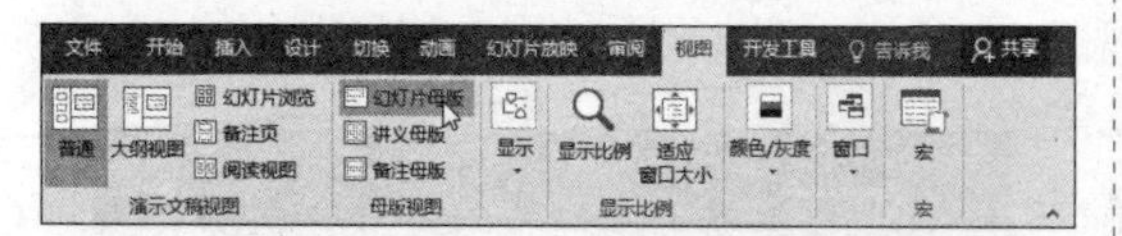

❷ 在弹出的【幻灯片母版】选项卡下的各组中可以设置占位符的大小及位置、背景设计和幻灯片的方向等。

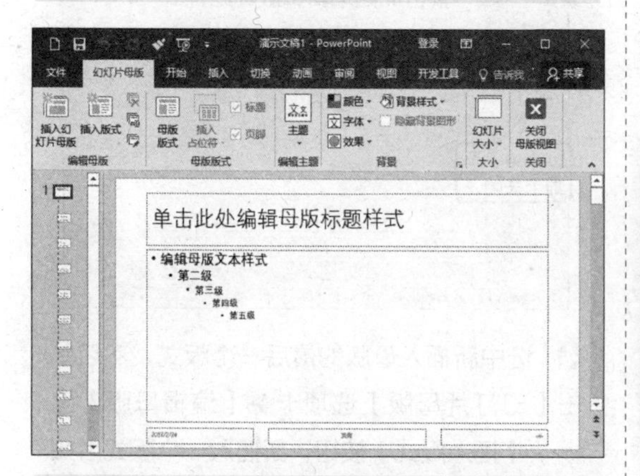

❸ 单击【幻灯片母版】➢【背景】➢【背景样式】下拉按钮，在弹出的下拉列表中选择合适的背景样式。如选择“样式 8”选项。

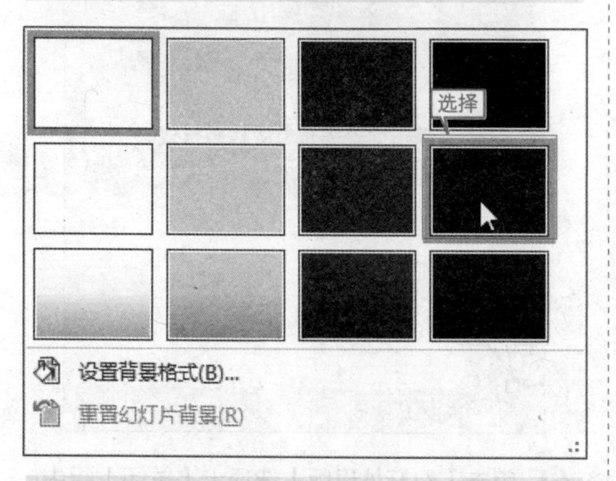

❹ 选择的背景样式即可应用于当前幻灯片上。

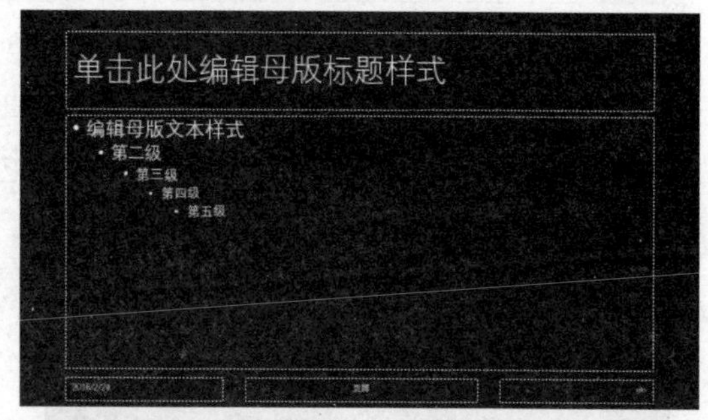

❺ 在幻灯片中单击要更改的占位符，当四周出现小节点时，可拖动四周的任意一个节点更改占位符的大小。

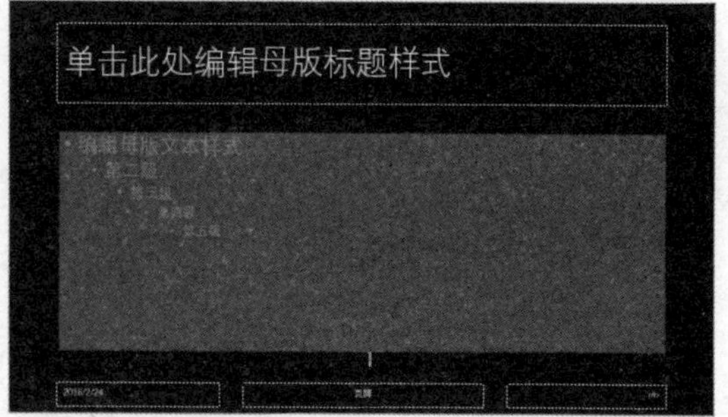

提示 在【开始】➢【字体】组中可以对占位符中的文本的字体样式、字号和颜色进行设置。在【开始】➢【段落】组中可以对占位符文本的段落间距进行设置。

❻ 设置完毕，单击【幻灯片母版】选项卡【关闭】组中的【关闭母版视图】按钮即可使空白幻灯片中的版式一致。

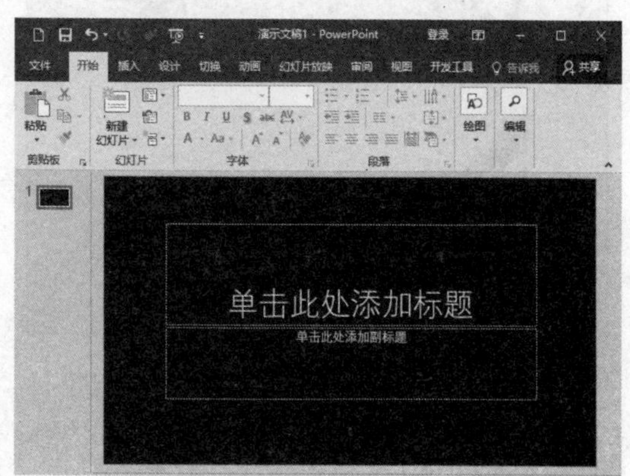

8.5.2 插入新的幻灯片母版和版式

除了修改现有的母版和版式外，还可以创建全新的母版和版式，这样一个演示文稿中就可以出现多种母版，每种母版又可以有自己独特的版式。

插入新的幻灯片母版和版式的具体操作步骤如下。

❶ 打开随书光盘中的“素材 \ch08\ 插入新的幻灯片母版和版式 .pptx”文件，如下图所示。

❷ 单击【视图】选项卡 ➢【母版视图】面板 ➢【幻灯片母版】按钮，将幻灯片切换为母版视图。

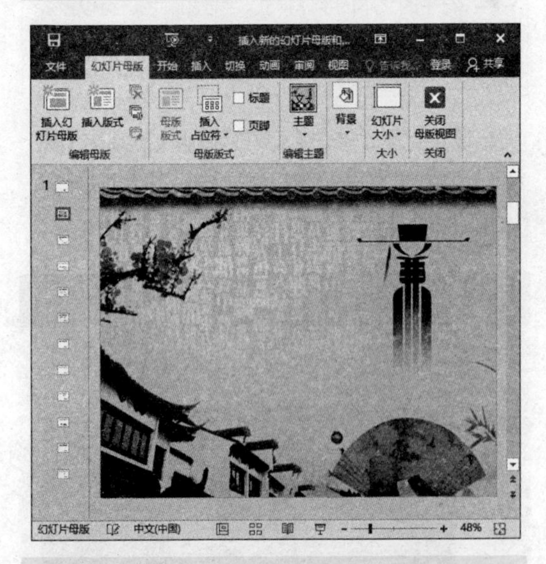

❸ 单击【幻灯片母版】选项卡 ➢【编辑母版】面板 ➢【插入幻灯片母版】按钮，插入新的幻灯片母版后如下图所示。

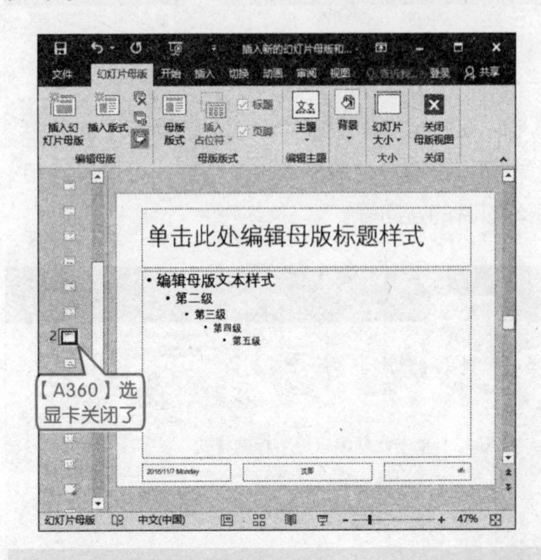

❹ 选中新插入母版的最后一个版式，然后单击【幻灯片母版】选项卡 ➢【编辑母版】面板 ➢【插入版式】按钮，新插入一个版式后如下图所示。

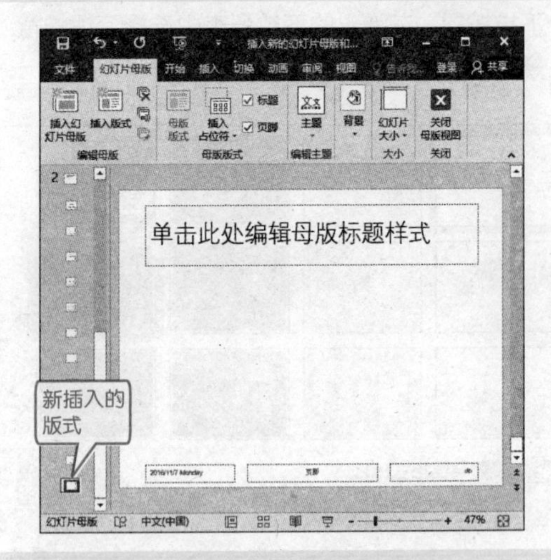

❺ 单击【幻灯片母版】选项卡【关闭】组中的【关闭母版视图】按钮，然后单击【开始】选项卡 ➢【幻灯片】面板 ➢【新建幻灯片】下拉按钮，在弹出的下拉列表中可以看到两个幻灯片母版。

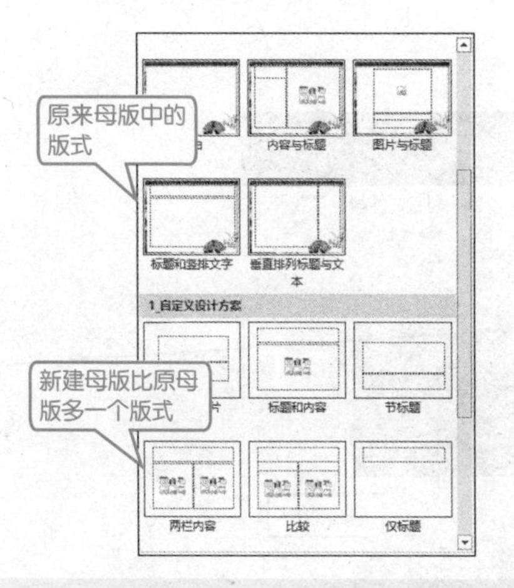

❻ 选择原母版中的版式创建一张幻灯片，如下图所示。

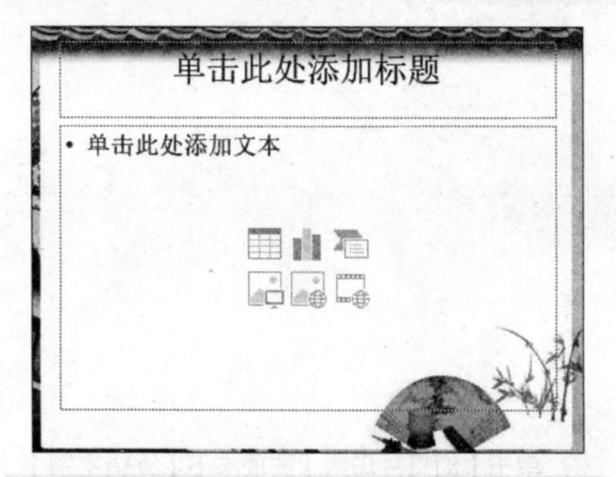

❼ 重复步骤❺，选择新建母版中新建的版式创建一张幻灯片，如下图所示。

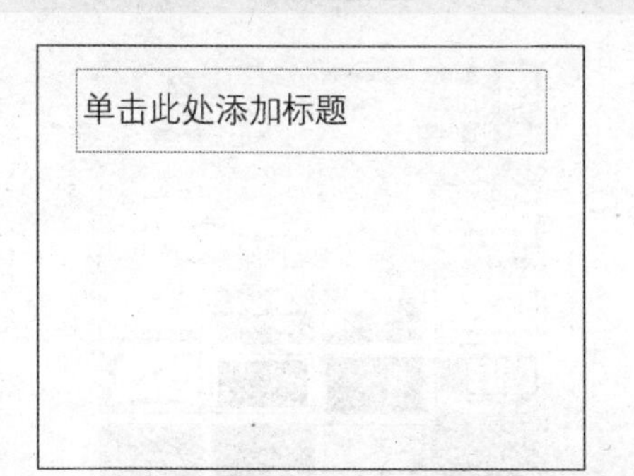

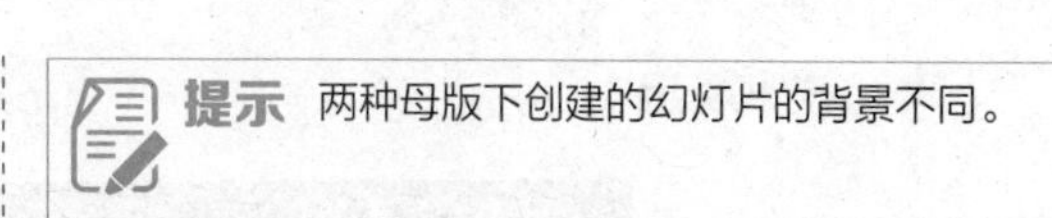

提示 两种母版下创建的幻灯片的背景不同。

❽ 单击【设计】选项卡➤【主题】面板，在弹出的主题中选择【切片】。

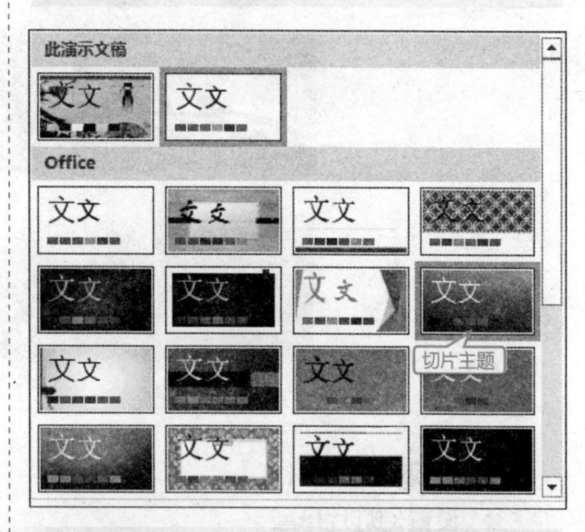

❾ 切换新的主题后如下图所示。

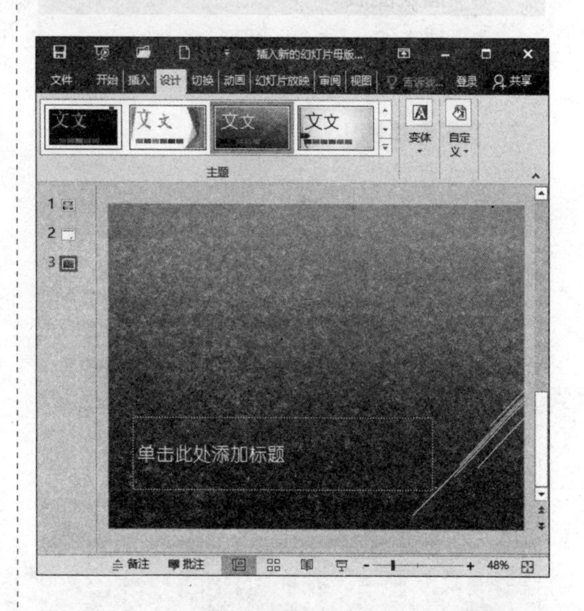

8.6 综合实战——制作汽车销售宣传模板

本节视频教学录像：16 分钟

汽车销售宣传模板主要介绍公司的概况以及汽车的销售情况，通过演示文稿能够清楚地了解公司的发展状况。通过汽车销售宣传模板的制作，用户可以进一步掌握设置幻灯片模板视图的方法。

【案例效果展示】

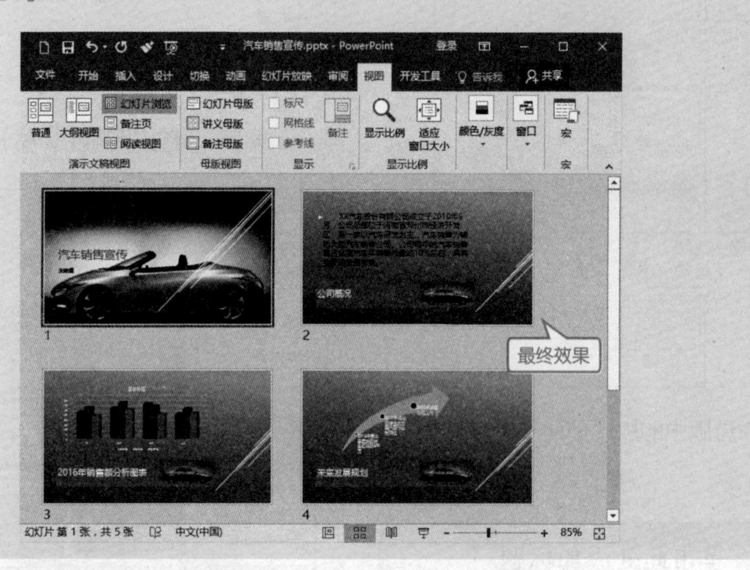

【案例涉及的知识点】

- 设置幻灯片母版
- 插入图表
- 插入 SmartArt 图形
- 使用艺术字体

【操作步骤】

第 1 步：设计幻灯片母版

本节主要涉及设置幻灯片母版的内容，包括使用主题、插入形状及图片等。

❶ 新建一张演示文稿，单击【视图】选项卡下【母版视图】选项组中的【幻灯片母版】按钮，切换到幻灯片模板视图，在左侧列表中单击第 1 张幻灯片。

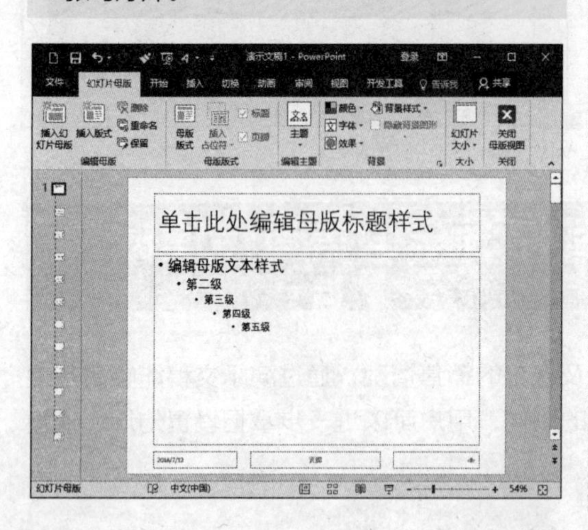

❷ 单击【幻灯片母版】选项卡下【编辑主题】选项组中的【主题】下拉按钮，在弹出的下拉列表中选择一种主题样式。

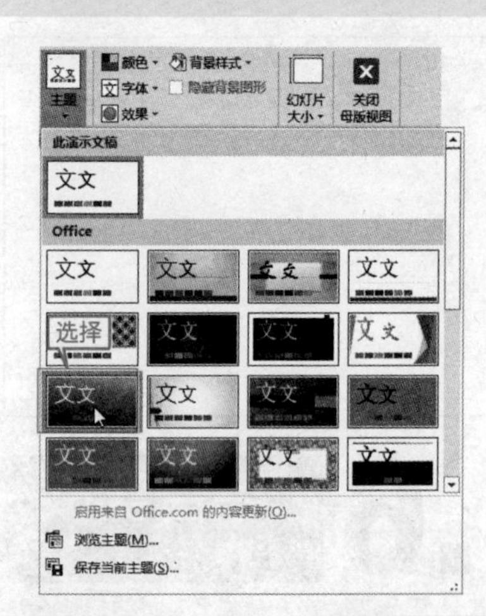

❸ 为母版中所有的幻灯片添加新主题样式后如下图所示。

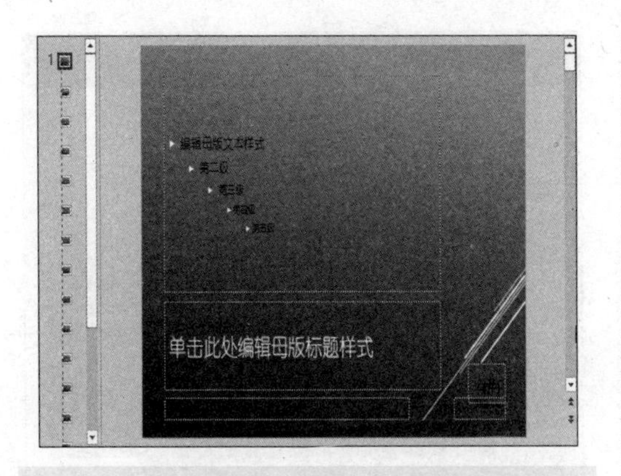

❹ 绘制一个矩形框，设置【形状填充】为“浅绿色，文字 2，深色 50%”，设置【形状轮廓】为“无轮廓”，调整标题文本框的大小和位置，并设置文本框内文字的字体为“微软雅黑”，字号为“36”，并设置文字“左对齐”，如下图所示。

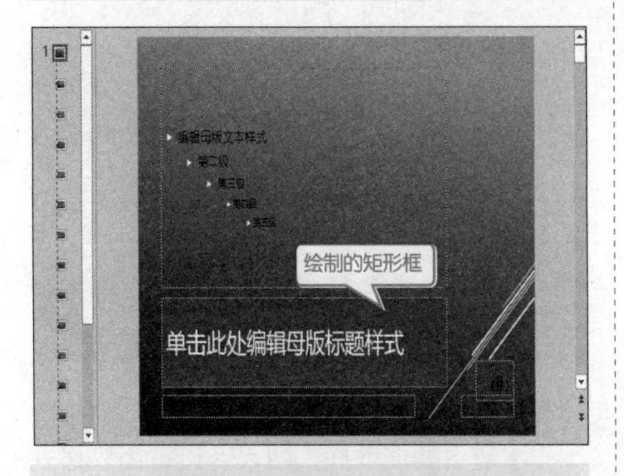

❺ 单击【插入】选项卡下【图像】选项组中的【图片】按钮，在弹出的【插入图片】对话框中选择要插入的图片，这里选择“插图 1”，单击【插入】按钮。

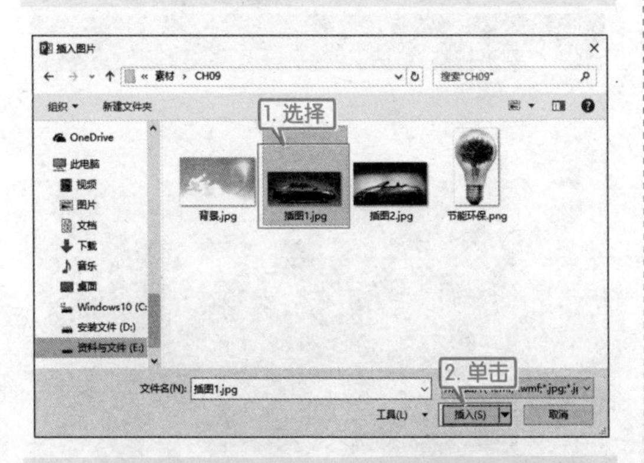

❻ 将图片插入到母版中后调整图片的大小及位置，并设置图片的样式为“柔化边缘矩形”，如下图所示。

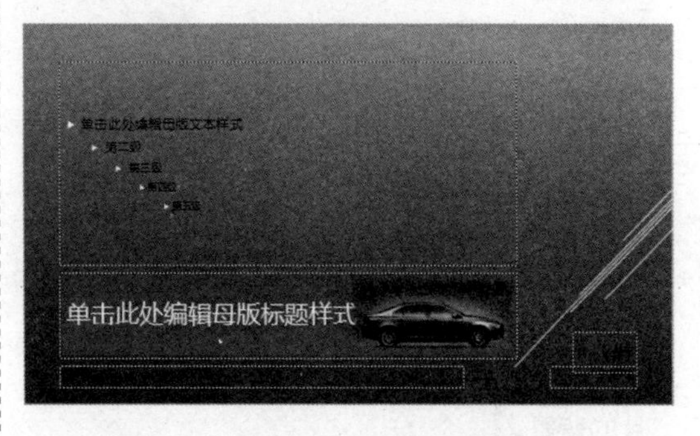

第 2 步：设计首页效果

本节主要涉及设置幻灯片首页效果的内容，包括设置背景格式、设置字体样式等。

❶ 在左侧列表中单击第 2 张幻灯片，单击选中【背景】选项组中的【隐藏背景图形】复选框，隐藏模板中添加的图形。

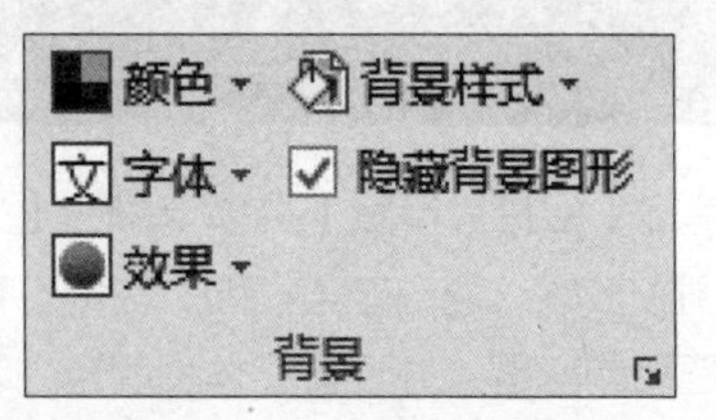

❷ 在右侧的幻灯片上单击鼠标右键，在弹出的快捷菜单中选择【设置背景格式】选项，在弹出的窗格中单击选中【填充】区域中的【图片或纹理填充】单选项，并单击【文件】按钮。

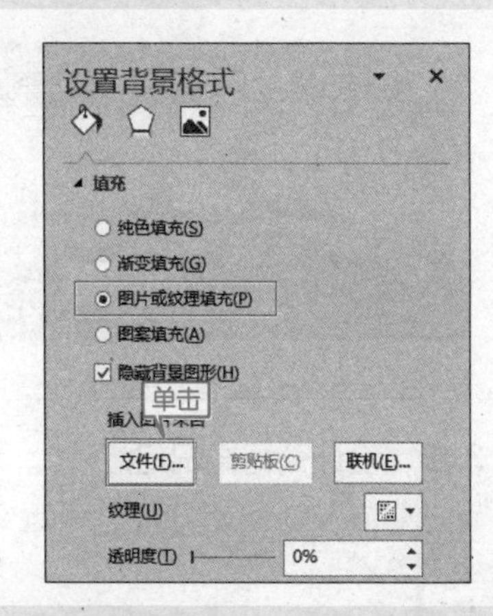

❸ 在弹出的【插入图片】对话框中选择随书光盘中的“素材 \ch08\ 插图 2.jpg”文件，单击【插入】按钮。

❹ 返回母版视图，插入的图片就会作为幻灯片的背景。

❺ 单击【幻灯片母版】选项卡中的【关闭母版视图】按钮，返回普通视图。在幻灯片上输入标题和副标题，并设置字体、颜色、字号和艺术字样式，最终效果如下图所示。

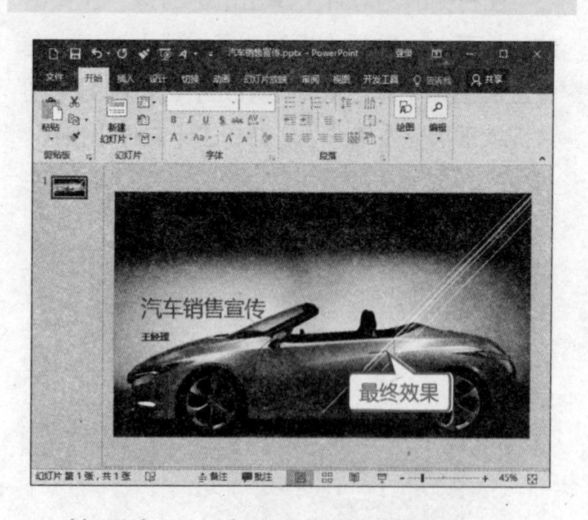

第 3 步：设计公司概况幻灯片

本节主要涉及新建幻灯片、设置文本格式等内容。

❶ 新建【标题和内容】幻灯片，单击【单击此处添加标题】文本框，并在该文本框中输入“公司概况”文本内容。

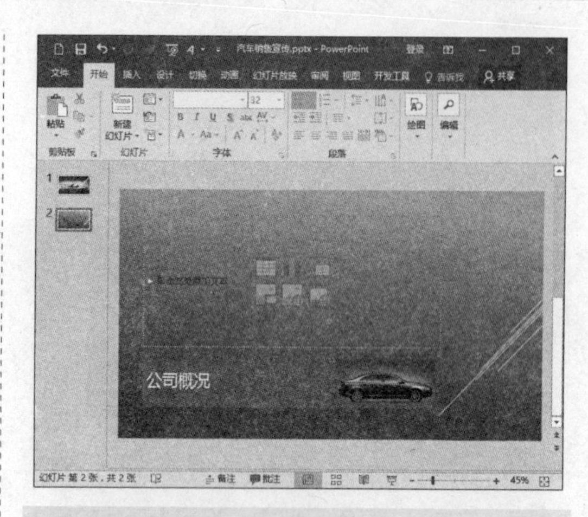

❷ 单击【单击此处添加文本】文本框，将该文本框中的内容全部删除，在文本框中输入公司简介内容，并设置【字体】为“微软雅黑”，设置【字号】为“32”，之后对文本内容进行首行缩进两字符，最终效果如下图所示。

第 4 步：设计销售分析图表

本节主要涉及插入图表、设置图表格式等内容。

❶ 新建 1 张幻灯片，并输入标题“2016 年销售额分析图表”。

❷ 单击内容文本框中的图表按钮，在弹出的【插入图表】对话框中选择【三维簇状柱形图】选项。

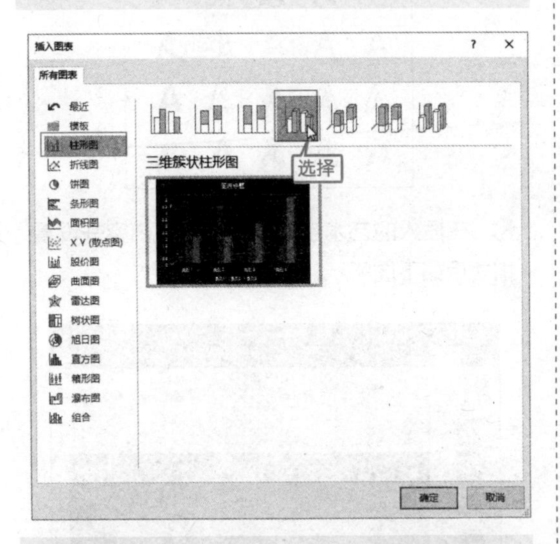

❸ 单击【确定】按钮，在打开的 Excel 工作簿中修改数据，如下图所示。

Microsoft PowerPoint 中的图表

	A	B	C	D	E
1		A型轿车	B型轿车	C型轿车	
2	1月	53	62	46	
3	2月	61	72	58	
4	3月	69	65	49	
5	4月	49	59	51	
6					

❹ 关闭 Excel 工作簿，幻灯片中即可插入相应的图表，并设置图表样式如下。

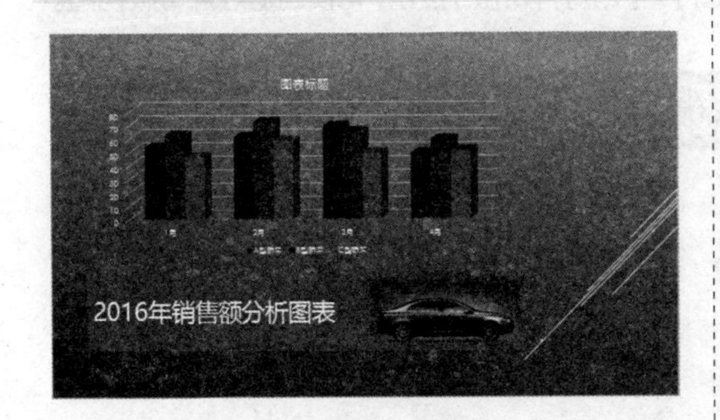

第 5 步：设计未来发展规划

本节主要涉及插入 SmartArt 图形、设置图形格式等内容。

❶ 新建 1 张幻灯片，并输入标题“未来发展规划”。

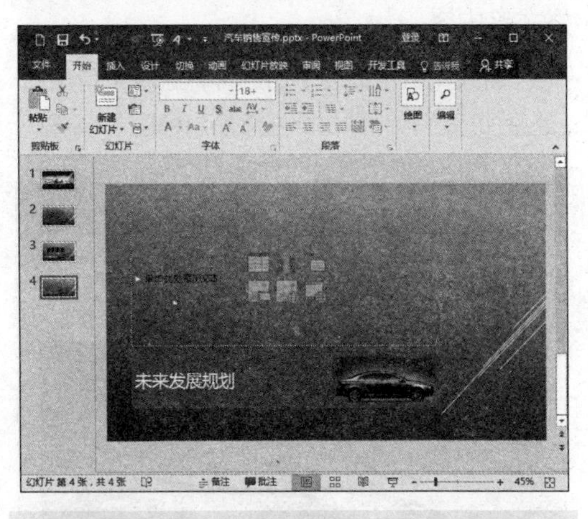

❷ 单击内容文本框中的“插入 SmartArt 图形”按钮，在弹出的【选择 SmartArt 图形】对话框中选择【流程】选项卡中的【向上箭头】选项。

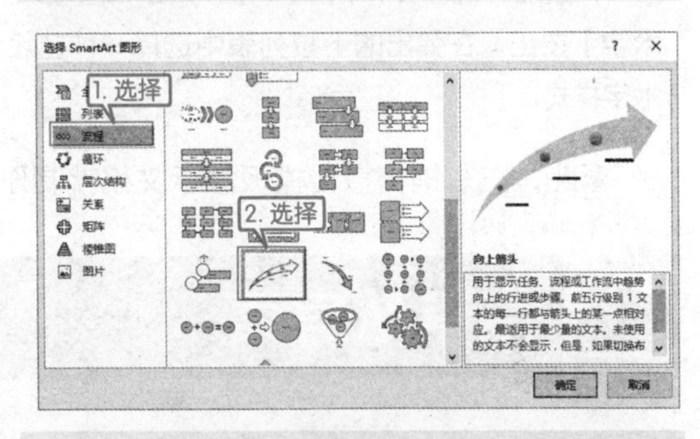

❸ 单击【确定】按钮即可在幻灯片中插入 SmartArt 图形，输入相应文本并设置文本格式以及 SmartArt 图形格式，最终结果如下图所示。

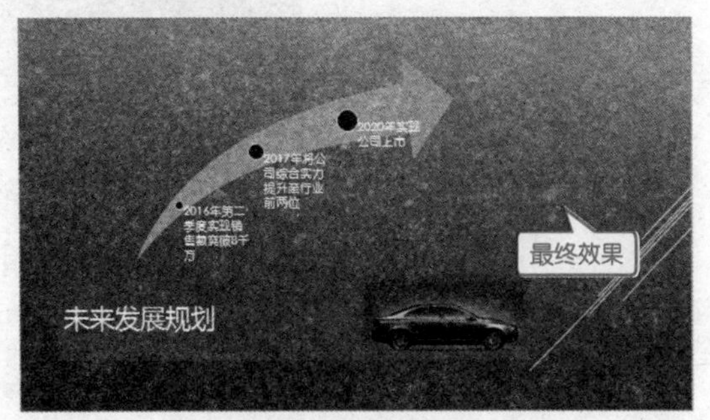

第 6 步：设计结束幻灯片

本节主要涉及插入艺术字、设置艺术字格式等内容。

❶ 新建 1 张【标题】幻灯片，删除【单击此处添加标题】和【单击此处添加副标题】文本框。

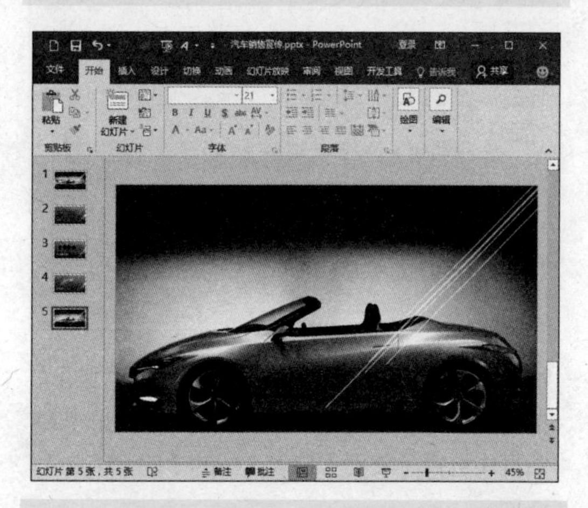

❷ 单击【插入】选项卡下【文本】选项组中的【艺术字】按钮，在弹出的下拉列表中选择一种艺术字样式。

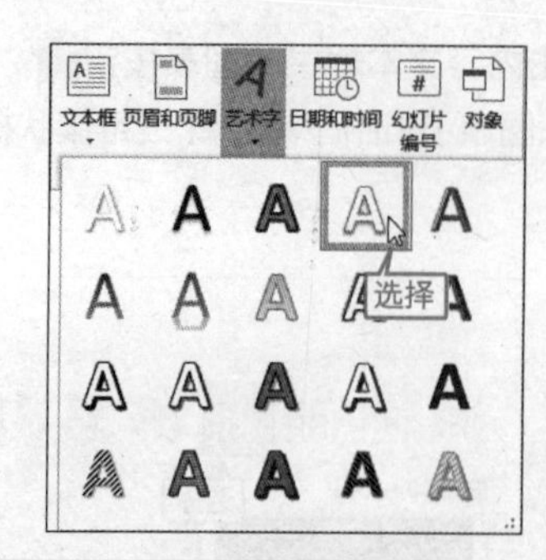

❸ 在插入的艺术字文本框中输入内容并设置格式后如下图所示。

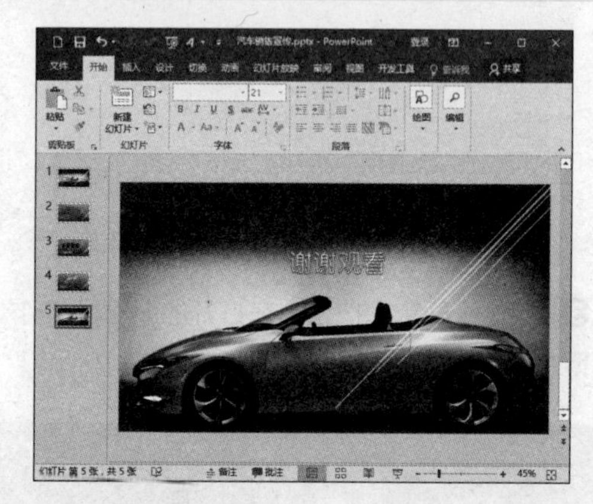

至此，汽车销售宣传模板演示文稿就制作完成了。

高手私房菜

本节视频教学录像：4 分钟

技巧：制作属于自己的 PPT 模板

除了使用 PowerPoint 内置模板和网络模板外，还可以制作属于自己的 PPT 模板。

❶ 新建一个演示文稿，并单击【视图】➢【母版视图】➢【幻灯片母版】按钮，切换到幻灯片母版视图。

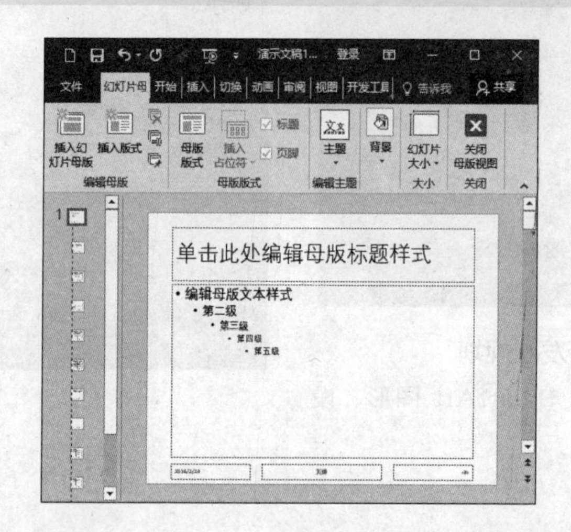

❷ 在幻灯片母版和版式缩略图任务窗格中选择第一个缩略图，单击【插入】➤【图像】➤【图片】按钮。

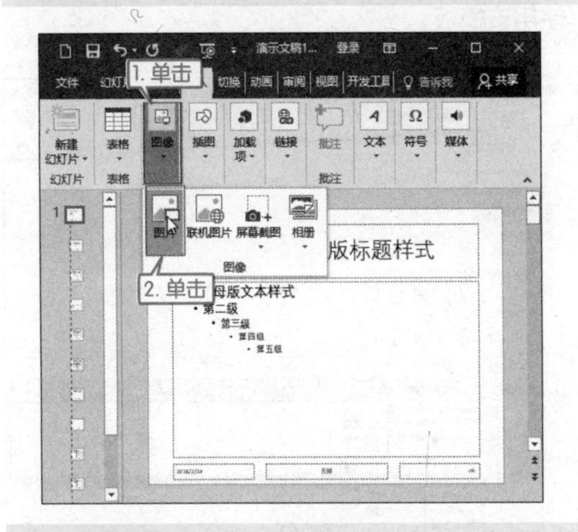

❸ 在弹出的【插入图片】对话框中选择要插入的“素材 \ch08\ 背景 .jpg”文件。

❹ 单击【插入】按钮，即可将该图片插入到所有母版幻灯片中。

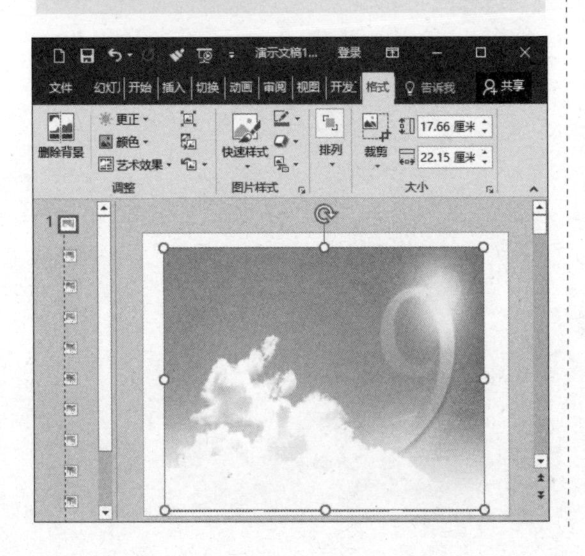

❺ 单击选中图片，然后单击【格式】➤【排列】➤【下移一层】右侧的下三角按钮，在弹出的下拉列表中选择【置于底层】选项。

❻ 图片即可置于底层，而不会影响母版中其他内容的排版和编辑。

❼ 单击【幻灯片母版】选项卡【关闭】组中的【关闭母版视图】按钮退出母版视图。

❽ 单击【开始】➤【幻灯片】➤【新建幻灯片】下三角按钮，在弹出的下拉菜单中可以看到插入的图片已经运用到所有的版式中。

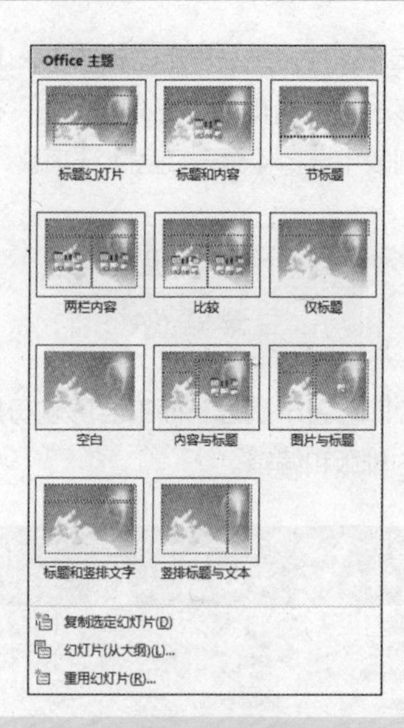

❾ 可以在创建的版式中编辑演示文稿，或单击快速访问工具栏上的【保存】按钮，在弹出的【另存为】对话框中的【保存类型】下拉列表中选择【PowerPoint 模板】选项，在【文件名】文本框中输入名称进行保存，以便以后使用该模板。

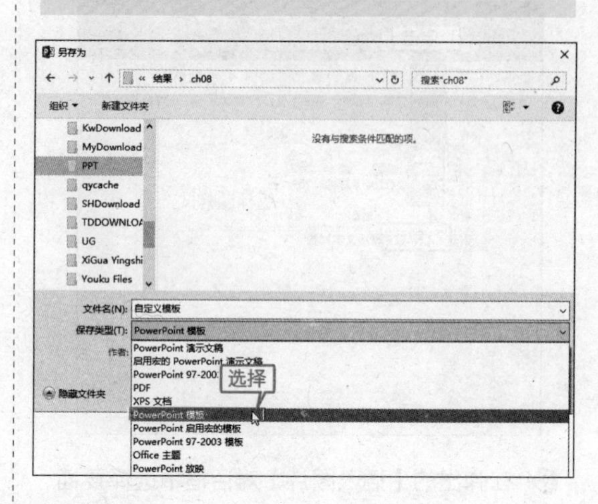

第 3 篇

动画篇

第9章 PPT 动画的要素和原则

第10章 动画的运用

第11章 添加多媒体

第12章 创建超链接、动作与设置切换效果

第9章

PPT 动画的要素和原则

本章视频教学录像：10 分钟

高手指引

动画效果可以大大提高 PPT 的表现力，在 PPT 展示的过程中可以起到画龙点睛的作用。在介绍动画的具体操作之前，本章先来介绍一下 PPT 动画的要素及使用原则。

重点导读

- 熟悉动画的要素
- 掌握动画的使用原则

9.1 动画的要素

本节视频教学录像：4 分钟

动画用于为文本或对象添加特殊视觉或声音效果。例如，可以使文本逐字从左侧飞入，或在显示图片时播放掌声等。

9.1.1 过渡动画

使用颜色和图片可以引导章节过渡页，学习了动画之后，也可以使用翻页动画这个新手段来实现章节之间的过渡。

翻页动画可以提示观众过渡到了新一章或新一节。尽量不要选择太复杂的动画，最好整个 PPT 中的每一页幻灯片的过渡动画都向一个方向移动。这样在播放演示文稿的时候既起到了过渡作用，又使幻灯片不显得单调乏味。

9.1.2 重点动画

用动画来强调重点内容被普遍运用在 PPT 的制作中，在日常的PPT 制作中重点动画能占到 PPT 动画的 80%。使用动画后，在鼠标单击或鼠标指针经过相应文字或图片时，重点内容会有所反应，从而实现强调，更容易吸引观众的注意力。

在使用强调效果强调重点动画的时候，可以使用进入动画效果进行设置。

在使用重点动画的时候要避免使动画复杂至极而影响表达力，谨慎使用蹦字动画，尽量少设置慢动作的动画速度。

另外，使用颜色的变化与出现、消失效果的组合，这样构成的前后对比也是强调重点动画的一种方法。

9.2 动画的使用原则

本节视频教学录像：6 分钟

在使用动画的时候，要遵循醒目、自然、适当、简化及创意原则。

9.2.1 醒目原则

使用动画是为了使重点内容等显得醒目，如下图所示对中间的图形设置【加深】动画，这样在播放幻灯片的时候中间的图形就会加深颜色显示，从而使其显得更加醒目。

如下图所示对中间的图形设置【加深】动画，这样在播放幻灯片的时候中间的图形就会加深颜色显示，从而使其显得更加醒目。

9.2.2 自然原则

无论是使用的动画样式，还是设置文字、图形元素出现的顺序，都要在设计的使用方式下遵循自然的原则。使用的动画不能显得生硬，也不能不结合具体的演示内容。

9.2.3 适当原则

在 PPT 中使用动画要遵循适当原则，既不要每一页里面每行字都有动画，造成动画满天飞、滥用动画及错用动画的现象；也尽量不要在整个 PPT 中不使用任何动画，使演示单调乏味。

动画满天飞容易分散观众的注意力，打乱正常的演示过程，更会有炫耀 PPT 技巧的嫌疑，导致无法有效传递信息。而如果讳疾忌医，不使用任何效果，单纯文字平铺，则往往无法突出重点，使演讲效果大打折扣。

因此，在 PPT 中使用动画多少要适当，更要结合演示文稿要传达的意思来设置。

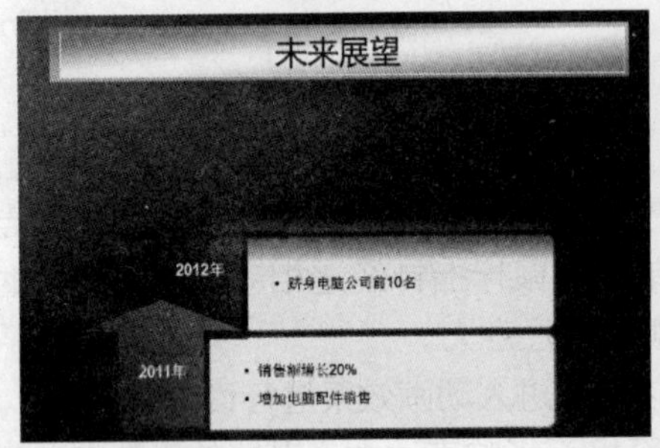

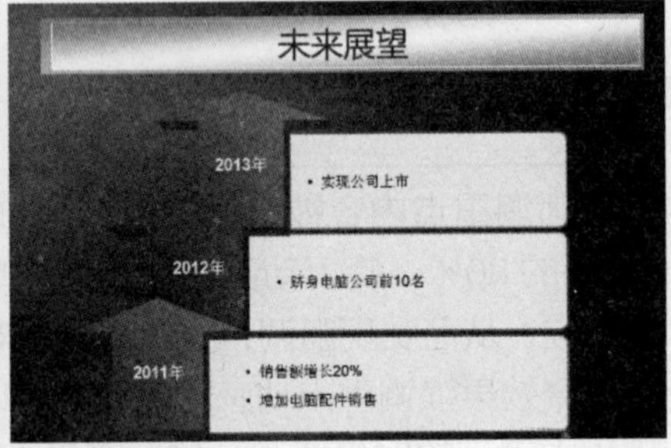

9.2.4 简化原则

PPT 中的内容涉及机构设置、流程说明等内容时，通常会使页面显得非常繁杂，即便使用大型的组织结构图、流程图等进行展示，往往还是脉络不够清晰。这个时候如果使用恰当的动画将这些大型的图表化繁为简，运用逐步出现——讲解——再出现——再讲解的方法，便可以将观众的注意力随动画和讲解集中在一起。

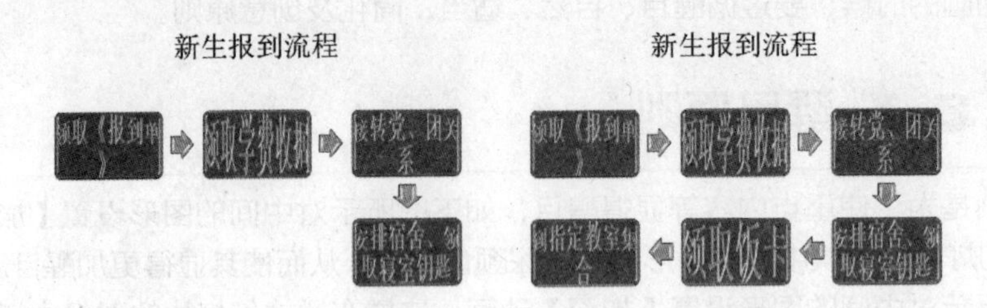

9.2.5 创意原则

为了吸引观众的注意力，在 PPT 中动画是必不可少的。并非任何动画都可以吸引观众，如果质量粗糙或者使用不当，观众只会疲于应付，反而会分散他们对 PPT 内容的注意力。因此使用 PPT 动画的时候，要有创意。如可以使用【陀螺旋】动画，在扔出扑克牌的时候使用魔术师变出扑克牌的修饰会产生更好的效果。

第

章

动画的运用

本章视频教学录像：1 小时 13 分钟

高手指引

在演示文稿中添加适当的动画，可以使演示文稿的播放效果更加形象，也可以通过动画使一些复杂内容逐步显示以便观众理解。本章将介绍添加动画效果的操作方法。

重点导读

- 熟悉创建动画的方法
- 掌握设置动画的方法
- 熟悉触发动画和复制动画效果的方法
- 掌握移除动画并将 SmartArt 图形制作为动画的方法

10.1 创建动画

本节视频教学录像：9 分钟

使用动画可以让观众将注意力集中在要点和控制信息流上，还可以提高观众对演示文稿的兴趣。可以将动画效果应用于个别幻灯片上的文本或对象、幻灯片母版上的文本或对象，或者自定义幻灯片版式上的占位符。

在 PowerPoint 2016 中可以创建包括进入、强调、退出及路径等不同类型的动画效果。

10.1.1 创建进入动画

可以为对象创建进入动画。例如，可以使对象逐渐淡入焦点，从边缘飞入幻灯片或者跳入视图中。创建进入动画的具体操作方法如下。

❶ 打开随书光盘中的“素材\ch10\中国互联网的特色.pptx”文件，选择第二张幻灯片中要创建进入动画效果的文字。

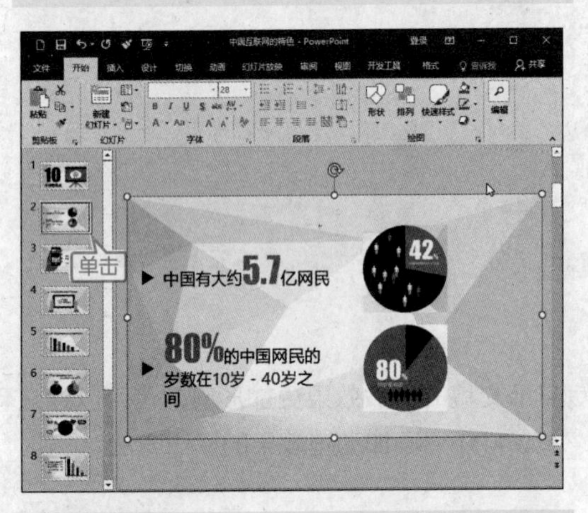

❷ 单击【动画】➤【动画】选择列表的【飞入】选项，创建此进入动画效果。

❸ 添加动画效果后，文字对象前面将显示一个动画编号标记，并且在幻灯片的视图列表的序号下方有一个五角形图标。

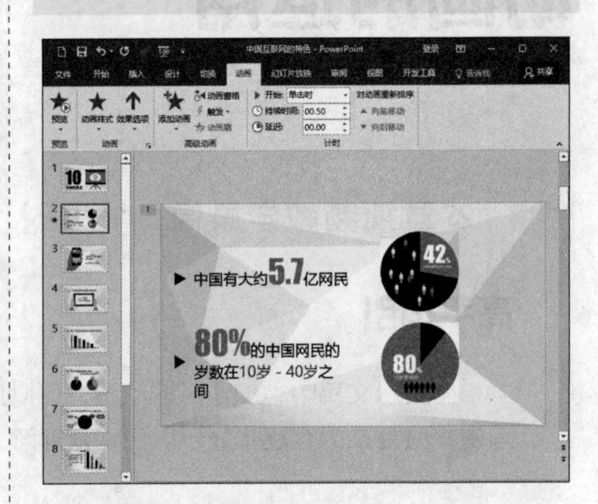

提示 创建动画后，幻灯片中的动画编号标记在打印时不会被打印出来。

10.1.2 创建强调动画

可以为对象创建强调动画，效果示例包括使对象缩小或放大、更改颜色或沿着其中心旋转等。

继续接着 10.1.1 小节的操作，创建强调动画的具体操作方法如下。

❶ 选择幻灯片中要创建强调动画效果的文字，如选中第 1 张幻灯片的“10”。

❷ 单击【动画】选项卡【动画】组中的【其他】按钮，在弹出的下拉列表的【强调】区域中选择【放大 / 缩小】选项。

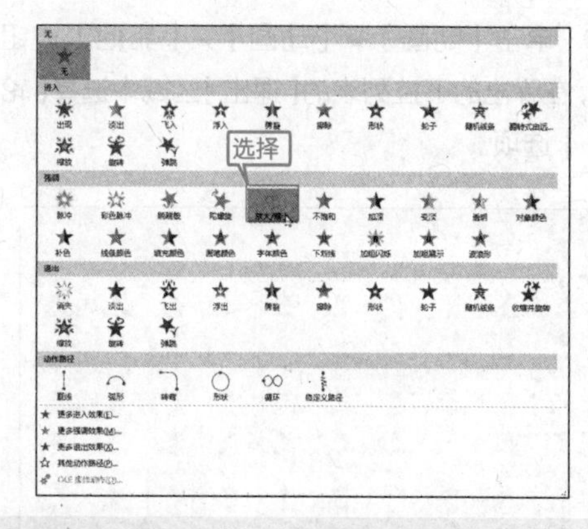

❸ 即可为此对象创建强调动画效果。

10.1.3 创建退出动画

可以为对象创建退出动画，这些效果包括使对象飞出幻灯片、从视图中消失或者从幻灯片旋出等。创建退出动画的具体操作方法如下。

❶ 选择幻灯片中要创建退出动画效果的对象，如第 4 张幻灯片选择“平均每月的移动交易额为 8 亿美元”标题栏。

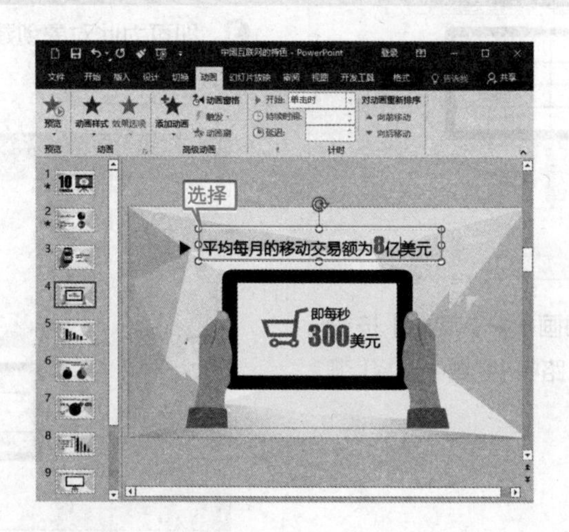

❷ 单击【动画】➢【动画】➢【其他】按钮 ，在弹出的下拉列表的【退出】区域中选择【轮子】选项。

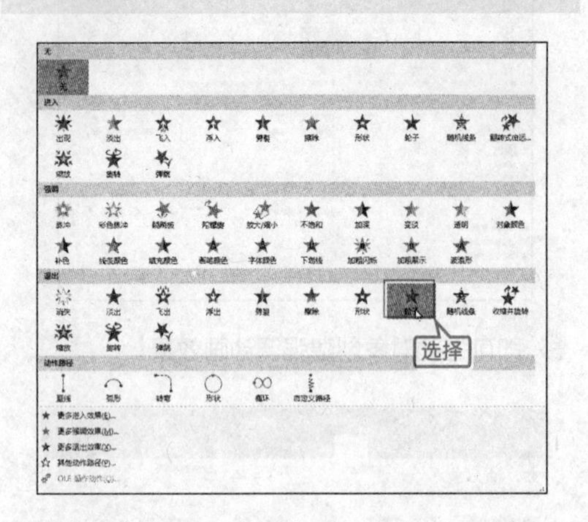

❸ 即可为此对象创建"轮子"效果的退出动画效果。

10.1.4 创建路径动画

可以为对象创建动作路径动画，使用这些效果可以使对象上下移动、左右移动或者沿着星形或圆形图案移动。

继续 10.1.3 小节的操作，创建路径动画的具体操作方法如下。

❶ 选择幻灯片中要创建路径动画效果的对象，如选择第 9 张幻灯片"2011 年 -2014 年的中国电子商务交易总额一览"标题栏。

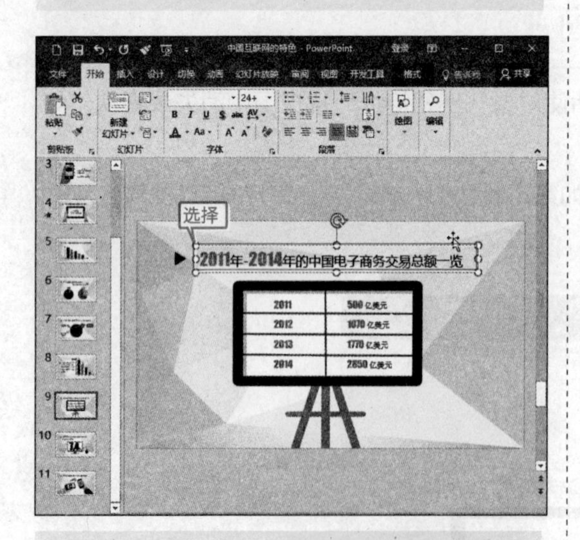

❷ 单击【动画】➢【动画】➢【其他】按钮 ，在弹出的下拉列表的【路径】区域中选择【弧形】选项。

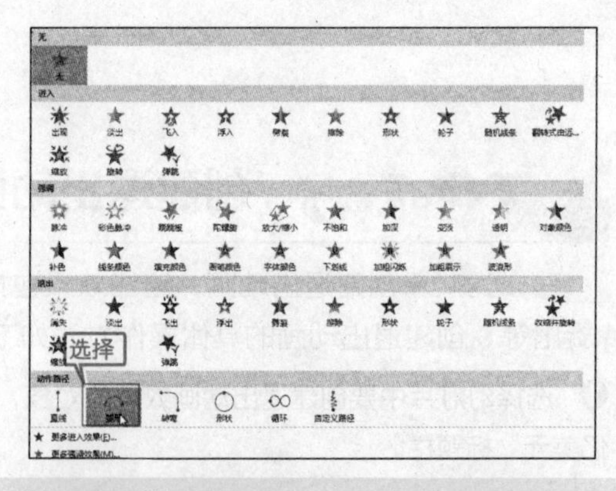

❸ 即可为此对象创建"弧形"效果的路径动画效果。

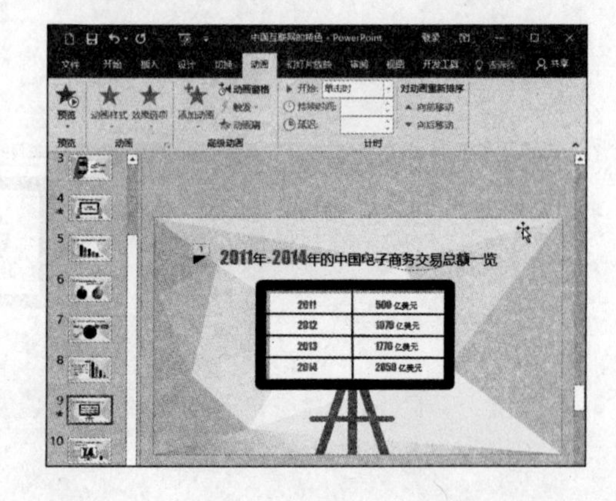

10.1.5　创建组合动画

PowerPoint 的动画效果比较多，对于图片来说，不仅能一幅一幅地创建动作效果，而且还可以将多幅图片先组合，然后为其制作动作效果，其设置方法如下。

继续 10.1.4 小节的操作，创建组合动画的具体操作方法如下。

❶ 选择幻灯片中要创建路径动画效果的对象，如选择第 6 张幻灯片，然后按住【Ctrl】键选中“中国”以及中国下面的图片。

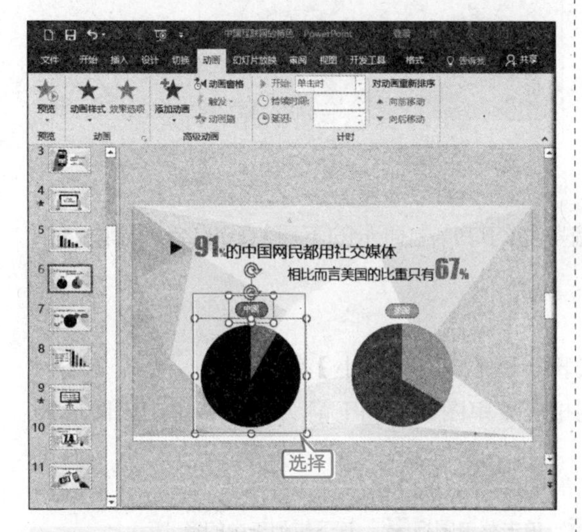

❷ 选中两张图片后右键单击，在弹出的快捷菜单中选择【组合】子菜单中的【组合】命令。

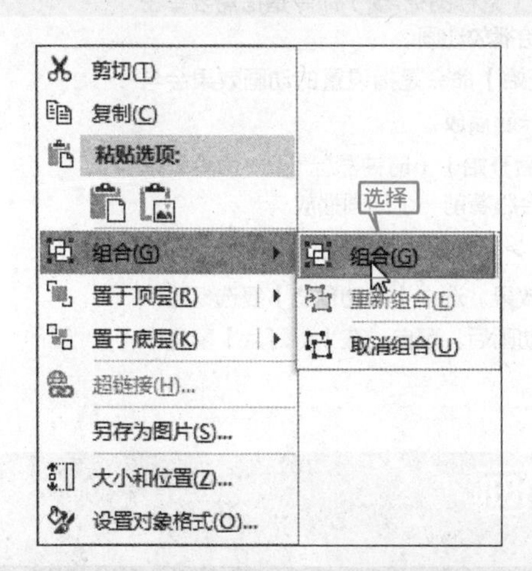

❸ 单击【动画】➤【动画】➤【其他】按钮▼，为图片添加动画效果。如添加【强调】区域中的【陀螺旋】选项。

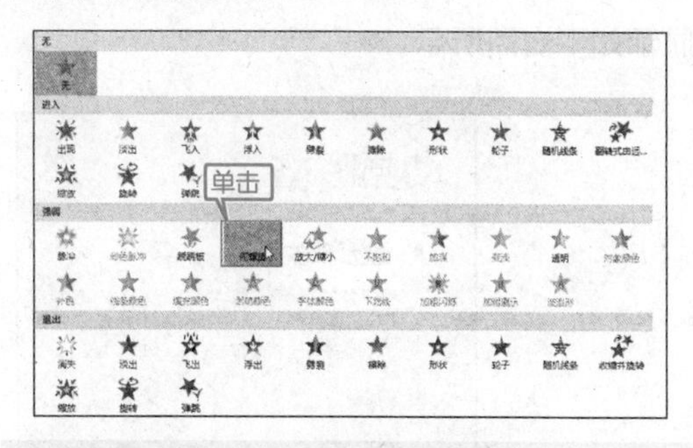

❹ 即可为两张图片同时创建动画效果。

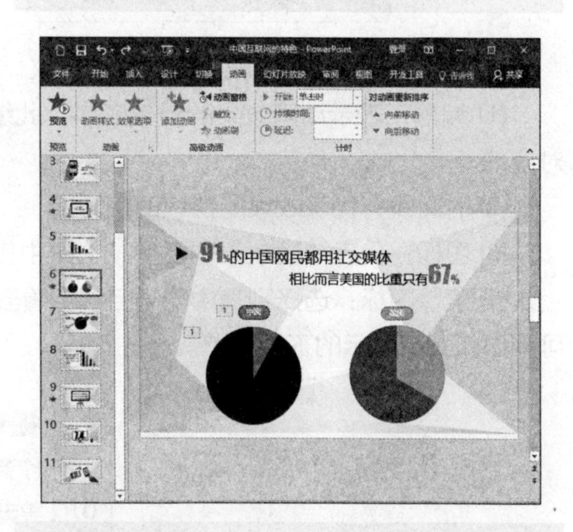

❺ 重复步骤❷～❸，将“美国”及它下面的图片组合起来，然后添加【强调】区域中的【放大/缩小】选项。

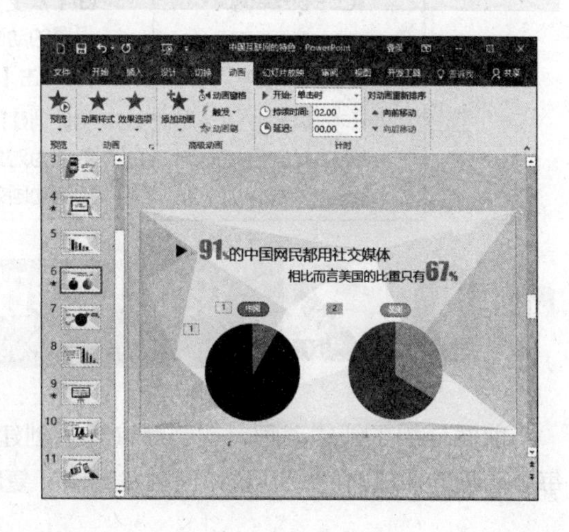

10.1.6 查看动画列表

单击【动画】选项卡【高级动画】组中的【动画窗格】按钮，可以在【动画窗格】中查看幻灯片上所有动画的列表，如选择第一张幻灯片，显示如下左图所示，选择第 6 张幻灯片，显示如下右图所示。

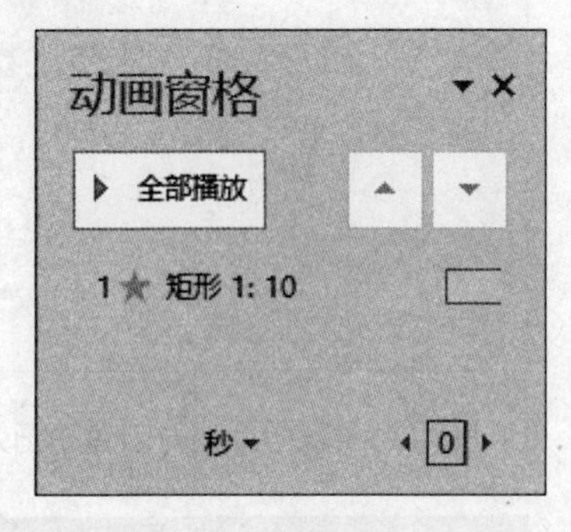

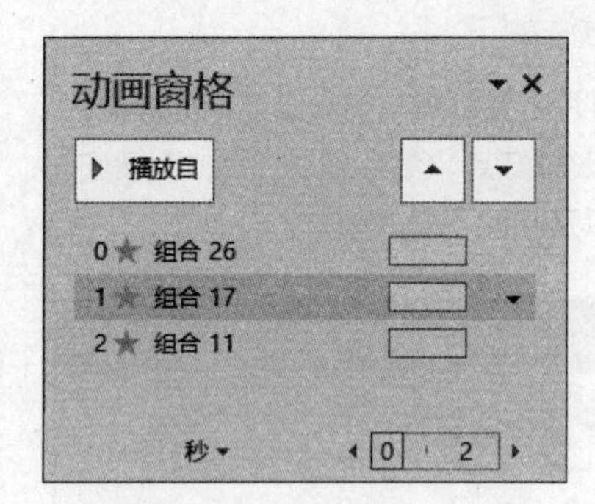

下面介绍一下动画列表中的各选项含义。

⑴ 编号：表示动画效果的播放顺序，此编号与幻灯片上显示的不可打印的编号标记是相对应的。

⑵ 时间线：代表效果的持续时间。

⑶ 图标：代表动画效果的类型。上图中代表的是【放大 / 缩小】效果。

⑷ 菜单图标：选择列表中的项目后会看到相应菜单图标（向下箭头），单击该图标即可弹出如下图所示的下拉菜单。

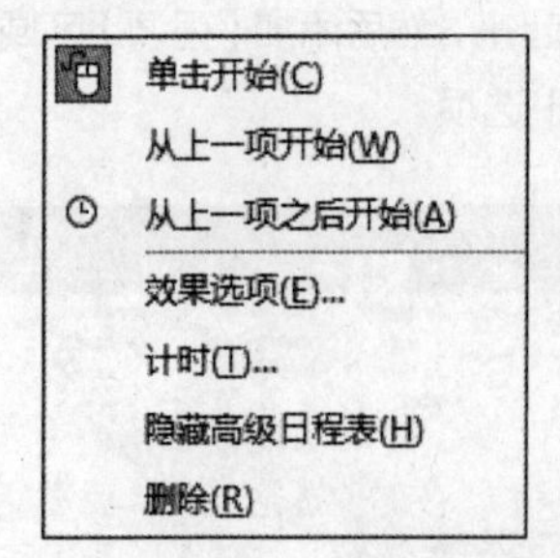

提示 单击菜单图标，其下拉列表中的各个参数的含义如下。

⑴【单击开始】（鼠标图标）命令是指需要单击鼠标左键后才开始播放动画。

⑵【从上一项开始】命令是指设置的动画效果会与前一个动画效果一起播放。

⑶【从上一项之后开始】（时钟图标）命令是指设置的动画效果会跟着前一个动画播放。

⑷ 单击【动画】➤【预览】➤【预览】按钮，可以验证创建的动画效果。选中【自动预览】复选框后，每次为对象创建动画后，可自动在【幻灯片】窗格中预览动画效果。

10.2 设置与修改动画

本节视频教学录像：13 分钟

前面介绍了创建动画，这节就来介绍创建后如何设置这些动画的切换效果、播放顺序、每个动画的播放时间，以及如何触发动画、复制动画、删除动画等。

10.2.1　调整动画顺序

在放映过程中，也可以对幻灯片播放的顺序进行调整。

继续 10.2.1 小节的操作，调整动画顺序的具体操作方法如下。

1. 通过【动画窗格】调整动画顺序

❶ 选择第 6 张幻灯片。

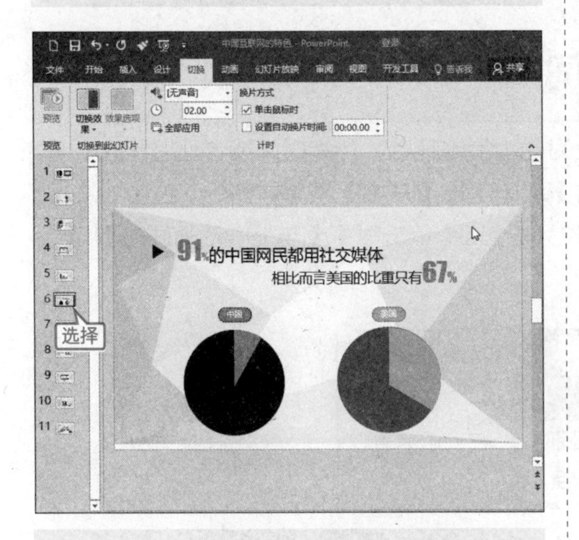

❷ 单击【动画】➢【高级动画】➢【动画窗格】按钮，弹出【动画窗格】窗口。

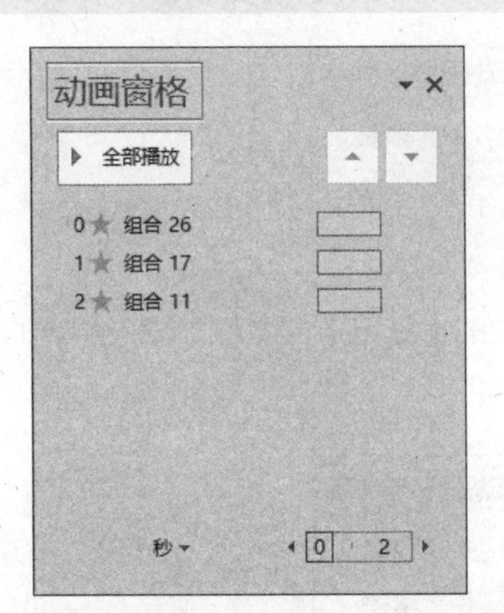

❸ 选择【动画窗格】窗口中需要调整顺序的动画，如选择动画 1，然后单击【动画窗格】窗口上方下按钮进行调整。

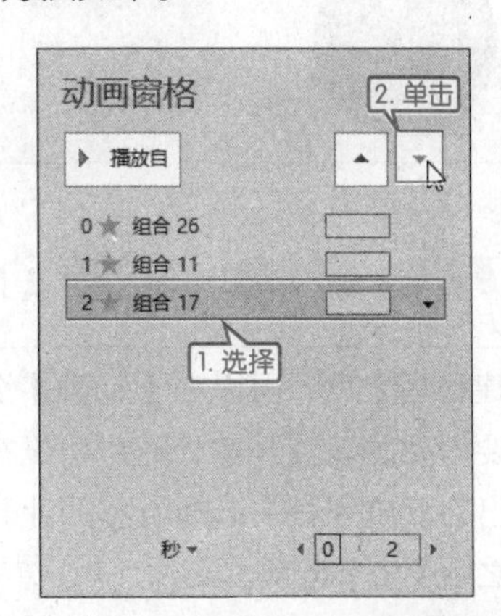

2. 通过【动画】选项卡调整动画顺序

❶ 选择第 6 张幻灯片。

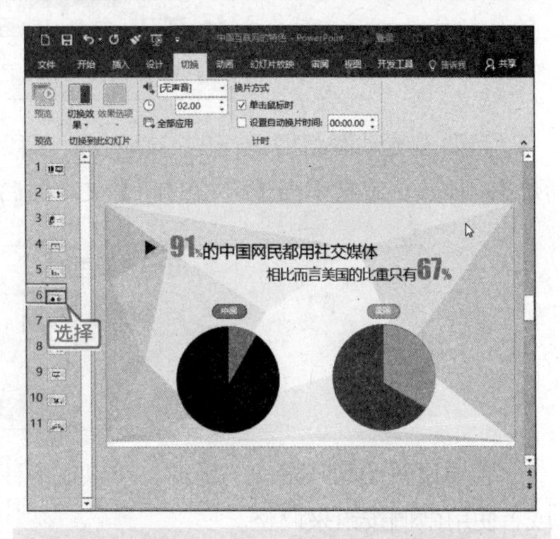

❷ 单击【动画】➢【计时】➢【对动画重新排序】➢【向后移动】按钮。

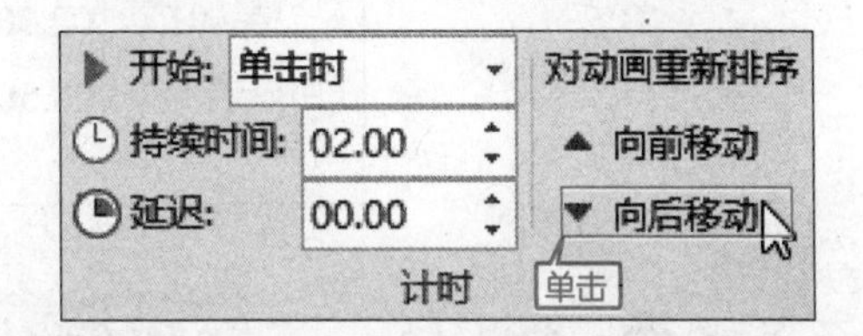

❸ 即可将此动画顺序向后移动一个次序，并在【幻灯片】窗格中可以看到此动画前面的编号“1”和前面的编号“2”发生改变。

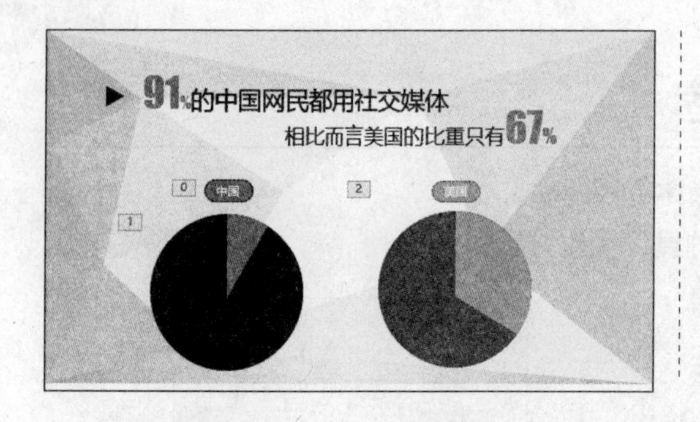

提示 要调整动画的顺序，也可以先选中要调整顺序的动画，然后按住鼠标左键不放并拖动到适当位置，再释放鼠标即可把动画重新排序 。

10.2.2 设置动画时间

创建动画之后，可以在【动画】选项卡上为动画指定开始、持续时间或者延迟计时。

若要为动画设置开始计时，可以在【计时】组中单击【开始】菜单右侧的下拉箭头，然后从弹出的下拉列表中选择所需的计时。该下拉列表包括【单击时】、【与上一动画同时】和【上一动画之后】3 个选项。

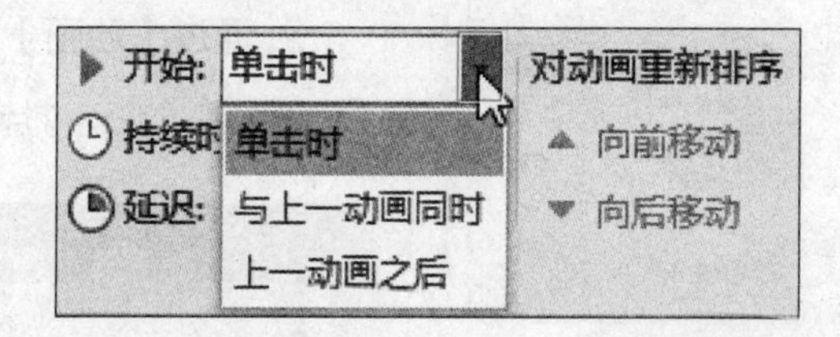

若要设置动画将要运行的持续时间，可以在【计时】组中的【持续时间】文本框中输入所需的秒数，或者单击【持续时间】文本框后面的微调按钮来调整动画要运行的持续时间。

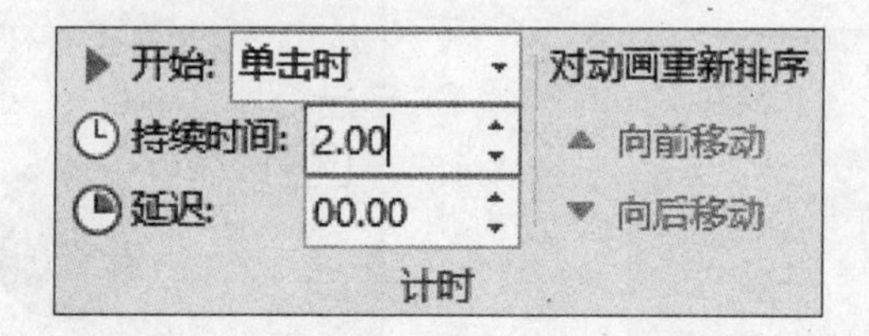

若要设置动画开始前的延时，可以在【计时】组中的【延迟】文本框中输入所需的秒数，或者使用微调按钮来调整。

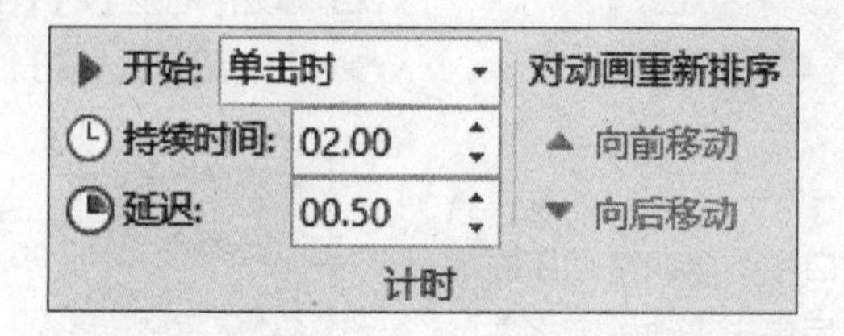

10.2.3 反向路径

为对象创建动作路径后，对象按照默认的路径方向移动，用户可以根据需要设置。

继续 10.2.2 小节的操作，设置幻灯片反向路径的具体操作方法如下。

❶ 选择第 11 张幻灯片，选择占位符文本。

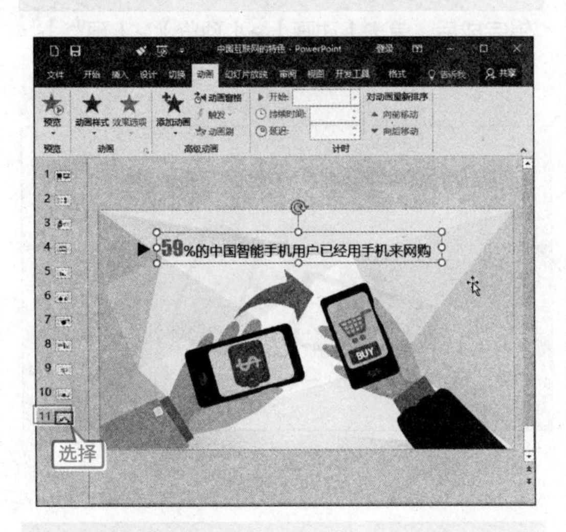

❷ 单击【动画】➤【动画】➤【其他】按钮 ▣，在弹出的下拉列表中选择【动作】区域的【循环】选项。

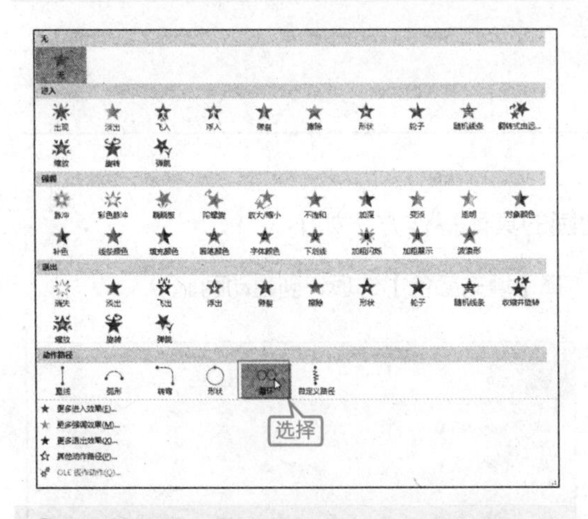

❸ 为选择的文本设置【循环】动画效果，并显示路径。此时路径上包含有▽图标，表示沿逆时针循环。

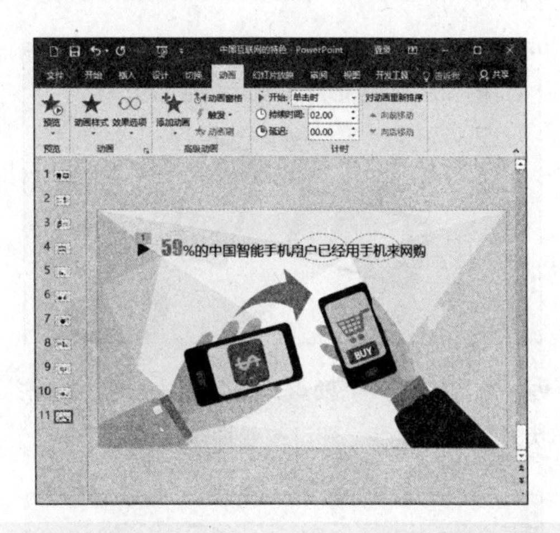

❹ 选择添加的动画路径，单击【动画】➤【动画】➤【效果选项】按钮，在弹出的下拉列表中的【路径】组下选择【反转路径选项】。

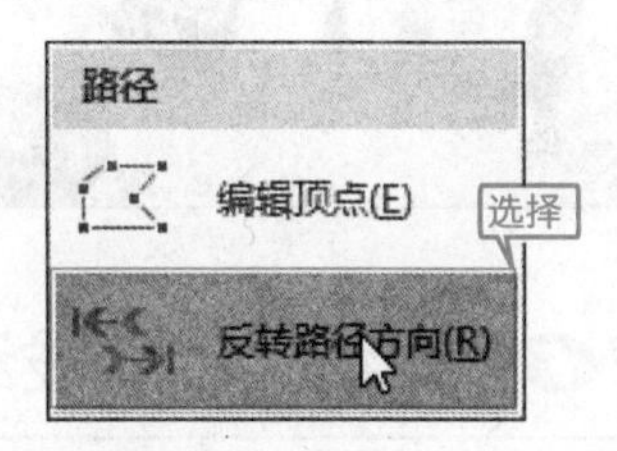

❺ 修改后即可看到预览效果，并在路径中看到逆时针图标▽变为了顺时针图标△。

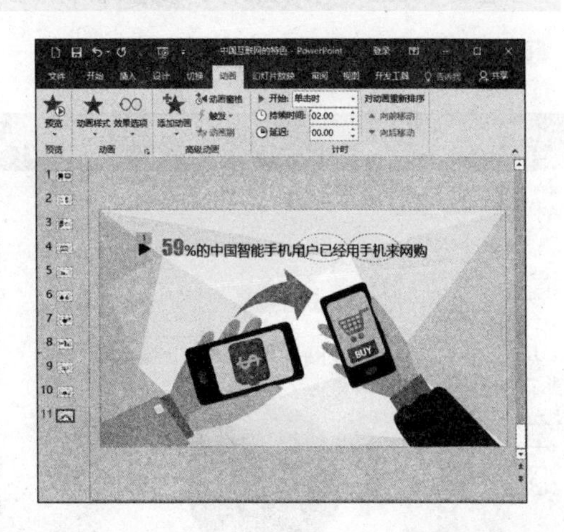

10.2.4 路径顶点

设置路径动画后，除了可以更改路径方向外，还可以编辑路径顶点来改变路径。

继续 10.2.3 小节的操作，设置幻灯片路径顶点的具体操作方法如下。

❶ 选择更改后的路径，单击【动画】➤【动画】➤【效果选项】按钮，在弹出的下拉列表中的【路径】组下选择【编辑顶点】，即可看到路径上显示了路径顶点。

❷ 选择任意一个顶点，当鼠标光标变成✥形状时，拖曳顶点，即可改变顶点的位置。

❸ 使用同样的方法编辑其他顶点的位置，编辑完成后，单击【动画】➢【预览】➢【预览】按钮★，即可查看最终效果。

10.2.5 触发动画

触发动画就是设置动画的特殊开始条件。

继续 10.2.4 小节的操作，设置幻灯片触发动画的具体操作方法如下。

❶ 选择第 7 张幻灯片，并选中标题占位符。

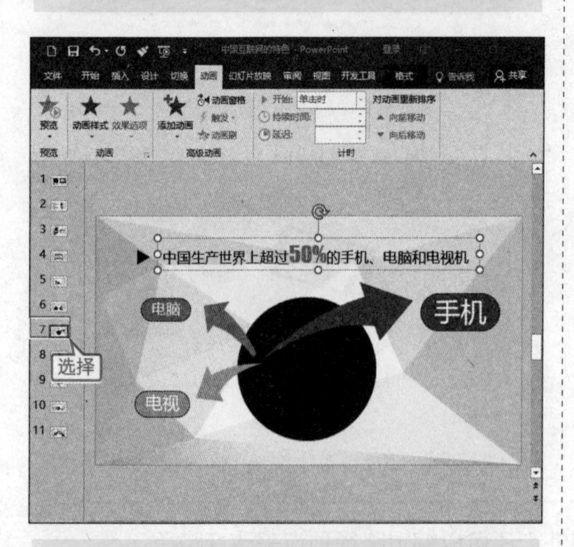

❷ 单击【动画】➢【动画】➢【其他】按钮▾，在弹出的下拉列表的【强调】区域中选择【填充颜色】选项，创建动画。

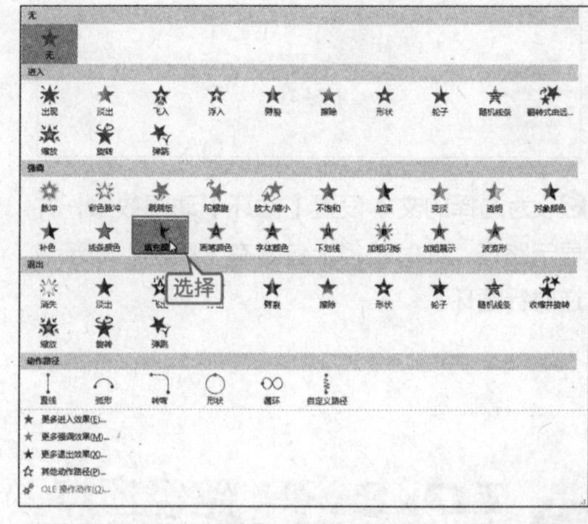

❸ 选择创建的动画，单击【动画】➢【高级动画】➢【触发】按钮，在弹出的下拉菜单的【单击】子菜单中选择【矩形 1】选项。

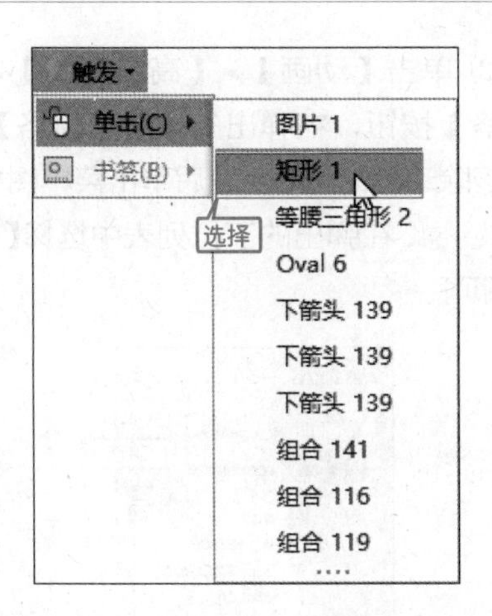

❹ 创建触发动画后的动画编号变为⚡图标，在放映幻灯片时用鼠标指针单击设置过动画的对象后即可显示动画效果。

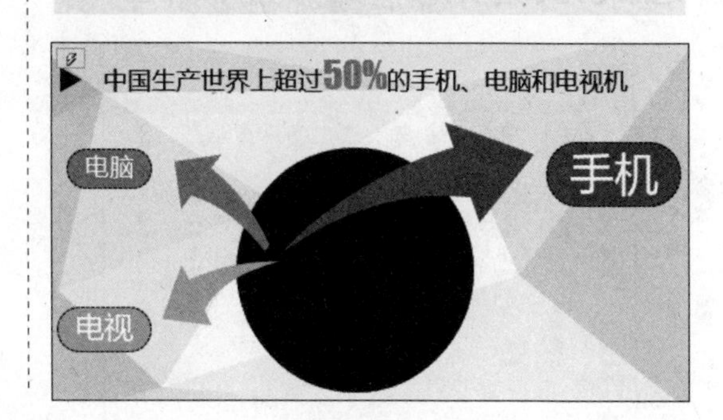

10.2.6 复制动画效果

在 PowerPoint 2016 中，可以使用动画刷复制一个对象的动画，并将其应用到另一个对象上。

继续 10.2.5 小节的操作，使用动画刷的具体操作方法如下。

❶ 单击选中幻灯片中创建过动画的对象。

❷ 单击【动画】➤【高级动画】➤【动画刷】按钮，此时幻灯片中的鼠标指针变为动画刷的形状。

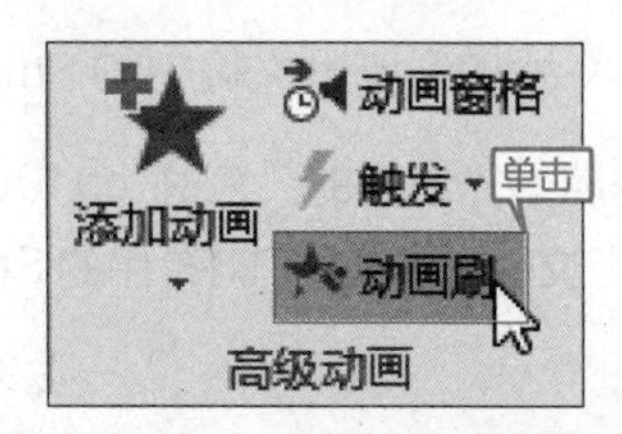

❸ 在幻灯片中，用动画刷单击第 10 张幻灯片的标题占位符，即可复制上节创建的动画效果到此对象上。

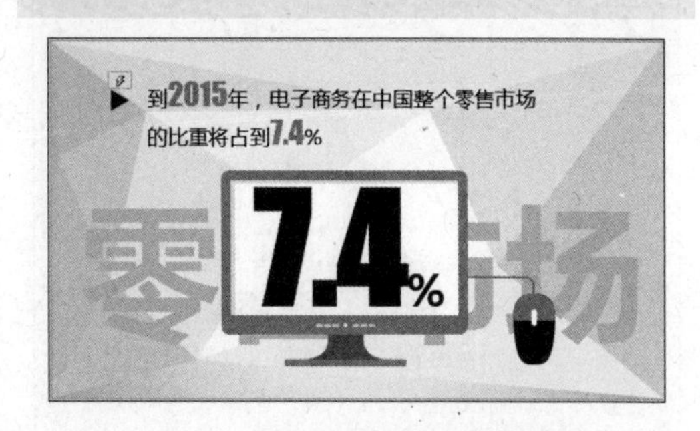

提示 双击【动画刷】，可以连续复制动画效果，直到按【ESC】键退出。

10.2.7 删除动画效果

为对象创建动画效果后，也可以根据需要移除动画。移除动画的方法有以下两种。

(1) 单击【动画】➢【动画】➢【其他】按钮▼，在弹出的下拉列表的【无】区域中选择【无】选项。

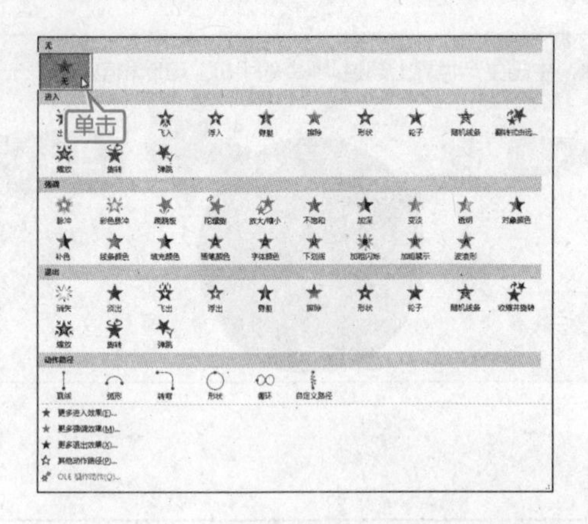

(2) 单击【动画】➢【高级动画】➢【动画窗格】按钮，在弹出的【动画窗格】中选择要移除动画的选项，然后单击菜单图标（向下箭头）▼，在弹出的下拉列表中选择【删除】选项即可。

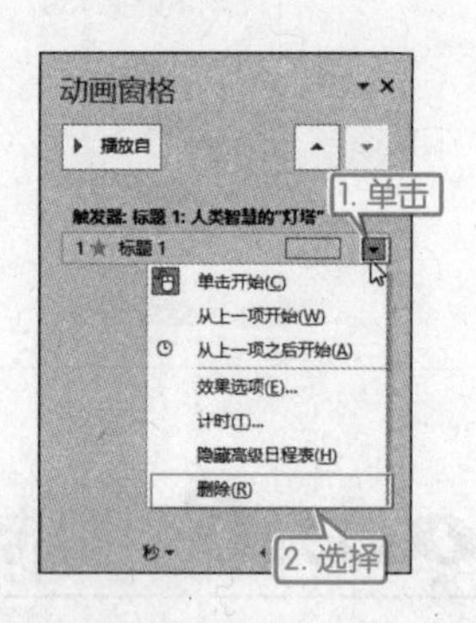

10.3 将 SmartArt 图形制作为动画

本节视频教学录像：3 分钟

可以将添加到演示文稿中的 SmartArt 图形制作成动画，其具体操作方法如下。

❶ 打开随书光盘中的“素材\ch10\人员组成.pptx”文件，并选择幻灯片中的 SmartArt 图形。

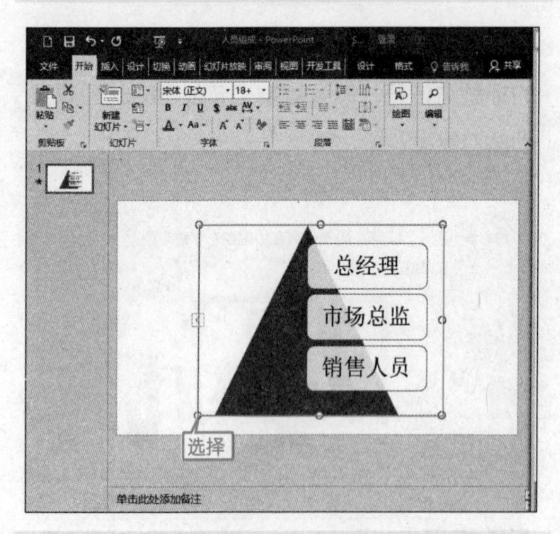

❷ 单击【动画】➢【动画】➢【其他】按钮▼，在弹出的下拉列表的【进入】区域中选择【形状】选项。

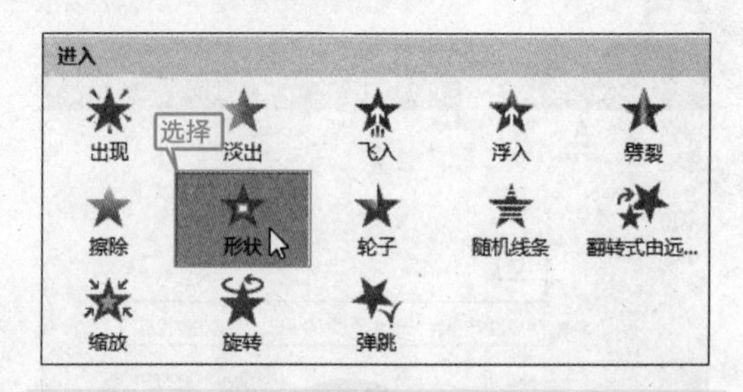

❸ 单击【动画】➢【动画】➢【效果选项】按钮，在弹出的下拉列表的【序列】区域中选择【逐个】选项。

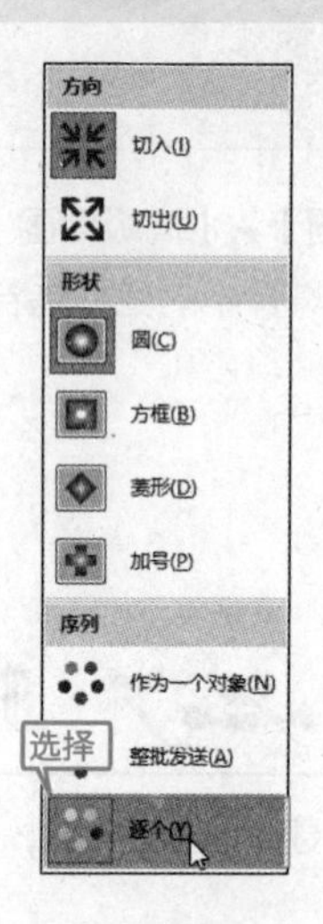

❹ 单击【动画】➢【高级动画】➢【动画窗格】按钮，在【幻灯片】窗格右侧弹出【动画窗格】。

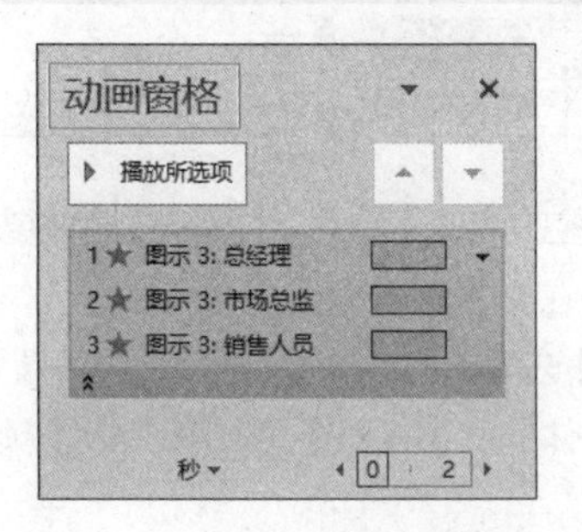

❺ 关闭【动画窗格】窗口，完成动画制作之后的最终图形如下图所示。

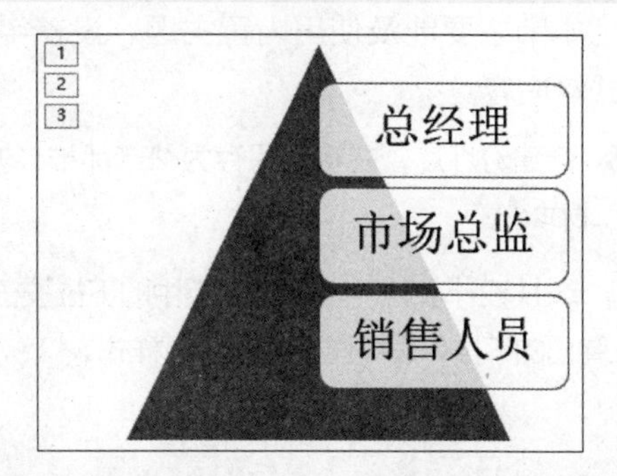

10.4 综合实战——制作产品推广方案

本节视频教学录像：42 分钟

产品推广方案是在产品销售之前制定的总推销策略和市场战略决策，对产品将来的销售状况和市场前景有重大影响。制作完善的产品推广方案有利于产品的快速推广，能够增加企业产品被消费者选购的概率，提高产品在市场上的知名度。

【案例效果展示】

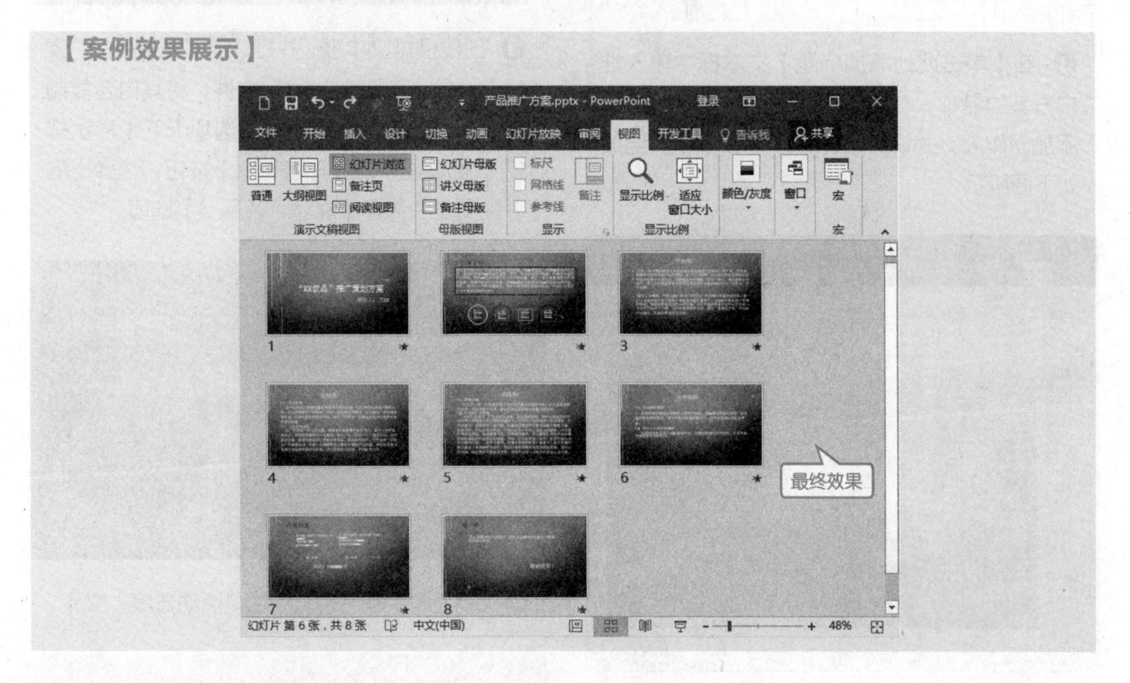

【案例涉及的知识点】

- 制作并美化幻灯片内容
- 设置动画效果

【操作步骤】

第 1 步：制作首页幻灯片

本节主要涉及使用内置主题、设置字体格式等内容。

❶ 新建幻灯片，并将其保存为“产品推广方案 .pptx”。

❷ 单击【设计】选项卡下【主题】组中的下拉按钮，在弹出的下拉列表中选择一种主题样式。

❸ 在【单击此处添加标题】文本框中输入推广方案的名称，在【单击此处添加副标题】处添加制作人。并设置字体、字号和颜色，结果如下图所示。

第 2 步：制作计划主旨幻灯片

制作计划主旨幻灯片页面的具体操作步骤如下。

❶ 新建一个空白幻灯片，单击【插入】选项卡下【文本】选项组中的【文本框】按钮，在弹出的下拉列表中选择【横排文本框】选项。

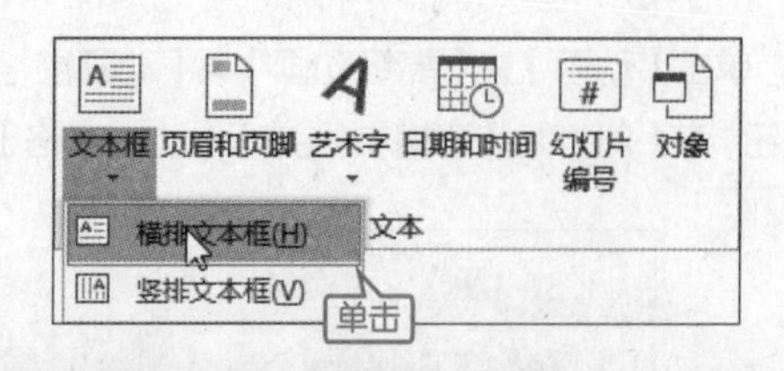

❷ 在空白幻灯片中按住鼠标左键拖曳出文本框，并在文本框中输入“计划主旨”，然后在【开始】选项卡的【字体】选项组中设置【字体】为“宋体”，【字号】为“40”，【颜色】为“深红”。

❸ 创建横排文本框，并打开随书光盘中的“素材 \ch10\ 产品推广 txt”文件，将其内容复制到文本框中，单击【格式】选项卡下【形状样式】选项组中的【形状轮廓】按钮，在弹出的下拉列表中选择【深蓝，背景 2】选项。

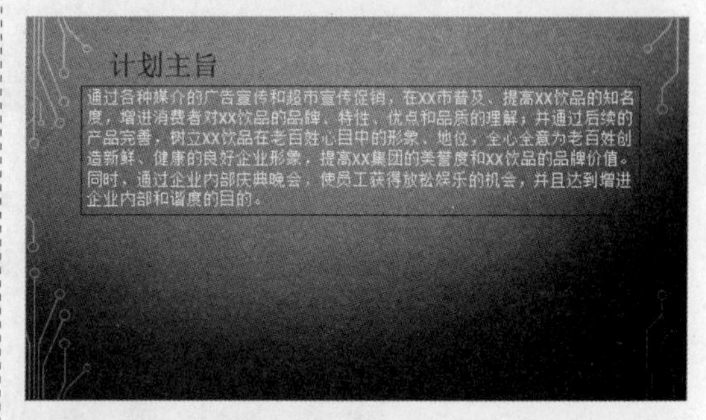

❹ 重复步骤 ❷ ~ ❸，添加“活动方案”文本。

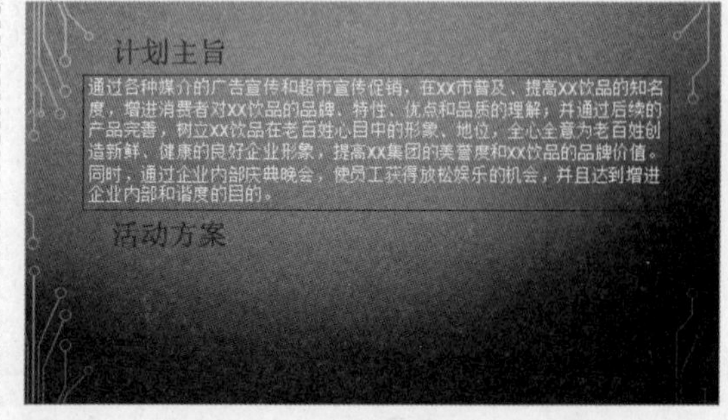

❺ 在幻灯片中绘制圆形，然后单击【格式】选项卡下【形状样式】选项组中的【形状填充】按钮，在弹出的下拉列表中选择【无填充颜色】选项。

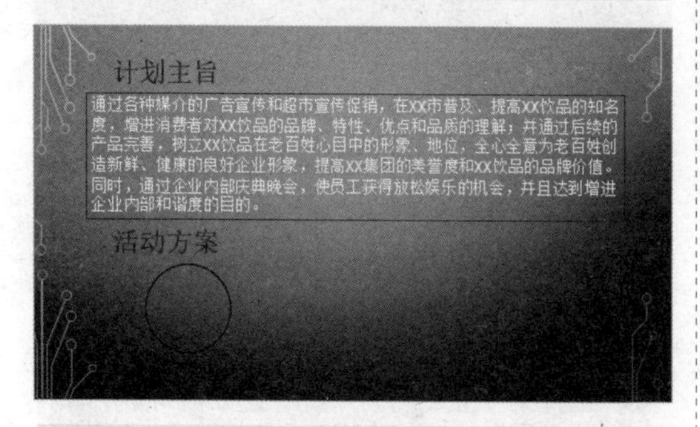

❻ 单击【格式】选项卡下【形状样式】选项组中的【形状轮廓】按钮，在弹出的下拉列表中的【标准色】区域选择“黄色”选项，【粗细】列表中选择“3 磅”。

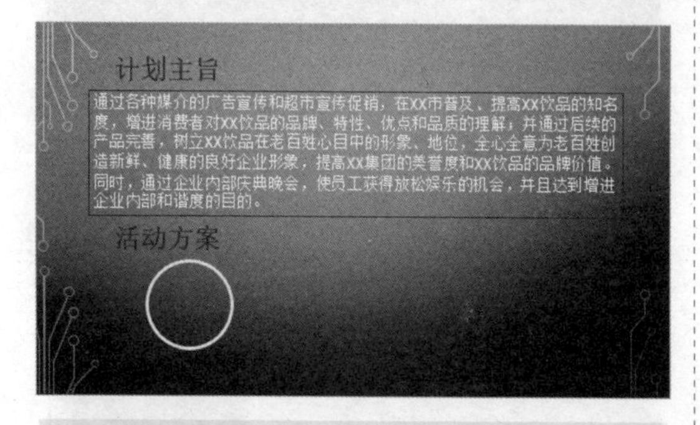

❼ 在上一步绘制的圆形中添加新文本框，并根据需要设置文本框边框的颜色，输入“平台推广”文本，设置后的效果如下图所示。

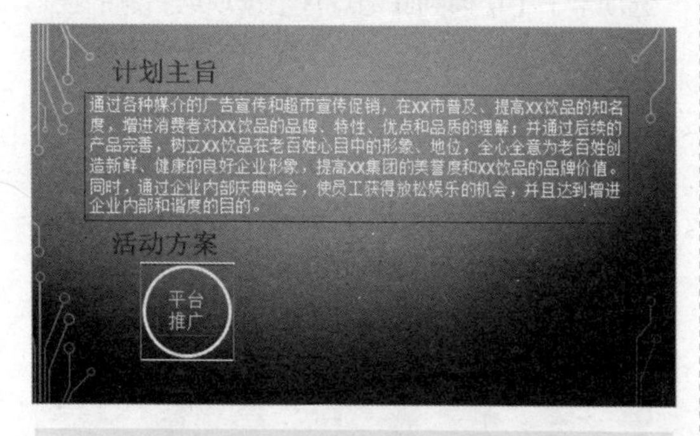

❽ 使用同样方式完成其他活动方案的输入，结果如图所示。

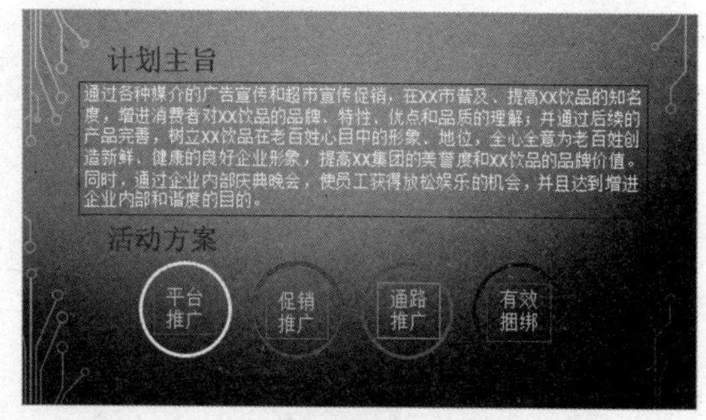

❾ 分别选中文本框和圆，单击【格式】选项卡下【排列】选项组中的【组合对象】按钮，在弹出的下拉列表中单击【组合】选项，即可完成第 2 张幻灯片的制作。

❿ 使用同样方式制作其他幻灯片页面。

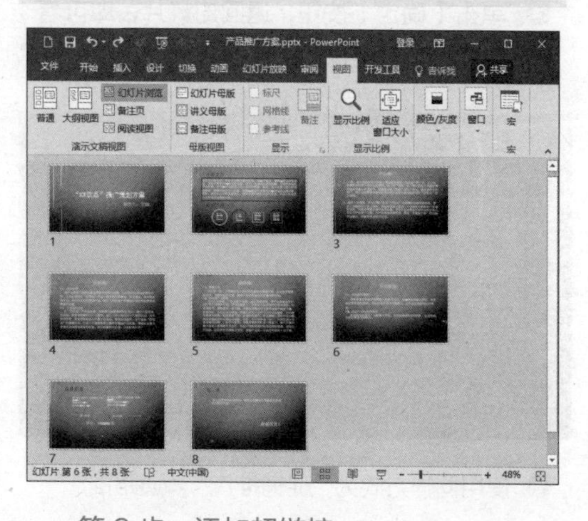

第 3 步：添加超链接

制作完成幻灯片页面后，可以为演示文稿添加超链接。

❶ 选择第 2 张幻灯片中的“平台推广”，单击【插入】选项卡【链接】选项组中的【超链接】按钮。

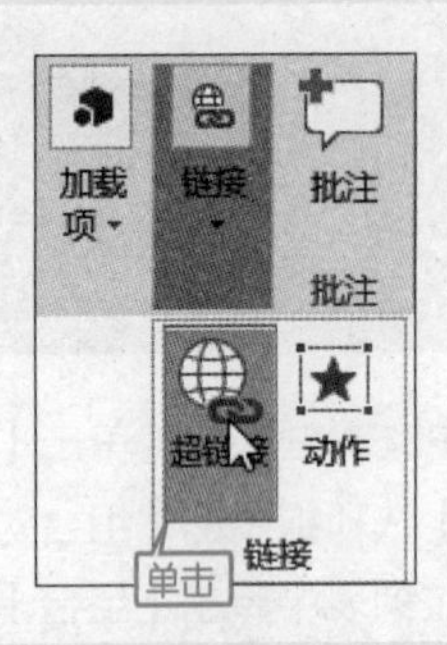

❷ 在弹出的【插入超链接】对话框中，选择左侧的【链接到】列表框中的【本文档中的位置】选项。在右侧的【请选择文档中的位置】列表框中选择【幻灯片 3】选项。

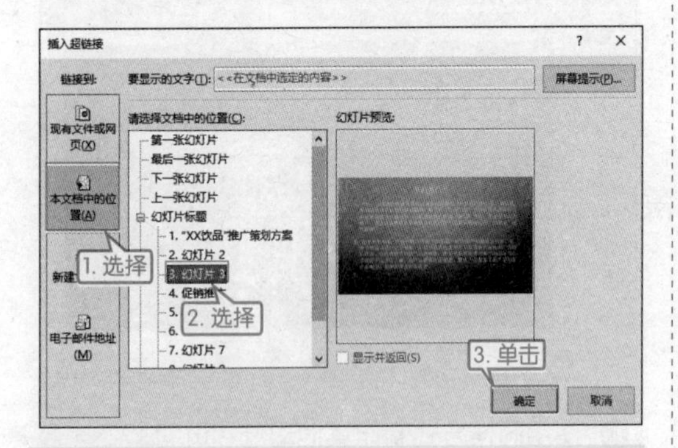

❸ 单击【确定】按钮，返回幻灯片，即可看到该文本内容已经添加超链接。

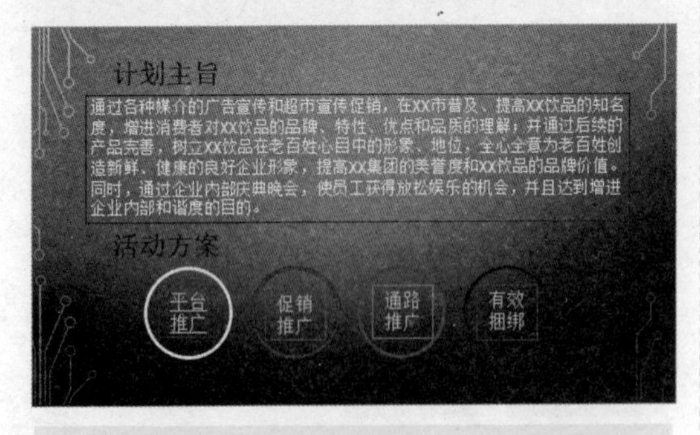

❹ 使用同样方式为“促销推广”“通路推广”和“有效捆绑”添加超链接。

第 4 步：添加动画效果

添加超链接之后就可以为幻灯片页面添加动画效果。

❶ 选择第 1 张幻灯片中的标题和副标题，单击【动画】选项卡下【动画】选项组中的【动画样式】右侧的其他按钮，在弹出的下拉列表中为标题设置动画效果，此处选择【浮入】效果。

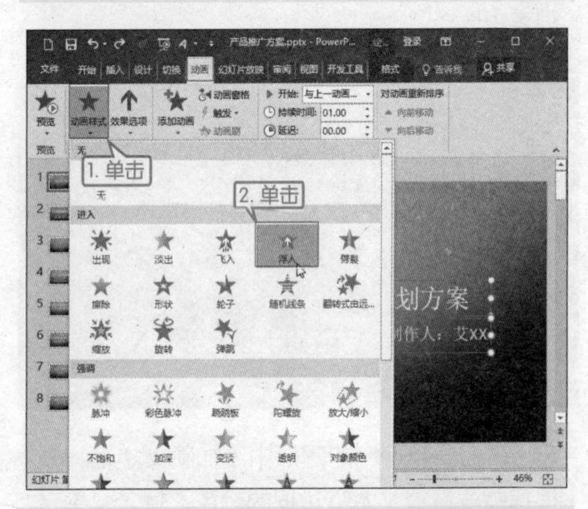

❷ 选择第 2 张幻灯片中的标题，单击【切换】选项卡下【切换到此幻灯片】选项组右侧的按钮，在弹出的下拉列表中选择【日式折纸】效果。

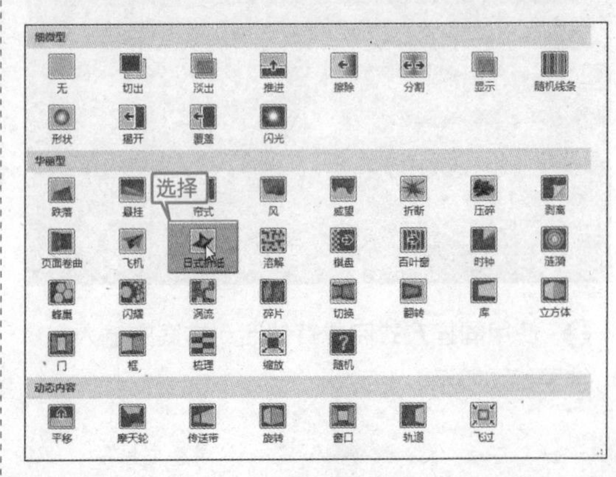

❸ 按照相同方法，为幻灯片的其他内容添加动画效果和切换效果，最终效果如图所示。

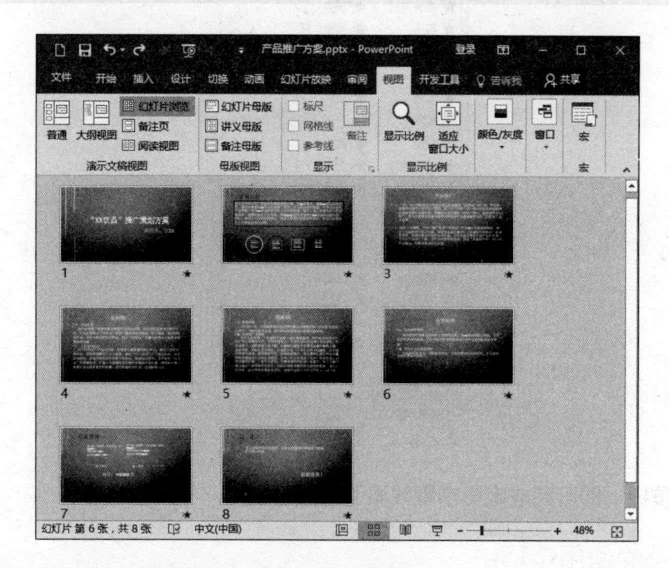

至此，就完成了产品推广方案演示文稿的制作。

高手私房菜

本节视频教学录像：6 分钟

技巧 1：制作电影字幕效果

在 PowerPoint 2016 中可以轻松实现电影字幕的动画效果。具体实现方法如下。

❶ 打开随书光盘中的“素材 \ch10\ 制作电影字幕效果 .pptx”文件。

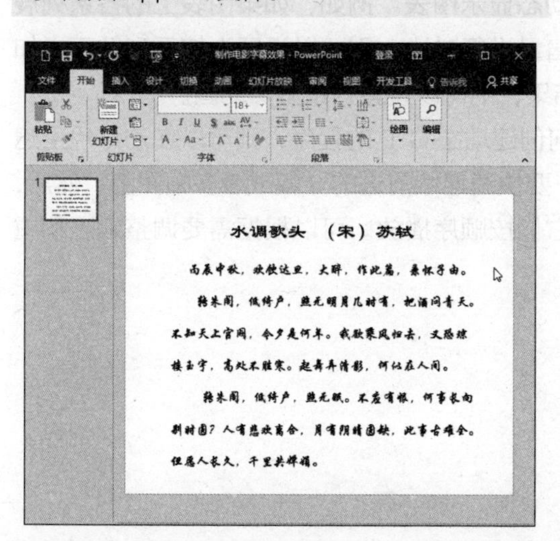

❷ 选中文本框，单击【动画】➢【动画】➢【其他】按钮，在弹出的下拉列表中选择【更多退出效果】选项。

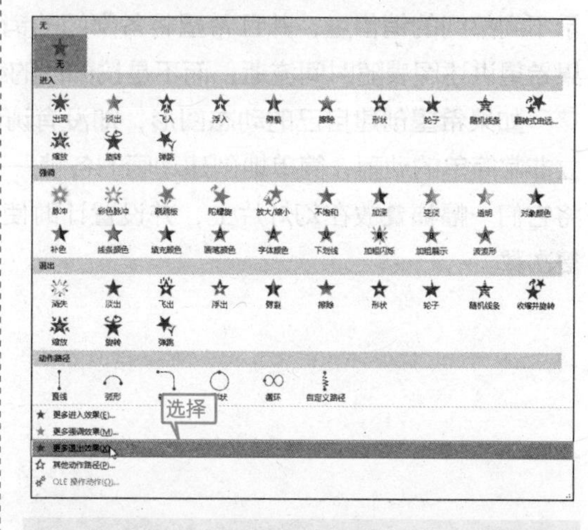

❸ 在弹出的【更改退出效果】对话框中选择【华丽型】区域的【字幕式】选项。

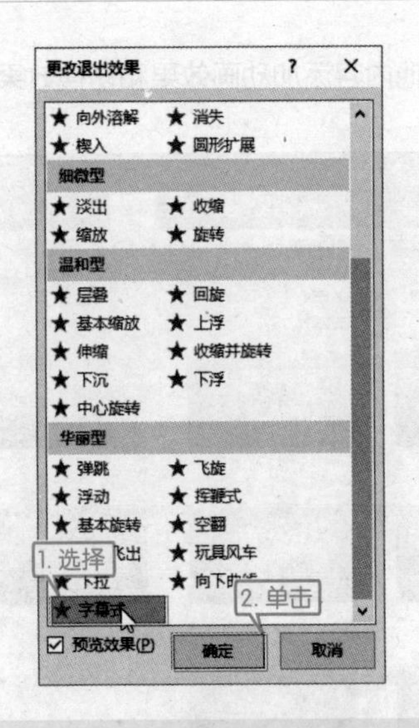

❹ 单击【确定】按钮，即可完成电影字幕效果的制作。

技巧 2：动画的使用技巧

下面是使用动画的一些技巧。

在相关的幻灯片系列中，每张幻灯片应设法使用相同的动画效果。如果希望把演示文稿的一部分和其他部分区分开，可以在不同部分使用不同的动画效果。

如果希望某个时刻只讨论幻灯片上的一个项目要点，可以将其他的项目要点设置为播放后变暗或变成浅颜色。

如果希望隐藏某一元素，而又不能使动画设置按照自己所希望的方式隐藏它，则可以考虑使用自选图形，将其填充颜色设置为与背景色相同并且有外框线。这一形状将以“不可见”形式出现，但会隐藏其背后的所有内容。

根据所希望的引导听众查看数据的方式，动态显示图表。例如，如果图表上的各系列展示不同部门的销售量，并且希望将各部门的销售量进行对比，则可以设置为按系列动画。如果希望讲述图表随时间流逝，而不是按部门的结果，则可以设置为按分类动画。

如果希望创建自己的动态图形，却没有访问创建动态 GIF 的程序，则可以在幻灯片上建立非常简单的动画，简单地创建动画的各帧——要快速连续前进的 3 幅或者多幅图画。然后，将它们一幅幅叠放在幻灯片上，并设置计时使它们按顺序播放。可以根据需要调整延迟和重复次数。

第 11 章

添加多媒体

本章视频教学录像：42 分钟

高手指引

PowerPoint 可以创建完美的多媒体演示文稿，也就是说 PowerPoint 不仅可以包括图片和声音，还可以包括视频和动画。本章就来介绍在 PowerPoint 2016 中添加多媒体文件的方法。

重点导读

- 掌握添加和设置音频的方法
- 掌握添加和设置视频的方法

11.1 添加音频

本节视频教学录像：7 分钟

在 PowerPoint 2016 中，既可以添加来自文件、剪贴画中的音频，使用 CD 中的音乐，还可以自己录制音频并将其添加到演示文稿中。

11.1.1 什么时候适合使用声音

在演示文稿中使用声音要有它的合理理由，如果仅仅为了有趣而添加许多声音，那么听众可能会失去对信息严肃性的尊重。

下面是适合使用声音的情况。

(1) 把声音与对象关联起来，使得人们将鼠标指针指向该对象或单击该对象时，播放声音，这是用于交互演示文稿的一种好方法。

(2) 将声音与动画效果关联起来，使得在动画效果出现时，播放声音。

(3) 将声音与幻灯片切换关联起来，当从一张幻灯片过渡到另一张幻灯片时，使得在下一张幻灯片出现时，播放声音。

(4) 在背景中插入自动播放的声音，特别是对于无人监管的展示台演示文稿尤为有用。

(5) 利用声音强调重点或者使用声音添加特殊的诙谐语调。

下面是不适合使用声音的情况。

(1) 如果正在设法将大量的信息压缩在短小的演示文稿中时，则应避免使用声音，因为播放声音要占用时间。

(2) 如果是在发表非常严肃的新闻，也应该避免声音和其他古怪的语调。

(3) 如果打算在旧的、速度慢的计算机上演示幻灯片时，也应该避免使用声音，因为任何类型的媒体剪辑都会使系统变得更慢。

11.1.2 PowerPoint 2016 支持的声音格式

PowerPoint 2016 支持的声音格式比较多，下表所示的这些音频格式都可以添加到 PowerPoint 2016 中。

音频文件	音频格式
AIFF 音频文件（aiff）	*.aif、*.aifc、*.aiff
AU 音频文件（au）	*au、*.snd
MIDI 文件（midi）	*.mid、*.midi、*.rmi
MP3 音频文件（mp3）	*.mp3、*.m3u
Windows 音频文件（wav）	*.wav
Windows Media 音频文件(wma)	*.wma、*.wax
QuickTime 音频文件（aiff）	*.3g2、*.3gp、*.aac、*.m4a、*.m4b、*.mp4

11.1.3 添加 PC 上的音频

将 PC 上文件中的音频文件添加到幻灯片中的具体操作方法如下。

❶ 打开随书光盘中的“素材 \ch11\ 音乐列表 .pptx”文件，单击要添加音频文件的幻灯片。

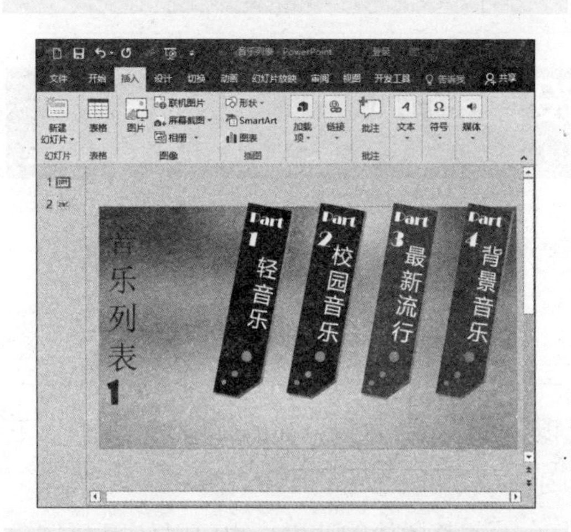

❷ 单击【插入】➤【媒体】➤【音频】按钮 ，在弹出的下拉列表中选择【PC 上的音频】选项。

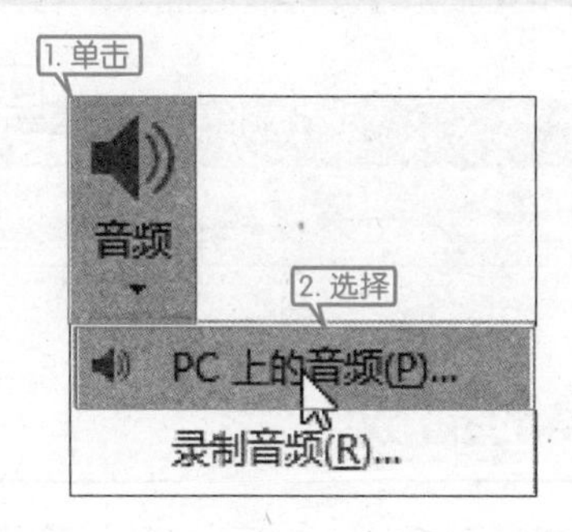

❸ 弹出【插入音频】对话框，选择随书光盘中的“素材 \ch11\ 声音 .mp3”文件。

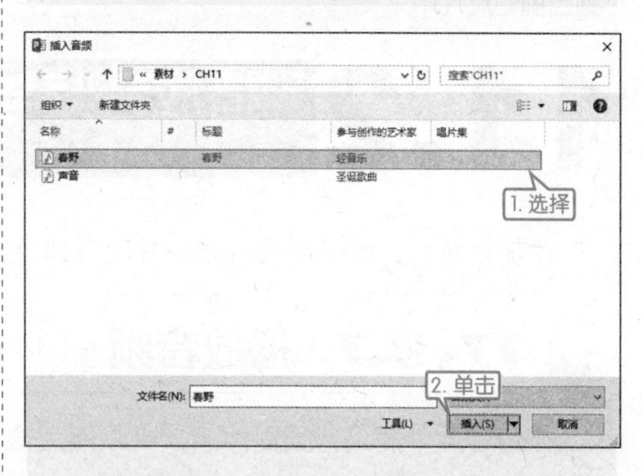

❹ 单击【插入】按钮，所需要的音频文件将会直接应用于当前幻灯片中。拖动图标调整到幻灯片中的适当位置。

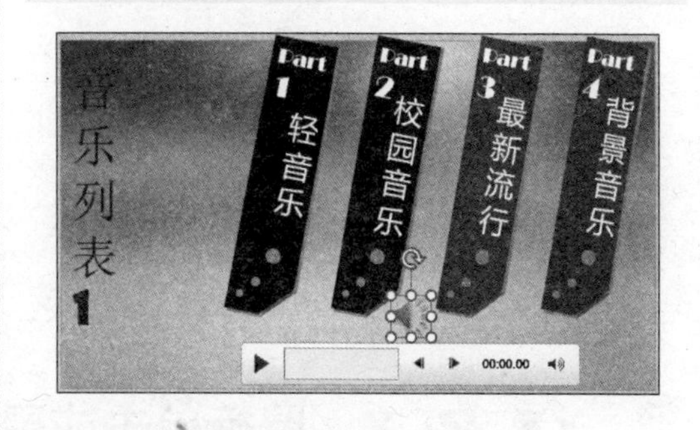

提示　在幻灯片上插入音频剪辑时，将显示一个表示音频剪辑的图标 。

11.1.4 录制音频并添加

用户可以根据需要自己录制音频文件为幻灯片添加声音效果。录制音频的具体操作方法如下。

❶ 单击【插入】选项卡【媒体】组中的【音频】按钮 ，在弹出的下拉列表中选择【录制音频】选项。

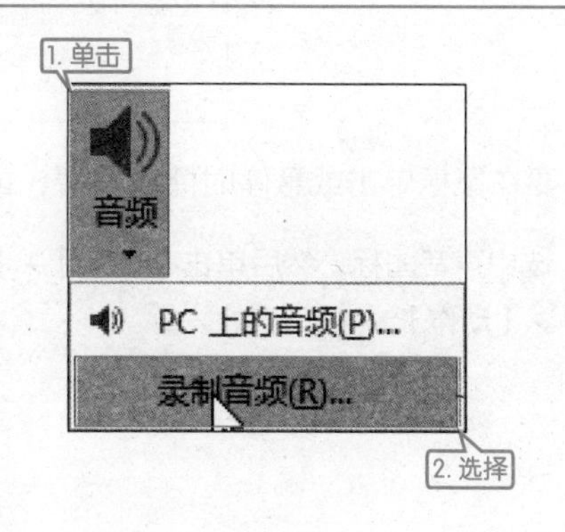

❷ 弹出【录制声音】对话框，在【名称】文本框中可以输入所录的声音名称。单击【录制】按钮可以开始录制，录制完毕后，单击【停止】按钮停止录制，如果想预先听一下录制的声音，可以单击【播放】按钮播放试听，然后单击【确定】按钮即可将录制的音频添加到当前幻灯片中。

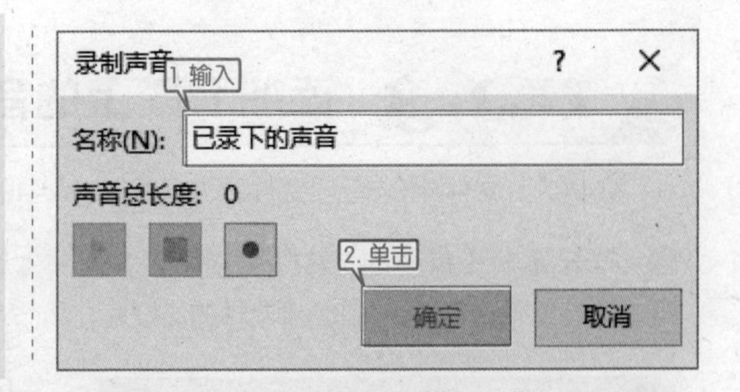

11.2 播放音频与设置音频

本节视频教学录像：9 分钟

添加音频后，可以播放音频，并可以设置音频效果、剪裁音频及在音频中插入书签等。

11.2.1 播放音频

在幻灯片中插入音频文件后，可以播放该音频文件以试听效果。播放音频的方法有以下两种。

(1) 选中插入的音频文件后，单击音频文件图标下的【播放】按钮即可播放音频。

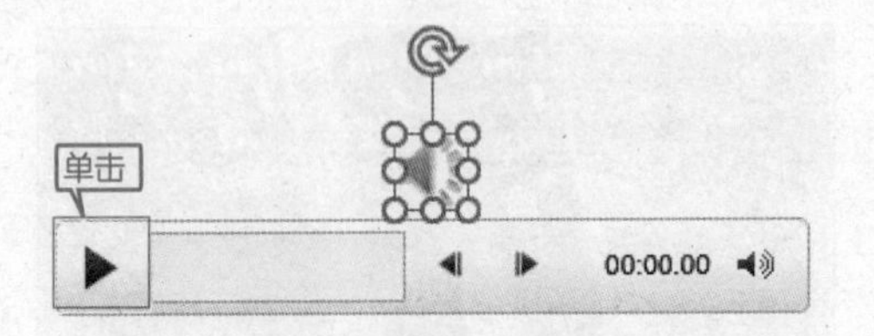

另外，可以单击【向前 / 向后移动】按钮调整播放的速度，也可以使用按钮来调整声音的大小。

(2) 单击【音频工具】➢【播放】选项卡【预览】组中的【播放】按钮播放插入的音频文件。

11.2.2 鼠标单击或鼠标悬停时播放

插入声音时，PowerPoint 会提示选择单击时播放或自动播放。之后，可以通过添加或更改动作设置改变这一行为。

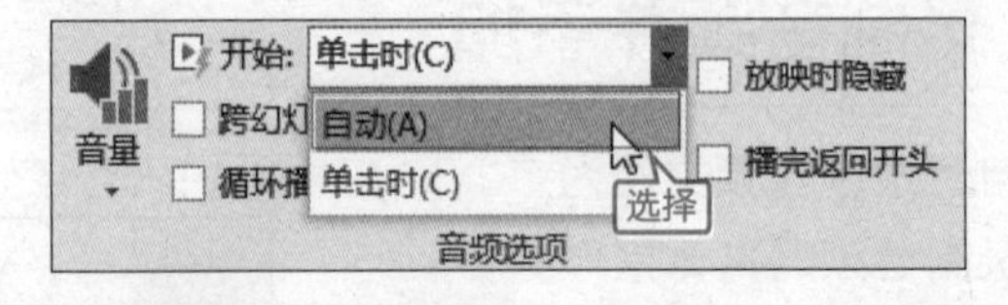

要在鼠标单击或悬停时播放声音，或者更改动作设置，可以按下面步骤进行操作。

❶ 选中声音图标，然后单击【插入】➢【链接】➢【动作】。

❷ 在弹出的【操作设置】对话框中单击【单击鼠标】选项卡，选择【对象动作】选项，然后在下拉列表中选择【播放】。

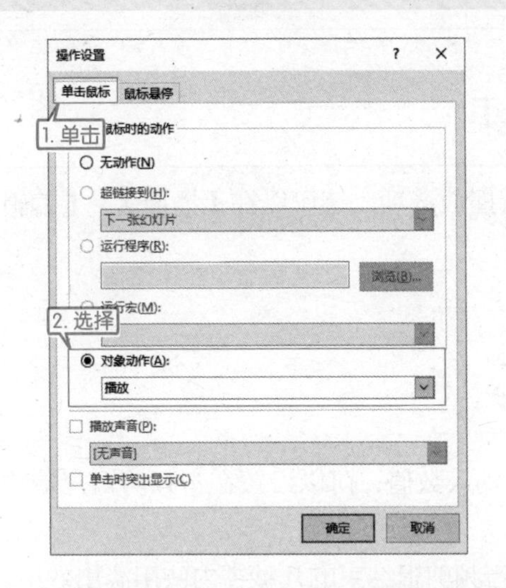

提示 如果在单击鼠标时不播放声音，则选择【无动作】选项。

鼠标悬停时播放声音或不播放声音的操作和鼠标单击的情况相似，选择【鼠标悬停】选项卡，选项如下图所示。

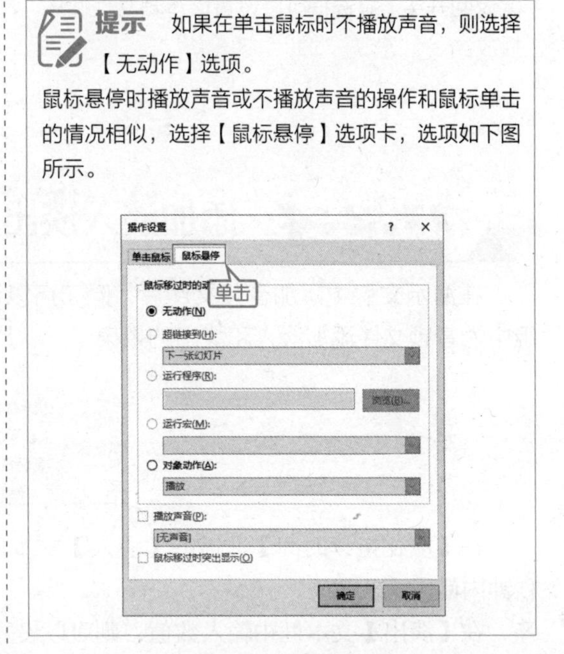

11.2.3 设置播放选项

在进行演讲时，可以将音频剪辑设置为在显示幻灯片时自动开始播放、在单击鼠标时开始播放或播放演示文稿中的所有幻灯片，甚至可以循环连续播放媒体直至停止播放。

选中声音图标，然后单击【播放】➢【音频选项】组中进行设置。

❶ 选中幻灯片中添加的音频文件，然后单击【播放】➢【音频选项】组中的各选项。

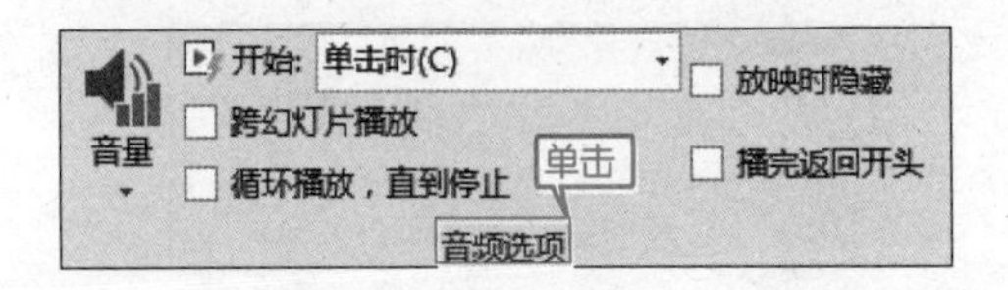

❷ 单击【音量】按钮，在弹出的下拉列表中可以设置音量的大小。

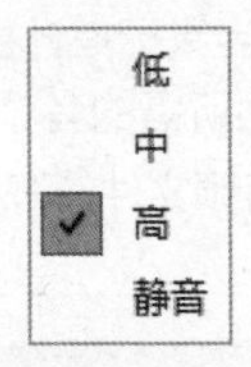

❸ 单击【开始】后的下三角按钮，在弹出的下拉列表中包括【自动】和【单击时】两个选项。可以将音频剪辑设置为在显示幻灯片时自动开始播放和在单击鼠标时开始播放。

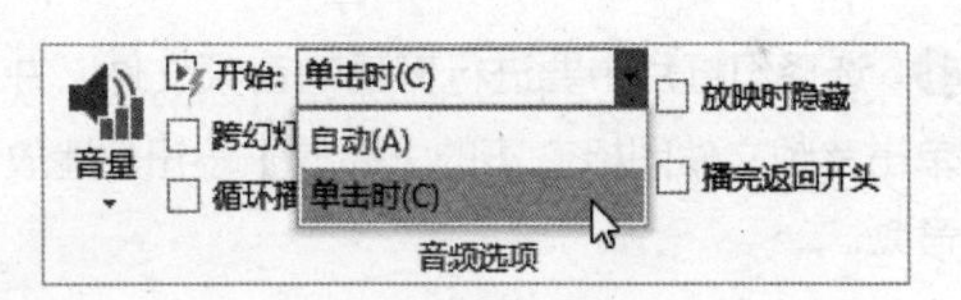

❹ 选中【跨幻灯片播放】选项，该音频文件所在幻灯片及之后的幻灯片将随之一直播放声音直至停止。

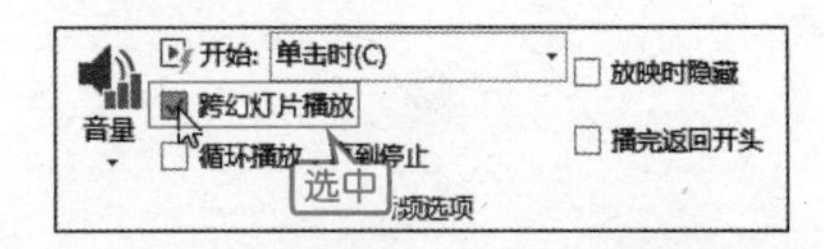

❺ 选中【放映时隐藏】复选框，可以在放映幻灯片时将音频剪辑图标隐藏而直接根据设置播放。

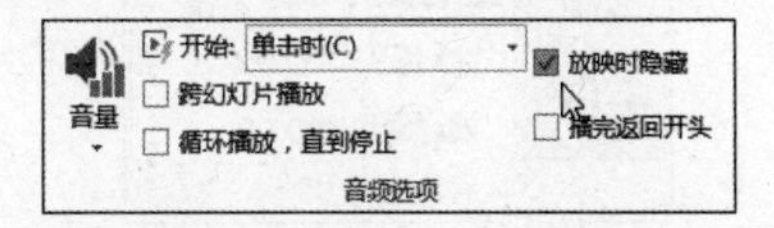

❻ 同时选中【循环播放，直到停止】和【播

完返回开头】复选框可以设置该音频文件循环播放。

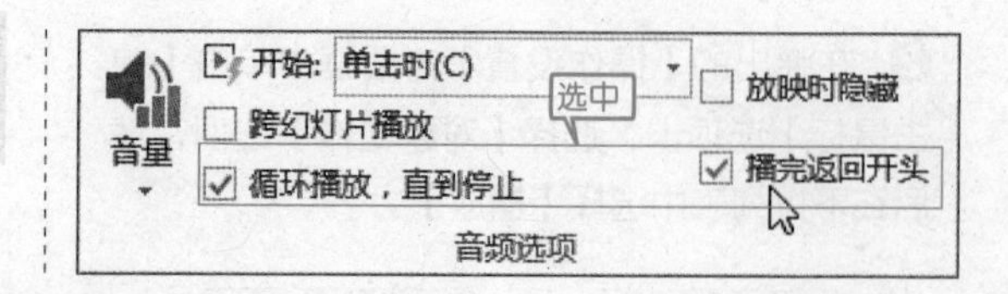

11.2.4 添加淡入淡出效果

在演示文稿中添加音频文件后，除了可以设置播放选项，还可以在【播放】➤【编辑】组中为音频文件添加淡入和淡出的效果。

在【淡化持续时间】区域的【淡入】文本框中输入数值，可以设置在音频剪辑开始的几秒钟内使用淡入效果。

在【淡出】文本框中输入数值，则可以设置在音频剪辑结束的几秒钟内使用淡出效果。

11.2.5 剪裁音频

插入音频文件后，可以在每个音频剪辑的开头和末尾处对音频进行修剪。这样可以缩短音频文件以使其与幻灯片的计时相适应。

剪裁音频的具体操作方法如下。

❶ 选择幻灯片中要进行剪裁的音频文件，并单击音频文件图标下的【播放】按钮▶播放音频。

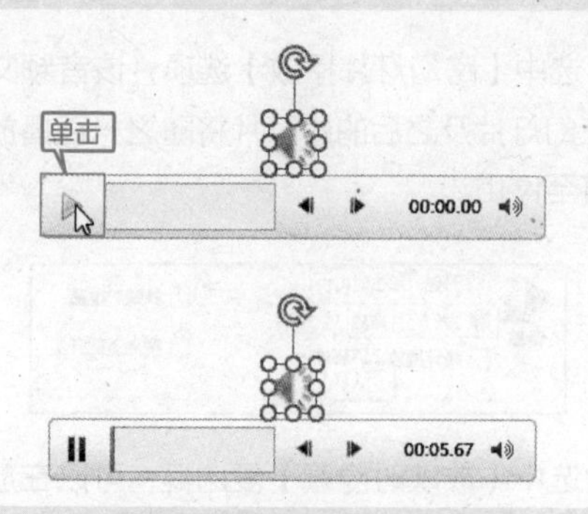

❷ 单击【播放】➤【编辑】➤【剪裁音频】按钮。

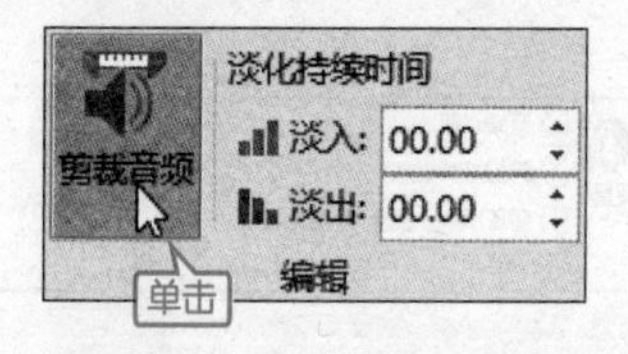

❸ 弹出【剪裁音频】对话框，在该对话框中可以看到音频文件的持续时间、开始时间及结束时间等。

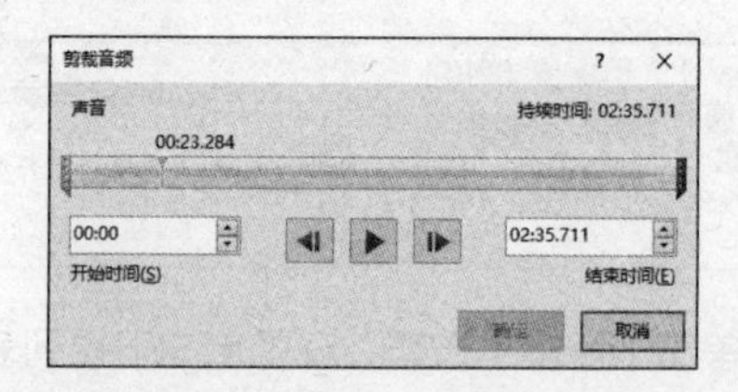

❹ 单击对话框中显示的音频的起点（最左侧的绿色标记），当鼠标指针显示为双向箭头时，将箭头拖动到所需的音频剪辑起始位置处释放，即可修剪音频文件的开头部分。

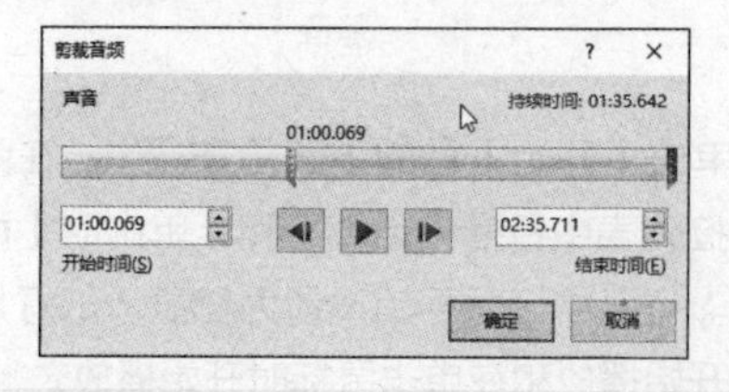

❺ 单击对话框中显示的音频的终点（最右侧

的红色标记▌），当鼠标指针显示为双向箭头▌时，将箭头拖动到所需的音频剪辑结束位置处释放，即可修剪音频文件的末尾。

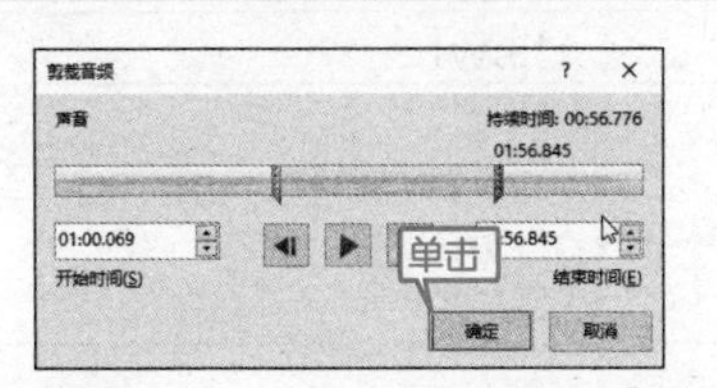

提示　也可以在【开始时间】微调框和【结束时间】微调框中输入精确的数值来剪裁音频文件。

❻ 单击对话框中的【播放】按钮▶试听调整效果，单击【确定】按钮即可完成音频的剪裁。

11.2.6　删除音频

删除幻灯片中添加的多余音频文件的方法如下。

❶ 在演示文稿中找到包含音频文件的幻灯片，在普通视图状态选中要删除的音频文件的图标🔈。

❷ 按【Delete】键即可将该音频文件删除。

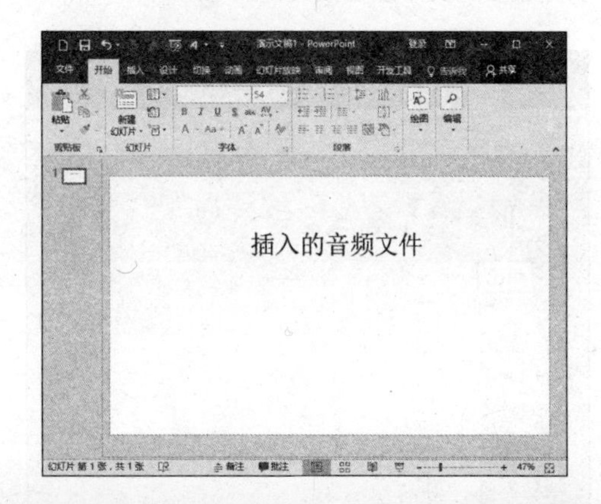

11.3 添加视频

本节视频教学录像：2 分钟

在 PowerPoint 2016 演示文稿中可以链接到外部视频文件或电影文件。本节介绍向 PPT 中链接视频文件，添加文件、网站及剪贴画中的视频，以及设置视频的效果、样式等基本操作方法。

11.3.1　PowerPoint 2016 支持的视频格式

PowerPoint 2016 支持的视频格式也比较多，下表所示的这些视频格式都可以添加到 PowerPoint 2016 中。

视频文件	视频格式
Windows Media 文件（asf）	*.asf、*.asx、*.wpl、*.wm、*.wmx、*.wmd、*.wmz、*.dvr-ms
Windows 视频文件（avi）	*.avi
电影文件（mpeg）	*.mpeg、*.mpg、*.mpe、*.mlv、*.m2v、*.mod、*.mp2、*.mpv2、*.mp2v、*.mpa
Windows Media 视频文件（wmv）	*.wmv、*.wvx

续表

视频文件	视频格式
QuickTime 视频文件	*.qt 、*.mov 、*.3g2 、*.3gp 、*.dv 、*.m4v 、*.mp4
Adobe Flash Media	*.swf

11.3.2 在 PPT 中添加文件中的视频

在 PowerPoint 演示文稿中添加文件中的视频，其操作方法与链接到视频文件类似。具体操作方法如下。

❶ 打开演示文稿，使其处于普通视图状态。并单击要为其添加视频文件的幻灯片。

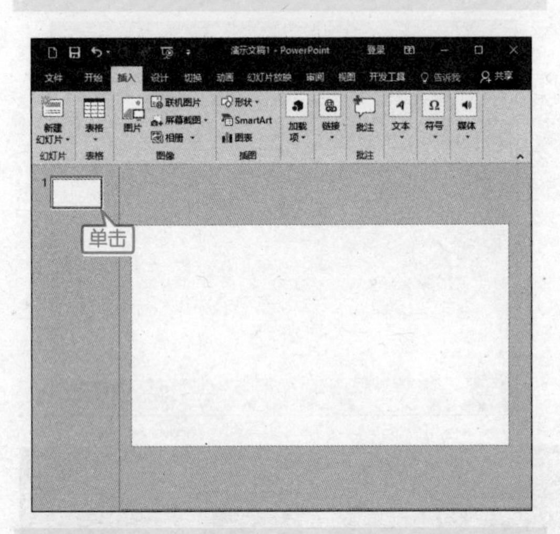

❷ 单击【插入】➢【媒体】➢【视频】按钮下方箭头，在弹出的下拉列表中选择【PC 上的视频】选项。

❸ 弹出【插入视频文件】对话框，选择随书附带的光盘文件中的“素材 \ch11\ 圣诞 .avi”文件。

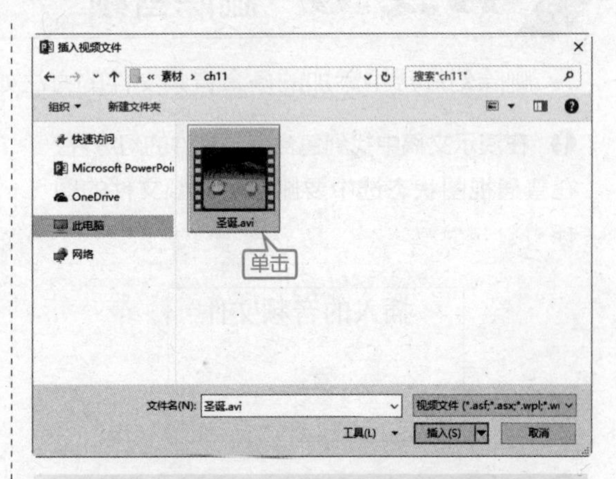

❹ 单击【插入】按钮，所需要的视频文件将会直接应用于当前幻灯片中。下图所示的为预览插入的视频的部分截图。

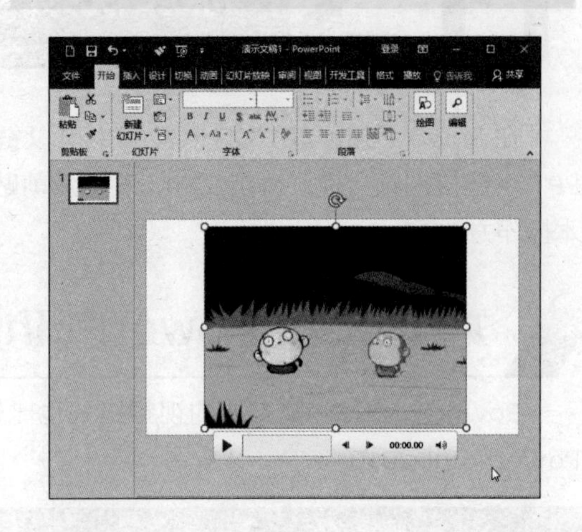

11.4 预览视频与设置视频

本节视频教学录像：5 分钟

添加视频文件后，可以预览视频文件，并可以设置视频文件。

11.4.1 预览视频

在幻灯片中插入视频文件后，可以播放该视频文件以查看效果。播放视频的方法有以下 3 种。

(1) 选中插入的视频文件后，单击【视频工具】➤【播放】选项卡【预览】组中的【播放】按钮预览插入的视频文件。

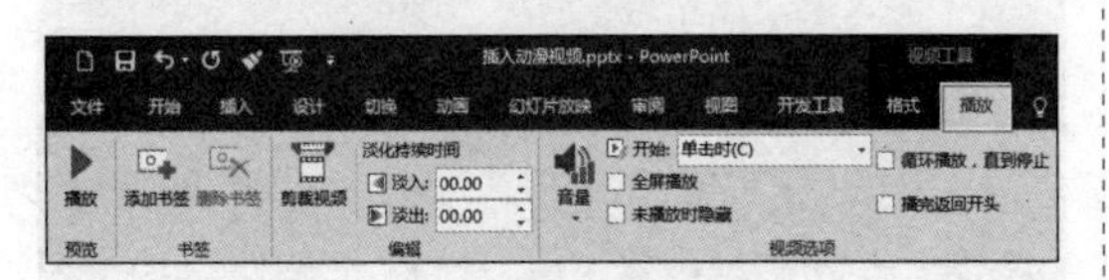

(2) 选中插入的视频文件后，单击【视频工具】➤【格式】选项卡【预览】组中的【播放】按钮预览插入的视频文件。

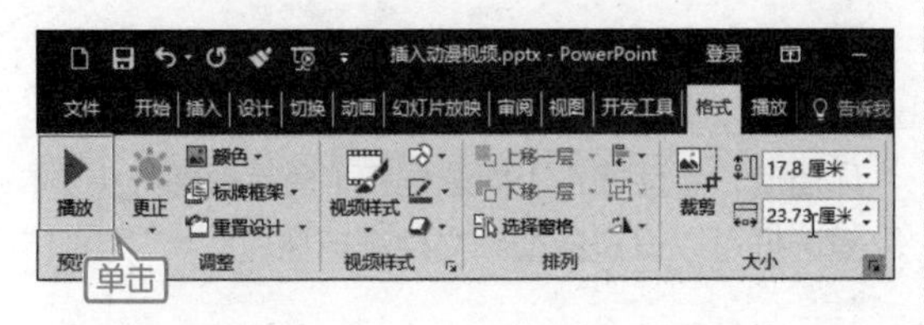

(3) 选中插入的视频文件后，单击视频文件图标左下方的【播放】按钮▶即可预览视频。预览状态下的部分截图效果如下图所示。

提示 在视频播放期间，单击视频可暂停播放。若要继续播放该视频，可再次单击它。

11.4.2 设置播放选项

选择插入的视频，PowerPoint 会自动多出一个【播放】选项卡，在播放选项卡的【视频选项】面板上可以对插入或链接到文件的视频进行播放设置。【视频选项】面板如下图所示。

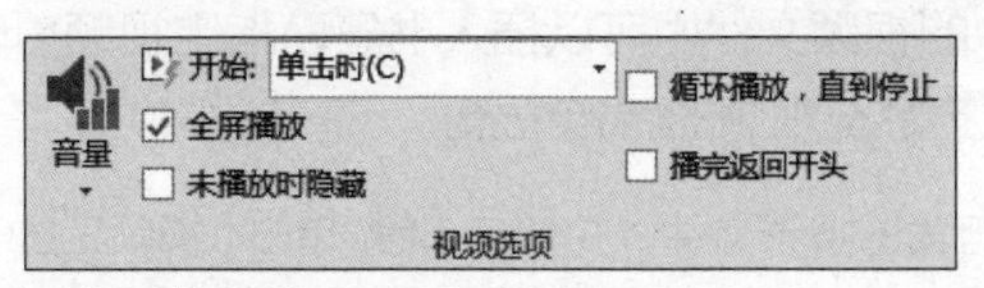

【视频选项】面板中各选项的含义如下表所示。

面板选项	动作含义
开始	控制视频开始播放的方式，单击下拉列表，有两个选项："单击时"和"自动"，默认是"单击时"
全屏播放	选择该复选框，播放时会全屏，暂时隐藏该幻灯片的其他部分
未播放时隐藏	选择该复选框后，在不播放时隐藏视频剪辑
循环播放，直到停止	重复播放该视频剪辑，直到另一个动画事件停止它或者直到下一张幻灯片出现
播完返回开头	播放完之后，返回到视频剪辑的第 1 帧
音量	相对该演示文稿的总体音量，调整剪辑的音量

通过【视频选项】设置视频播放的操作步骤如下。

❶ 选中添加到幻灯片中的视频文件，可以查看【视频工具】➢【播放】选项卡的【视频选项】面板中的各选项。

❷ 单击【音量】按钮，在弹出的下拉列表中可以设置音量的大小。

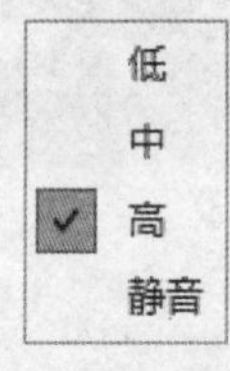

❸ 单击【开始】后的下三角按钮，在弹出的下拉列表中包括【自动】和【单击时】两个选项。可以将视频文件设置为在将包含视频文件的幻灯片切换至幻灯片放映视图时播放视频，或通过单击鼠标来控制启动视频的时间。

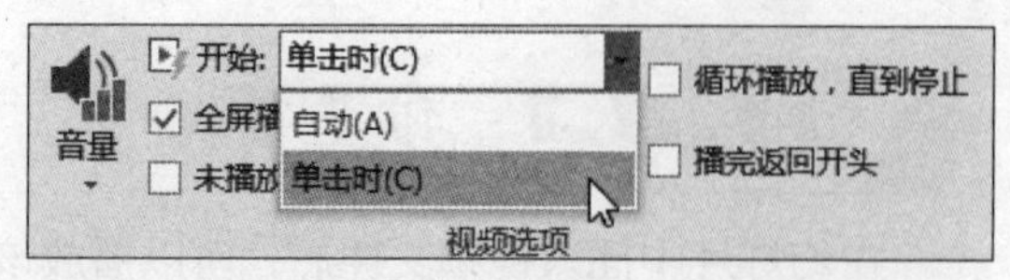

❹ 选中【全屏播放】复选框，可以全屏播放幻灯片中的视频文件。

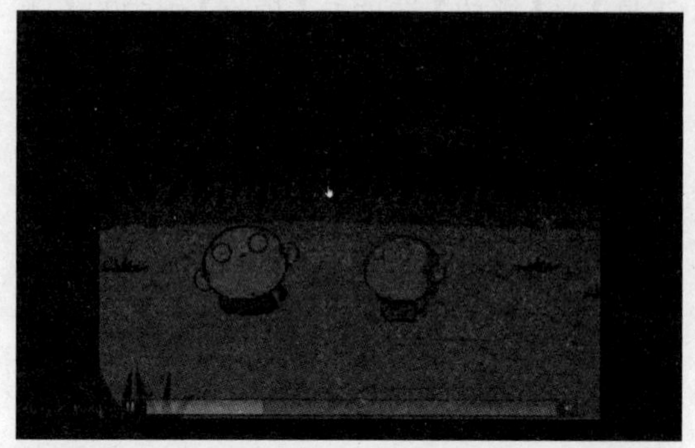

❺ 选中【未播放时隐藏】复选框，可以将视频文件未播放时设置为隐藏状态。同时选中【循环播放，直至停止】复选框和【播完返回开头】复选框可以设置该视频文件循环播放。

提示 设置视频文件为【未播放时隐藏】状态后，要创建一个自动的动画来启动播放，否则在幻灯片放映的过程中将永远看不到此视频。

11.4.3 在视频中插入书签

在添加到演示文稿中的视频文件中可以插入书签以指定视频剪辑中的关注时间点，也可以在放映幻灯片时利用书签跳至视频的特定位置。

❶ 选择幻灯片中要进行剪裁的视频文件，并单击视频文件下的【播放】按钮▶播放视频。

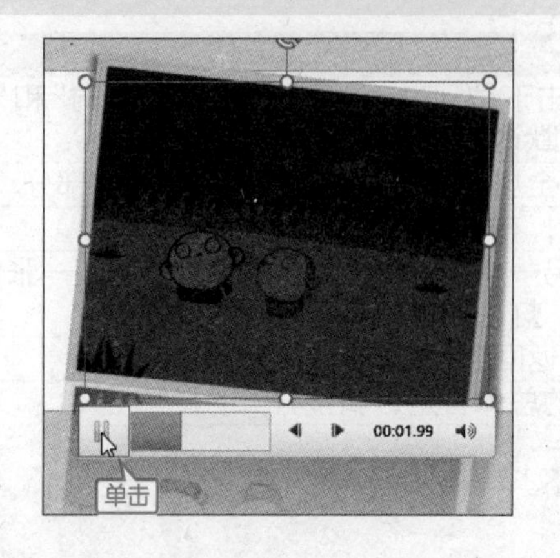

❷ 单击【视频工具】➢【播放】选项卡【书签】组中的【添加书签】按钮。

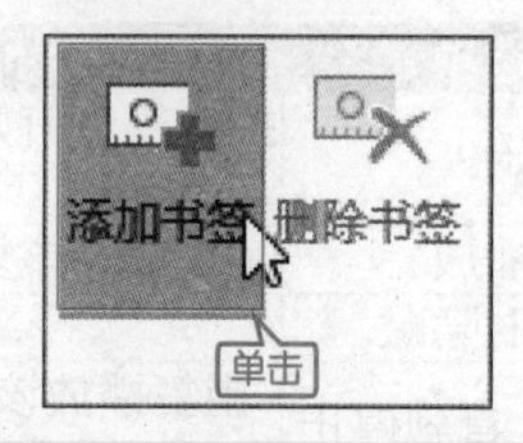

❸ 此时即可为当前时间点的视频剪辑添加书签，书签显示为黄色圆球状。

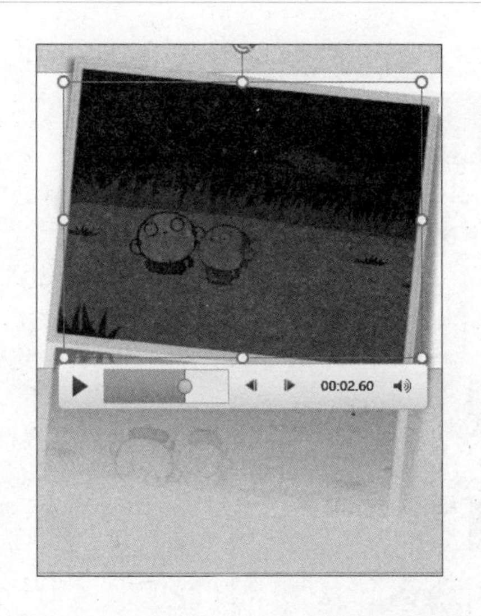

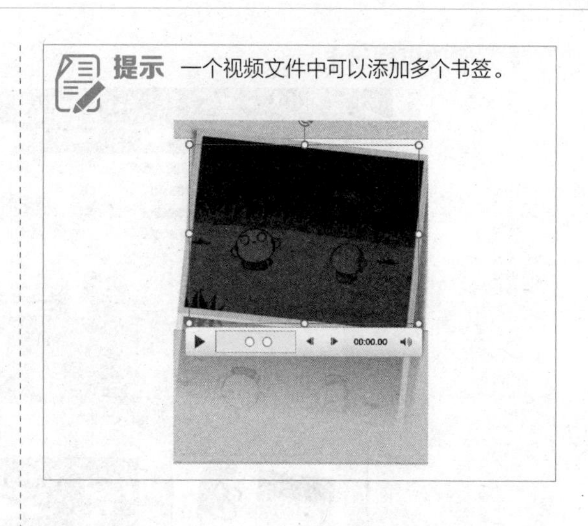

11.4.4 删除视频

删除幻灯片中添加的多余视频文件的方法如下。

❶ 在演示文稿中找到包含视频文件的幻灯片。在普通视图状态选中要删除的视频文件。

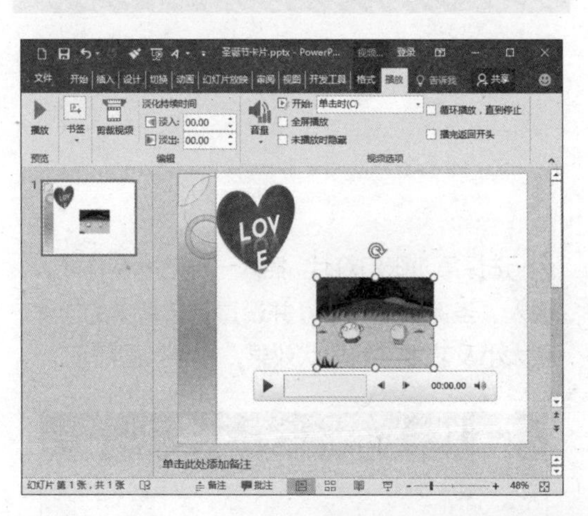

❷ 按【Delete】键即可将该视频文件删除。

11.5 综合实战——制作圣诞节卡片

本节视频教学录像：16 分钟

圣诞节卡片是一种内容活泼、形式多样、侧重与人交流感情的 PPT 演示文稿。在演示文稿中，适当插入一些与幻灯片主题内容一致的多媒体元素，可以达到事半功倍的效果。

【案例效果展示】

【案例涉及的知识点】

- 插入图片
- 添加音频
- 设置音频
- 添加视频
- 设置视频

【操作步骤】

第 1 步：插入艺术字和图片

本节主要涉及使用插入艺术字体、图片，以及对字体和图片的调整。

❶ 打开随书光盘中的“素材 \ch11\ 圣诞节卡片 .pptx”文件。

❷ 选择第 1 张幻灯片，插入一种艺术字样式，输入“圣诞快乐！”，并设置其艺术字的字体和大小及艺术字的形状效果，效果如图所示。

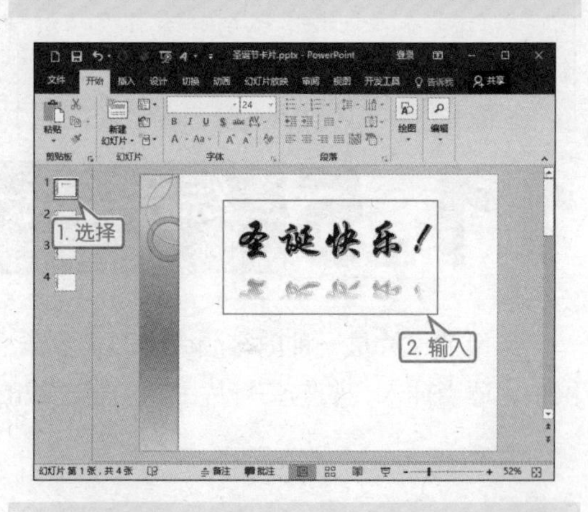

❸ 选择第 2 张幻灯片，单击【插入】选项卡下【图像】组中的【图片】按钮，在弹出的【插入图片】对话框中选择随书光盘中“素材

\ ch11”中的“圣诞节 -1.png”和“圣诞节 -2.jpg”，并调整图片大小和位置，如图所示。

❹ 单击【插入】选项卡下【文本】组中的【文本框】按钮，插入一个横排文本框，在其中输入文本后，设置文本字体、字号、颜色等样式，效果如图所示。

❺ 选择第 3 张幻灯片，插入“素材 \ch11\ 圣诞节 -3.png”图片，并调整其大小和位置，单击【插入】选项卡下【图像】组中的【联机图片】按钮，在弹出的【插入图片】对话框的文本框中输入“圣诞节”，单击【搜索】按钮。

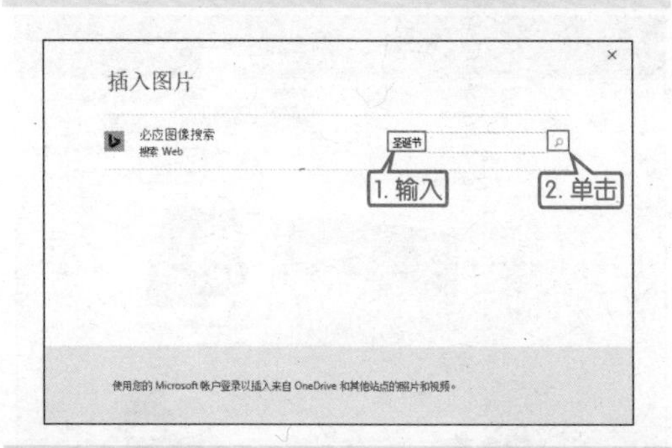

❻ 选择如图所示联机图片插入第 3 张幻灯片中，并调整其大小和位置。

❼ 选择第 4 张幻灯片，单击占位符中的【图片】按钮，在弹出的对话框中插入随书光盘中的“素材 \ch11\ 圣诞节 -4.jpg”，并设置其大小和位置。

第 2 步：插入音频和视频

插入音频和视频的具体操作步骤如下。

❶ 选择第 1 张幻灯片，单击【插入】选项卡下【媒体】组中的【音频】按钮，在弹出的下拉列表中选择【PC 上的音频】选项。

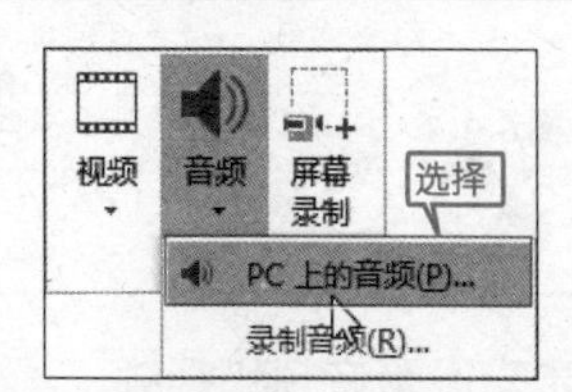

❷ 弹出【插入音频】对话框，选择随书光盘中的“素材 \ch11\ 音乐 .mp3”，单击【插入】按钮。

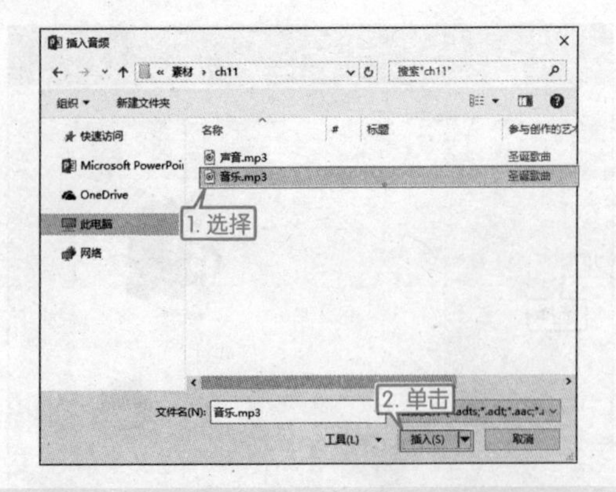

❸ 插入音频后适当调整其位置，如图所示。

❹ 选择第3张幻灯片，单击【插入】选项卡【媒体】组中的【视频】按钮下方箭头，在弹出的下拉列表中选择【PC 上的视频】选项，在弹出的【插入视频文件】对话框上选择随书光盘中的“素材\ch11\圣诞.avi”，单击【插入】按钮，并调整其位置和大小。

第3步：设置音频和视频

添加完音频和视频后，接下来对添加的音频和视频进行设置，具体操作步骤如下。

❶ 选中幻灯片中添加的音频文件，单击【音频工具】➢【播放】选项卡的【视频选项】组中的【音量】按钮，在弹出的下拉列表中选择【高】。

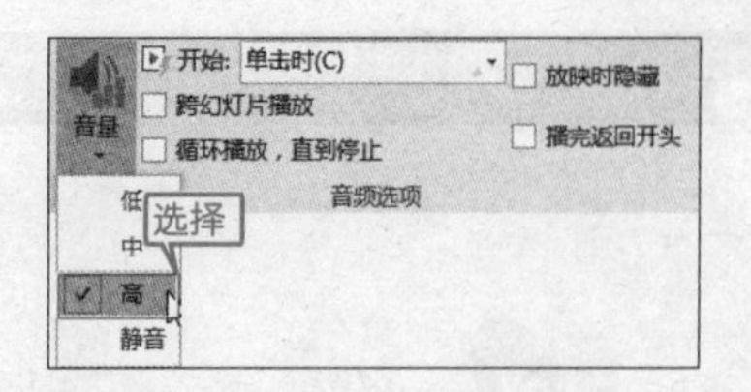

❷ 单击【开始】后的下三角按钮，在弹出的下拉列表中选择【自动】选项。

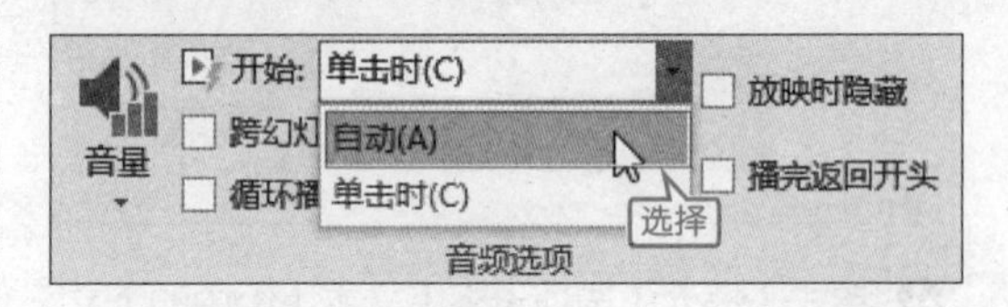

❸ 选择视频文件，单击【视频工具】➢【格式】选项卡的【视频样式】组中的【其他】按钮，在弹出的下拉列表中选择【旋转，白色】选项。

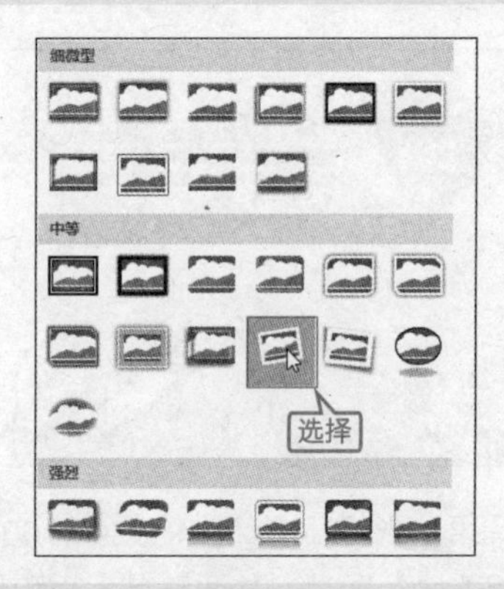

❹ 单击【视频工具】➢【播放】选项卡的【视频选项】组中【开始】后的下三角按钮，在弹出的下拉列表中选择【自动】选项。

❺ 单击【视图】选项卡下【演示文稿视图】组中的【幻灯片浏览】按钮，查看最终结果，如图所示。

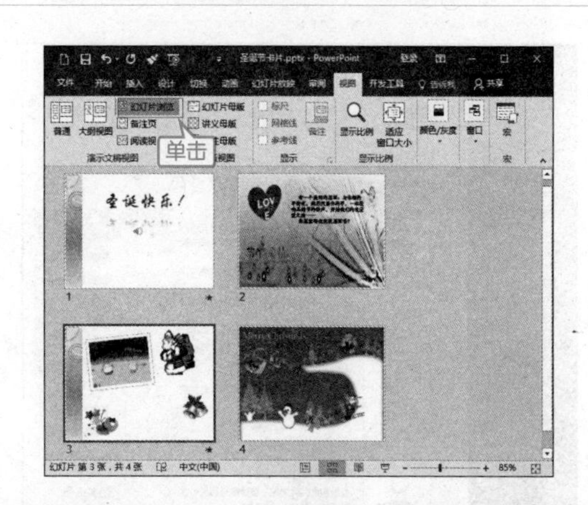

高手私房菜

本节视频教学录像：3 分钟

技巧 1：优化演示文稿中多媒体的兼容性

若要避免在 PowerPoint 演示文稿包含媒体（例如视频或音频文件）时出现播放问题，可以优化媒体文件的兼容性，这样就可以轻松地与他人共享演示文稿或将其随身携带到另一个地方（当要使用其他计算机在其他地方进行演示时）顺利播放多媒体文件。

❶ 打开前面创建的 PPT 文件。

❷ 单击【文件】选项卡，从弹出的下拉菜单中选择【信息】命令。

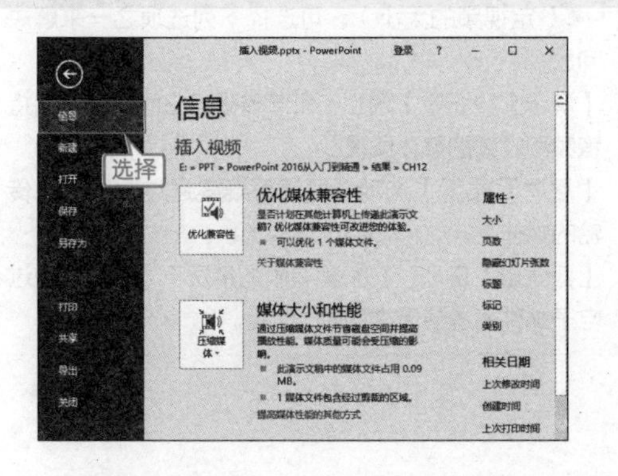

提示　如果在其他计算机上播放演示文稿中的媒体，媒体插入格式可能引发兼容性问题，则会出现【优化媒体兼容性】选项。

❸ 单击窗口右侧显示出的【优化兼容性】按钮，弹出【优化媒体兼容性】对话框，对幻灯片中的视频文件的兼容性优化完成后，单击【关闭】按钮。

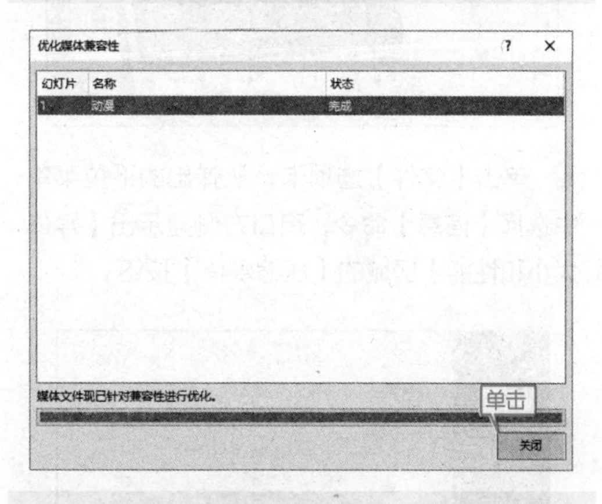

❹ 优化视频文件的兼容性后，【信息】窗口中将不再显示【优化媒体兼容性】选项。

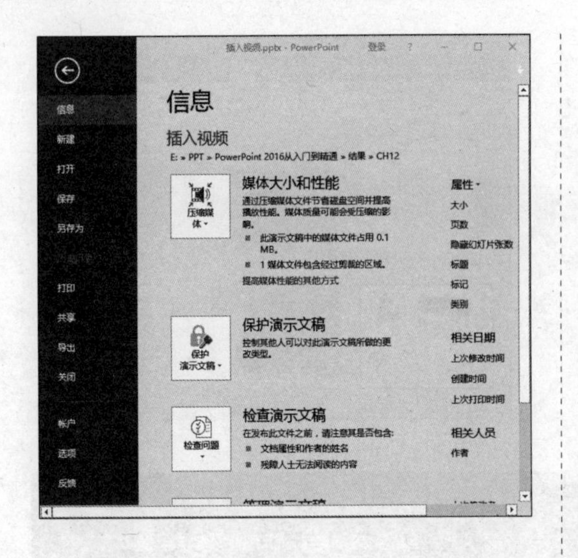

提示 在出现【优化媒体兼容性】选项时，该选项可提供可能存在的播放问题的解决方案摘要，还提供媒体在演示文稿中的出现次数列表。下面是可引发播放问题的常见情况。

(1) 如果链接了视频，则【优化兼容性】摘要会报告需要嵌入的这些视频。选择【查看链接】选项以继续，在打开的对话框中，只需对要嵌入的每个媒体项目选择【断开链接】选项便可嵌入视频。

(2) 如果视频是使用早期版本的 PowerPoint（例如 2007 版）插入的，则需要升级媒体文件格式以确保能够播放这些文件。升级会自动将这些媒体项目更新为新格式并嵌入它们。升级后，应运行【优化兼容性】命令。若要将媒体文件从早期版本升级到 PowerPoint 2016（并且如果这些文件是链接文件，则会嵌入它们），可在【文件】选项卡下拉菜单中单击【信息】按钮，然后选择【转换】选项。

技巧 2：压缩多媒体文件以减小演示文稿的大小

通过压缩多媒体文件，可以减小演示文稿的大小以节省磁盘空间，并可以提高播放性能。下面介绍在演示文稿中压缩多媒体的方法。

❶ 打开包含音频文件或视频文件的演示文稿。

❷ 单击【文件】选项卡，从弹出的下拉菜单中选择【信息】命令，窗口右侧显示出【媒体大小和性能】区域的【压缩媒体】按钮。

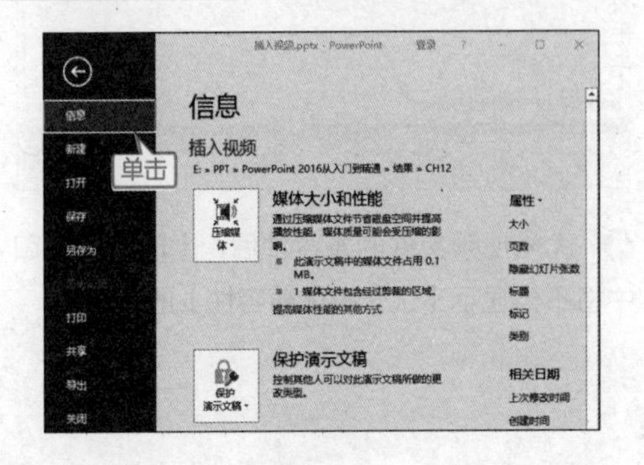

❸ 单击【压缩媒体】按钮，弹出如下图所示的下拉列表。从中选择需要的选项即可。

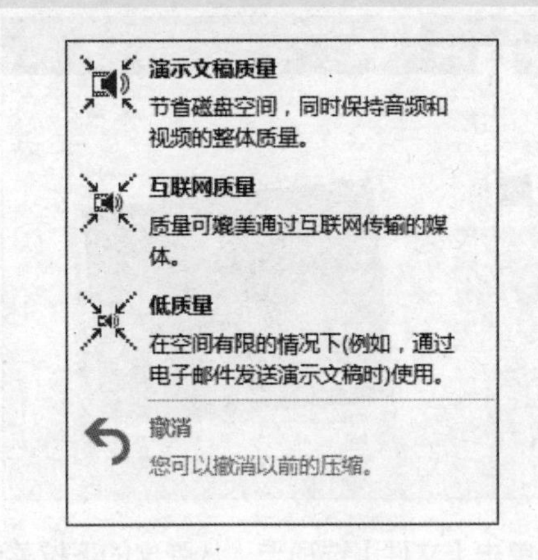

提示 若要指定视频的质量（视频质量进而决定视频的大小），可选择下列选项之一来解决问题。

【演示文稿质量】选项：可节省磁盘空间，同时保持音频和视频的整体质量。

【互联网质量】选项：质量可媲美通过 Internet 传输的媒体。

【低质量】选项：在空间有限的情况下（例如，通过电子邮件发送演示文稿时）使用。

第12章 创建超链接、动作与设置切换效果

本章视频教学录像：47 分钟

高手指引

在 PowerPoint 2016 中，使用超链接可以从一张幻灯片转至另一张幻灯片，本章介绍了使用创建超链接和创建动作的方法为幻灯片添加超链接。在播放演示文稿时，通过超链接可以快速地转至需要的页面。此外，通过设置切换效果，可以使幻灯片更吸引观众。

重点导读

- 熟悉创建超链接的方法
- 掌握创建动作的方法
- 设置切换效果的方法

12.1 创建超链接

本节视频教学录像：11 分钟

在 PowerPoint 2016 中，超链接可以是从一张幻灯片到同一演示文稿中另一张幻灯片的链接，也可以是从一张幻灯片到不同演示文稿中另一张幻灯片、到电子邮件地址、网页或文件的链接等。可以从文本或对象创建超链接。

12.1.1 链接到同一演示文稿中的幻灯片

将文本链接到同一演示文稿中的幻灯片的具体操作方法如下。

❶ 打开随书光盘中的“素材\ch12\微博互动传播方案.pptx”文件，在普通视图中选择要用作超链接的文本，如选中文字“微博互动传播方案”。

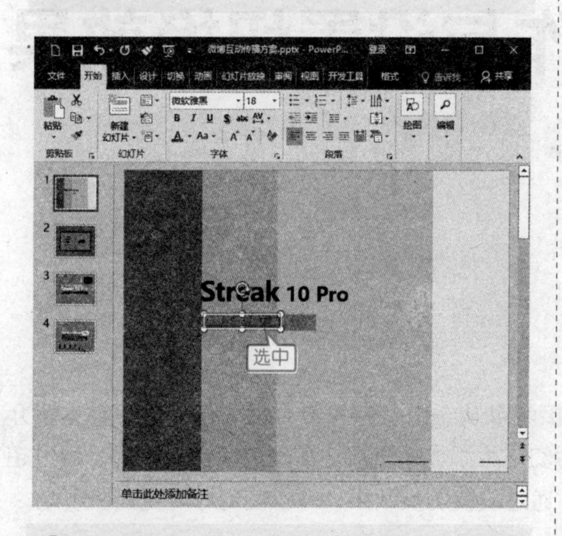

❷ 单击【插入】➤【链接】➤【超链接】按钮。

❸ 在弹出的【插入超链接】对话框左侧的【链接到】列表框中选择【本文档中的位置】选项，在右侧【请选择文档中的位置】列表中选择【下一张幻灯片】选项或【幻灯片标题】下方的【幻灯片 2】选项。

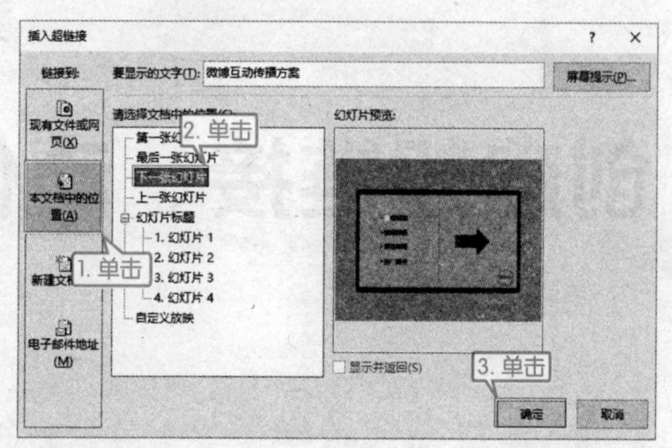

❹ 单击【确定】按钮，即可将选中的文本链接到同一演示文稿中的最后一张幻灯片。添加超链接后的文本以蓝色、下画线字显示，放映幻灯片时，单击添加过超链接的文本即可链接到相应的文件。

⑤ 按【F5】键放映幻灯片，单击创建了超链接的文本“微博互动传播方案”，即可将幻灯片链接到另一幻灯片。

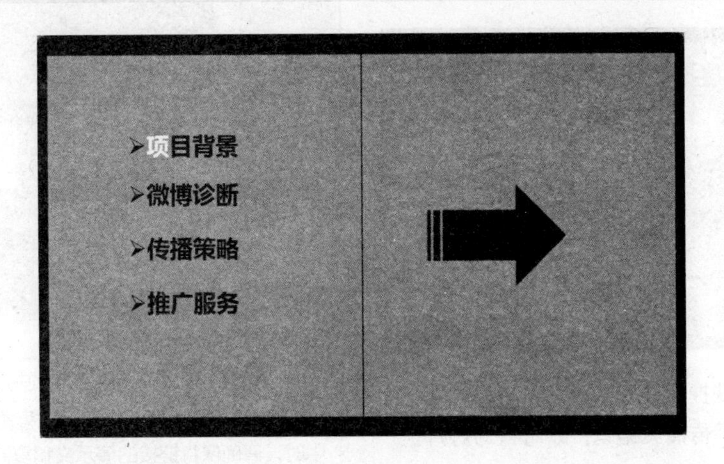

12.1.2 链接到不同演示文稿中的幻灯片

为幻灯片创建链接时，除了可以将对象链接到当前幻灯片中，还可以将对象链接到其他文稿中。将幻灯片链接到其他演示文稿中的具体操作步骤如下。

❶ 在第二张幻灯片上选择要创建超链接的文字，如选中文字“传播策略”。

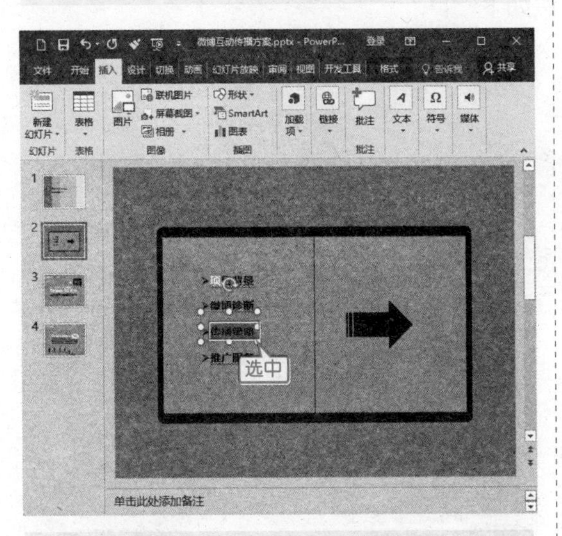

❷ 单击【插入】➢【链接】➢【超链接】按钮。

❸ 在弹出的【插入超链接】对话框左侧的【链接到】列表框中选择【现有文件或网页】选项，选择随书光盘中的“素材\ch12\传播策略.pptx”文件作为链接到幻灯片的演示文稿。

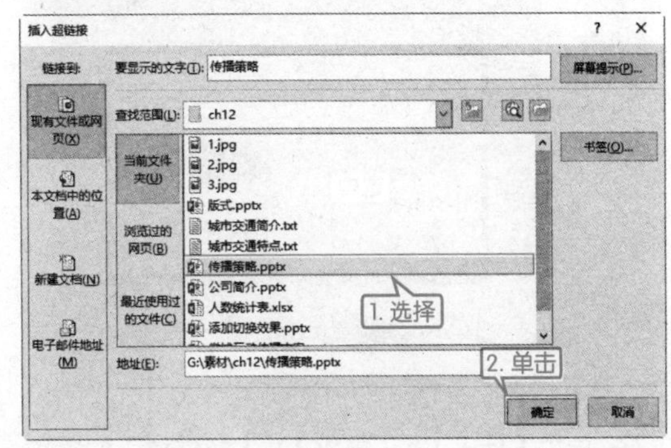

❹ 单击【确定】按钮，即可将选中的文本链接到另一演示文稿中的幻灯片。

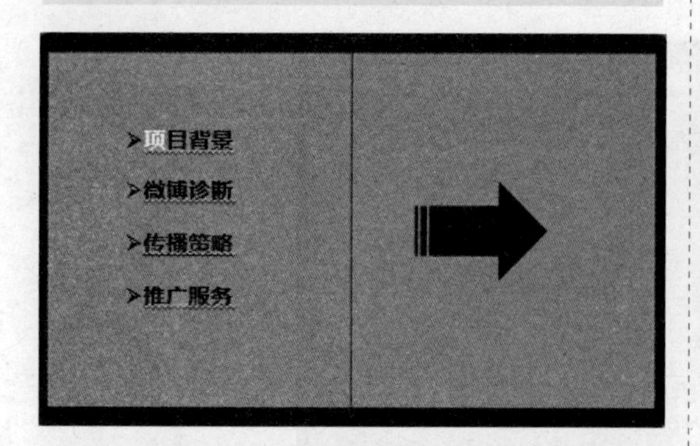

❺ 按【F5】快捷键放映幻灯片，单击创建了超链接的文本“传播策略”，即可将幻灯片链接到另一演示文稿中的幻灯片。

提示 如果在主演示文稿中添加指向演示文稿的链接，则在将主演示文稿复制到便携计算机中时，请确保将链接的演示文稿复制到主演示文稿所在的文件夹中。如果不复制链接的演示文稿，或者如果重命名、移动或删除它，则当从主演示文稿中单击指向链接的演示文稿的超链接时，链接的演示文稿将不可用。

12.1.3 链接到电子邮件地址

将文本链接到电子邮件地址的具体操作方法如下。

❶ 在第二张幻灯片上选择要创建超链接的文字，如选中文字“微博诊断”。

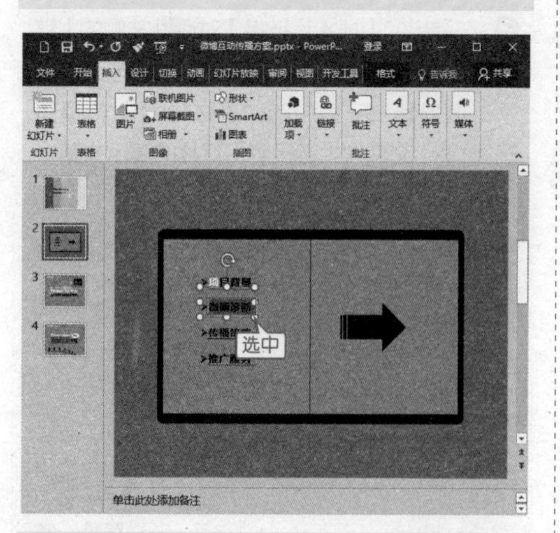

❷ 单击【插入】➢【链接】➢【超链接】按钮。

❸ 在弹出的【插入超链接】对话框左侧的【链接到】列表框中选择【电子邮件地址】选项，在【电子邮件地址】文本框中输入要链接到的电子邮件地址，在【主题】文本框中输入电子邮件的主题“微博诊断”。

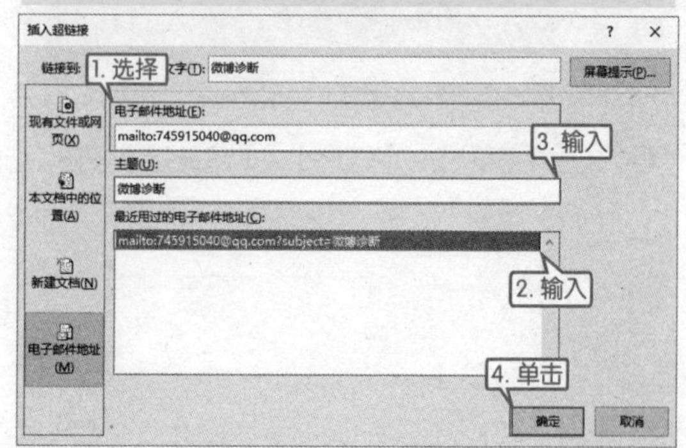

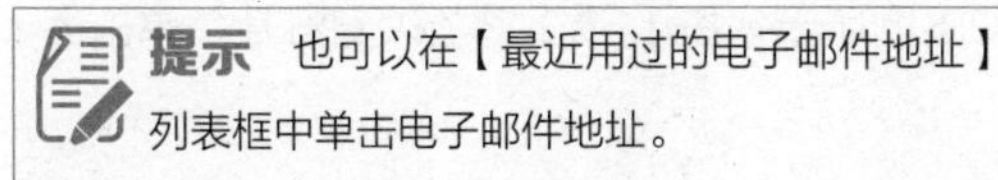

提示　也可以在【最近用过的电子邮件地址】列表框中单击电子邮件地址。

❹ 单击【确定】按钮，即可将选中的文本链接到指定的电子邮件地址。

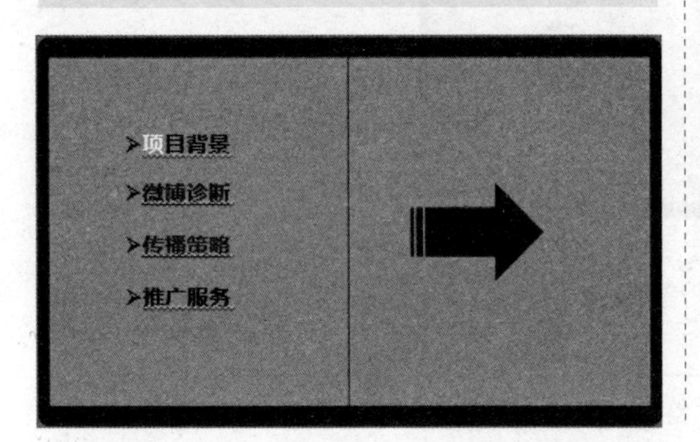

❺ 按【F5】快捷键放映幻灯片，单击创建了超链接的文本“微博诊断”，即可将幻灯片链接到电子邮件。

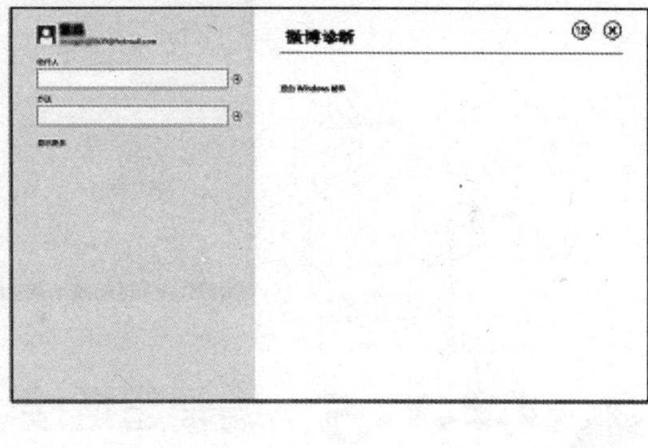

12.1.4 链接到 Web 上的页面或文件

将文本链接到 Web 上的页面或文件的具体操作方法如下。

❶ 在第二张幻灯片上选择要创建超链接的文字，如选中文字“推广服务”。

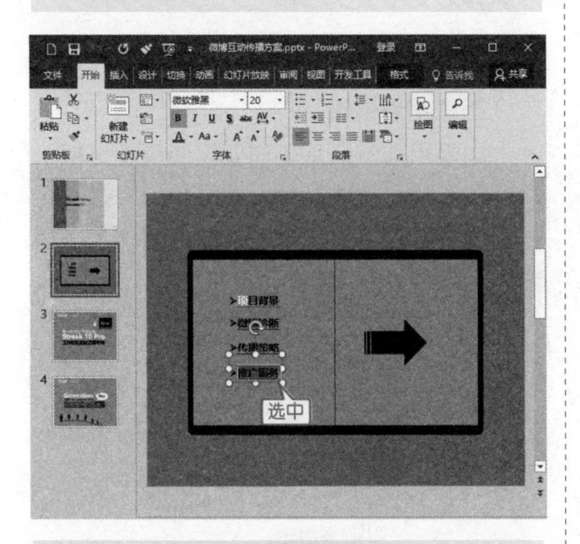

❷ 单击【插入】➤【链接】➤【动作】按钮★。

❸ 在弹出的【操作设置】对话框中选择【单击鼠标】选项卡，然后单击【超链接到】下拉列表，选择【URL】选项。

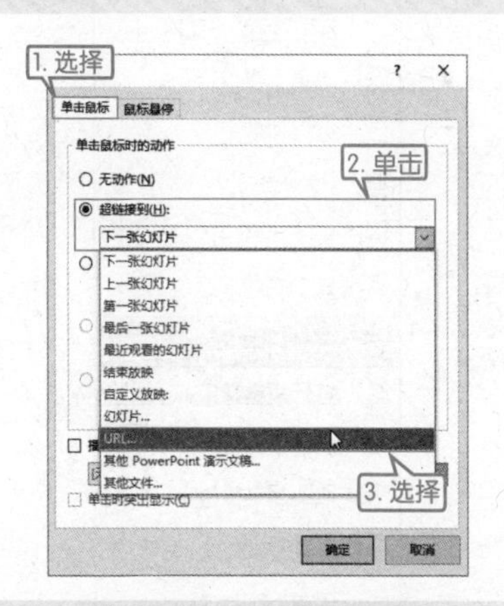

❹ 在弹出的【超链接 URL】对话框中输入网页地址，单击【确定】返回【操作设置】对话框，然后单击【确定】按钮完成链接设置。

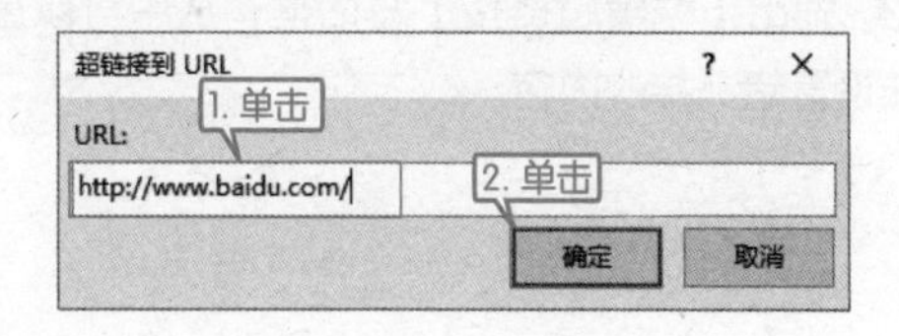

❺ 为文本添加超链接后，文本以下划线显示，效果如下图所示。按【F5】键放映幻灯片，单击添加超链接的文本，即可打开网页。

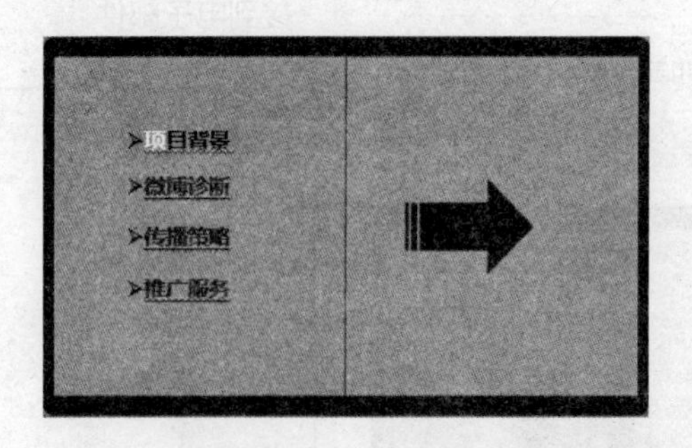

12.1.5 编辑超链接

创建超链接后，用户可以根据需要更改超链接或取消超链接。

1. 更改超链接

❶ 选中要更改的超链接，然后单击鼠标右键，在弹出的快捷菜单上选择【编辑超链接】选项。

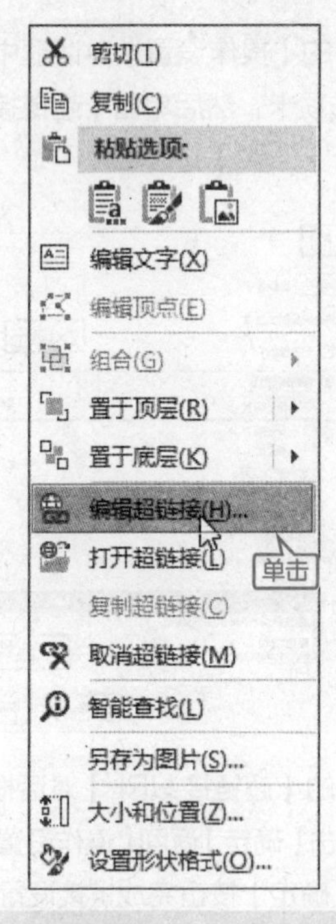

❷ 弹出【编辑超链接】对话框，从中可以重新设置超链接的内容。

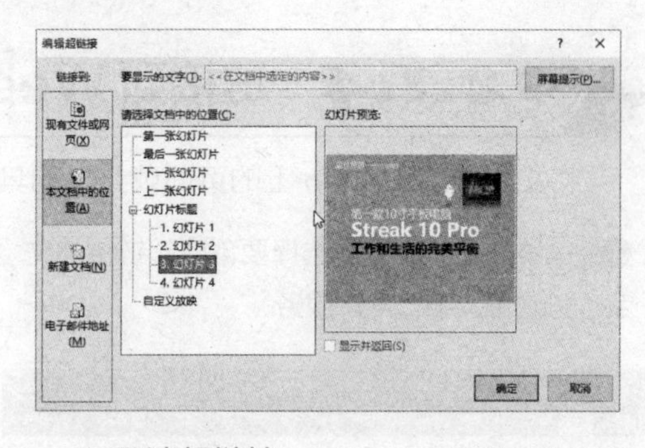

2. 取消超链接

如果当前幻灯片不需要再使用超链接，在要取消的超链接对象上单击鼠标右键，在弹出的快捷菜单上选择【取消超链接】选项即可。

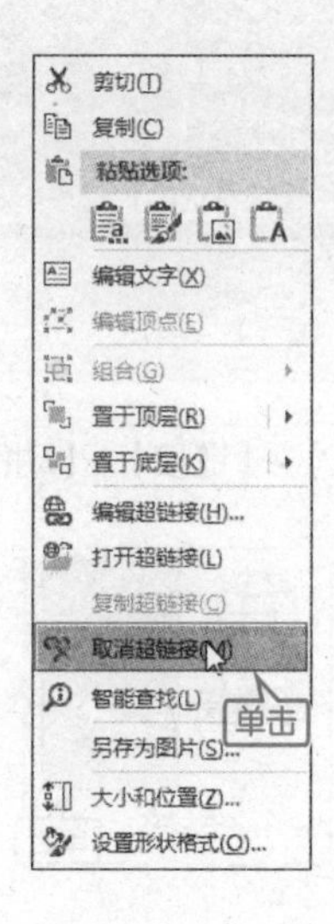

12.2 创建动作

本节视频教学录像：4 分钟

在 PowerPoint 2016 中，可以为幻灯片、幻灯片中的文本或对象创建超链接到幻灯片中，也可以创建动作到幻灯片中。

12.2.1 创建动作按钮

向幻灯片中创建动作按钮的具体操作方法如下。

❶ 打开随书光盘中的“素材\ch12\传播策略.pptx”文件，单击鼠标选中第一张幻灯片。

❷ 单击【插入】选项卡【插图】组中的【形状】按钮，在弹出的下拉列表中选择【动作按钮】区域的【动作按钮：前进或下一项】图标。

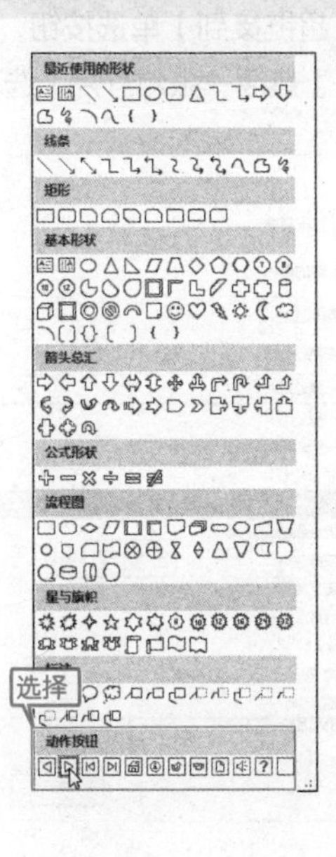

❸ 在幻灯片的左下角单击并按住鼠标不放拖曳到适当位置处释放，弹出【操作设置】对话框。选择【单击鼠标】选项卡，在【单击鼠标时的动作】区域中选中【超链接到】单选按钮，并在其下拉列表中选择【下一张幻灯片】选项。

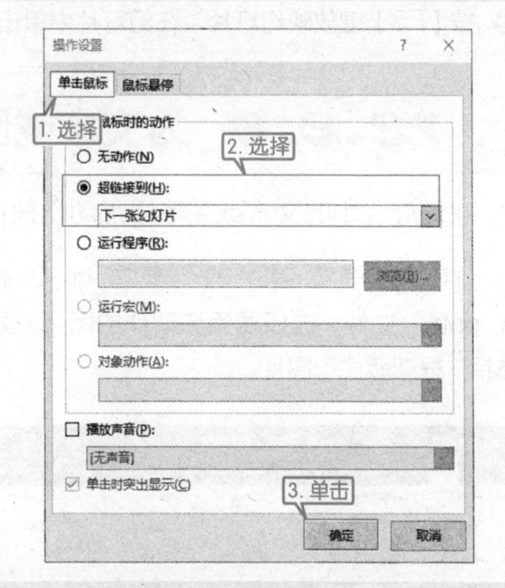

❹ 单击【确定】按钮，即可完成动作按钮的创建。

❺ 重复上述步骤的操作，为第 6 张幻灯片添加动作按钮。

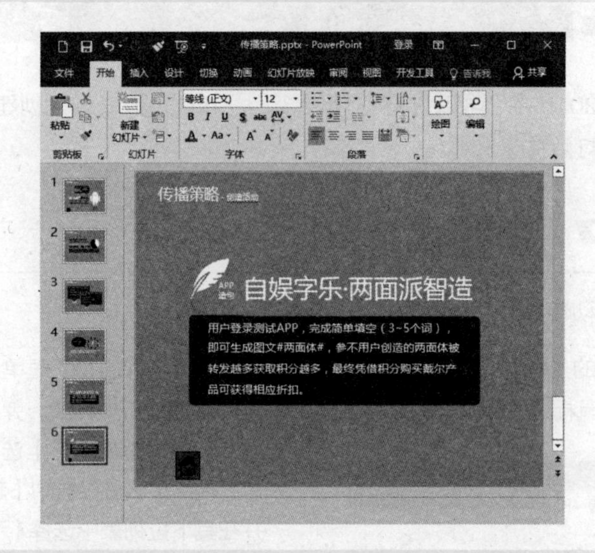

❻ 按【F5】键放映幻灯片，在幻灯片中单击添加的动作按钮即可实现相应的操作。

12.2.2 为文本或图片添加动作

向幻灯片中的文本或图形添加动作按钮的具体操作方法如下。

❶ 打开随书光盘中的“素材\ch12\版式.pptx”文件，选择要添加动作的图片，如选择“框架版式”图片。

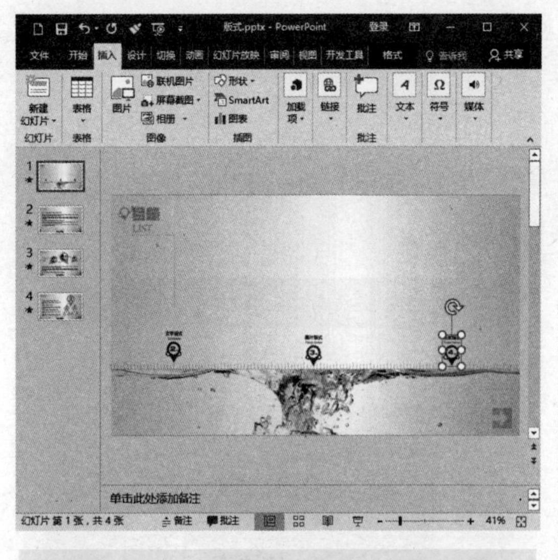

❷ 单击【插入】选项卡【链接】组中的【动作】按钮。

❸ 在弹出的【操作设置】对话框中选择【单击鼠标】选项卡，在【单击鼠标时的动作】区域中选中【超链接到】单选按钮，并在其下拉列表中选择【最后一张幻灯片】选项。

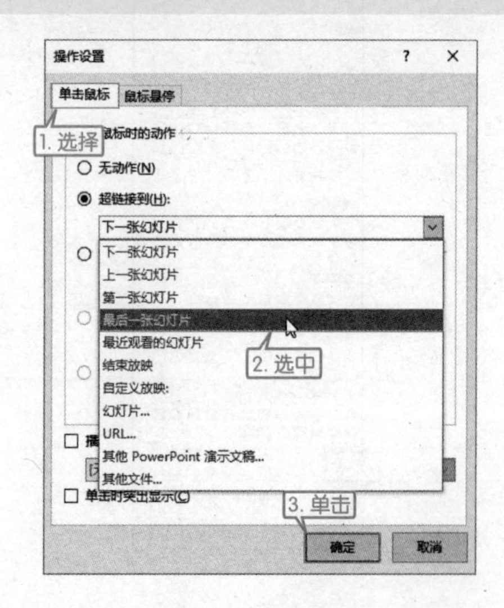

❹ 单击【确定】按钮，即可完成为图片添加动作按钮的操作。在放映幻灯片时，单击添加过动作的图片即可进行相应的动作操作。

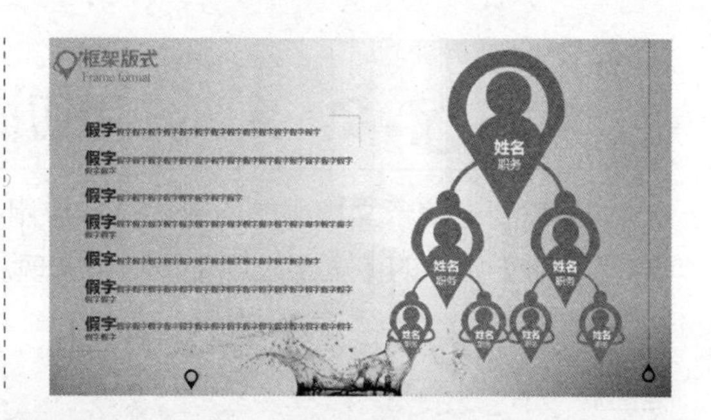

12.3 添加切换效果

本节视频教学录像：3 分钟

幻灯片切换效果是在演示期间从一张幻灯片移到下一张幻灯片时在【幻灯片放映】视图中出现的动画效果。幻灯片切换时产生的类似动画效果，可以使幻灯片在放映时更加生动形象。

12.3.1 给单张幻灯片添加切换效果

给单张幻灯片添加切换效果具体操作方法如下。

❶ 打开随书光盘中的“素材\ch12\添加切换效果.pptx”文件，选择需添加切换效果的幻灯片，这里选择第 1 张幻灯片。

❷ 单击【切换】选项卡【切换到此幻灯片】组中的【其他】按钮，在弹出的下拉列表中选择【细微型】➢【形状】选项，即可为选中的幻灯片添加形状的切换效果。

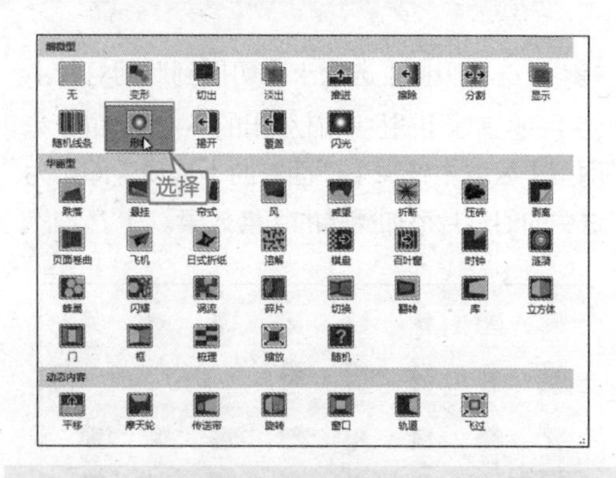

❸ 添加过细微型形状效果的幻灯片在放映时即可显示此切换效果，下面是切换效果时的部分截图。

提示 PowerPoint 2016 提供了细微型、华丽型和动态内容三种切换效果，本例应用的是细微型，添加其他两种切换效果的方法和细微型相同。

12.3.2 全部应用切换效果

如果需要向演示文稿中的所有幻灯片应用相同的幻灯片切换效果，可以单击【切换】选项卡【计时】组中的【全部应用】按钮来实现。

❶ 单击选中演示文稿中第二张幻灯片的缩略图。

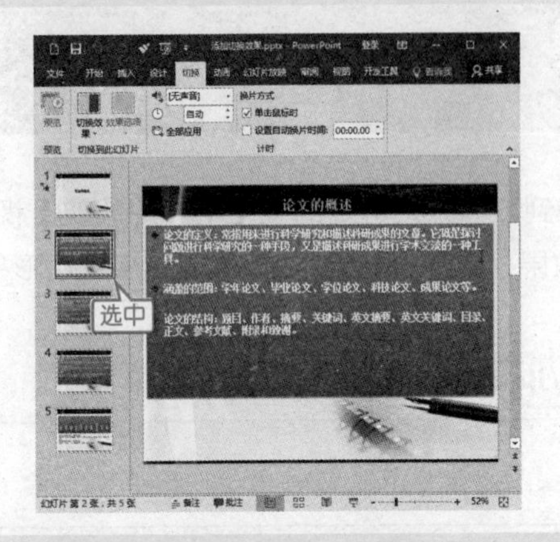

❷ 单击【切换】选项卡【切换到此幻灯片】组中的【其他】按钮，在弹出的下拉列表的【华丽型】区域中选择【页面卷曲】选项，即可为选中的幻灯片添加翻转的切换效果。

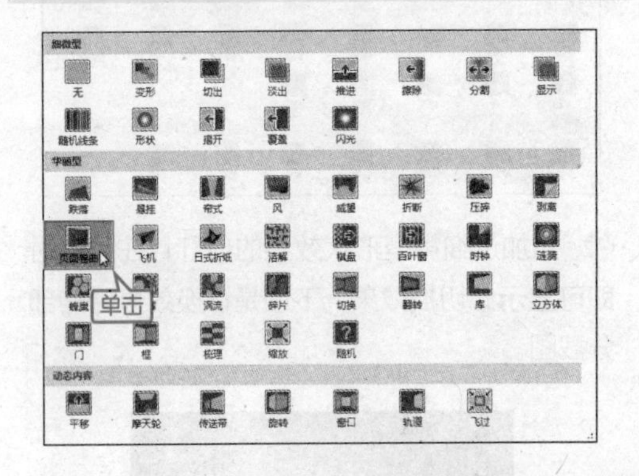

❸ 单击【切换】选项卡【计时】组中的【全部应用】按钮，即可为所有的幻灯片使用设置的切换效果。

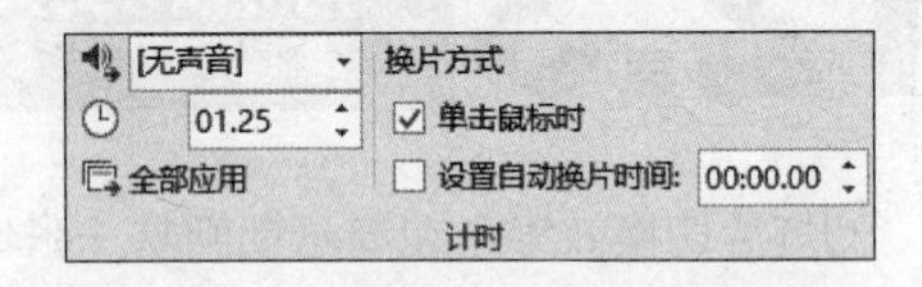

提示 设置【全部应用】后，如果需要对某一张幻灯的切换效果进行更改，可以参照上一节的内容，对某一张幻灯片的切换效果重新设置，例如重新将第一张幻灯片的切换效果设置为【细微型】的【形状】效果。

❹ 选中设置切换效果的幻灯片，单击【切换】选项卡【预览】组中的【预览】按钮，可以在【幻灯片】窗格中预览切换效果。

12.4 设置切换效果

本节视频教学录像：4 分钟

为幻灯片添加切换效果后，可以设置切换效果的持续时间，并添加声音，甚至还可以对切换效果的属性进行自定义。

12.4.1 更改切换效果的属性

更改幻灯片切换效果属性的具体操作方法如下。

❶ 接上一节操作，在普通视图下，选择第一张幻灯片。

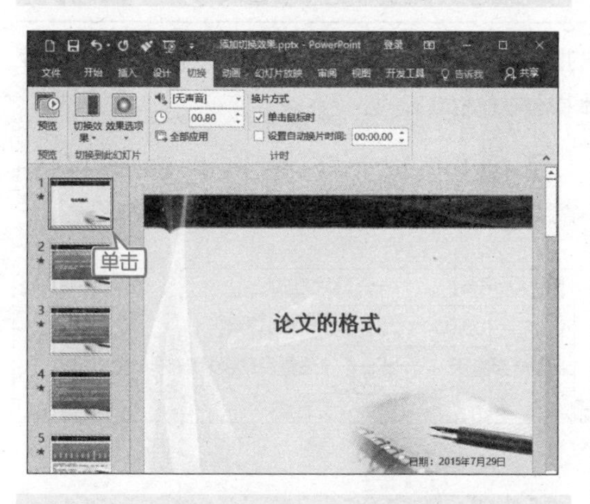

❷ 单击【切换】选项卡【切换到此幻灯片】组中的【效果选项】按钮，在弹出的下拉列表中将默认的【圆形】改为【菱形】。

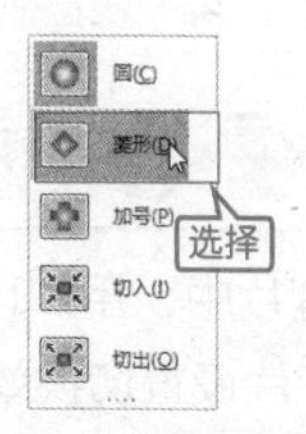

❸ 效果属性更改后，按F5键进行幻灯片播放，显示如下图所示。

提示 幻灯片添加的效果不同，【效果选项】的下拉列表中的选项也不相同。

12.4.2 为切换效果添加声音

如果想使切换的效果更逼真，可以为其添加声音效果。为幻灯片切换效果添加声音的具体操作方法如下。

❶ 选择要添加声音效果的第 2 张幻灯片。

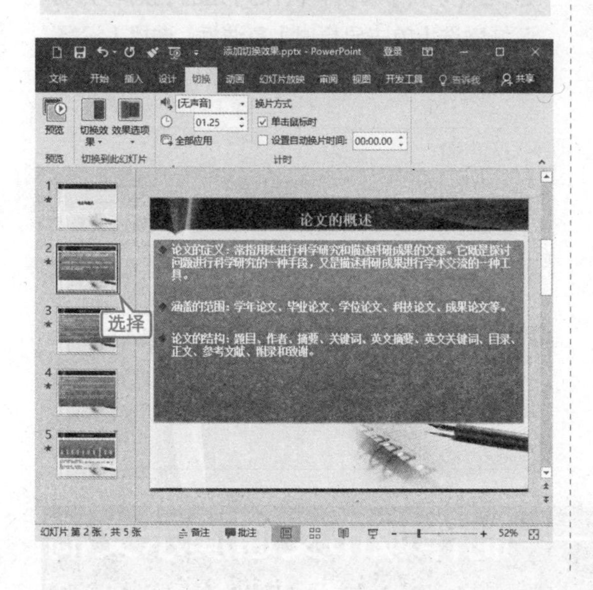

❷ 单击【切换】选项卡【计时】组中的【声音】下拉按钮，在弹出的下拉列表中选择【照相机】选项，在切换幻灯片时将会自动播放该声音。

提示 除了选择 PowerPoint 提供的声音外，还可以从弹出的下拉列表中选择【其他声音】选项来添加自己想要的效果。

12.4.3 设置效果的持续时间

在切换幻灯片中，用户可以为其设置持续的时间，从而控制切换速度，以便查看幻灯片的内容。为幻灯片设置切换效果持续时间的具体操作方法如下。

❶ 选择要设置切换速度的第 3 张幻灯片。

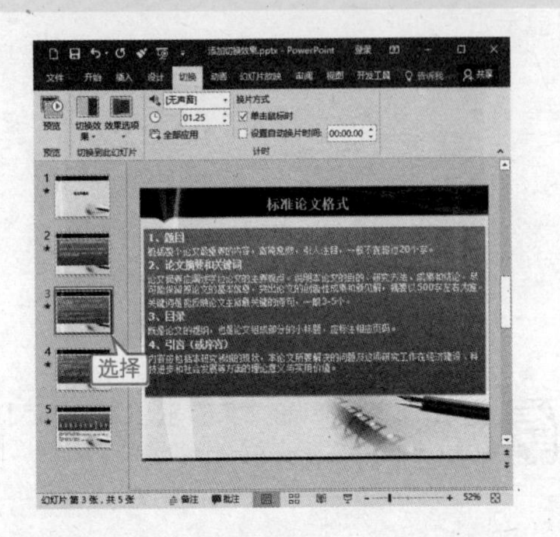

❷ 在【切换】选项卡【计时】组中，单击选中【持续时间】文本框，将持续时间改为“2.00”。

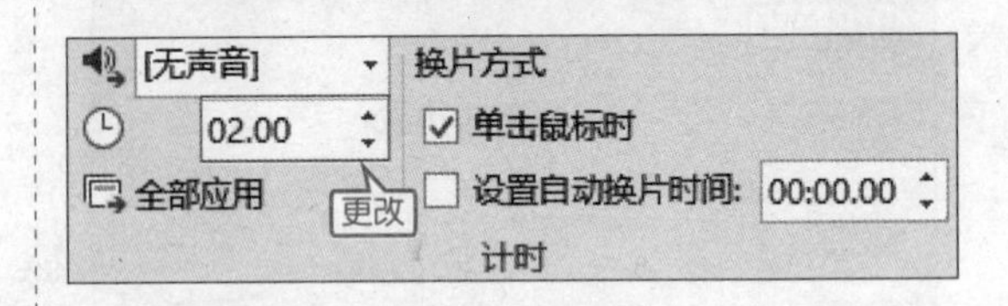

12.4.4 设置切换方式

切换演示文稿中的幻灯片的方式包括单击鼠标时切换和设置自动换片时间两种。设置切换方式的具体操作方法。

❶ 选择要设置切换方式的第 4 张幻灯片。

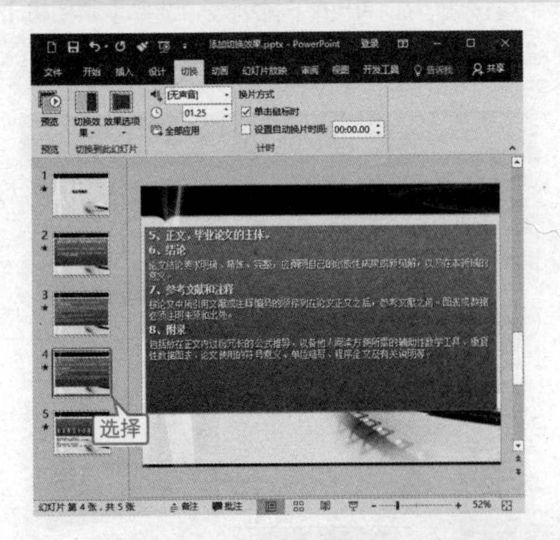

❷ 在【切换】选项卡【计时】组的【换片方式】区域撤选【单击鼠标时】复选框，选择【设置自动换片时间】复选框，并设置换片时间为 2 秒。

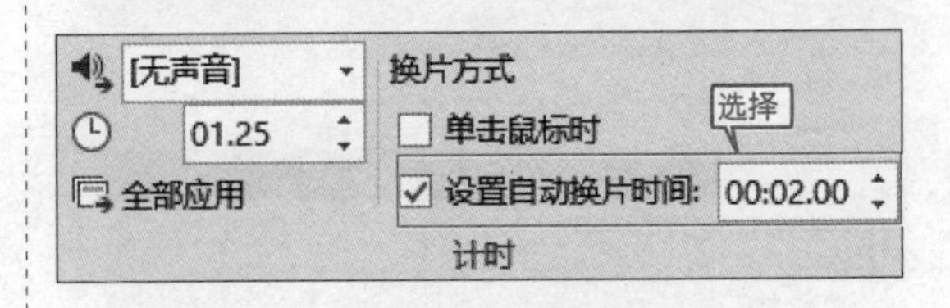

提示 【单击鼠标时】复选框和【设置自动换片时间】复选框可以同时选中，这样切换时既可以单击鼠标切换，也可以在设置的自动切换时间后切换。

12.5 综合实战——制作城市交通演示文稿

本节视频教学录像：20 分钟

城市交通对现代生活具有很重要的作用，一个城市的交通发达状态决定了城市的发展。制作城市交通演示文稿有助于了解城市交通的现状，并为未来城市交通规划打下良好的基础。

【案例效果展示】

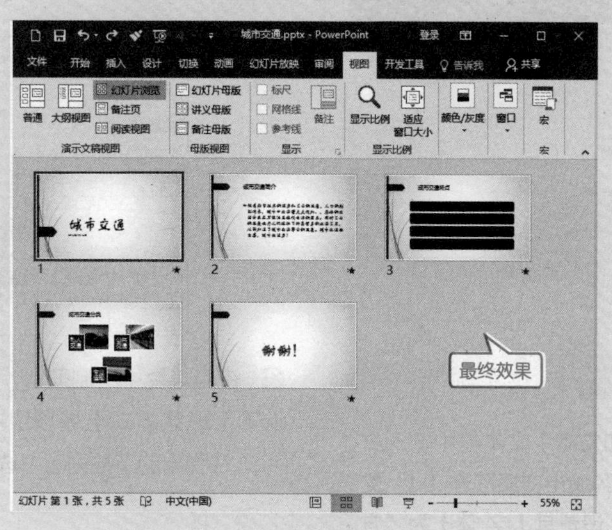

【案例涉及的知识点】

- 设置字体格式
- 插入形状
- 插入 SmartArt 图形
- 插入艺术字
- 切换效果

【操作步骤】

第 1 步：制作首页幻灯片

本节主要涉及使用内置主题、设置字体格式等内容。

❶ 新建演示文稿并保存为“城市交通 .pptx”文件，单击【设计】选项卡下【主题】选项组的【其他】按钮，在弹出的下拉列表中选择一种主题样式。

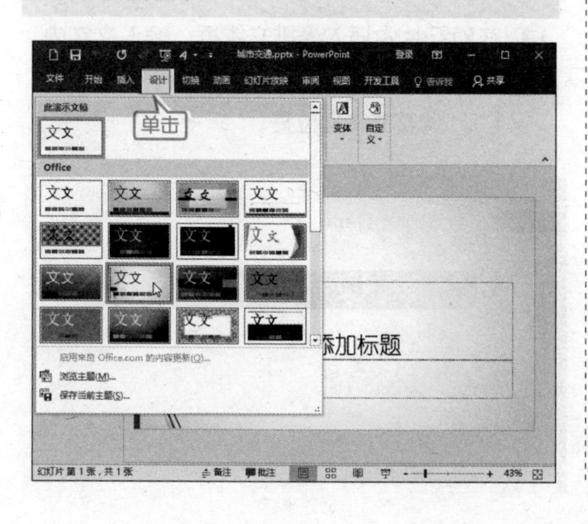

❷ 选中第一张幻灯片中的标题文字，设置【字体】为“方正舒体”、【字号】为“96”，输入副标题后如图所示。

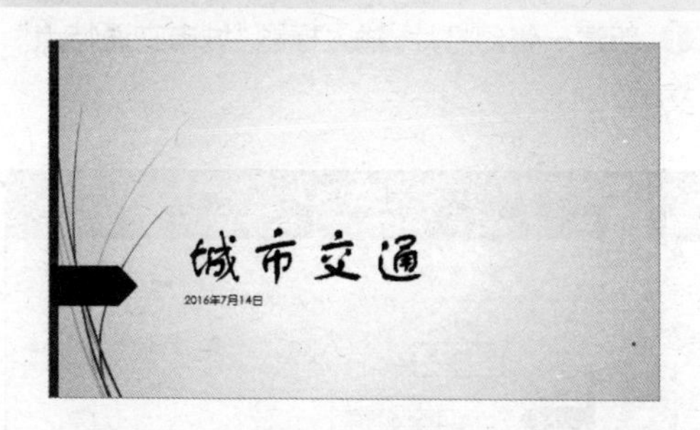

第 2 步：制作城市交通简介幻灯片

本节主要涉及输入文本、设置字体格式等内容。

❶ 新建一张幻灯片，在【单击此处添加标题】文本框中输入标题“城市交通简介”。

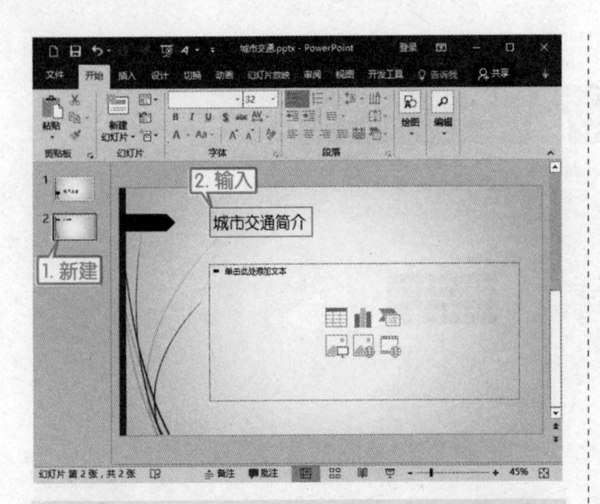

❷ 在【单击此处添加文本】文本框中输入文本内容（“素材\ch12\城市交通简介.txt”文件，复制粘贴即可），设置其【字 体】为“方正舒体”，【字号】为“32”。

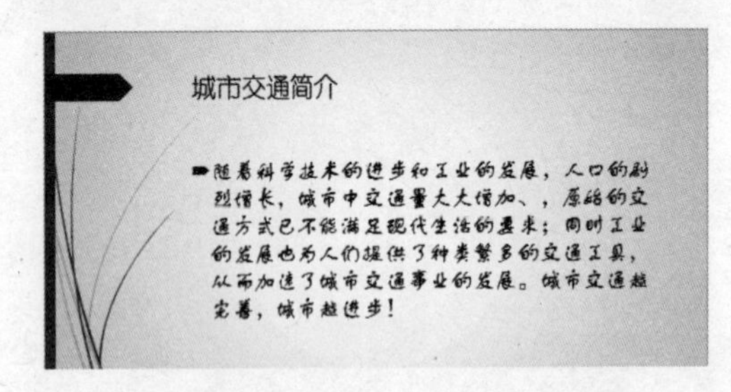

第 3 步：制作城市交通特点幻灯片

本节主要涉及插入形状、输入文本、设置字体格式等内容。

❶ 新建一张幻灯片，输入标题“城市交通特点”文本。

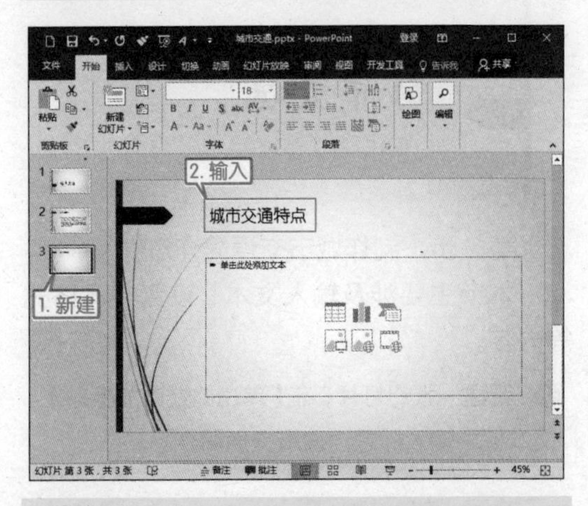

❷ 删除【单击此处添加文本】文本框，单击【插入】选项卡下【插图】选项组中的【形状】按钮，在弹出的下拉列表中选择【圆角矩形】选项。

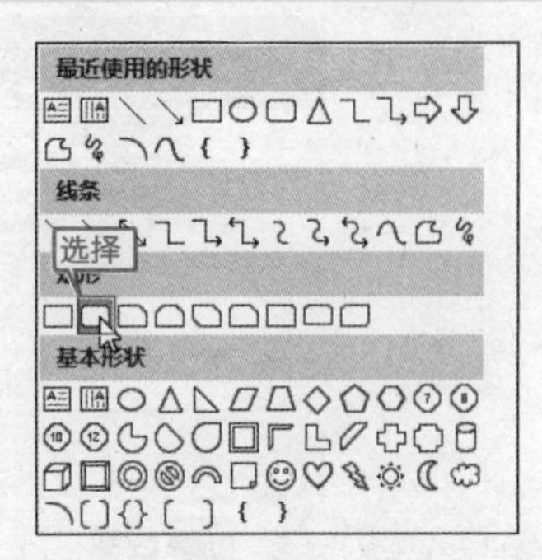

❸ 在幻灯片中绘制形状，单击【格式】选项卡下【形状样式】选项组中的【其他】按钮，在弹出的下拉列表中选择一种形状样式。

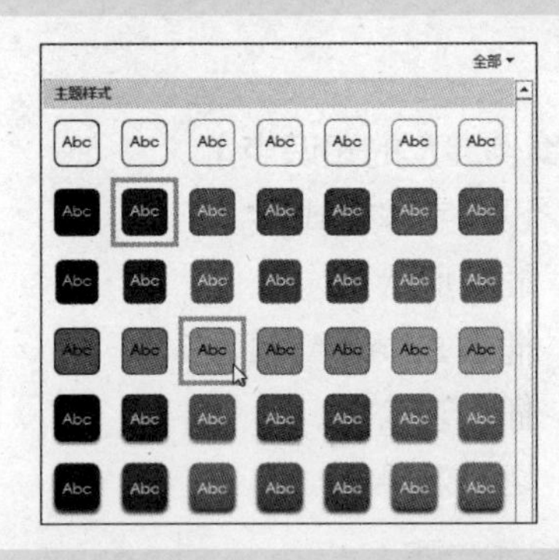

❹ 单击【插入】选项卡下【文本】选项组中的【文本框】按钮，在弹出的下拉列表中选择【横排文本框】选项。

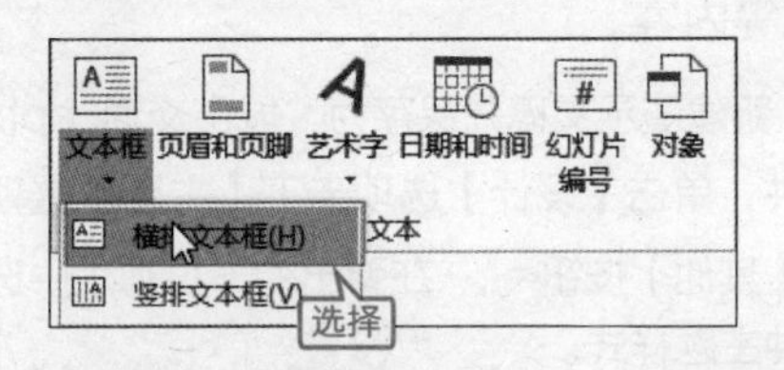

❺ 在幻灯片中插入横排文本框，输入文字内容，设置其【字体】为“幼圆”，【字号】为“24”，调整文本框位置。

❻ 使用同样的方法插入其他的形状及文本框，输入文字并调整文本框位置后如下图所示。

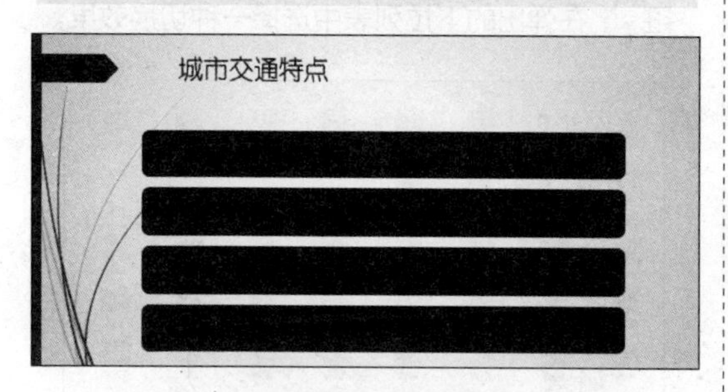

第 4 步：制作城市交通分类幻灯片

本节主要涉及插入 SmartArt 图形、插入图片、输入文本、设置 SmartArt 图形格式等内容。

❶ 新建一张幻灯片，输入标题“城市交通分类”文本。删除【单击此处添加文本】文本框后如下图所示。

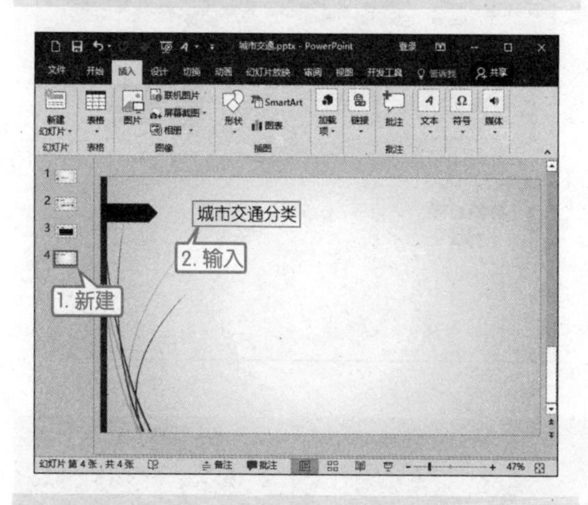

❷ 单击【插入】选项卡下【插图】选项组中的【SmartArt 图形】按钮，在弹出的【选择 SmartArt 图形】对话框中选择一种 SmartArt 图形，这里选择【图片】选项中的【蛇形图片块】选项，单击【插入】按钮。

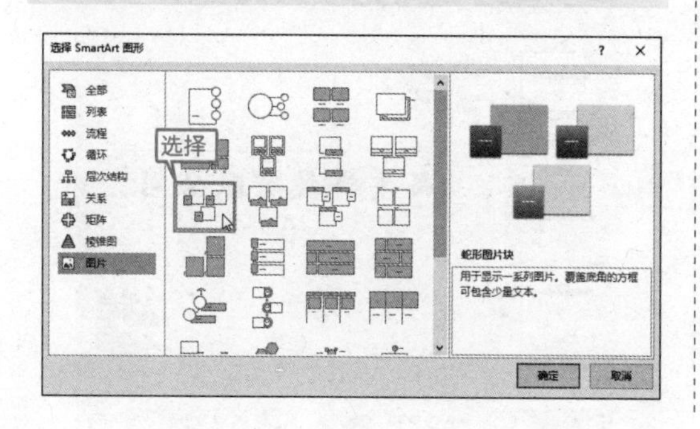

❸ 在插入的 SmartArt 图像的文本框中输入“私人交通”“公共交通”和“专业运输”。

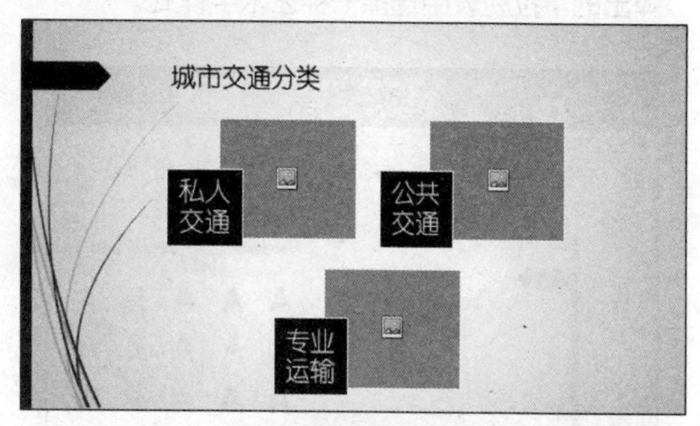

❹ 单击 SmartArt 图形中的图片按钮，在弹出【插入图片】窗口，单击【浏览】按钮，在弹出的【插入图片】中，选择“素材\ch12\1.jpg、2.jpg 和 3.jpg”三张图片文件。

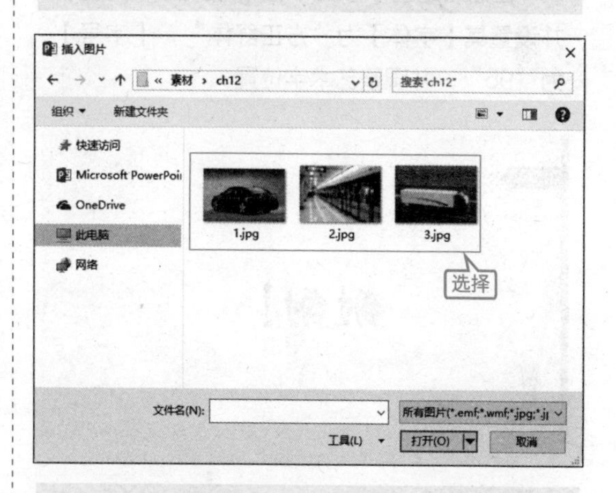

❺ 在 SmartArt 图形的【图片】框中插入图片后如下图所示。

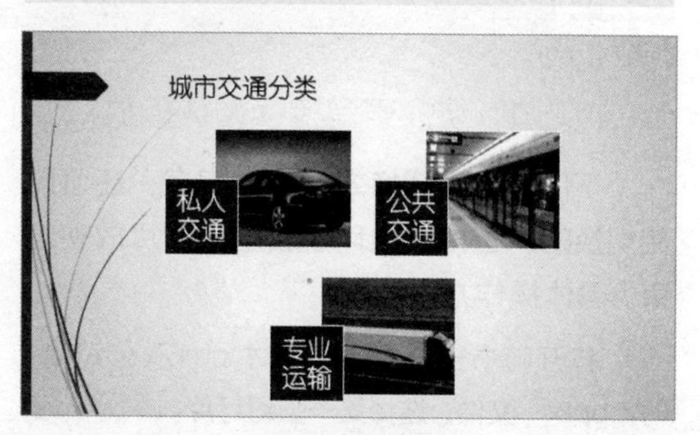

第 5 步：制作结束幻灯片，设置幻灯片转换效果

本节主要涉及插入艺术字、设置转换效果等内容。

❶ 新建一张空白幻灯片，单击【插入】选项卡下【文本】选项组中的【艺术字】按钮，在弹出的下拉列表中选择一种艺术字样式。

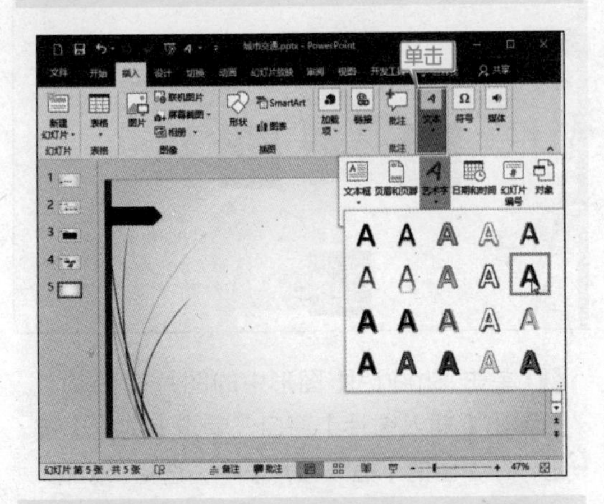

❷ 在插入的艺术字文本框中输入文本内容，并设置其【字体】为“方正舒体”，【字号】为“96”，并调整艺术字位置。

❸ 选择第一张幻灯片，单击【切换】选项卡下【切换到此幻灯片】选项组中的【其他】按钮，在弹出的下拉列表中选择一种切换效果。

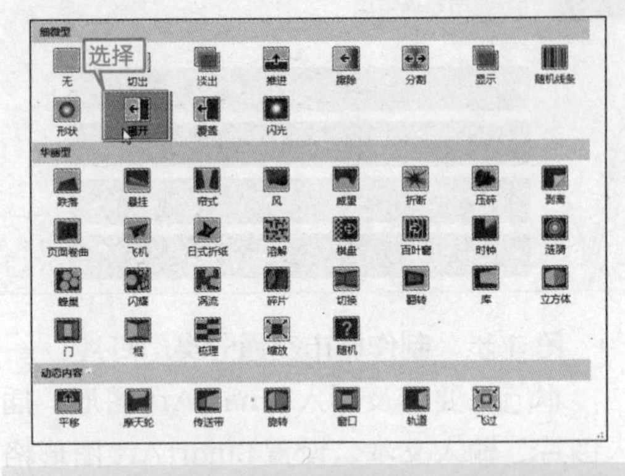

❹ 使用同样的方法为其他幻灯片添加切换效果，最终结果如下图所示。

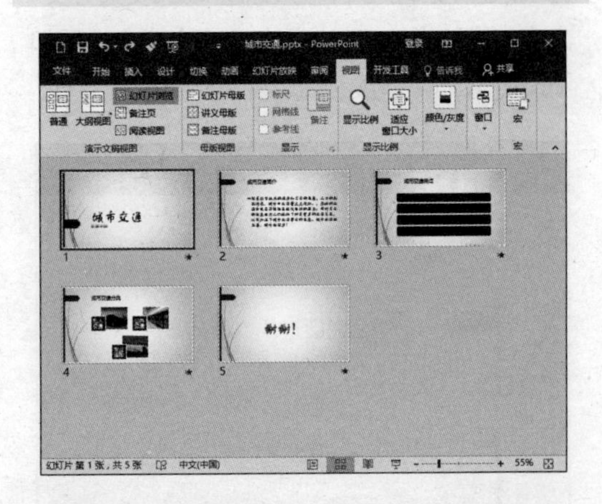

高手私房菜

本节视频教学录像：5 分钟

技巧 1：切换声音持续循环播放

不但可以为切换效果添加声音，还可以使切换的声音持续循环播放至幻灯片放映结束。具体操作方法如下。

❶ 打开随书光盘中的“素材 \ch12\ 公司简介 .pptx”文件，选择第一张幻灯片。

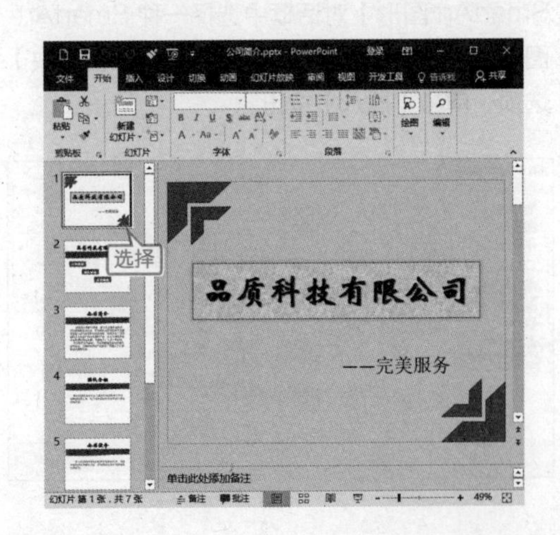

❷ 单击【切换】选项卡【计时】组中的【声音】按钮。从弹出的下拉列表中选择【鼓掌】效果。

❸ 重复步骤❷，从弹出的下拉列表中选中【播放下一段声音之前一直循环】复选框。设置完成后在播放幻灯片时，该声音即可在下一段声音出现前持续循环播放。

技巧 2：在 PowerPoint 演示文稿中创建自定义动作

在 PPT 演示文稿中经常要用到链接功能，这一功能既可以使用超链接功能实现，也可以使用【动作按钮】功能来实现。

下面，我们建立一个“服务宗旨”按钮，以链接到第 6 张幻灯片上。

❶ 选择要创建自定义动作按钮的第 2 张幻灯片。

❷ 单击【插入】选项卡【插图】组中的【形状】按钮，在弹出的下拉列表中选择【动作按钮】区域的【动作按钮：自定义】图标。

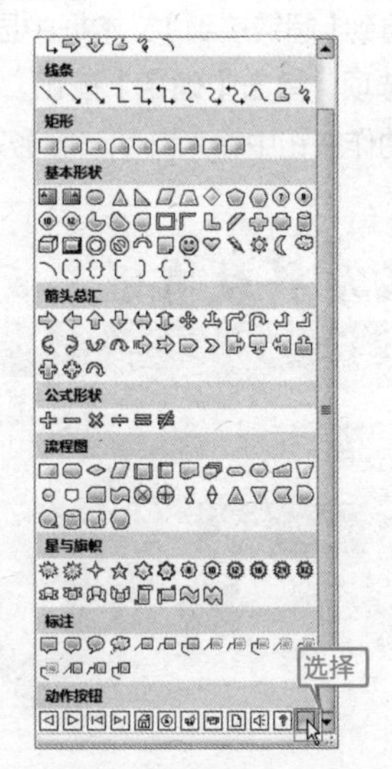

❸ 在幻灯片的右下角单击并按住鼠标不放拖曳到适当位置处释放，弹出【操作设置】对话框。选择【单击鼠标】选项卡，在【单击鼠标时的动作】区域中选中【超链接到】单选按钮，并在其下拉列表中选择【幻灯片】选项。

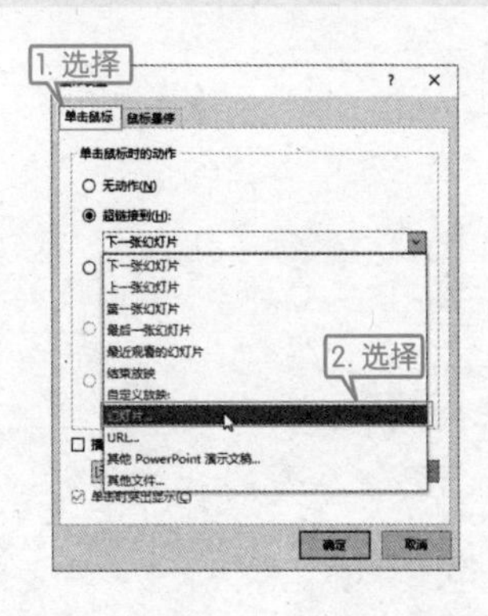

❹ 弹出【超链接到幻灯片】对话框，在【幻灯片标题】下拉列表中选择【服务宗旨】选项。

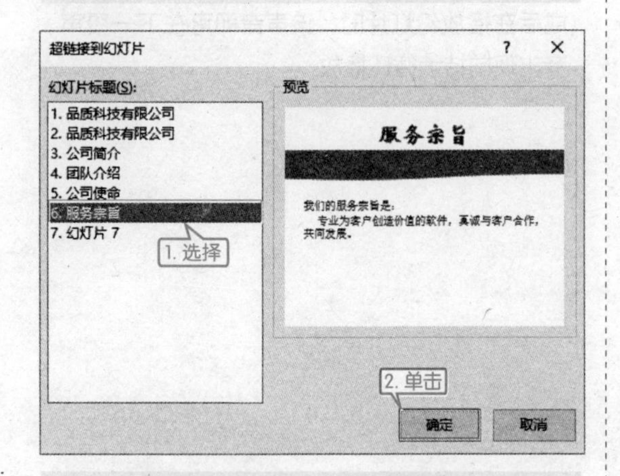

❺ 单击【确定】按钮，在【操作设置】对话框中可以看到【超链接到】文本框中显示了【服务宗旨】选项。单击【确定】按钮，在幻灯片中创建的动作按钮中输入文字“服务宗旨”。

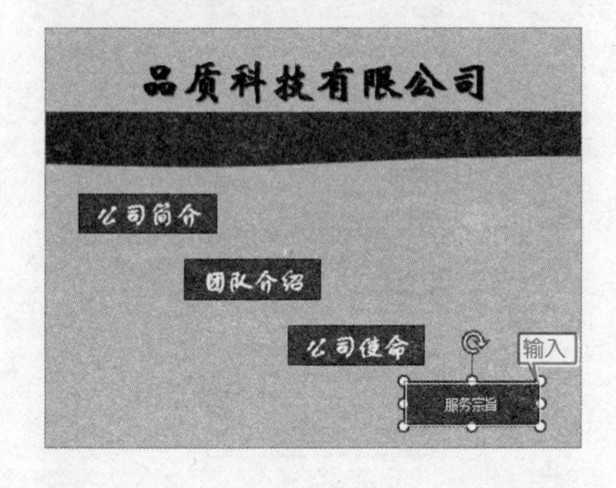

❻ 选中文字“服务宗旨”，在【开始】选项卡【字体】组中设置字体为“方正舒体”，字号为“32”，并设置为加粗。

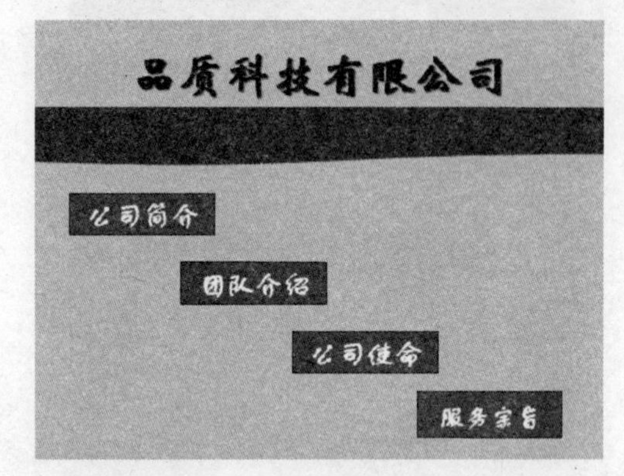

❼ 设置完成后，在放映幻灯片时，单击该按钮即可直接切换到第 6 张幻灯片。

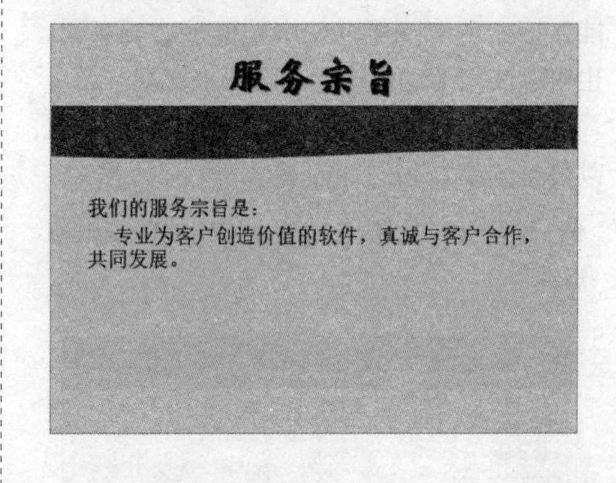

第 4 篇

演示与发布篇

第13章 PPT 的演示操作

第14章 PPT 的放映

第15章 PPT 的打印与发布

第13章

PPT 的演示操作

本章视频教学录像：18 分钟

高手指引

我们制作的 PPT 主要是用来给观众进行演示的，掌握幻灯片播放的方法与技巧并灵活使用，可以达到意想不到的效果。本章主要介绍 PPT 演示应遵循的原则和一些设置方法，包括演示方式、开始演示幻灯片的方法等内容。用户通过对这些 PPT 演示内容的学习，能够更好地提高演示效率。

重点导读

- 熟悉 PPT 的演示原则
- 熟悉 PPT 的一些演示技巧
- 熟悉 PPT 的演示方式

13.1 PPT 的演示原则

本节视频教学录像：10 分钟

为了让制作的 PPT 更加出彩，效果更加合乎人心，既要关注 PPT 制作的要领，还要遵循 PPT 的演示原则。

1. 10 种使用 PowerPoint 的方法

⑴ 采用强有力的材料支持演示者的演示。

⑵ 简单化。最有效的 PPT 很简单，只需要易于理解的图表和反映演讲内容的图形。

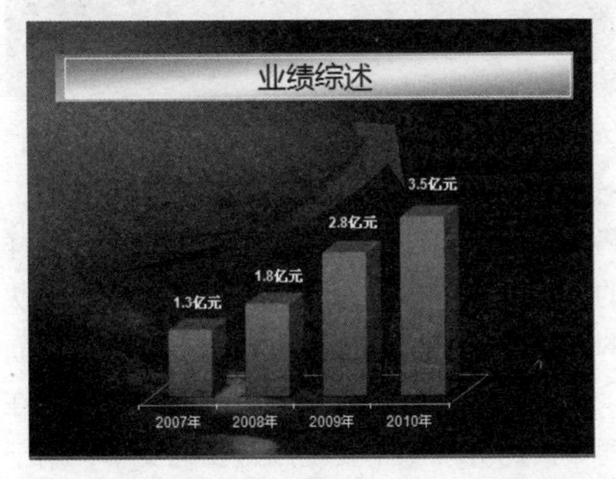

⑶ 最小化幻灯片数量。PPT 的魅力在于能够以简明的方式传达观点和支持演讲者的评论，因此幻灯片的数量并不是越多越好。

⑷ 不要照念 PPT。演示文稿与扩充性和讨论性的口头评论搭配才能达到最佳效果，而不是照念屏幕上的内容。

⑸ 安排评论时间。在展示新幻灯片时，先要给观众阅读和理解幻灯片内容的机会，然后再加以评论，拓展并增补屏幕内容。

⑹ 要有一定的间歇。PPT 是口头评语最有效的视觉搭配。经验丰富的 PPT 演示者会不失时机地将屏幕转为空白或黑屏，这样不仅可以带给观众视觉上的休息，还可以有效地将注意力集中到更需要口头强调的内容中，例如分组讨论或问答环节等。

⑺ 使用鲜明的颜色。文字、图表和背景颜色的强烈反差在传达信息和情感方面是非常有效的，恰当地运用鲜明的颜色，在传达演示意图时会起到事半功倍的效果。

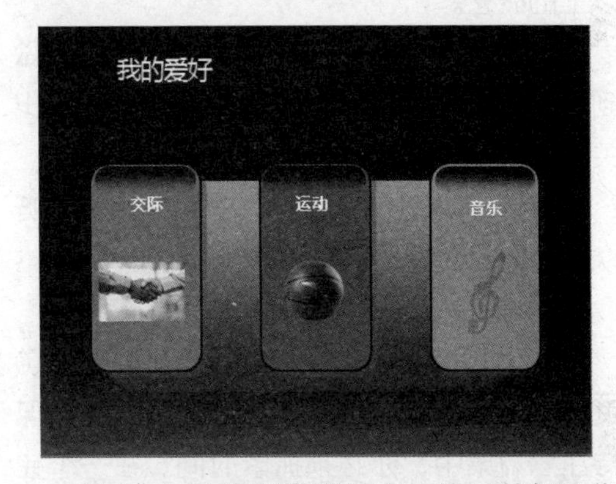

⑻ 导入其他影像和图表。使用外部影像（如视频）和图表能增强多样性和视觉吸引力。

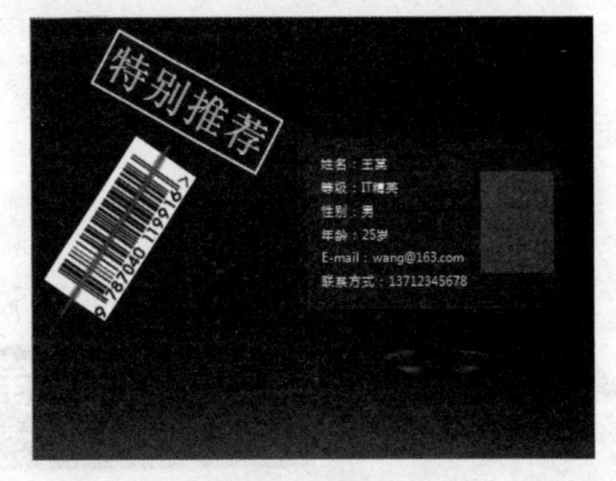

⑼ 演示前要严格编辑。在公众面前演示幻灯片前，一定要严格进行编辑，因为这是完善总体演示的好机会。

⑽ 在演示结尾分发讲义，而不是在演示

过程中。这样有利于集中观众的注意力，从而充分发挥演示文稿的意义。

2. PowerPoint10/20/30 原则

PPT 的演示原则在这里我们总结为 PowerPoint10/20/30 原则。

简单地说 PowerPoint10/20/30 原则，就是一个 PowerPoint 演示文稿，应该只有 10 页幻灯片，持续时间不超过 20 分钟，字号不小于 30 磅。这一原则可适用于任何能达成协议的陈述，如募集资本、推销、建立合作关系等。

(1) PPT 演示原则——10。

10，是 PPT 演示中最理想的幻灯片页数。一个普通人在一次会议里不可能理解 10 个以上的概念。

这就要求在制作演示文稿的过程中要做到让幻灯片一目了然，包括文字内容要突出关键、化繁为简等。

简练的说明在吸引观众的眼球和博取听众的赞许方面是很有帮助的。

(2) PPT 演示原则——20。

20，是指必须在 20 分钟里介绍上述 10 页 PPT。事实上很少有人能在很长时间内保持注意力集中，你必须抓紧时间。在一个完美的情况下，你在 20 分钟内完成你的介绍，就可以留下较多点的时间进行讨论。

(3) PPT 演示原则——30。

30，是指 PPT 文本内容的文本字号尽可能大。

大多数 PPT 都使用不超过 20 磅字体的文本，并试图在一页幻灯片里挤进尽可能多的文本。

每页幻灯片里都挤满字号很小的文本，一方面说明演示者对自己的材料不够熟悉，另一面并不是说文本越多越有说服力。这样的话往往抓不住观众的眼球，让人没有主次的感觉及新鲜感，也无法锁住观众的注意力。

因此在制作演示文稿的时候，要考虑在同一页幻灯片里不要使用过多的文本，用于演示的 PPT 字号不要太小。最好使用雅黑、黑体、幼圆和 Arial 等这些笔画比较均匀的字体，用起来比较放心。

13.2 PPT 的演示技巧

本节视频教学录像：8 分钟

一个好的 PPT 演讲不是源于自然、有感而发，而是需要演讲者的精心策划与细致的准备，同样必须对 PPT 演讲的技巧有所了解。

1. PowerPoint 自动黑屏

在使用 PowerPoint 进行报告时，有时候需要进行互动讨论，这时为了避免屏幕上的图片或小动画影响观众的注意力，可以按一下键盘中的【B】键，此时屏幕将会黑屏，待讨论完后再按一下【B】键即可恢复正常。

> **提示** 按【W】键可以白屏，也会产生类似的效果。

也可以在播放的演示文稿中右键单击，在弹出的快捷菜单中选择【屏幕】菜单命令，然后在其子菜单中选择【黑屏】或【白屏】命令。

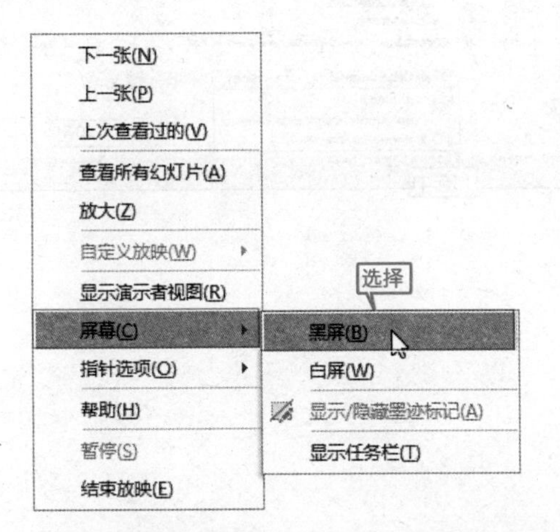

退出黑屏或白屏时，也可以在转换为黑屏或白屏的页面上右键单击，在弹出的快捷菜单中选择【屏幕】菜单命令，然后在其子菜单中选择【屏幕还原】命令即可。

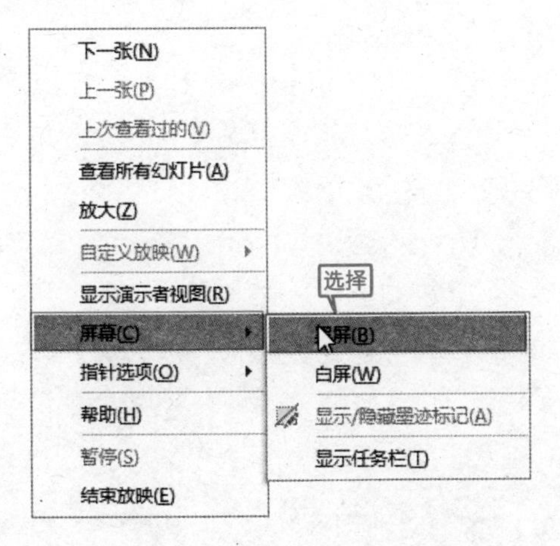

2. 快速定位放映中的幻灯片

在播放 PowerPoint 演示文稿时，如果要快进到或退回到第 5 张幻灯片，可以按下数字 5 键，然后再按下【Enter】键即可。

若要从任意位置返回到第一张幻灯片，同时按下鼠标左右键并停留 2 秒钟以上即可。

3. 在放映幻灯片时显示快捷方式

在放映幻灯片时，如果想用快捷键，但一时又忘了快捷键的操作，可以按下【F1】键（或【SHIFT+?】组合键），在弹出的【幻灯片放映帮助】对话框中可以显示快捷键的操作提示。

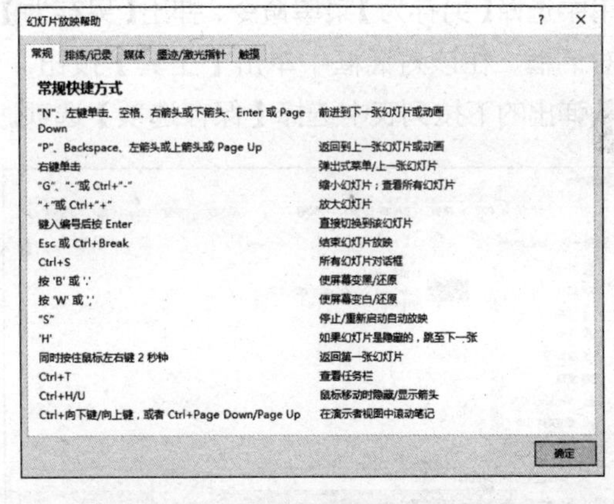

弹出【幻灯片放映帮助】对话框，也可以在播放演示文稿时，在页面上右键单击，在弹出的快捷菜单中选择【帮助】命令。

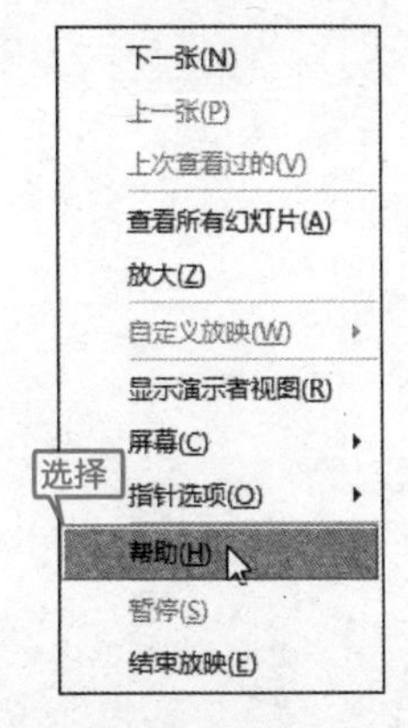

4. 让幻灯片自动播放

要让 PowerPoint 的幻灯片自动播放，而不需要先打开 PPT 再播放。方法是打开文稿前将该文件的扩展名从 .pptx 改为 .pps 后再双击打开即可。这样一来就避免了每次都要先打开这个文件才能进行播放所带来的不便和烦琐。

5. 保存特殊字体

为了获得好的效果，人们通常会在幻灯片中使用一些非常漂亮的字体，可是将幻灯片复制到演示现场进行播放时，这些字体变成了普通字体，甚至还因字体而导致格式变得不整齐，严重影响演示效果。

在 PowerPoint 中可以同时将这些特殊字体保存下来以供使用。

单击【文件】选项卡，在弹出的下拉菜单中选择【另存为】菜单命令，弹出【另存为】对话框。在该对话框中单击【工具】按钮，从弹出的下拉列表中选择【保存选项】选项。

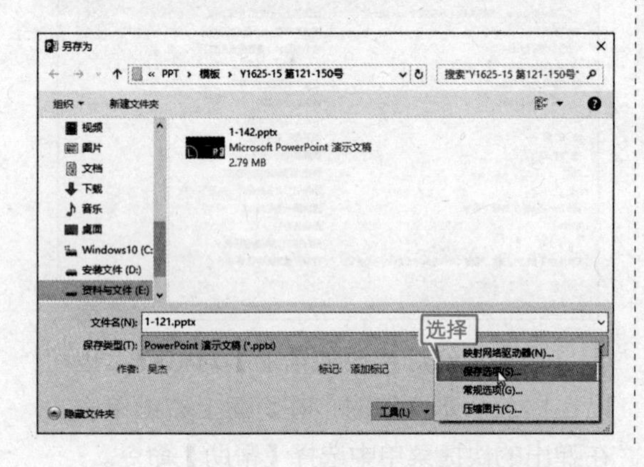

在弹出的【PowerPoint 选项】对话框中选中【将字体嵌入文件】复选框，然后根据需要选中【仅嵌入演示文稿中使用的字符（适于减小文件大小）】或【嵌入所有字符（适于其他人编辑）】单选按钮，最后单击【确定】按钮保存该文件即可。

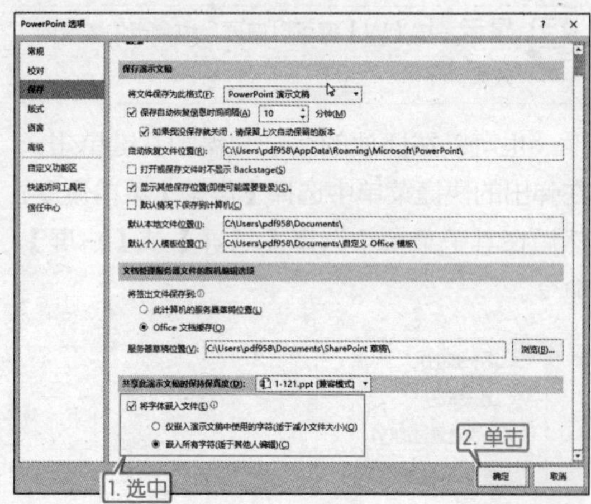

第  章

PPT 的放映

 本章视频教学录像：19 分钟

高手指引

制作好的幻灯片通过检查之后就可以进行播放使用了，掌握幻灯片播放的方法与技巧并灵活运用，可以达到意想不到的效果。

重点导读

- 掌握 PPT 的一些演示方法
- 掌握放映 PPT 的方法
- 掌握为幻灯片添加注释的方法

14.1 演示方式

本节视频教学录像：7 分钟

在 PowerPoint 2016 中，演示文稿的放映类型包括演讲者放映、观众自行浏览和在展台浏览等 3 种。

演示方式的设置可以通过单击【幻灯片放映】选项卡【设置】组中的【设置幻灯片放映】按钮，然后在弹出的【设置放映方式】对话框中进行放映类型、放映选项及换片方式等设置。

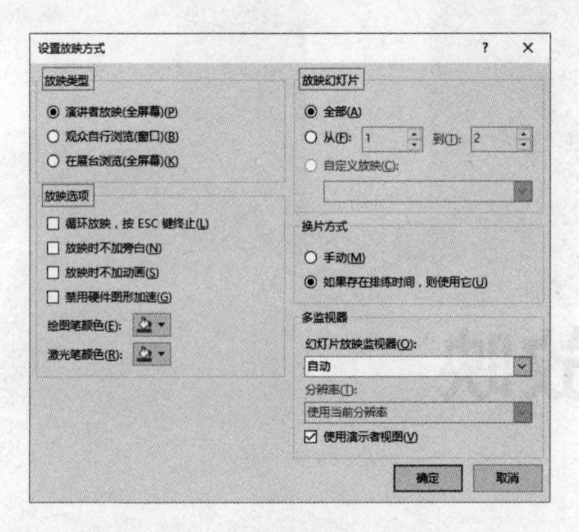

14.1.1 演讲者放映

演示文稿放映方式中的演讲者放映方式是指由演讲者一边讲解一边放映幻灯片，此演示方式一般用于比较正式的场合，如专题讲座、学术报告等。

将演示文稿的放映方式设置为演讲者放映的具体操作方法如下。

❶ 打开随书光盘中的“素材\ch14\生活随时间变迁.pptx”文件。

❷ 单击【幻灯片放映】选项卡【设置】组中的【设置幻灯片放映】按钮。在弹出【设置放映方式】对话框，在【放映类型】区域中选中【演讲者放映（全屏幕）】单选按钮，即可将放映方式设置为演讲者放映方式。

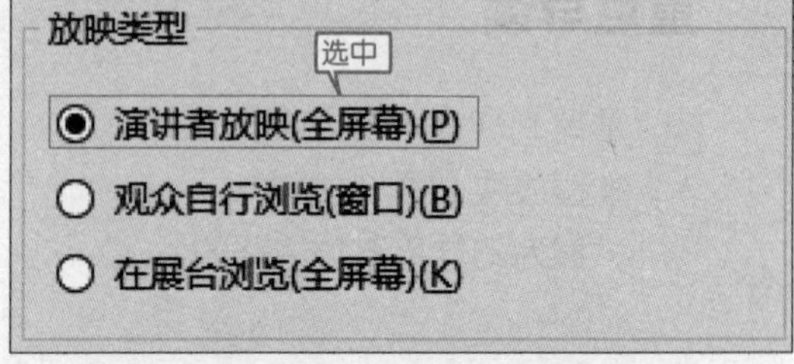

❸ 在【设置放映方式】对话框的【放映选项】区域可以设置放映时是否循环放映、放映时是否添加旁白及动画等。

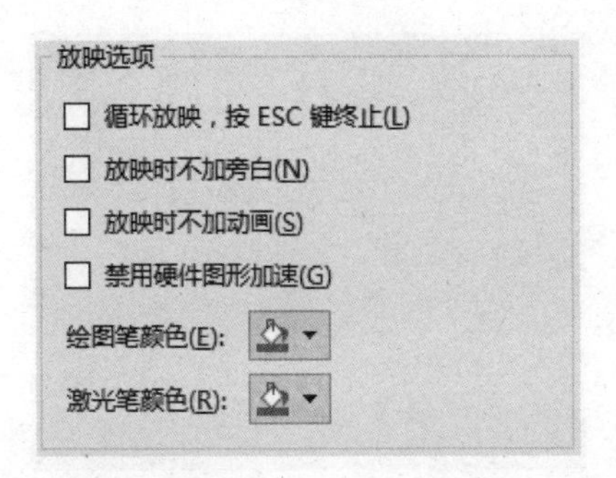

提示　选中【循环放映，按 Esc 键终止】复选框，可以设置在最后一张幻灯片放映结束后，自动返回到第一张幻灯片继续放映，直到按下键盘上的【Esc】键结束放映。选中【放映时不加旁白】复选框表示在放映时不播放在幻灯片中添加的声音。选中【放映时不加动画】复选框表示在放映时原来设定的动画效果将被屏蔽。

❹ 在【放映幻灯片】区域中可以设置放映全部幻灯片，或从第几页到第几页幻灯片使用演讲者放映方式，这里选择从 1 到 2。

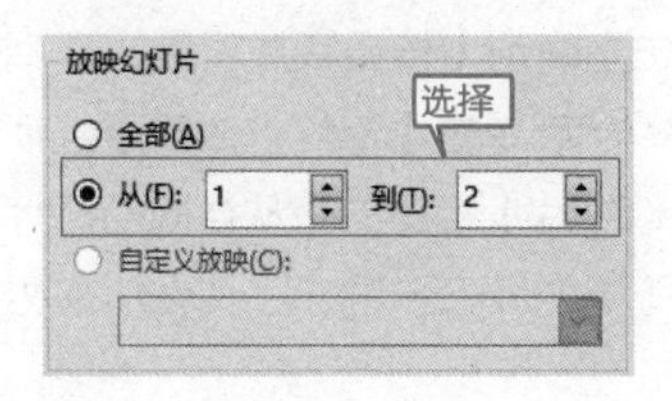

提示　在【换片方式】区域中选择【如果存在排练时间，则使用它】单选按钮，这样多媒体报告在放映时便能自动换页。如果选中【手动】单选按钮，则在放映多媒体报告时，必须单击鼠标才能切换幻灯片。

❺ 单击【确定】按钮完成设置，然后单击【幻灯片放映】选项卡【开始放映幻灯片】组中的【从头开始】按钮。如下图所示为演讲者放映方式下的第 1 页幻灯片的演示状态。

14.1.2 观众自行浏览

观众自行浏览由观众自己动手使用计算机观看幻灯片。如果希望让观众自己浏览多媒体报告，可以将多媒体报告的放映方式设置成观众自行浏览。

❶ 在【放映类型】区域中选中【观众自行浏览（窗口）】单选按钮。

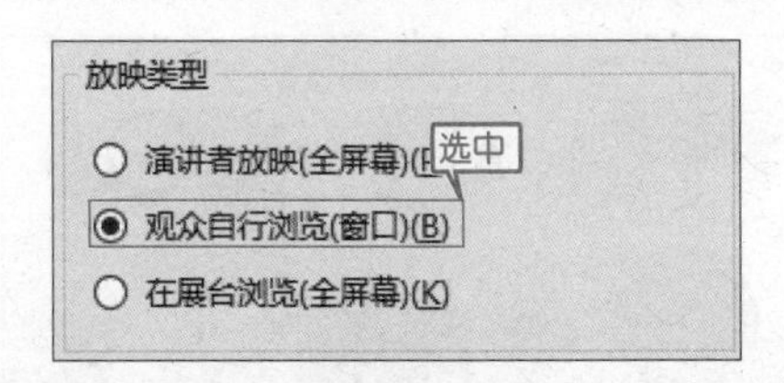

❷ 在【放映幻灯片】区域中选中【从…到…】单选按钮，设置从第 3 页到第 4 页的幻灯片放映方式为观众自行浏览。

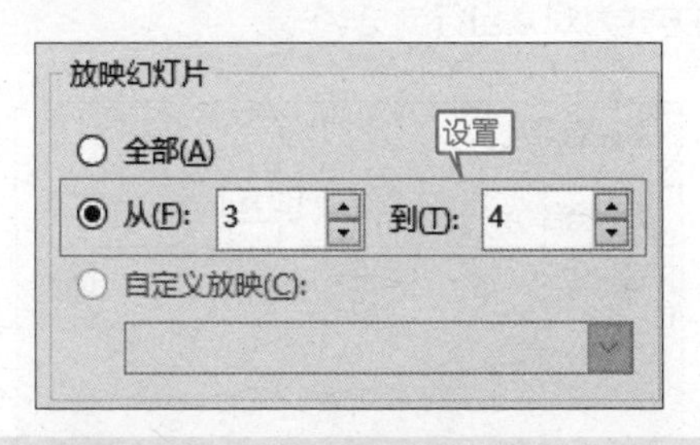

❸ 在【换片方式】对话框将换片方式设置为【手动】。

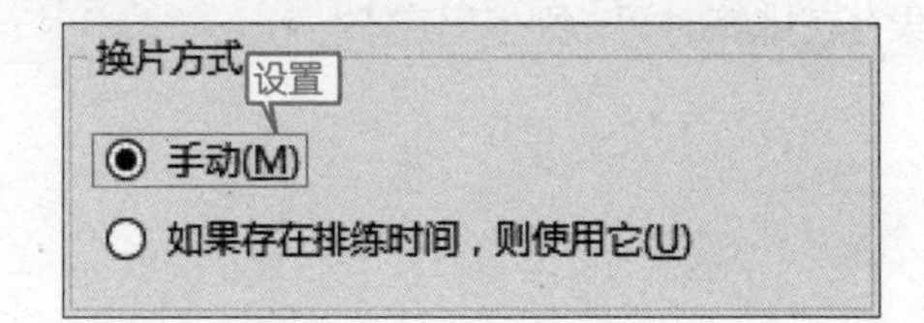

❹ 单击【确定】按钮完成设置，选择第三张幻灯片，然后单击【幻灯片放映】选项卡【开始放映幻灯片】组中的【从当前幻灯片开始】按钮，下图为第二张幻灯片放映时的效果。

提示 单击状态栏中的【下一张】按钮和【上一张】按钮也可以切换幻灯片；单击状态栏右方的其他视图按钮，可以将演示文稿由演示状态切换到其他视图状态。

14.1.3 在展台浏览

在展台浏览放映方式可以让多媒体报告自动放映，而不需要演讲者操作。有些场合需要让多媒体报告自动放映，例如放在展览会的产品展示等。

❶ 在【放映类型】区域中选中【在站台浏览（全屏）】单选按钮。

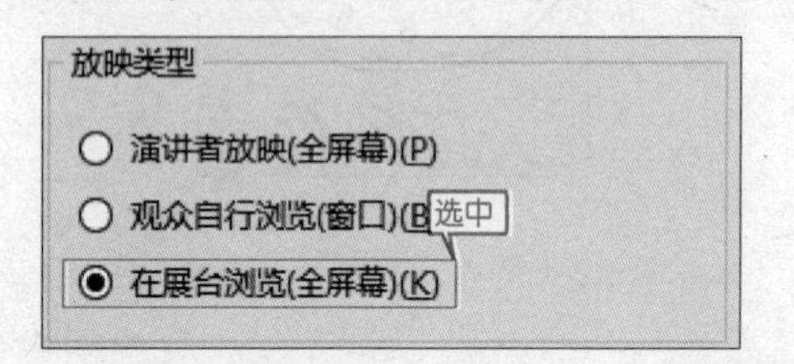

❷ 在【放映幻灯片】区域中选中【从…到…】单选按钮，设置从第 5 页到第 6 页的幻灯片放映方式为观众自行浏览。

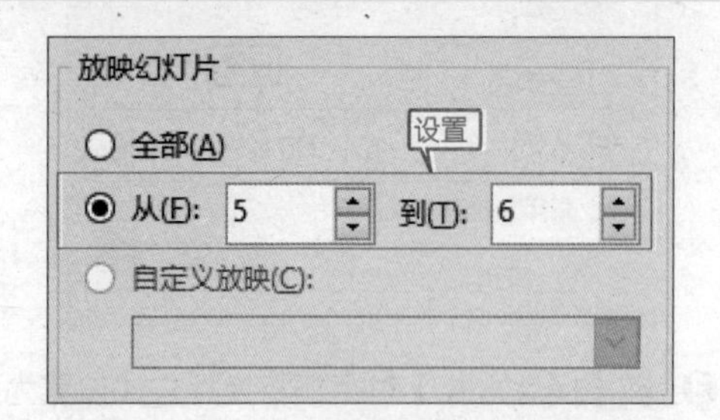

❸ 在【换片方式】对话框将换片方式设置为【如果存在排练时间，则使用它】。

提示 可以先将放映类型改为【演讲者放映】或【观众自行浏览放映】，然后设置好【换片方式】之后再更改设置类型和放映幻灯片的页数。

❹ 单击【确定】按钮完成设置，选择第五张幻灯片，然后单击【幻灯片放映】选项卡【开始放映幻灯片】组中的【从当前幻灯片开始】按钮，下图为第一张幻灯片放映时的效果。

14.2 放映幻灯片

本节视频教学录像：3 分钟

放映幻灯片可以从头开始、从当前幻灯片开始、联机演示和自定义幻灯片放映，这些放映方法可以通过单击【幻灯片放映】选项卡【开始放映幻灯片】组中的相应选项来实现。

14.2.1 自定义放映方式

利用 PowerPoint 的【自定义幻灯片放映】功能，可以为幻灯片设置多种自定义放映方式。设置自动放映的具体操作步骤如下。

❶ 打开随书光盘中的“素材 \ch14\ 薪酬设计的原则 .pptx”文件。

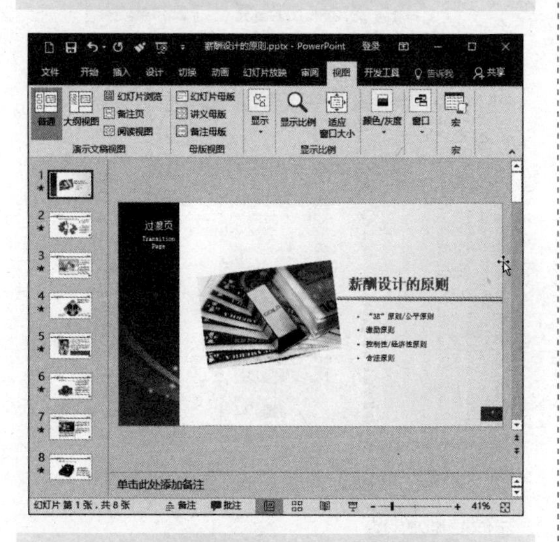

❷ 单击【幻灯片放映】选项卡【开始放映幻灯片】组中的【自定义幻灯片放映】按钮，在弹出的下拉菜单中选择【自定义放映】菜单命令。

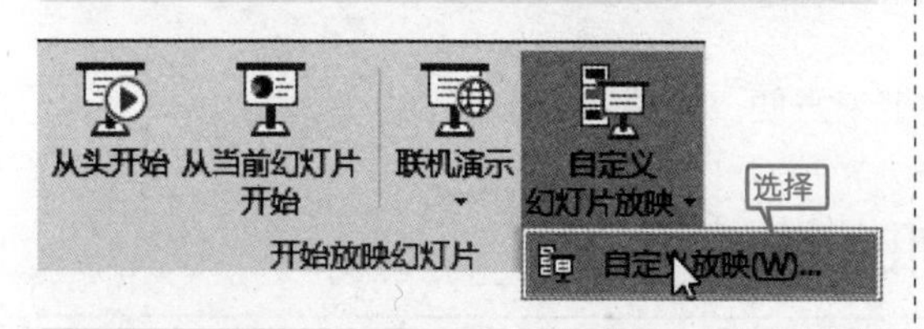

❸ 弹出【自定义放映】对话框。

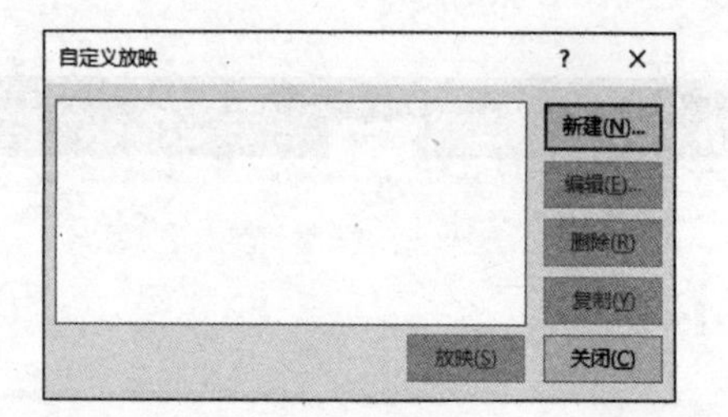

❹ 单击【新建】按钮弹出【定义自定义放映】对话框。在【在演示文稿中的幻灯片】列表框中选择需要放映的幻灯片，然后单击【添加】按钮即可将选中的幻灯片添加到【在自定义放映中的幻灯片】列表框中。

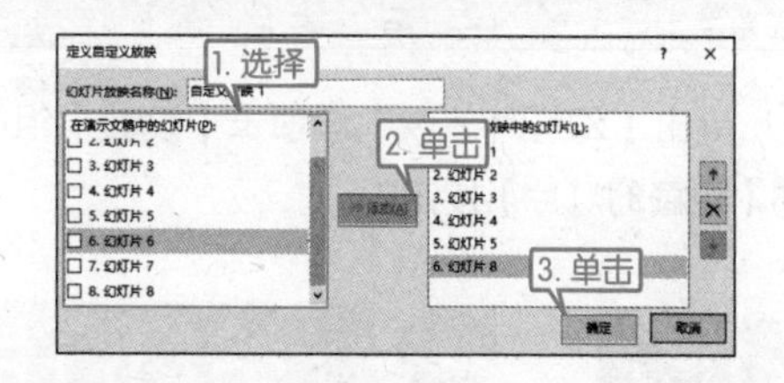

❺ 单击【确定】按钮，返回到【自定义放映】对话框。

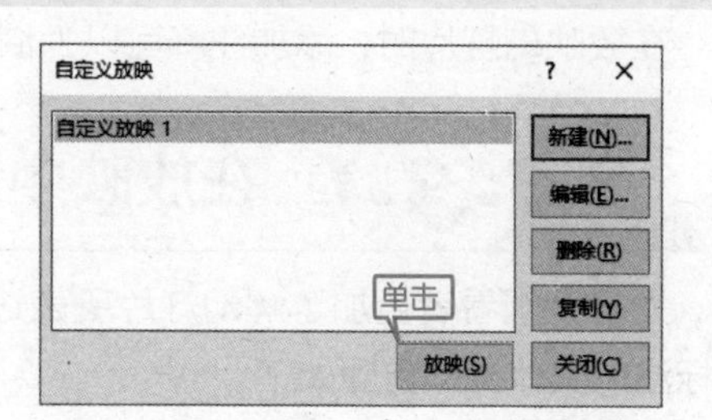

❻ 单击【放映】按钮，可以查看自动放映效果。

❼ 单击左下角的 按钮，在弹出的列表中可以看到只播放刚才自定义中的 6 张幻灯片。

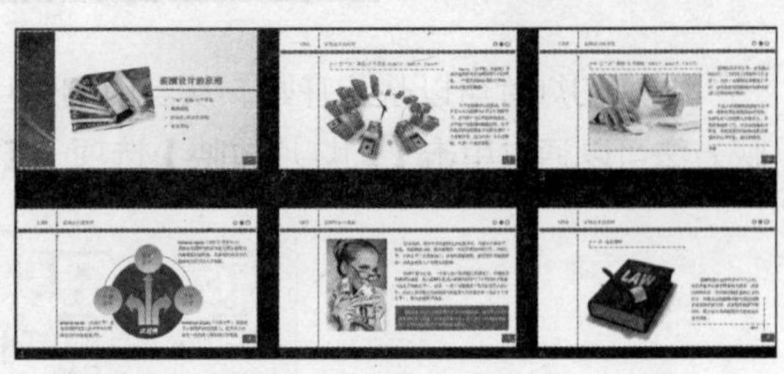

14.2.2 放映时隐藏指定幻灯片

在演示文稿中可以将某一张或多张幻灯片隐藏，这样在全屏放映幻灯片时就可以不显示此幻灯片。

❶ 选中第 5 张幻灯片。

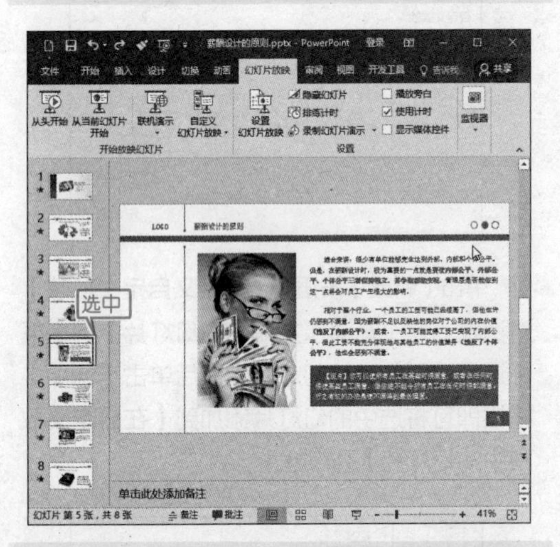

❷ 单击【幻灯片放映】选项卡【设置】组中的【隐藏幻灯片】按钮。

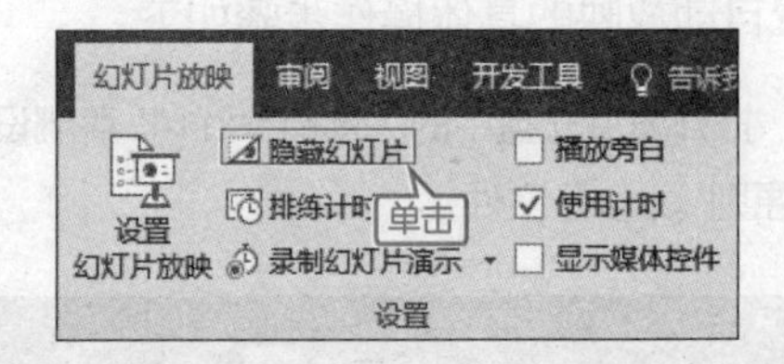

❸ 即可看到第 3 张幻灯片编号显示为隐藏状态 。

❹ 这样在放映幻灯片的时候第 5 张幻灯片就会被隐藏起来。

14.3 给幻灯片添加注释

本节视频教学录像：3 分钟

在放映幻灯片时，添加注释可以为演讲者带来方便。

14.3.1 在放映中添加标注

为了使观看者更加了解幻灯片所表达的意思，可以在演示过程中向幻灯片添加标注。添加标注的具体操作步骤如下。

❶ 打开随书光盘“素材\ch14\认动物.pptx”文件，按【F5】键放映幻灯片。单击鼠标右键，在弹出的快捷菜单中选择【指针选项】➢【笔】菜单命令。

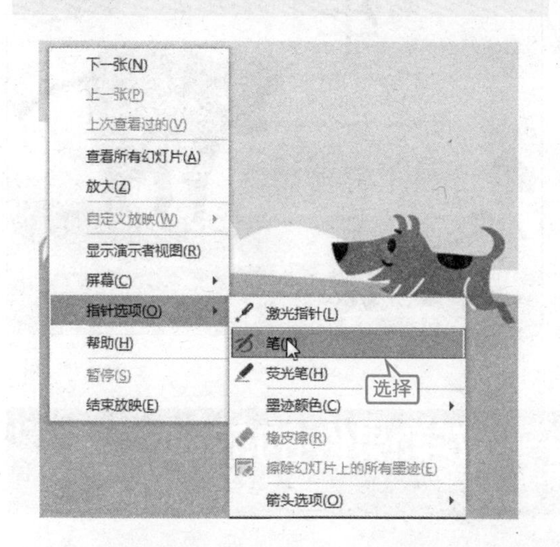

❷ 当鼠标指针变为一个点时，即可在幻灯片中使用笔添加标注，如可以在幻灯片中写字、画图、标记重点等。

提示 选择【指针选项】➢【荧光笔】菜单命令，可使用荧光笔在幻灯片中添加标注。

14.3.2 设置绘图笔颜色

在幻灯片放映时，可以设置绘图笔的颜色。

❶ 使用绘图笔在幻灯片中标注，单击鼠标右键，在弹出的快捷菜单中选择【指针选项】➢【墨迹颜色】菜单命令，在【墨迹颜色】列表中，单击一种颜色，如单击【深蓝】。

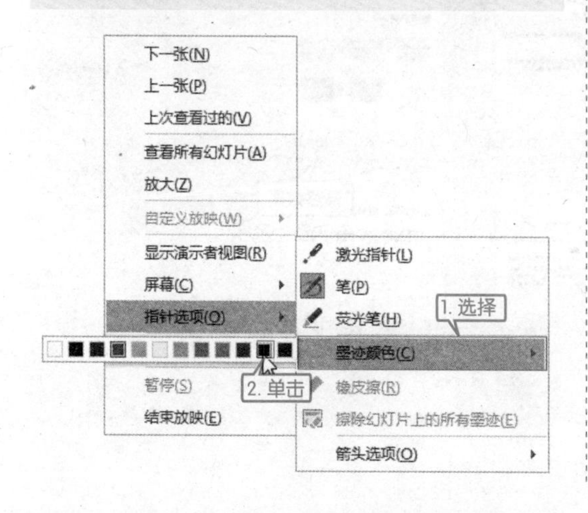

❷ 则绘笔颜色即变为深蓝色。

提示 使用同样的方法也可以设置荧光笔的颜色。

14.3.3 清除标注

在幻灯片中标注添加错误时，或是幻灯片讲解结束时，还可以将标注消除。具体操作步骤如下。

❶ 放映幻灯片时，在添加有标注的幻灯片中，单击鼠标右键，在弹出的快捷菜单中选择【指针选项】➤【橡皮擦】菜单命令。

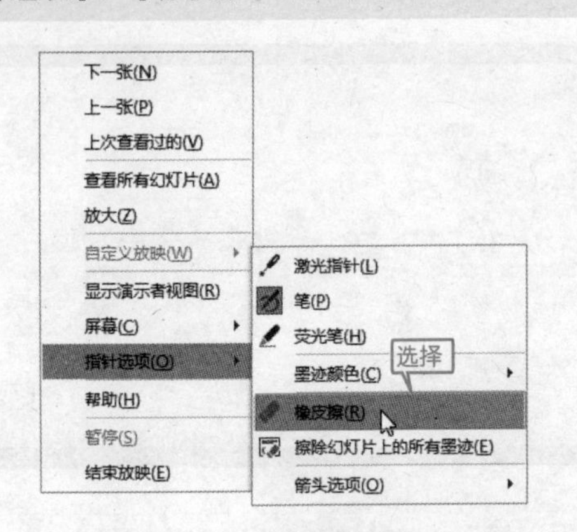

❷ 当鼠标光标变为橡皮擦形状时，在幻灯片中有标注的地方，按鼠标左键并拖动，即可擦除标注。

14.4 综合实战——教学课件的放映

本节视频教学录像：3 分钟

制作完成的教学课件，需要给学生放映观看， 本节主要介绍教学课件的放映。

【案例效果展示】

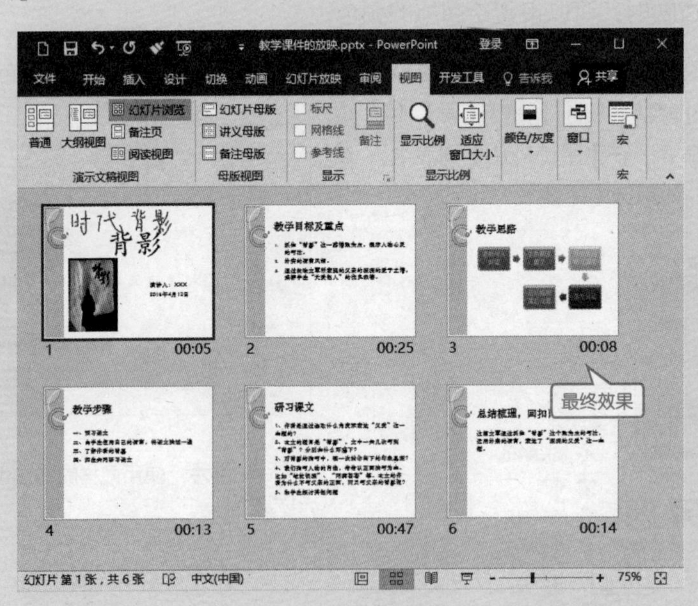

【案例涉及的知识点】

- 设置幻灯片放映
- 演示者视图浏览
- 添加注释

【操作步骤】

第 1 步：设置幻灯片放映

这里主要涉及幻灯片放映的基本设置，如添加备注和设置放映类型等内容。

❶ 打开随书光盘中的“素材 \ch14\ 教学课件的放映 .pptx”文件，选择第 1 张幻灯片，在幻灯片下方的【单击此处添加备注】处添加备注。

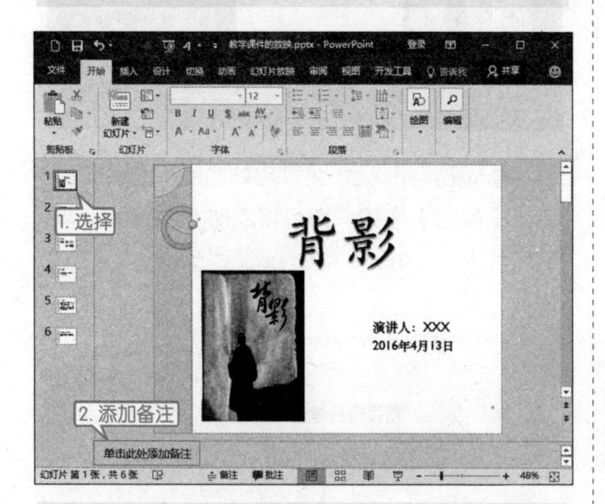

❷ 单击【幻灯片放映】选项卡下【设置】组中的【设置幻灯片放映】按钮，弹出【设置放映方式】对话框，在【放映类型】中单击选中【演讲者放映（全屏幕）】单选项，在【放映选项】区域中单击选中【放映时不加旁白】选项和【放映时不加动画】复选框，然后单击【确定】按钮。

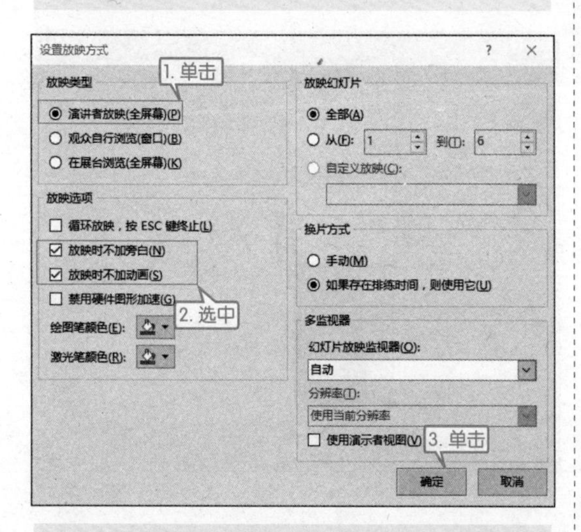

❸ 单击【幻灯片放映】选项卡下【设置】组中的【排练计时】按钮。

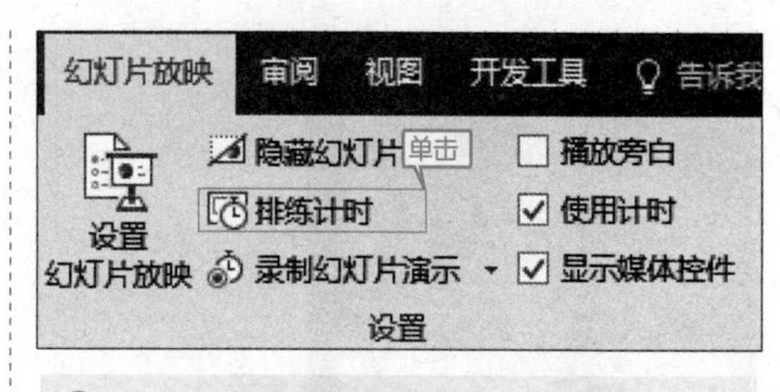

❹ 开始设置排练计时的时间。

❺ 排练计时结束后，单击【是】按钮，保留排练计时。

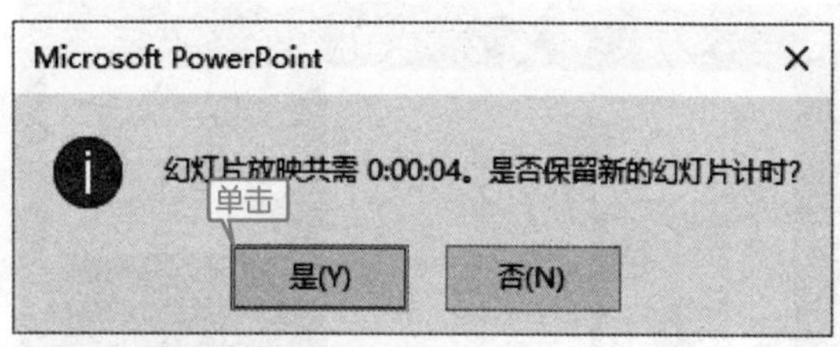

❻ 添加排练计时后的效果如图所示。

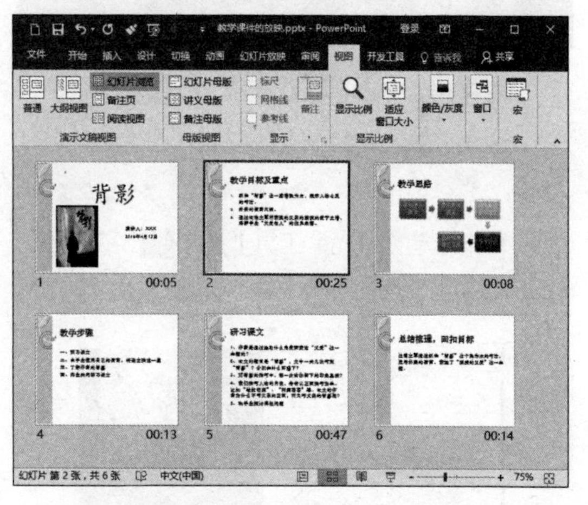

第 2 步：演示者视图浏览

这里主要介绍显示演示者视图浏览幻灯片的方法。

❶ 单击键盘上的【F5】键，开始放映幻灯片，在放映界面中单击鼠标右键，在弹出的快捷菜单中选择【显示演示者视图】选项。

❷ 如图所示，显示方式为演示者视图。

第 3 步：添加注释

这里主要介绍在幻灯片中插入注释的方法。

❶ 单击【笔或激光笔工具】按钮，在弹出的快捷菜单中选择【笔】选项。

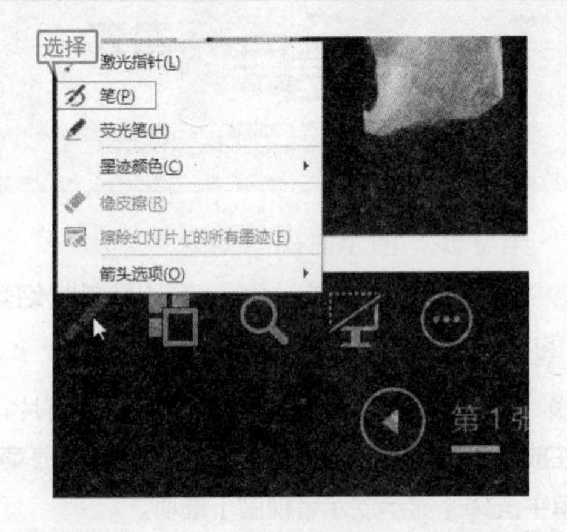

❷ 当鼠标光标变为一个点时，即可以在幻灯片播放界面中标记注释，如图所示。

❸ 插入注释完成后，会弹出如图所示对话框，单击【保留】按钮，即可将添加的注释保留到幻灯片中。

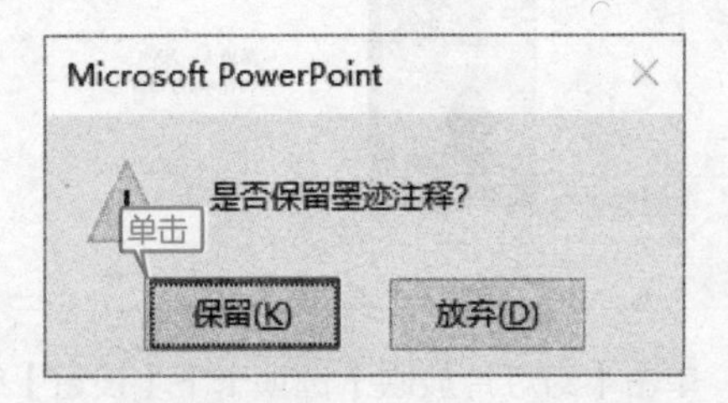

提示 如保留墨迹注释，则在下次播放时会显示这些墨迹注释。

❹ 如图所示，在演示文稿工作区中即可看到插入的注释。

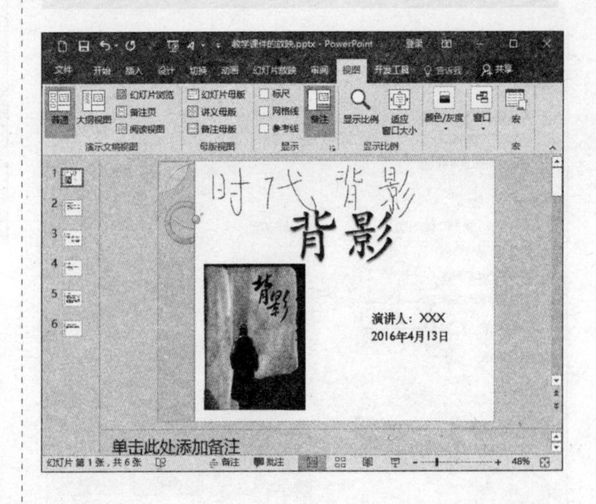

高手私房菜

本节视频教学录像：3 分钟

技巧 1：取消以黑幻灯片结束

经常要制作并放映幻灯片的朋友都知道，每次幻灯片放映完后，屏幕总会显示为黑屏，如果此时接着放映下一组幻灯片的话，就会影响观赏效果。接下来介绍一下取消以黑幻灯片结束幻灯片放映的方法。

❶ 打开随书光盘中的“素材\ch14\关于 PPT 的色彩 .pptx”文件。

❷ 单击【文件】选项卡，从弹出的菜单中选择【选项】选项，弹出【PowerPoint 选项】对话框，选择左侧的【高级】选项卡，在右侧的【幻灯片放映】区域中撤选【以黑幻灯片结束】复选框。

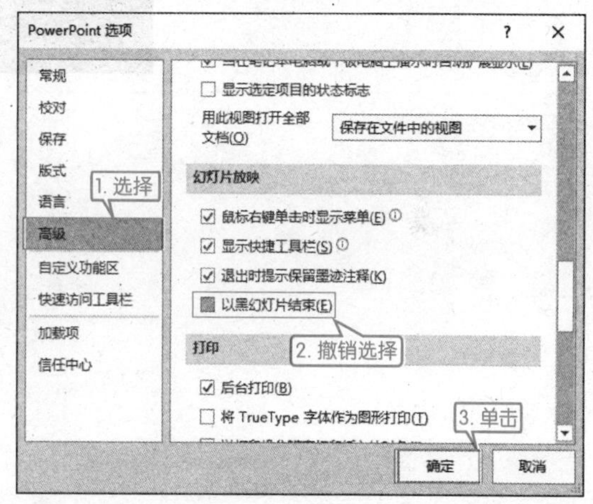

❸ 单击【确定】按钮即可取消以黑幻灯片结束的操作。

技巧 2：在窗口模式下播放 PPT

在播放 PPT 演示文稿的时候，如果想要进行其他的操作，就需要先进行切换。这样反复操作起来很麻烦，但是通过 PPT 窗口模式播放就解决了这一难题。

在窗口模式下按住【Alt】键的同时，依次按【D】键和【V】键即可。

提示 在播放时单击左下角最右侧的按钮，在弹出的快捷菜单上选择【显示演示者视图】也可以出现上图所示的界面。

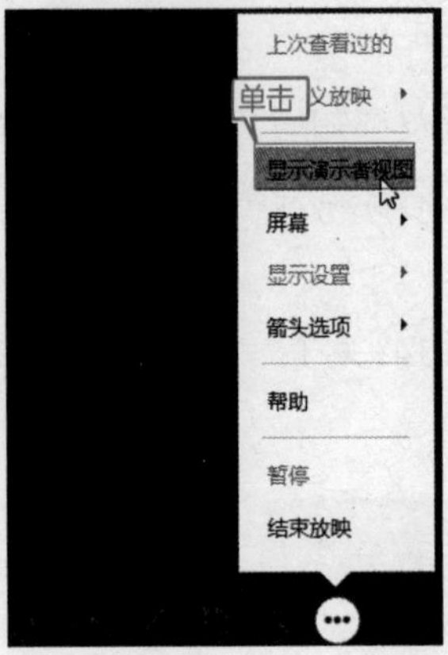

第 15 章

PPT 的打印与发布

本章视频教学录像：21 分钟

高手指引

幻灯片除了可在计算机屏幕上做电子展示外，还可以将它们打印出来长期保存。也可以通过发布幻灯片，以便能够轻松共享和打印这些文件。

重点导读

- 熟悉 PPT 的打印与发布
- 掌握打印幻灯片的操作方法
- 熟悉将幻灯片发布为其他格式的方法

15.1 打印幻灯片

本节视频教学录像：6 分钟

幻灯片除了可在计算机屏幕上做电子展示外，还可以将它们打印出来长期保存。PowerPoint 的打印功能非常强大，不仅可以将幻灯片打印到纸上，还可以打印到投影胶片上通过投影仪来放映。

❶ 打开随书光盘中的“素材\ch15\关于手机的 8 个传言.pptx”文件。

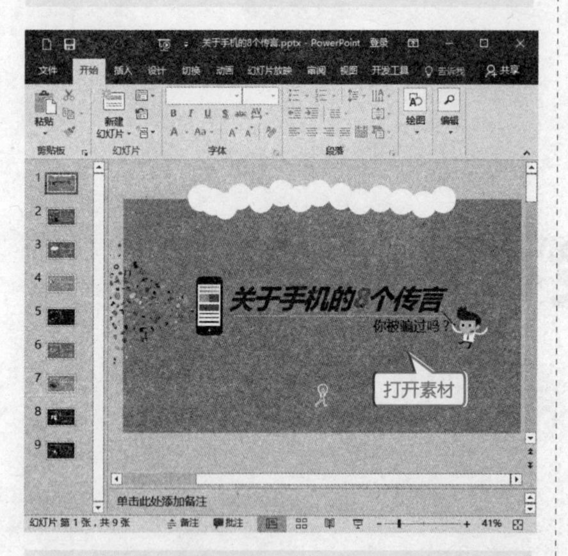

❷ 单击【文件】选项卡，在弹出的下拉菜单中选择【打印】选项，弹出打印设置界面。

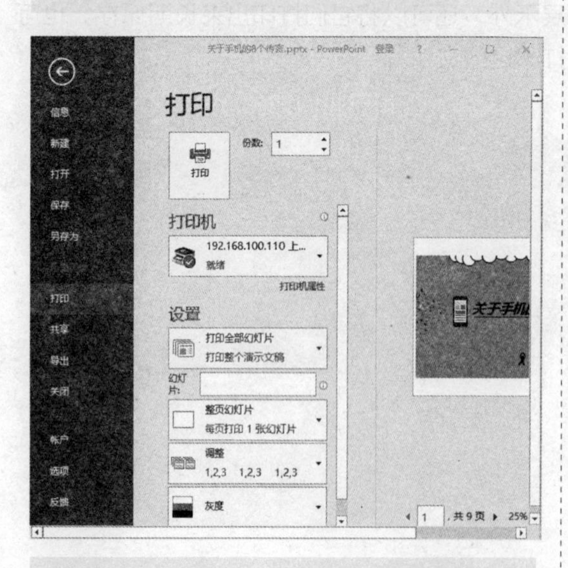

❸ 单击【打印机】下拉按钮，在弹出的下拉列表中选择已经安装好的打印机。

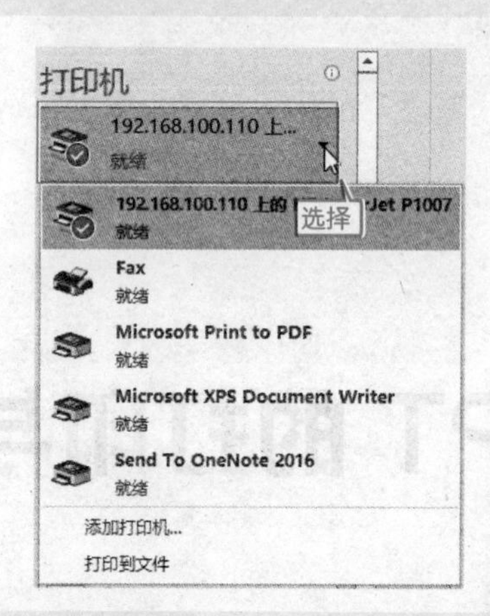

❹ 单击【打印机属性】，在弹出的【属性】对话框中选择【高级】选项卡，在【高级】选项卡中可以设置打印的份数以及打印机的功能。

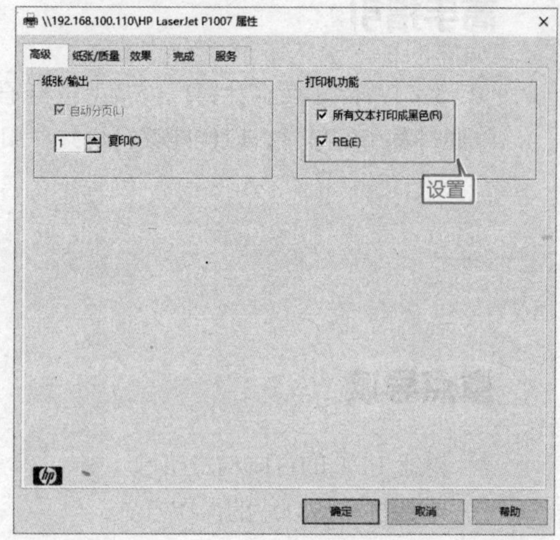

❺ 单击【纸张 / 质量】选项卡，可以选择纸张的尺寸，打印的版式（横排还是竖排）以及打印的质量等。

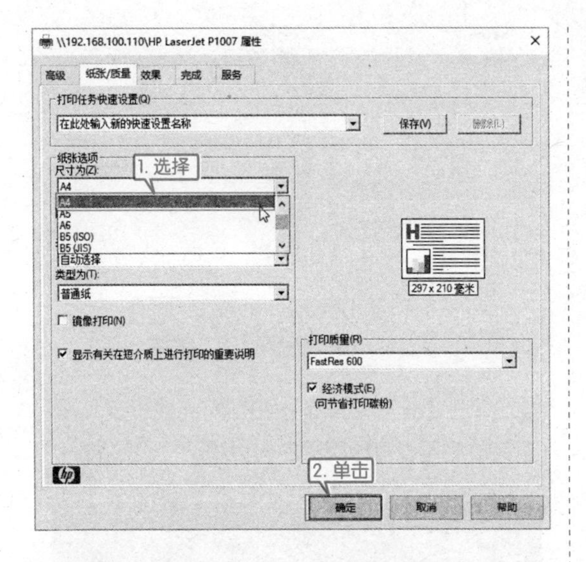

提示 除了可以在【纸张 / 质量】选项卡下设置打印方向外，还可以在【效果】和【完成】选项卡下设置打印方向。

❻ 单击【效果】选项卡，在【水印】选项区可以添加水印，例如单击下拉列表选择【草稿】选项。

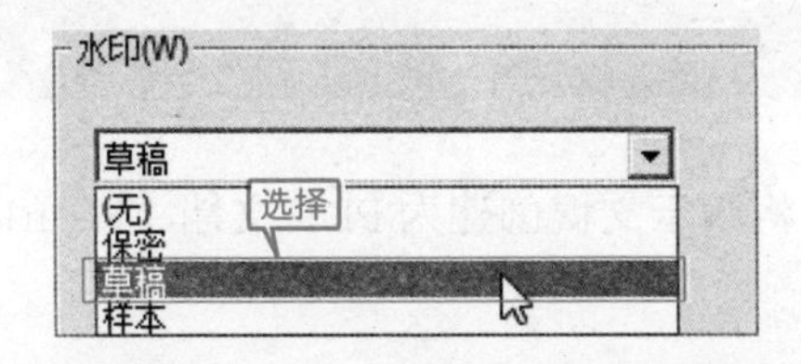

❼ 单击【完成】选项卡可以设置文档是否双面打印，以及装订方向。

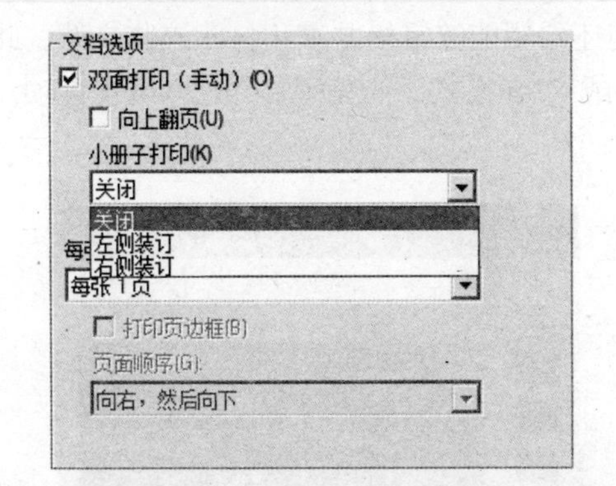

❽ 设置完成后，单击【确定】按钮回到第二步所示的界面后，在【设置】选项区可以设置打印全部幻灯片还是打印当前幻灯片，或者自定义打印范围。

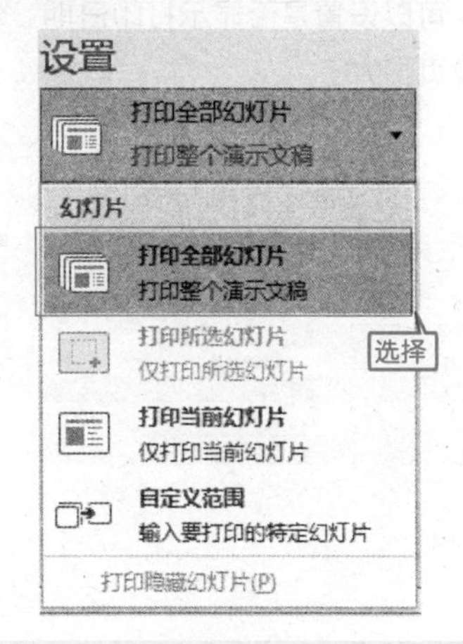

❾ 单击【整页幻灯片】下拉按钮，在弹出的下拉列表中可以选择【打印版式】、【讲义】等对打印页面进行设置。

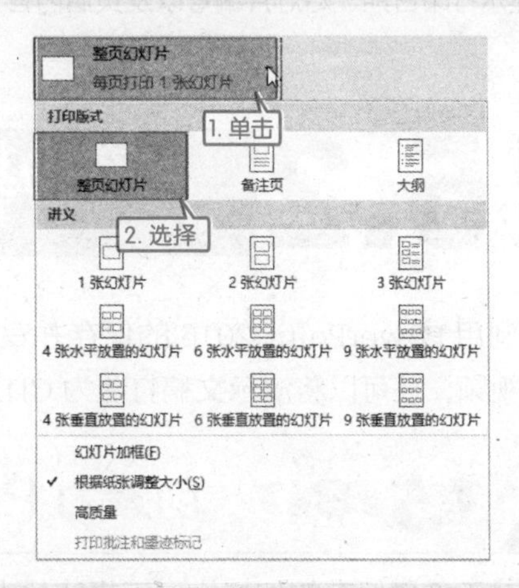

❿ 单击【灰度】下拉按钮，在弹出的下拉列表中可以选择【颜色】打印、【灰度】打印或【纯黑白】打印。

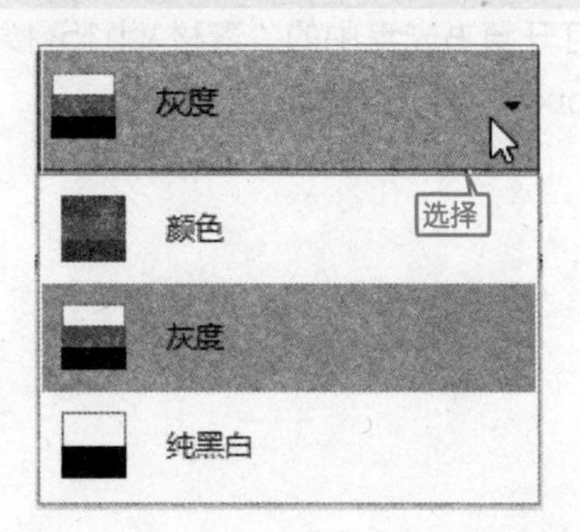

⑪ 单击最下面的【编辑页眉和页脚】选项，在弹出的【页眉和页脚】对话框，选择【幻灯片】选项卡，可以设置是否显示打印日期、幻灯片编号以及页脚内容。

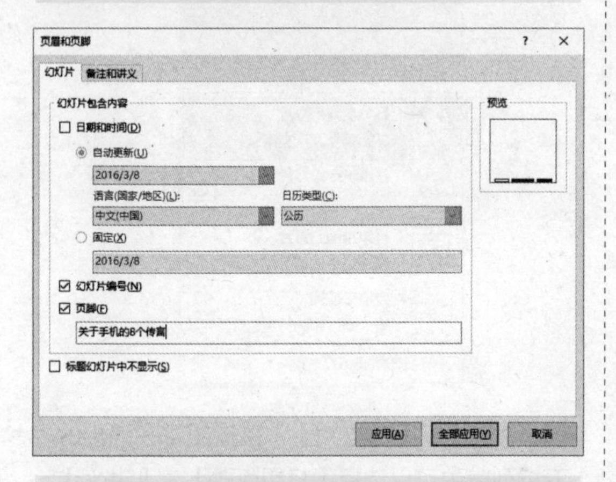

⑫ 单击【备注和讲义】选项卡，可以设置是否显示打印日期、幻灯片编号以及页眉内容。

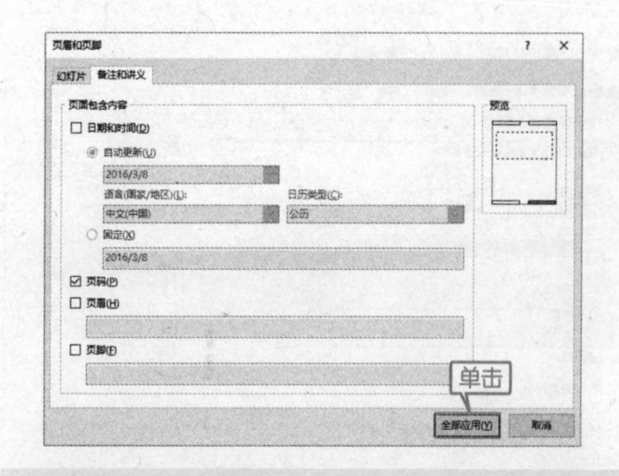

⑬ 单击【全部应用】按钮即可完成设置，设置完成后可以打印页面的右边预览打印效果。

15.2 发布为其他格式

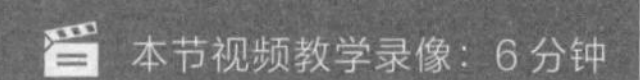
本节视频教学录像：6 分钟

利用 PowerPoint 2016 的保存并发送功能可以将演示文稿创建为 PDF 文档、Word 文档或视频，还可以将演示文稿打包为 CD。

15.2.1 创建为 PDF 文档

对于希望保存的幻灯片，不想让他人修改，但还希望能够轻松共享和打印这些文件。此时可以使用 PowerPoint 2016 将文件转换为 PDF 或 XPS 格式，而无须其他软件或加载项。创建为 PDF 文档的具体操作步骤如下。

❶ 打开随书光盘中的“素材 \ch15\ 楼盘推广 .pptx”文件。

❷ 单击【文件】选项卡，在弹出的下拉菜单中选择【导出】菜单命令，在弹出的子菜单中选择【创建 PDF/XPS 文档】菜单命令。

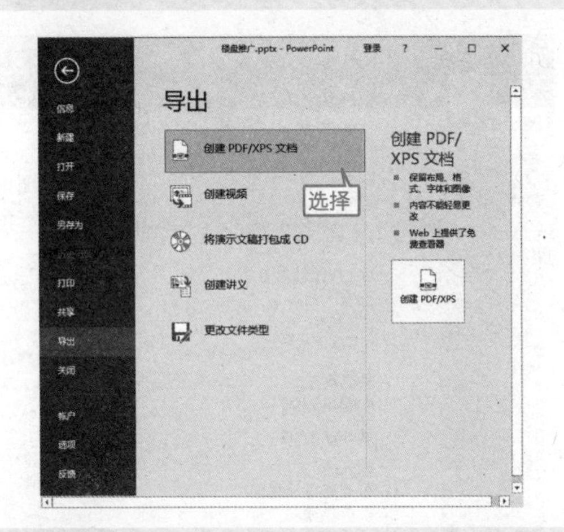

❸ 单击子菜单命令右侧的【创建 PDF/XPS】按钮。弹出【发布为 PDF 或 XPS】对话框，在【保存位置】文本框和【文件名】文本框中选择保存的路径，并输入文件名称。

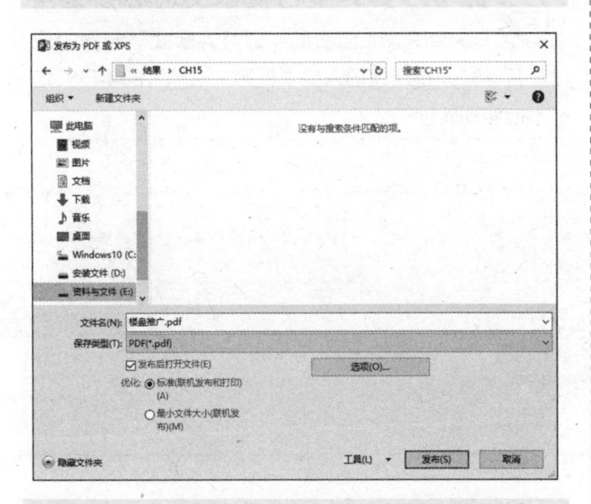

❹ 单击【发布为 PDF 或 XPS】对话框下方的【选项】按钮，在弹出的【选项】对话框中设置保存的范围、保存选项和 PDF 选项等参数。

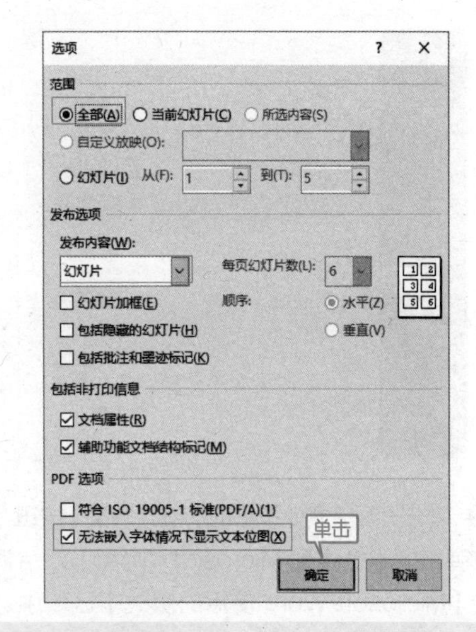

❺ 单击【确定】按钮，返回【发布为 PDF 或者 XPS】对话框，单击【发布】按钮，系统开始自动发布幻灯片文件。

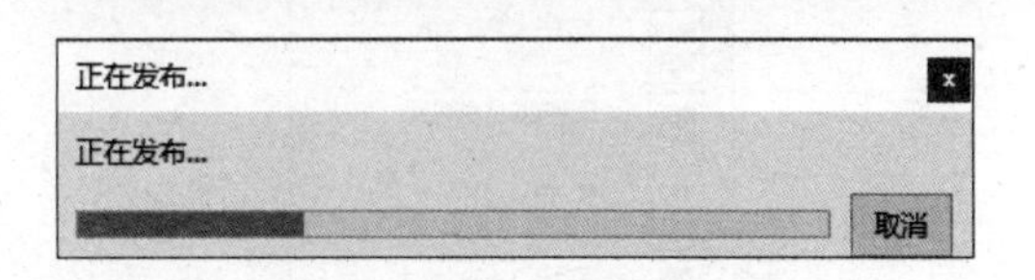

❻ 发布完成后，自动打开保存的 PDF 文件。

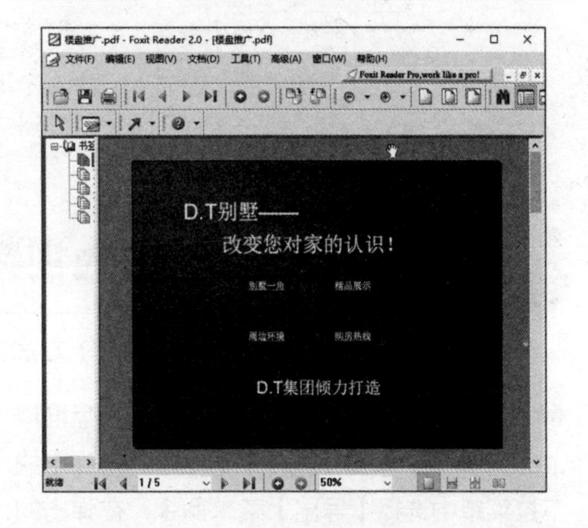

15.2.2 创建为 Word 文档

将演示文稿创建为 Word 文档就是将演示文稿创建为可以在 Word 中编辑和设置格式的讲义。

❶ 打开随书光盘中的“素材\ch15\楼盘推广.pptx”文件。单击【文件】选项卡，在弹出的下拉菜单中选择【导出】菜单命令，在弹出的子菜单中选择【创建讲义】菜单命令。

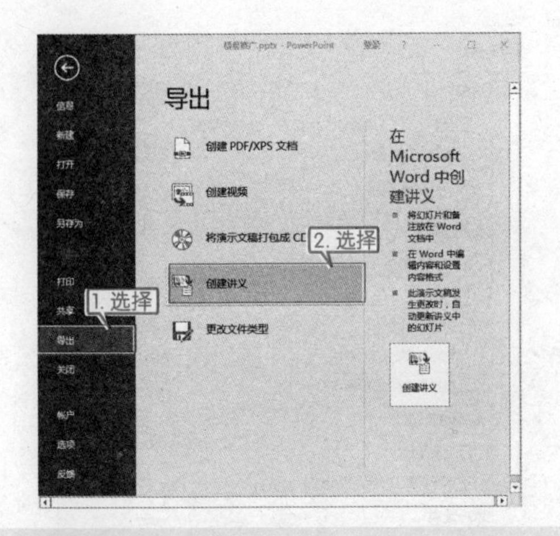

❷ 单击子菜单命令右侧的【创建讲义】按钮，在弹出的【发送到 Microsoft Word】对话框的【Microsoft Word 使用的版式】区域中选中【只使用大纲】单选按钮。

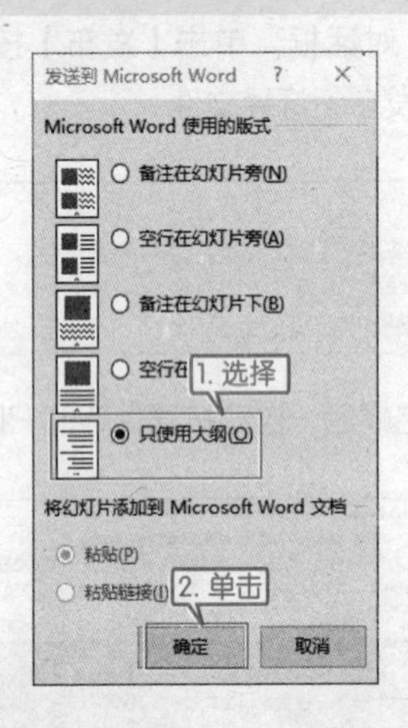

❸ 单击【确定】按钮，系统自动启动 Word，并将演示文稿中的字符转换到 Word 文档中。

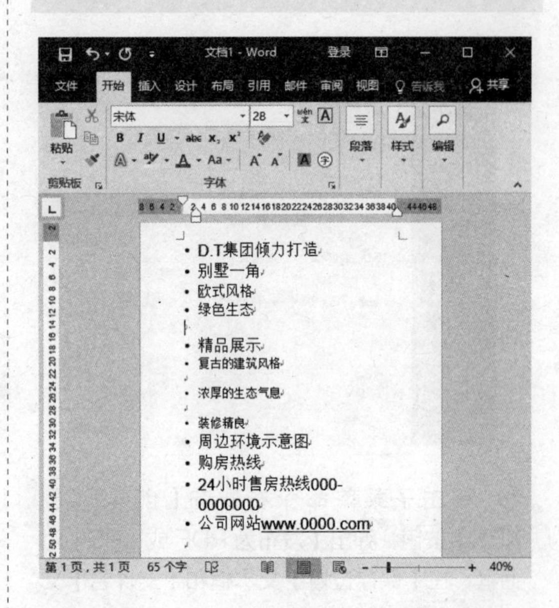

提 示 要转换的演示文稿必须是用 PowerPoint 内置的"幻灯片版式"制作的幻灯片。如果是通过插入文本框等方法输入的字符，是不能实现转换的。

15.2.3 创建为视频

将演示文稿创建为视频的具体操作方法如下。

❶ 打开随书光盘中的"素材\ch15\楼盘推广.pptx"文件。单击【文件】选项卡，在弹出的下拉菜单中选择【导出】菜单命令，在弹出的子菜单中选择【创建视频】菜单命令，并在【放映每张幻灯片的秒数】微调框中设置放映每张幻灯片的时间。

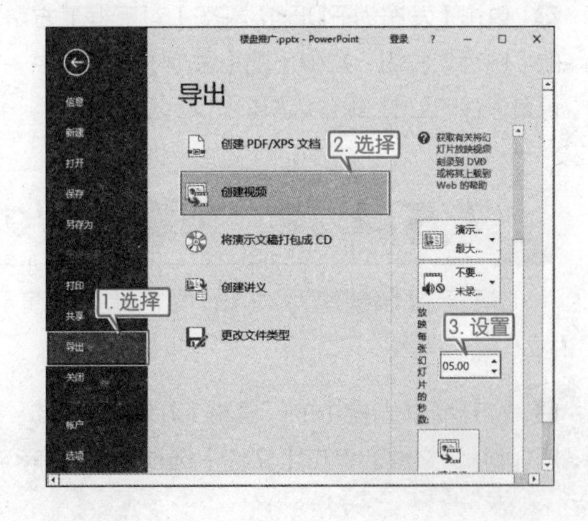

❷ 单击【创建视频】按钮，弹出【另存为】对话框。在【保存位置】和【文件名】文本框中分别设置保存路径和文件名。

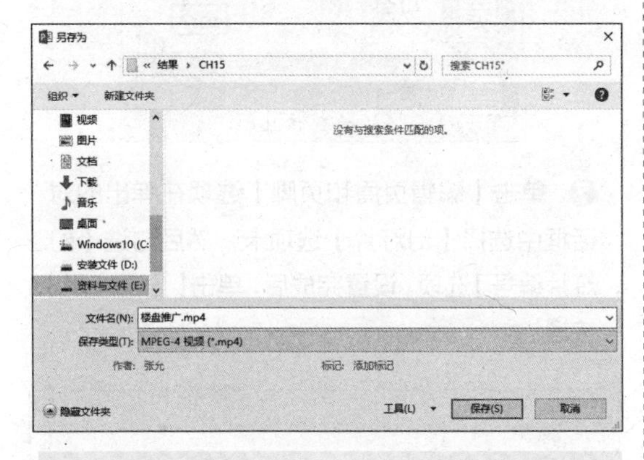

❸ 设置完成后，单击【保存】按钮系统自动开始制作视频。此时，状态栏中显示视频的制作进度。

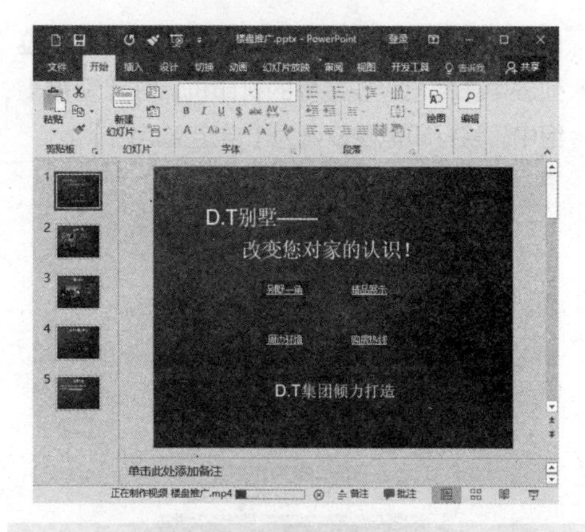

❹ 根据文件保存的路径找到制作好的视频文件，并播放该视频文件查看。

15.3 综合实战——打印工作总结

本节视频教学录像：3 分钟

工作总结是对一年工作的总结，同时，也是对下一年目标制定的参考。本例以某汽车销售公司 2013 年工作总结为例来综合介绍 PPT 的打印设置。

❶ 打开随书光盘中的“素材 \ch15\ 工作总结 .pptx”文件。

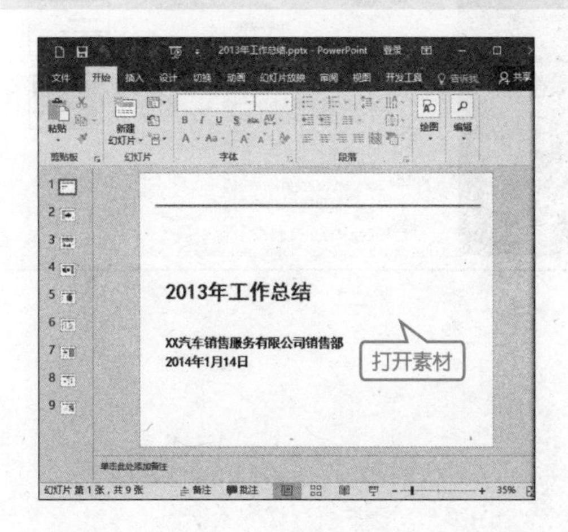

❷ 单击【文件】选项卡，在弹出的下拉菜单中选择【打印】选项，将打印份数设置为 10。

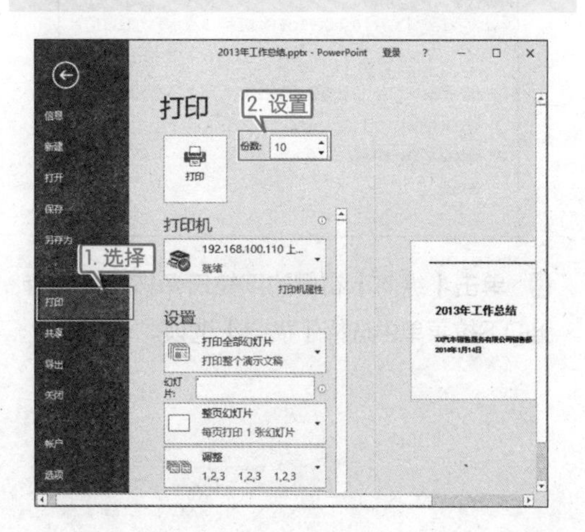

❸ 单击【打印机】下拉按钮，在弹出的下拉列表中选择已经安装好的打印机，在【设置】组中，将打印范围设置为【自定义范围】。

❹ 输入打印的范围“1-8”。

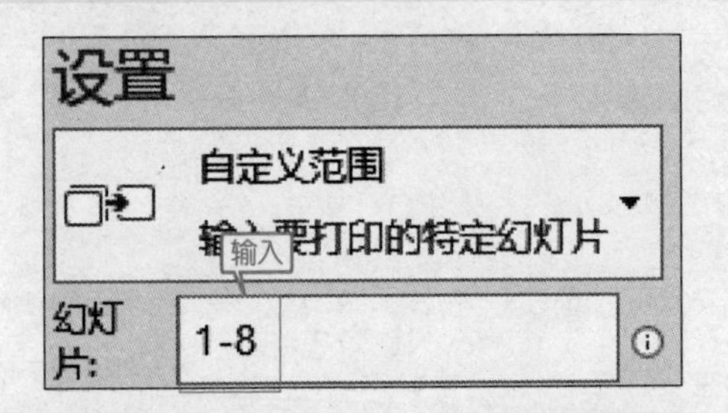

❺ 单击【整页幻灯片】右侧的下拉三角按钮，在弹出的下拉菜单中单击【4 张水平放置的幻灯片】。

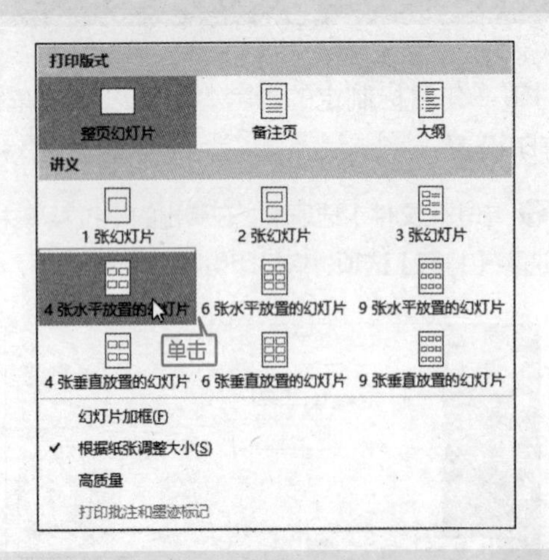

❻ 单击【纵向】右侧的下拉三角按钮，在弹出的下拉菜单中选择【横向】选项。

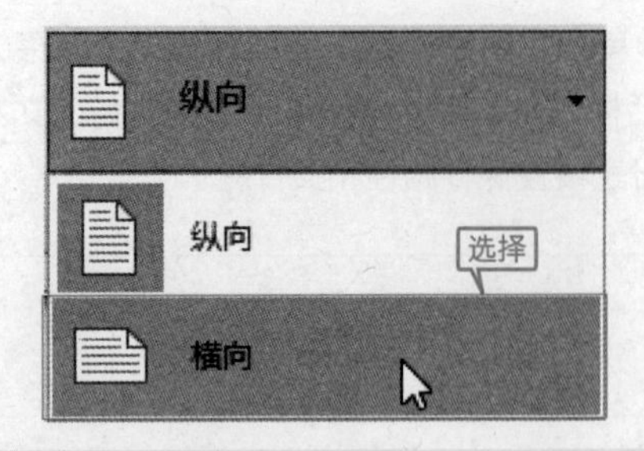

❼ 单击【编辑页眉和页脚】选项在弹出的对话框中选择【幻灯片】选项卡，然后勾选【幻灯片编号】选项。设置完成后，单击【全部应用】按钮。

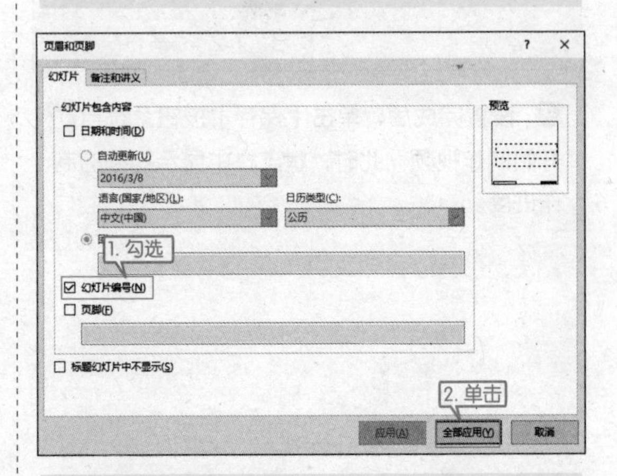

❽ 单击【打印】按钮，即可按设置好的打印来打印幻灯片了。

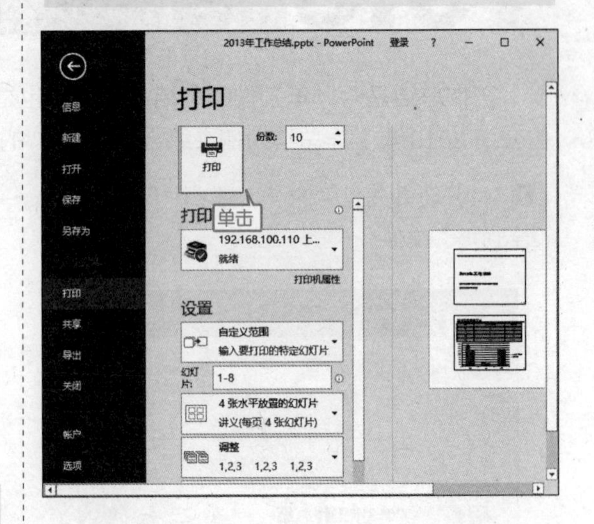

高手私房菜

本节视频教学录像：6 分钟

技巧 1：在没有安装 PowerPoint 的计算机上放映——打包 PPT

即使所使用的计算机上没有安装PowerPoint 软件，但通过PowerPoint 2016 提供的【打包成 CD】功能，仍可以实现播放幻灯片的目的。其具体的操作步骤如下。

❶ 打开随书光盘中的“素材\ch15\沟通技巧.pptx”文件。

❷ 单击【文件】选项卡，在弹出的下拉菜单中选择【导出】菜单命令，在弹出的子菜单中选择【将演示文稿打包成 CD】菜单命令。

❸ 单击【打包成 CD】按钮，弹出【打包成 CD】对话框，输入将要创建的 CD 的名称。单击【要复制的文件】列表中的选项，弹出【复制到文件夹】对话框。

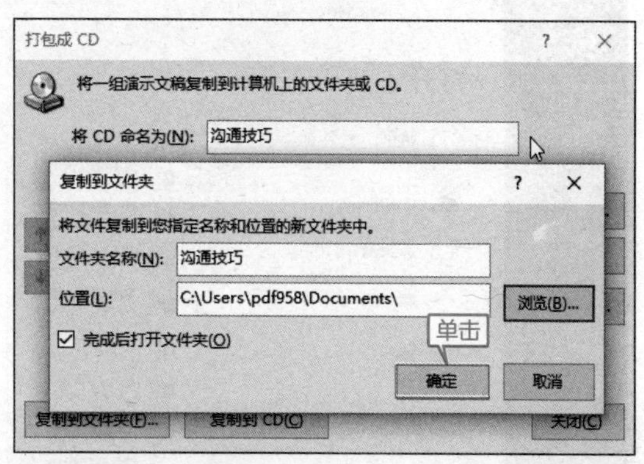

❹ 单击【确定】按钮。弹出【Microsoft PowerPoint】提示对话框，单击【是】按钮，系统自动开始复制文件到文件夹。

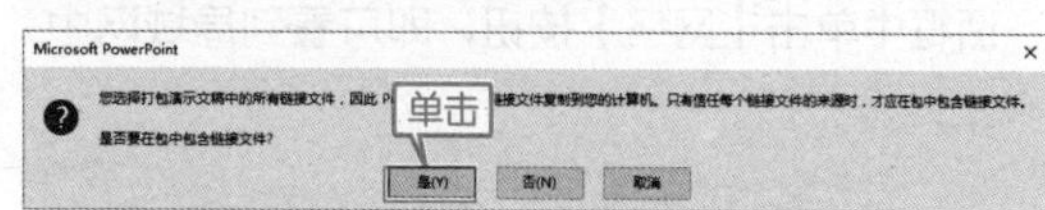

❺ 复制完成后，系统自动打开生成的 CD 文件夹。如果所使用计算机上没有安装 PowerPoint，操作系统将自动运行“AUTORUN.INF”文件，并播放幻灯片文件。

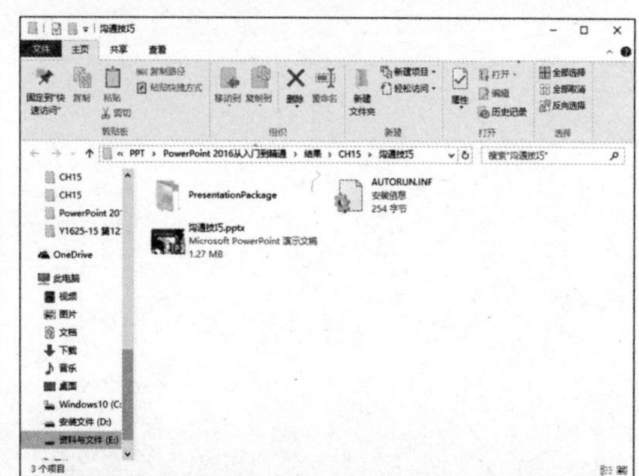

❻ 返回打开的“沟通技巧.pptx”文件，单击【打包成 CD】对话框中的【关闭】按钮，完成打包操作。

技巧 2：打印公司内部服务器上的幻灯片

读者不仅可以打印存放在自己计算机上的幻灯片，同时还可以不用下载而直接打印公司内部服务器上的幻灯片。其具体的操作步骤如下。

❶ 打开 PowerPoint 2016，单击【文件】选项卡，在弹出的下拉菜单中选择【打开】选项。

❷ 单击【浏览】按钮，在弹出的【打开】对话框中单击【网络】按钮，即可看到局域网中其他计算机所共享的文件。

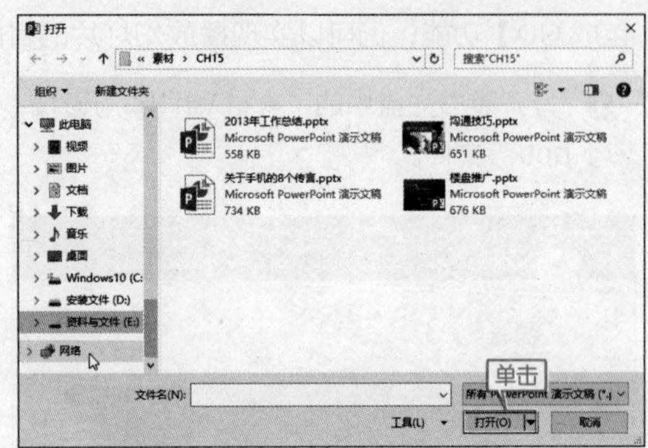

❸ 选择需要的幻灯片，单击【打开】按钮，便可将公司内部服务器上的幻灯片打开，单击【文件】选项卡，在弹出的下拉菜单中选择【打印】选项，弹出打印设置页面，设置打印参数后即可单击【打印】按钮打印该幻灯片。

第 5 篇

案例实战篇

第 **16** 章 将内容表现在 PPT 上——实用型 PPT 实战

第 **17** 章 让别人快速明白你的意图——报告型 PPT 实战

第 **18** 章 吸引别人的眼球——展示型 PPT 实战

第16章

将内容表现在 PPT 上——实用型 PPT 实战

本章视频教学录像：1 小时 6 分钟

高手指引

PPT 的灵魂是“内容”。在使用 PPT 给观众传达信息时，首先要考虑内容的实用性和易读性，力求做到简单（使观众一看就明白要表达的意思）和实用（观众能从中获得有用的信息）。特别是用于演讲、课件、员工培训、公司会议等情况下的 PPT，更要如此。

重点导读

- 制作毕业设计课件 PPT
- 制作员工培训 PPT
- 制作公司会议 PPT

16.1 制作毕业设计 PPT

本节视频教学录像：16 分钟

毕业设计课件 PPT 是毕业生经常用到的一种演示文稿类型，制作一份精美的毕业设计课件 PPT 可以加深论文答辩老师对设计课件的印象，达到事半功倍的效果。

本例制作完成后如下图所示。

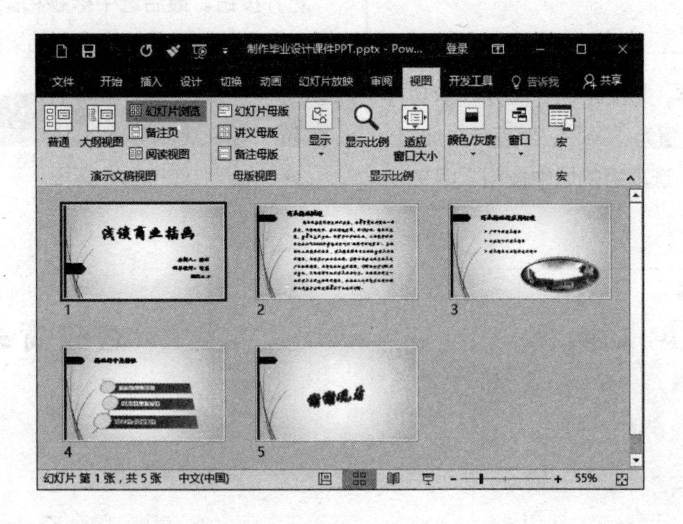

16.1.1 设计首页幻灯片

本节主要涉及应用主题、设置文本格式等内容。

❶ 启动 PowerPoint 2016，新建一个 pptx 文件。然后单击【设计】选项卡下【主题】选项组中的【其他】按钮 ，在弹出的下拉列表中选择【丝状】主题样式。

❷ 主题创建完成后如下图所示。

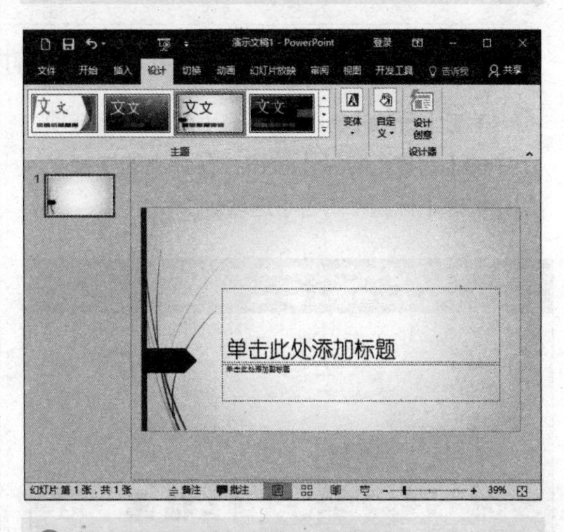

❸ 输入演示文稿的标题和副标题。

❹ 选中标题文字，将文字样式改为“华文行楷”，字体大小设置为“96”，然后单击加粗。最后单击【段落】选项组的居中按钮，将文字设置为居中。

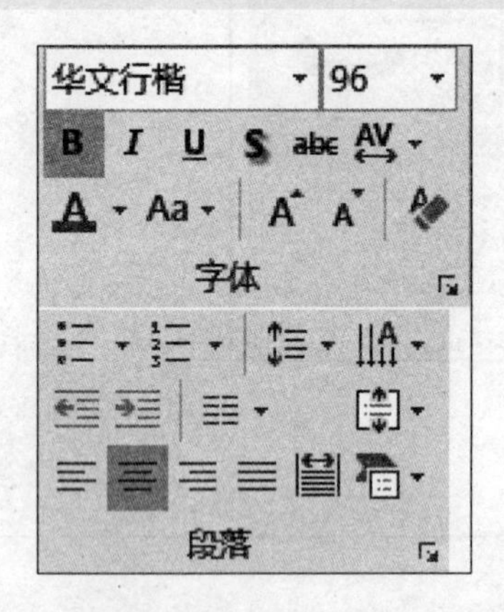

提示 字体大小根据输入框的大小进行调整。

❺ 重复步骤❹，选中副本标题的文字，将文字样式设置为“华文行楷”，字体大小为“32”，然后单击加粗。最后单击【段落】选项组的右对齐按钮。最后选中标题和副标题的输入框将它们调节到合适的位置，结果如下图所示。

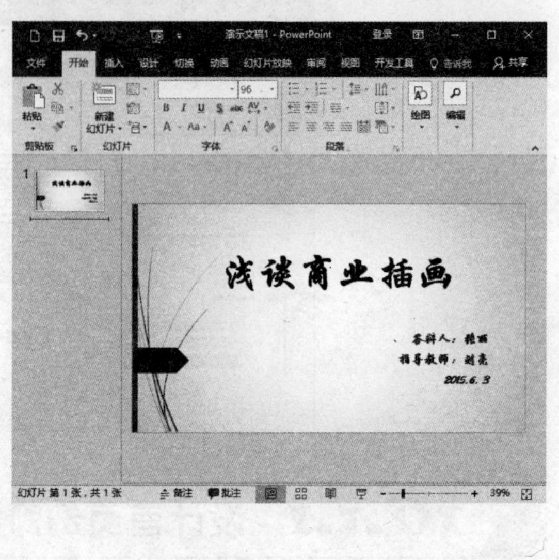

16.1.2 设计第 2 张幻灯片

本节主要涉及输入文本、设置文本格式等内容。

❶ 单击【开始】选项卡下的【幻灯片】选项组中的【新建幻灯片】按钮，在弹出的快捷菜单中选择【标题和内容】选项。

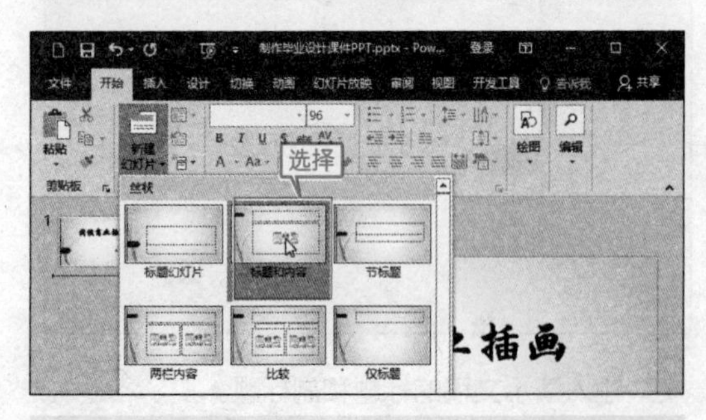

❷ 在新添加的幻灯片中单击【单击此处添加标题】文本框，在该文本框中输入“商业插画概述”，并将字体样式设置为“华文楷体”，将字体大小设置为“36”，然后单击加粗。最后单击【段落】选项组的左对齐按钮，将文字左对齐。

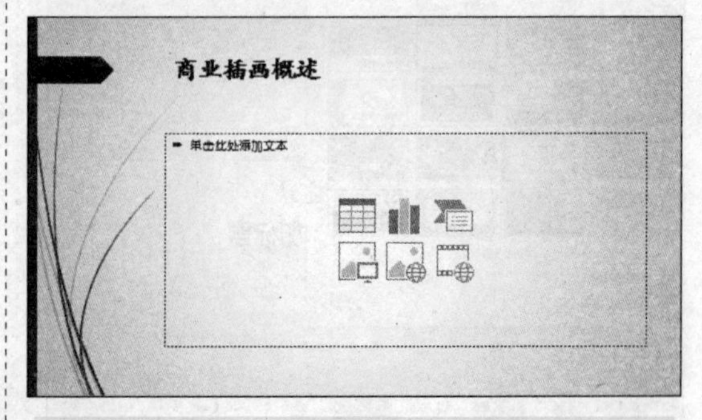

❸ 单击【单击此处添加文本】文本框，删除

文本框中的所有内容，将随书光盘中的“素材 \ ch16\ 商业插画概述 .txt“文件中的内容粘贴过来，并设置字体为“华文楷体”，字号为“24”。

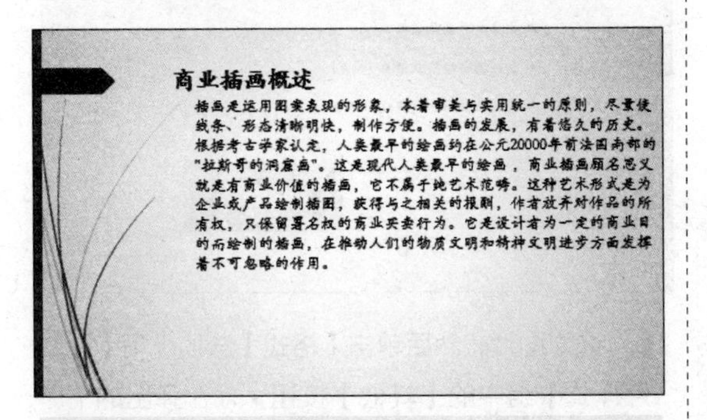

❹ 选中“商业插画概述”的文本内容，单击鼠标右键，在弹出的快捷菜单中选择【段落】选项，在弹出的【段落】对话框中进行如下设置。

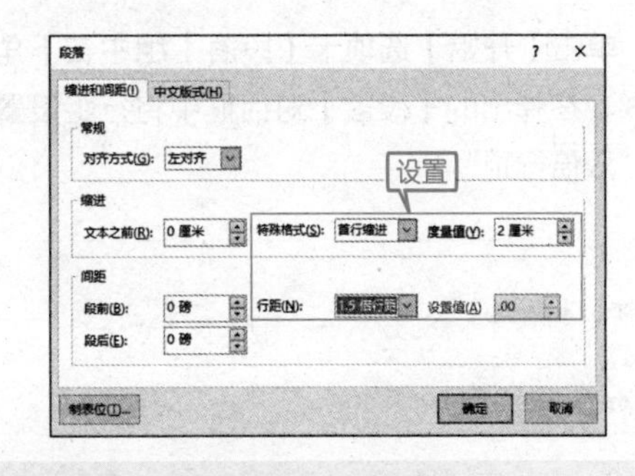

❺ 设置完成后结果如下图所示。

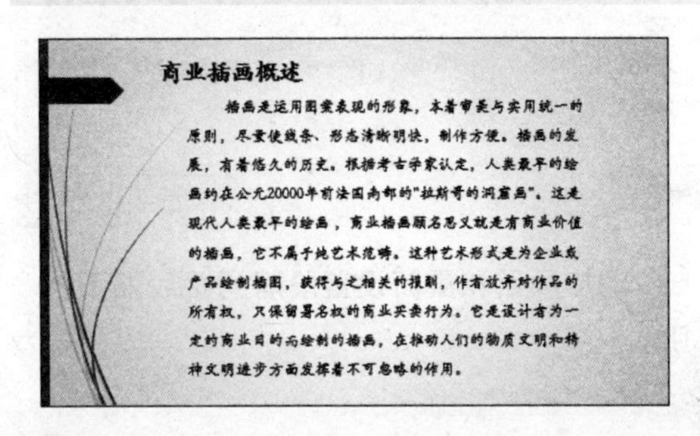

16.1.3 设计第 3 张幻灯片

本节主要涉及输入文本、插入图片及设置图片格式等内容。

❶ 选中上节创建的幻灯片，按【Ctrl+C】组合键复制，然后在该幻灯片的下方按【Ctrl+V】组合键粘贴。

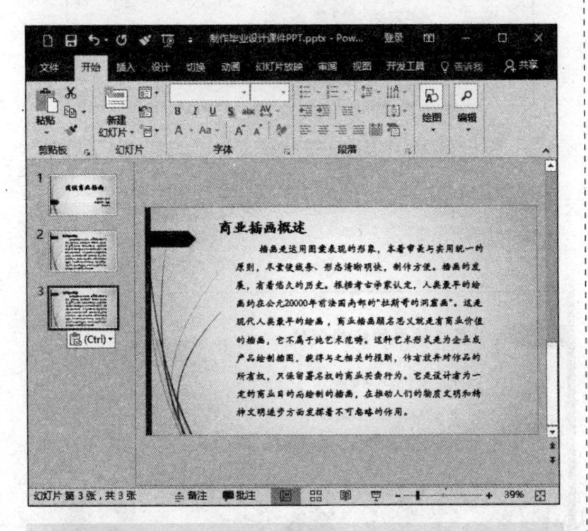

❷ 分别选中标题和内容文本对其进行修改。

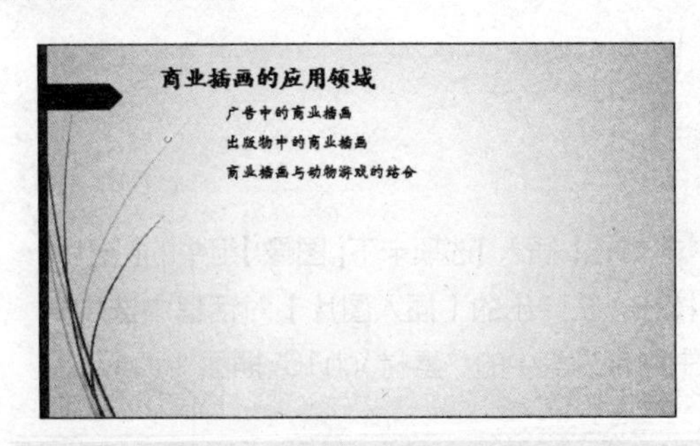

❸ 选中下面的内容文本框中的三行文字，然后单击【开始】选项卡【段落】组中的【项目符号】下拉按钮，在弹出的下拉列表中选择相应的项目符号。

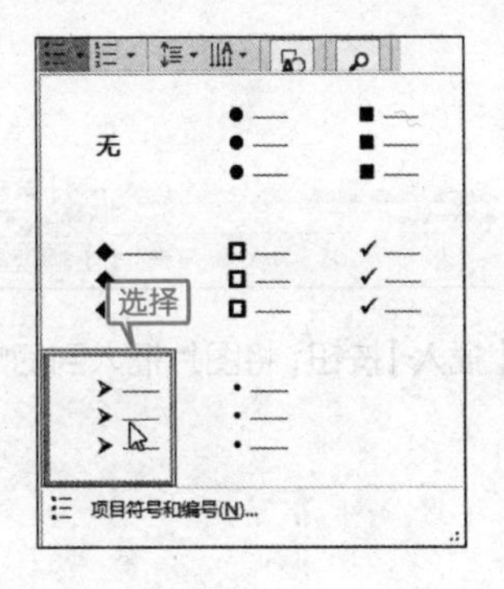

❹ 单击【开始】选项卡【段落】组中右下角的 ，在弹出的【段落】对话框中将行距设置为“双倍行距”。

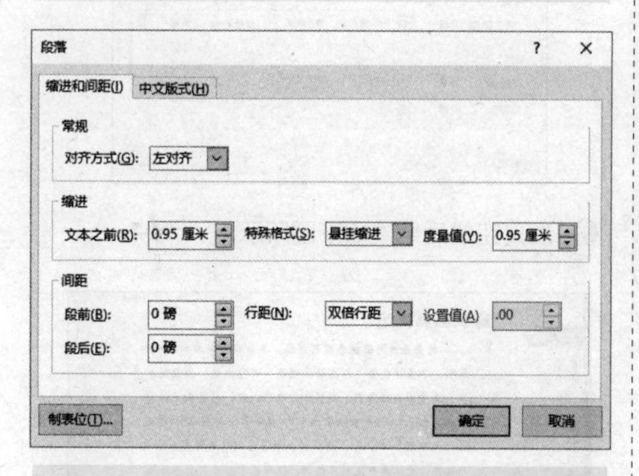

❺ 添加项目和重新设置段落间距后如下图所示。

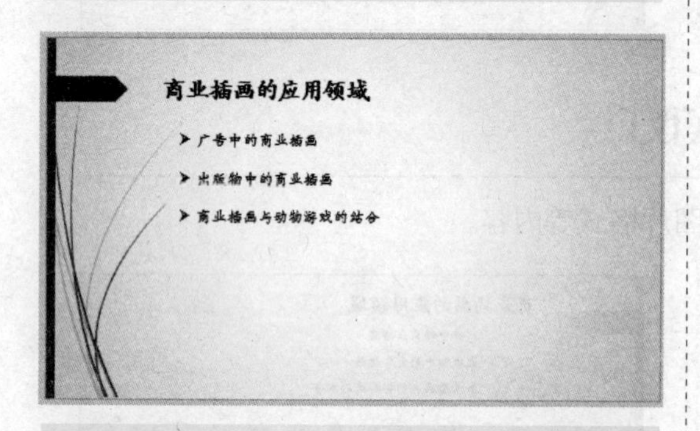

❻ 单击【插入】选项卡下【图像】组中的【图片】按钮，在弹出的【插入图片】对话框中选中随书附带光盘中的“素材\ch16\插图 1.jpg”。

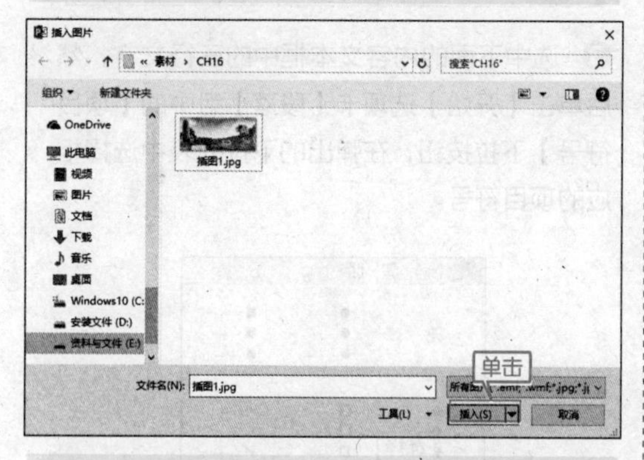

❼ 单击【插入】按钮，将图片插入到幻灯片中。调整图片的位置后如下图所示。

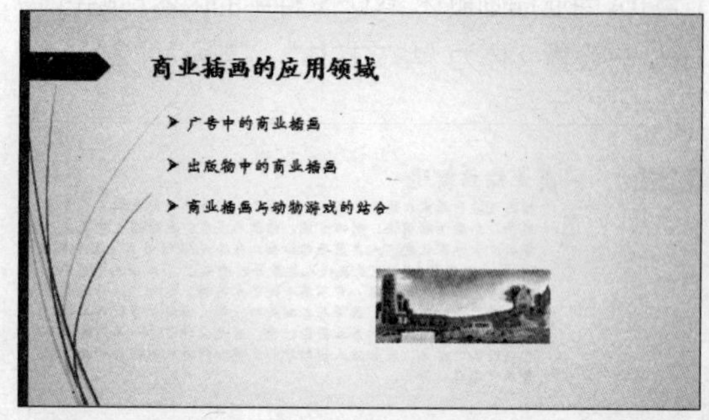

❽ 选中图片，然后单击【格式】选项卡下【图片样式】组中的【其他】按钮 ，在弹出的下拉列表中选择【金属椭圆】图案。

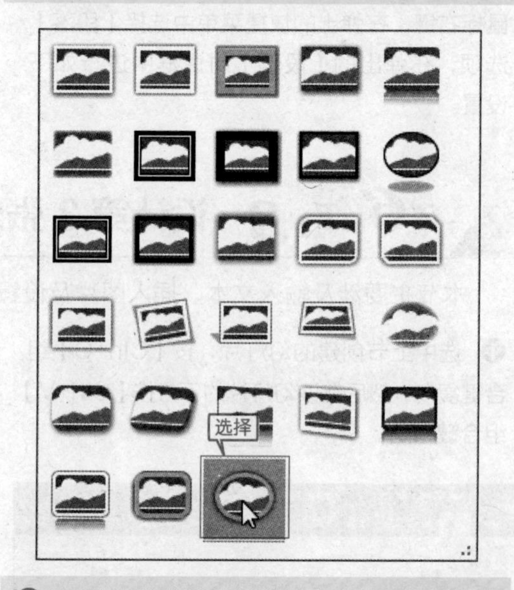

❾ 图片的样式设置完成后，选中图片，然后拖动图片四周的句柄对图片的大小进行调整，结果如下图所示。

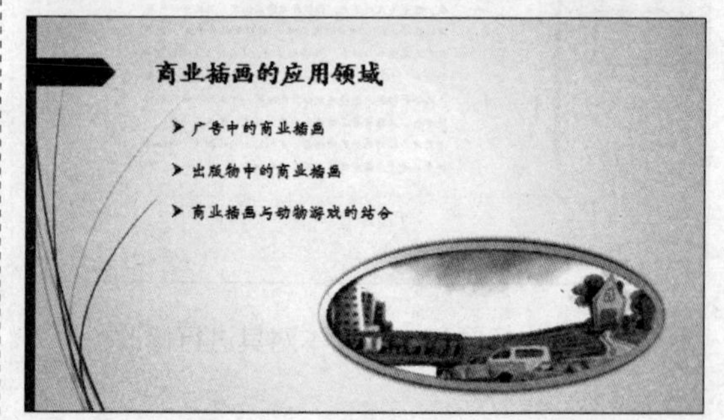

16.1.4 设计第 4 张幻灯片

本节主要涉及插入 SmartArt 图形、设置 SmartArt 图形格式等内容。

❶ 按住【Ctrl+C】复制第三张幻灯片，然后在第三张幻灯片下方按【Ctrl+V】粘贴。

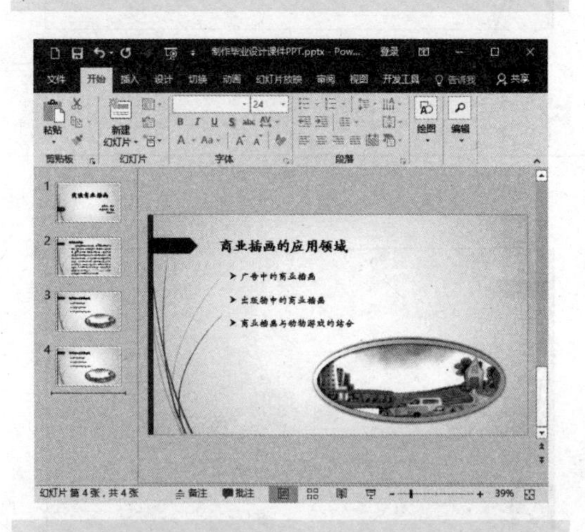

❷ 将幻灯片的标题改为“插画的审美特性”，然后将其他内容全部删除。

❸ 单击【插入】选项卡下【插入】选项组中的【SmartArt】按钮，在弹出的【选中SmartArt 图形】对话框上选择【列表】区域中的【垂直曲形列表】选项。

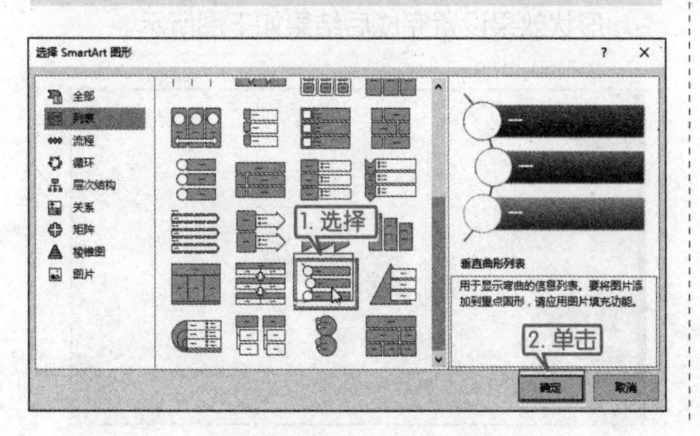

❹ 单击【确定】按钮，然后输入文本内容。

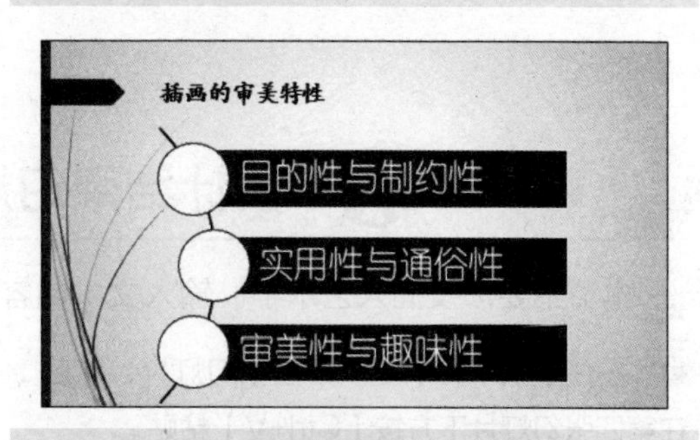

❺ 选中 SmartArt 图形，然后单击【设计】选项卡下【插入】下拉按钮，在弹出的下拉列表中选择【彩色】选项区的【个性色 2 至 3】。

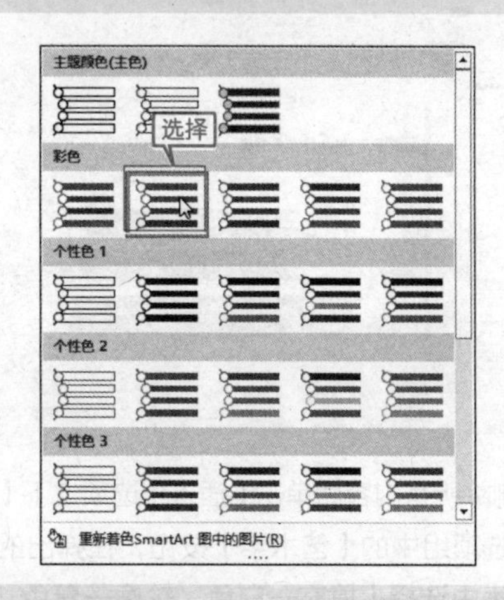

❻ 单击【设计】选项卡下【SmartArt 样式】组中的【其他】按钮，在弹出的下拉列表中选择【平面场景】选项。

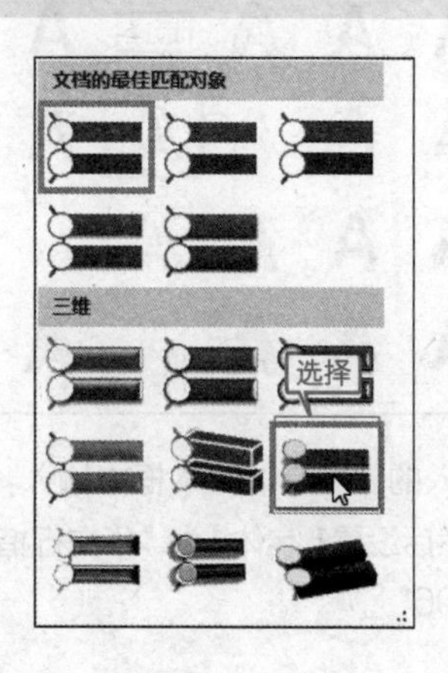

❼ 单击 SmartArt 图形左边框上的〈按钮，在弹出的文本框中选中所有的文字，然后将文字的字体改为【华文彩云】，字号改为 36，结果如下图所示。

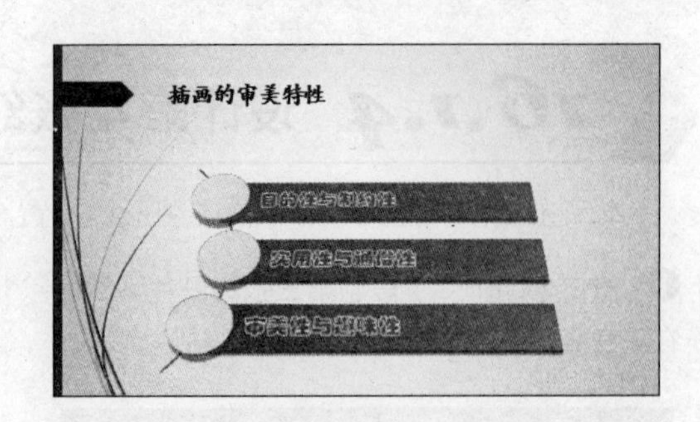

16.1.5 设计结束幻灯片

本节主要涉及插入艺术字、输入文本内容等。

❶ 按住【Ctrl+C】复制第四张幻灯片，然后在第四张幻灯片下方按【Ctrl+V】粘贴。

❷ 删除所有内容后单击【插入】选项卡下【文本】选项组中的【艺术字】按钮，在弹出的下拉列表中选择【填充—白色，轮廓—着色 1，发光—着色 1】选项。

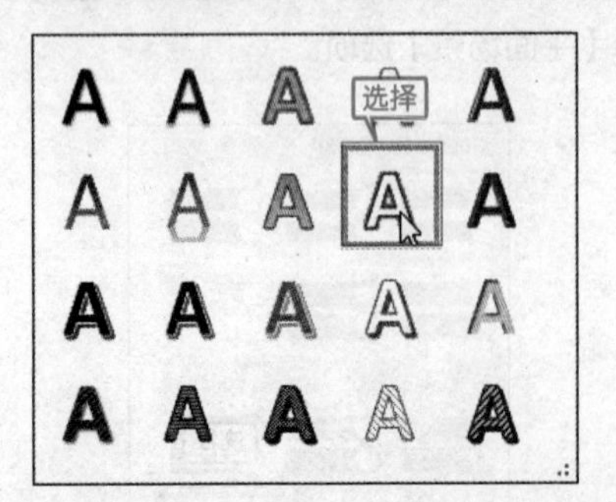

❸ 在插入的艺术字体文本框中输入“谢谢观看！”，然后设置【字体】为“华文行楷”，【字号】为“96”。

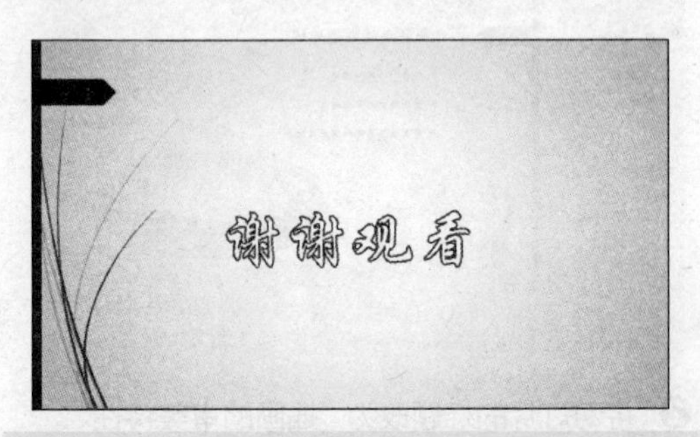

❹ 选中文本框，然后单击【开始】选项卡【绘图】组中的【形状效果】的下拉按钮，在弹出的下拉列表中选择【三维旋转】➤【平行】➤【离轴 1 右】。

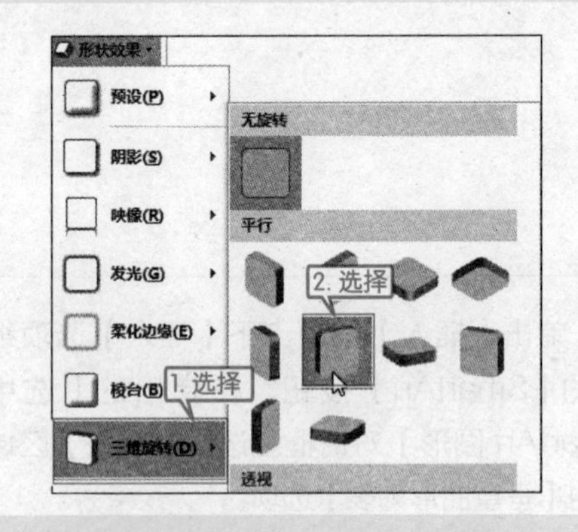

❺ 形状效果设置完成后结果如下图所示。

16.2 制作员工培训 PPT

本节视频教学录像：32 分钟

员工培训是组织或公司为了开展业务及培育人才的需要，采用各种方式对员工进行有目的、有计划的培养和训练的管理活动，使员工不断更新知识，开拓技能，能够更好地胜任现职工作或担负更高级别的职务，从而提高工作效率。制作员工培训 PPT 的最终效果如下。

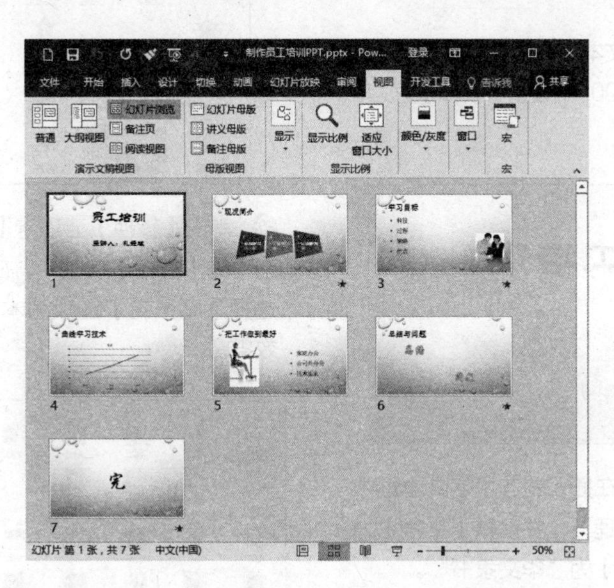

16.2.1 设计员工培训首页幻灯片

设计员工培训首页幻灯片页面的步骤如下。

❶ 启动 PowerPoint 2016 应用软件，进入 PowerPoint 工作界面。

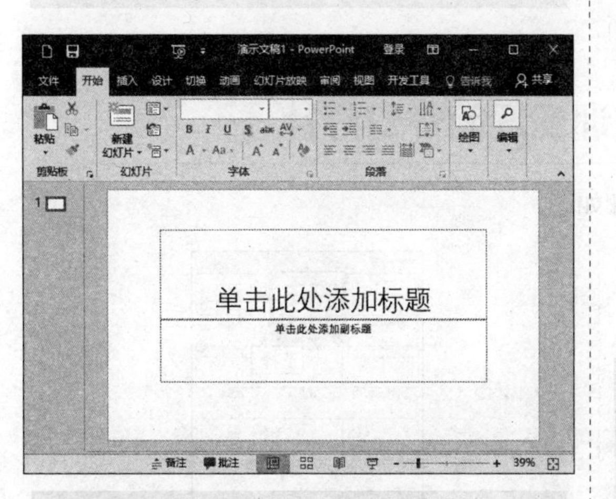

❷ 单击【设计】选项卡【主题】组中的【平面】选项。

❸ 删除【单击此处添加标题】文本框，单击【插入】选项卡下【文本】组中的【艺术字】按钮，在弹出的下拉列表中选择“填充 - 黑色，文本 1，阴影”选项。

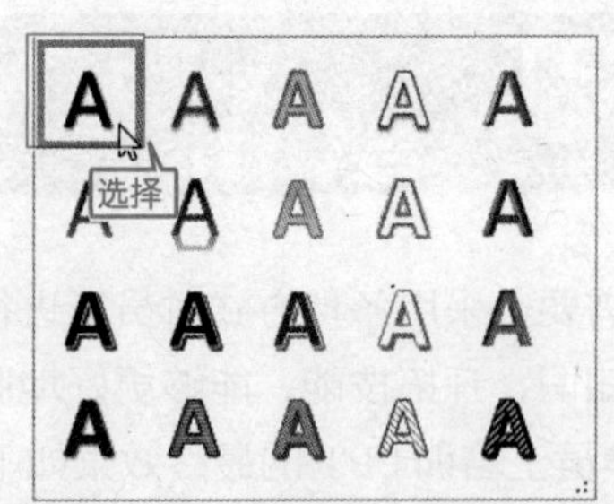

❹ 在插入的艺术字文本框中输入“员工培训”，并设置【字号】为“100”，设置【字体】为“华文隶书”。

❺ 重复步骤❸～❹在插入的艺术字文本框中输入“主讲人：孔经理”，并设置【字号】为“54”，设置【字体】为“华文隶书”。

❻ 选中“主讲人：孔经理”文本框，单击【动画】选项卡【动画】组下的【其他】按钮，在弹出的下拉列表中选择【旋转】选项。

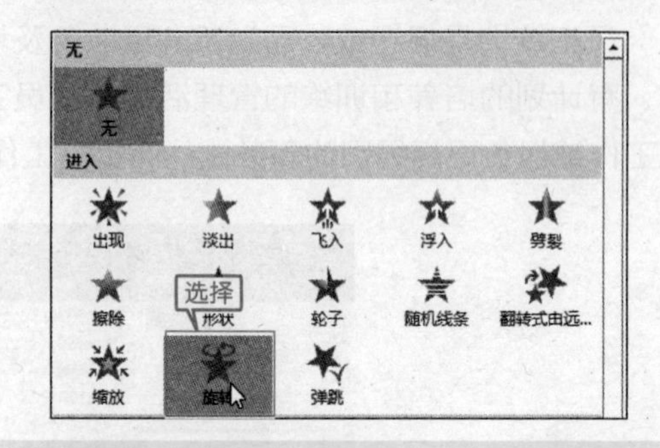

❼ 单击【转换】选项卡【切换到此幻灯片】组中的【其他】按钮，在弹出的下拉列表中选择【摩天轮】选项为本张幻灯片设置切换效果。

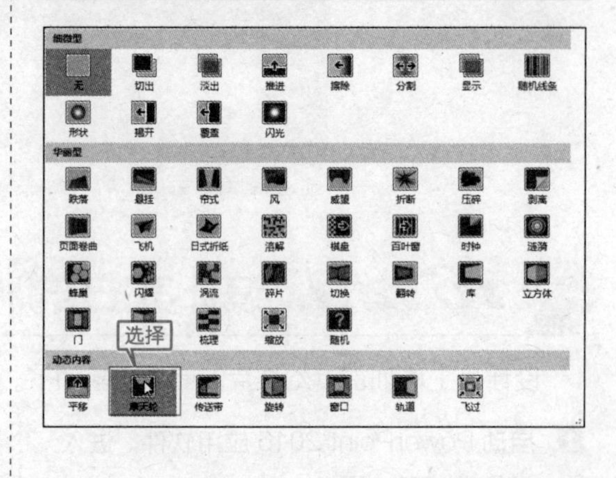

16.2.2 设计员工培训现况简介幻灯片

设计员工培训现况简介幻灯片页面的步骤如下。

❶ 单击【开始】选项卡【幻灯片】组中的【新建幻灯片】按钮，在弹出的快捷菜单中选择【标题和内容】选项。

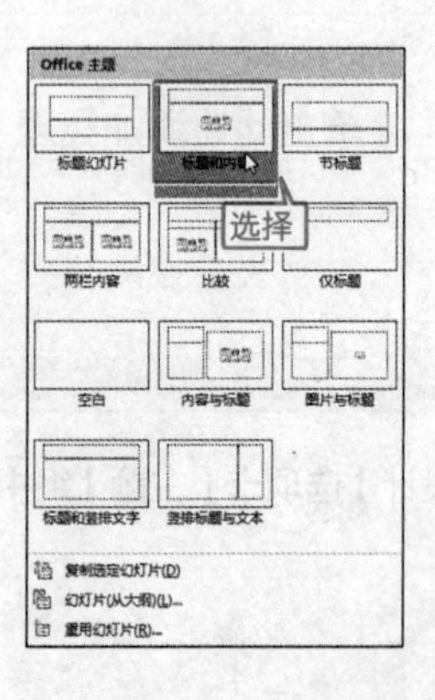

❷ 在新添加的幻灯片中单击【单击此处添加标题】文本框，并在该文本框中输入“现况简介”文本内容，设置【字体】为“宋体（标题）”，设置【字号】为“54”，设置字体样式为“文字阴影”。

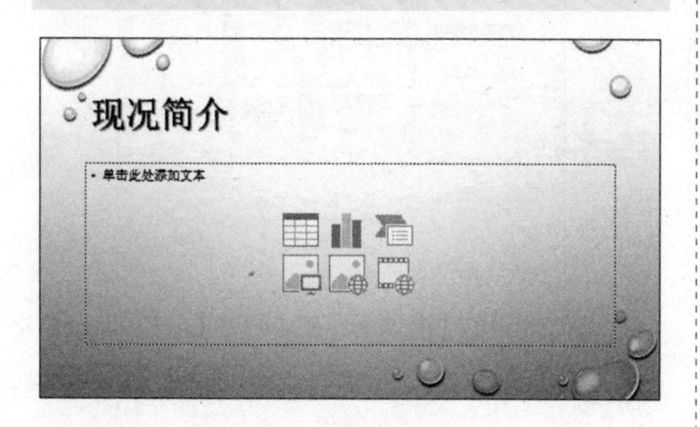

提示 字体的文字阴影样式在【开始】选项卡【字体】组中，如下图所示。

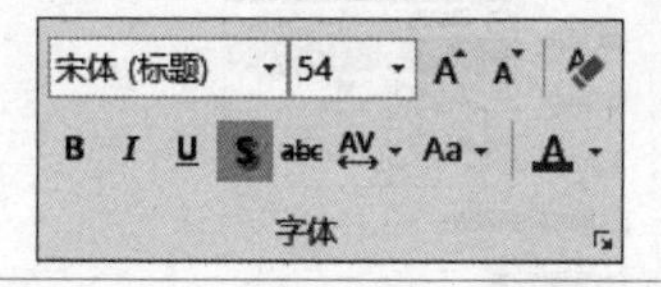

❸ 将【单击此处添加文本】文本框删除，之后单击【插入】选项卡【插图】组中的【SmartArt】按钮，在弹出的【选择SmartArt 图形】对话框中选择【列表】区域中的【梯形列表】选项。

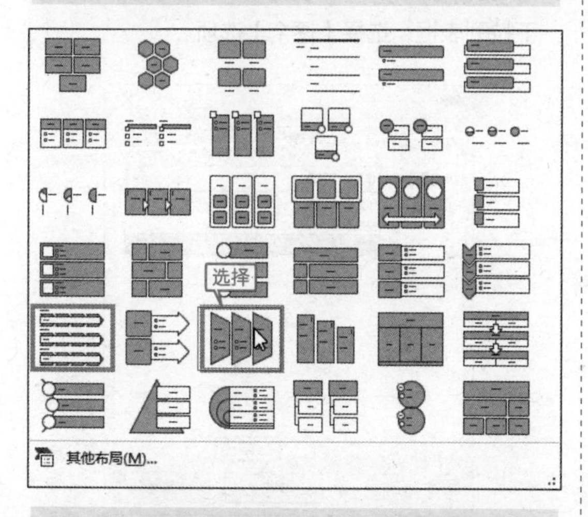

❹ 单击【确定】按钮，然后输入相应的文本内容。

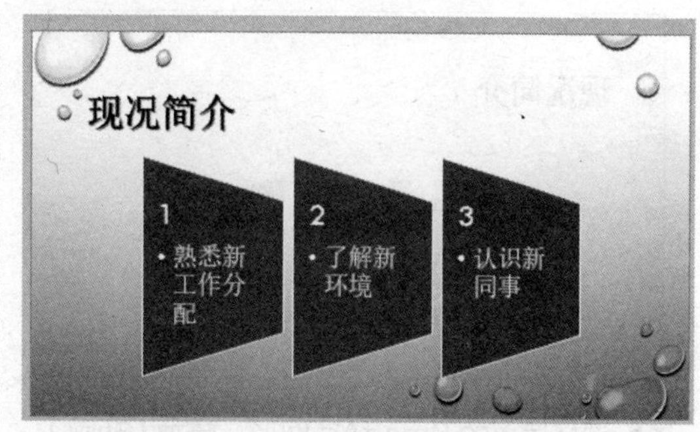

❺ 选中刚插入的SmartArt图形，然后单击【设计】选项卡下【更改颜色】组的下拉按钮，在弹出的下拉列表中选中【彩色范围—个性色 5 至6】。

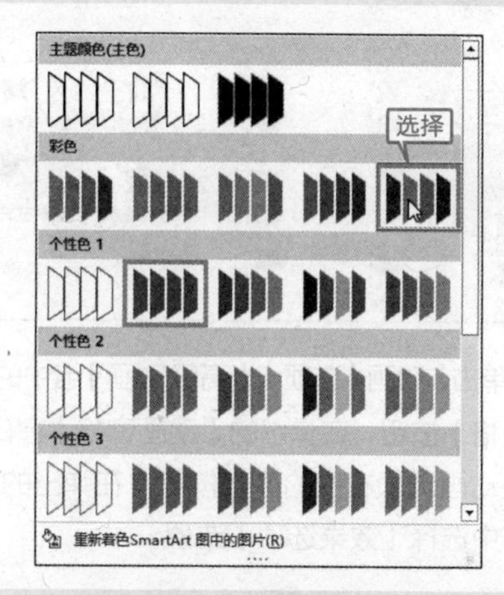

❻ 在SmartArt 样式列表中选择【平面场景】。

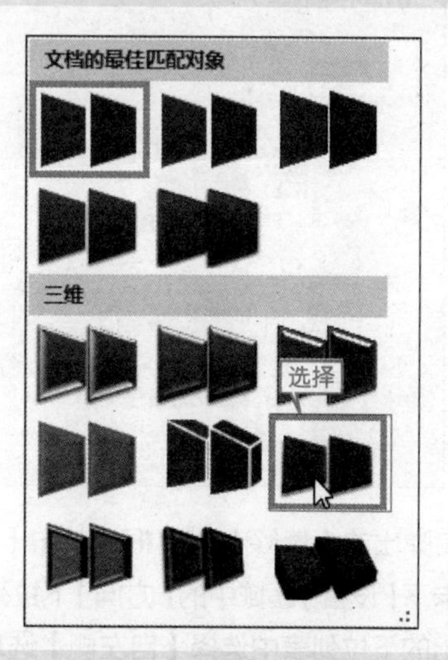

❼ SmartArt 图形的样式设置完成后如下图所示。

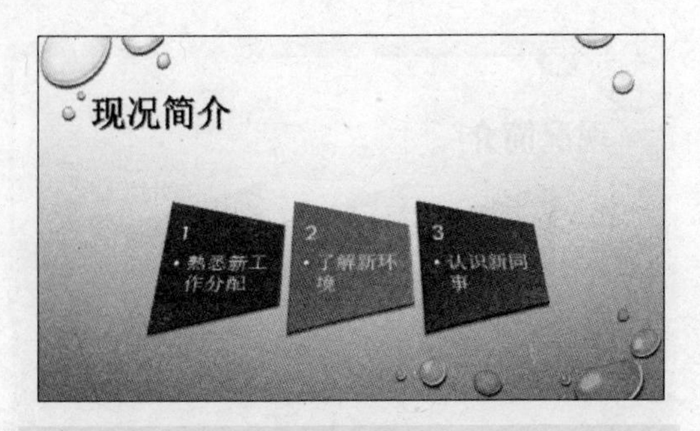

⑧ 选择插入的 SmartArt 图形，单击【动画】选项卡【动画】组中的【擦除】选项。

⑨ 单击【动画】选项卡【高级动画】组中的【动画窗格】按钮，在弹出的【动画窗格】窗口中，单击动画选项右侧的下拉按钮，在弹出的下拉列表中选择【效果选项】选项。

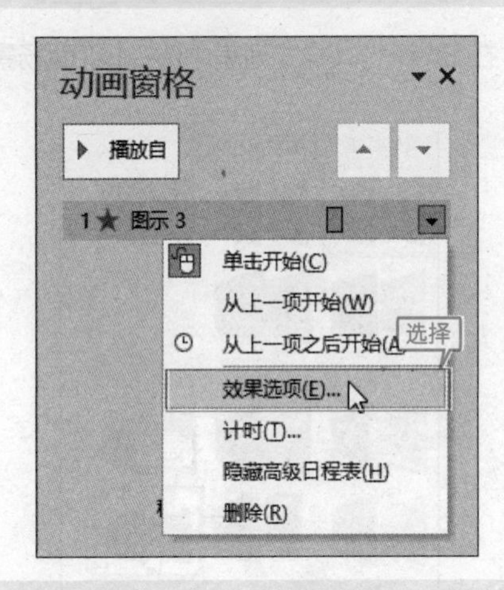

⑩ 在弹出的【擦除】对话框上单击【效果】选项卡下【设置】区域中的【方向】下拉列表框，在弹出的下拉列表中选择【自左侧】选项。

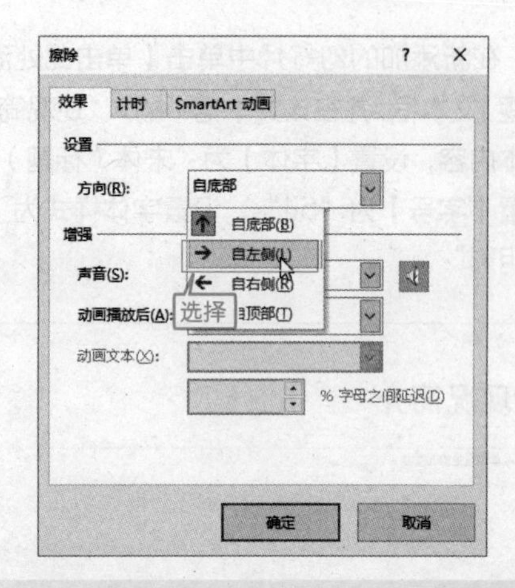

⑪ 单击【计时】选项卡下的【开始】下拉列表框，在弹出的下拉列表中选择【上一动画之后】选项。

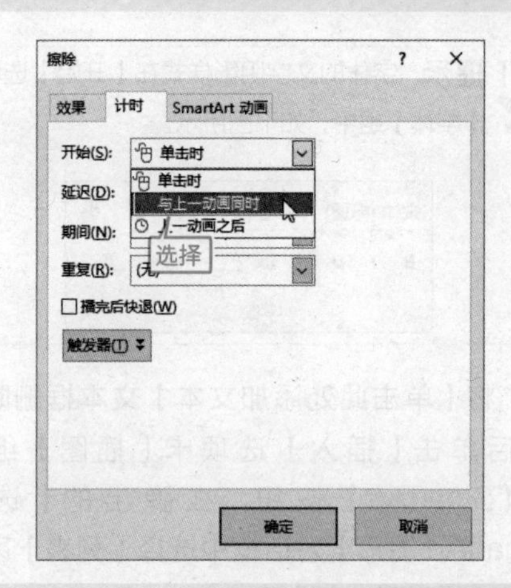

⑫ 打开【SmartArt】选项卡下的【组合图形】下拉列表框，选择【逐个】选项。

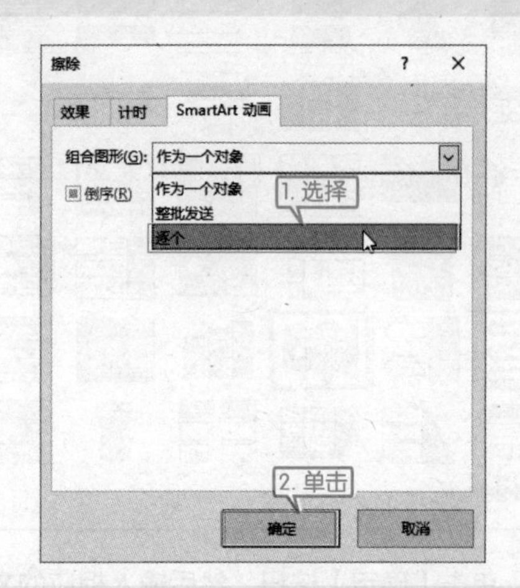

⑬ 单击【确定】按钮，返回幻灯片设计窗口，

查看【动画窗格】窗口与幻灯片的设计效果。

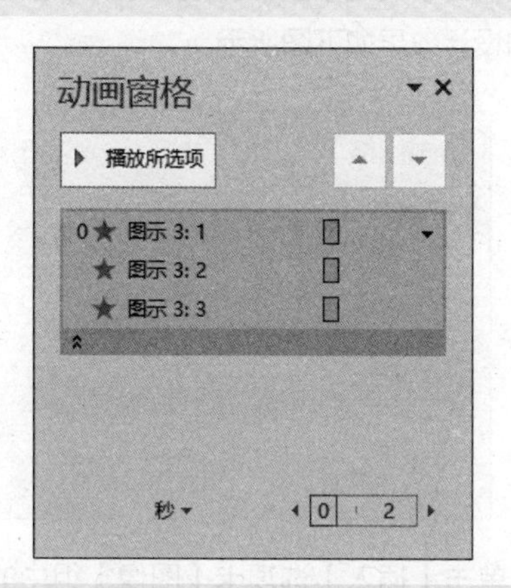

⑭ 单击【切换】选项卡【切换到此幻灯片】组中的【其他】按钮，在弹出的下拉列表中选择【轨道】选项为本张幻灯片设置切换效果。

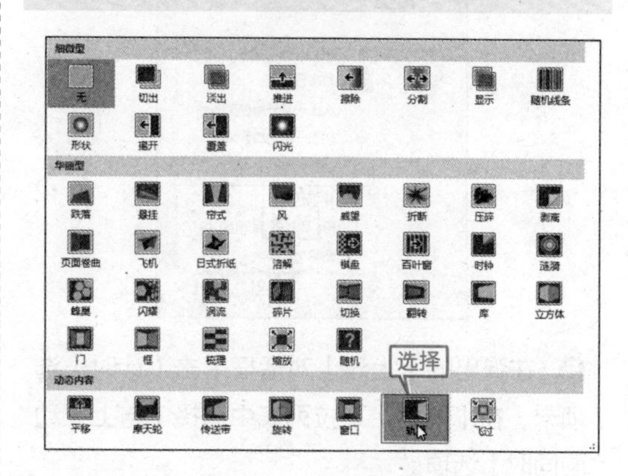

16.2.3 设计员工学习目标幻灯片

设计员工学习目标幻灯片页面的步骤如下。

❶ 单击【新建幻灯片】按钮，在弹出的快捷菜单中选择【标题和内容】选项。在新添加的幻灯片中单击【单击此处添加标题】文本框，并在该文本框中输入“学习目标”，设置【字体】为“宋体（标题）”，设置【字号】为“54”，设置字体样式为“文字阴影”。

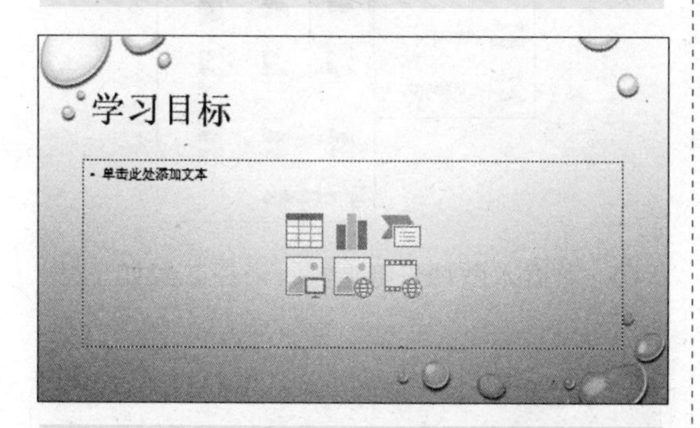

❷ 将【单击此处添加文本】文本框删除，之后单击【插入】选项卡【文本】组中的【文本框】按钮，在弹出的下拉菜单中选择【横排文本框】选项，并绘制一个文本框并输入相关的文本内容，设置【字体】为“宋体（正文）”，设置【字号】为“40”，之后对文本框进行移动调整。

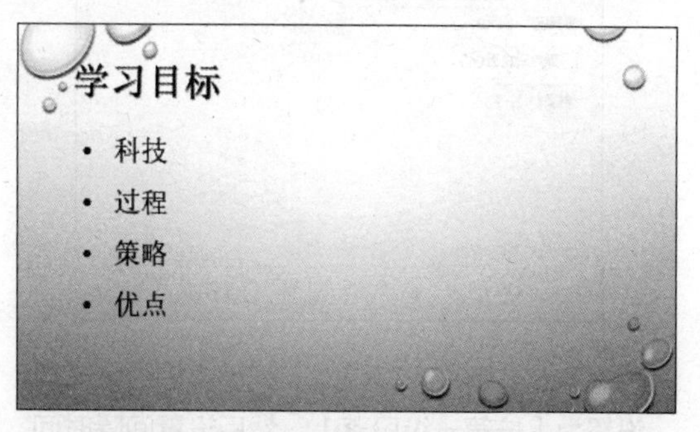

❸ 选中上一步操作中所设计的文本框，单击【动画】选项卡【动画】组中的【浮入】选项。

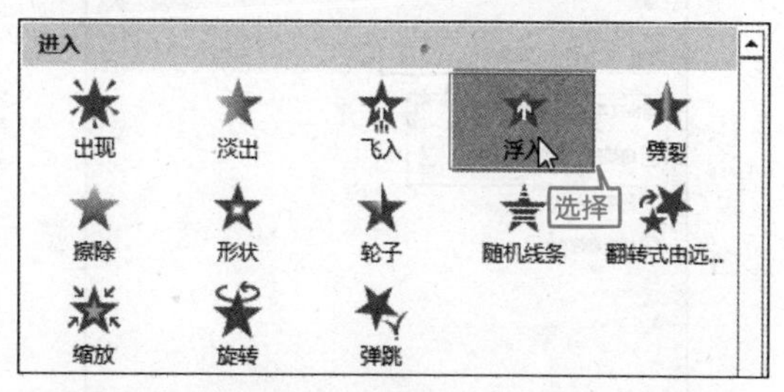

❹ 单击【动画】选项卡【高级动画】组中的【动画窗格】按钮，单击弹出的【动画空格】窗口的动画选项右侧的下拉按钮，在弹出的下拉列表中选择【效果选项】选项。

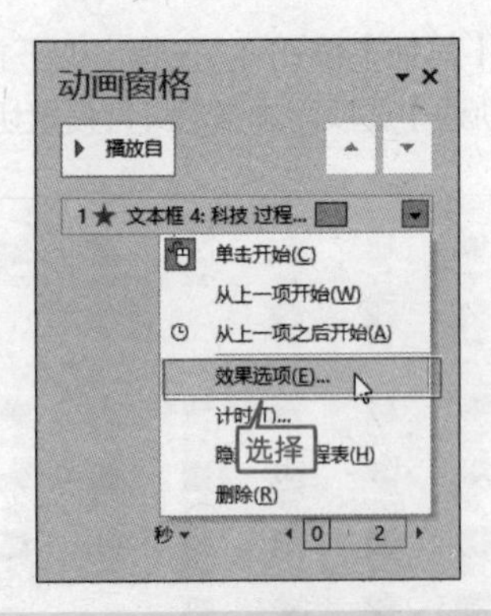

❺ 在弹出的【上浮】对话框单击【计时】选项卡，在【开始】下拉列表中选择【与上一动画同时】选项。

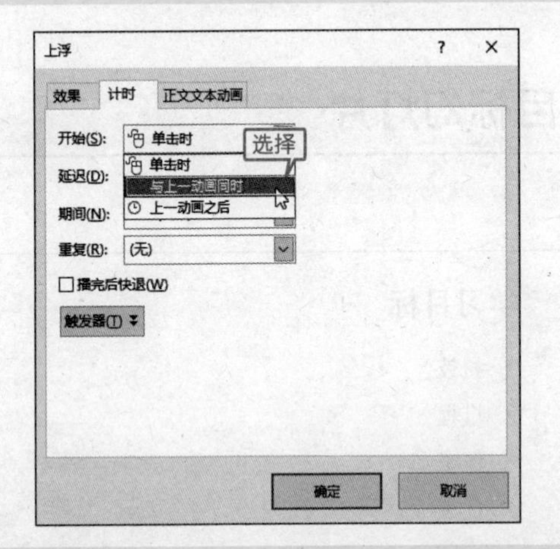

❻ 单击【正文文本动画】按钮，将组合文本设置为【按第一级段落】，然后设置间隔时间为0.5秒。

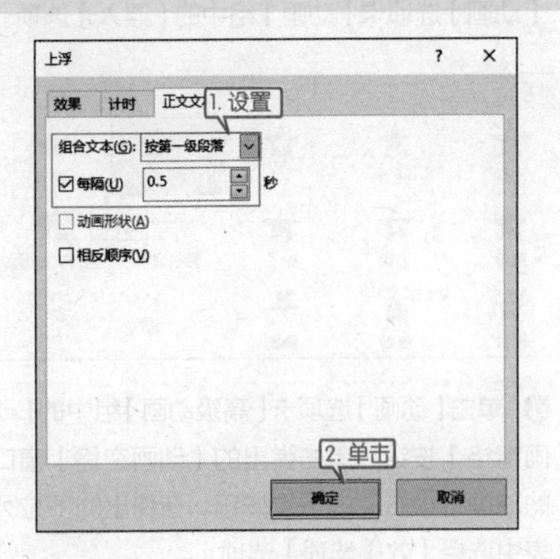

❼ 单击【确定】按钮，最终【动画窗格】窗口的设计效果如下图所示。

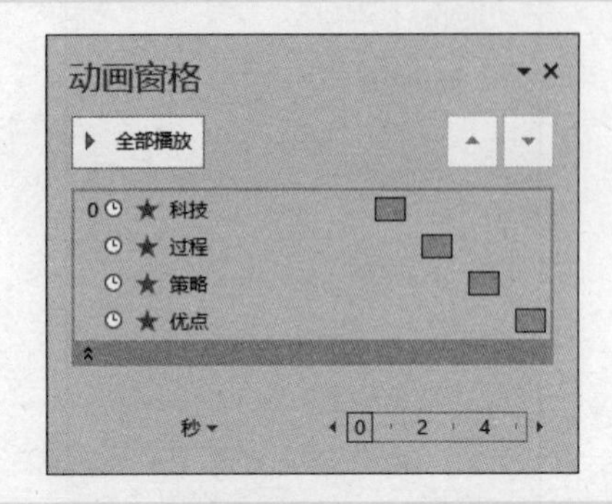

❽ 单击【插入】选项卡【图像】组中的【图片】按钮，在弹出的【插入图片】对话框中选择随书光盘中的“素材\ch16\学习.jpg”文件，选中图片，单击【格式】选项卡【图片样式】组中【图片效果】下拉按钮，在弹出的下拉列表中选择【映像】效果为【紧密映像，接触】。

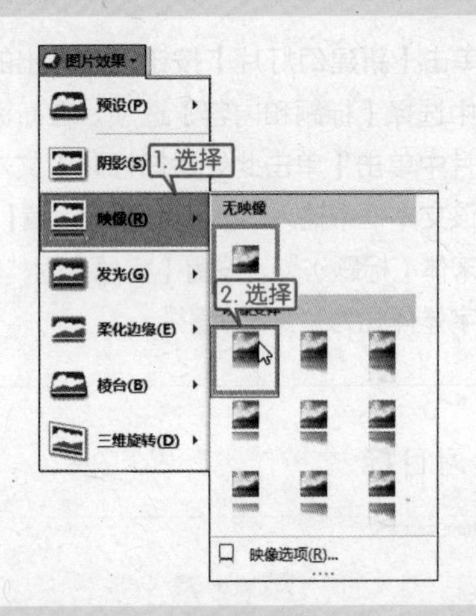

❾ 对插入图片进行调整，最终效果如下图所示。

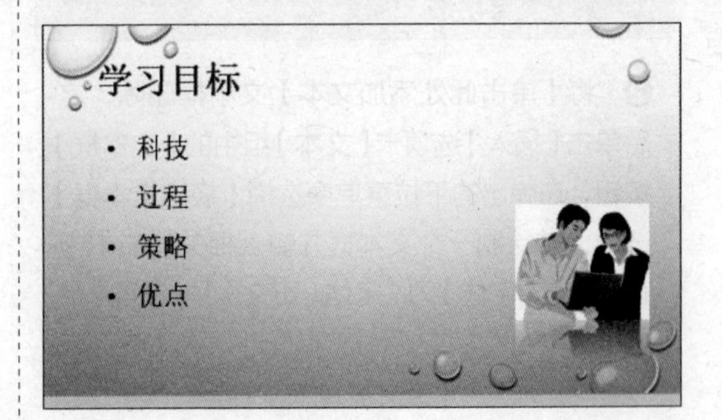

⑩ 单击【切换】选项卡【切换到此幻灯片】组中的【其他】按钮，在弹出的下拉列表中选择【缩放】选项，为本张幻灯片设置切换效果。

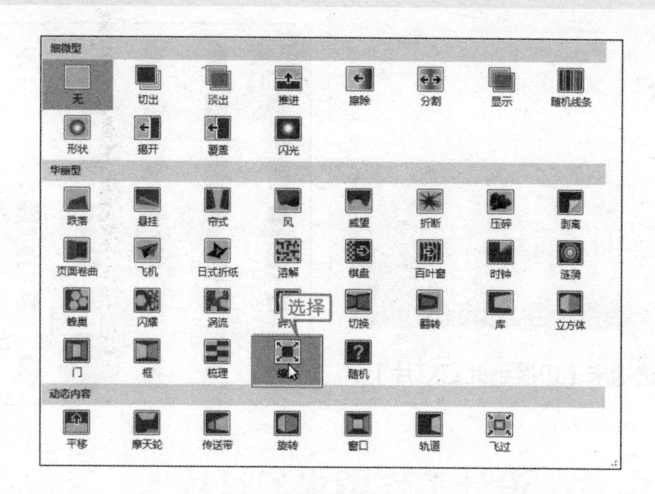

16.2.4 设计员工曲线学习技术幻灯片

设计员工曲线学习技术幻灯片页面的步骤如下。

❶ 新建一张【标题和内容】幻灯片，在新添加的幻灯片中单击【单击此处添加标题】文本框，并在该文本框中输入“曲线学习技术”文本内容，设置【字体】为“宋体（标题）”，设置【字号】为“54”，设置字体样式为“文字阴影”。

❷ 将【单击此处添加文本】文本框删除，之后单击【插入】选项卡【插图】组中的【图表】按钮，在弹出的【插入图表】对话框，选择【堆积拆线图】选项。

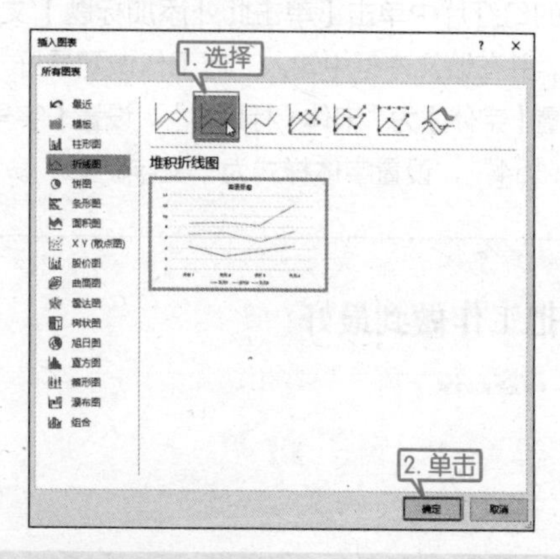

❸ 单击【确定】按钮，在弹出的【Microsoft PowerPoint 中的图表】对话框中，按下表进行设计。

Microsoft PowerPoin...

	A	B	C	D
1		进度		
2	第1年	30		
3	第2年	60		
4	第3年	100		
5				
6				
7				

❹ 关闭【Microsoft PowerPoint 中的图表】对话框，查看设计效果。

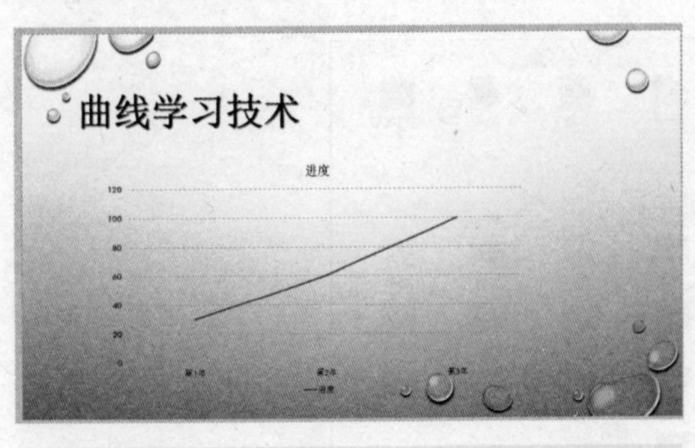

❺ 单击【切换】选项卡【切换到此幻灯片】组中的【其他】按钮，在弹出的下拉列表中选择【旋转】选项，为本张幻灯片设置切换效果。

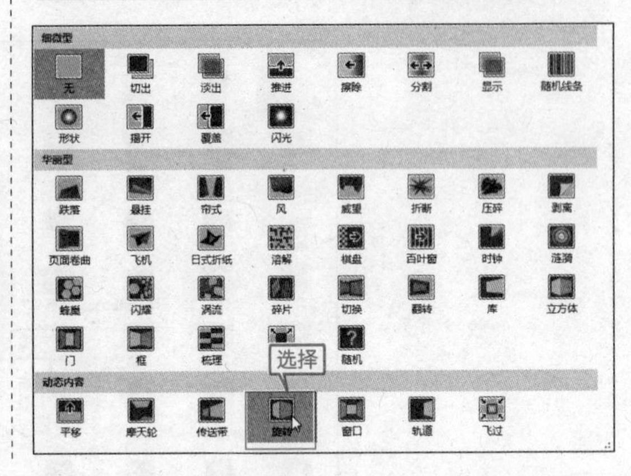

16.2.5 设计工作要求幻灯片

设计工作要求幻灯片页面的步骤如下。

❶ 新建一张【标题和内容】幻灯片，在新添加的幻灯片中单击【单击此处添加标题】文本框，并在该文本框中输入“把工作做到最好”，设置【字体】为“宋体（标题）”，设置【字号】为“54”，设置字体样式为“文字阴影”。

❷ 将【单击此处添加文本】文本框删除，之后单击【插入】选项卡【文本】组中的【文本框】按钮，在弹出的下拉菜单中选择【横排文本框】选项，绘制一个文本框并输入相关的文本内容，设置【字体】为“宋体（正文）”且加粗，设置【字号】为“40”，之后对文本框进行移动调整。

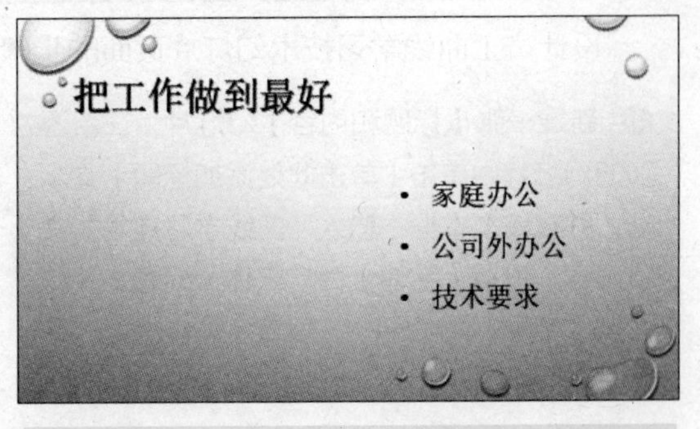

❸ 插入随书光盘中的“素材\ch16\工作.jpg”文件，并调整图片位置，最终效果如下图所示。

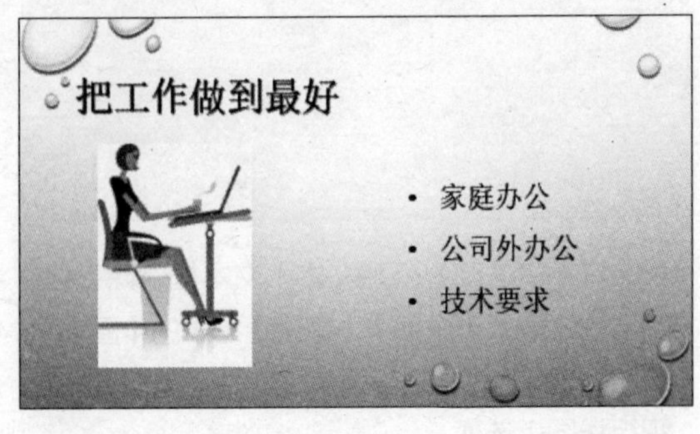

❹ 单击【切换】选项卡【切换到此幻灯片】组中的【其他】按钮，在弹出的下拉列表中选择【翻转】选项为本张幻灯片设置切换效果。

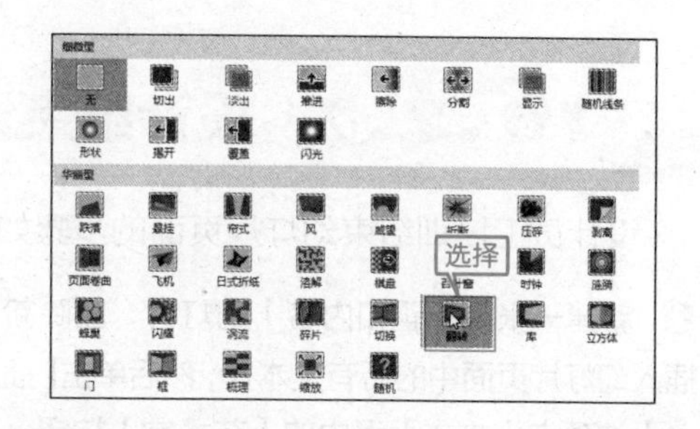

16.2.6 设计问题与总结幻灯片

设计问题与总结幻灯片页面的步骤如下。

❶ 新建一张【标题和内容】幻灯片，在新添加的幻灯片中单击【单击此处添加标题】文本框，并在该文本框中输入“总结与问题”，设置【字体】为“宋体（标题）”，设置【字号】为“54”，设置字体样式为“文字阴影”。

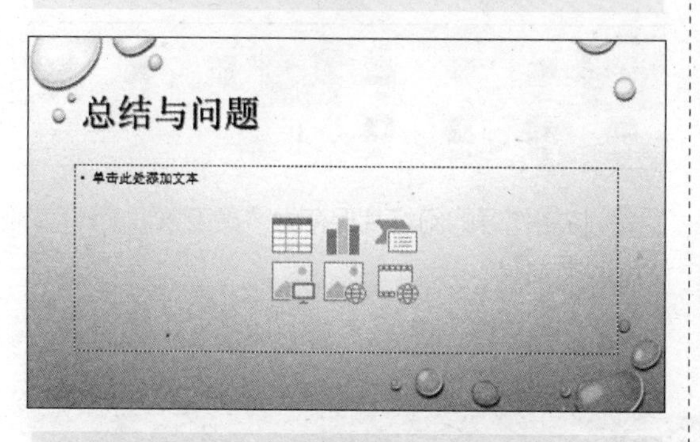

❷ 将【单击此处添加文本】文本框删除，之后单击【插入】选项卡【文本】组中的【艺术字】按钮，在弹出的下拉列表中选择“填充 - 白色，轮廓 - 着色 2，清晰阴影 - 着色 2”选项。

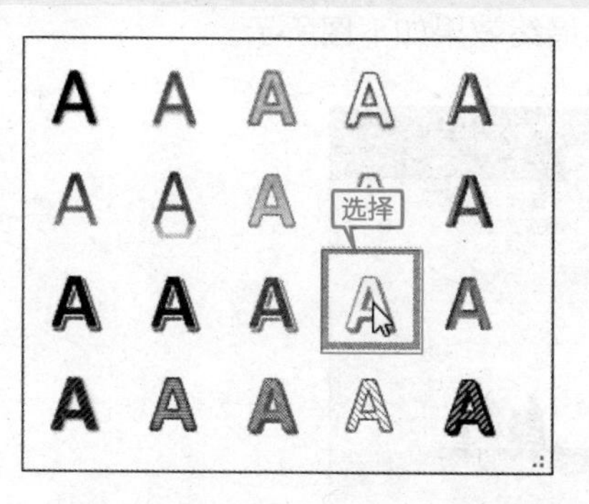

❸ 插入“总结”和“问题”两个艺术字，并设置【字体】为“华文行楷”，设置【字号】为“80”并调整其位置。

❹ 分别设置两个艺术字的动画为“飞入”效果。

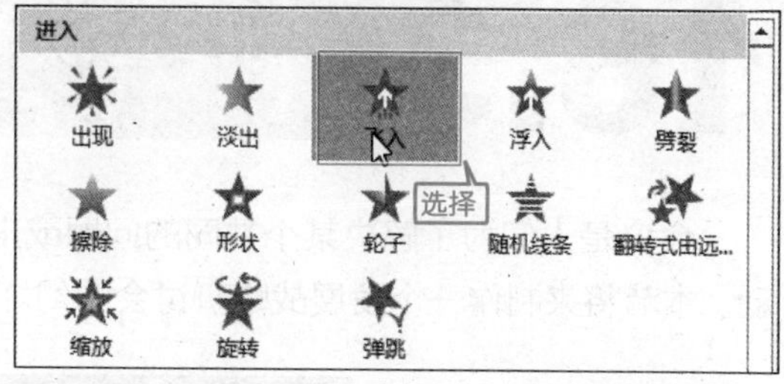

❺ 单击【切换】选项卡【切换到此幻灯片】组中的【淡出】选项，为本张幻灯片设置切换效果。

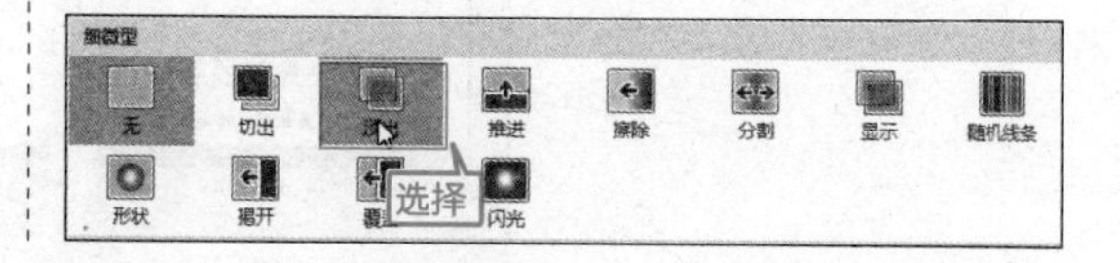

16.2.7 设计结束幻灯片页面

设计员工培训结束幻灯片页面的步骤如下。

❶ 新建一张【标题和内容】幻灯片，删除新插入幻灯片页面中的所有文本框，然后单击【插入】选项卡【文本】组中的【艺术字】按钮，在弹出的下拉列表中选择“填充 － 黑色，文本 1，轮廓 - 背景 1，清晰阴影 - 背景 1”选项。

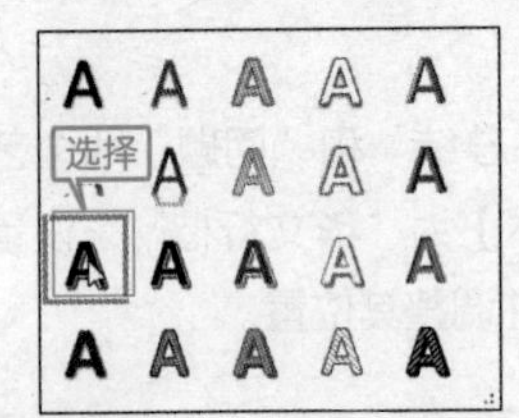

❷ 在插入的艺术字文本框中输入“完”文本内容，并设置【字号】为“150”，设置【字体】为“华文行楷”。

❸ 设置艺术字的动画效果为“放大 / 缩小”。

❹ 单击【切换】选项卡【切换到此幻灯片】组中的【擦除】选项，为本张幻灯片设置切换效果。

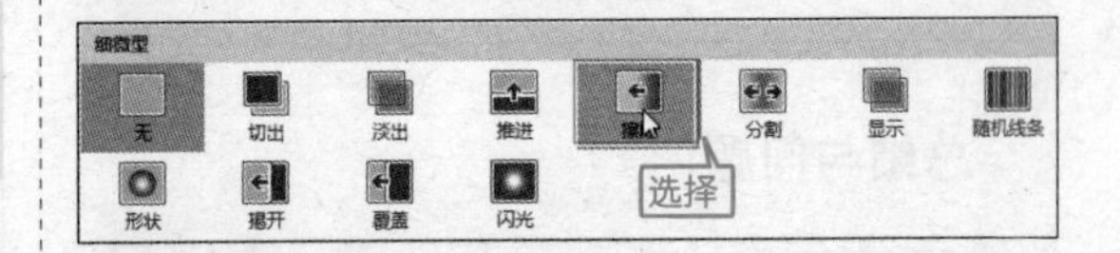

❺ 将制作好的幻灯片保存为“员工培训 PPT.pptx”文件。

16.3 制作会议 PPT

本节视频教学录像：18 分钟

会议是人们为了解决某个共同的问题或出于不同的目的聚集在一起进行讨论、交流的活动。本节将来制作一个发展战略研讨会的幻灯片，其最终效果如下图所示。

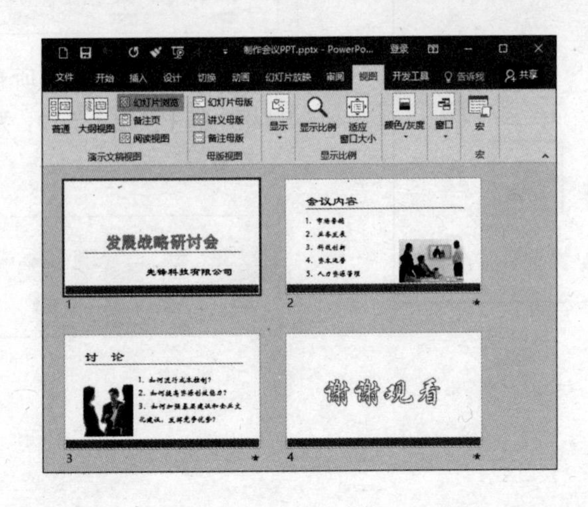

16.3.1 设计会议首页幻灯片页面

设计会议首页幻灯片页面的步骤如下。

❶ 启动 PowerPoint 2016 应用软件，进入 PowerPoint 工作界面。单击【设计】选项卡【主题】组中【回顾】选项。

❷ 删除【单击此处添加标题】文本框，单击【插入】选项卡【文本】组中的【艺术字】按钮，在弹出的下拉列表中选择【图案填充 － 橙色，个性色 1，50%，清晰阴影 －个性色 1】选项。

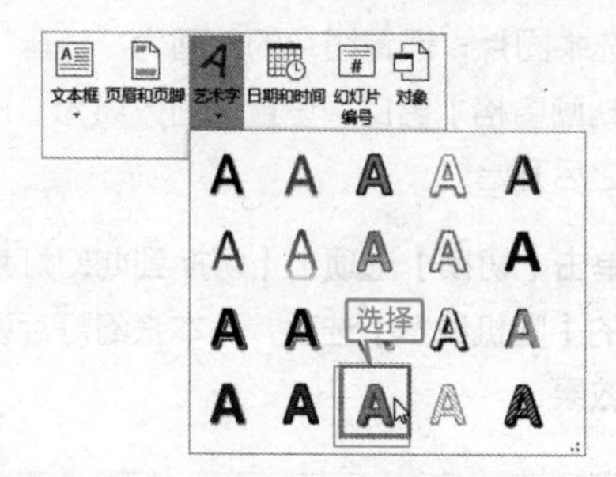

❸ 在插入的艺术字文本框中输入“发展战略研讨会”文本内容，并设置【字号】为“80”，设置【字体】为“黑体”。

发展战略研讨会

❹ 选中艺术字，单击【格式】选项卡【艺术字样式】组中的【文字效果】按钮，在弹出的下拉列表中选择【映像】区域下的【紧密映像，接触】选项。

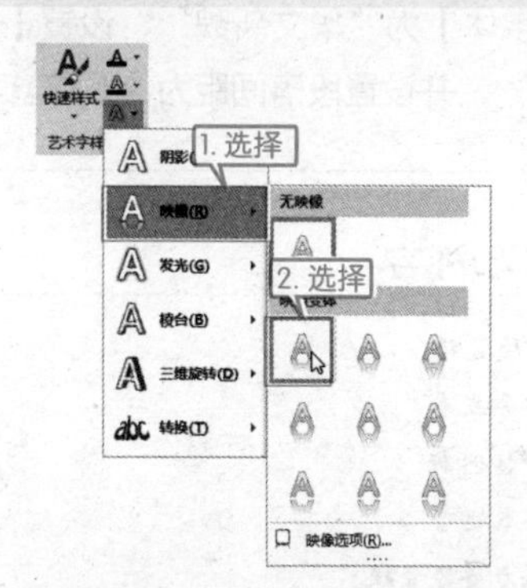

❺ 单击【单击此处添加副标题】文本框，并在该文本框中输入“先锋科技有限公司”文本内容，设置【字体】为“隶书”，设置【字号】为“54”，并拖曳文本框至合适的位置。

发展战略研讨会

先锋科技有限公司

16.3.2 设计会议内容幻灯片页面

设计会议内容幻灯片页面的步骤如下。

❶ 新建一张【标题和内容】幻灯片，并输入标题“会议内容”，设置【字体】为“隶书”且加粗，设置【字号】为“66”。

❷ 将【单击此处添加文本】文本框删除，之后单击【插入】选项卡【文本】组中的【文本框】按钮，在弹出的下拉菜单中选择【横排文本框】选项。绘制一个文本框并输入相关文本内容，设置【字体】为“华文新魏”，设置【字号】为“36”，并设置段落间距为 1.5 倍。

会议内容

1、市场营销
2、业务发展
3、科技创新
4、资本运营
5、人力资源管理

❸ 单击【插入】选项卡【图像】组中的【图片】按钮，在弹出的【插入图片】对话框中选择随书光盘中的“素材 \ch16\ 会议 .jpg”文件。将图片插入幻灯片并调整图片的位置，最终效果如下图所示。

会议内容

1、市场营销
2、业务发展
3、科技创新
4、资本运营
5、人力资源管理

❹ 选中文本框中的文字内容，单击【动画】选项卡【动画】组中的【飞入】选项。

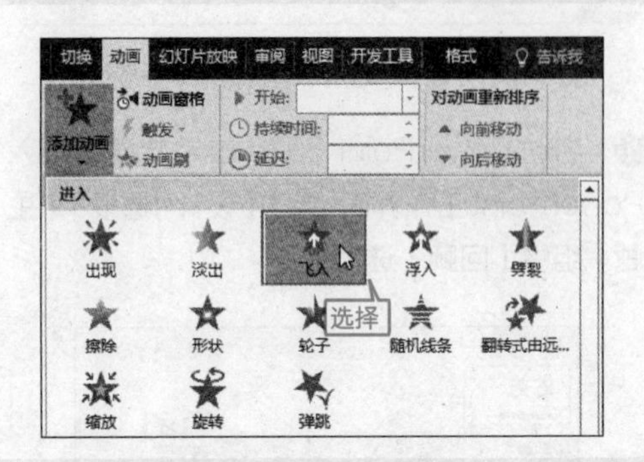

❺ 单击【动画】选项卡【高级动画】组中的【动画窗格】按钮，弹出【动画窗格】窗口。单击【动画窗格】中的动画选项右侧的下拉按钮，设置 2 ~ 5 行文字的动画效果为“从上一项之后开始”。

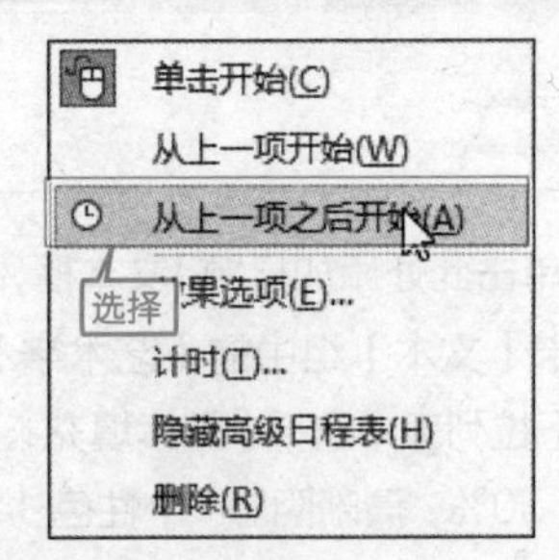

❻ 选中图片，设置图片的动画为“淡出”，在【动画窗格】窗口中设置动画效果为“从上一项之后开始”。

❼ 单击【切换】选项卡【切换到此幻灯片】组中的【随机线条】选项，为本张幻灯片设置切换效果。

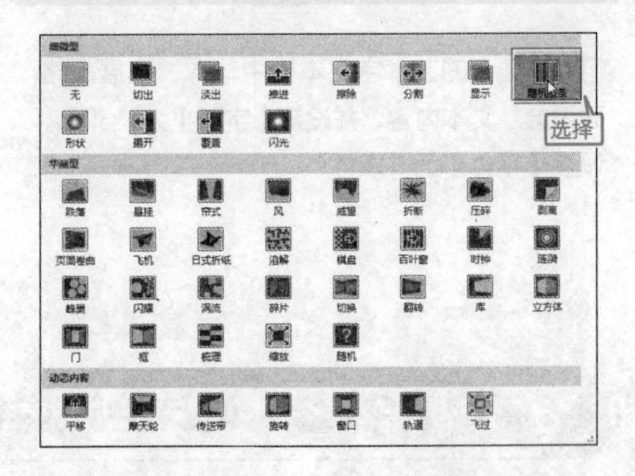

16.3.3 设计会议讨论幻灯片页面

设计会议讨论幻灯片页面的步骤如下。

❶ 新建一张【标题和内容】幻灯片，并输入标题“讨论”，设置【字体】为“隶书”且加粗，设置【字号】为“40”。

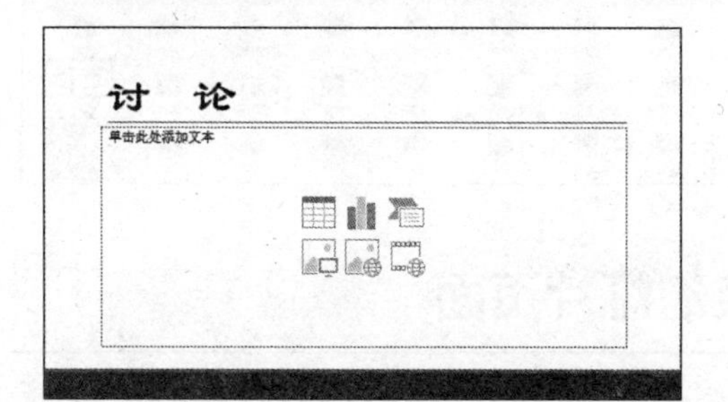

❷ 将【单击此处添加文本】文本框删除，之后单击【插入】选项卡【文本】组中的【文本框】按钮，在弹出的下拉菜单中选择【横排文本框】选项。绘制一个文本框并输入相关文本内容，设置【字体】为“华文新魏”，设置【字号】为“36”，并设置段落间距为 1.5 倍。

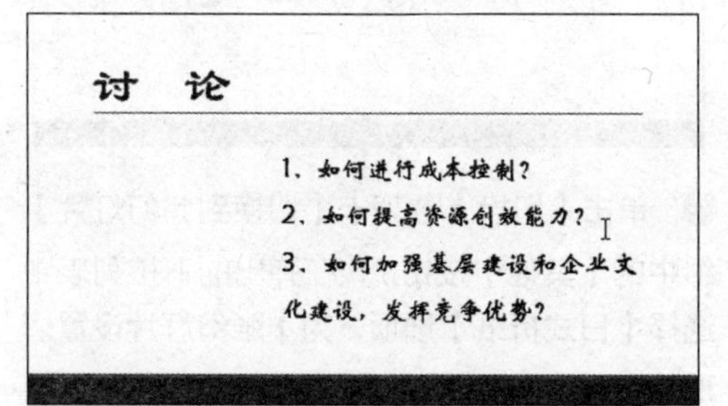

❸ 单击【插入】选项卡【图像】组中的【图片】按钮，选择随书光盘中的“素材 \ch16\讨论 .jpg”文件，将图片插入幻灯片并调整图片的位置，最终效果如下图所示。

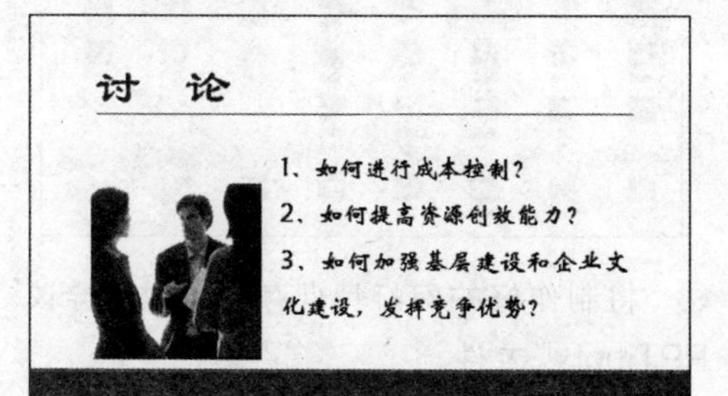

❹ 选中文本框中的文字内容，单击【动画】选项卡【动画】组中【浮入】选项。

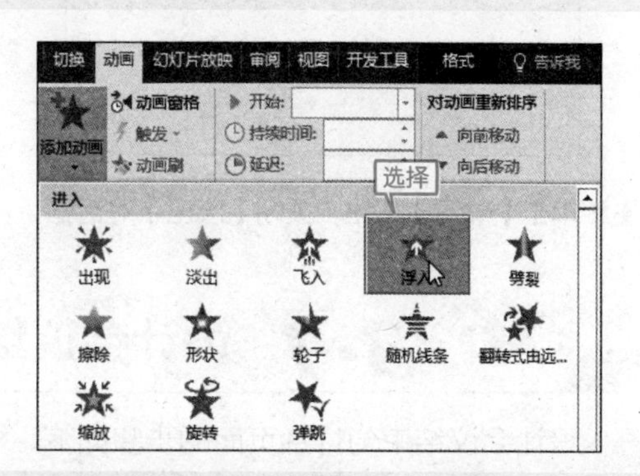

❺ 单击【动画】选项卡【高级动画】组中的【动画窗格】按钮，弹出【动画空格】窗口。单击【动画窗格】窗口中的动画选项右侧的下拉按钮，设置 2 ~ 4 行文字的动画效果为“从上一项之后开始”。

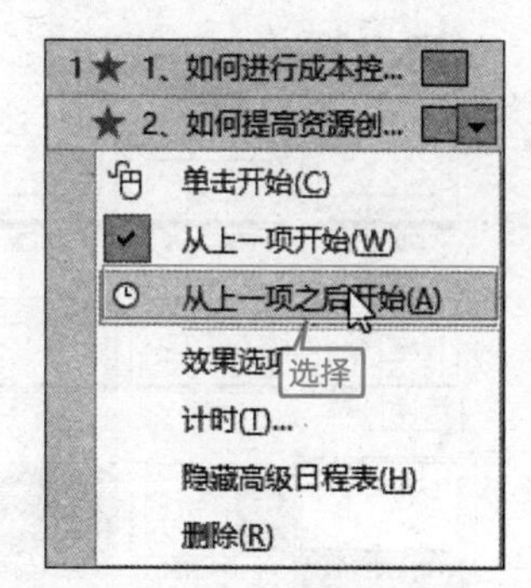

❻ 选中图片，设置图片的动画为“淡出”，在【动画窗格】窗口中设置动画效果为“从上一项之后开始”，【动画窗格】窗口的最终效果如下图所示。

❼ 选中图片，在【动画窗格】窗口中单击右边的下三角按钮，在弹出下拉列表中选择【计时】选项。弹出【淡出】对话框，设计【期间】值为“慢速（3 秒）”。

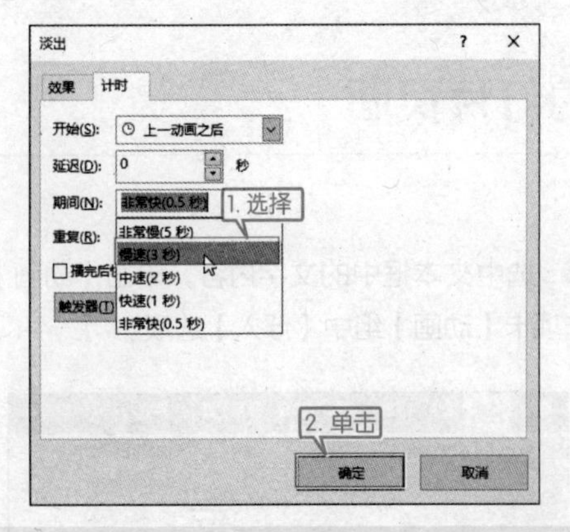

❽ 单击【确定】按钮，关闭【淡出】对话框，

单击【切换】选项卡【切换到此幻灯片】组中的【其他】按钮，在弹出的下拉列表中选择【立方体】选项，为本张幻灯片设置切换效果。

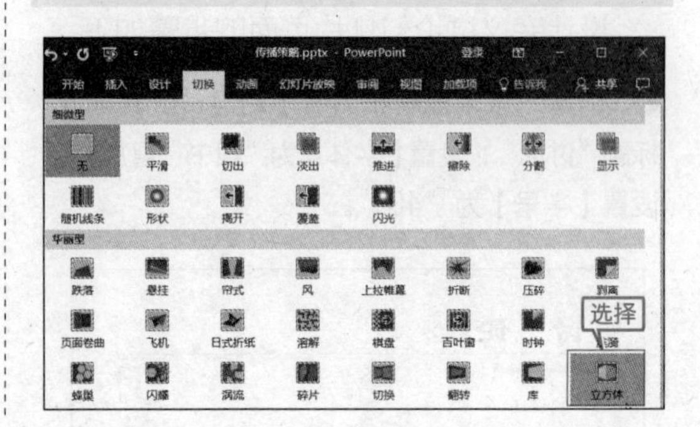

16.3.4 设计会议结束幻灯片页面

设计会议结束幻灯片页面的步骤如下。

❶ 单击【开始】选项卡【幻灯片】组中的【新建幻灯片】按钮，在弹出的快捷菜单中选择【空白】选项。

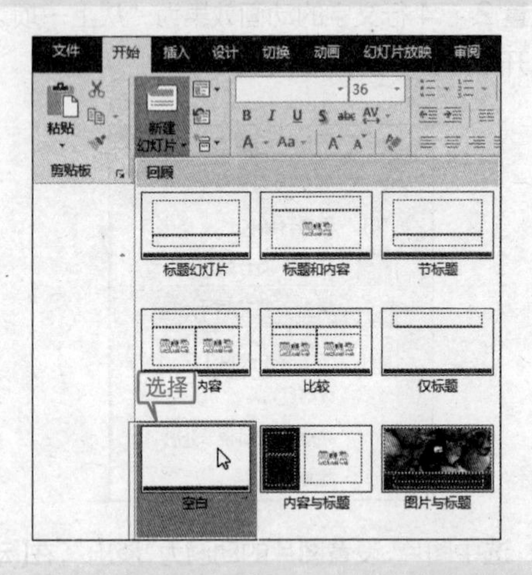

❷ 删除新插入幻灯片页面中的所有文本框，单击【插入】选项卡【文本】组中的【艺术字】按钮，在弹出的下拉列表中选择【填充-白色，轮廓-着色2，清晰阴影-着色2】选项。

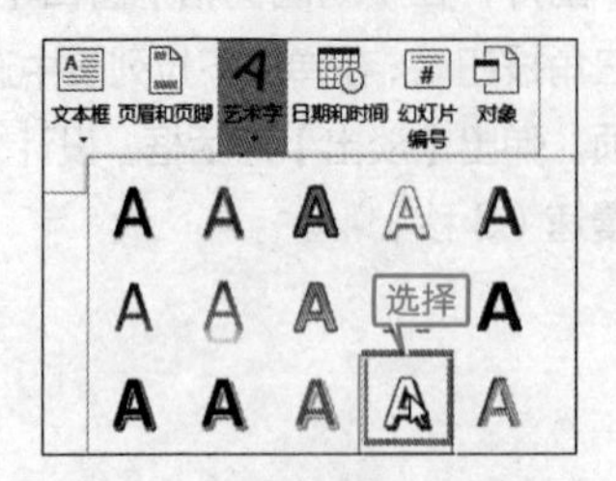

❸ 在插入的艺术字文本框中输入“谢谢观看”文本内容，并设置【字号】为“150”，设置【字体】为“华文行楷”。

❹ 单击【切换】选项卡【切换到此幻灯片】组中的【其他】按钮，在弹出的下拉列表中选择【日式折纸】选项，为本张幻灯片设置切换效果。

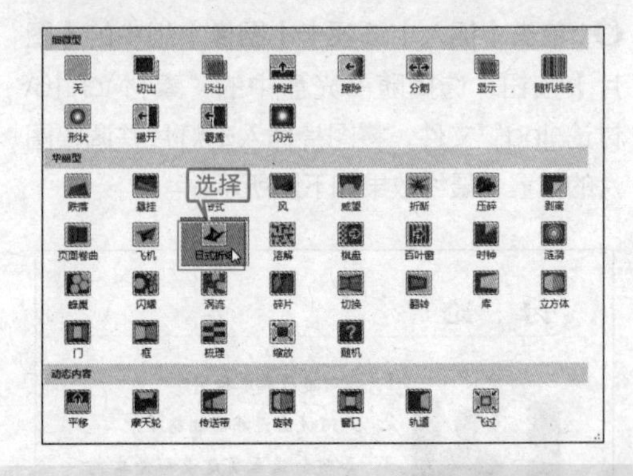

❺ 将制作好的幻灯片保存为“制作会议PPT.pptx”文件。

第17章

让别人快速明白你的意图——报告型 PPT 实战

本章视频教学录像：3 小时 10 分钟

高手指引

烦琐、大量的数据容易使观众产生疲倦感和排斥感，可以通过各种图表和图形，将这些数据以最直观的形式展示给观众，让观众快速地明白这些数据之间的关联以及更深层的含义，为抉择提供依据。

重点导读

- 电脑销售报告 PPT
- 服装市场研究报告 PPT
- 制作投标书 PPT

17.1 电脑销售报告 PPT

本节视频教学录像：1 小时 6 分钟

销售报告 PPT 就是要将数据以直观的图表形式展示出来，以便观众能够快速地了解到数据信息，所以在此类 PPT 中，合适应用图表十分关键。如果在图表中再配以动画形式，更能给人耳目一新的感觉。

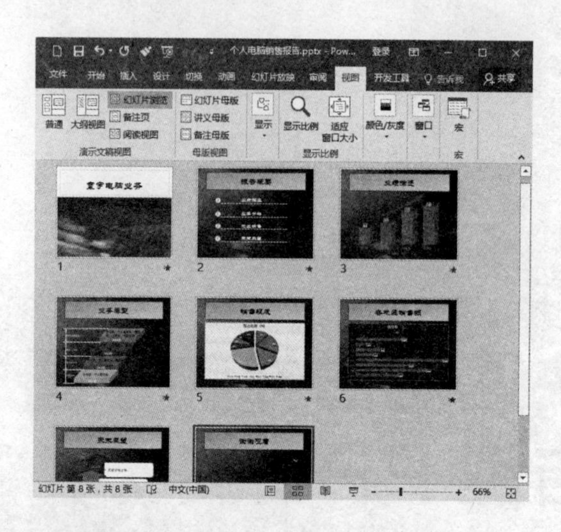

17.1.1 设计幻灯片母版

除了首页和结束页外，其他幻灯片都以蓝天白云为背景，并在标题中应用动画效果。此形式可以在母版中进行统一设计，步骤如下。

第 1 步：设计母版样式

❶ 启动 PowerPoint 2016，单击【视图】选项卡【母版视图】组中的【幻灯片母版】按钮，切换到幻灯片母版视图，并在左侧列表中单击第 1 张幻灯片。

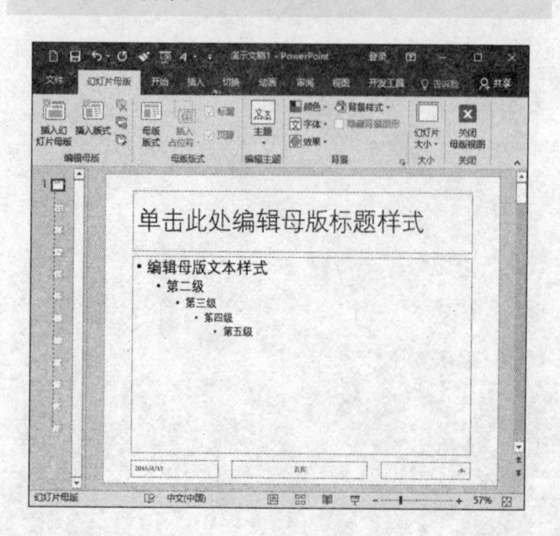

❷ 单击【幻灯片母版】选项卡【背景】组右下角的按钮，在弹出的【设置背景格式】对话框中选择【填充】选项➤【图片或纹理填充】单选按钮。

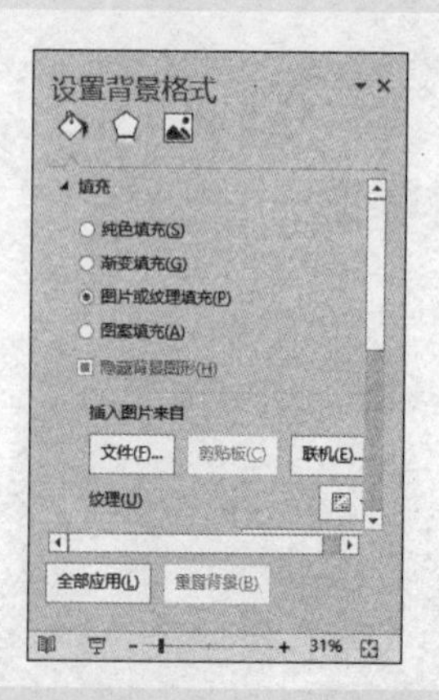

❸ 单击【文件】按钮，在弹出的【插入图片】对话框中选择“素材 \ch17\ 蓝天 .jpg”为幻

灯片母版的背景。

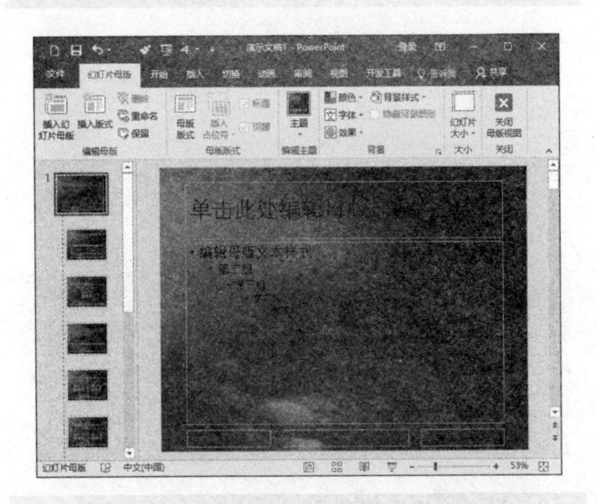

❹ 单击【插入】选项卡 ➤【插图】➤【形状】，在幻灯片上绘制一个矩形框，并单击【格式】选项卡 ➤【形状样式】➤【形状填充】➤【渐变】➤【线性对角 -左上到右下】。

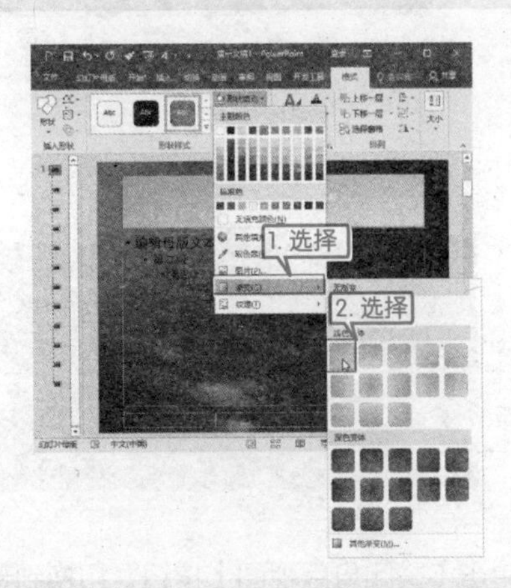

❺ 重复步骤❹，在创建一个渐变色矩形，并设置【形状轮廓】为浅蓝色，然后选中两个矩形，单击右键，在弹出的快捷菜单上选择【组合】➤【组合】。

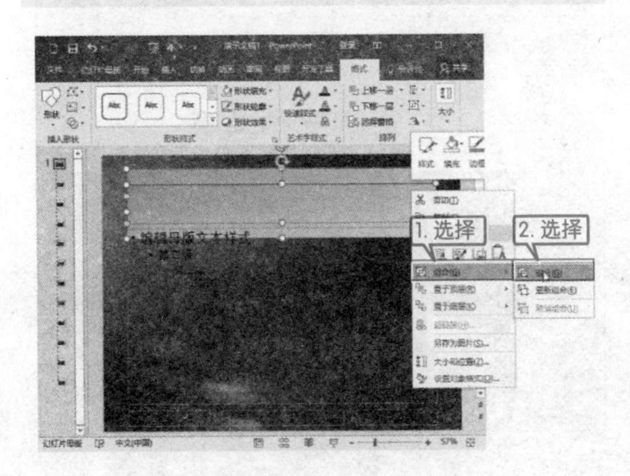

❻ 给组合的矩形框添加【劈裂】动画效果，并将【开始】模式设置为【与上一动画同时】。

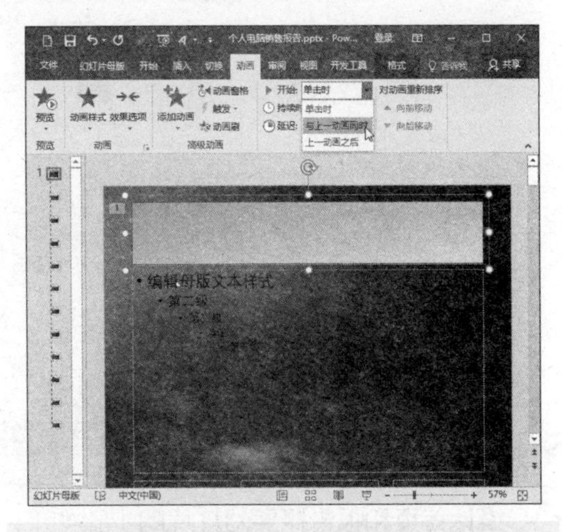

❼ 选择组合后的矩形，单击【格式】➤【排列】➤【下移一层】。

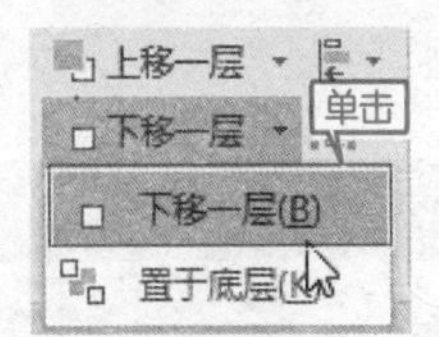

❽ 将创建的矩形下移一层后，设置标题框内容的【字体】为“华文隶书”，【字号】为“48”。为标题内容应用【淡出】动画效果，【开始】模式为【上一动画之后】。

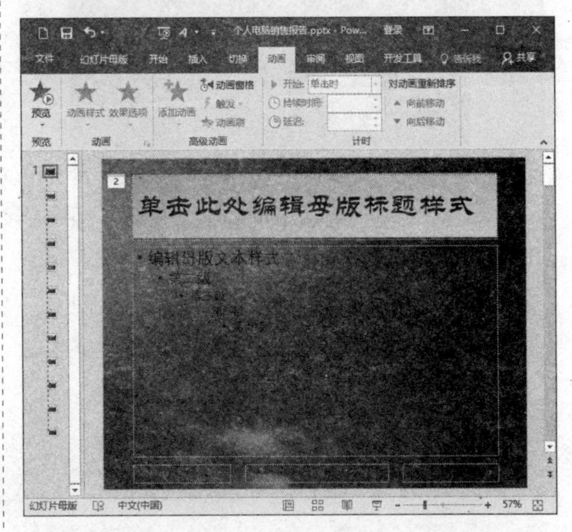

❾ 单击快速访问工具栏中的【保存】按钮，将演示文稿保存为“个人电脑销售报告 .pptx”。

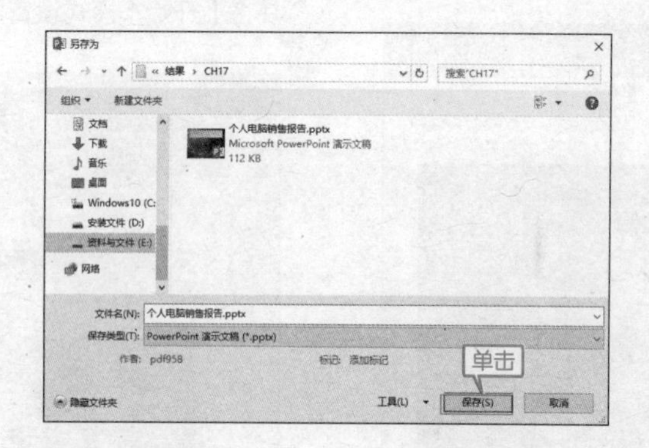

17.1.2 设计首页和报告概要幻灯片

设计首页和报告概要幻灯片的步骤如下。

❶ 在【幻灯片母版】视图中，选择左侧的第二张幻灯片，选中【背景】组中的【隐藏背景图形】复选框。

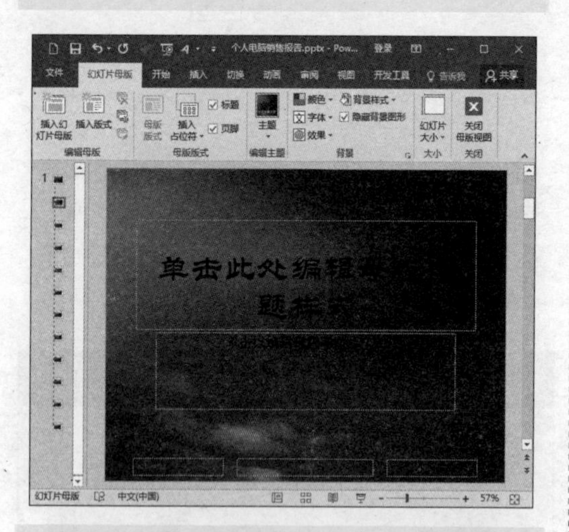

❷ 单击【幻灯片母版】选项卡【背景】组右下角的按钮，在弹出的【设置背景格式】对话框中为此幻灯片设置背景为“素材 \ch17\电脑销售报告首页 .jpg”，如图所示。

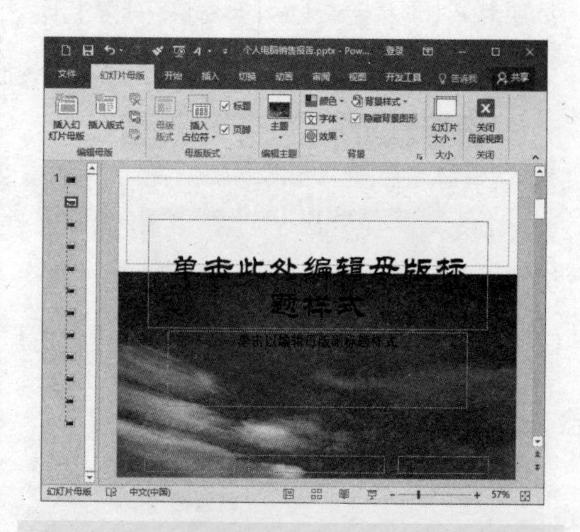

❸ 单击【关闭母版视图】按钮，切换到普通视图，并在首页添加标题和副标题。

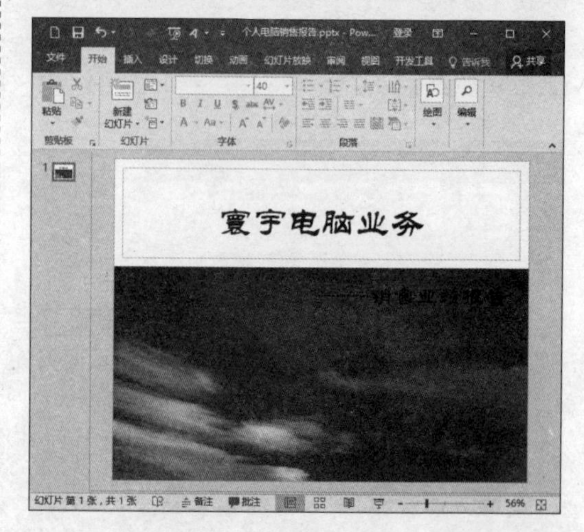

❹ 为标题和副标题添加【淡出】动画效果，设置【开始】模式为“与上一动画同时”。

❺ 新建【仅标题】幻灯片，在标题文本框中输入“报告概要”。

❻ 单击【插入】➤【插图】➤【形状】，绘制一个圆形和一条直线。

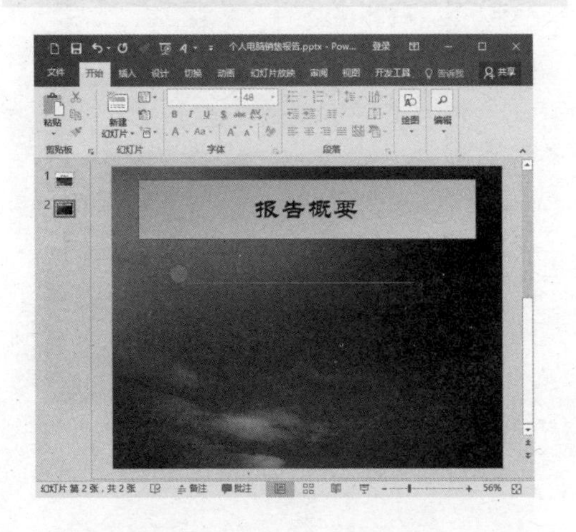

❼ 选中直线，然后单击【格式】选项卡，单击【形状样式】组右下角的按钮，在弹出的【设置形状格式】对话框中将直线的轮廓颜色设置为“白色”，宽度设置为“1.5 磅”，线型设置为“方点”。

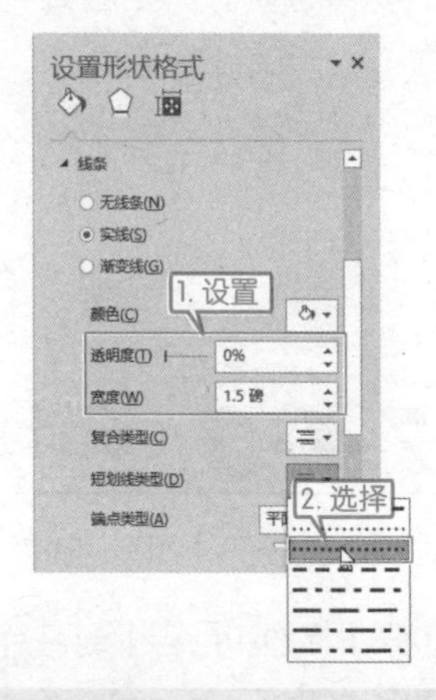

❽ 再将圆图形填充为“白色”，在白色圆形和直线上方分别插入一个文本框，并分别输入“1”和“业绩综述”，并设置字体和颜色如下图所示。

❾ 按照上面的操作，绘制其他图形，并依次添加文字，最终效果如下图所示。

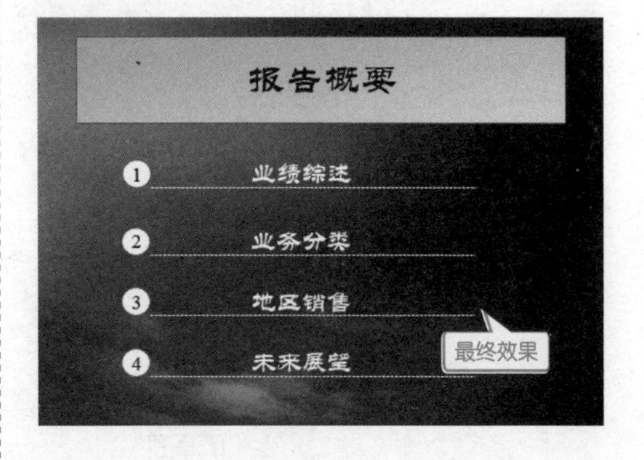

提示 先将圆、直线和文字进行组合，然后将组合后的图形文字进行复制粘贴，最后对复制粘贴的图形文字进行修改即可。

⑩ 分别给四组组合图形添加【擦除】动画效果，并设置【效果选项】为“自左侧”，设置【开始】模式为“上一动画之后”。

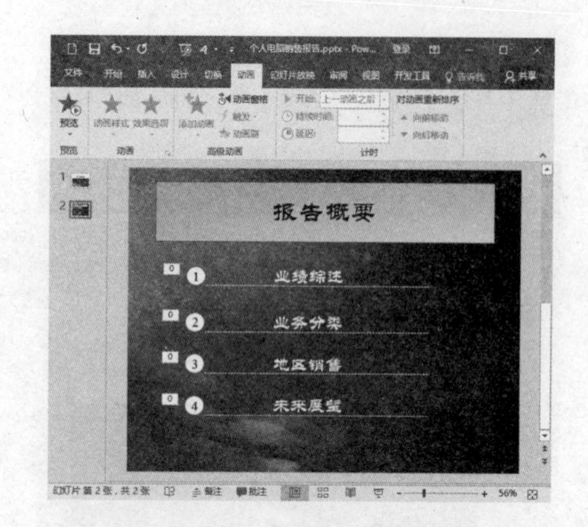

17.1.3 设计业绩综述幻灯片

设计业绩综述幻灯片的步骤如下。

❶ 新建 1 张【标题和内容】幻灯片，并输入标题“业绩综述”。

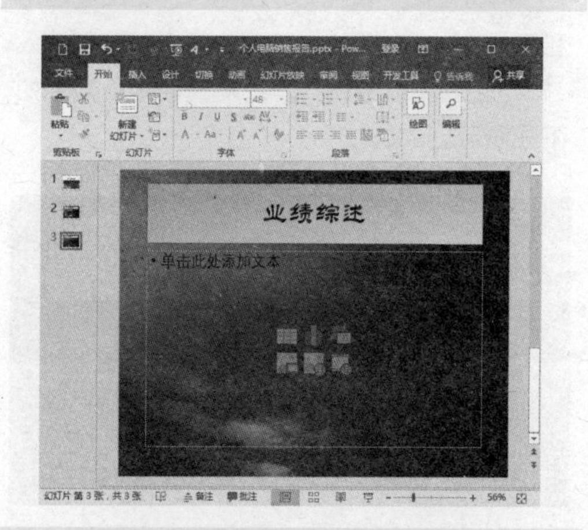

❷ 单击内容文本框中的图表按钮，在弹出的【插入图表】对话框中选择【三维簇状柱形图】选项，单击【确定】按钮。

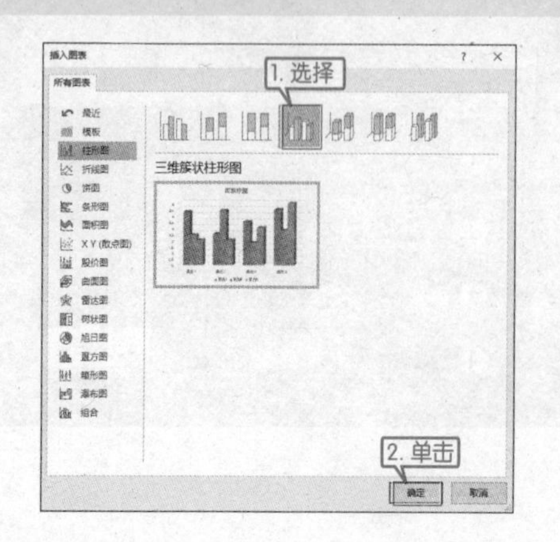

❸ 在打开的 Excel 工作簿中修改输入如下图所示。

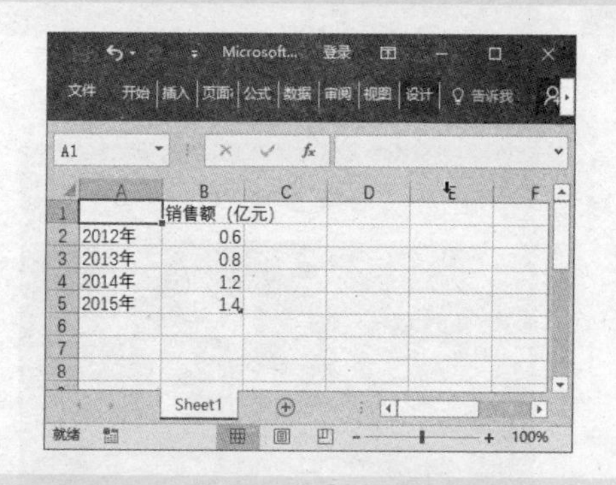

❹ 关闭 Excel 工作簿，在幻灯片中即可插入相应的图表。

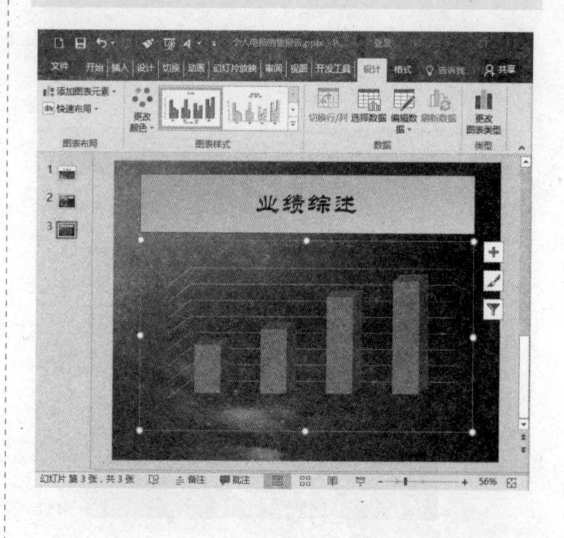

❺ 选中刚创建的图表，然后单击【设计】选项卡➤【图表样式】➤【样式 6】。

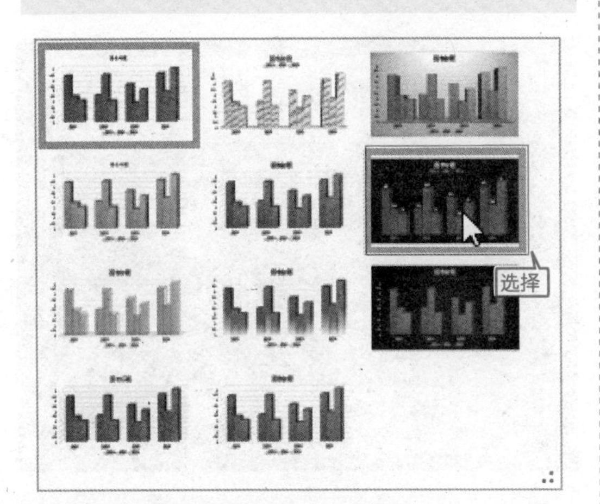

❻ 双击图表，在弹出的【设置图表区格式】栏将填充颜色设置为“无填充”，将【边框】设置为“无线条”，如下图所示。

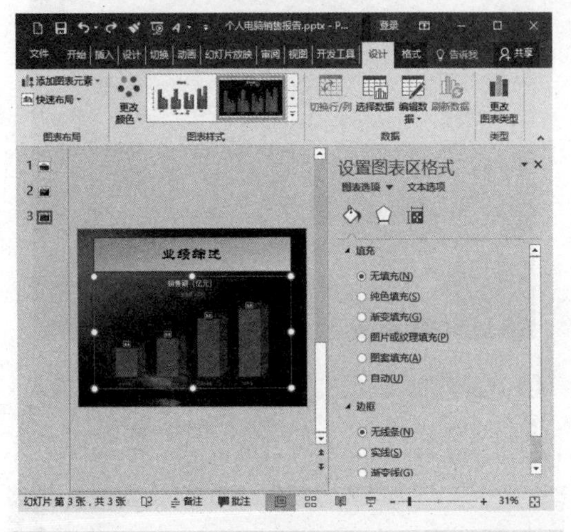

❼ 绘制一个箭头形状，填充为“红色渐变色”。

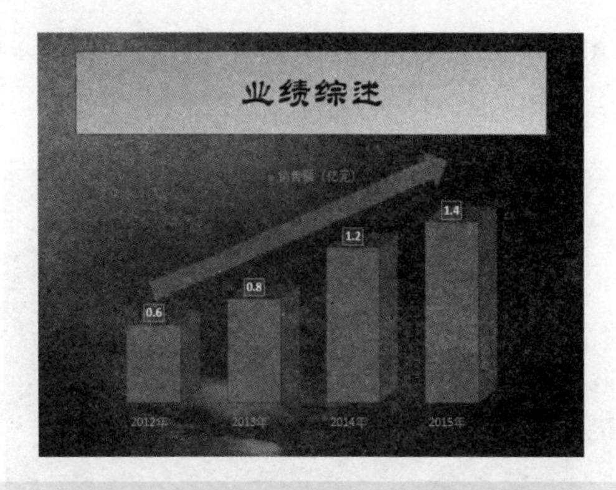

❽ 右键单击箭头图形，选择【编辑顶点】选项，调整各个顶点，如下图所示。

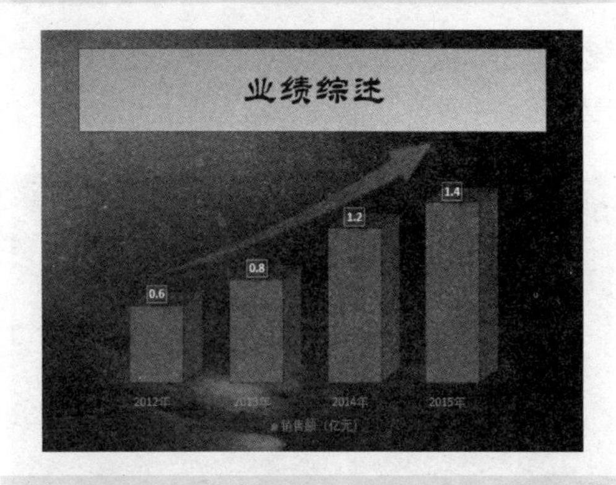

❾ 选择图表，为其添加【擦除】动画效果，设置【效果选项】为“自底部”，设置【开始】模式为“与上一动画同时”，设置【持续时间】为“1.5”秒。选择红色箭头，为其应用【擦除】动画效果，设置【效果选项】为“自左侧”，设置【开始】模式为“与上一动画同时”，设置【持续时间】为“1.5”秒。

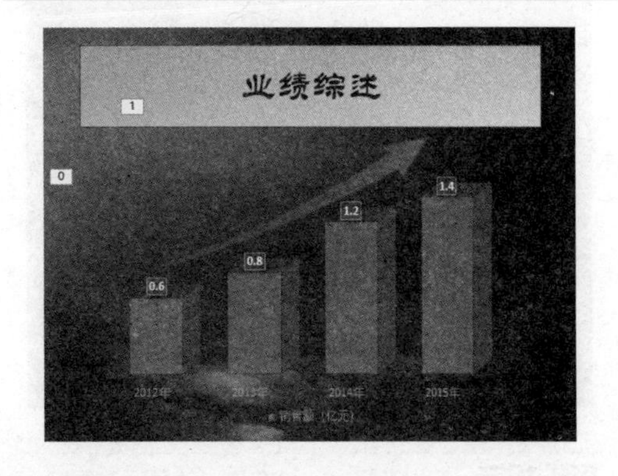

17.1.4 设计业务种类幻灯片

设计业务种类幻灯片的步骤如下。

❶ 新建一张【仅标题】幻灯片，并输入标题“业绩种类”。

❷ 单击【插入】➤【插图】➤【形状】，在基本形状中选择长方体图标，绘制一个长方体。

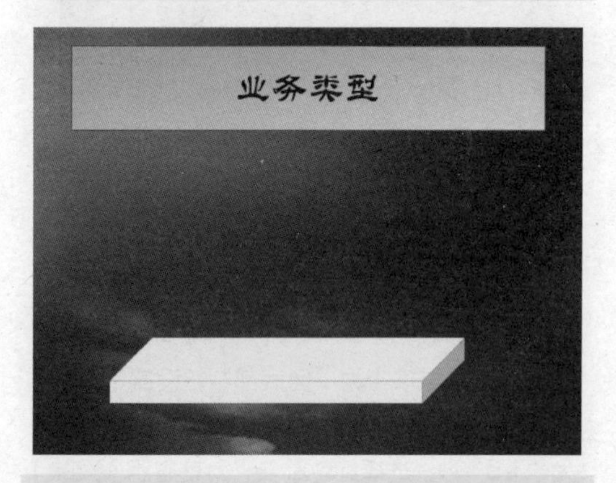

❸ 按照上面的方法，分别绘制其他三个长方体形状。

提示 可以选择第一长方体，然后通过复制、粘贴绘制后面的三个长方体，并对长方体的大小、颜色进行修改。

❹ 在立方体的正面和上面添加文字，如下图所示。

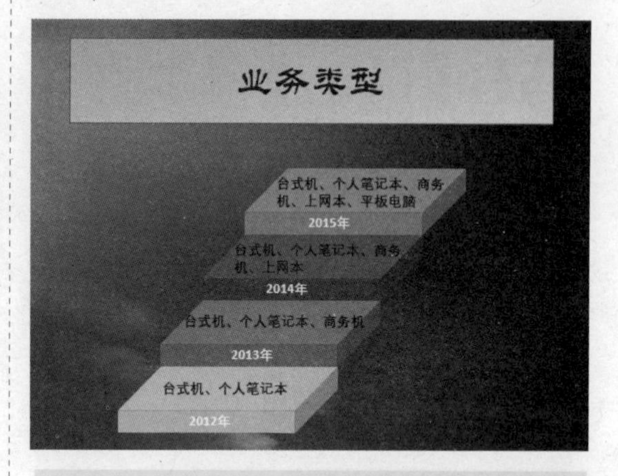

❺ 使用直线工具，在立方体的左侧绘制直线和带箭头的直线，并调整位置组合为如下图形。

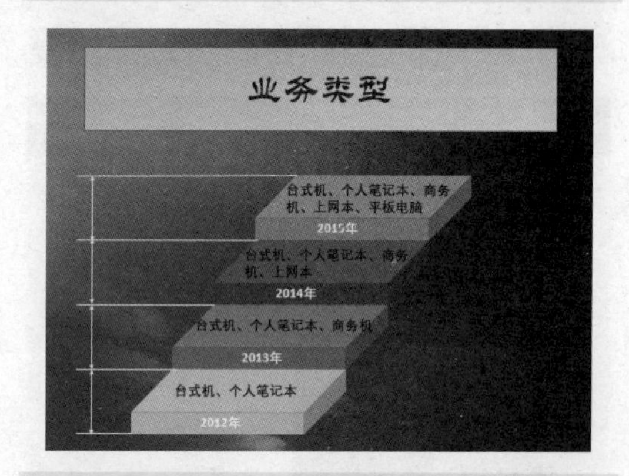

❻ 在带箭头直线的右侧插入文本框，并输入说明文字。

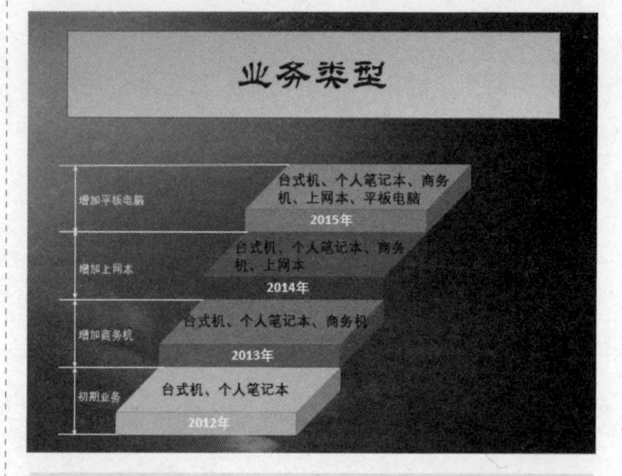

❼ 将各个立方体及文字组合，并将左侧的直线和文字组合。

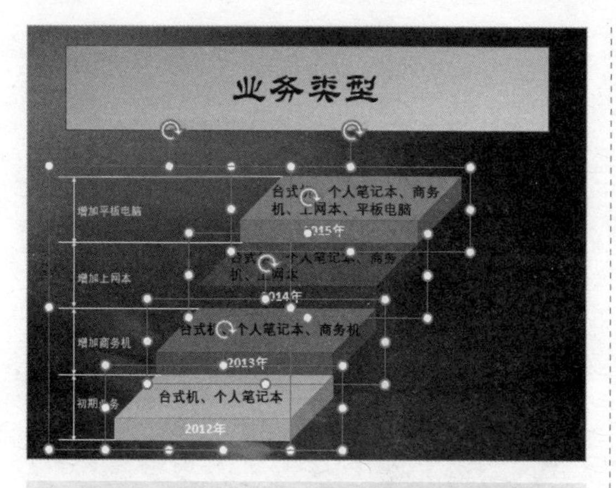

❽ 选择“2012 年”立方体组合，为其应用【浮入】动画效果，设置【效果选项】为“上浮”，设置【开始】模式为“与上一动画同时”。

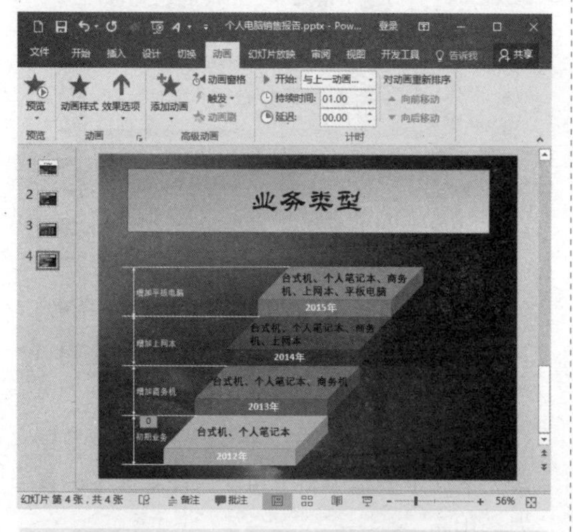

❾ 选择其他立方体组合，为其应用【浮入】动画效果，设置【效果选项】为【上浮】，设置【开始】模式为“与上一动画同时”，【延迟】时间分别设置为“1.0 秒”“2.0 秒”和“3.0 秒”。

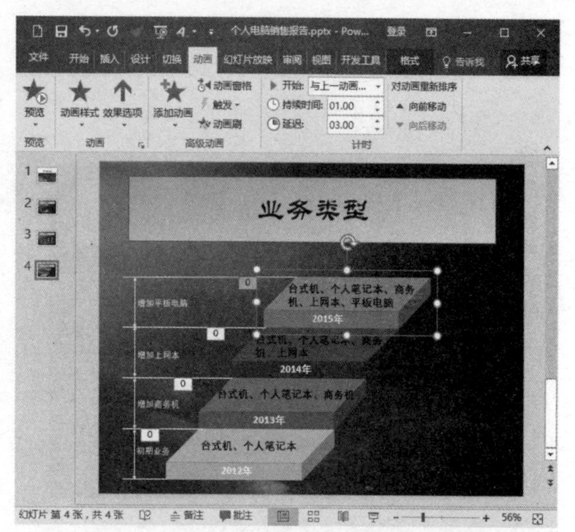

❿ 选择左侧直线及文字组合图形，为其应用【擦除】动画效果，设置【效果选项】为“自底部”，设置【开始】模式为“上一动画之后”，设置【持续时间】为“5.0”秒。

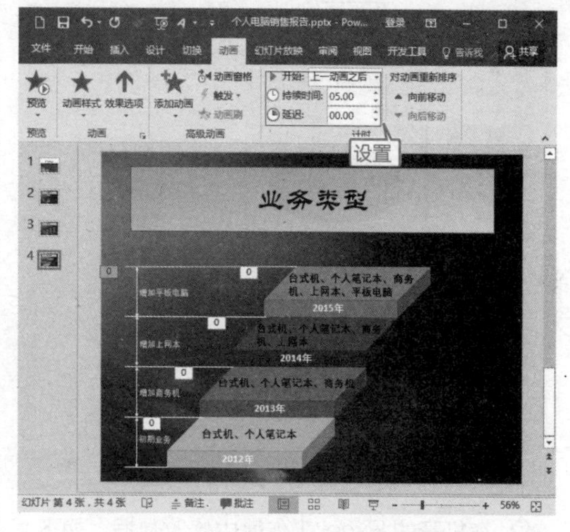

17.1.5 设计销售组成和地区销售幻灯片

设计销售组成幻灯片和地区销售幻灯片的步骤如下。

第 1 步：设计销售组成幻灯片

❶ 新建一张【标题和内容】幻灯片，并输入标题“销售组成”。

❷ 单击内容文本框中的图表按钮，在弹出的【插入图表】对话框中选择【饼图】➢【三维饼图】选项，单击【确定】按钮。

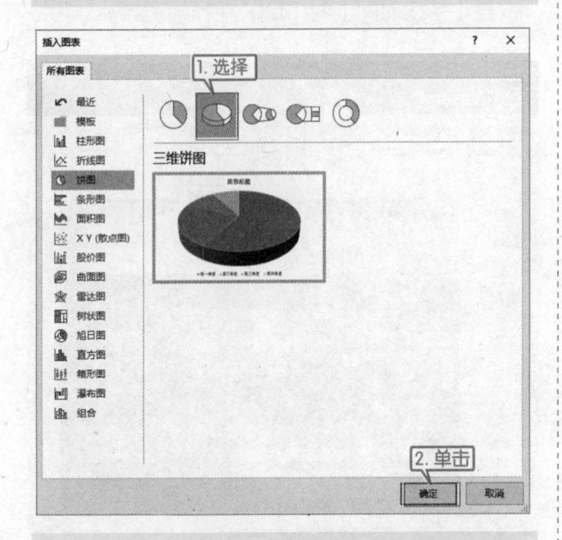

❸ 在打开的 Excel 工作簿中修改数据，如下图所示。

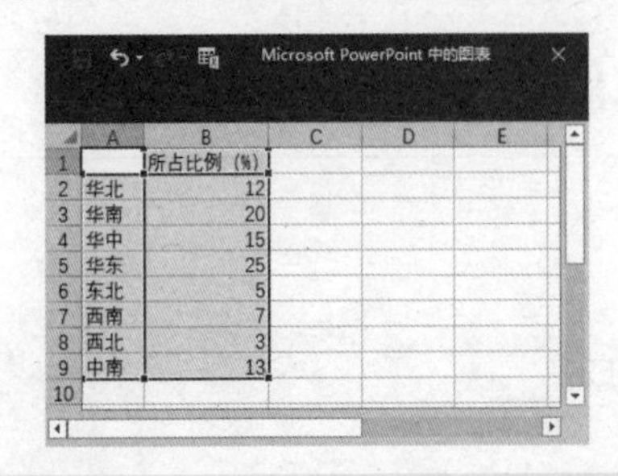

	A	B
1		所占比例（%）
2	华北	12
3	华南	20
4	华中	15
5	华东	25
6	东北	5
7	西南	7
8	西北	3
9	中南	13

❹ 关闭 Excel 工作簿，幻灯片中即可插入相应的图表。

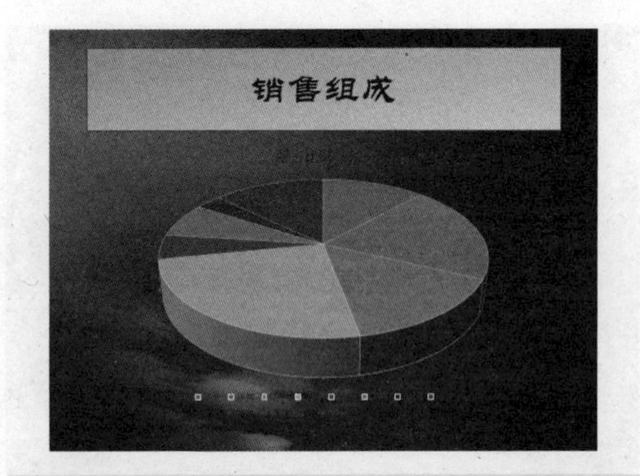

❺ 选择图表，然后单击【设计】➢【图表样式】，选择“样式 9”，结果如下图所示。

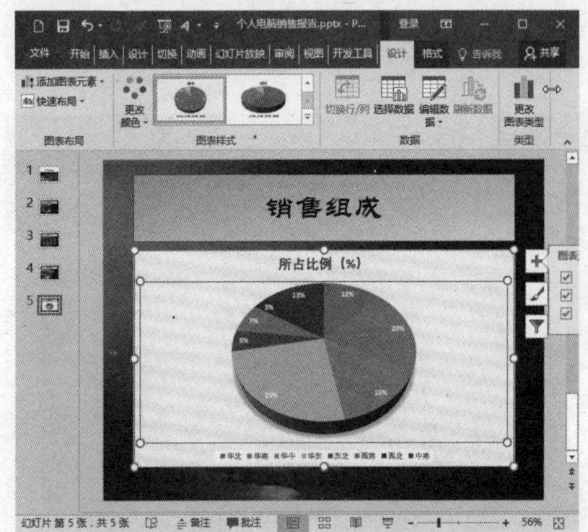

❻ 选择饼状图并双击，在弹出的【设置数据系列格式】窗格中将【饼状分离程度】设置为“10%”。

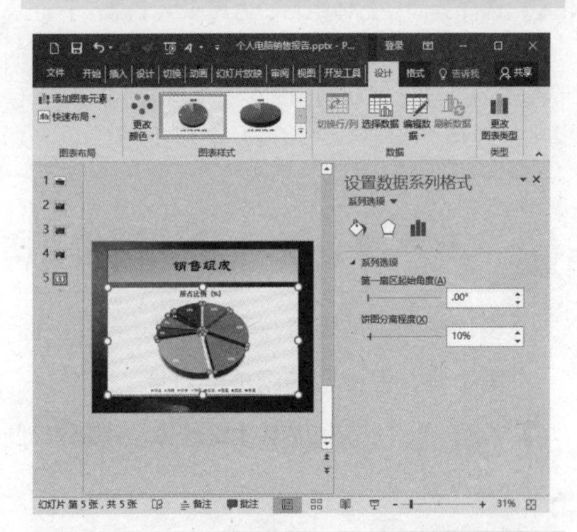

❼ 选择图表，为其添加【缩放】动画效果，并设置【开始】模式为“上一动画之后”。

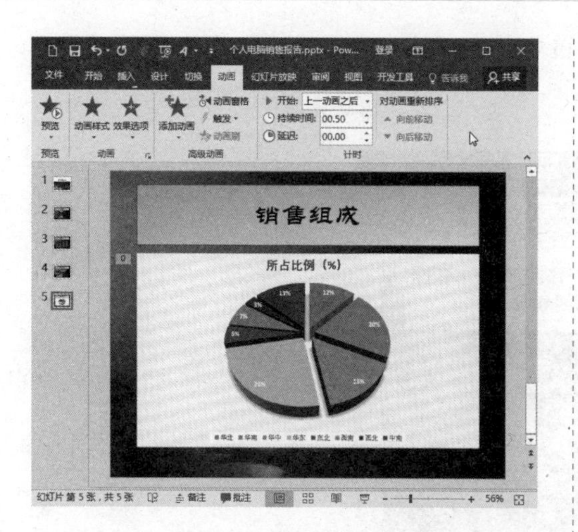

第 2 步：设计地区销售幻灯片

❶ 新建一张【标题和内容】幻灯片，并输入标题“各地区销售额”。

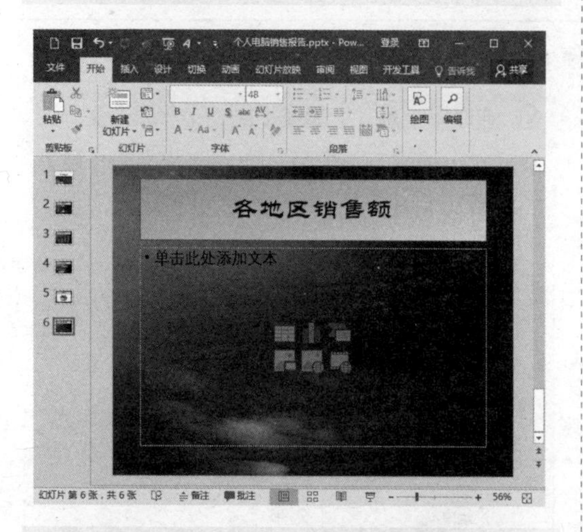

❷ 单击内容文本框中的图表按钮，在弹出的【插入图表】对话框中选择【条形图】➢【三维簇状条形图】选项，单击【确定】按钮。

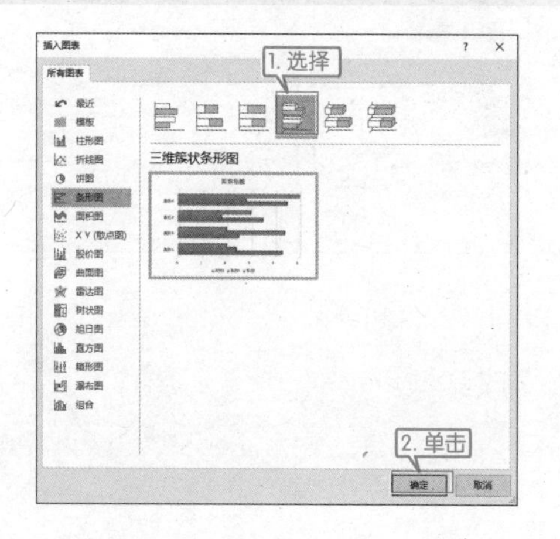

❸ 在 Excel 工作簿中修改输入如下。

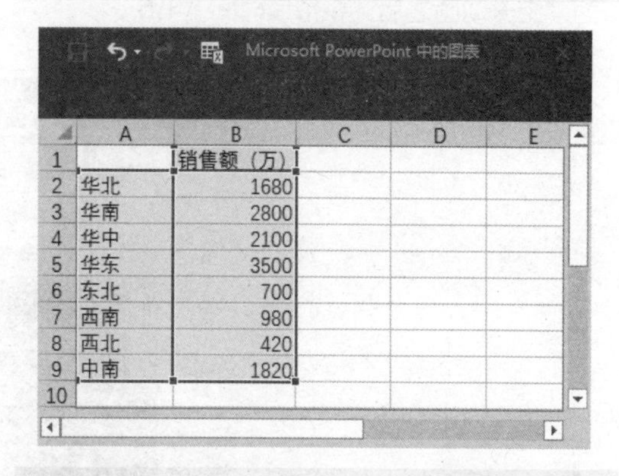

	A	B	C	D	E
1		销售额（万）			
2	华北	1680			
3	华南	2800			
4	华中	2100			
5	华东	3500			
6	东北	700			
7	西南	980			
8	西北	420			
9	中南	1820			
10					

❹ 关闭 Excel 工作簿，幻灯片中即可插入相应的图表。

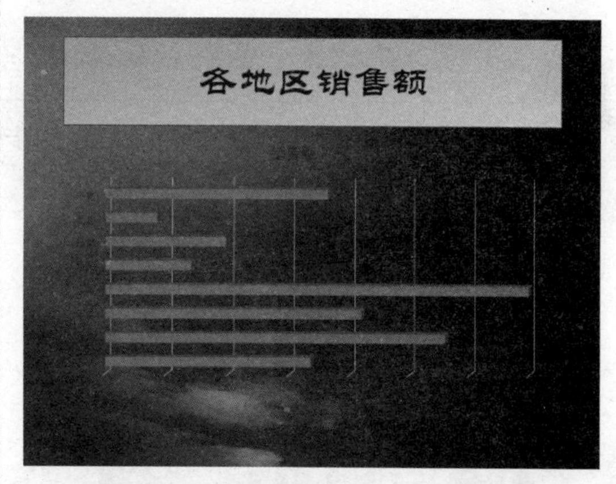

❺ 选择图表，然后单击【设计】➢【图表样式】，选择“样式 6”，结果如下图所示。

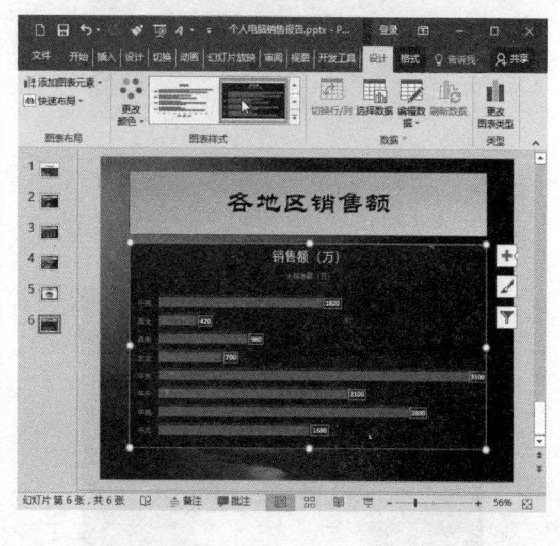

❻ 选择图表，为其添加【擦除】动画效果，并设置【效果选项】为“自左侧”，设置【开始】模式为“上一动画之后”，持续时间“1.5”秒。

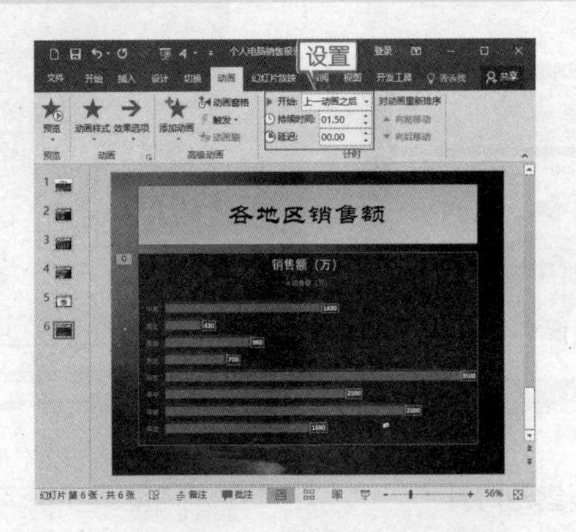

17.1.6 设计未来展望和结束页幻灯片

设计未来展望幻灯片和结束页幻灯片的步骤如下。

❶ 新建一张【仅标题】幻灯片，并输入标题“未来展望”。

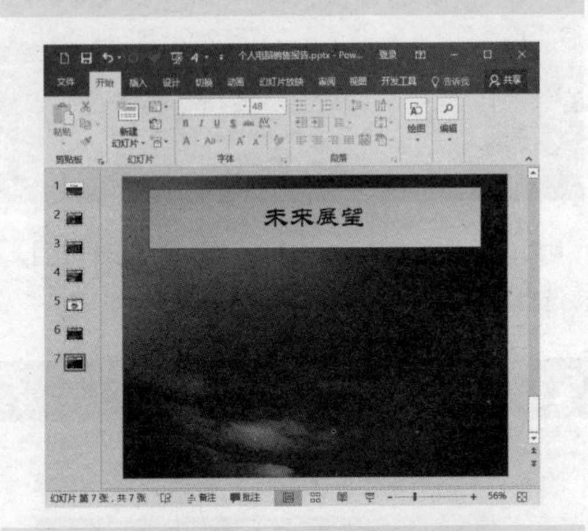

❷ 绘制一个圆角矩形框和向上的箭头，并设置圆角矩形的【形状填充】为“白色”。

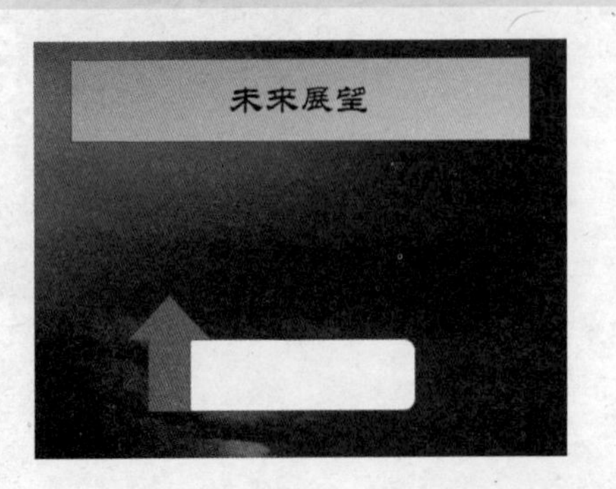

❸ 选择向上箭头，单击【格式】选项卡➢【形状样式】组的右下角箭头 ，在弹出的【设置形状格式】窗格中对箭头进行如下设置。

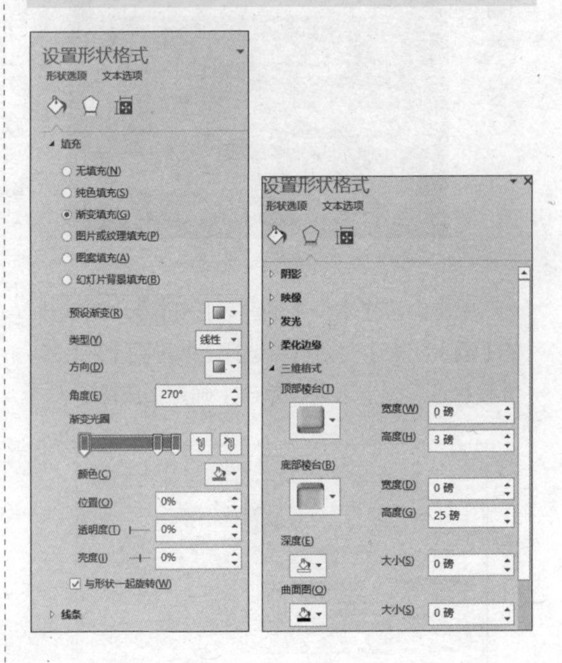

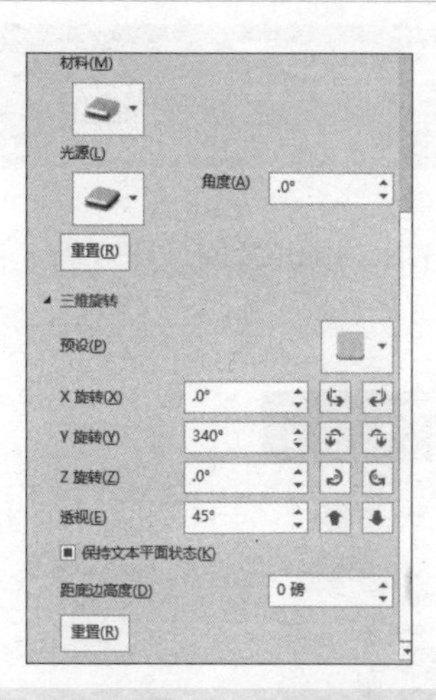

❹ 在图形中添加文字，如下图所示。

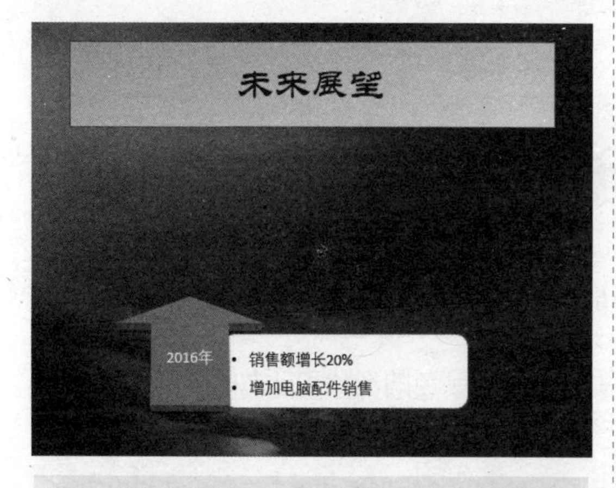

❺ 选中矩形框和箭头进行复制，复制后对箭头的填充色和文字进行修改，结果如下图所示。

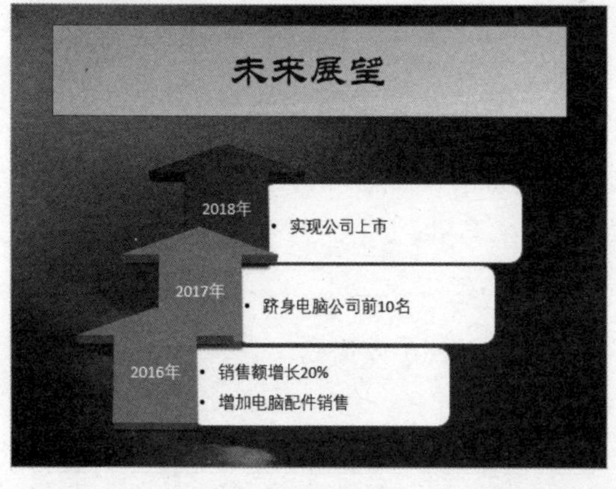

❻ 选择所有图形，并组合为 1 个图形，为其添加【擦除】动画效果，并设置【效果选项】为“自底部”，设置【开始】模式为“上一动画之后”，设置【持续时间】为“2.0”秒。

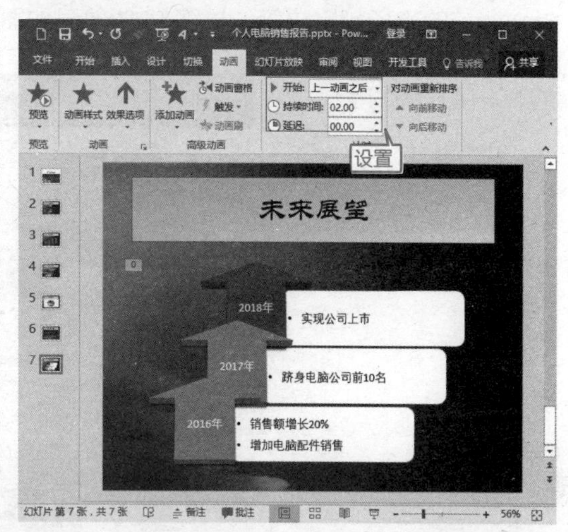

❼ 新建一张【仅标题】幻灯片，并输入“谢谢观看！”。

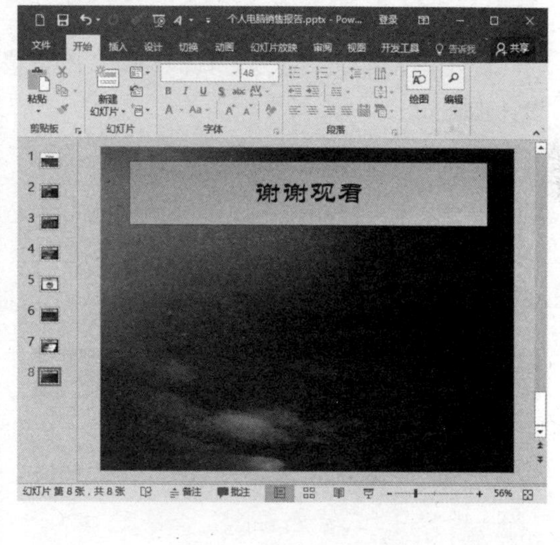

至此，个人电脑销售报告 PPT 制作完成，还可以为幻灯片的切换应用合适的效果，读者可自行实验，此处不再赘述。

17.2 服装市场研究报告 PPT

本节视频教学录像：1 小时 14 分钟

本实例是将服装市场的研究结果以 PPT 的形式展示出来，以供管理人员观看、商议，并针对当前的市场制定决策。最终 PPT 效果如图所示。

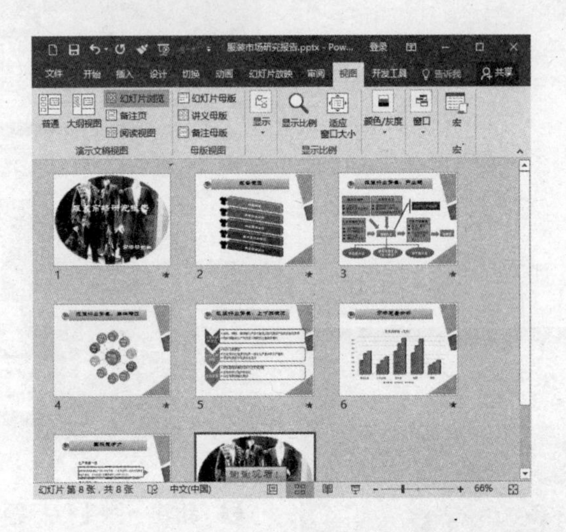

17.2.1 设计幻灯片母版

除了首页和结束页外，其他幻灯片的背景由三种不同颜色的形状和动态的标题框组成，设计步骤如下。

❶ 启动 PowerPoint 2016，进入 PowerPoint 工作界面。单击【视图】选项卡【母版视图】组中的【幻灯片母版】按钮，切换到幻灯片母版视图，并在左侧列表中单击第一张幻灯片。

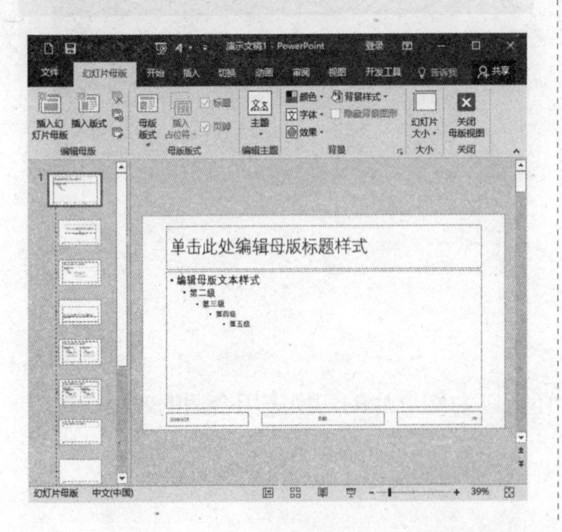

❷ 绘制一个矩形框并单击右键，在弹出的快捷菜单中选择【编辑顶点】选项，调整下方的两个顶点，最终效果如图所示。

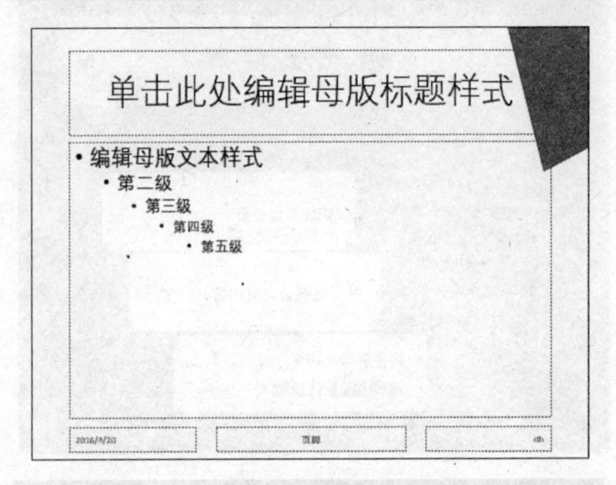

❸ 按照此方法绘制并调整另外两个图形，如图所示。

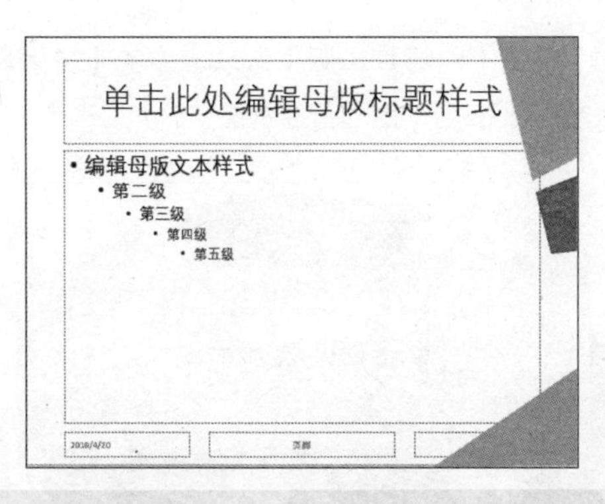

❹ 单击【插入】选项卡【图像】组中的【图片】按钮，在弹出的【插入图片】对话框中选择“素材 \ch17\ 服装市场研究报告图标 .png”，单击【插入】按钮，将“图标”插入到幻灯片中。

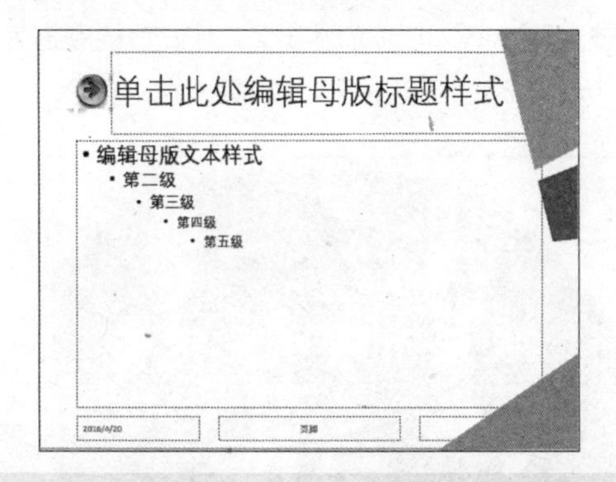

❺ 选择标题框，单击【格式】选项卡【形状样式】组右下角的 ，在弹出的【设置形状格式】窗格中对标题的填充和效果进行设置，如下图所示。

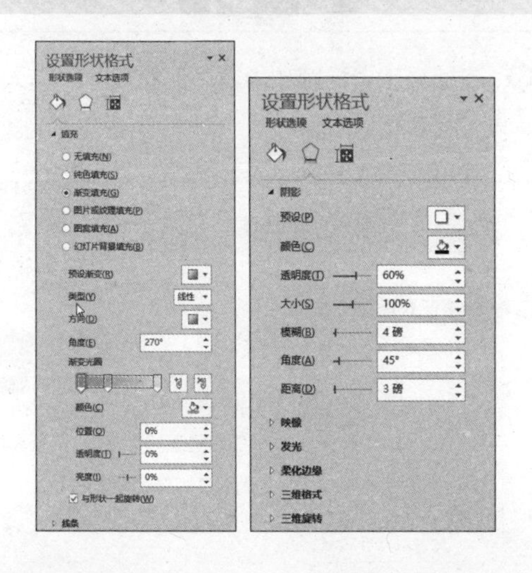

❻ 对标题框进行调整，并设置文字字体为“华文隶书”字号为“36”，结果如下图所示。

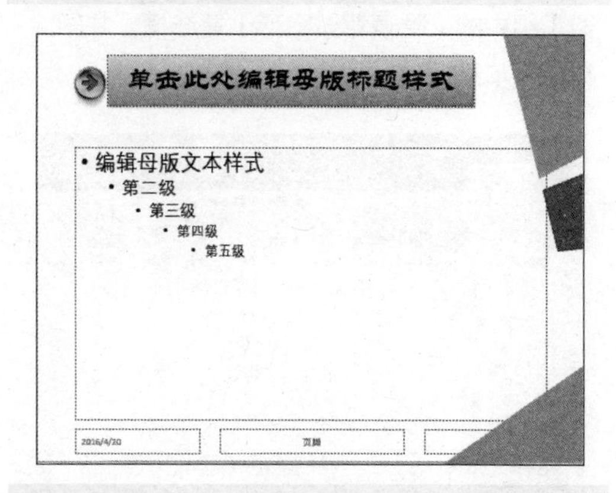

❼ 为图标添加【淡出】动画效果，设置【开始】模式为“与上一动画同时”，为标题框添加【擦除】动画效果，设置【效果选项】为“自左侧”，设置【开始】模式为“上一动画之后”，两个动画的持续时间都设置为“1.0”秒。

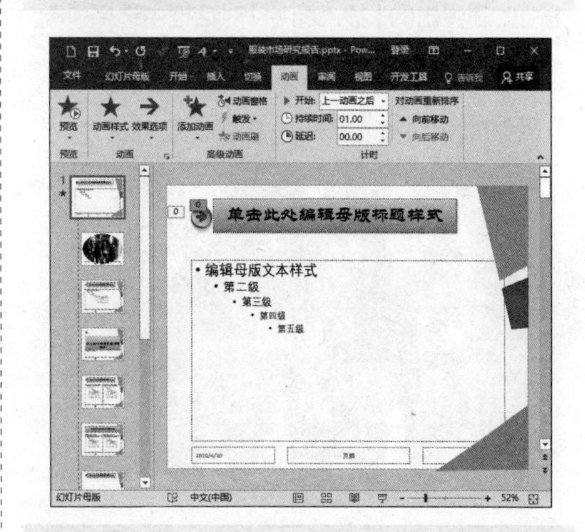

❽ 单击快速访问工具栏中的【保存】按钮 ，将演示文稿保存为“服装市场研究报告 .pptx”。

17.2.2 设计首页和报告概述幻灯片

设计首页和报告概述幻灯片的步骤如下。

❶ 在幻灯片母版视图中，在左侧列表中选择第二张幻灯片，选中【幻灯片母版】选项卡的【背景】组中的【隐藏背景图形】复选框，并删除标题文本框。

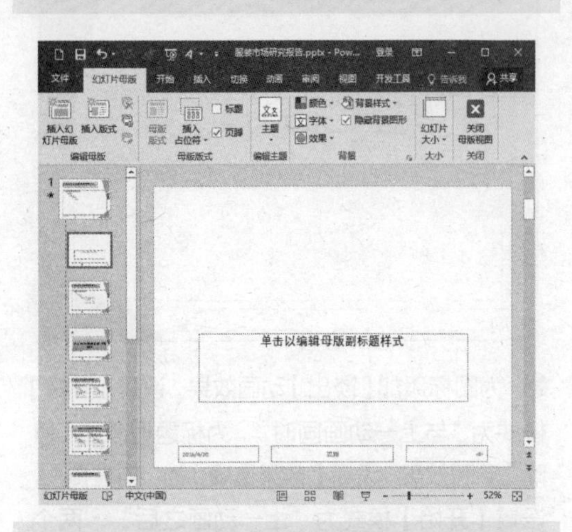

❷ 单击【插入】选项卡【图像】组中的【图片】按钮，在弹出的【插入图片】对话框中选择“素材 \ch17\ 服装市场研究报告背景 .jpg”。

❸ 选中图片，然后单击【格式】选项卡【图片样式】组图片样式的▼按钮，在弹出的列表中选择“柔化边缘椭圆”。

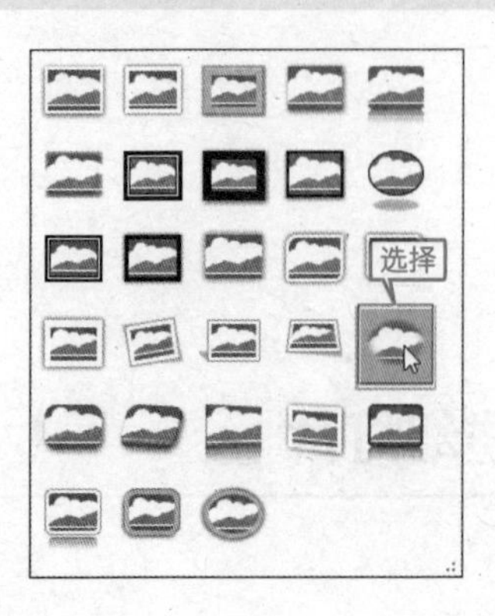

❹ 单击【幻灯片母版】选项卡中的【关闭母版视图】按钮，返回普通视图。

❺ 添加标题和副标题文字，并设置标题框为“无填充”“无边框”，字体颜色为“白色”。

❻ 新建一张“标题和内容”幻灯片，并输入标题“报告概述”。

❼ 单击 SmartArt 图标，在弹出的列表中选择“垂直图片重点列表”。

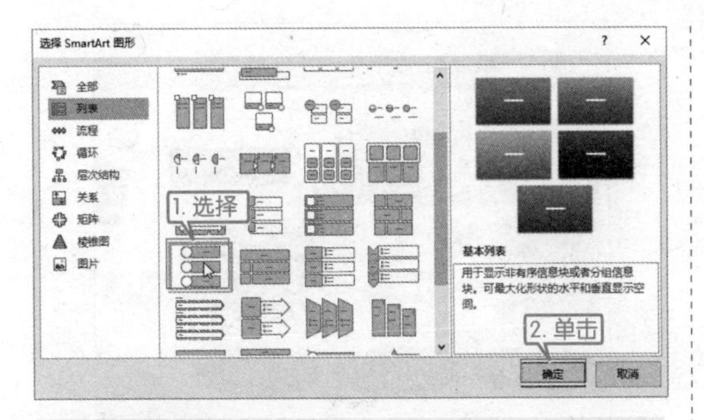

❽ 单击【确定】按钮，插入 SmartArt 图表后如下图所示。

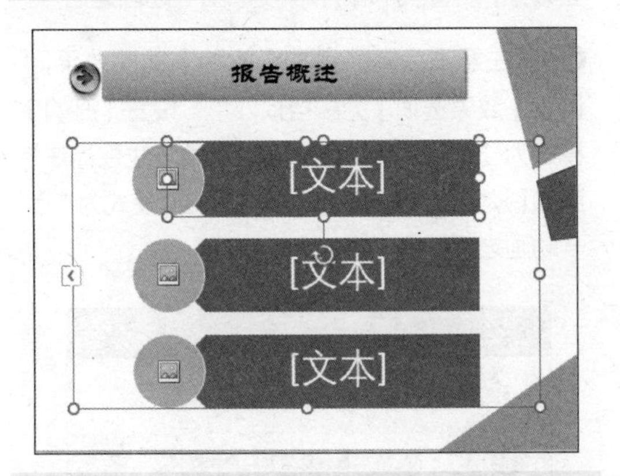

❾ 选中文本框和图片进行复制粘贴操作，然后单击图片标识，在弹出的【插入图片】对话框中选择“素材 \ch17\T 恤 .png”，最后在文本框中输入相应的文字并对字体进行相应设置。

❿ 选择 SmartArt 图表，然后单击【设计】选项卡，单击【更改颜色】下拉按钮，在弹出的下拉列表中选择“彩色范围—个性色 3 至 4”。然后单击【SmartArt 样式】组的下拉按钮 ，在弹出的下拉列表中选择“砖块场景”。

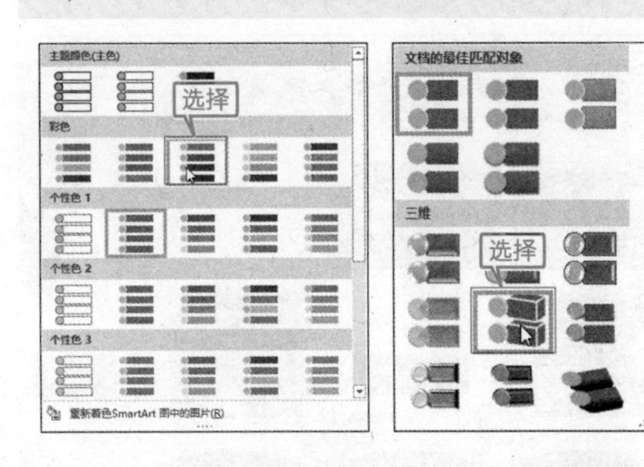

17.2.3 设计服装行业背景幻灯片

设计产业链幻灯片、属性特征幻灯片、上下游概况幻灯片等行业背景幻灯片的步骤如下。

第 1 步：设计产业链幻灯片

❶ 新建 1 张幻灯片，并输入标题“服装行业背景：产业链”。

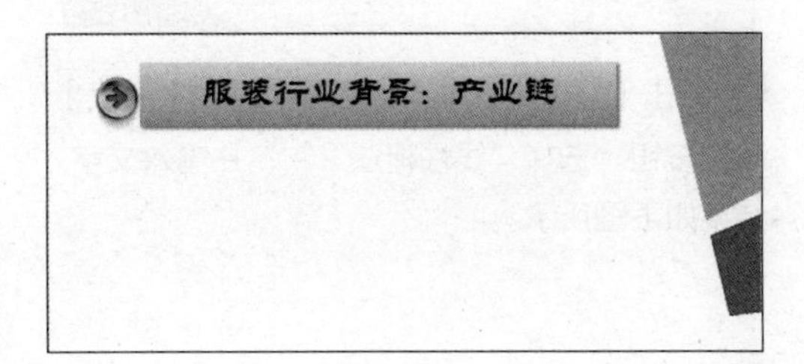

❷ 使用矩形工具绘制 10 个矩形框，按照下图进行组合，并添加文字。

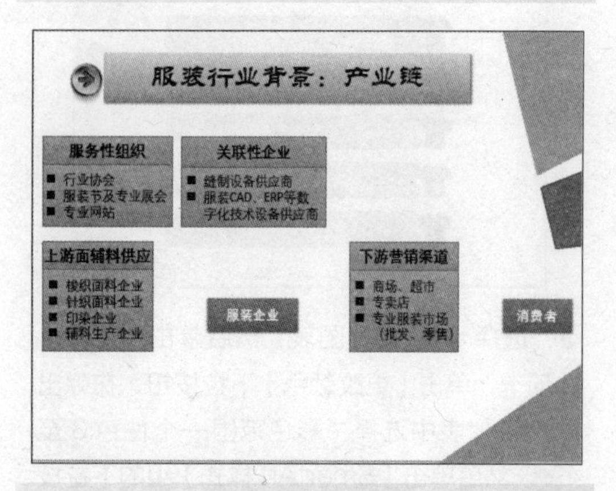

❸ 插入 3 个椭圆，并添加文字。

❹ 按照下图绘制箭头和产业链的流向图形。

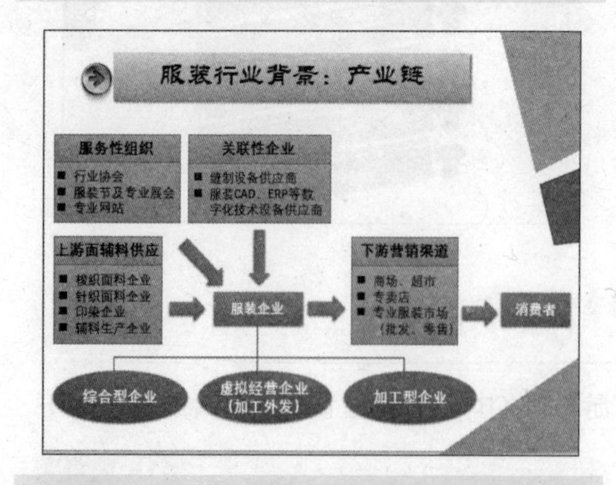

❺ 单击【插入】选项卡【插图】组中【形状】下拉按钮，选择“线性标注 2”，并输入文字，结果如下图所示。

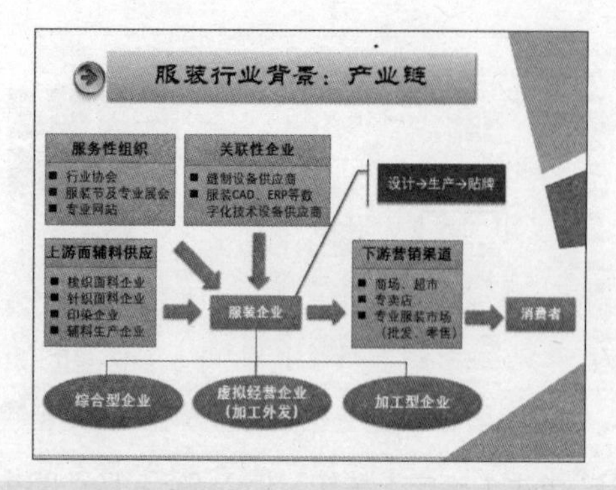

❻ 从左至右给矩形框和椭圆添加【淡出】动画效果，设置【开始】模式为“上一动画之后”。

❼ 从左至右为箭头添加【擦除】动画效果，设置【效果选项】为“自顶部”，设置【开始】模式为“上一动画之后”。最后给“线性标注”添加【淡出】动画效果，设置【开始】模式为“上一动画之后”。

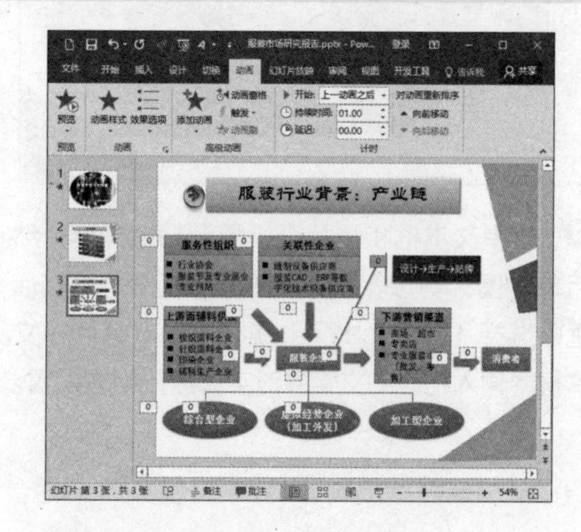

第 2 步：设计属性特征幻灯片

❶ 新建 1 张“标题和内容”幻灯片，并输入标题“服装行业背景：属性特征”。

❷ 单击按钮，在弹出的【选择 SmartArt 图形】对话框中选择【循环】列表中的【基本射线图】。

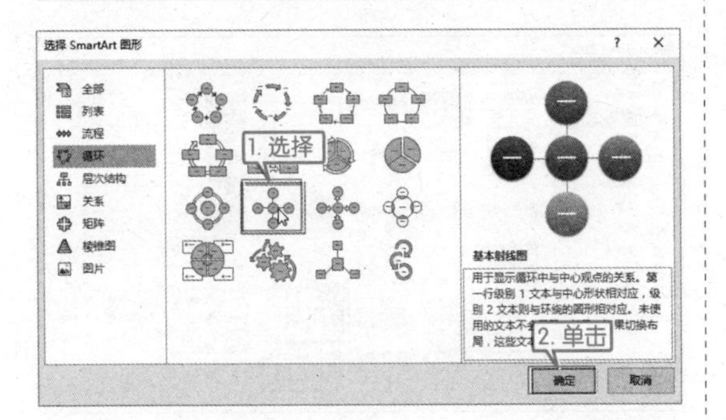

❸ 单击【确定】按钮，插入 SmartArt 图形后如下图所示。

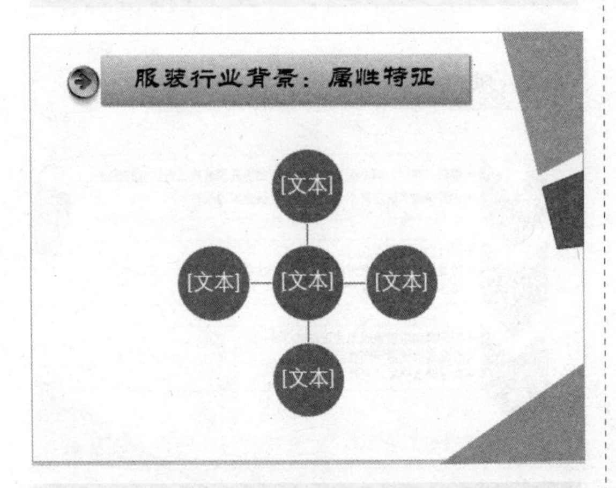

❹ 选中 4 个二级文本框，然后按【Ctrl+C】复制，在空白处按【Ctrl+V】进行粘贴，然后单击 SmartArt 图形左侧的，在弹出的输入文字文本框中选中相应的文本框，然后单击【设计】选项卡【创建图形】组的【降级】按钮，将复制的文本降级。

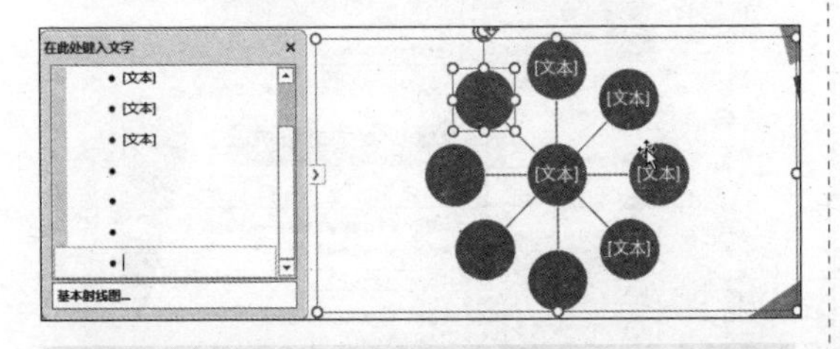

❺ 重复步骤❹，再复制两个二级文本，然后选中中间的一级文本，单击【格式】选项卡【形状样式】组右下角的按钮，在弹出的【设置形状格式】窗口中将文本框的高度和宽度都设置为 3.5 厘米。

❻ 在文本框中输入相应的文字，如下图所示。

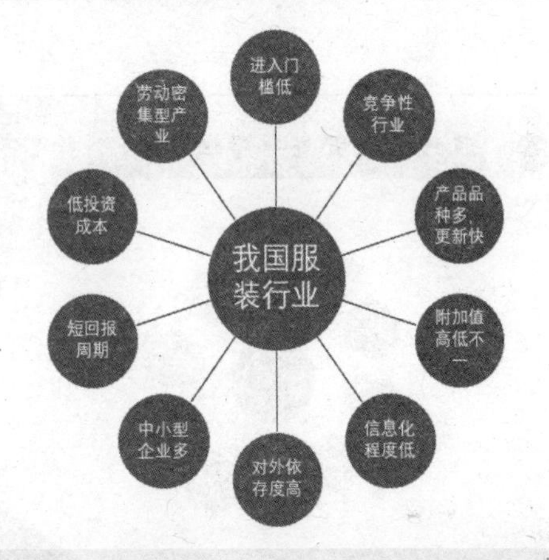

❼ 选中 SmartArt 图形，并添加【缩放】动画效果，设置消失点的【效果选项】为“对象中心”，序列为【逐个级别】，设置【开始】模式为“上一动画之后”，持续时间为“1.0”秒。

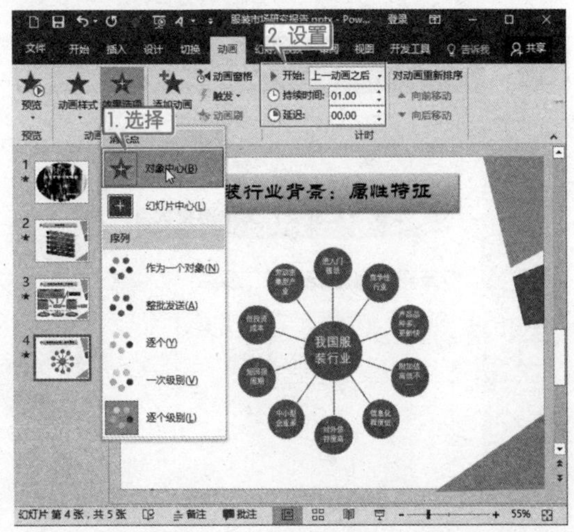

❽ 单击【设计】选项卡，在【SmartArt 样式】组中将【颜色】更改为“彩色—个性色”，将【样式】更改为“砖块场景”。

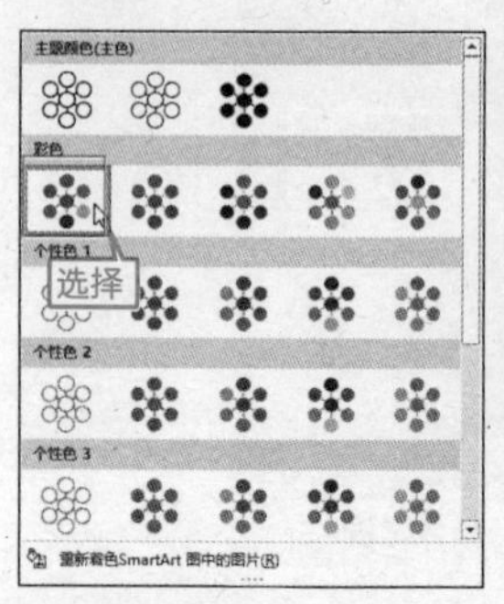

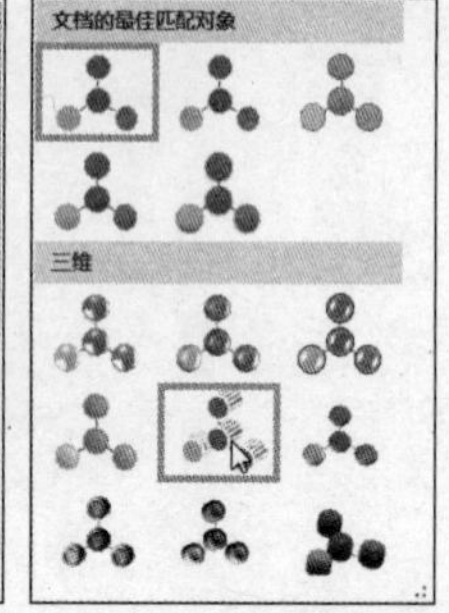

❾ SmartArt 图形的颜色和样式更改后如下图所示。

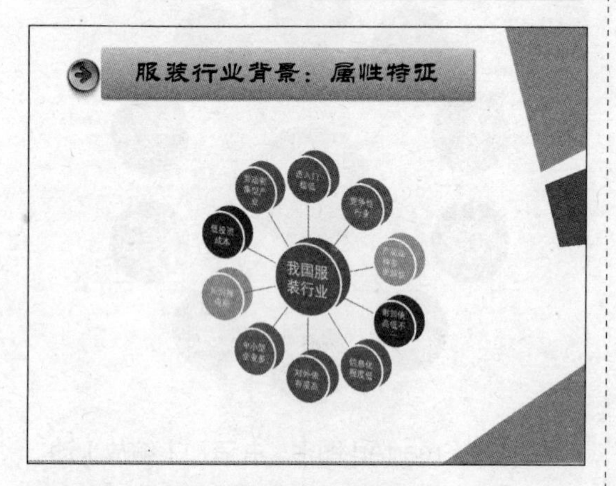

第 3 步：设计上下游概况幻灯片

❶ 新建一张“标题和内容”幻灯片，输入标题“服装行业背景：上下游概况”。

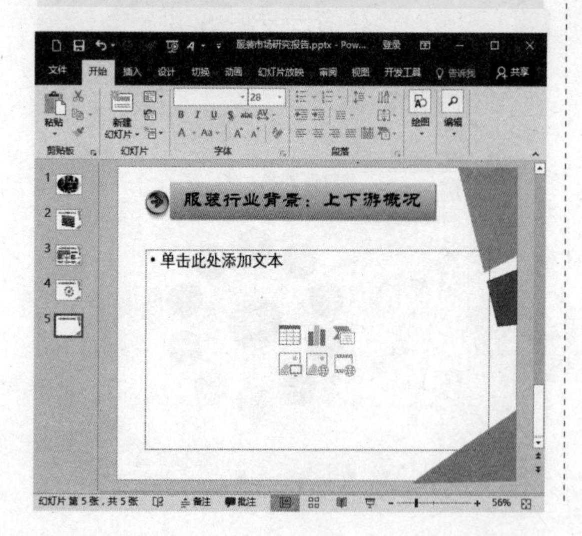

❷ 单击按钮，在弹出的【选择 SmartArt 图形】对话框中选择【列表】中的【垂直 V 形列表】。

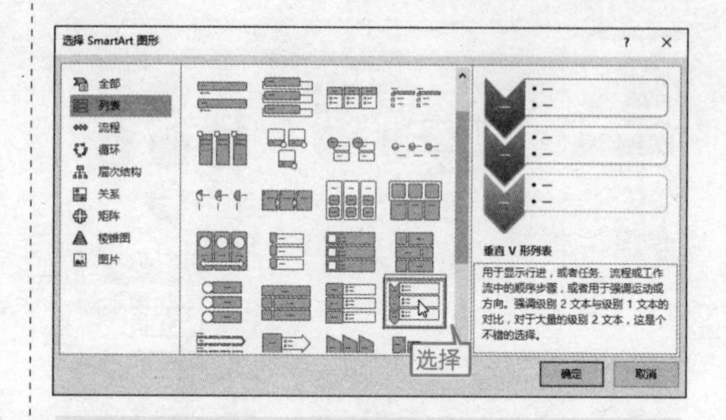

❸ 插入 SmartArt 图形后输入相应的文字，如下图所示。

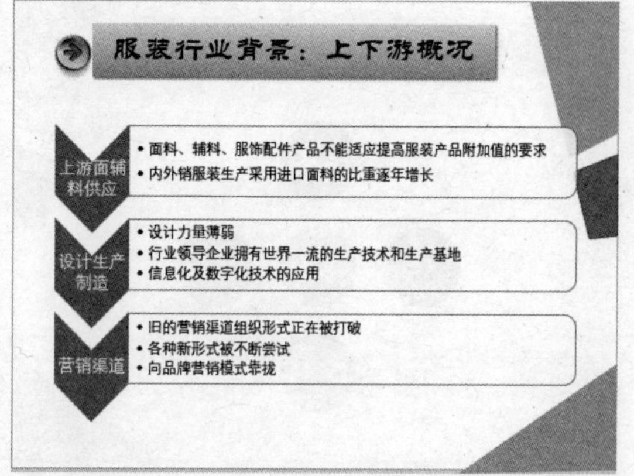

❹ 选中 SmartArt 图形，并添加【擦除】动画效果，设置【方向】为“自顶部”，【序列】为“逐个”，设置【开始】模式为“上一动画之后”，持续时间为“1.0”秒。

❺ 单击【设计】选项卡，在【SmartArt 样式】组中将【颜色】更改为“彩色范围—个性色 5 至 6”。

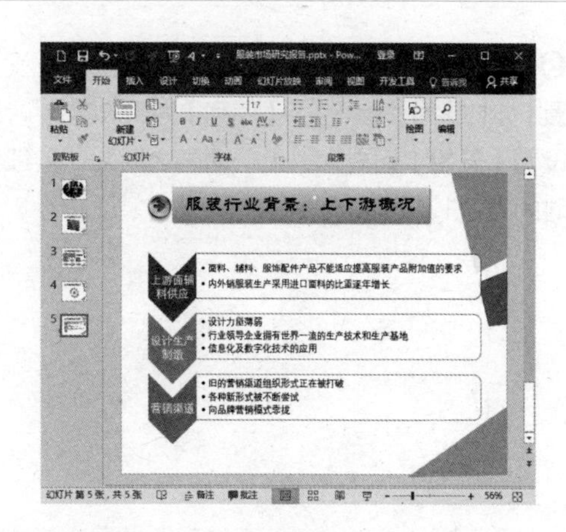

17.2.4 设计市场总量分析幻灯片

设计市场总量分析幻灯片的步骤如下。

❶ 新建一张“标题和内容”幻灯片，并输入标题“市场总量分析”。

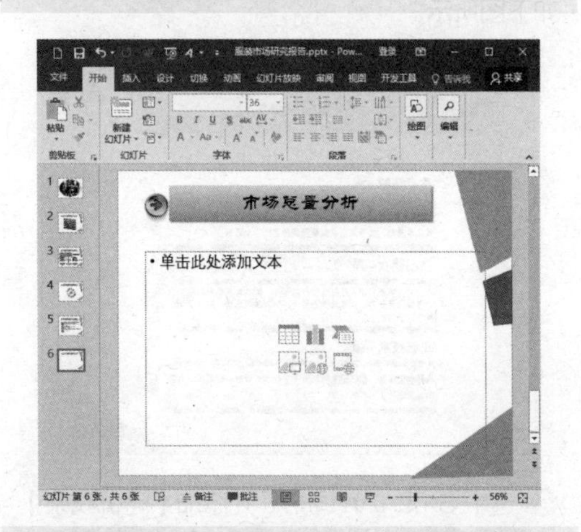

❷ 单击内容文本框中的图表按钮，在弹出的【插入图表】对话框中选择【三维簇状柱形图】选项，单击【确定】按钮。

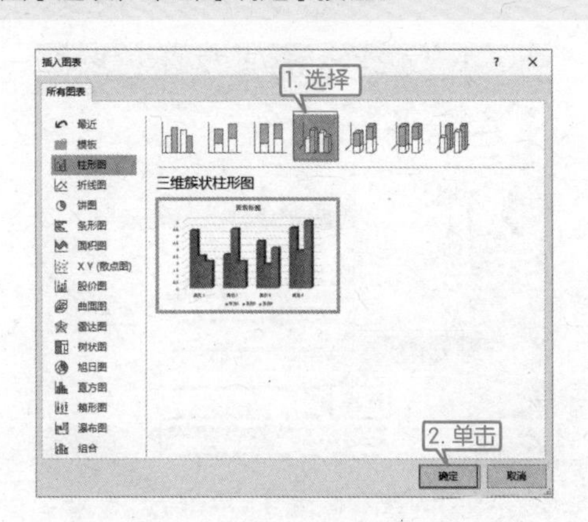

❸ 在打开的 Excel 工作簿中修改数据，如下图所示。

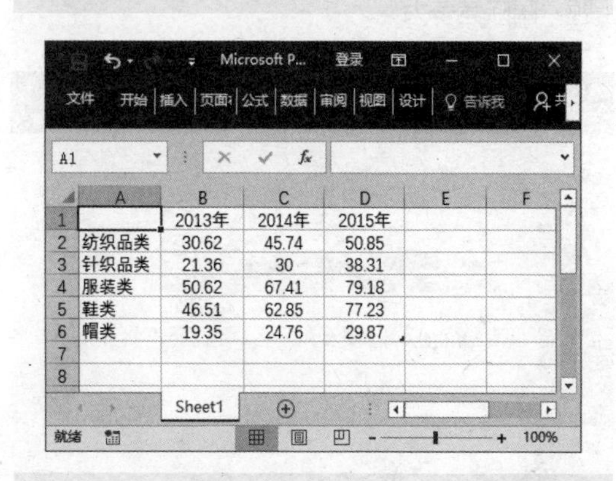

	A	B	C	D
1		2013年	2014年	2015年
2	纺织品类	30.62	45.74	50.85
3	针织品类	21.36	30	38.31
4	服装类	50.62	67.41	79.18
5	鞋类	46.51	62.85	77.23
6	帽类	19.35	24.76	29.87

❹ 关闭 Excel 工作簿，幻灯片中即可插入相应的图表，并输入图表标题“商品销售额(亿元)”。

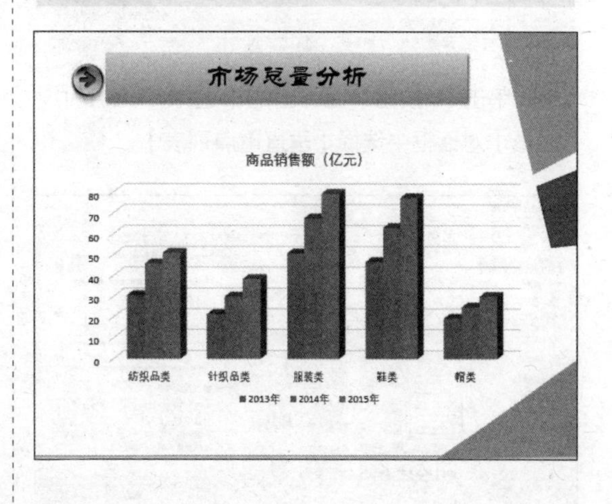

❺ 选中图表，并添加【浮入】动画效果，设置【方向】为“上浮”，【序列】为“按系列”，设置【开始】模式为“上一动画之后”，持续时间为“1.0”秒。

17.2.5 设计竞争力分析和结束页幻灯片

设计竞争力分析幻灯片和结束页幻灯片的步骤如下。

❶ 新建一张“标题和内容”幻灯片，输入标题“国际竞争力”。

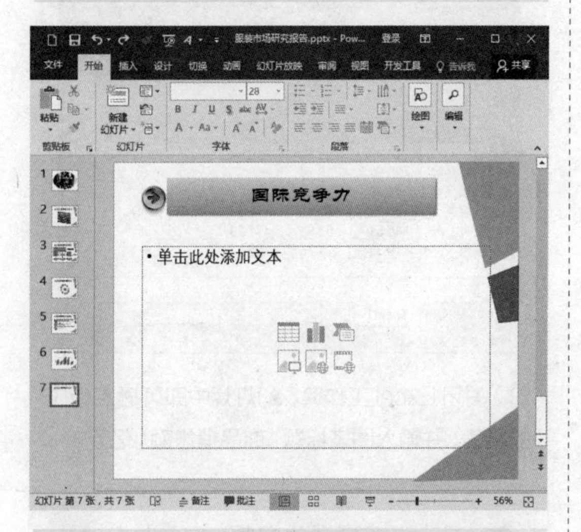

❷ 单击按钮，在弹出的【选择 SmartArt 图形】对话框中选择【垂直重点列表】。

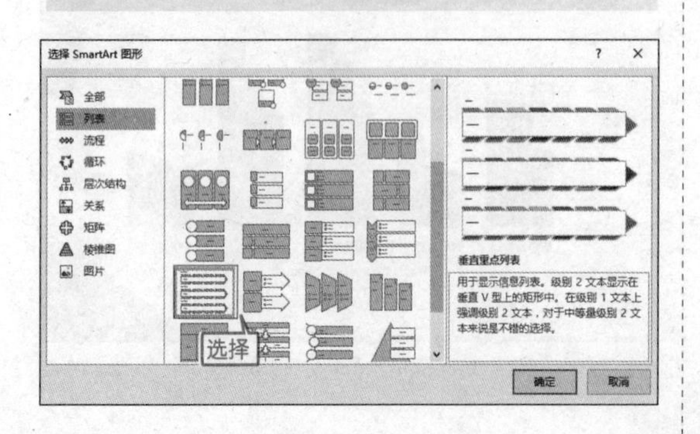

❸ 插入 SmartArt 图形后输入相应的文字，如下图所示。

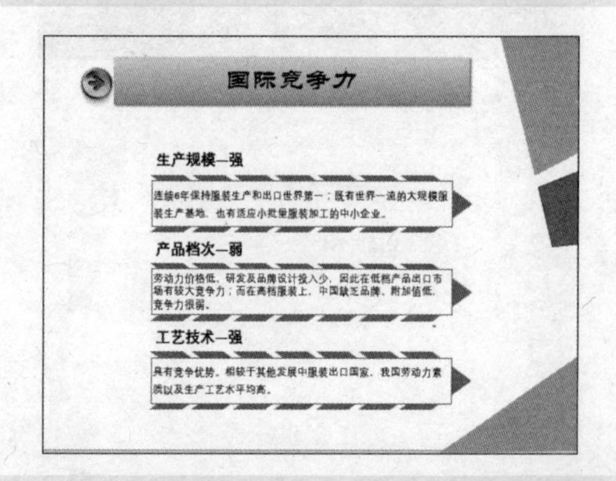

❹ 选中 SmartArt 图形，并添加【随机线条】动画效果，设置【方向】为“水平”，【序列】为“逐个”，设置【开始】模式为“上一动画之后”，持续时间为“2.0”秒。

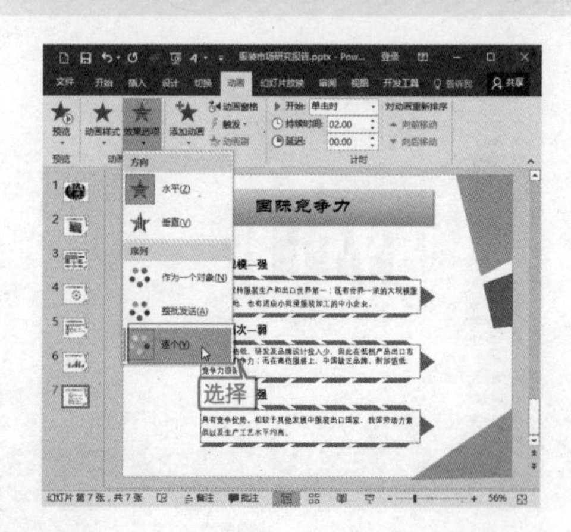

❺ 单击【设计】选项卡，在【SmartArt 样式】组中将【颜色】更改为“彩色—个性色”。

❻ 竞争力幻灯片创建完成后如下图所示。

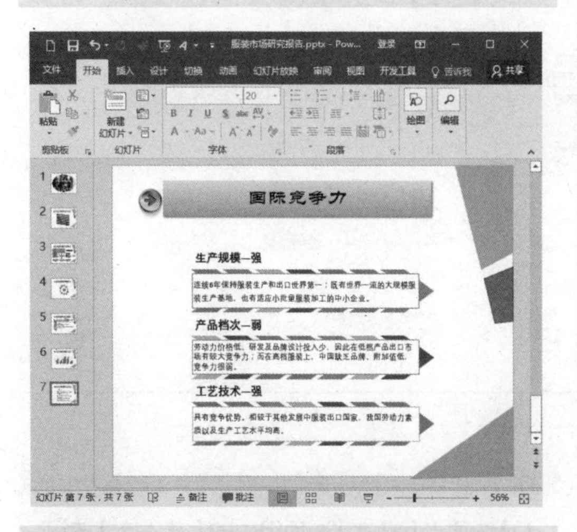

❼ 新建一张【标题幻灯片】，如下图所示。

❽ 插入 1 个文本框，并输入“谢谢观看！”。

❾ 为标题应用【轮子】动画效果，设置轮辐图案【效果选项】为“轮辐图案（2）”，【序列】为“作为一个对象”，设置【开始】模式为“上一动画之后”，持续时间为“2.0”秒。

❿ 至此，服装市场研究报告 PPT 设计完成，读者可按【F5】键进行浏览和观看。

17.3 制作投标书 PPT

本节视频教学录像：50 分钟

投标书是公司在充分领会招标文件内容，并在进行现场实地考察和调查的基础上，按照招标书的条件和要求所编制的文书。投标书中不但要提出具体的标价及有关事项，还要满足招标公告提出的要求。

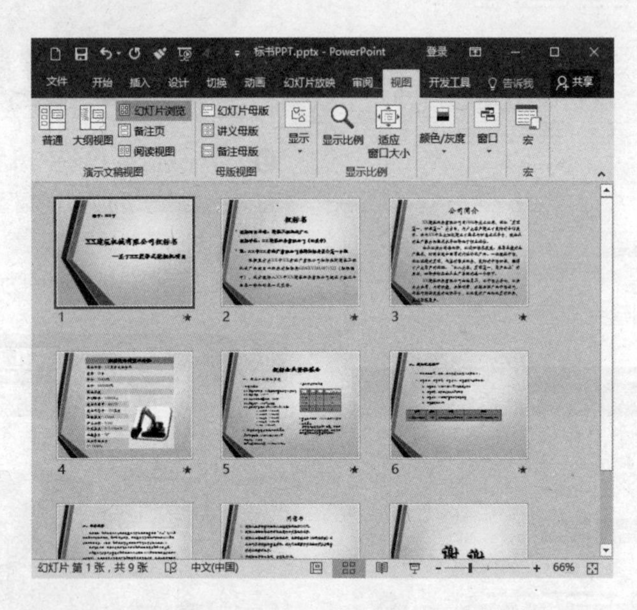

17.3.1 创建首页幻灯片

创建首页幻灯片的具体操作步骤如下。

❶ 在打开的 PowerPoint 2016 中，单击【设计】选项卡【主题】选项组中的【其他】按钮，在弹出的下拉列表中选择【视差】选项。

❷ 删除【单击此处添加标题】文本框，单击【插入】选项卡【文本】选项组中的【艺术字】按钮，在弹出的下拉列表中选择“填充 -黑色，文本 1，阴影”选项。

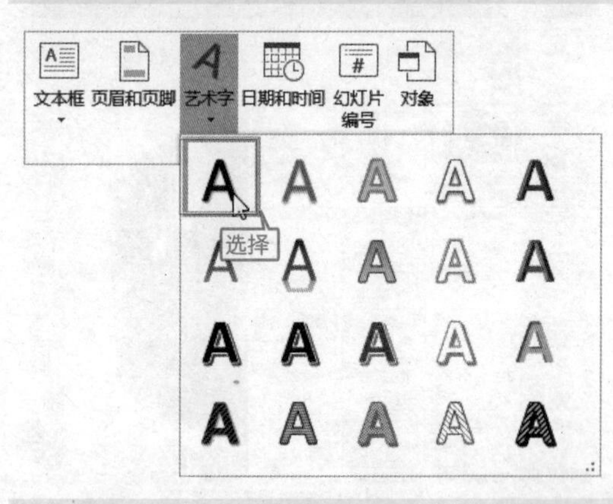

❸ 在插入的艺术字文本框中输入“XX 建筑机

械有限公司投标书”文本，并设置其【字号】为“40”，【字体】为“华文楷体”，对字体加粗后拖曳到合适位置。

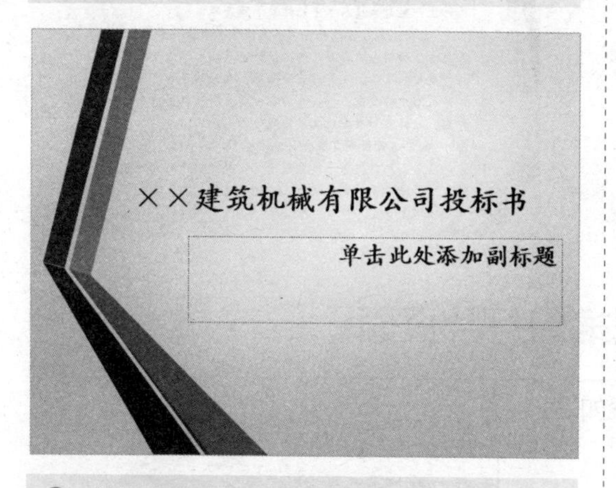

❹ 单击【单击此处添加副标题】文本框，输入“一关于 XX 履带式挖掘机项目 ”文本，设置其【字体】为“华文楷体”，【字号】为“32”，对字体加粗后拖曳到合适位置。

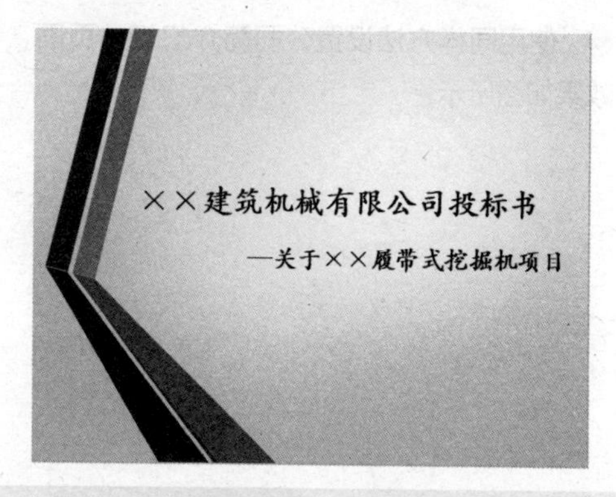

❺【插入】一个文本框，并在文本框中输入“编号：008 号”，设置西文字体为“The New Roman”，中文字体为“华文楷体”，字号为 24，对字体加粗后拖曳到合适位置。

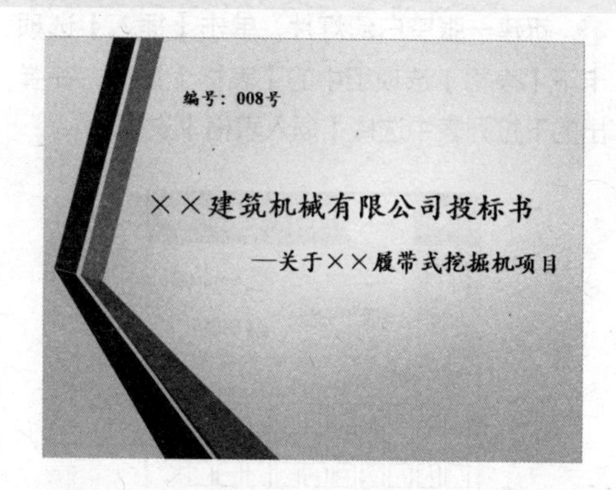

17.3.2 创建投标书和公司简介幻灯片

创建投标书和公司简介幻灯片的具体操作步骤如下。

❶ 新建一张【标题和内容】幻灯片，单击【单击此处添加标题】文本框，输入“投标书”文本，设置其【字体】为“华文楷体”，【字号】为“40”，并拖曳文本框至合适位置。

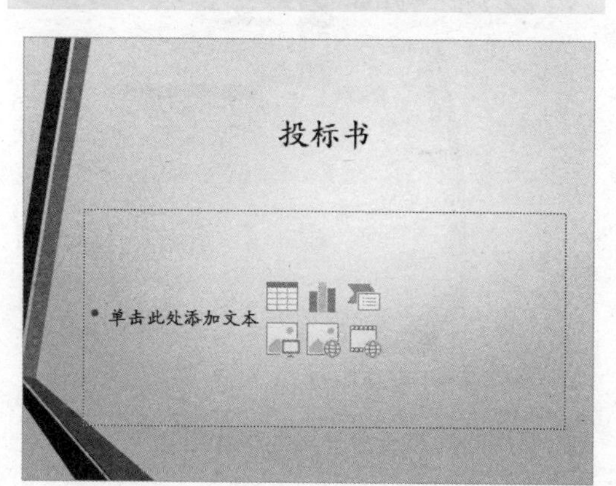

❷ 单击【单击此处添加文本】文本框，输入文本，然后设置其文本样式，如图所示，并拖曳文本框至合适位置。

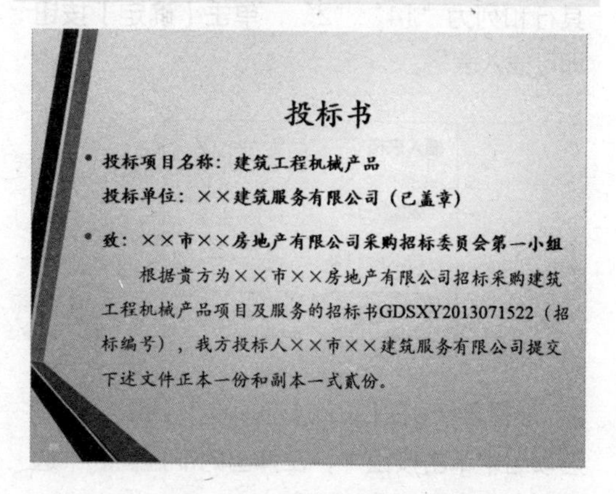

❸ 使用同样方法设置公司简介幻灯片页面，效果如图所示。

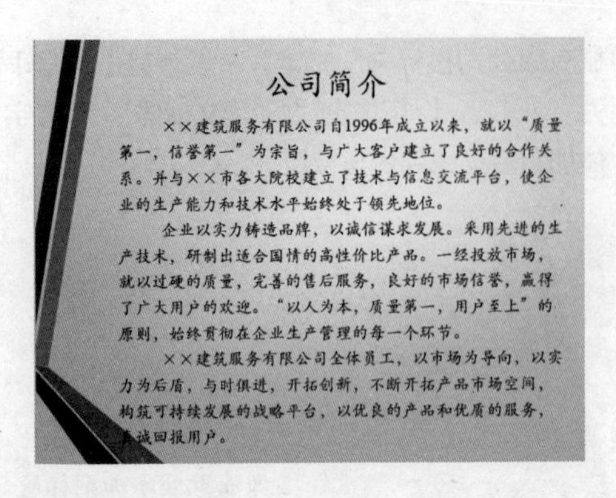

17.3.3 创建产品规格幻灯片页面

创建产品规格幻灯片页面的具体操作步骤如下。

❶ 新建一张空白幻灯片，单击【插入】选项卡下【表格】选项组中的【表格】按钮，在弹出的下拉列表中选择【插入表格】选项。

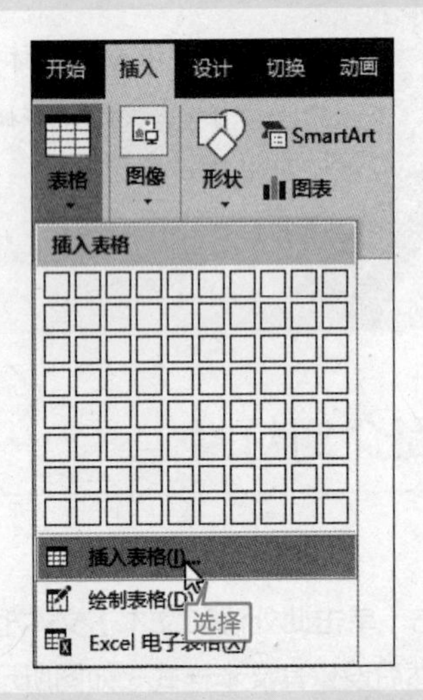

❷ 在弹出的【插入表格】对话框中分别设置其行和列为“14”“2”，单击【确定】按钮即可插入表格。

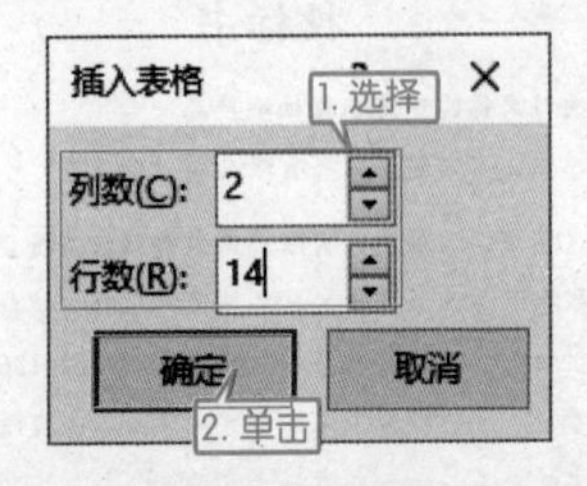

❸ 选择表格，在【设计】选项卡下【表格样式】选项组中单击按钮 ▾，在弹出的下拉列表中选择“中度样式 2-强调 2”选项。

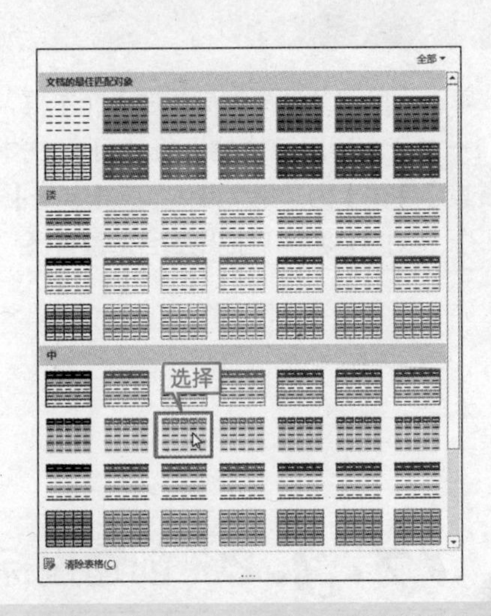

❹ 选择第一行表格，单击【布局】选项卡下【合并】选项组中的【合并单元格】按钮，即可合并第一行。

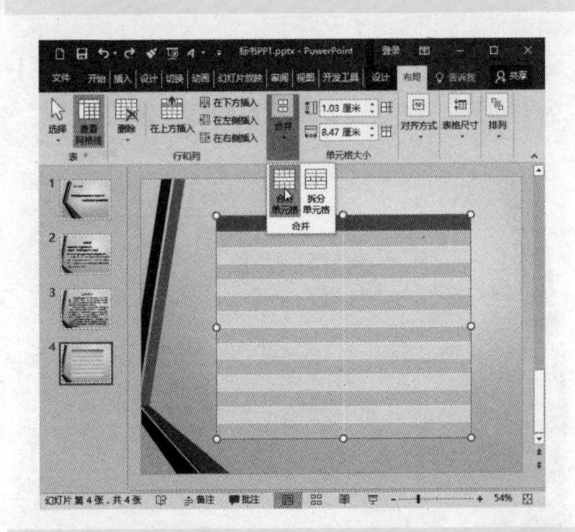

❺ 使用同样方法合并其他单元格。

❻ 在单元格中输入如图所示内容，设置其样式并调整单元格的行高和列宽。

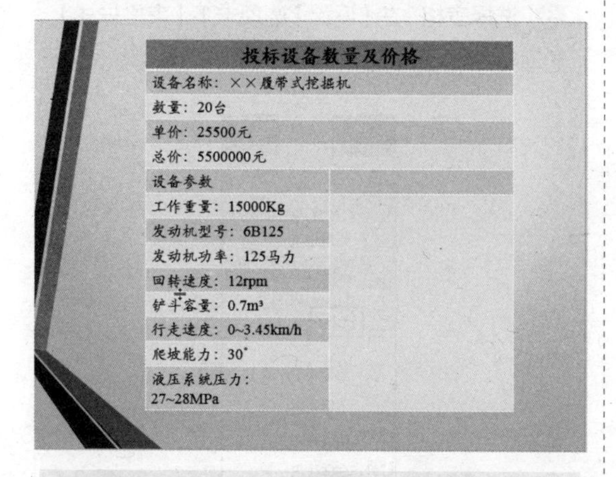

❼ 单击【插入】➤【图像】➤【图片】，将随书附带的“挖掘机”图片插入到幻灯片中。

❽ 选中图片，单击【格式】选项卡下【图片样式】选项组中的【棱台透视】选项。

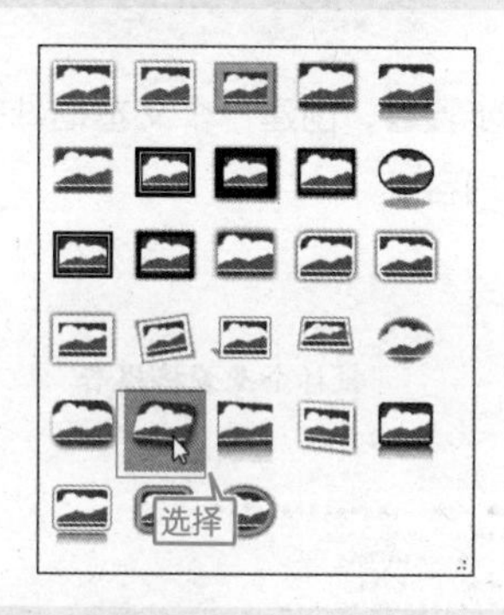

❾ 最后效果如图所示。

17.3.4 创建投标企业资格报告幻灯片

投标企业资格报告共有三项内容，即支招厂家资格声明、投资设备报告和保修服务，这三项分三张幻灯片来创建，具体操作步骤如下。

❶ 新建一张空白幻灯片，插入一个文本框作为幻灯片的标题，并输入标题内容“投标企业资格报告”。

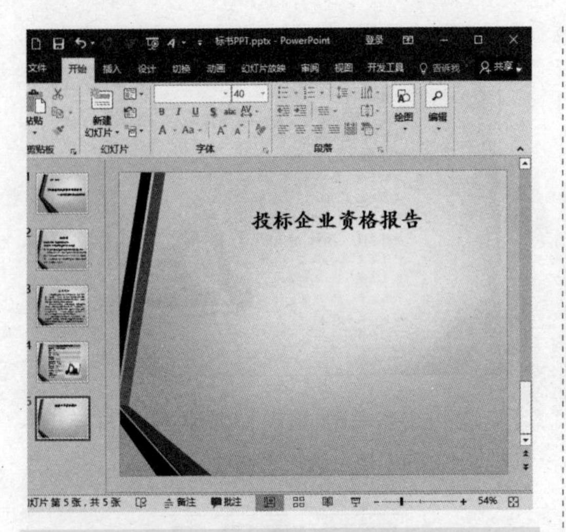

❷ 重复步骤❶，创建一个文本框，并输入相应的文本内容。

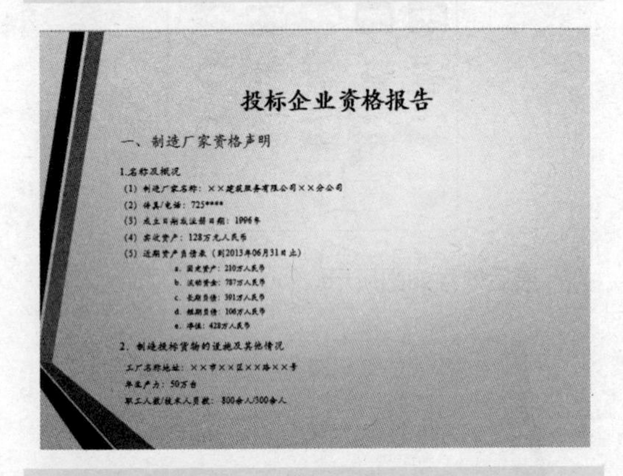

❸ 重复步骤❶插入文本框并输入文字内容。

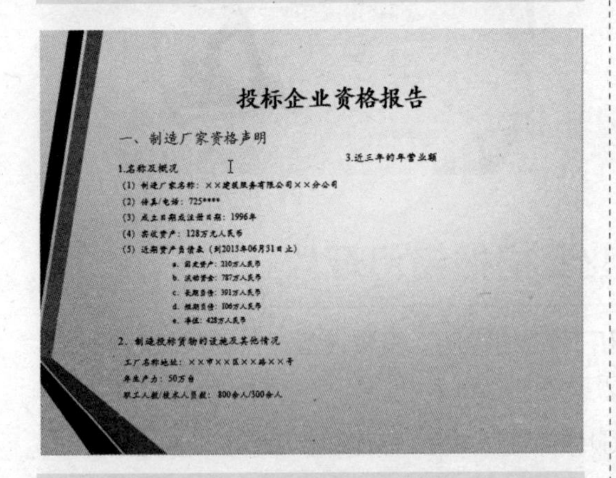

❹ 单击【插入】选项卡下【表格】选项组中的【表格】按钮，插入一个 4 行 4 列的表格，然后选择表格，在【设计】选项卡下【表格样式】选项组中单击按钮▾，在弹出的下拉列表中选择“主题样式 1-强调 3”选项。

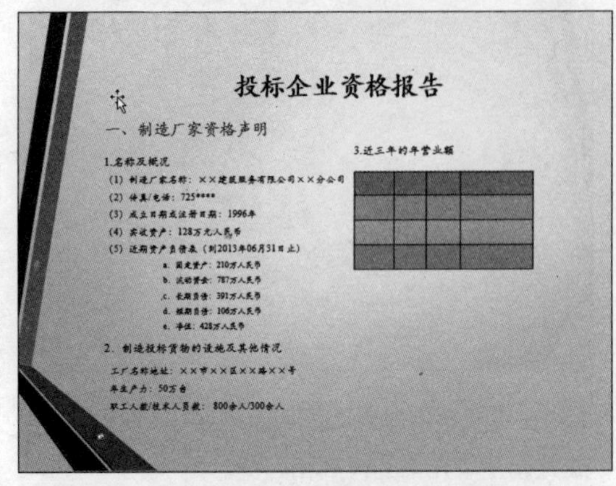

❺ 选择表格，在【设计】选项卡下【表格样式】选项组中单击边框下拉按钮，选择“所有边框”。

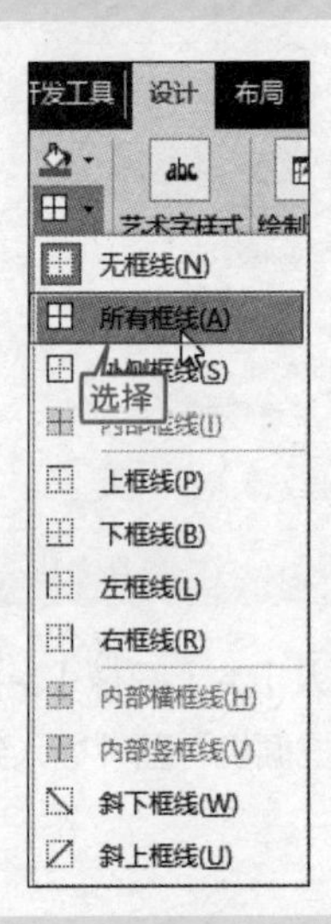

❻ 在单元格中输入如图所示内容，设置其样式并调整单元格的行高和列宽。

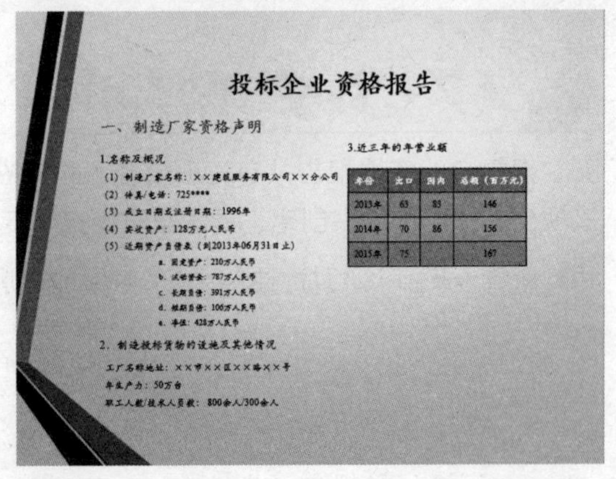

❼ 重复步骤❶，继续添加文本框，并输入相应的内容。

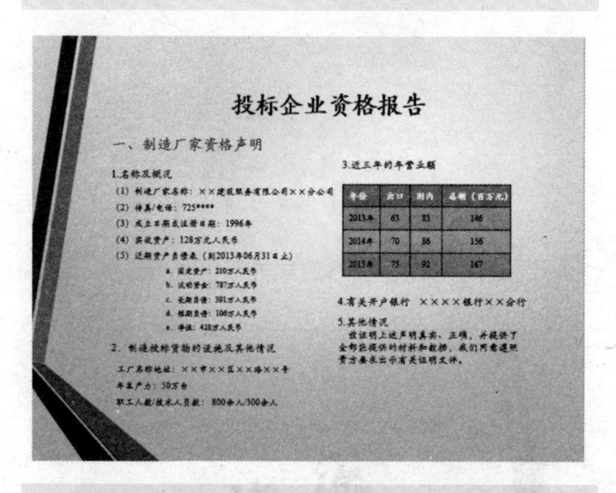

❽ 重复上述步骤，创建“投标设备报告”幻灯片，结果如下图所示。

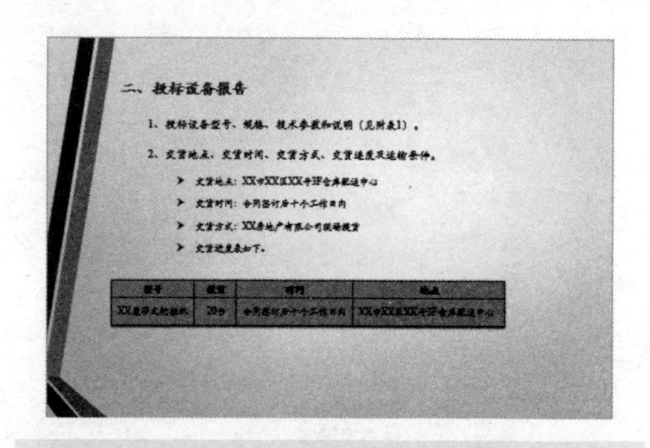

❾ 重复上述步骤，创建“保修服务”幻灯片，结果如下图所示。

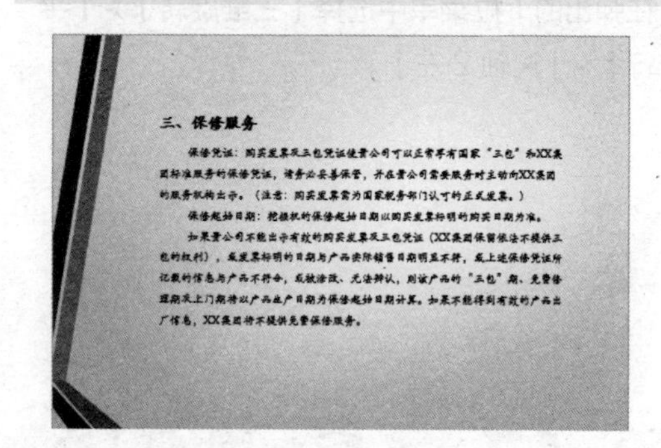

17.3.5 创建同意书和结束幻灯片

创建同意书和结束幻灯片的方法和步骤与前面创建幻灯片的步骤和操作相同，具体如下。

❶ 新建一张“标题和内容”幻灯片，并输入标题和相应的内容。

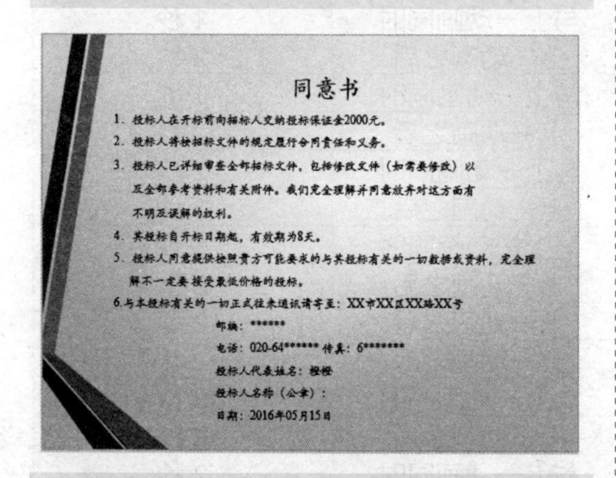

❷ 新建一张空白幻灯片，创建一个文本框，再输入“谢谢”，并设置字体为“华文行楷”，字号为“120”。

❸ 选择文本框，然后单击【格式】➤【艺术字样式】➤【文本效果】，在弹出的下拉菜单中选择【发光】➤【酸橙色，5 pt 发光，个性色 2】。

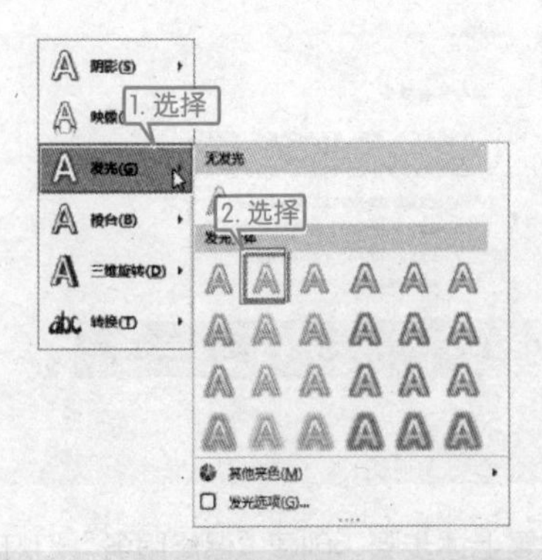

❹ 单击【格式】➢【艺术字样式】➢【文本效果】，在弹出的下拉菜单中选择【三维旋转】➢【平行】➢【离轴 2 左】。

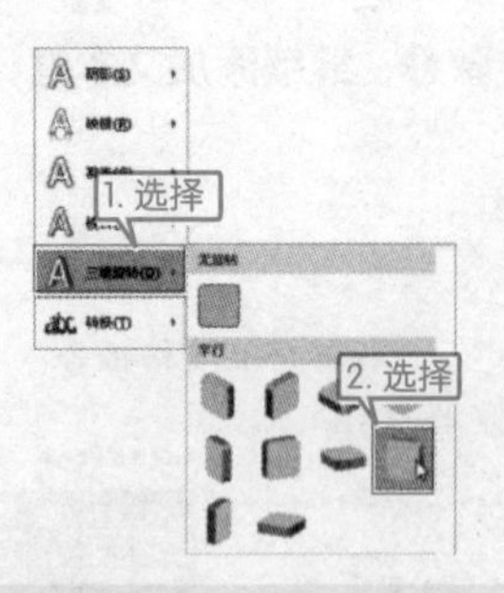

❺ 幻灯片完成后最终效果如下图所示。

17.3.6 给幻灯片添加切换方式和动画效果

前面创建了标书的所有幻灯片，这节来给这些幻灯片添加动画效果。

序号	切换方式	动画效果	开始方式	延续时间
1	无	编号：飞入	与上一动画同时	0.5 秒
		标题：浮入	上一动画之后	1.5 秒
		副标题：淡出	上一动画之后	1.5 秒
2	折断	标题：浮入	与上一动画同时	1 秒
		内容：劈裂	上一动画之后	2 秒
3	随机线条	标题：轮子	与上一动画同时	1 秒
		内容：随机线条	上一动画之后	2 秒
4	揭开	表格内容：形式	与上一动画同时	2 秒
		图片：随机线条	上一动画之后	2 秒
5	百叶窗	标题：擦除	与上一动画同时	1 秒
		1~3：淡出	上一动画之后	2 秒
		表格：轮子	上一动画之后	2 秒
		4~5：淡出	上一动画之后	1.5 秒
6	推进	内容：擦除	与上一动画同时	2 秒
		表格：轮子	上一动画之后	2 秒
7	推进	内容：形式	与上一动画同时	2 秒
8	擦除	标题：放大 / 缩小	与上一动画同时	1 秒
		内容：随机线条	上一动画之后	0.5 秒
9	涟漪	陀螺旋	与上一动画同时	2 秒

第 18 章

吸引别人的眼球——展示型 PPT 实战

本章视频教学录像：1 小时 14 分钟

高手指引

PPT 是传达信息的载体，同时也是展示个性的平台。在 PPT 中，你的创意可以通过内容或图示来展示，你的心情可以通过配色来表达。尽情发挥你的创意，你也可以做出令人惊叹的绚丽 PPT。

重点导读

- 制作公司形象宣传 PPT
- 制作中国茶文化 PPT
- 制作花语集 PPT

18.1 制作公司形象宣传 PPT

本节视频教学录像：15 分钟

外出进行产品宣传，只有口头的描述很难让人信服，如果拿着产品进行宣传，太大的产品携带不便，太小的物品在进行宣传时，又难以让人看清，此时幻灯片将会帮上大忙，下图为制作产品宣传报告幻灯片的最终效果图。

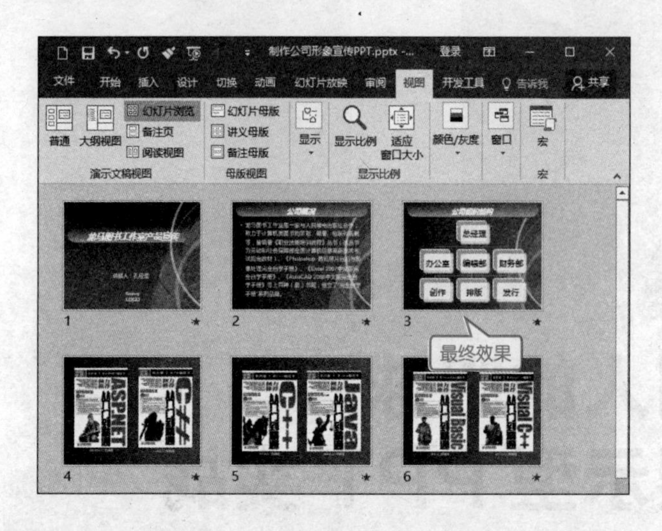

18.1.1 设计产品宣传首页和公司概况幻灯片

创建产品宣传幻灯片应从片头入手，片头主要应列出宣传报告的主题和演讲人等信息。下面以制作龙马图书工作室产品宣传幻灯片为例首先讲述宣传首页幻灯片的制作方法。

❶ 启动PowerPoint 2016应用软件，单击【设计】选项卡【主题】组中的【其他】按钮，在弹出的下拉菜单中选择【浏览主题】，在弹出的【选择主题或主题文档】对话框中选择随书附带光盘中的“主题 .pptx”文件。

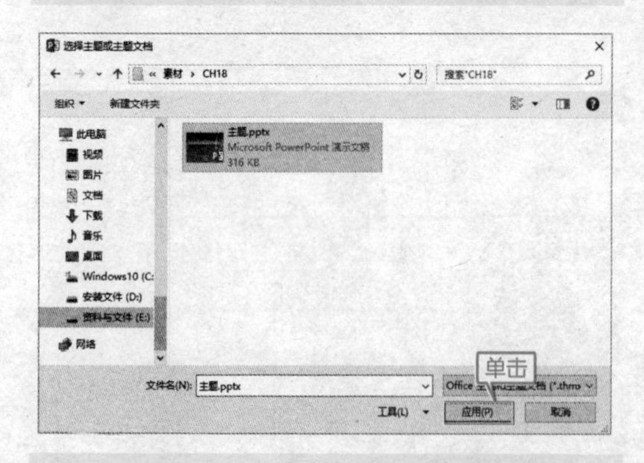

❷ 单击【应用】按钮，结果如下图所示。

❸ 在【单击此处添加标题】文本框中输入“龙马图书工作室产品宣传”，在【单击此处添加副标题】文本框中输入“主讲人：孔经理”。

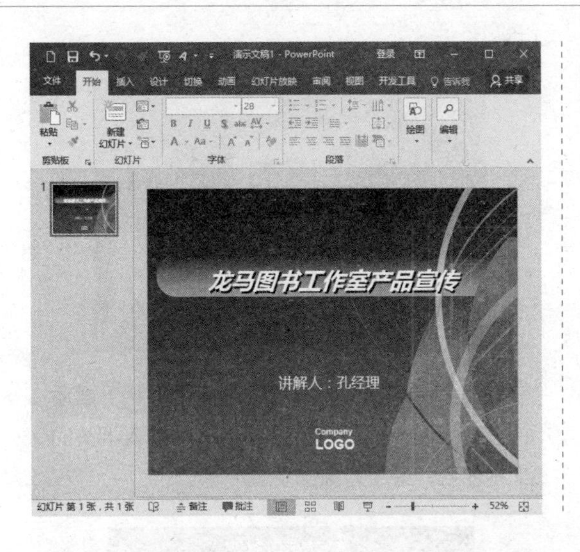

❹ 新建一张“标题和内容”幻灯片，并添加标题“公司概况”以及简介内容。

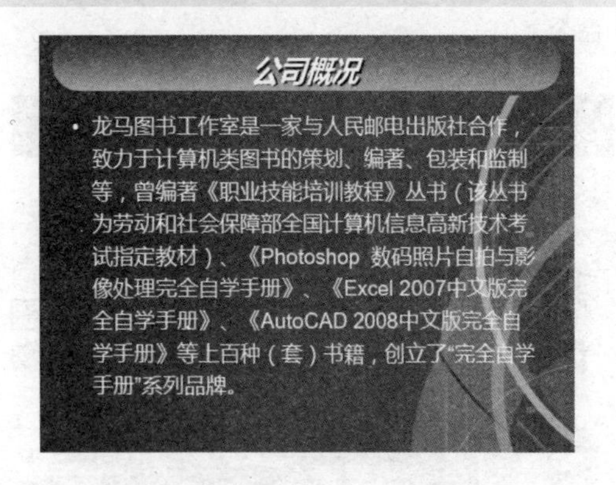

18.1.2 设计公司组织结构幻灯片

对公司状况有了大致了解后，可以继续对公司进行进一步的说明，例如介绍公司的内部组织结构等。

❶ 新建一张“标题和内容”幻灯片，并输入标题的名称“公司组织结构”。

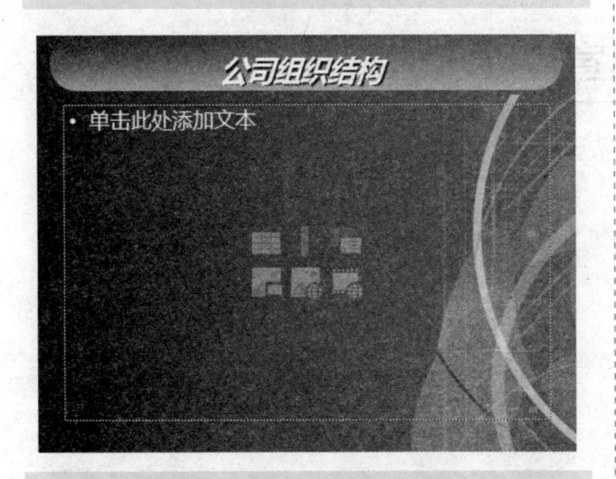

❷ 单击插入 SmartArt 图形的图标，弹出【选择 SmartArt图形】对话框，选择【层次结构】区域中的【层次结构】选项。

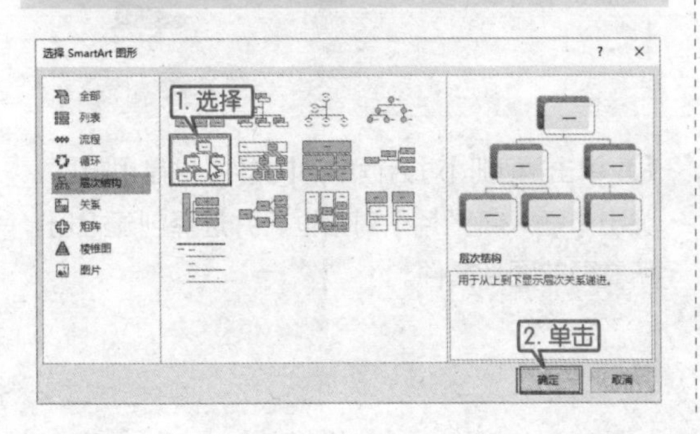

❸ 单击【确定】按钮，查看插入的层次结构图。

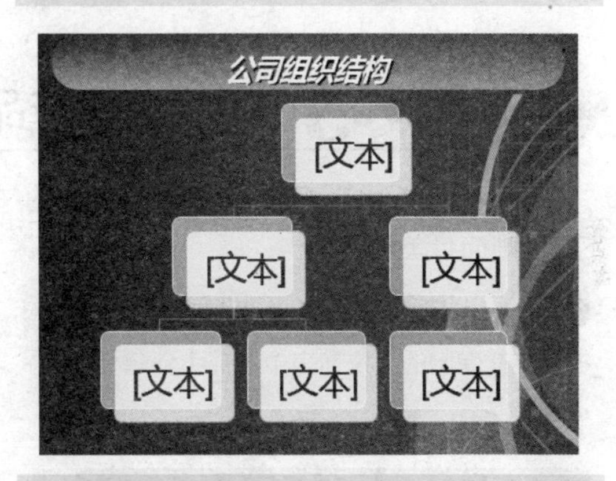

❹ 选中第三行的所有形状，将其删除，效果如下图所示。

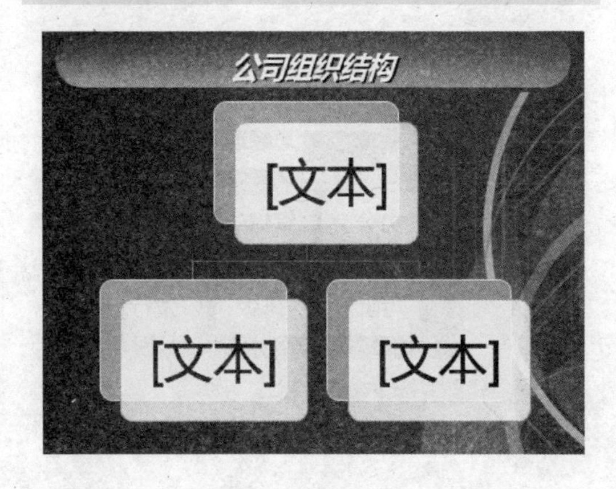

❺ 右键单击第二行第二个形状，在弹出的快捷菜单中选择【添加形状】➢【在后面添加形状】命令。

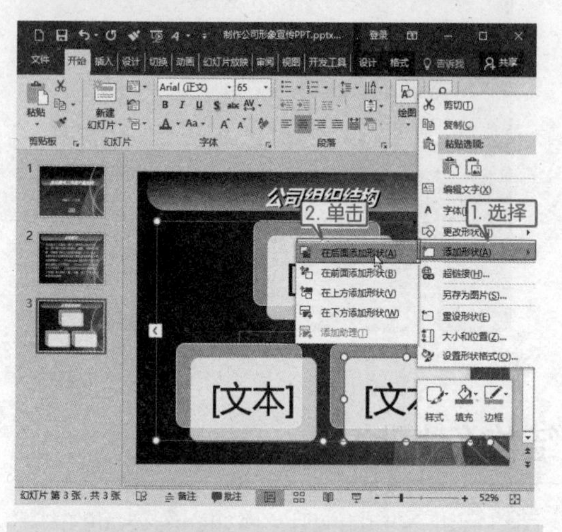

❻ 添加后的结果如下图所示。

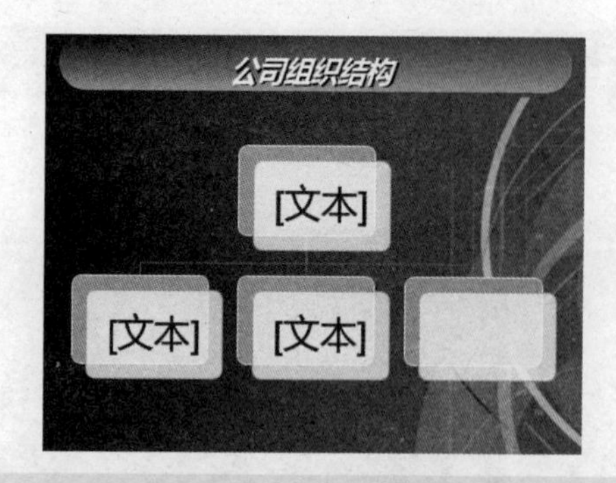

❼ 重复步骤❺，在第二行第二个形状下面添加三个形状，然后在层次结构图中输入相关的文本内容，最终效果如下图所示。

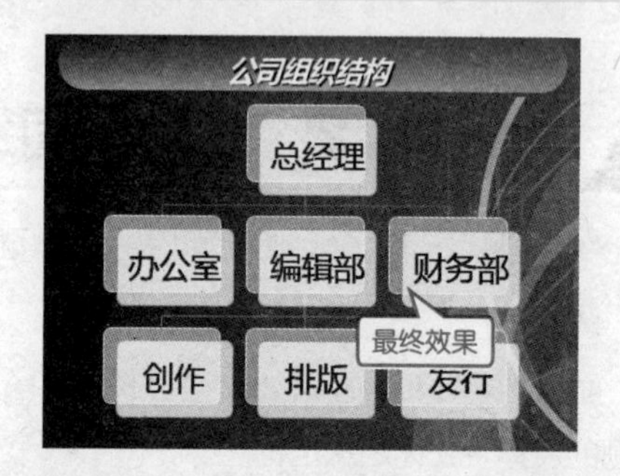

18.1.3 设计公司产品宣传展示幻灯片

对公司有了一定了解后，就要看公司的产品了，通过制作产品图册来展示公司的产品，不仅清晰而且美观。

❶ 单击【插入】选项卡【图像】组中的【相册】按钮，在弹出的下拉列表中选择【新建相册】选项。

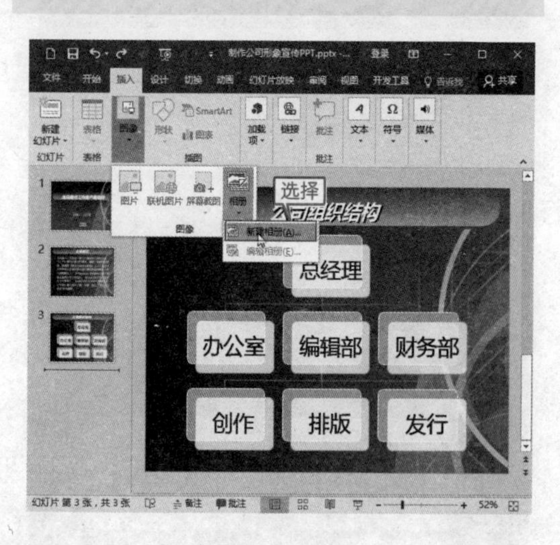

❷ 弹出【相册】对话框。

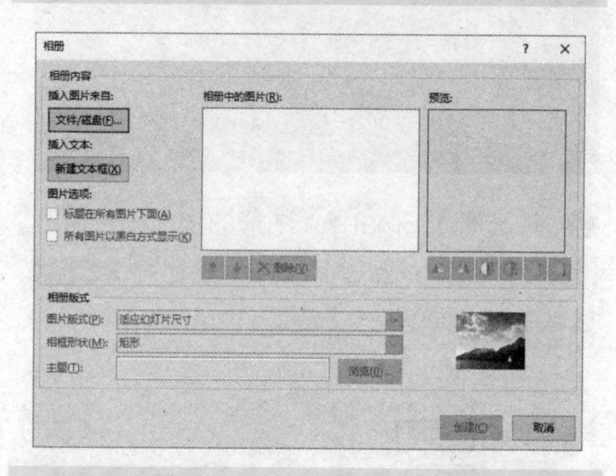

❸ 单击【相册】对话框中的【文件/磁盘】按钮，弹出【插入新图片】对话框，并选择创建相册所需要的图片文件。

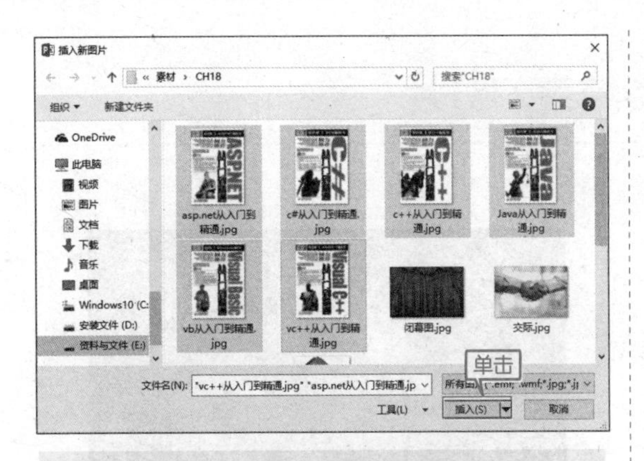

❹ 单击【插入】按钮，返回【相册】对话框，在【相册版式】区域下选择【图片版式】为“2张图片”，之后选中【标题在所有图片下面】复选框。

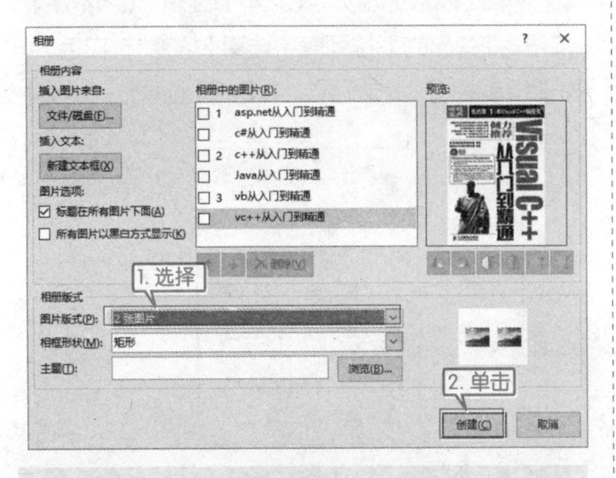

❺ 单击【创建】按钮，打开一个新的PowerPoint 演示文稿，并且创建所需的相册。

❻ 将新创建相册演示文稿中的第 2 ~ 4 张幻灯片复制至公司产品宣传展示幻灯片页面中，如下图所示。

❼ 选中复制后的第 4 ~ 6 张幻灯片，选中【设计】选项卡【背景】组中的【隐藏背景图形】复选框。

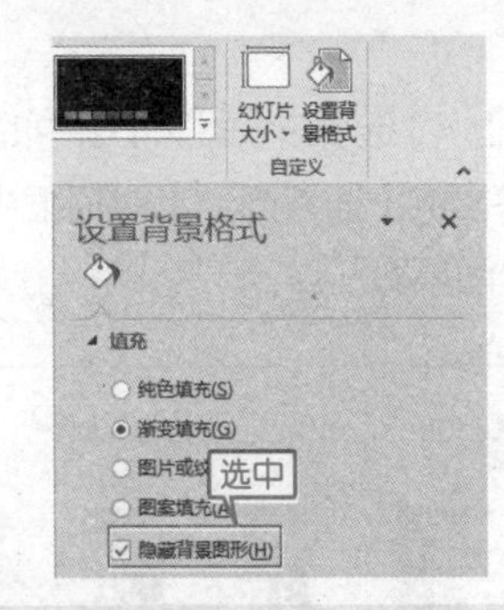

❽ 隐藏背景图形，并对图片的大小和位置进行调整后如下图所示。

18.1.4 设计产品宣传结束幻灯片

最后来进行结束幻灯片页面的制作。

❶ 新建一张空白幻灯片。

❷ 单击【插入】选项卡【图像】组中的【图片】按钮，在弹出的【插入图片】对话框中选择随书附带的“闭幕图”。

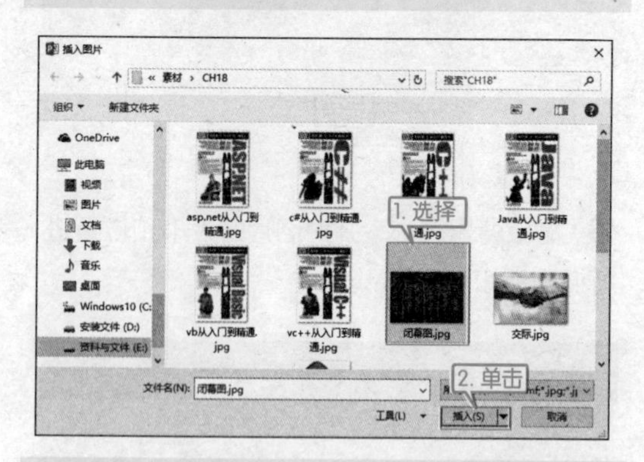

❸ 单击【插入】按钮，将图片插入到幻灯片中并对插入的图片进行调整，使得插入的图片覆盖住整个背景。

❹ 单击【插入】选项卡【文本】组中的【艺术字】按钮，在弹出的下拉列表中选择【填充 - 白色，轮廓-着色 2，清晰阴影-着色 2】选项。

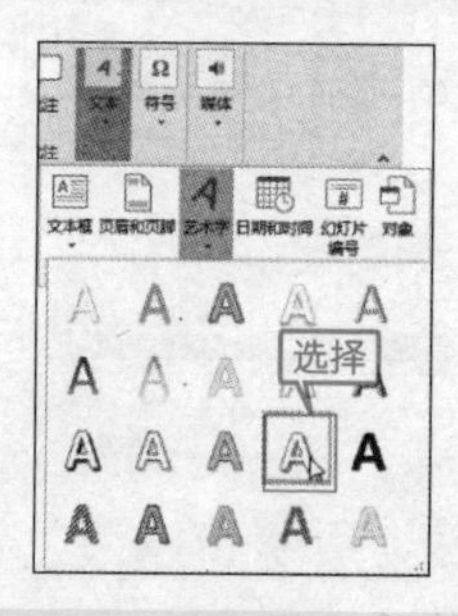

❺ 在插入的艺术字文本框中输入“谢谢观赏”文本内容，并设置【字号】为“100”，设置【字体】为“华文行楷”，最终效果如下图所示。

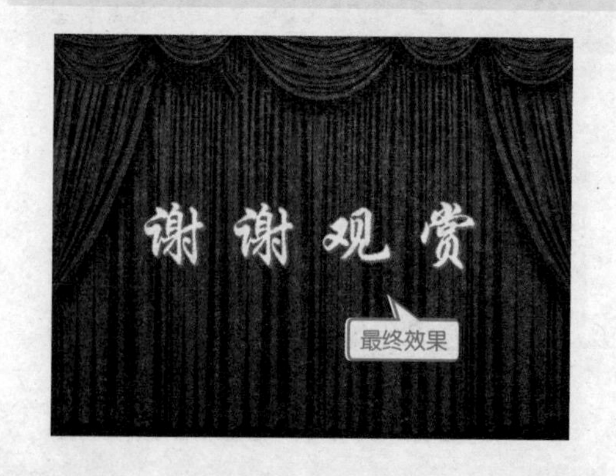

18.1.5 设计产品宣传幻灯片的转换效果

本节将对所做好的幻灯片进行页面切换时的效果转换设置具体操作步骤如下。

❶ 选中第一张幻灯片，单击【切换】选项卡【切换到此幻灯片】组中的【其他】按钮，在弹出的下拉列表中选择【闪光】选项。

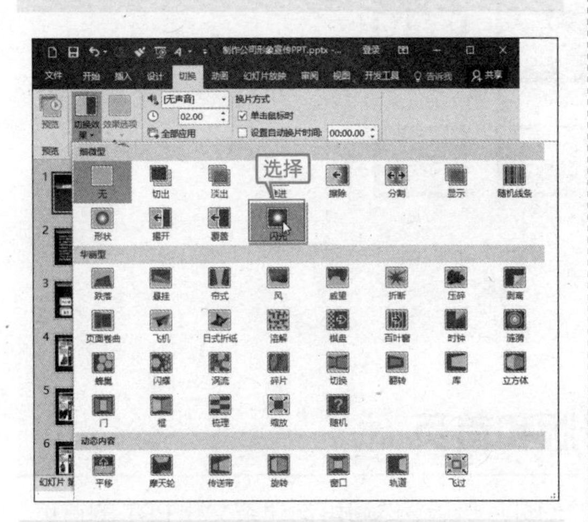

❷ 选中第二张幻灯片，单击【切换】选项卡【切换到此幻灯片】组中的【其他】按钮，在弹出的下拉列表中选择【淡出】选项。

❸ 选中第三张幻灯片，单击【转换】选项卡【切换到此幻灯片】组中的【其他】按钮，在弹出的下拉列表中选择【涟漪】选项。

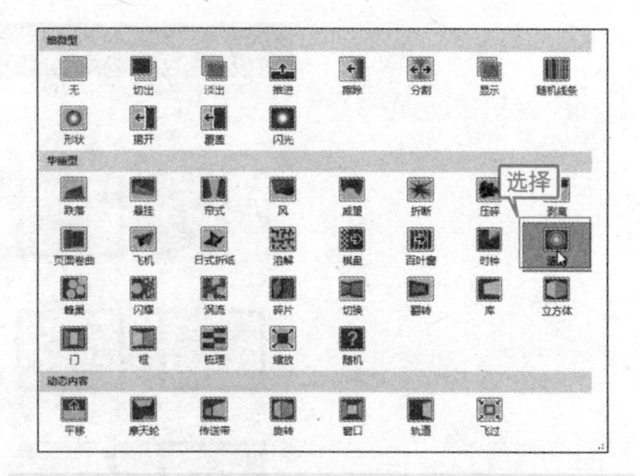

❹ 选中第 4 ~ 6 张幻灯片，单击【转换】选项卡【切换到此幻灯片】组中的【其他】按钮，在弹出的下拉列表中选择【随机线条】选项。

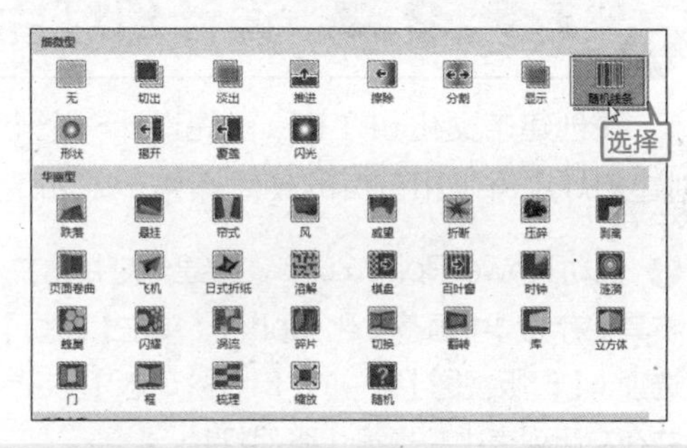

❺ 选中第 7 张幻灯片，单击【转换】选项卡【切换到此幻灯片】组中的【其他】按钮，在弹出的下拉列表中选择【擦除】选项。

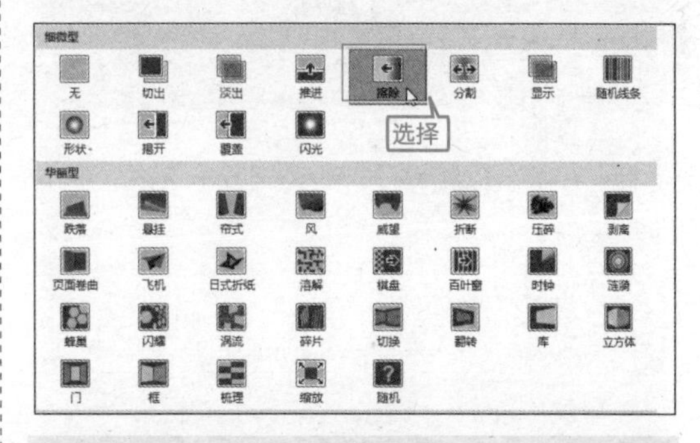

❻ 将制作好的幻灯片保存为“制作公司形象宣传 PPT.pptx”文件。

18.2 制作中国茶文化 PPT

本节视频教学录像：4 分钟

中国茶历史悠久，现在已发展成了独特的茶文化，中国人饮茶，注重一个“品”字。“品茶”不但可以鉴别茶的优劣，还可以消除疲劳、振奋精神。本节就以中国茶文化为背景，制作一份中国茶文化幻灯片。中国茶文化 PPT 制作完成后如下图所示。

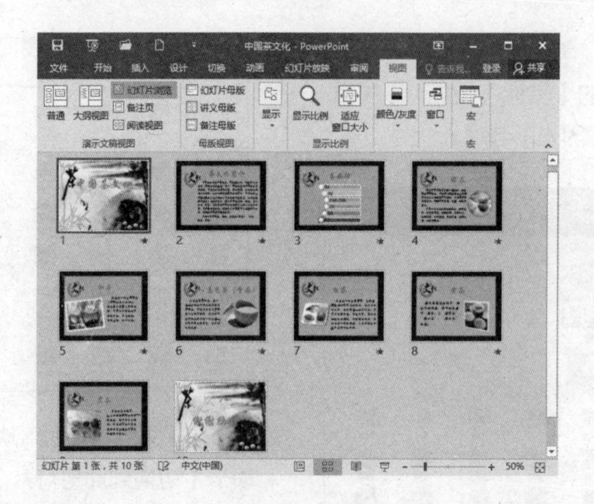

18.2.1 设计幻灯片母版和首页

在创建茶文化 PPT 时，首先设计一个个性的幻灯片母版，然后再创建茶文化 PPT 的首页。创建幻灯片母版和首页的具体操作步骤如下。

❶ 启动 PowerPoint 2016，新建幻灯片，并将其保存为“中国茶文化 .pptx”。单击【视图】选项卡【母版视图】组中的【幻灯片母版】按钮，并在左侧列表中单击第 1 张幻灯片。

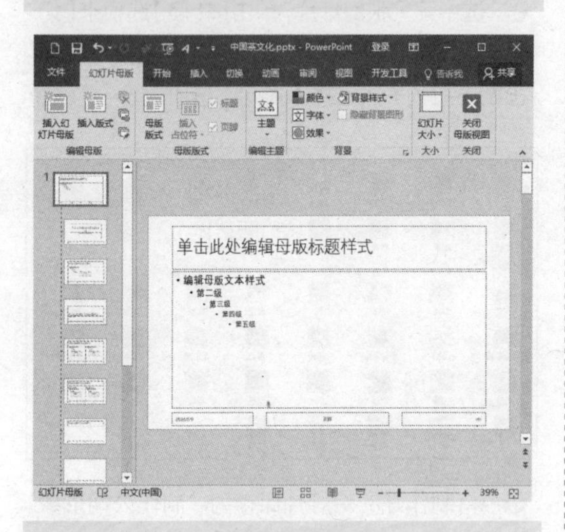

❷ 单击【插入】选项卡下【图像】组中的【图片】按钮。在弹出的【插入图片】对话框中选择“素材 \ch18\ 图片 1.jpg”文件。

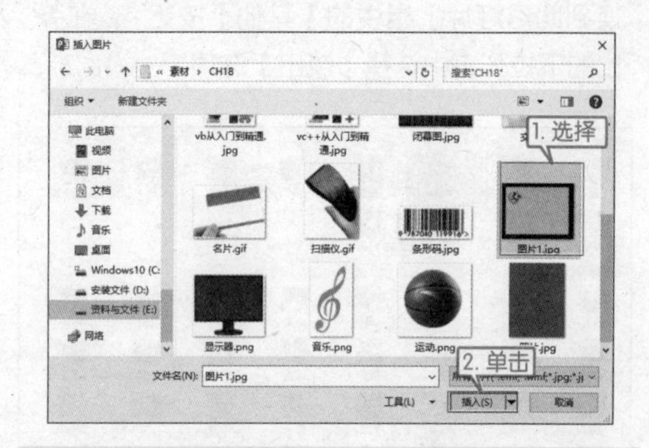

❸ 单击【插入】按钮，将选择的图片插入幻灯片中，并根据需要调整图片的大小及位置。在插入的背景图片上单击鼠标右键，在弹出的快捷菜单中选择【置于底层】➤【置于底层】菜单命令，将背景图片在底层显示。

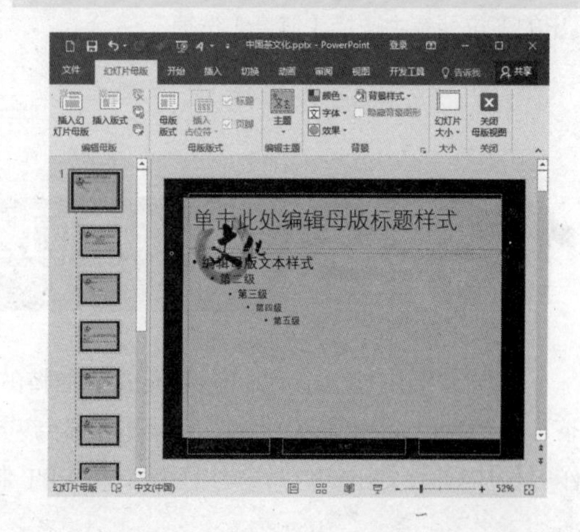

❹ 选择标题框内文本，单击【格式】选项卡下【艺术字样式】组中的【快速样式】按钮，在弹出的下拉列表中选择一种艺术字样式。

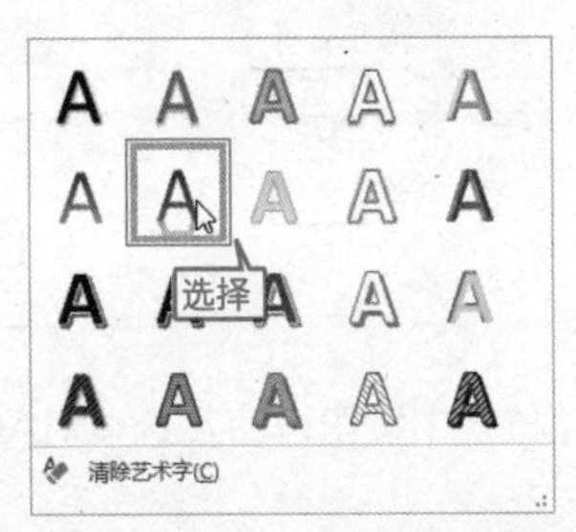

❺ 设置艺术字的字体为“华文行楷”和字号为“60”。并设置【文本对齐】为“居中对齐”。

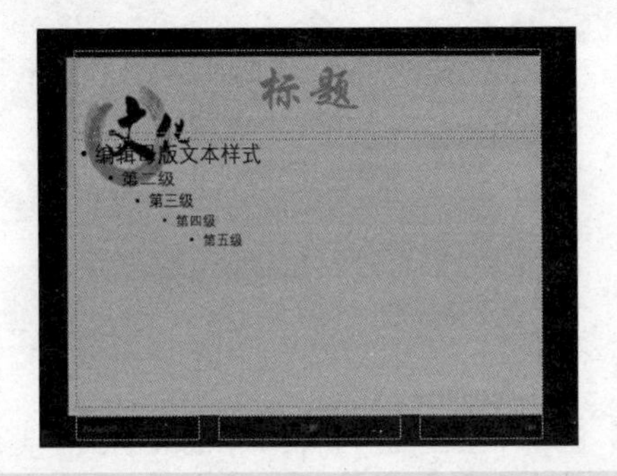

❻ 在幻灯片母版视图中，在左侧列表中选择第二张幻灯片，选中【背景】组中的【隐藏背景图形】复选框，并删除文本框。

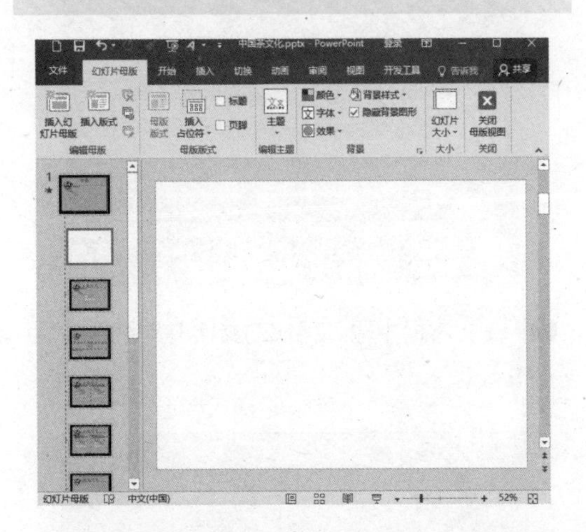

❼ 单击【插入】选项卡下【图像】组中的【图片】按钮，将随书附带光盘中“素材 \ch18\ 图片 02.jpg”文件插入到幻灯片中，并调整图片位置的大小。

❽ 单击【幻灯片母版】选项卡中的【关闭母版视图按钮】按钮，返回普通视图，删除副标题文本框，并在标题文本框处输入“中国茶文化”文本，调整艺术字的字号和颜色等，如下图所示。

18.2.2 设计茶文化简介页面和目录

❶ 新建【仅标题】幻灯片页面，在标题栏中输入“茶文化简介”文本。

❷ 打开随书光盘中的“素材 \ch18\ 茶文化简介 .txt”文件，将其内容复制到幻灯片页面中，并调整文本框的位置、字体的字号和大小。

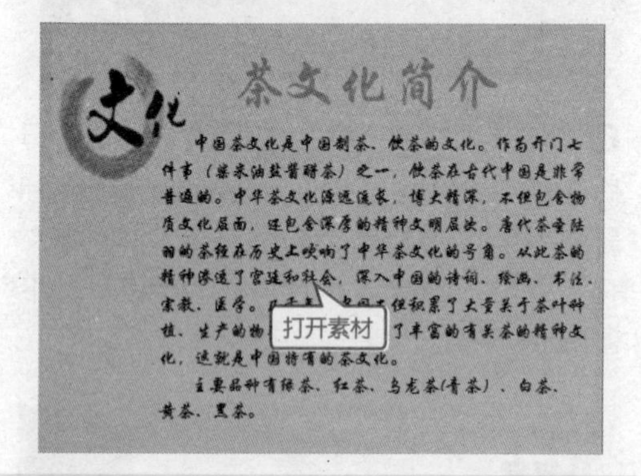

❸ 新建【标题和内容】幻灯片页面。输入标题“茶品种”。

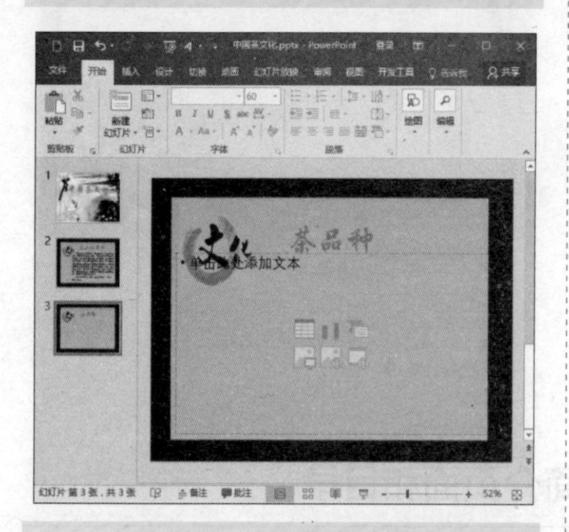

❹ 单击插入 SmartArt 图形按钮，在弹出的【选择 SmartArt 图形】对话框中选择【列表】中的“垂直曲形列表”。

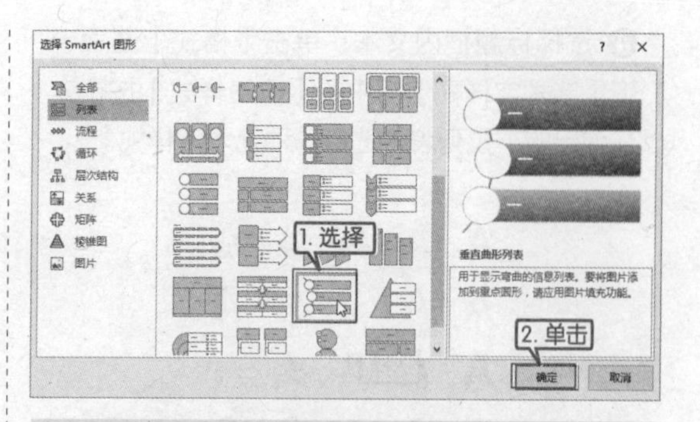

❺ 单击【确定】按钮，插入 SmartArt 列表后如下图所示。

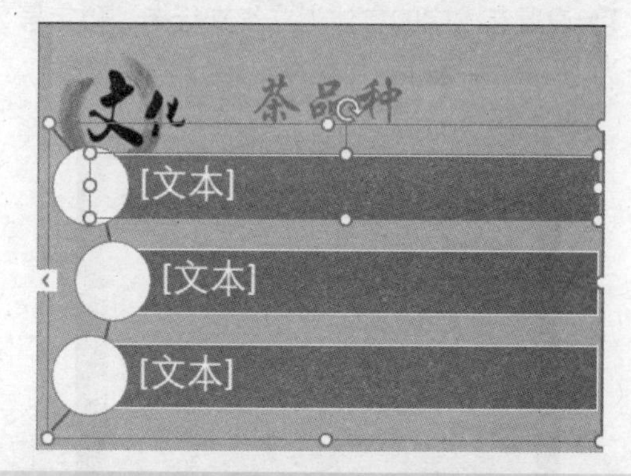

❻ 选中“垂直曲形列表”中的文字义本框进行复制粘贴，如下图所示。

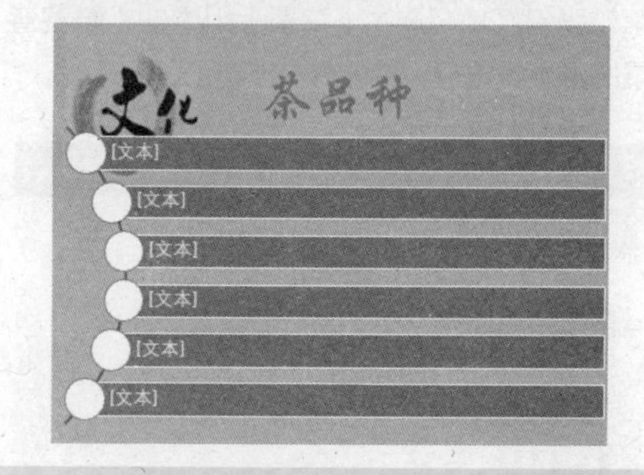

❼ 在文本框中输入相应的文字并对列表的大小进行调整。

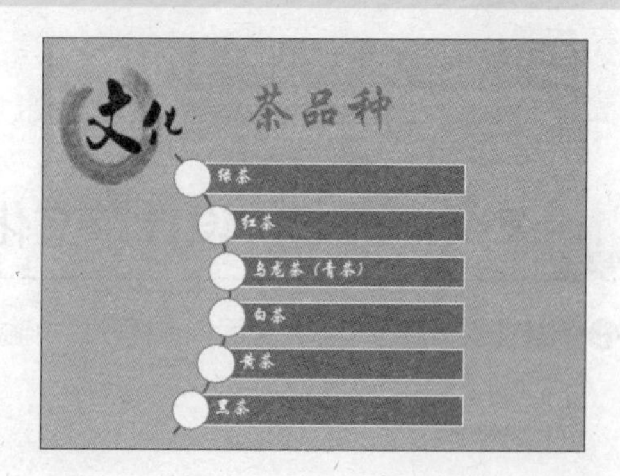

❽ 选中“垂直曲形列表”，然后单击【格式】➤【更改颜色】➤【彩色范围 - 个性色 4 至 5】。

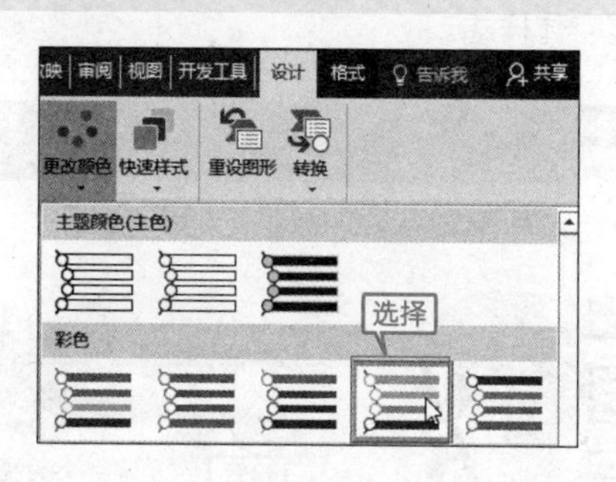

❾ 更改颜色后如下图所示。

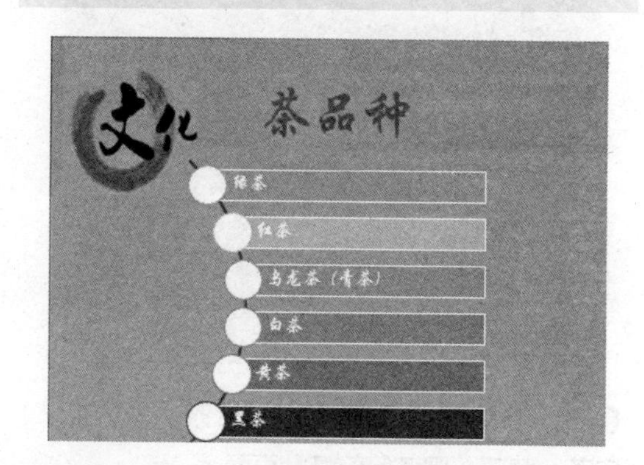

18.2.3 设计其他页面

❶ 新建【标题和内容】幻灯片页面。输入标题“绿茶”。

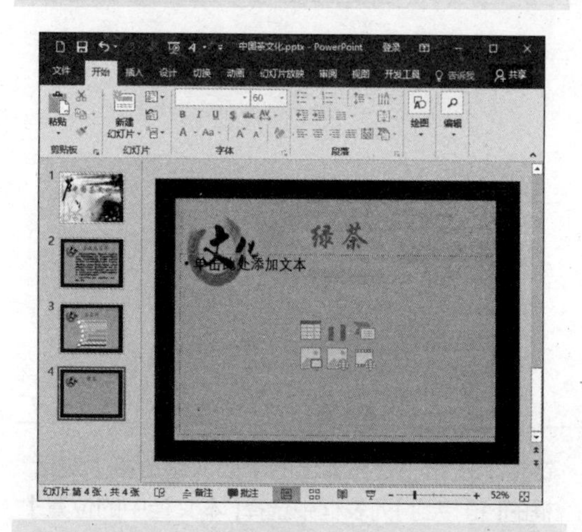

❷ 打开随书光盘中的“素材\ch18\茶种类.txt”文件，将其“绿茶”下的内容复制到幻灯片页面中，适当调整文本框的位置以及字体的字号和大小。

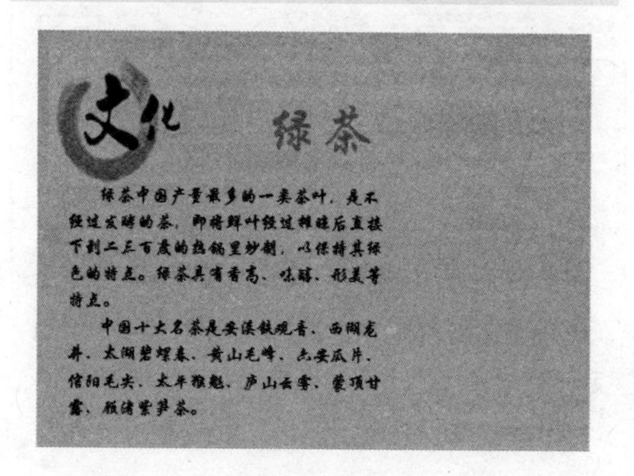

❸ 单击【插入】选项卡下【图像】组中的【图片】按钮。在弹出的【插入图片】对话框中选择“素材\ch18\绿茶.jpg”文件，单击【插入】按钮，将选择的图片插入幻灯片中，选择插入的图片，并根据需要调整图片的大小及位置。

❹ 选择插入的图片，单击【格式】选项卡下【图片样式】选项组中的【其他】按钮，在弹出的下拉列表中选择一种样式。

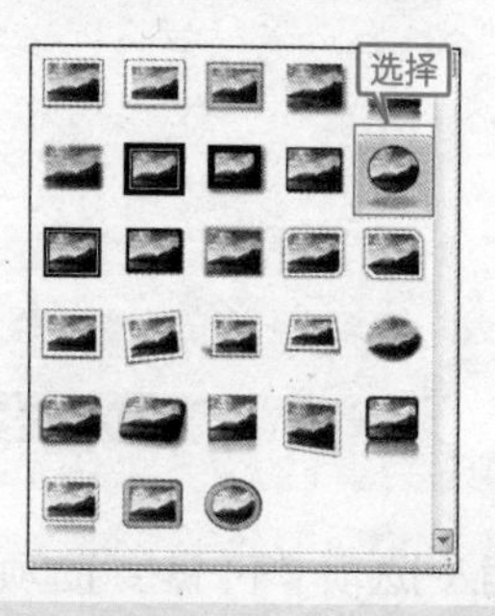

❺ 根据需要在【图片样式】组中设置【图片边框】、【图片效果】及【图片版式】等。

❻ 重复步骤❶ ~ ❺，分别设计红茶、乌龙茶、白茶、黄茶、黑茶等幻灯片页面。

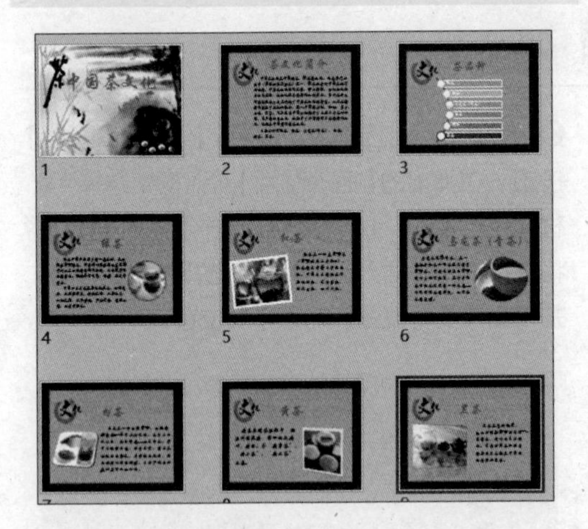

❼ 新建【标题】幻灯片页面。插入艺术字文本框，输入“谢谢欣赏！”文本，并根据需要设置字体样式。

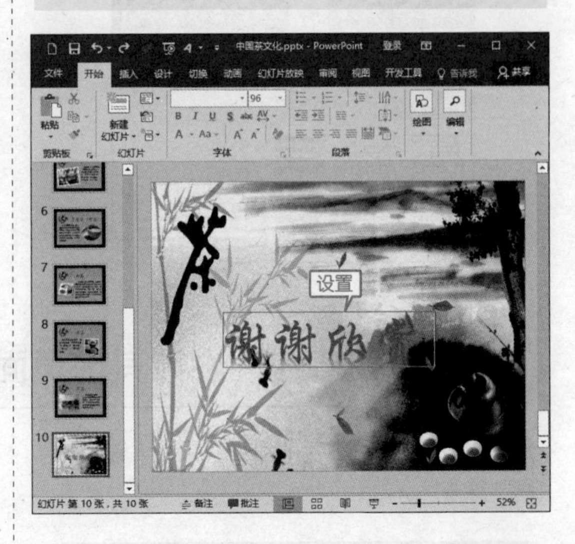

18.2.4 设置超链接

❶ 在第 3 张幻灯片中选中要创建超链接的文本“绿茶”。

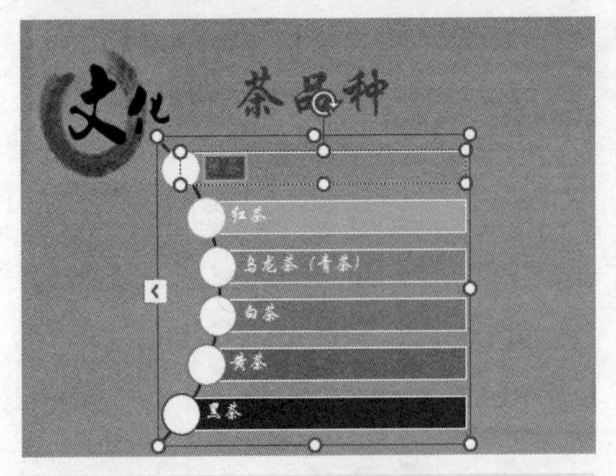

❷ 单击【插入】选项卡下【链接】选项组中的【超链接】按钮，在弹出的【插入超链接】对话框的【链接到】列表框中选择【本文档中的位置】选项，在右侧的【请选择文档中的位置】列表框中选择【幻灯片标题】下方的【4. 绿茶】选项。

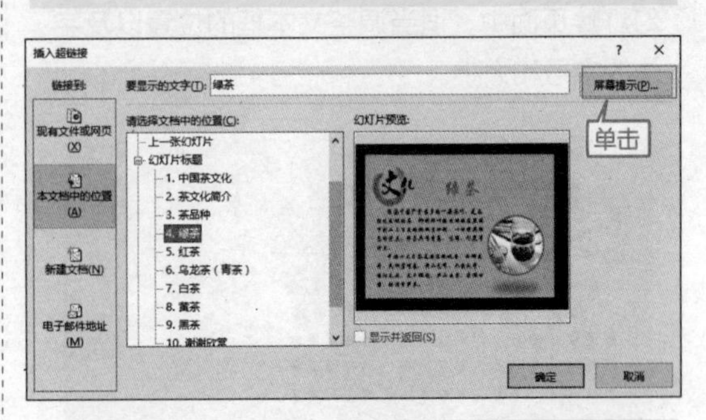

❸ 单击【屏幕提示】按钮，在弹出的【设置超链接屏幕提示】对话框中输入提示信息。

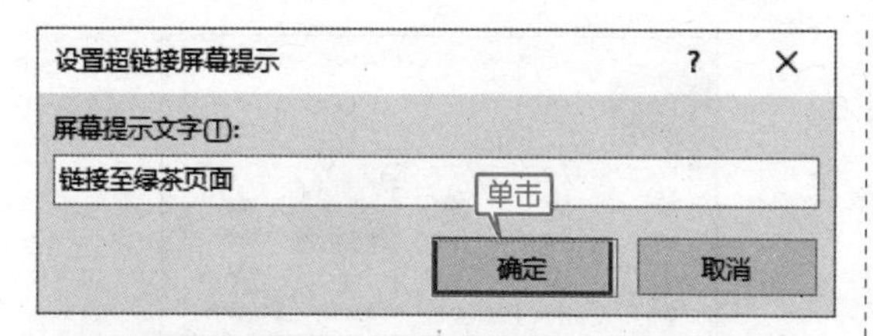

❹ 单击【确定】按钮，返回【插入超链接】对话框，单击【确定】按钮即可将选中的文本链接到【绿茶】幻灯片，添加超链接后的文本以绿色、下划线字显示。

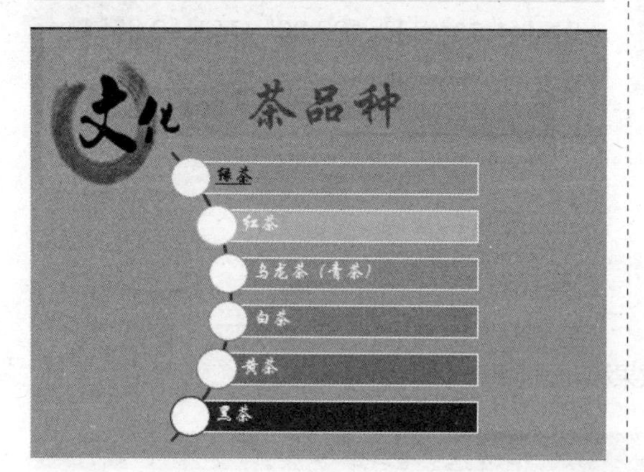

❺ 使用同样的方法创建其他超链接。

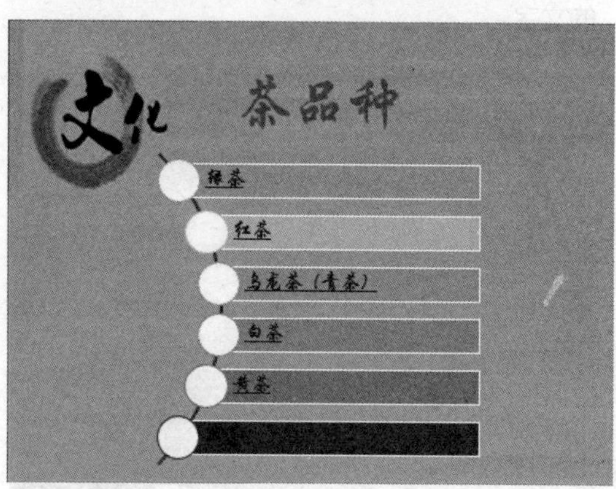

18.2.5 添加切换效果和动画效果

❶ 选择要设置切换效果的幻灯片，这里选择第一张幻灯片。

❷ 单击【切换】选项卡下【切换到此幻灯片】选项组中的【其他】按钮，在弹出的下拉列表中选择【华丽型】下的【翻转】切换效果，即可自动预览该效果。

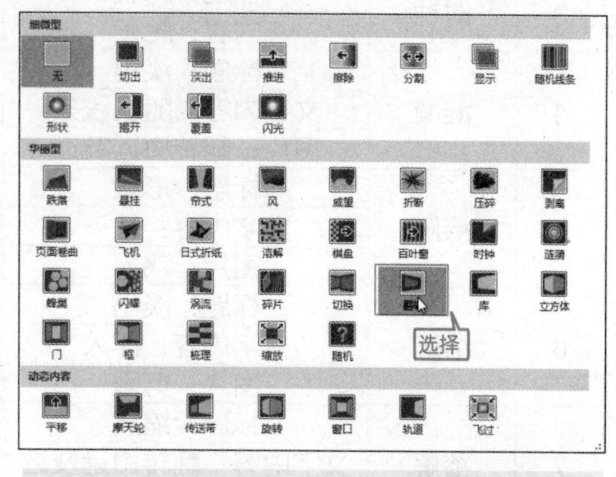

❸ 在【切换】选项卡下【计时】选项组中【持续时间】微调框中设置【持续时间】为“1.5秒”。

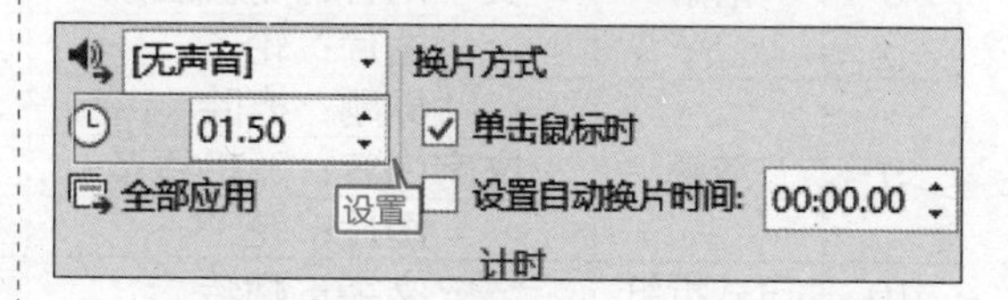

❹ 选择第一张幻灯片中要创建进入动画效果的文字。

❺ 单击【动画】选项卡【动画】组中的【其他】按钮▾，弹出如下图所示的下拉列表。在【进入】区域中选择【浮入】选项，创建进入动画效果。

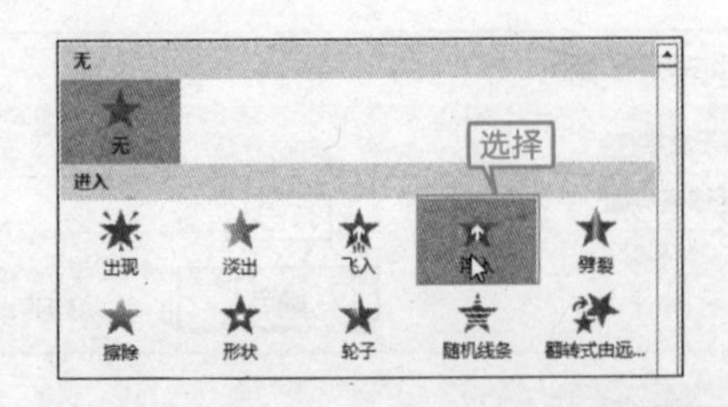

❻ 添加动画效果后，单击【动画】选项组中的【效果选项】按钮，在弹出的下拉列表中选择【下浮】选项。在【动画】选项卡的【计时】选项组中设置【开始】为“与上一动画同时”，设置【持续时间】为“02.00”，延迟“0.25”秒。

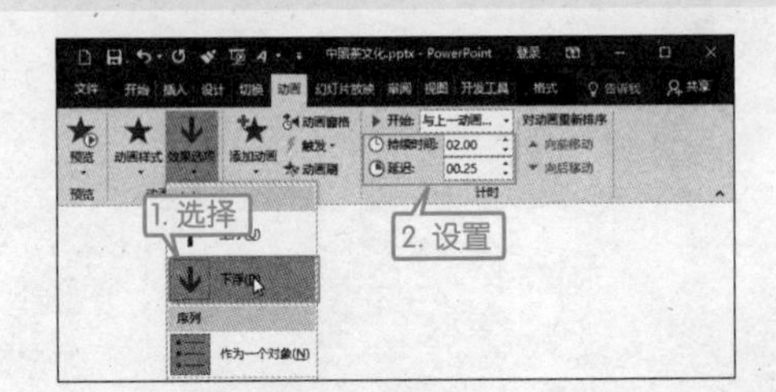

❼ 参照步骤❶~❻为其他幻灯片页面添加切换效果和动画效果。

序号	切换方式	动画效果	开始方式	持续时间
1	翻转	标题：浮入	与上一动画同时	2秒
2	剥离	标题：擦除	与上一动画同时	1.5秒
		内容：随机线条	上一动画之后	2秒
3	时钟	标题：劈裂	与上一动画同时	1.5秒
		内容：轮子	上一动画之后	2秒
4	涟漪	标题：淡出	与上一动画同时	1.5秒
		文字内容：随机线条	上一动画之后	2秒
		图片：翻转由远及近	上一动画之后	1.5秒
5	溶解	标题：形状	与上一动画同时	1.5秒
		文字内容：轮子	上一动画之后	2秒
		图片：飞入	上一动画之后	1.5秒
6	溶解	标题：淡出	与上一动画同时	1.5秒
		文字内容：浮入	上一动画之后	2秒
		图片：劈裂	上一动画之后	1.5秒
7	溶解	标题：缩放	与上一动画同时	1.5秒
		文字内容：翻转由远及近	上一动画之后	2秒
		图片：形状	上一动画之后	1.5秒
8	溶解	标题：淡出	与上一动画同时	1.5秒
		文字内容：随机线条	上一动画之后	2秒
		图片：轮子	上一动画之后	1.5秒
9	溶解	标题：擦除	与上一动画同时	1.5秒
		文字内容：随机线条	上一动画之后	2秒
		图片：轮子	上一动画之后	1.5秒
10	日式折纸	文字：翻转	与上一动画同时	3秒

至此，就完成了中国茶文化幻灯片的制作。

18.3 制作花语集 PPT

本节视频教学录像：55 分钟

不同的鲜花代表不同的意义，花语集类幻灯片主要用于展示富有小资情调的内容，在生活性网站及产品中有广泛的应用。花语集幻灯片完成后效果如下。

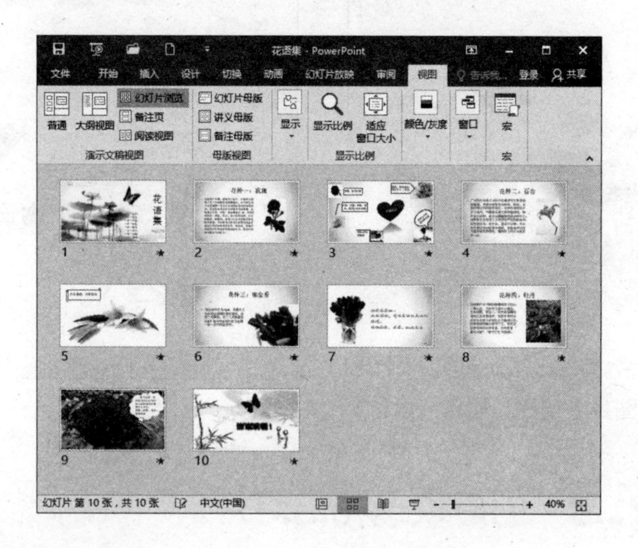

18.3.1 完善首页和结束页幻灯片

在创建花语集幻灯片前，首先对素材文件中的首页幻灯片进行完善，具体操作步骤如下。

❶ 单击打开随书光盘中的“素材 \ch18\ 花语集 .pptx”文件，并选择第一张幻灯片。

❷ 单击【插入】选项卡下【图像】选项组中的【图片】按钮。

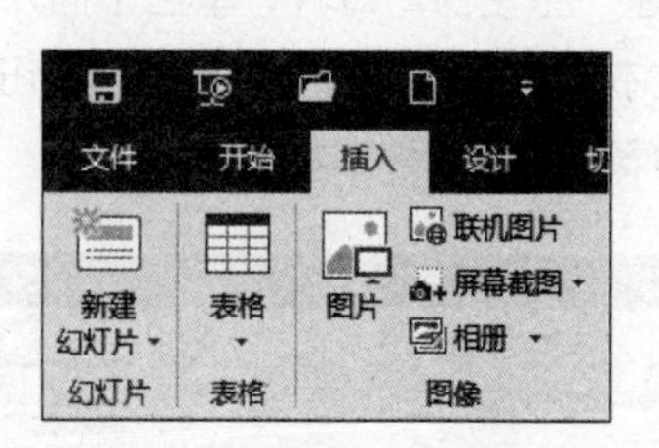

❸ 在弹出的【插入图片】对话框中选择“素材 \ch18\ 蝴蝶 1.gif”文件，单击【插入】按钮。

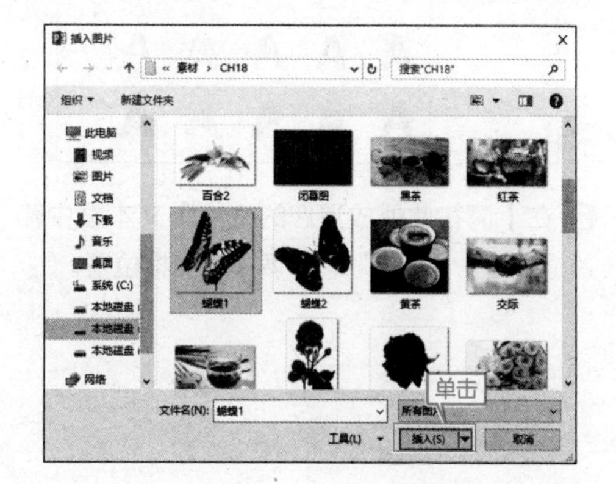

❹ 插入图片后如下图所示。

❺ 选择第二张幻灯片，单击【插入】选项卡【图像】选项组中的【图片】按钮，插入“素材\ch18\蝴蝶 2.gif”，调整大小和位置，效果如图所示。

18.3.2 创建玫瑰花幻灯片

玫瑰花幻灯片一共有两张，一张是对玫瑰花的简介，另一张是创建玫瑰花花语幻灯片。

1. 创建玫瑰花简介

❶ 新建一张空白幻灯片，单击【插入】选项卡【文本】选项组中的【艺术字】按钮，在弹出的列表中选择一种艺术字。

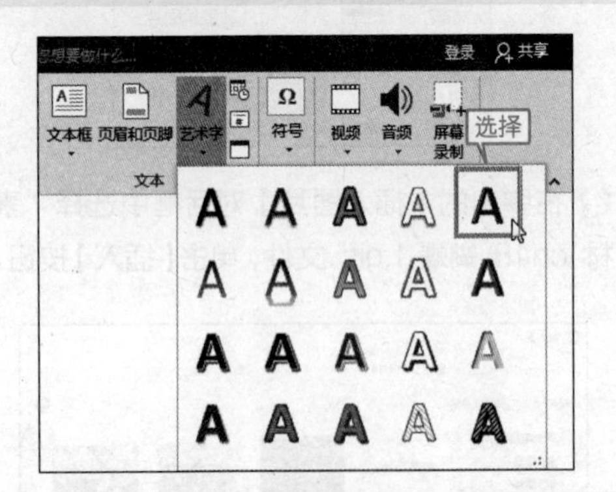

❷ 在【请在此处放置您的文字】文本框中输入“花种一：玫瑰”，并调整文本框位置。

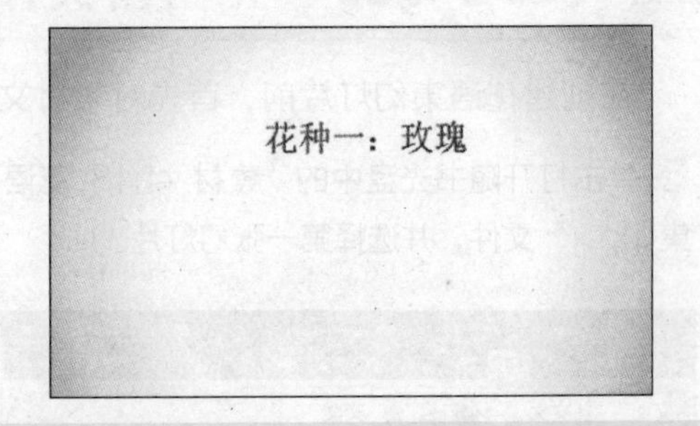

❸ 插入一横排文本框后，输入玫瑰简介，如下图所示。

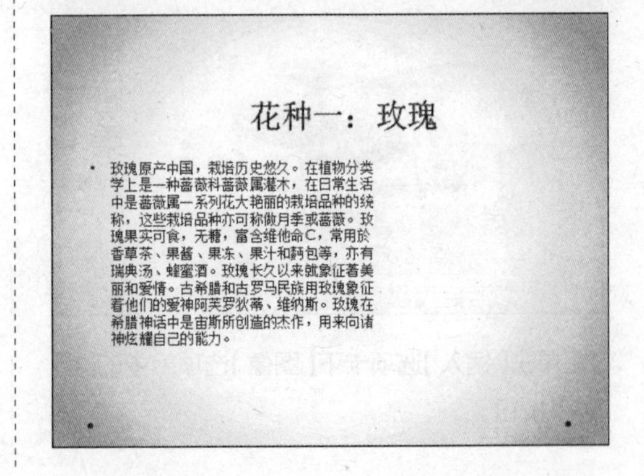

❹ 单击【插入】选项卡【图像】选项组中的【图片】按钮，在弹出的【插入图片】对话框中插入“素材 \ch18\ 玫瑰 1.jpg”文件。

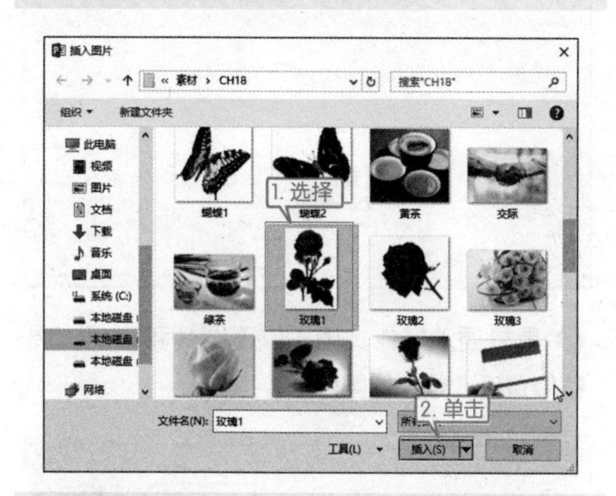

❺ 调整图片大小和位置后，效果如图所示。

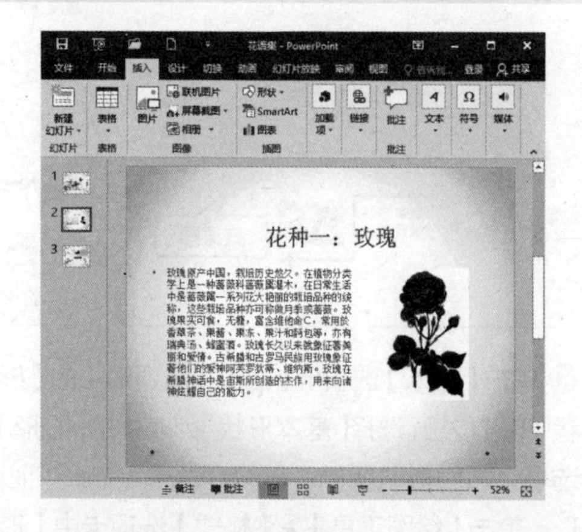

2. 创建玫瑰花花语幻灯片

❶ 新建一张空白幻灯片，单击【插入】选项卡【图像】选项组中的【图片】按钮，插入“素材 \ch18\ 玫瑰 2.jpg”文件。调整图片大小和位置后，如图所示。

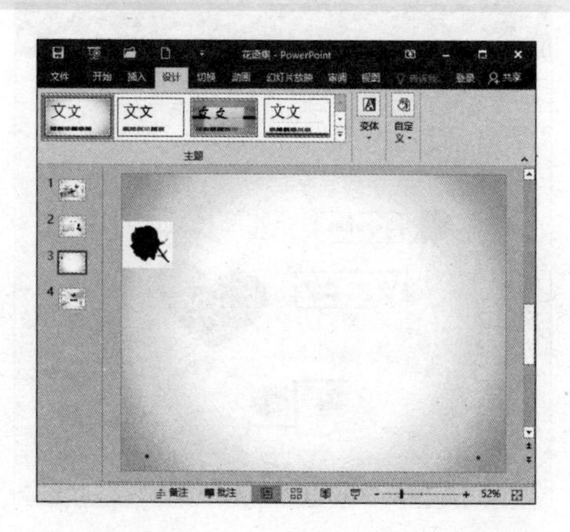

❷ 单击【插入】选项卡【插入】选项组中的【形状】下拉按钮，选择【矩形】列表中的【对角圆角矩形】选项，然后拖动鼠标绘制一个对角圆角矩形。

❸ 单击【绘图工具】➤【格式】选项卡中【形状样式】选项组中的【其他】按钮，在弹出的列表中单击选择一种样式。

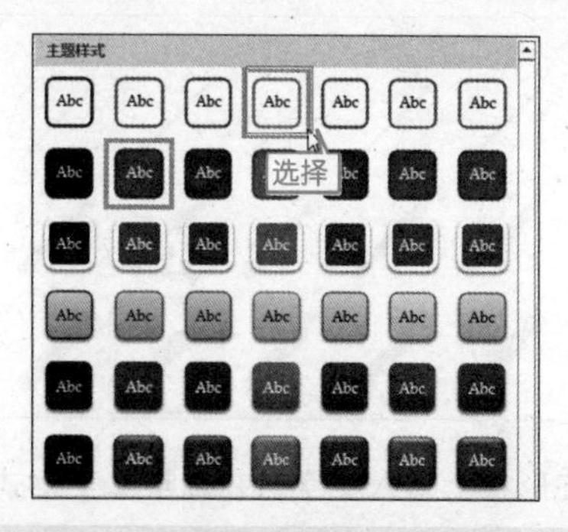

❹ 在插入的形状上单击鼠标右键，在弹出的快捷菜单中选择【编辑文字】菜单命令。在形状中输入文字，设置文字样式，调整形状大小和位置后，效果如图所示。

❺ 单击【插入】选项卡【插图】选项组中的【形状】下拉按钮，选择【线条】列表中的【肘形

箭头连接符】选项，然后拖动鼠标绘制一个肘形箭头连接符。

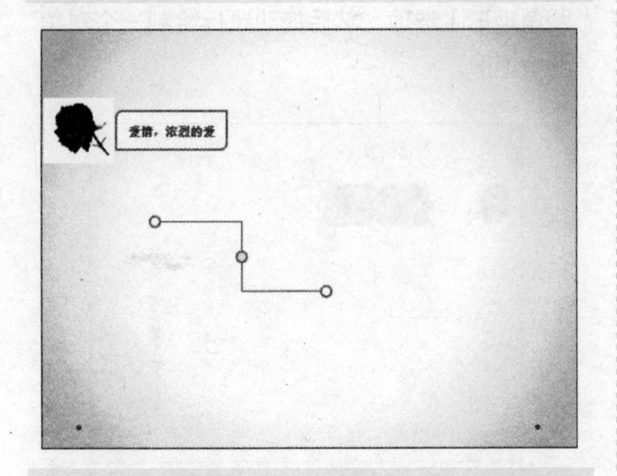

❻ 单击【绘图工具】➤【格式】选项卡中【形状样式】选项组中的【其他】按钮，在弹出的列表中单击选择一种样式。

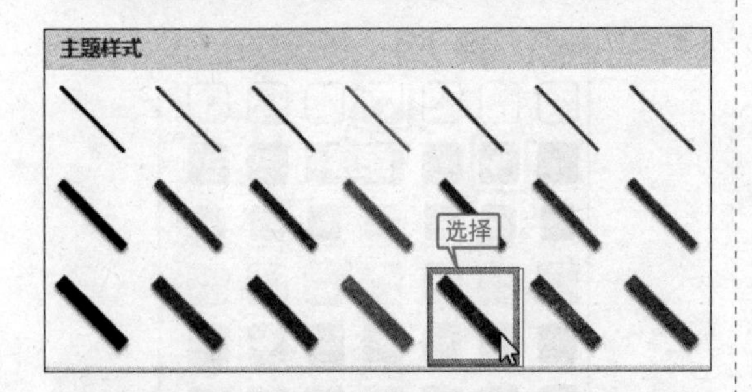

❼ 在形状上输入文字，并调整文字格式、形状大小和位置后，效果如图所示。

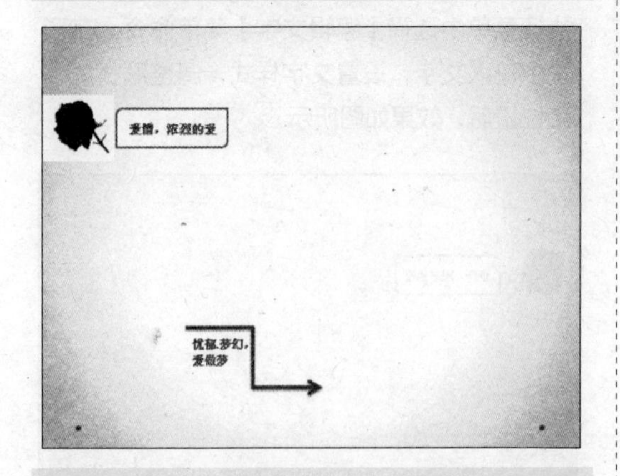

❽ 单击【插入】选项卡【图像】选项组中的【图片】按钮，插入“素材\ch18\玫瑰5.jpg”文件。调整图片大小和位置后，效果如图所示。

❾ 重复插入操作，插入以下图片和形状，调整位置后，效果如图所示。

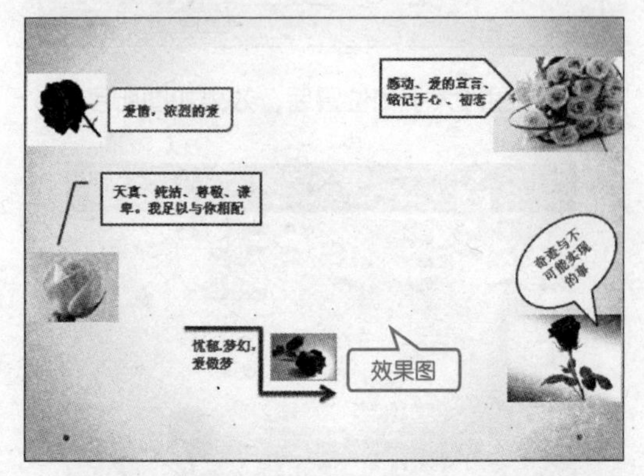

❿ 单击【插入】选项卡【插图】选项组中的【形状】下拉按钮，选择【基本形状】列表中的【心形】选项，然后拖动鼠标，在幻灯片中绘制一个心形。单击【绘图工具】➤【格式】选项卡中【形状样式】选项组中的【其他】按钮，在弹出的列表中单击选择一种样式。最后单击【形状样式】选项组中的【形状效果】下拉按钮，在弹出的列表中设置形状效果。

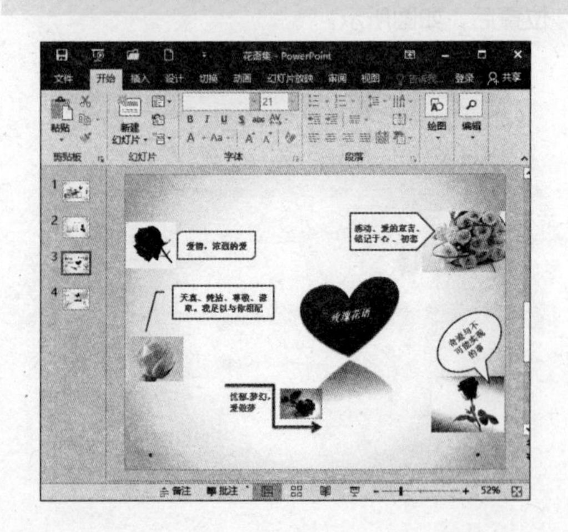

18.3.3 创建百合花幻灯片

百合花幻灯片一共有两张，一张是对百合花的简介，另一张是创建百合花花语幻灯片。

1. 创建百合花简介

❶ 新建一张空白幻灯片，单击【插入】选项卡【文本】选项组中的【艺术字】按钮，在弹出的列表中选择一种艺术字。

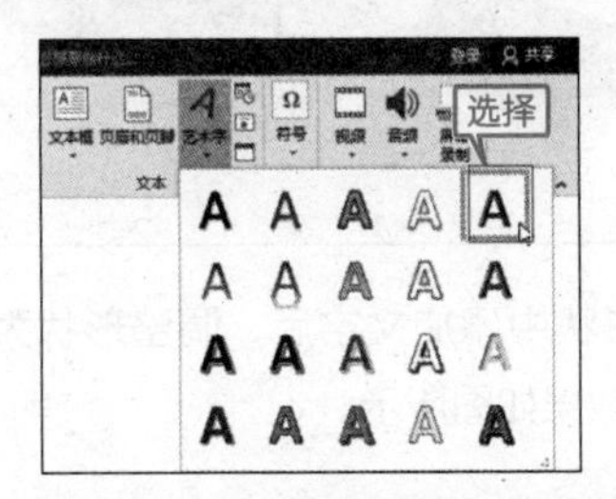

❷ 在【请在此处放置您的文字】文本框中输入“花种二：百合”，并调整文本框位置。

❸ 插入一横排文本框后，输入百合简介，如下图所示。

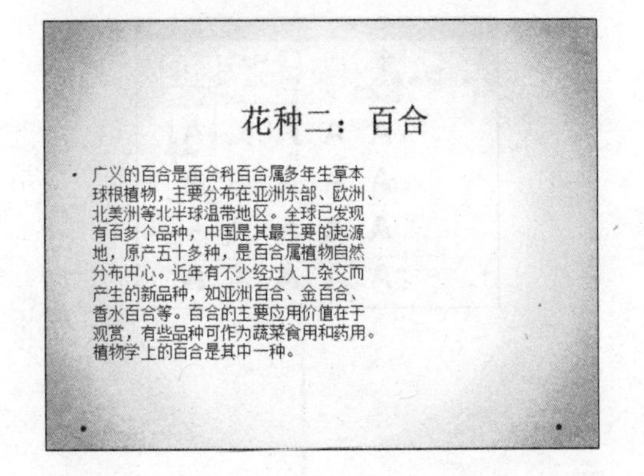

❹ 单击【插入】选项卡【图像】选项组中的【图片】按钮，在弹出的【插入图片】对话框中插入“素材 \ch18\ 百合 1.jpg”文件。

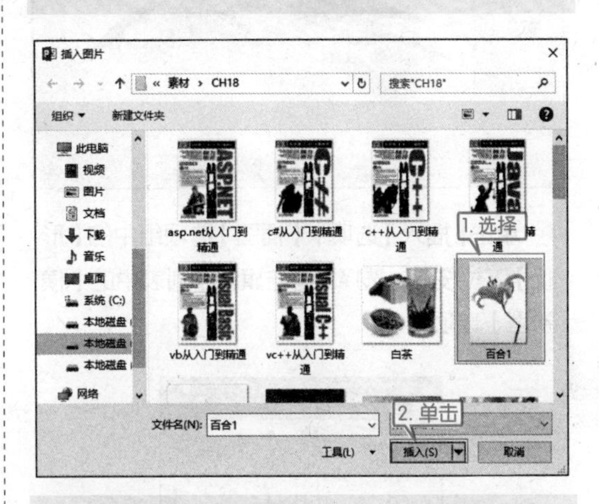

❺ 调整图片大小和位置后，效果如图所示。

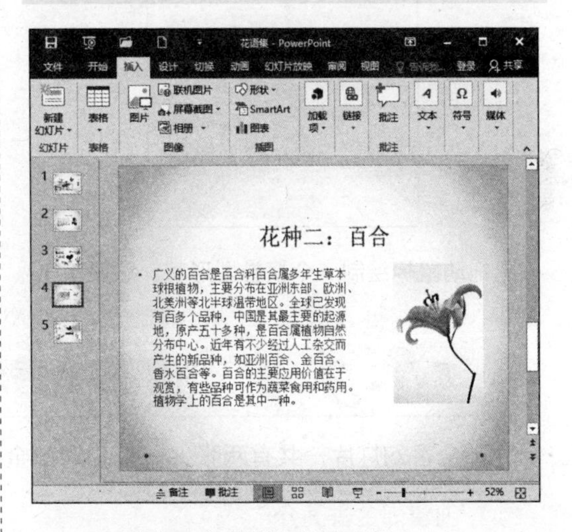

2. 创建百合花花语幻灯片

❶ 新建一张空白幻灯片，单击【插入】选项卡【图像】选项组中的【图片】按钮，插入“素材 \ch18\ 百合 2.jpg”文件。调整图片大小和位置后，如图所示。

❷ 单击【插入】选项卡【插图】选项组中的【形状】下拉按钮，选择【星与旗帜】列表中的【横卷型】选项。

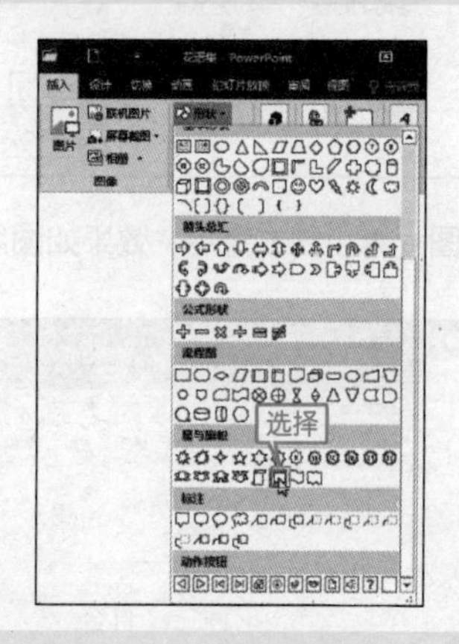

❸ 拖动鼠标绘制一个横卷型形状。然后单击【绘图工具】➤【格式】选项卡中【形状样式】选项组中的【其他】按钮，在弹出的列表中单击选择一种样式。

❹ 在形状中添加文字后，调整形状大小和位置后，效果如图所示。

18.3.4 创建郁金香幻灯片

郁金香幻灯片一共有两张，一张是对郁金香的简介，另一张是创建郁金香花语幻灯片。

1. 创建郁金香简介

❶ 新建一张空白幻灯片，单击【插入】选项卡【文本】选项组中的【艺术字】按钮，在弹出的列表中选择一种艺术字。

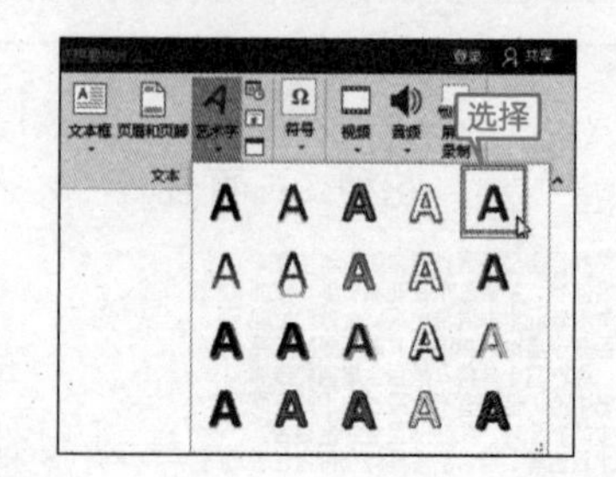

❷ 在【请在此处放置您的文字】文本框中输入“花种三：郁金香”，并调整文本框位置。

❸ 插入一横排文本框后，输入郁金香简介，如下图所示。

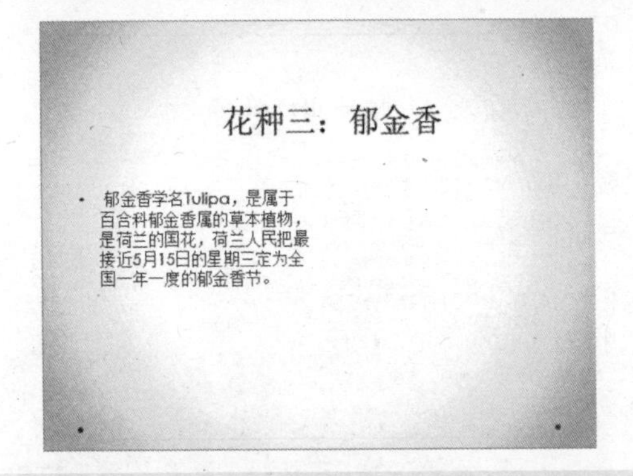

❹ 单击【插入】选项卡【图像】选项组中的【图片】按钮，在弹出的【插入图片】对话框中插入“素材\ch18\郁金香 1.jpg”文件。

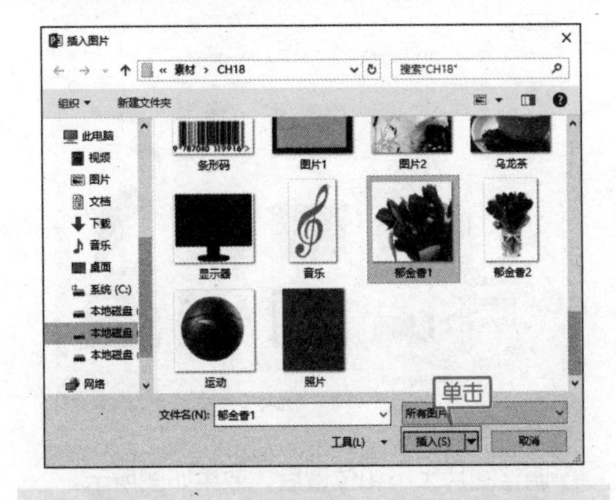

❺ 调整图片大小和位置后，效果如图所示。

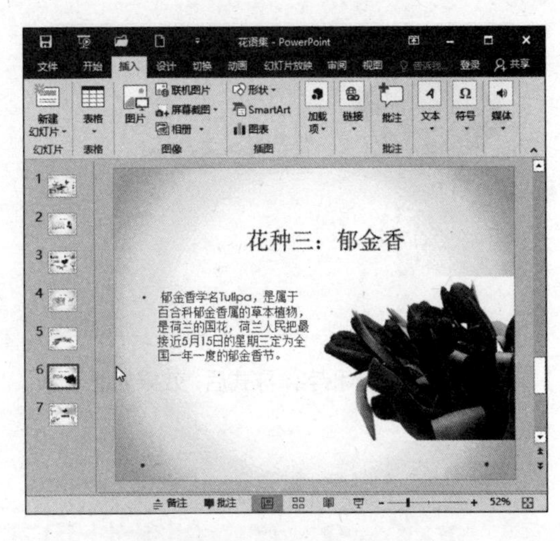

2. 创建郁金香花语幻灯片

❶ 新建一张空白幻灯片，单击【插入】选项卡【图像】选项组中的【图片】按钮，插入“素材\ch18\郁金香 2.jpg”文件。调整图片大小和位置后，如图所示。

❷ 单击【插入】选项卡【文本】选项组中的【文本框】选项中的【横排文本框】。

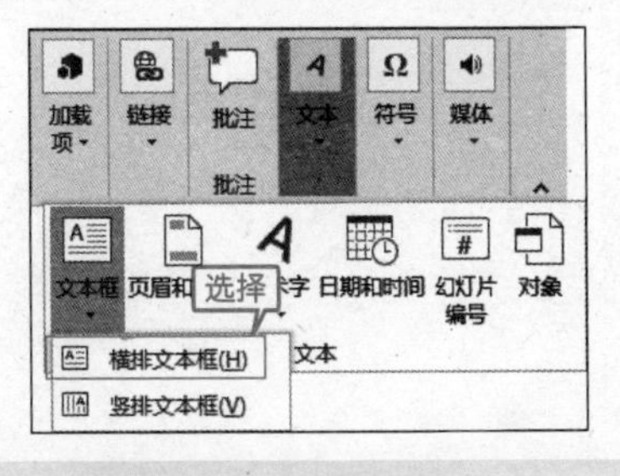

❸ 在文本框中输入郁金香花语。

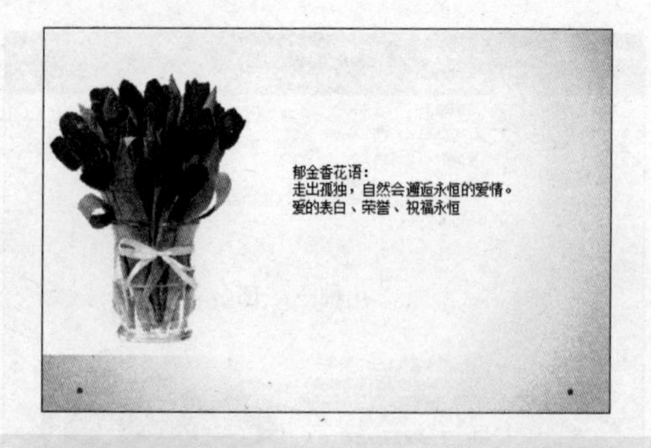

❹ 设置字体大小和字体样式后，效果如图所示。

18.3.5 创建牡丹花幻灯片

牡丹花幻灯片一共有两张，一张是对牡丹花的简介，另一张是创建牡丹花花语幻灯片。

1. 创建牡丹花简介

❶ 新建一张空白幻灯片，单击【插入】选项卡【文本】选项组中的【艺术字】按钮，在弹出的列表中选择一种艺术字。

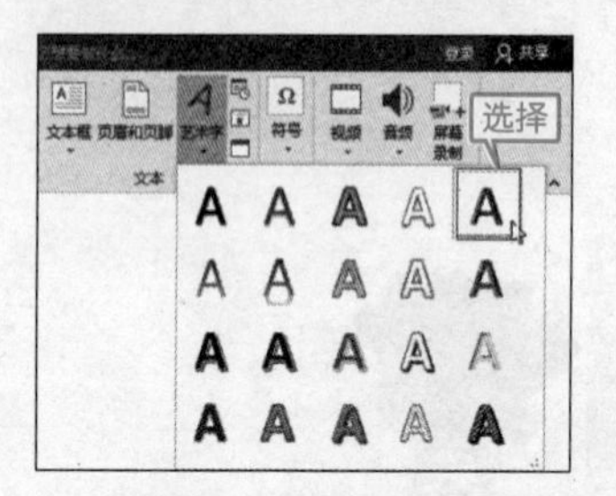

❷ 在【请在此处放置您的文字】文本框中输入“花种四：牡丹”，并调整文本框位置。

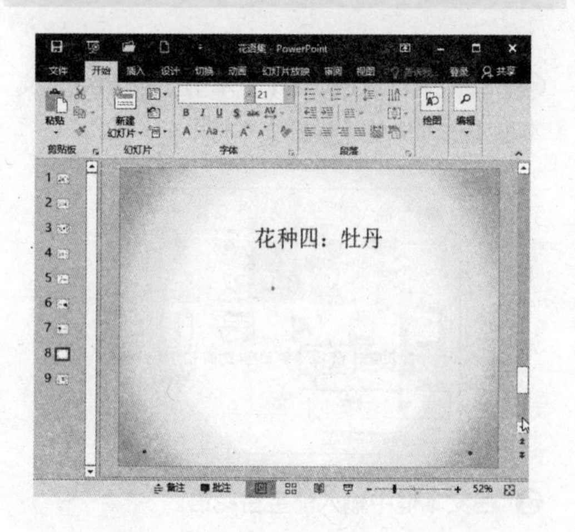

❸ 插入一横排文本框后，输入牡丹花简介，如下图所示。

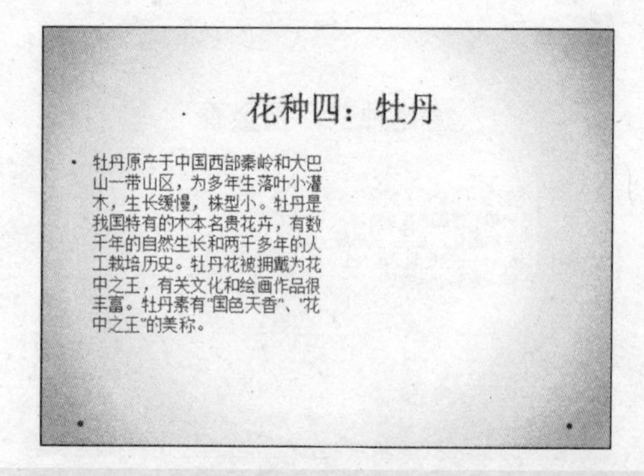

❹ 单击【插入】选项卡【图像】选项组中的【图片】按钮，在弹出的【插入图片】对话框中插入“素材\ch18\牡丹1.jpg”文件。

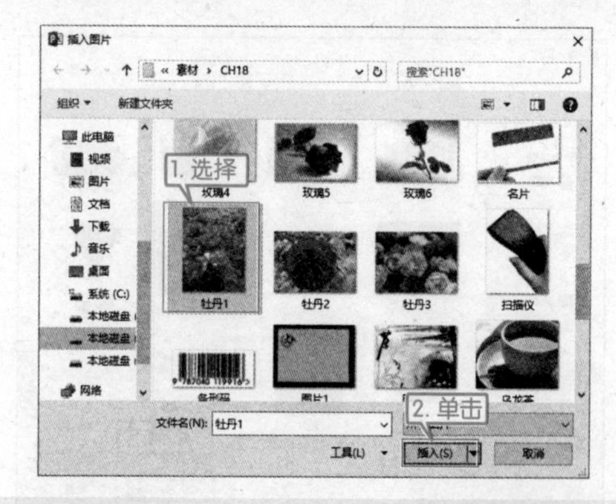

❺ 调整图片大小和位置后，效果如图所示。

2. 创建牡丹花花语幻灯片

❶ 新建一张空白幻灯片，单击【插入】选项卡【图像】选项组中的【图片】按钮，插入“素材\ch18\牡丹 2.jpg”文件。调整图片大小和位置后，如图所示。

❷ 单击【绘图工具】➢【格式】选项卡中【调整】选项组中的【艺术效果】下拉按钮，在弹出的列表中选择【混凝土】选项。

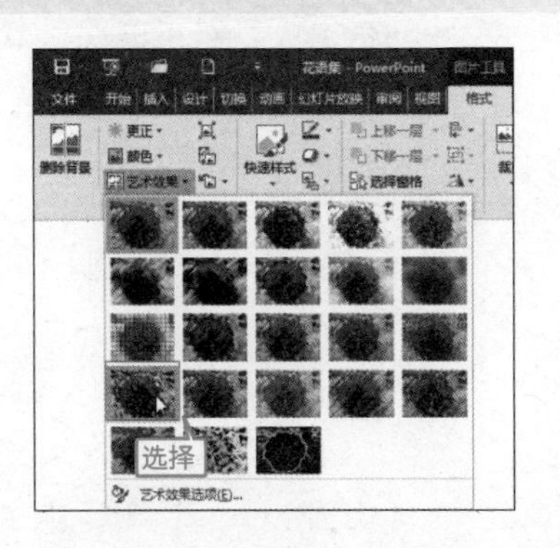

❸ 改变图片的艺术效果后如下图所示。

❹ 单击【插入】选项卡【插图】选项组中的【形状】下拉列表中选择【云形标注】选项，绘制一个云形标注，如图所示。

❺ 在柱形图中添加牡丹花的花语内容后，设置文字字体样式，然后调整标注图大小和位置后，效果如图所示。

18.3.6 添加动画效果和切换效果

所有幻灯片创建完成后，最后我们来给创建的幻灯片添加动画效果和切换效果。

❶ 切换到第一张幻灯片中，然后选中“花语集”文本框，单击【动画】选项卡【动画】选项组中的【其他】按钮，在弹出动画效果列表中选择【进入】列表中的【浮入】选项。

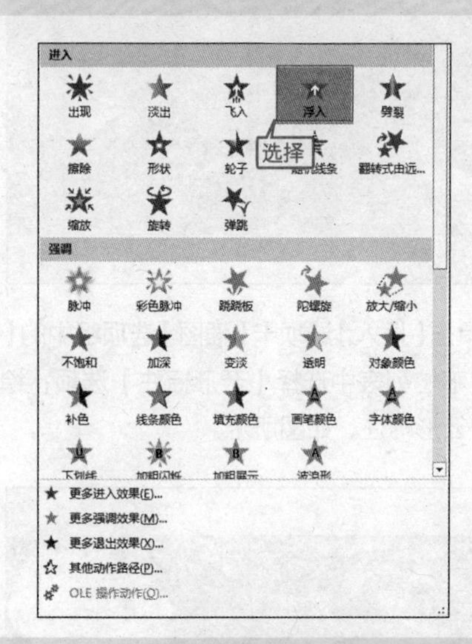

❷ 使用同样方法，为幻灯片中所有元素添加动画效果。

❸ 选择第一张幻灯片，单击【切换】选项卡【切换到此幻灯片】选项组中的【其他】按钮，在弹出的切换效果列表中选择一种，例如，这里选择“推进”，单击即可将其应用到幻灯片上。

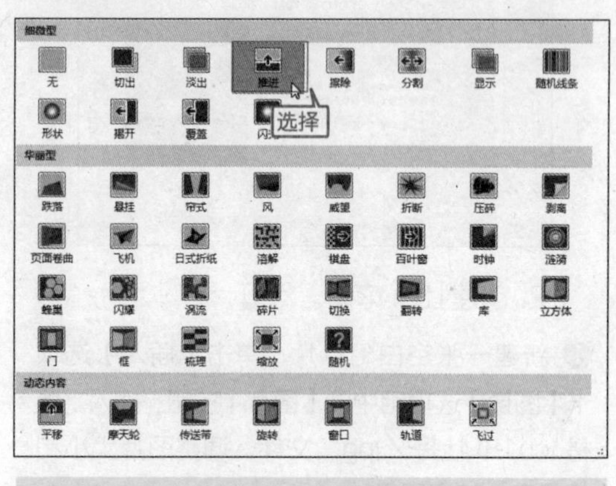

❹ 依次为其他幻灯片设置切换效果，设置后单击【保存】按钮即可。

第 6 篇

高手秘籍篇

第 19 章 PowerPoint 的共享与安全

第 20 章 PowerPoint 2016 与其他 Office 组件的协同应用

第 21 章 PowerPoint 的跨平台应用

第 22 章 PowerPoint 的帮手

第 23 章 快速设计 PPT 中元素的秘籍

第 24 章 VBA 在 PowerPoint 2016 中的应用

第 19 章

PowerPoint 的共享与安全

本章视频教学录像：19 分钟

高手指引

本章主要介绍 PowerPoint 的共享、保护和取消保护等内容，使用户能够更深一步地了解 PowerPoint 的应用，掌握 PowerPoint 的共享技巧，并学会通过 PowerPoint 的安全设置来保护文档。

重点导读

- 掌握 PowerPoint 的共享方法
- 掌握 PowerPoint 的保护方法
- 了解取消保护的方法

19.1 文件共享

本节视频教学录像：7 分钟

用户可以将 PowerPoint 文件存放在网络或其他存储设备中，便于其他用户更方便地查看和编辑演示文稿。

19.1.1 保存到云端 OneDrive

Windows OneDrive 是由微软公司推出的一项云存储服务，用户可以通过自己的 Windows Live 账户进行登录，上传自己的图片、文档等到 OneDrive 中进行存储。无论身在何处，用户都可以访问 OneDrive 上的所有内容。将文档保存到云端 OneDrive 的具体操作步骤如下。

❶ 打开随书光盘中的“素材 \ch19\ 销售报告 .pptx”文件。单击【文件】选项卡，在打开的列表中选择【另存为】选项，选择【OneDrive】选项，单击【登录】按钮。

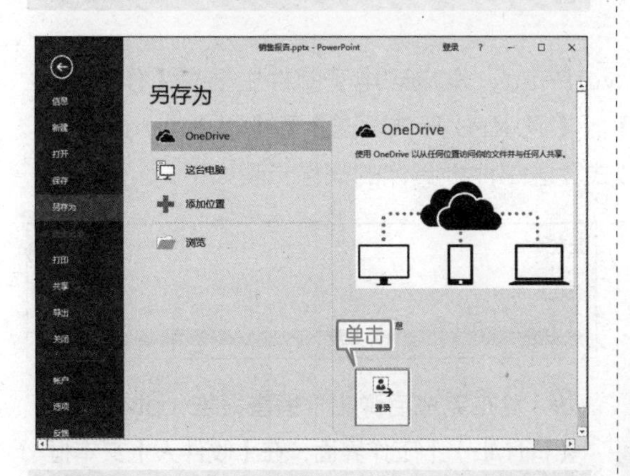

❷ 弹出【登录】对话框，输入账户的电子邮箱地址，单击【下一步】按钮。

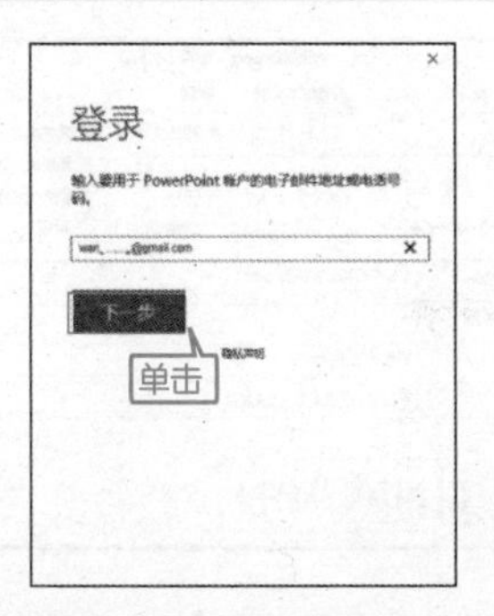

❸ 在弹出【登录】对话框中输入电子邮箱地址和密码，单击【登录】按钮。

❹ 即可登录账号，在 Excel 的右上角显示登录的账号名，在【另存为】区域选择【KK zhou 的 OneDrive】选项，单击【浏览】按钮。

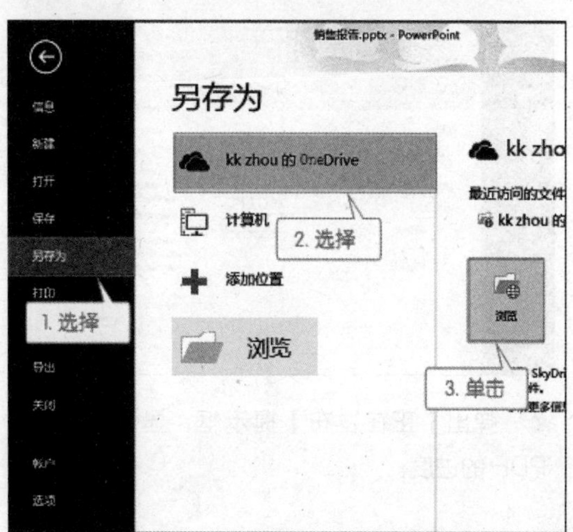

❺ 弹出【另存为】对话框，在对话框中选择文件要保存的位置。返回 PowerPoint 界面，在界面下方显示“正在上载到 OneDrive”字样。上载完毕后即可将文档保存到 OneDrive 中。

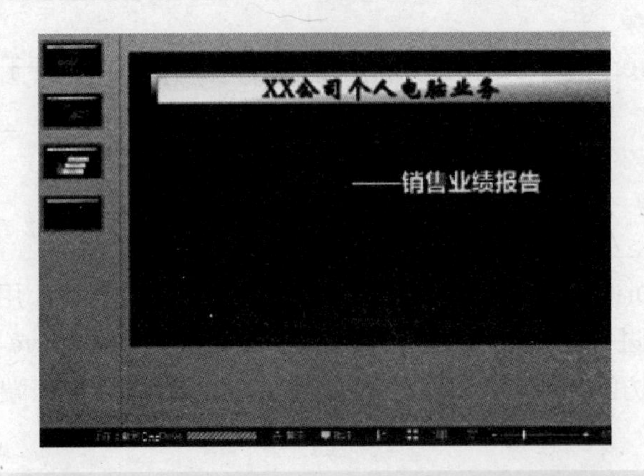

❻ 在另一台电脑上可以登录到 OneDrive 网站，单击【文档】选项，即可查看上传到 OneDrive 的文档，单击需要打开的文件，即可打开演示文稿。

19.1.2 电子邮件

可以通过发送到电子邮件的方式共享 PowerPoint，发送到电子邮件主要有【作为附件发送】、【发送链接】、【以 PDF 形式发送】、【以 XPS 形式发送】和【以 Internet 传真形式发送】5 种形式。本节主要介绍以 PDF 形式发送邮件，具体的操作步骤如下。

❶ 打开随书光盘中的“素材 \ch19\ 销售报告 .pptx”文件。单击【文件】选项卡。选择【共享】选项，在【共享】区域选择【电子邮件】选项，然后单击【以 PDF 形式发送】按钮。

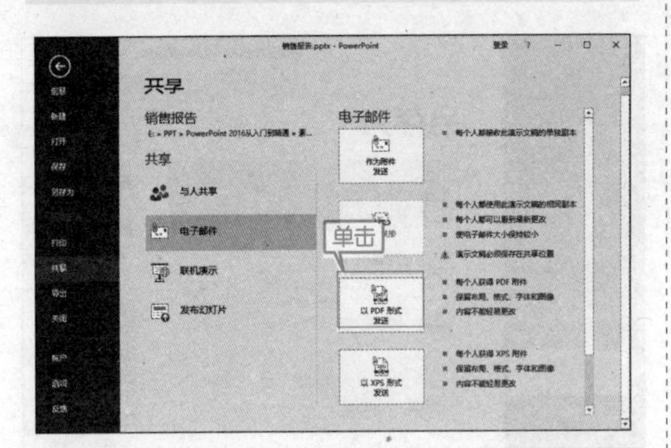

❷ 弹出【正在发布】提示框，显示发布为 PDF 的进度。

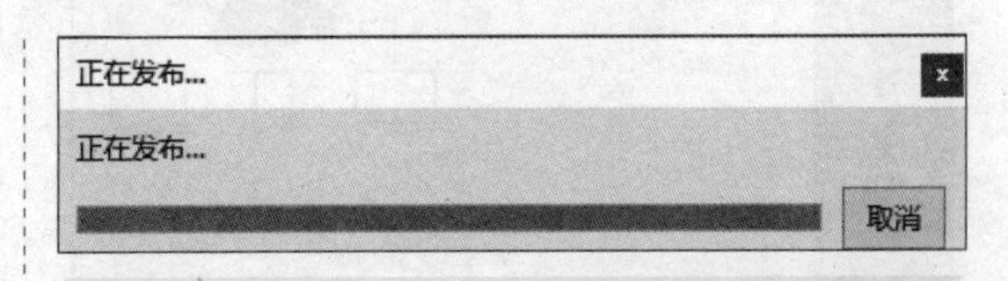

❸ 发布完成后弹出【销售报告 .pptx- 邮件（HTML）】工作界面，在【收件人】文本框中输入收件人的邮箱，单击【发送】按钮即可将文档作为附件发送。

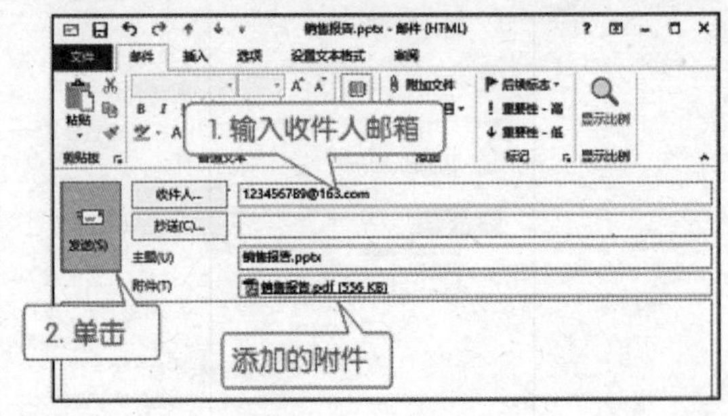

19.1.3 向存储设备中传输

用户还可以将 PowerPoint 文档传输到存储设备中，具体的操作步骤如下。

❶ 将存储设备 U 盘插入电脑的 USB 接口中，然后打开随书光盘中的“素材 \ch19\ 销售报告 .pptx”文件。

❷ 单击【文件】选项卡，在打开的列表中选择【另存为】选项，然后单击【浏览】按钮。

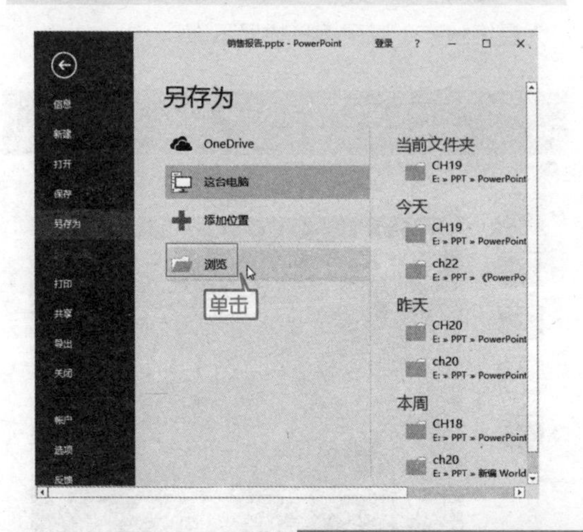

❸ 弹出【另存为】对话框，选择 U 盘盘符，单击【保存】按钮。

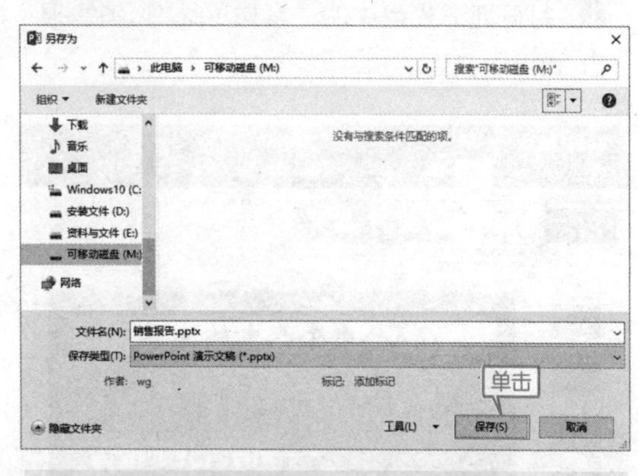

❹ 打开存储设备，即可看到保存的文档。

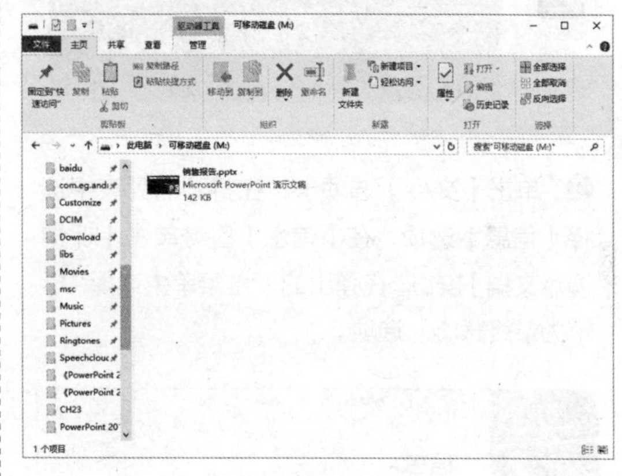

19.2 演示文稿的保护

本节视频教学录像：8 分钟

如果用户不想制作好的文档被别人看到或修改，可以将文档保护起来。常用的保护文档的方法有标记为最终状态、用密码进行加密、限制编辑等。

19.2.1 标记为最终状态

“标记为最终状态”命令可将文档设置为只读，以防止审阅者或读者无意中更改文档。在将文档标记为最终状态后，键入、编辑命令及校对标记都会被禁用或关闭，文档的“状态”属性会设置为“最终”。具体操作步骤如下。

❶ 打开随书光盘中的“素材 \ch19\ 销售报告 .pptx”文件。

❷ 单击【文件】选项卡，在打开的列表中选择【信息】选项，在【信息】区域单击【保护演示文稿】按钮，在弹出的下拉菜单中选择“标记为最终状态”选项。

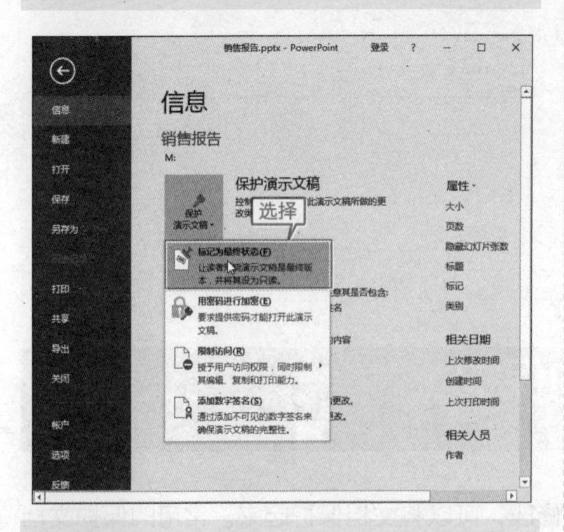

❸ 弹出【Microsoft PowerPoint】对话框，单击【确定】按钮。

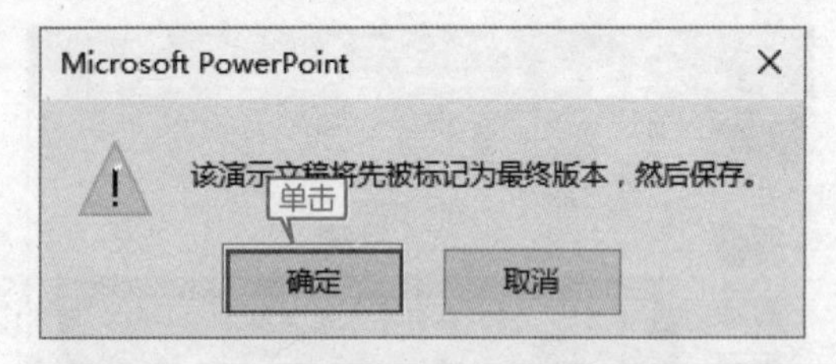

❹ 弹出【Microsoft PowerPoint】提示框，单击【确定】按钮。

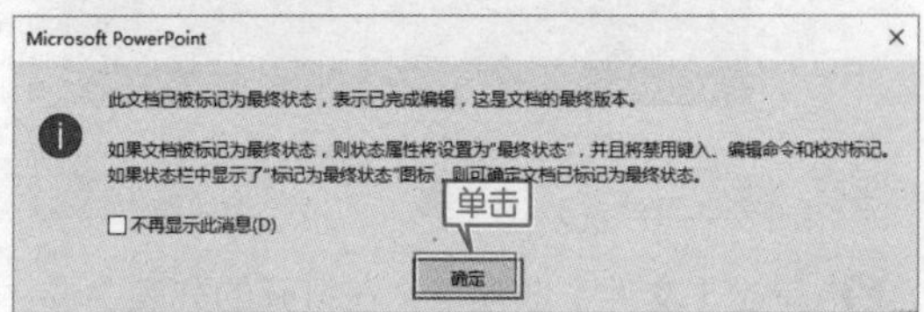

❺ 返回 PowerPoint 页面，该文档即被标记为最终状态，以只读形式显示。

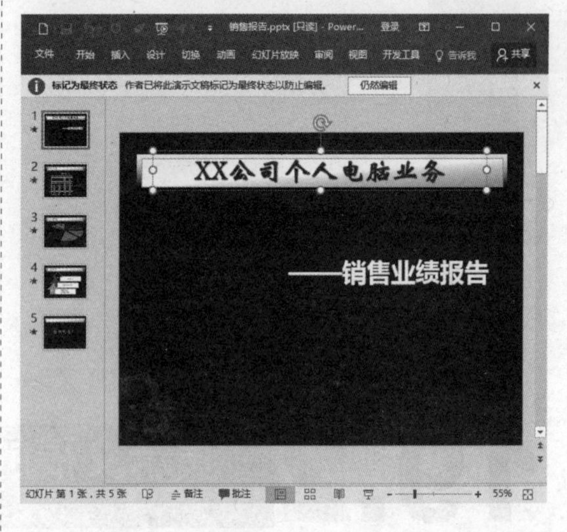

提示 单击页面上方的【仍然编辑】按钮，可以对文档进行编辑。

19.2.2 使用密码加密

在 Microsoft PowerPoint 中，可以使用密码阻止其他人打开或修改演示文稿。用密码加密的具体操作步骤如下。

❶ 打开随书光盘中的“素材 \ch19\ 销售报告 .pptx”文件。单击【文件】选项卡，在打开的列表中选择【信息】选项，在【信息】区域单击【保护演示文稿】按钮，在弹出的下拉菜单中选择“用密码进行加密”选项。

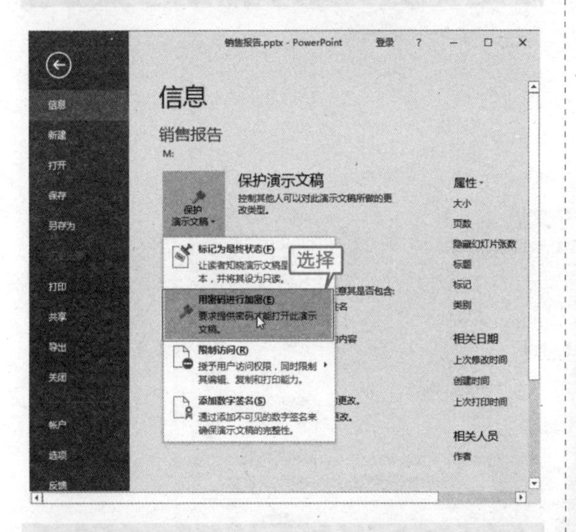

❷ 弹出【加密文档】对话框，输入密码，单击【确定】按钮。

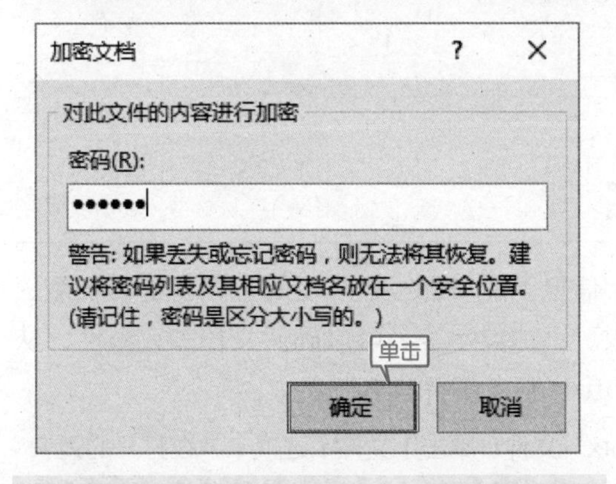

❸ 弹出【确认密码】对话框，再次输入密码，单击【确定】按钮。

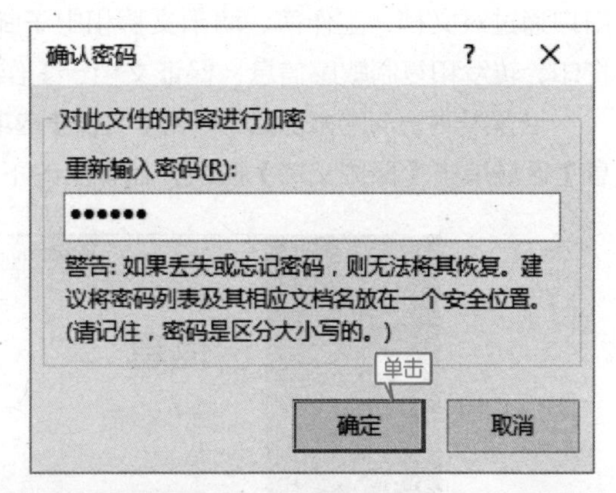

❹ 即可使用密码为文档进行加密。在【信息】区域内显示已加密。

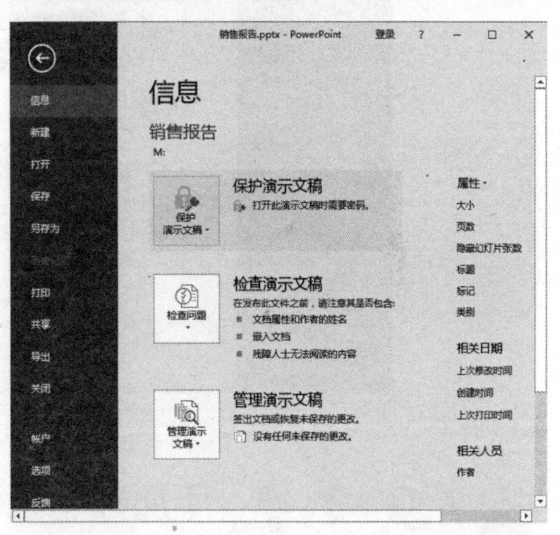

❺ 再次打开文档时，将弹出【密码】对话框，输入密码后单击【确定】按钮。

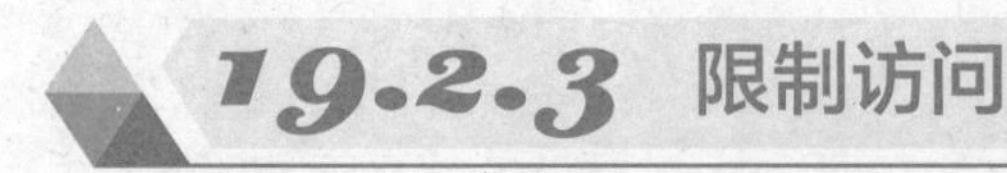

19.2.3 限制访问

限制访问是指通过使用 Microsoft PowerPoint 2016 中提供的信息权限管理（IRM）来限制对文档、工作簿和演示文稿中的内容的访问权限，同时限制其编辑、复制和打印能力。用户通过对文档、工作簿、演示文稿和电子邮件等设置访问权限，可以防止未经授权的用户打印、转发和复制敏感信息，保证文档、工作簿、演示文稿等的安全。

设置限制访问的方法是：单击【文件】选项卡，在打开的列表中选择【信息】选项，在【信息】区域单击【保护文档】按钮，在弹出的下拉菜单中选择【限制访问】选项。

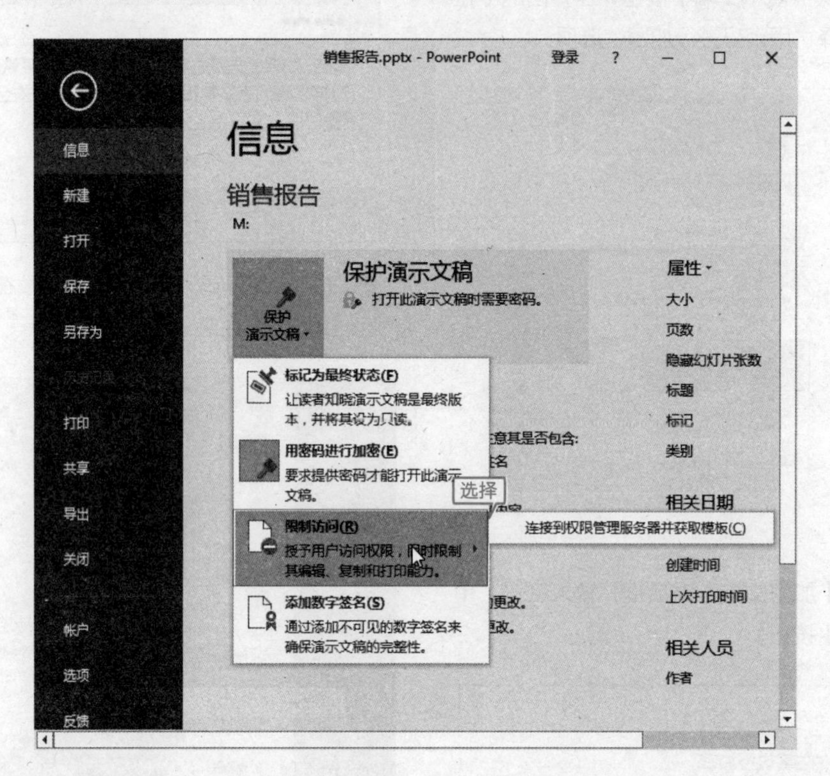

19.2.4 添加数字签名

数字签名是电子邮件、宏或电子文档等数字信息上的一种经过加密的电子身份验证戳。用于确认宏或文档来自数字签名本人且未经更改。添加数字签名可以确保文档的完整性，从而进一步保证文档的安全。用户可以在 Microsoft 官网上获得数字签名。

❶ 打开随书光盘中的“素材 \ch19\ 销售报告 .pptx”文件。单击【文件】选项卡，在打开的列表中选择【信息】选项，在【信息】区域单击【保护演示文稿】按钮，在弹出的下拉菜单中选择【添加数字签名】选项。

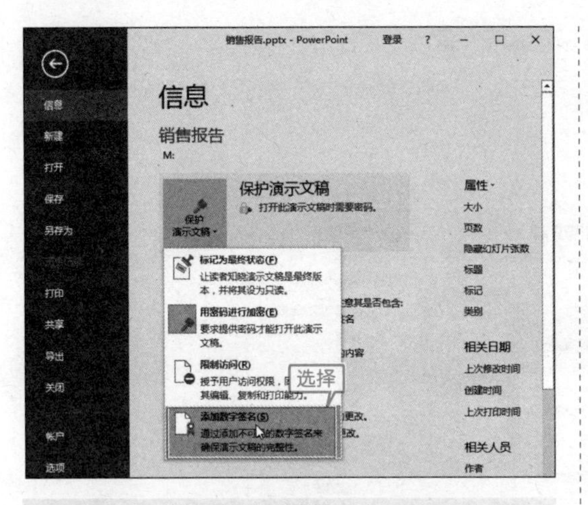

❷ 弹出【签名】对话框，在【签署此文档的目的】文本框中输入目的，单击【签名】按钮，如果要更改签名可单击【更改】按钮。

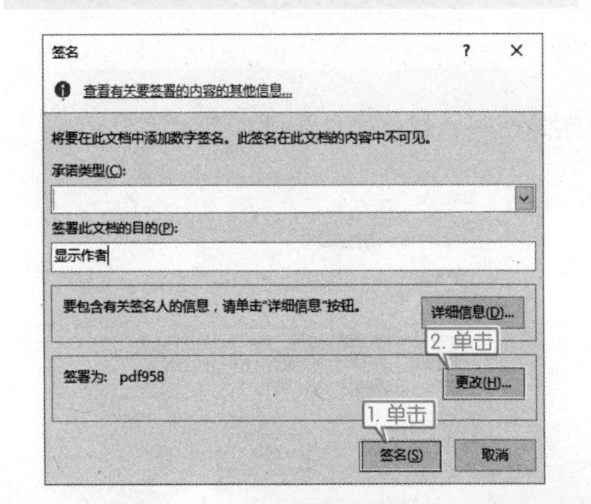

❸ 弹出【签名确认】对话框，单击【确定】按钮。

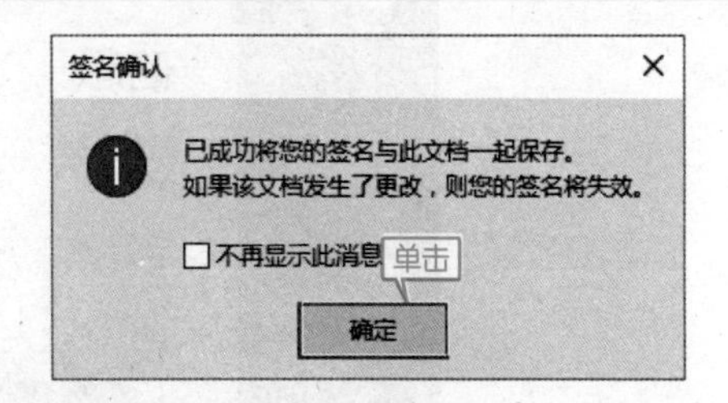

❹ 即可看到设置签名后的效果。

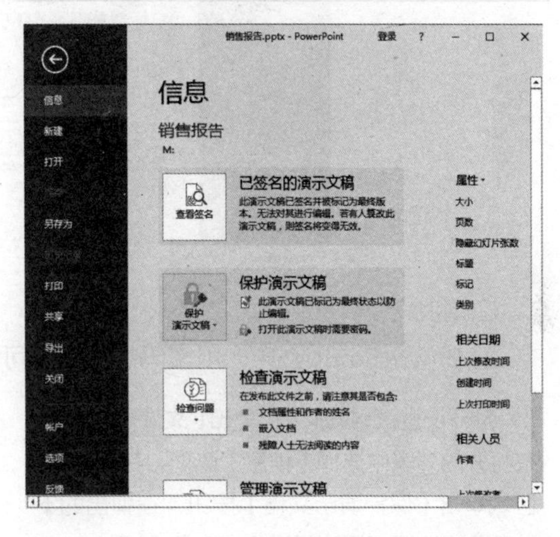

19.3 取消保护

本节视频教学录像：2 分钟

用户对演示文稿设置保护后，还可以取消保护。取消保护包括取消文件最终标记状态、删除密码等。

1. 取消文件最终标记状态

取消文件最终标记状态的方法是：打开已标记为最终状态的文档，单击【文件】选项卡，在打开的列表中选择【信息】选项，在【信息】 区域单击【保护演示文稿】按钮，在弹出的下拉菜单中选择“标记为最终状态”选项即可取消最终标记状态。

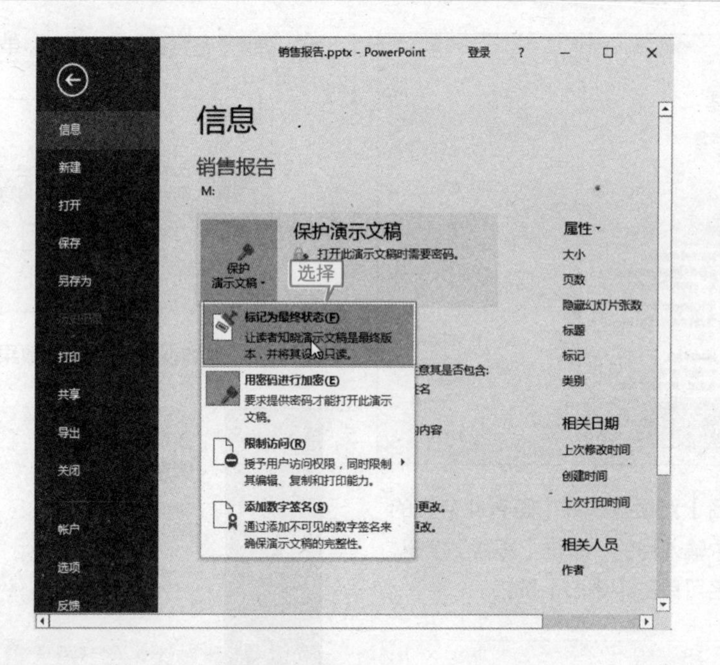

2. 删除密码

对 PowerPoint 文件使用密码加密后还可以删除密码，具体操作步骤如下。

❶ 打开设置密码的文档。单击【文件】选项卡，在打开的列表中选择【信息】选项，在【信息】区域单击【保护演示文稿】按钮，在弹出的下拉菜单中选择“用密码进行加密”选项。

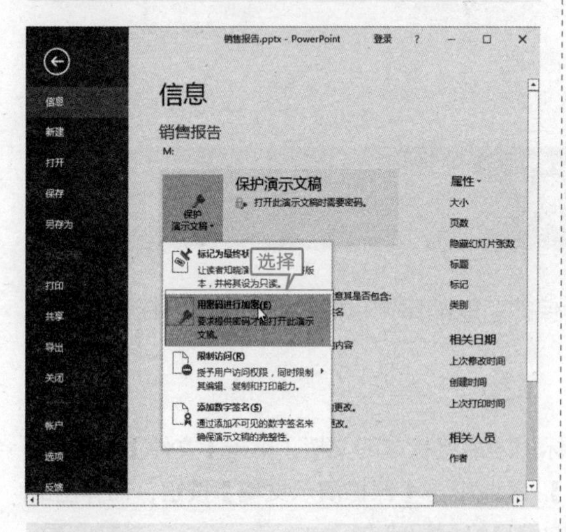

❷ 打开【加密文档】对话框，删除【密码】文本框中设置的密码，单击【确定】按钮。

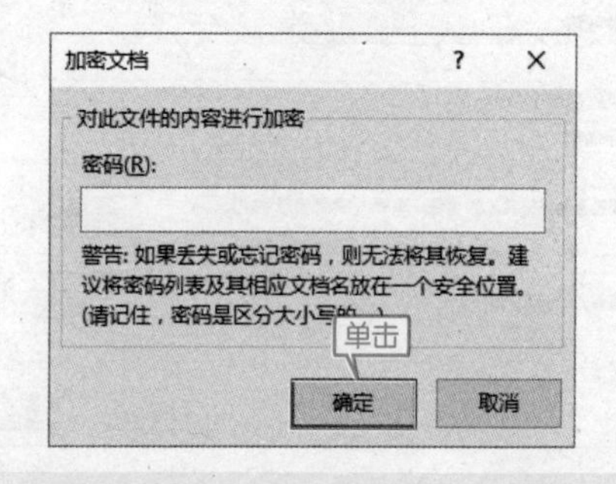

❸ 即可删除设置的密码，删除密码后显示如下图所示。

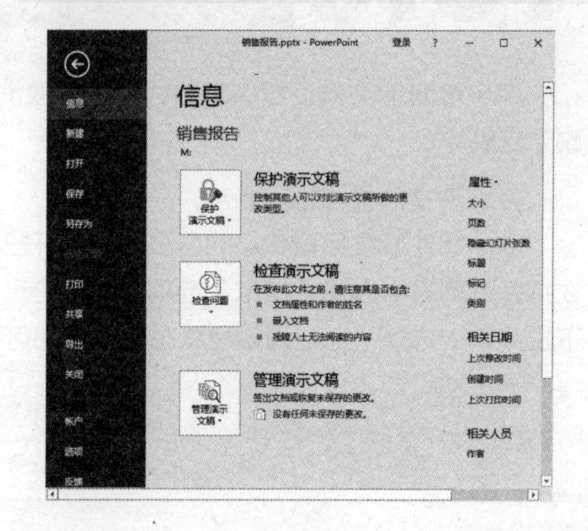

高手私房菜

本节视频教学录像：2 分钟

技巧：联机演示幻灯片

PowerPoint 2016 的联机演示幻灯片的功能，可以通过互联网联机放映幻灯片，方便其他用户查看。

❶ 打开随书光盘中的“素材 \ch19\ 销售报告 .pptx”文件。

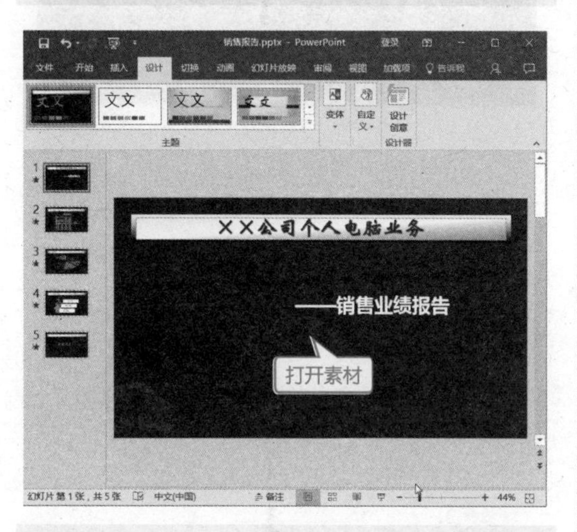

❷ 单击【文件】选项卡，在打开的列表中选择【共享】选项，在【共享】区域单击【联机演示】选项，并在右侧单击【联机演示】按钮。

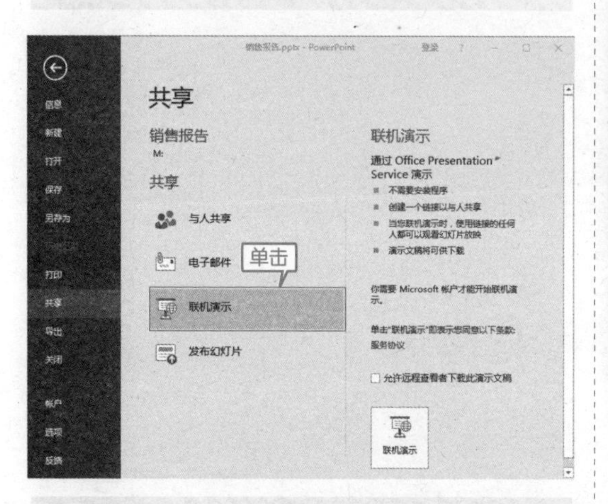

❸ 将会弹出【联机演示】对话框，并在文本框中给出链接。单击【复制链接】按钮。

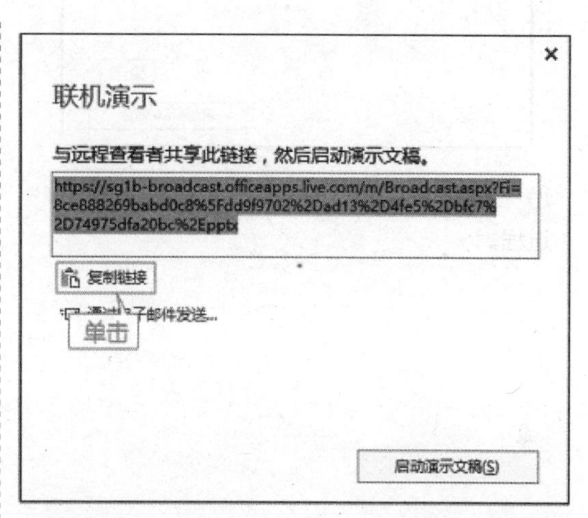

❹ 将链接发送给要联机查看幻灯片的共享者，共享者得到链接地址后，打开浏览器，并输入链接。将显示“正在等待演示开始…”。

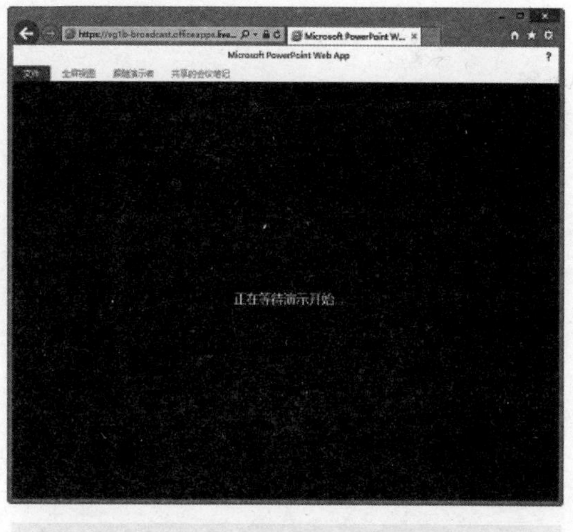

❺ 在【联机演示】对话框中单击【启动演示文稿】按钮，即可开始放映幻灯片。

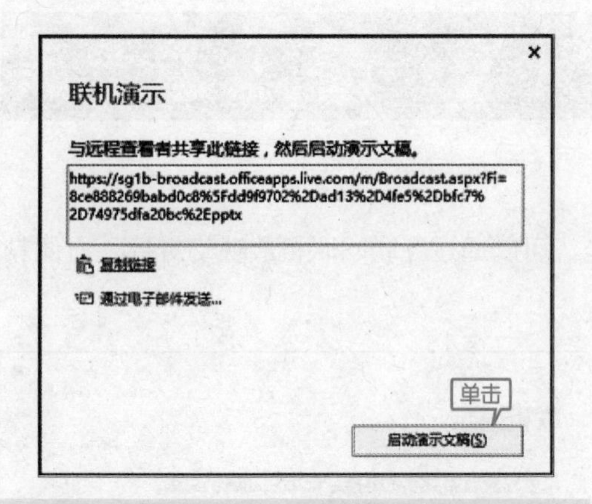

⑥ 共享者将可以同时看到幻灯片放映的具体过程。

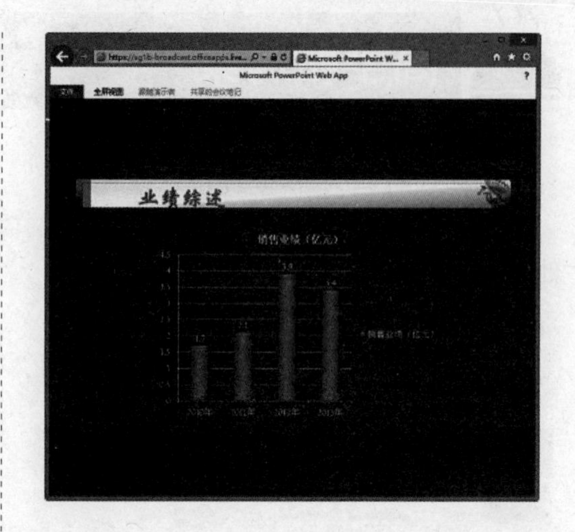

第 20 章 PowerPoint 2016 与其他 Office 组件的协同应用

本章视频教学录像：26 分钟

高手指引

PowerPoint 2016 和其他 Office 2016 组件之间可以非常方便地相互调用，本章就来学习 PowerPoint 2016 与其他组件的协同应用方法。

重点导读

- 掌握在 PowerPoint 中调用 Word 文档的方法
- 掌握在 PowerPoint 中调用 Excel 工作表的方法
- 掌握在 PowerPoint 中插入 Excel 图表的方法

20.1 在 PowerPoint 中调用 Word 文档

本节视频教学录像：4 分钟

在 PowerPoint 中可以直接调用 Word 文档，避免在 PowerPoint 中输入大量的文字。

❶ 打开随书光盘中的“素材 \ch20\ 个人简历 .pptx”文件，选择第三张幻灯片，然后单击【新建幻灯片】按钮，在弹出的下拉列表中选择【仅标题】选项。

❷ 在新建的幻灯片的标题文本框中输入“自荐信”文本，并根据需要设置标题样式。

❸ 单击【插入】选项卡下【文本】选项组中的【对象】按钮。

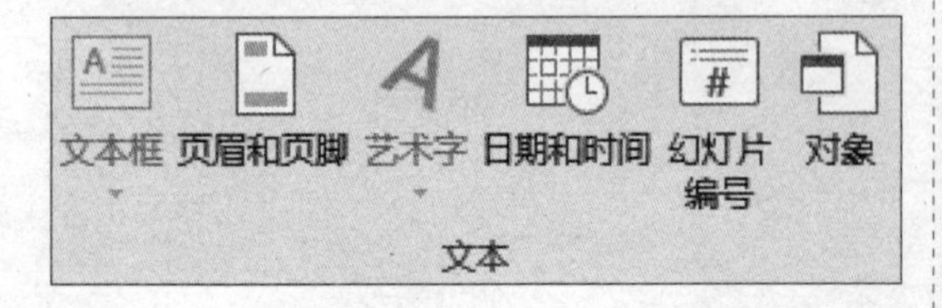

❹ 在弹出的【插入对象】对话框上单击【由文件创建】单选项，然后单击【浏览】按钮。

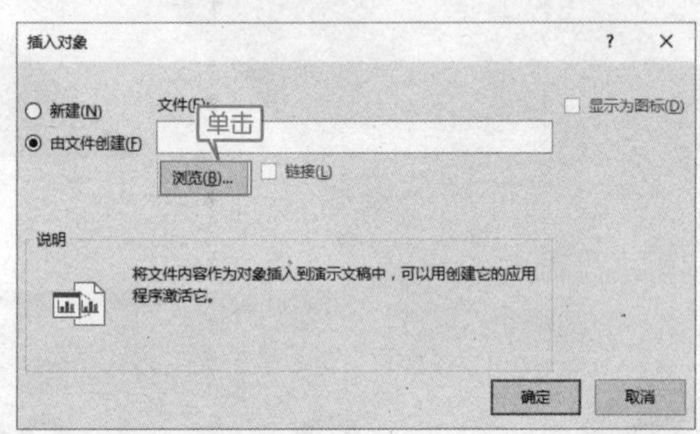

❺ 在弹出的【浏览】对话框中选择随书光盘中的“素材 \ ch20\ 自荐信 .docx”文件，然后单击【确定】按钮，返回【对象】对话框，单击【确定】按钮。

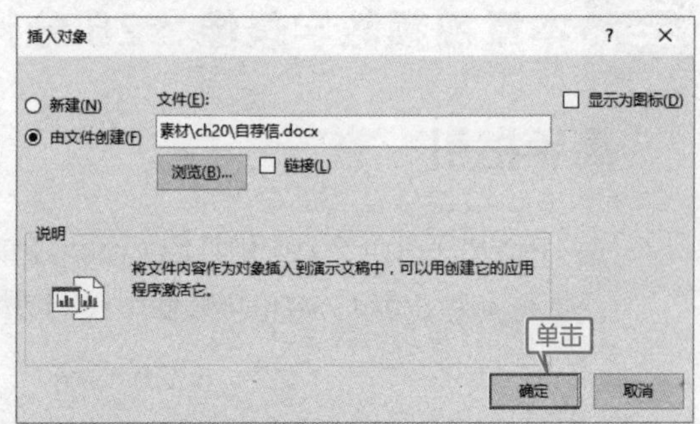

❻ 将文档插入幻灯片后如下图所示。

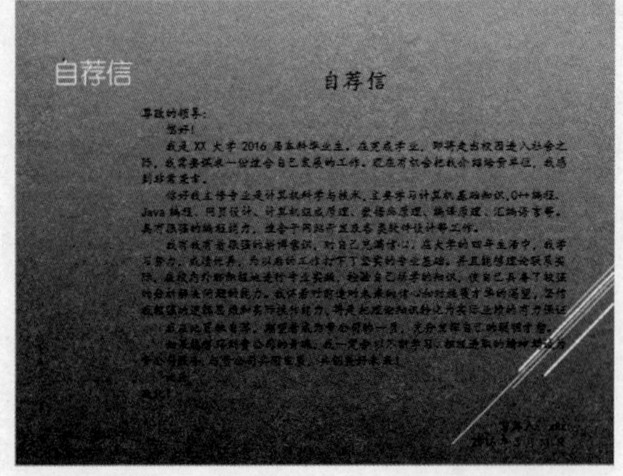

❼ 双击插入的文档，即可进入 Word 文档的编辑状态。根据需要设置文本格式。

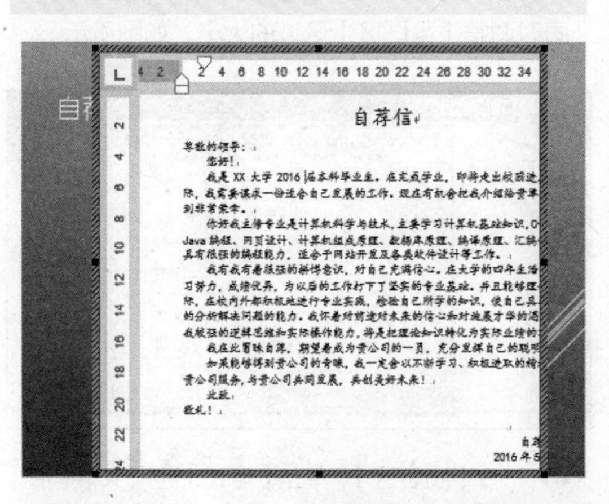

❽ 按【Shift+F5】组合键，即可查看放映效果。

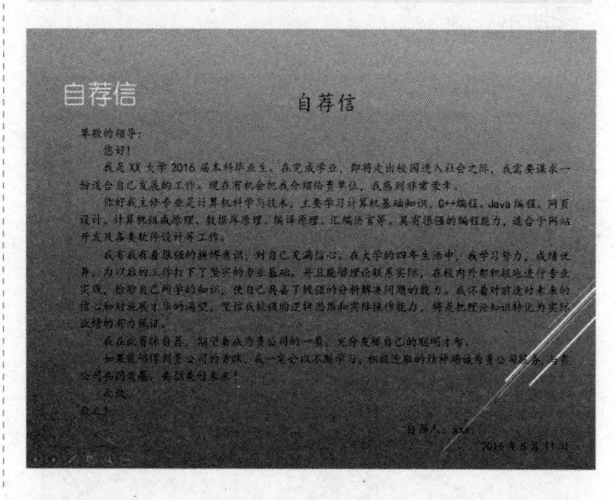

20.2 在 PowerPoint 中调用 Excel 工作表

本节视频教学录像：7 分钟

用户可以在 PowerPoint 演示文稿中调用 Excel 制作的工作表并进行放映，这样可以为讲解省去许多麻烦，具体的操作步骤如下。

❶ 打开随书光盘中 的“素材 \ch20\ 调用 Excel 工作表 .pptx”文件，选择第二张幻灯片，然后新建一张“仅标题”幻灯片，并输入标题“各店销售情况”。

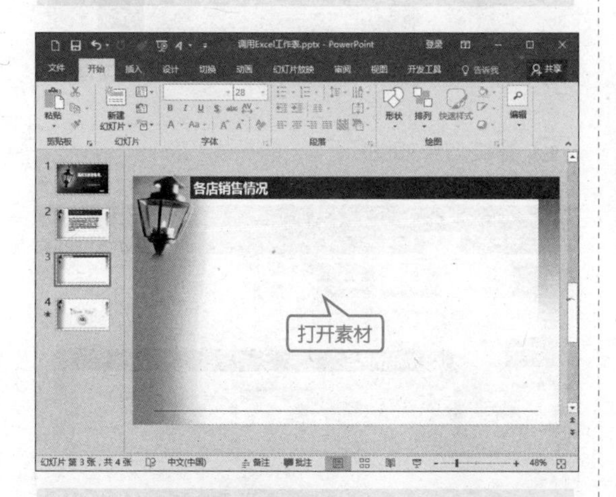

❷ 单击【插入】选项卡下【文本】选项组中的【插入对象】按钮，弹出【插入对象】对话框，单击选中【由文件创建】单选项，然后单击【浏览】按钮。

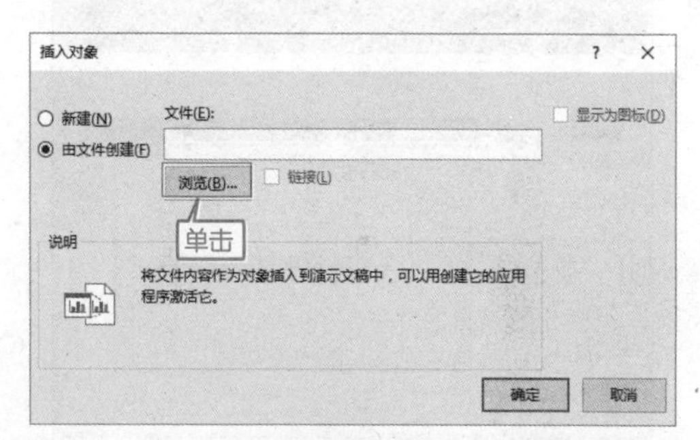

❸ 在弹出的【浏览】对话框中选择随书光盘中的“素材 \ch20\ 销售情况表 .xlsx”文件，然后单击【确定】按钮。

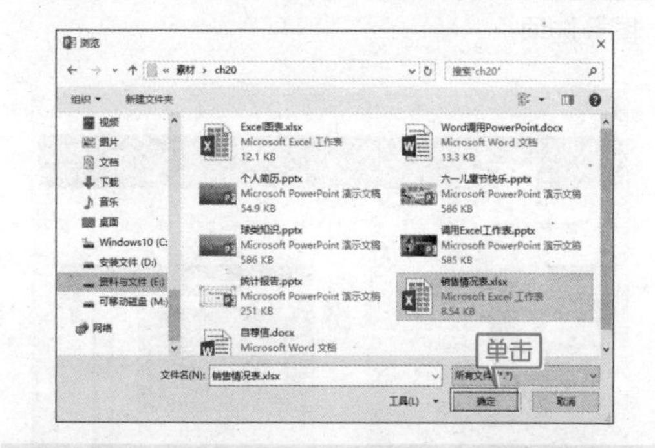

❹ 返回【插入对象】对话框，单击【确定】按钮，即可在文档中插入表格，双击表格，进

入 Excel 工作表的编辑状态，调整表格大小如图所示。

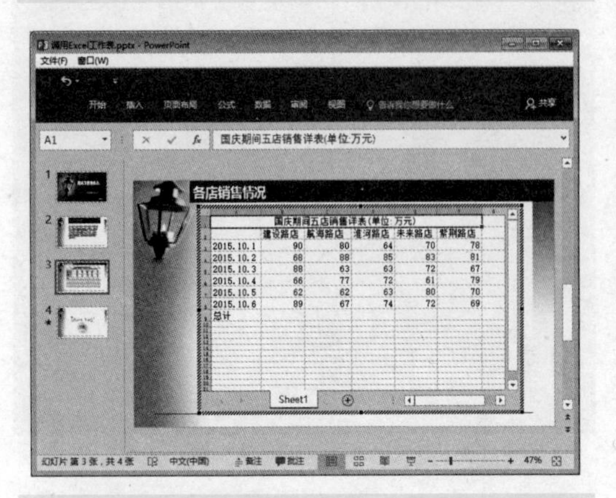

❺ 选择 B9 单元格，输入公式“=SUM(B3:B8)”，按【Enter】键，计算“建设路店”销售总额，并填充至 F9 单元格，分别计算各店的销售总额，结果如下图所示。

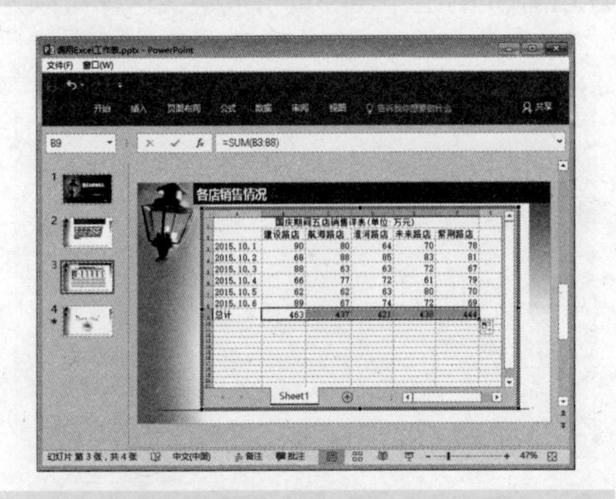

❻ 选择单元格区域 A2:F8，单击【插入】选项卡下【图表】选项组中的【插入柱形图】下拉按钮，在弹出的下拉列表中选择“簇状柱形图”选项。

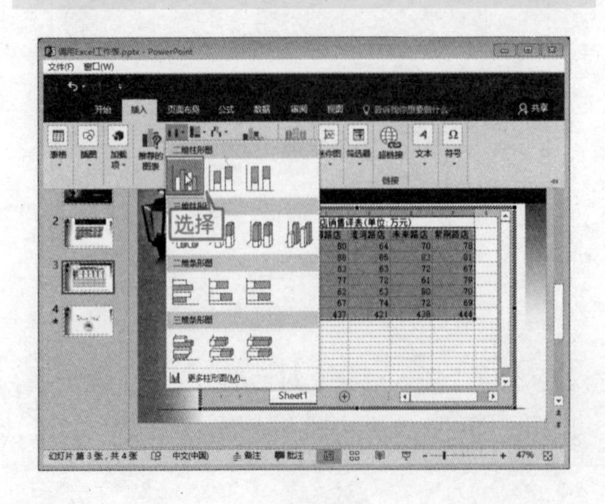

❼ 插入柱形图后，设置图表的位置和大小，在【图表标题】文本框中输入“各店销售情况”，同时调整【绘图区】区域的大小，如图所示。

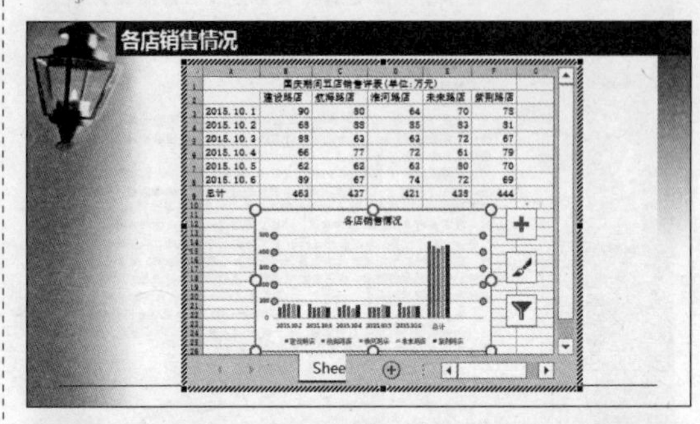

❽ 选择【图表区】，单击【格式】选项卡下【形状样式】选项组中的【形状填充】按钮，在弹出的下拉列表中选择【纹理】➤【蓝色面巾纸】选项。

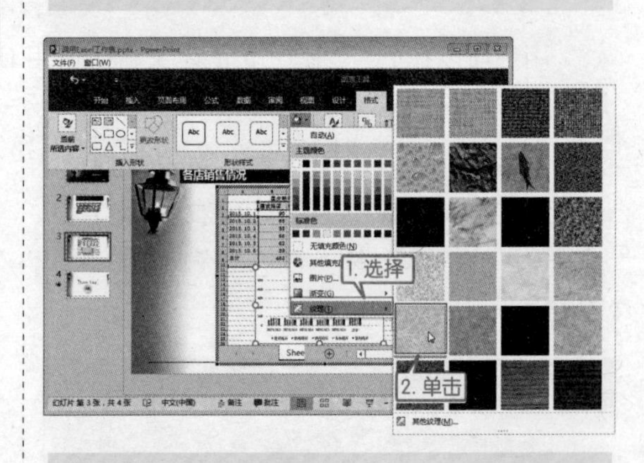

❾ 最终效果如图所示。

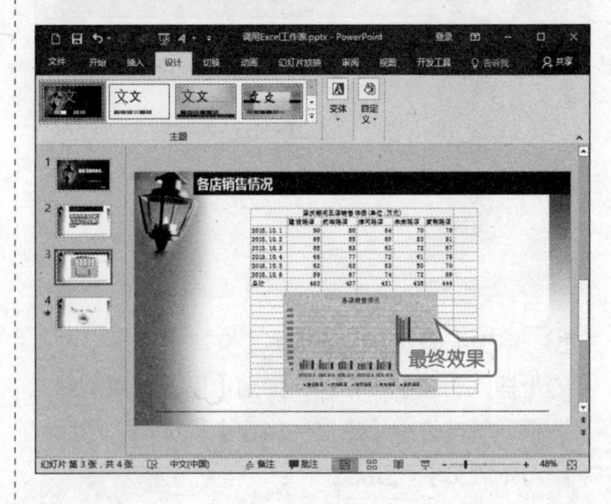

20.3 在 PowerPoint 中插入 Excel 图表

本节视频教学录像：8 分钟

在 PowerPoint 2016 中除了可以使用 Excel 工作表外，还可以将 Excel 工作表中的图表插入 PowerPoint 幻灯片中。

1. 将 Excel 图表粘贴到幻灯片中

将 Excel 图表粘贴至幻灯片中，是较为简单快捷的插入图表方法，具体的操作步骤如下。

❶ 打开随书光盘中的“素材\ch20\Excel 图表 .xlsx”文件，选中需要复制的图表。

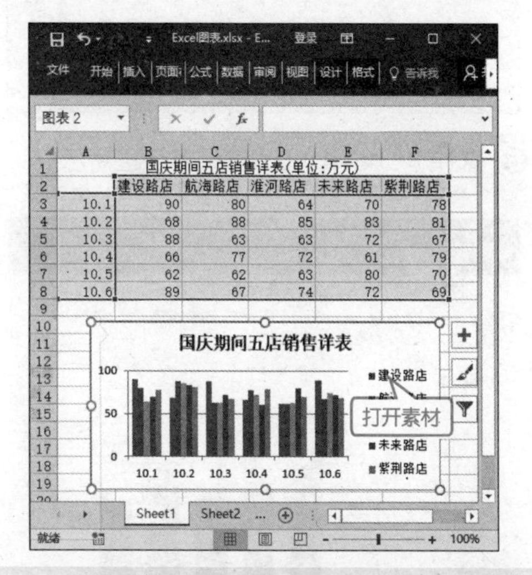

❷ 单击鼠标右键，在弹出的快捷菜单中选择“复制”菜单命令。

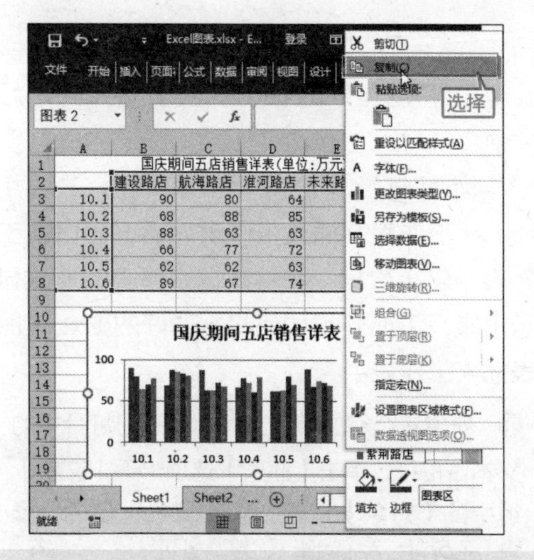

❸ 启动 PowerPoint 办公软件，将幻灯片中的文本占位符删除，在幻灯片中单击鼠标右键，在弹出的快捷菜单中选择【粘贴选项】选项下的【使用目标主题和嵌入工作簿】选项。

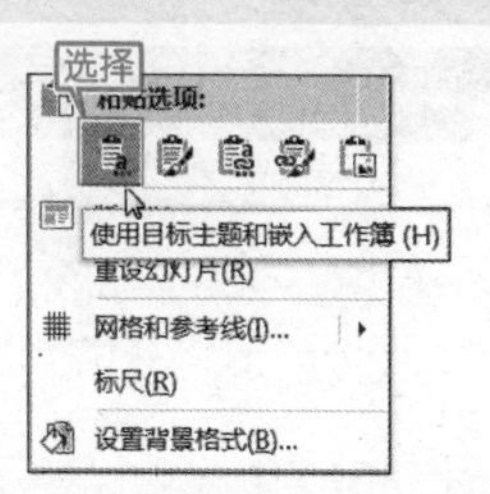

❹ 插入的图表如下图所示，适当调整图表的大小。

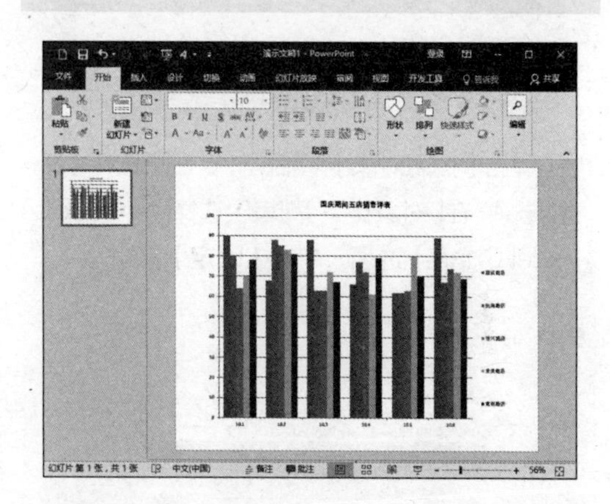

提示　在第三步中，如果选择粘贴为“图片”选项，可以将复制的图表以图片的形式粘贴到 PPT 中，如下图所示。

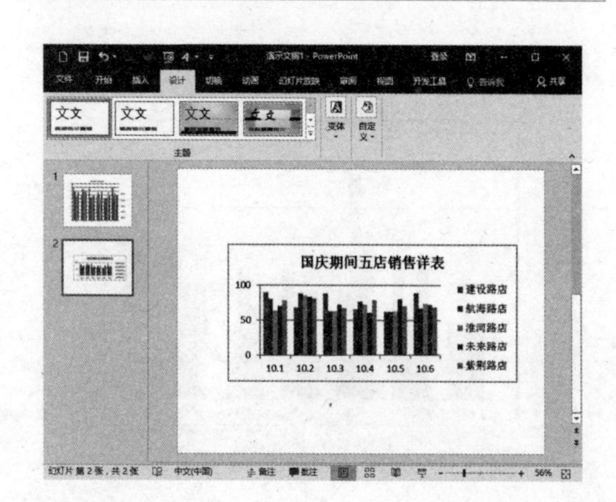

2. 在 PowerPoint 中插入 Excel 图表对象

在PowerPoint中插入Excel图表对象，可以方便地在PowerPoint中查看和快速修改图表中的数据，具体的操作步骤如下。

❶ 新建一个空白演示文稿，将幻灯片中的文本占位符删除，然后单击【插入】选项卡下【文本】组中的【对象】按钮。

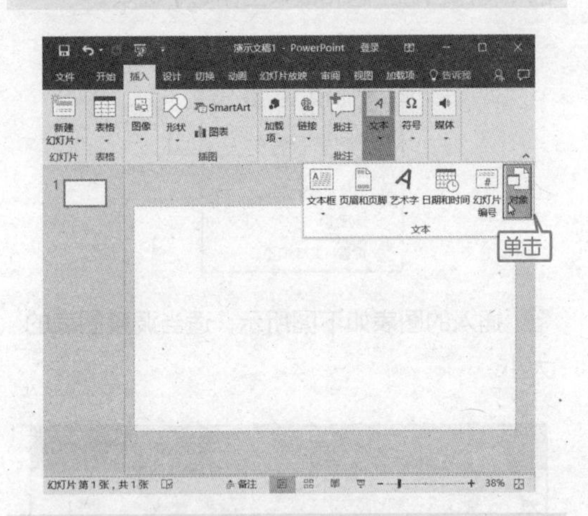

❷ 弹出【插入对象】对话框，在左侧选择【新建】选项，在【对象类型】列表中选择【Microsoft Excel Chart】选项，单击【确定】按钮。

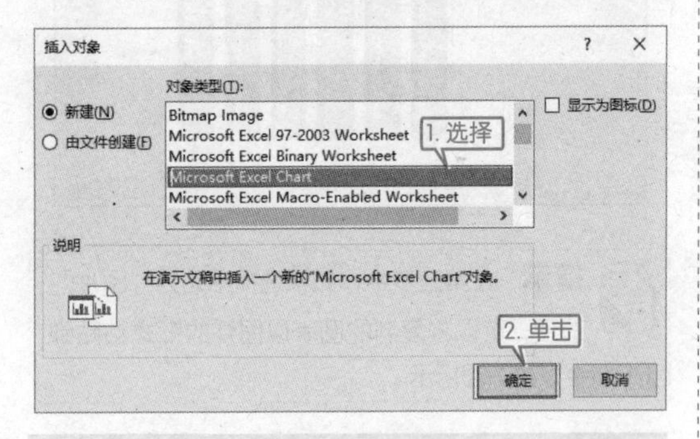

❸ 插入如图所示的图表。

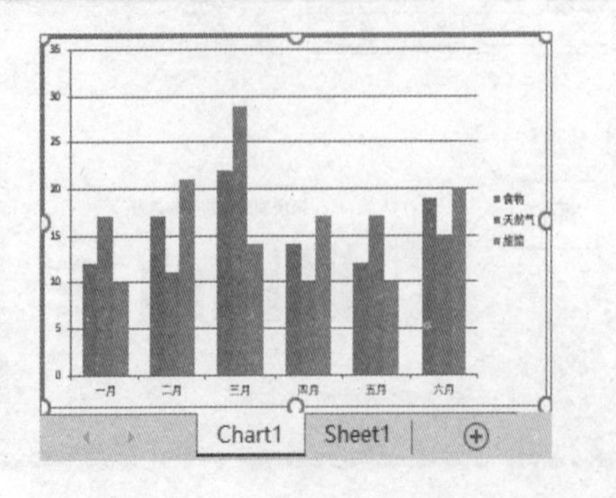

❹ 在图表中选择【Sheet1】工作表，然后将"素材 \ch20\Excel 图表 .xlsx"工作簿中的数据复制到 Sheet1 表格中。

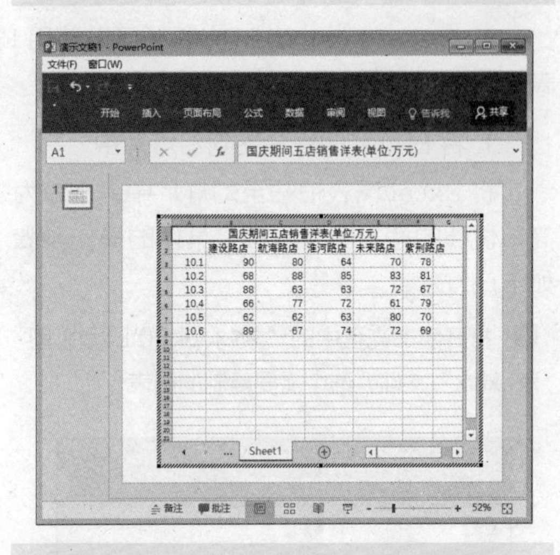

❺ 选择【Chart1】工作表，如下图所示。

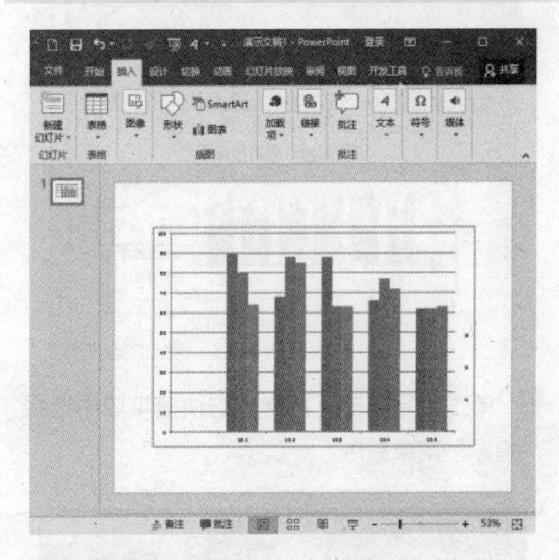

3. 将制作好的 Excel 图表插入到幻灯片中

前面已经讲过如何在幻灯片中调用Excel工作表。插入工作表之后，可以在工作表中输入数据，并将数据以图表的形式显示出来。下面介绍如何将制作好的Excel图表插入工作表中。

❶ 新建一个空白演示文稿，删除幻灯片中的文本占位符，单击【插入】选项卡下【文本】组中的【对象】按钮，插入随书光盘的"素材 \ch20\Excel 图表 .xlsx"文件。

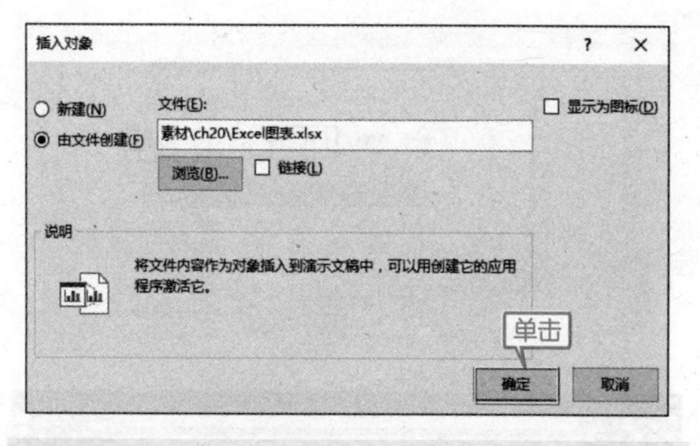

❷ 单击【确定】按钮，插入效果如图所示。

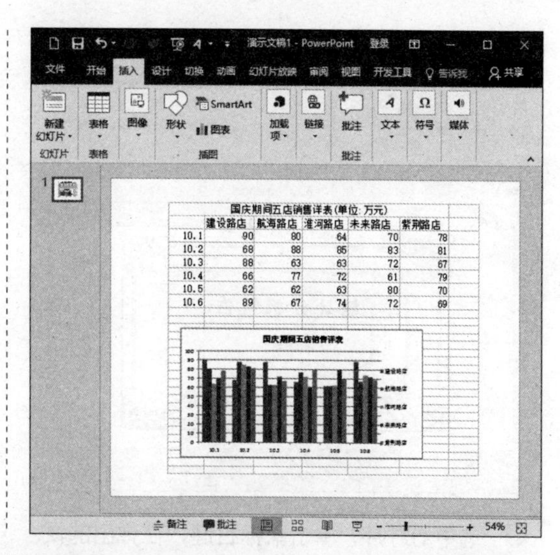

20.4 在其他组件中调用 PowerPoint

本节视频教学录像：5 分钟

在 PowerPoint 2016 中可以调用 Word 文档和 Excel 工作表，除此之外，还可以在其他组件中调用 PowerPoint。

20.4.1 在 Excel 中调用 PowerPoint 演示文稿

在 Excel 中可以调用 PowerPoint 演示文稿，以便节省在软件之间来回切换的时间，使我们在使用工作表时更加方便，具体操作步骤如下。

❶ 新建一个 Excel 工作表，单击【插入】选项卡下【文本】选项组中【对象】按钮 。

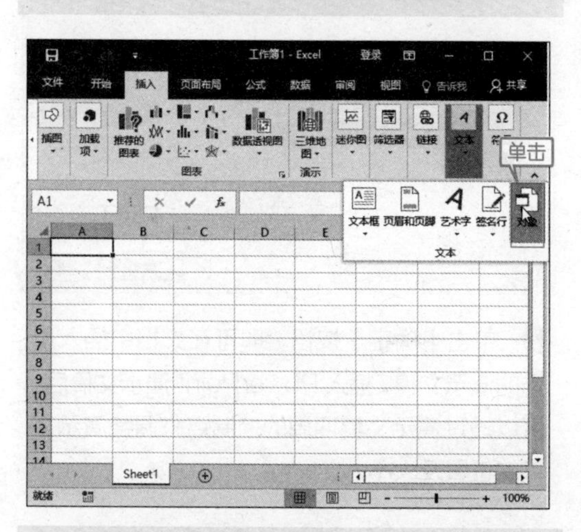

❷ 在弹出的【对象】对话框中选择【由文件创建】选项卡，单击【浏览】按钮，在打开的【浏览】对话框中选择随书光盘中的“素材 \ch20\统计报告 .pptx”文件。

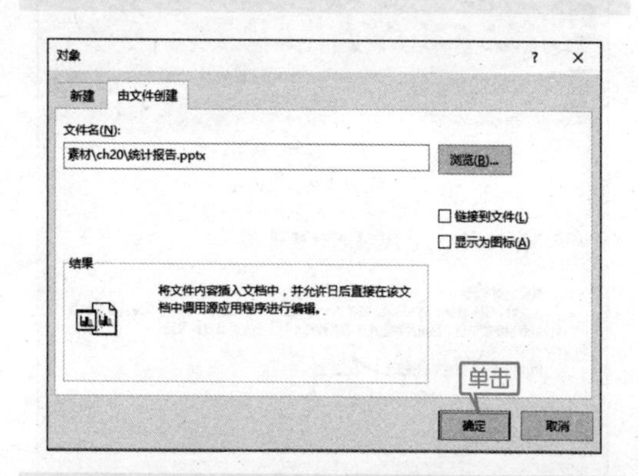

❸ 单击【确定】按钮，即可在 Excel 中插入所选的演示文稿。插入 PowerPoint 演示文稿后，可以通过演示文稿四周的控制点来调整演示文稿的位置及大小。

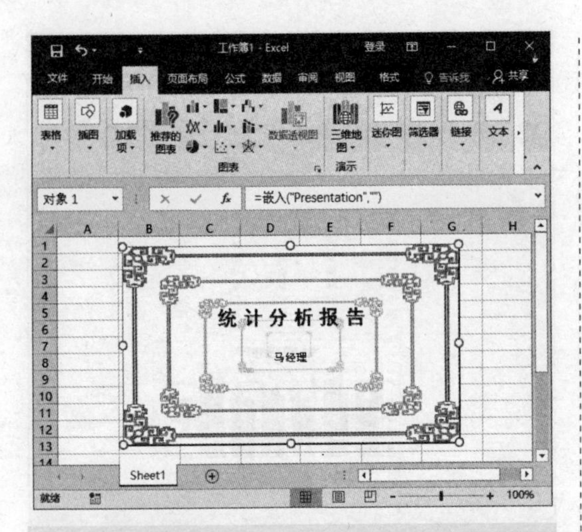

❹ 选中幻灯片，单击鼠标右键，在弹出的快捷菜单中选择【演示文稿对象】➤【显示】选项，即可播放幻灯片。

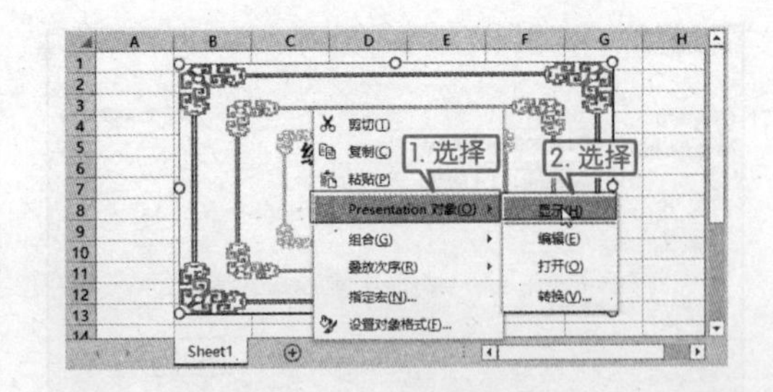

20.4.2 在 Word 中调用 PowerPoint 演示文稿

在 Word 中不仅可以调用 PowerPoint 演示文稿，还可以直接播放演示文稿，具体操作步骤如下。

❶ 打开随书光盘中的“素材\ch20\Word 调用 PowerPoint.docx”文件，将鼠标光标定位在要插入演示文稿的位置。

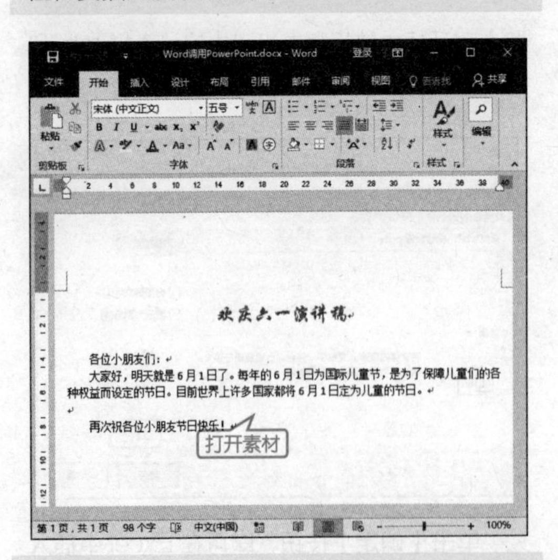

❷ 单击【插入】选项卡下【文本】选项组中的【对象】选项。将随书光盘中的“素材 \ch20\ 六一儿童节快乐 .pptx”文件插入到 Word 中。

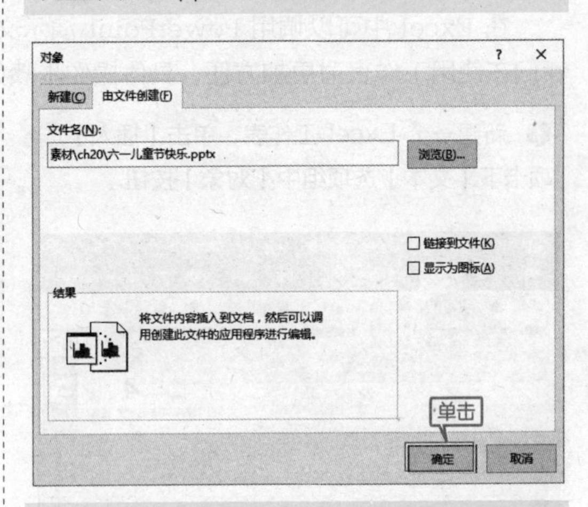

❸ 单击【确定】按钮，即可在文档中插入所选的演示文稿。插入 PowerPoint 演示文稿后，可以通过演示文稿四周的控制点来调整演示文稿的位置及大小。

❹ 双击插入的 PowerPoint 文件，即可对该幻灯片进行播放。

高手私房菜

本节视频教学录像：2 分钟

技巧：将 PPT 导出为 Word 文档

可以将 PPT 中的内容导出到 Word 文档中，具体操作步骤如下。

❶ 打开随书光盘中的“素材 \ch20\ 球类知识 .pptx”文件。

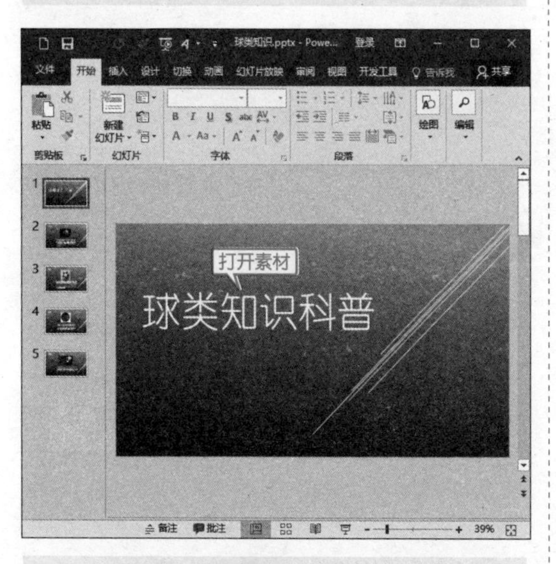

❷ 单击【文件】选项卡，选择【导出】选项，在右侧【导出】区域选择【创建讲义】选项，然后单击【创建讲义】按钮。

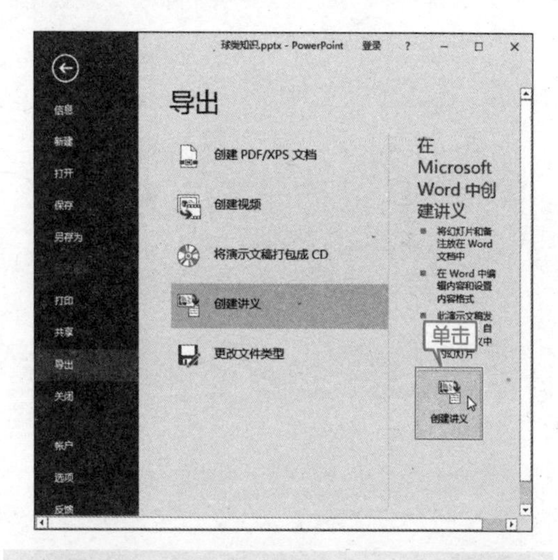

❸ 弹出【发送到 Microsoft Word】对话框，单击选中【只使用大纲】单选项，然后单击【确定】按钮即可将 PowerPoint 演示文稿转换为 Word 文档。

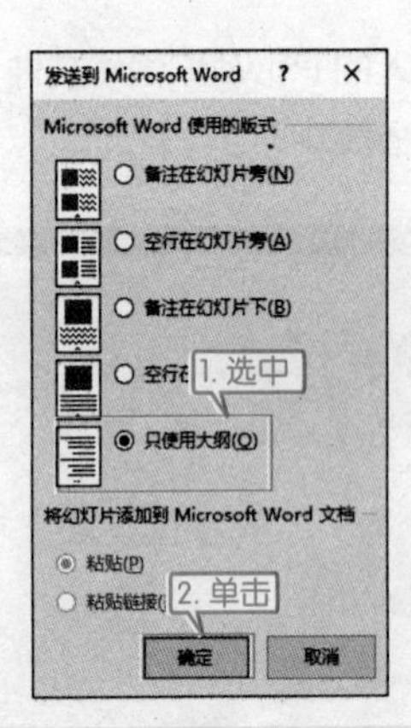

❹ 自动弹出 Word 文档，PowerPoint 中的大纲文本即全部提至 Word 文档中，如下图所示。

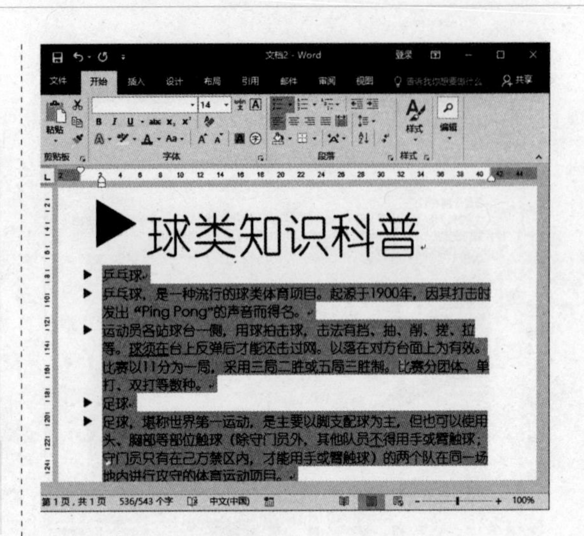

第21章 PowerPoint的跨平台应用

本章视频教学录像：34 分钟

高手指引

本章介绍如何使用移动设备随时随地进行办公，轻轻松松甩掉繁重的工作。

重点导读

- 掌握将办公文件传入移动设备中的方法
- 学会使用不同的移动设备协助办公

21.1 移动办公概述

本节视频教学录像：9 分钟

“移动办公”也可以称为“3A 办公”，即任何时间（Anytime）、任何地点（Anywhere）和任何事情（Anything）。这种全新的办公模式，可以让办公人员摆脱时间和地点的束缚，利用手机和计算机互联互通的企业软件应用系统，随时随地进行随身化的公司管理和商务沟通，大大提高了工作效率。

21.1.1 移动办公的优势

移动办公使得工作更简单，更节省时间，只需要一部智能手机或者平板电脑就可以随时随地进行办公。

无论是智能手机，还是笔记本电脑，或者平板电脑等，只要支持办公所使用的操作软件，均可以实现移动办公。

首先，先来了解一下移动办公的优势都有哪些。

1. 操作便利简单

移动办公不需要普通的笨重的计算机，只需要一部智能手机或者平板电脑即可。既便于携带，又操作简单。

2. 处理事务高效快捷

使用移动办公，办公人员无论出差在外，还是正在上班的路上，甚至是休假时间，都可以及时审批公文、浏览公告、处理个人事务等。这种办公模式将许多不可利用的时间有效利用起来，不知不觉中就提高了工作效率。

3. 功能强大且灵活

移动信息产品发展得很快，加之移动通信网络也日益优化，所以很多要在计算机上处理的工作都可以通过移动终端来完成，移动办公的功能堪比计算机办公。同时，对于不同行业领域的业务需求，可以对移动办公进行专业的定制开发，根据自身需求自由设计移动办公的功能。能够实现移动办公的设备通常具有以下几点特征。

⑴ 完美的便携性。移动设备如手机、平板电脑和笔记本（包括超级本）等均适合用于移动办公。由于设备较小，便于携带，打破了空间的局限性，不用一直待在办公室里，在家里或在车上都可以办公。

⑵ 系统支持。要想实现移动办公，必须具有办公软件所使用的操作系统，如iOS操作系统、Android 操作系统、Windows Mobile 操作系统和 BlackBerry 操作系统等。现在流行的苹果手机、三星手机、华为手机、iPad 平板电脑及超级本等都可以实现移动办公。

⑶ 网络支持。很多工作都需要在连接网络的条件下进行，如传输办公文件等，所以网络的支持必不可少。目前最常用的网络有 4G 网络和 Wi-Fi 无线网络等。

21.1.2 如何在移动设备中使用 Office 软件

在移动设备中办公，需要有适合的软件。如果要制作报表、修改文档等，往往需要 Office 办公软件，有些智能手机中自带办公软件，而有些手机则需要下载第三方软件。下面介绍在安卓系统手机中安装金山 WPS Office 移动版办公软件的具体操作方法。

❶ 在移动设备中搜索并下载“WPS Office 移动版”，在搜索结果中单击【安装】按钮。

❷ 安装完成之后，在手机界面中单击软件图标打开软件，则会弹出授权提示，单击【同意】按钮。

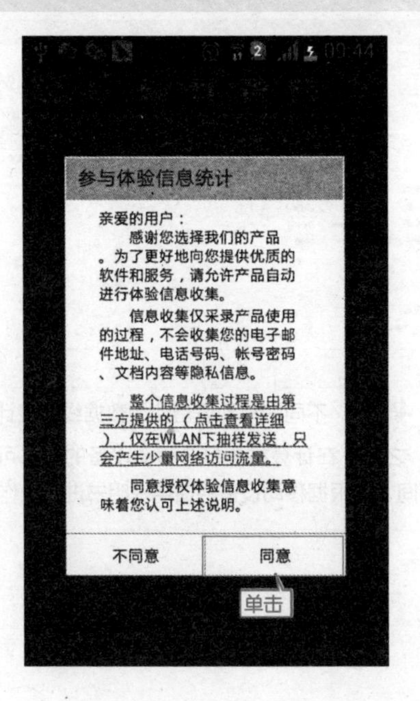

❸ 此时即可打开该软件，如图所示。

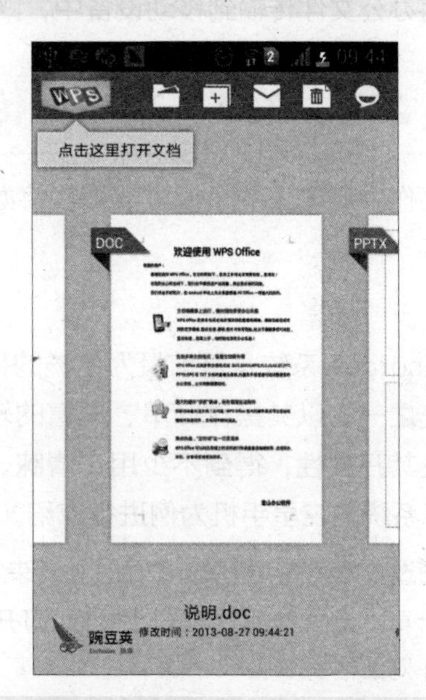

❹ 单击“欢迎使用 WPS Office”文档，可打开该文档，并查看该移动办公软件的使用说明，之后就可以使用该软件了。

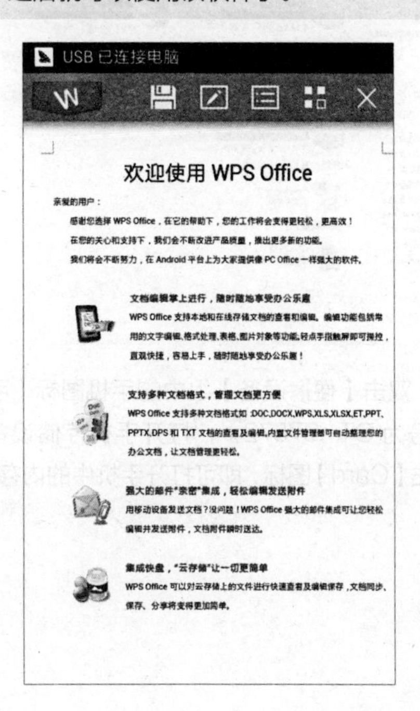

提示 不同手机使用的办公软件可能有所不同，如 iPhone 中经常使用的是“Office2Plus”办公软件、iPad 使用 iWork 系列办公套件等，这里不再一一赘述。

21.2 将办公文件传输到移动设备中

本节视频教学录像：14 分钟

将办公文件传输到移动设备中，既方便携带，又可以随时随地进行办公。

21.2.1 数据线传输

工作中最常见的是通过数据线将办公文件传输到移动设备中，这里以安卓手机为例进行介绍。

1. 安卓设备

Android 系统是目前最为主流的移动操作系统之一，以其操作简单、丰富的软硬件选择及其开放性，得到不少用户青睐。下面以安卓系统的三星手机为例进行介绍。

❶ 通过数据线将手机和计算机连接起来之后，双击计算机桌面上的【计算机】图标，打开【计算机】对话框。

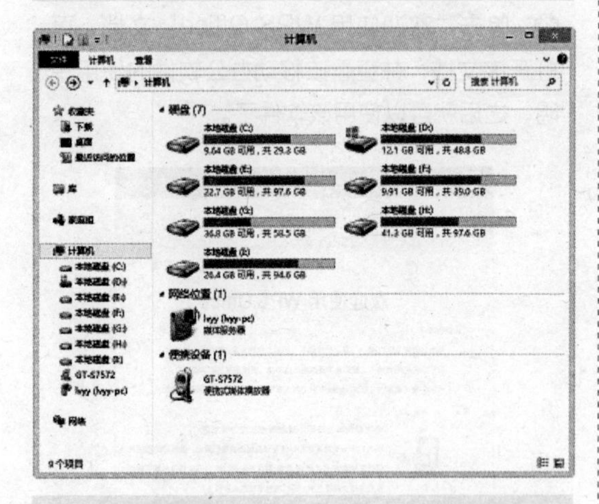

❷ 双击【便携设备】组中的手机图标（手机型号为 GT-S7572），打开手机存储设备，双击【Card】图标，即可打开手机中的内存卡。

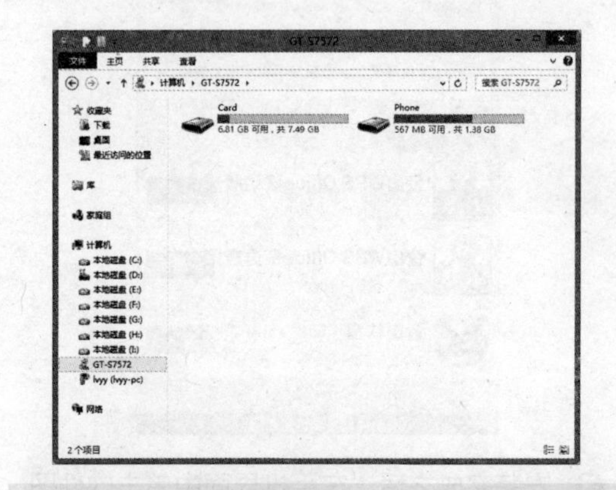

❸ 将随书光盘中的“素材\ch21”复制粘贴至该手机内存设备中即可。

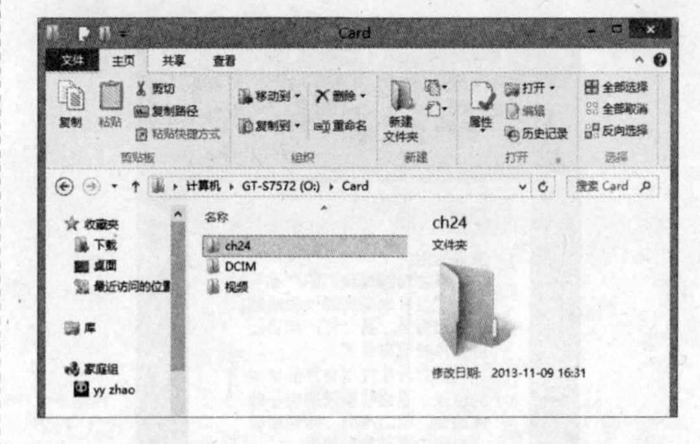

提示 不同的移动设备使用数据线连接计算机之后，在计算机中打开移动设备的方法可能有所不同，请根据移动设备的使用说明书进行操作。

2. iOS 设备

iOS 是由苹果公司开发的手持设备操作系统， 主要应用于 iPhone、iPod touch、iPad 及 Apple TV 等苹果产品上，具有超强的稳定性、简单易用的界面和内置的众多技术，与硬件配合也近乎天衣无缝。下面以 iPad 为例。

❶ 在 iPad 中下载“USB Sharp”软件。使用数据线将 iPad 与计算机连接，在计算机中启动 iTunes， 在 iTunes 中单击识别出的 iPad 名称（My iPad），单击【应用程序】选项卡，并向下滚动到“文件共享”选项处。在应用程序下选择“USB Sharp”选项。直接拖曳计算机中的资料到“‘USB Sharp’的文档”窗格中。

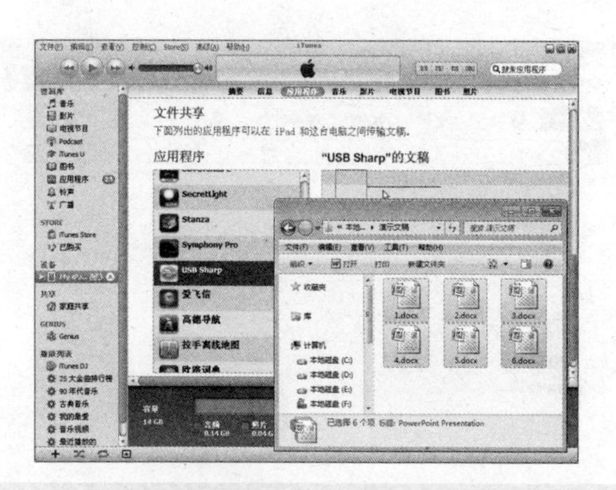

❷ 在 iPad 中单击【USB Sharp】图标，在打开的界面中即可看到刚刚存储的文档。

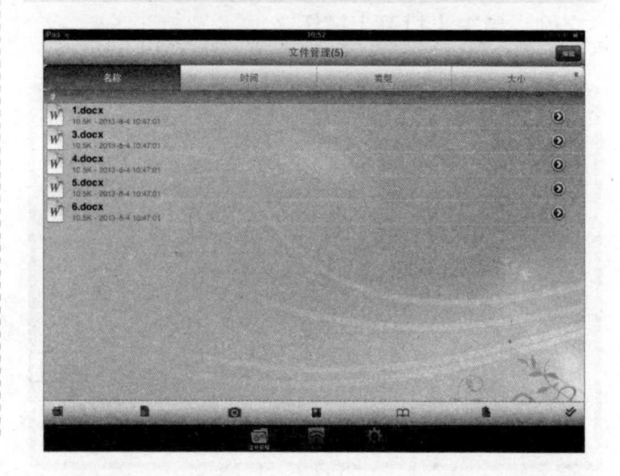

21.2.2 无线同步传输

无线同步，就是手机不用数据线和计算机进行连接，而是通过 Wi-Fi 网络在局域网中与计算机进行数据同步，或者通过移动网络等联网方式将计算机中的数据下载至手机中。

无线同步主要有两种方法，即局域网内的无线传输和云端平台的同步。局域网内的无线传输，安卓系统的手机较为常用的方法是使用豌豆荚手机精灵、360 手机助手或手机管家等，而 iOS 设备则一般使用 iTunes 进行无线同步。使用云端平台同步，主要是通过安装云软件，使数据实现不同平台间的传输，如金山网盘、百度云、华为网盘、微云等。

下面以 QQ 微云为例，讲解如何实现无线同步。

❶ 在电脑上登录 QQ，单击 QQ 界面中的【打开应用管理器】按钮。

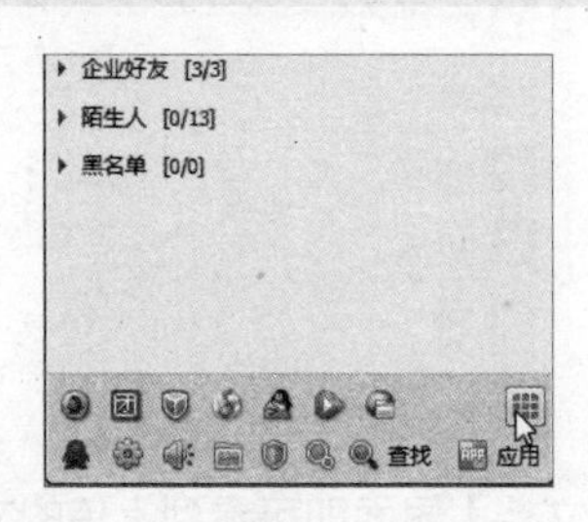

❷ 在【应用管理器】对话框中单击【微云】图标。

❸ 打开【微云】对话框，单击【上传】按钮。

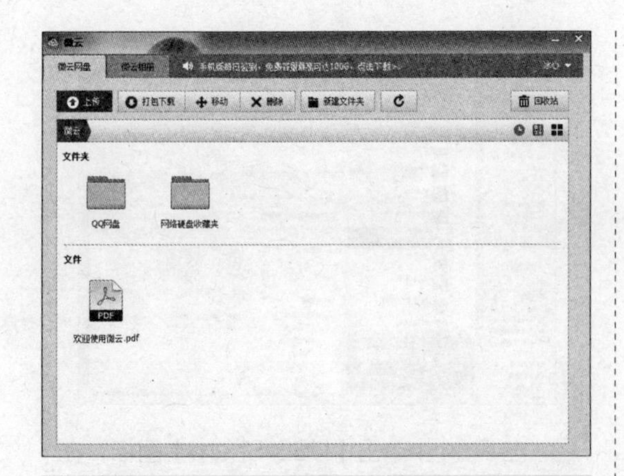

❹ 弹出【打开】对话框，选择要上传的办公文件，单击【打开】按钮。

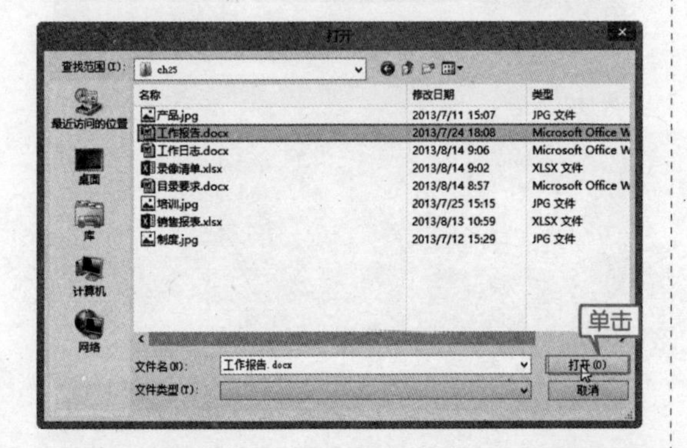

❺ 弹出【上传文件】对话框，单击【极速上传】按钮。系统将自动上传文件至【微云】，上传完成后，在【微云】对话框中会出现所上传的办公文件。

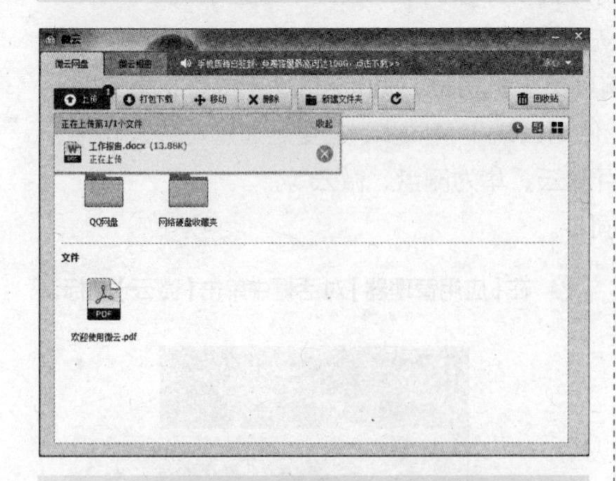

❻ 在手机中登录 QQ，选择【动态】选项卡，在【动态】选项卡下单击【文件（照片）助手】选项。

❼ 在【文件助手】界面，单击【微云网络文件】选项。

提示 手机和计算机中 QQ 同时都在线时，单击【动态】选项卡下的【传文件到我的电脑】选项，可以快速将手机中的文件上传至计算机中。

❽ 在【云端文件】界面单击【文档】选项。

❾ 在【文档】界面即可看到上传的文件，单

击该文件。

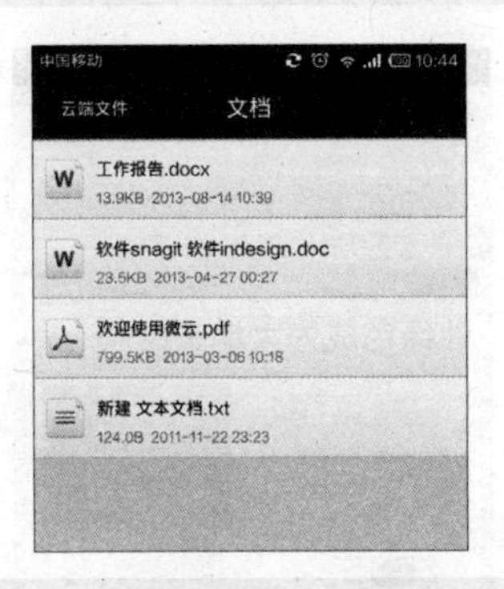

⑩ 在弹出的【文件查看】界面单击【下载】按钮，可将文件下载至手机中。

21.2.3 使用手机查看 PPT 演示文稿

现在，越来越多的上班族每天都需要在公交或者地铁上花费很长的时间。如果将这段时间加以利用，就可以加快工作的进度，何乐而不为呢？

接下来以安卓系统为例，介绍在手机上查看 PPT 演示文稿。具体操作步骤如下。

❶ 使用数据线将手机和计算机连接，将随书光 盘中的“素材 \ch21”文件夹放在手机中，然后打开手机中的 Office 软件，单击按钮 ，在弹出的快捷菜单中单击【浏览目录】选项。

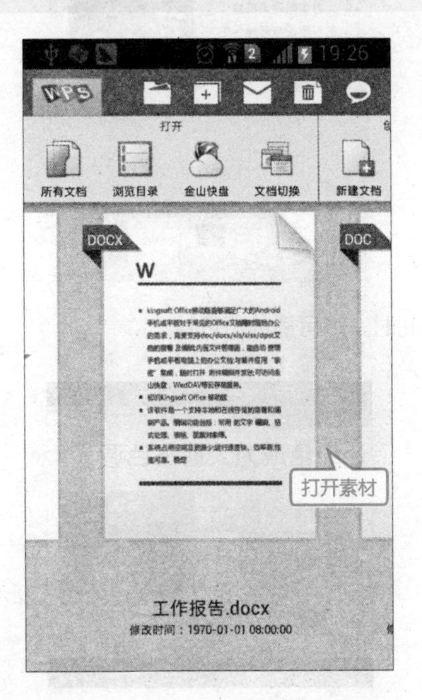

❷ 在弹出的界面中单击【存储卡】选项。

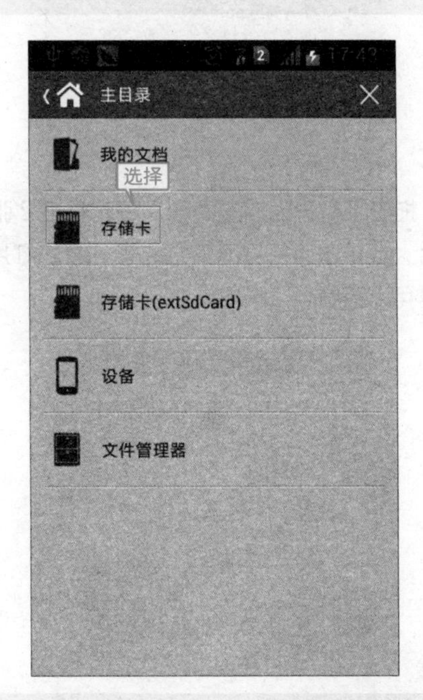

❸ 进入存储卡文件夹内，选择前面放入的素材文件夹，如这里单击【ch21】文件夹选项。

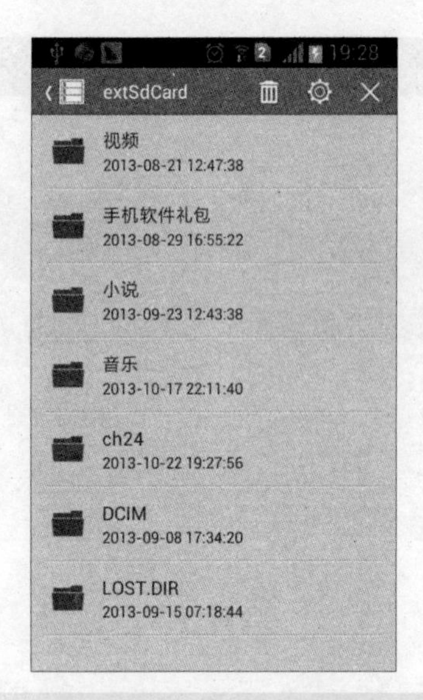

❹ 单击“绿色世界 .pptx”文件即可打开素材文件。

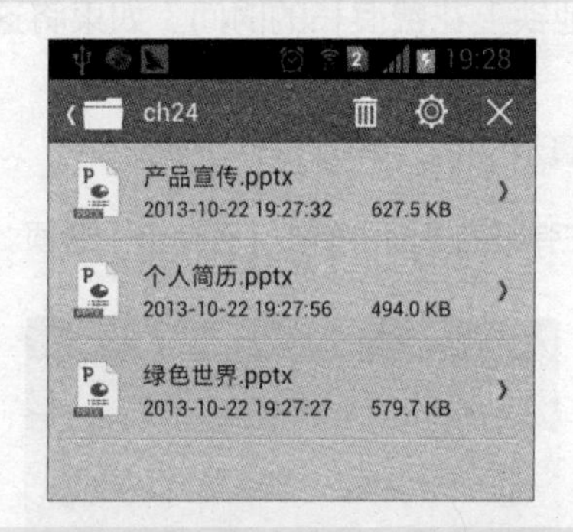

❺ 拖曳手机界面向左滑动，可查看第 2 张幻灯片，或单击手机界面下方的第 2 张幻灯片，同样可以查看第二张幻灯片。

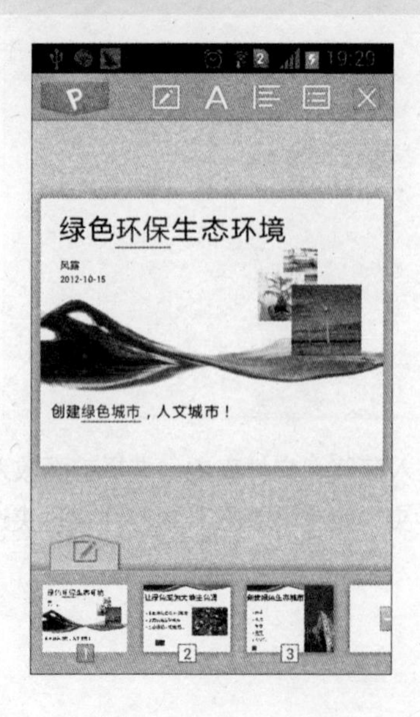

❻ 切换到第二张幻灯片页面，如下图所示。

❼ 单击按钮，在弹出的快捷菜单中，单击【播放】按钮。

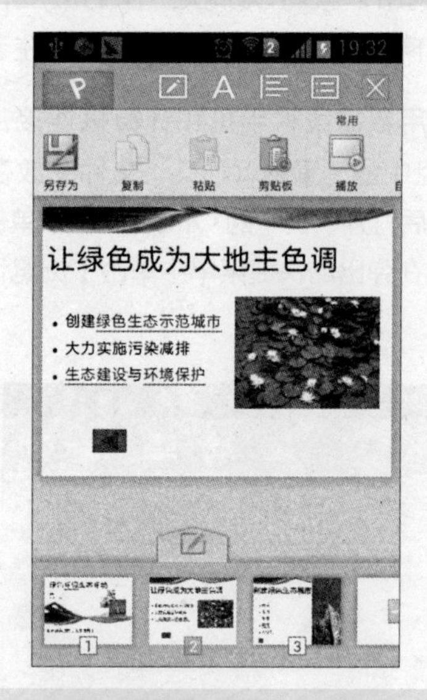

❽ 此时，即可播放幻灯片。

21.2.4 编辑修改幻灯片

在移动设备中，不但可以查看 PPT 演示文稿，而且还可以对未完工的演示文稿进行编辑，具体的操作步骤如下。

❶ 在手机中启动 Office 软件，打开随书光盘中的“素材\ch21\培训 .pptx”，下面对该演示文稿进行编辑并完善，完成“培训 .pptx”的制作。

❷ 单击并长按 按钮，在弹出的列表中选择【仅标题】选项。

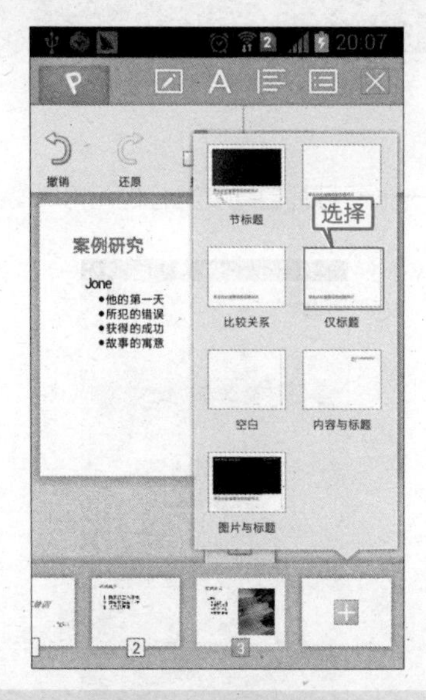

❸ 此时，即可添加一张幻灯片，如下图所示。

❹ 双击【连按两次添加标题】文本框，输入如图所示标题，设置其标题字体大小为“80”，格式为“加粗”，字体颜色为“橙色”。

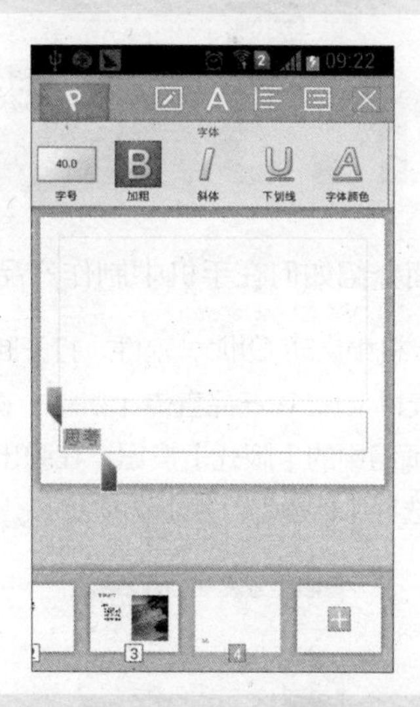

❺ 在【内容】文本框中输入副标题文本内容，适当移动标题和副标题位置，选中副标题文本内容，单击【项目编号】组中的【项目编号】按钮。

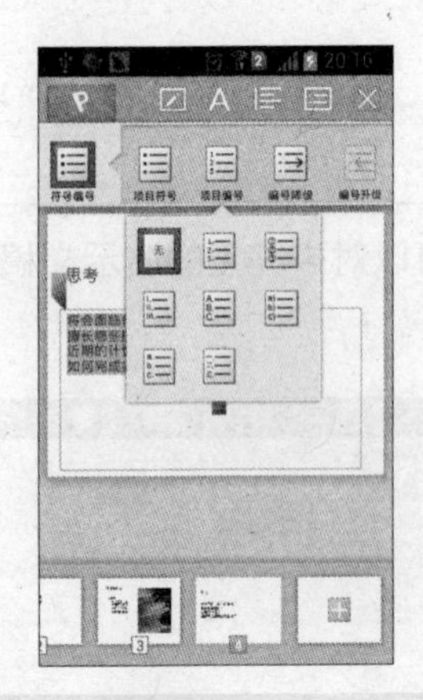

❻ 在弹出的下拉列表中选择一种项目编号，即可为内容插入编号。

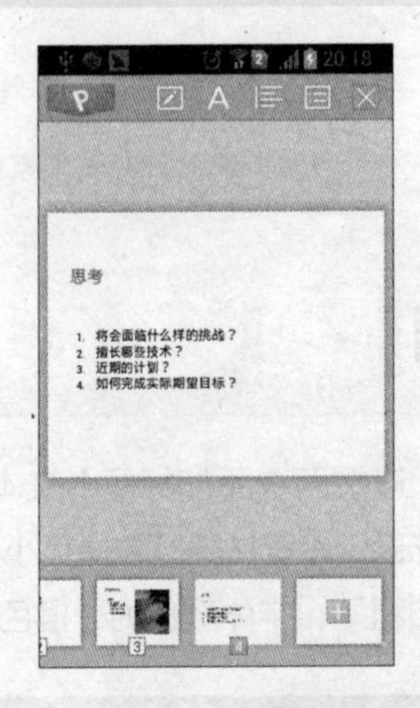

❼ 再次添加一张幻灯片，将副标题文本框删除，在标题文本框中输入“谢谢！”，设置其字号为“96”，加粗，字体颜色为“紫色”。

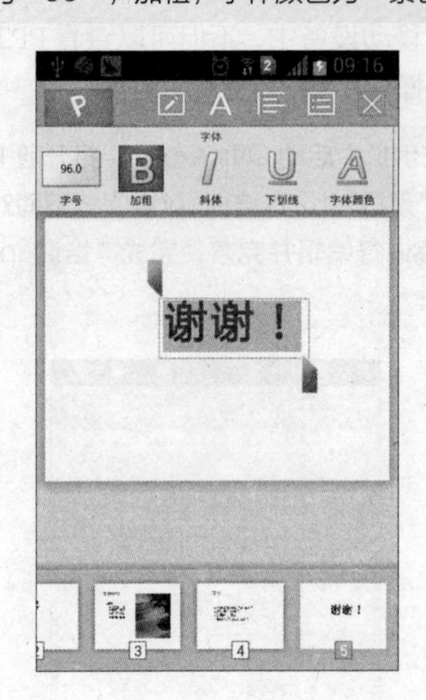

21.3 制作幻灯片——制作产品宣传方案

本节视频教学录像：6 分钟

下面介绍如何在手机中制作产品宣传方案。

❶ 在手机中启动 Office 软件，打开随书光盘中的“素材 \ch21\ 产品宣传 .pptx”，选择【查看】选项组中的【版式】按钮，在弹出的下拉列表中选择【标题幻灯片】选项。

❷ 第一张幻灯片自动变为标题幻灯片。

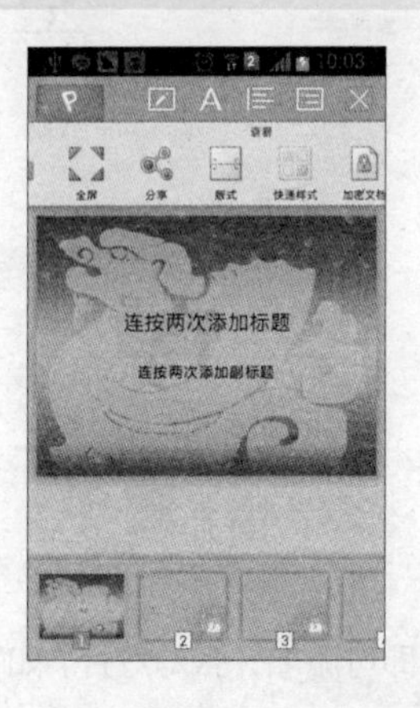

❸ 在标题文本框和副标题文本框中分别输入如图所示文本信息，选中副标题文本框中的文本，单击【段落】组中的【右对齐】按钮。

❹ 选择第二张幻灯片，输入如图所示文本信息，选中副标题文本内容，单击【段落】组中【行距】按钮，在弹出的下拉列表中选择“1.5”选项。

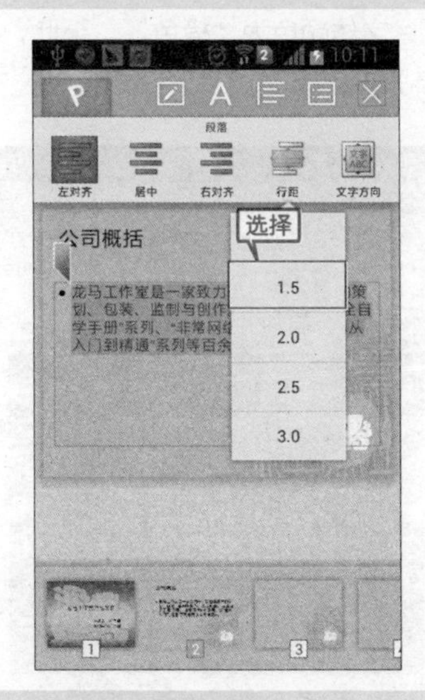

❺ 设置后的行距，如下图所示。

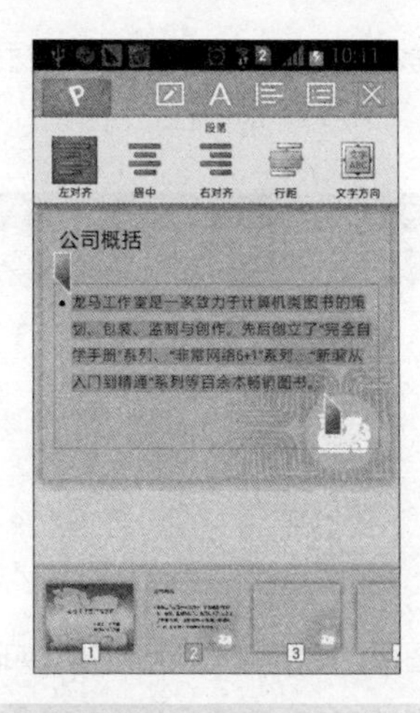

❻ 单击【常规】组中的【插入】按钮，在弹出的下拉列表中选择【图片】选项。

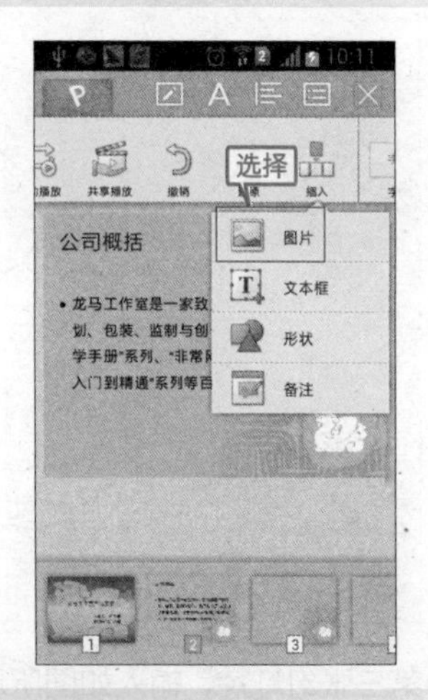

❼ 弹出【选择图片】提示框，选择【本地文件】选项。

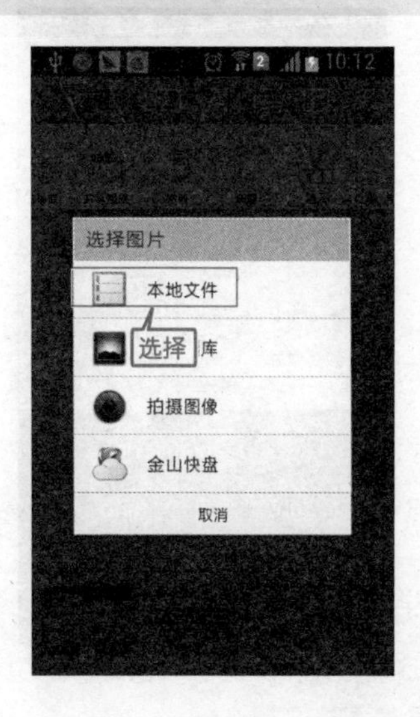

⑧ 选择放置在手机存储卡内的素材图片，如这里选择“ch2\ 图片 1.jpg”。

⑨ 插入图片，调整其大小和位置，如图所示。

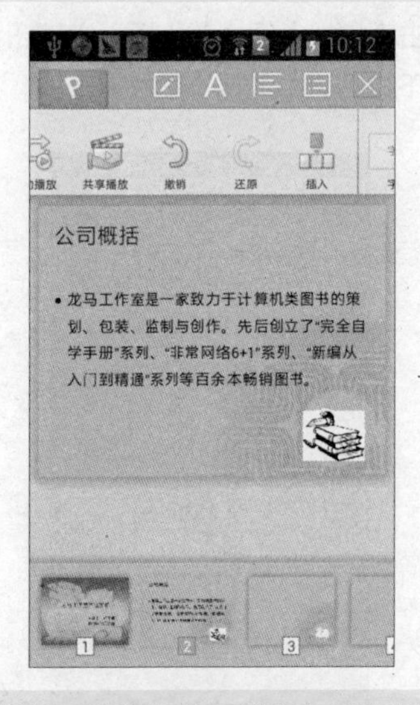

⑩ 选择第三张幻灯片，输入如图所示的文本内容。

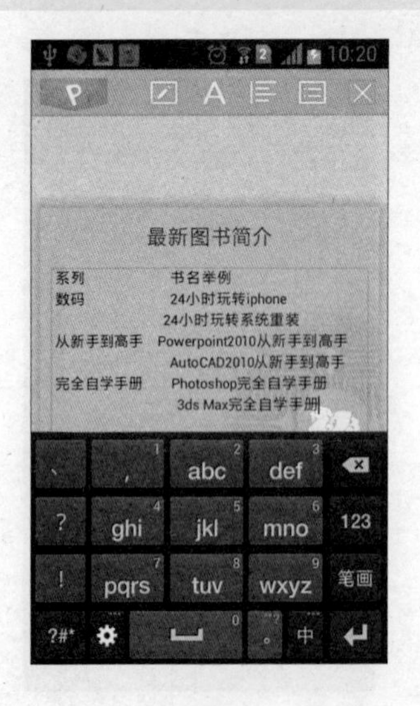

⑪ 选择第四张幻灯片，插入手机存储卡内的“ch21\ 图片 2.jpg”素材图片，并调整其大小，使其填充整张幻灯片，选中图片，单击【层次】组中的【移至底层】按钮。

⑫ 显示出标题文本框，在文本框中输入“谢谢观赏！”文本内容，并设置其字体大小为“80”，字体颜色为“橙色”。至此，产品宣传方案制作完成。

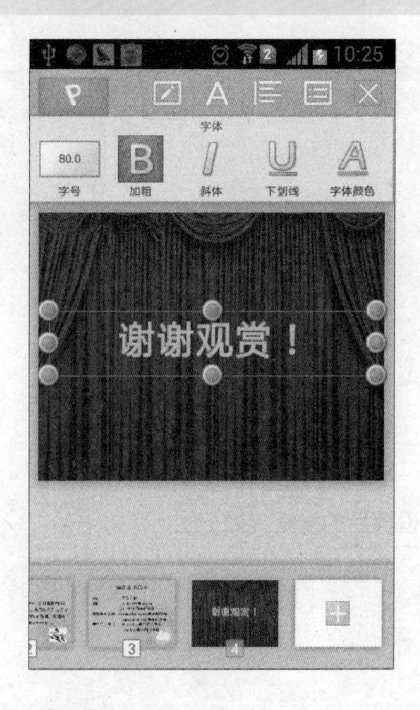

21.4 使用手机与同事共享 PPT

本节视频教学录像：2 分钟

自己有一份好的 PPT 文件想分享，或是希望和同事共享自己的成果，只需要有两部移动办公设备，并且在同一局域网下就可以实现，具体的操作步骤如下。

❶ 使用手机启动【WPS Office】软件，选中要共享的 PPT 文件，单击 WPS 按钮，在弹出的下拉列表中的【共享】组中，单击【共享播放】按钮。

❷ 系统将自动从头播放幻灯片，并弹出【共享播放】对话框，提示共享播放的接入码，单击【确定】按钮。使用另一部智能手机启动【WPS Office】软件，选择【接入共享】按钮。

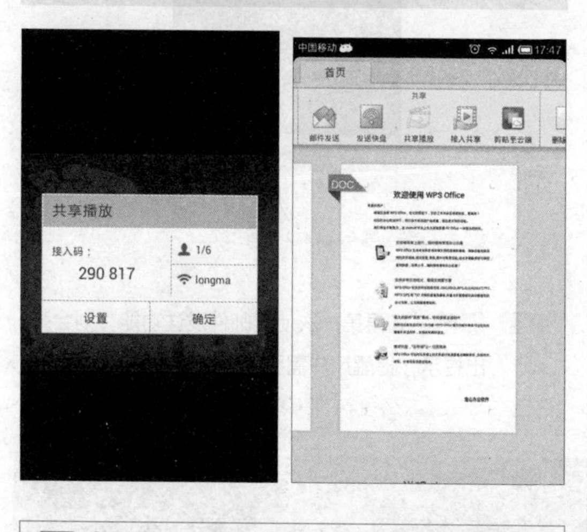

提示　接入码是 WPS 软件在共享播放时随机生成的 6 位数字，当需要共享的手机 B 输入手机 A 生成的接入码时，即可将两个手机链接起来，实现共享功能。

❸ 手机 B 弹出【接入共享】对话框，在【请输入接入码】处输入刚才的接入码，单击【确定】按钮。

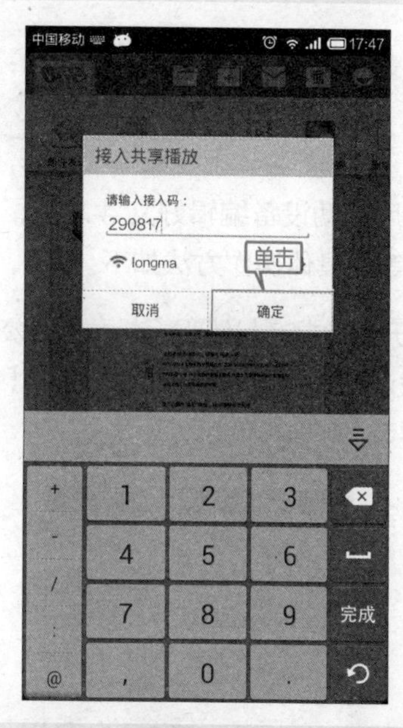

❹ 两部手机即可同时播放幻灯片，如下图为两部不同手机播放的效果。

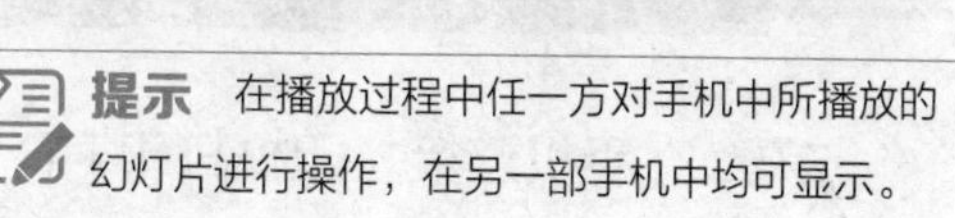

提示　在播放过程中任一方对手机中所播放的幻灯片进行操作，在另一部手机中均可显示。

❺ 单击幻灯片下方的白点，即可显示幻灯片，可选择跳转至某张幻灯片，如图所示。

21.5 使用邮箱发送 PPT

本节视频教学录像：1 分钟

使用移动设备编辑好文件之后，可以以邮件的形式，将制作好的演示文稿发送给同事或者朋友等，具体操作方法如下。

❶ 打开手机中的【WPS Office】办公软件，在要发送的文件上方单击按钮，在【共享】组中单击【邮件发送】选项。

❷ 弹出【请选择程序】对话框，单击选择【电子邮件】选项。

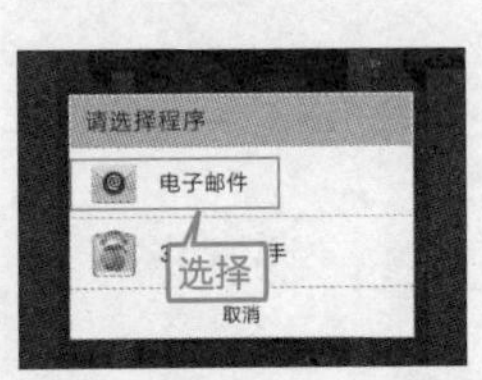

❸ 弹出邮件编辑界面，邮件编辑完成之后，单击右上角的按钮，即可发送邮件。

提示 如果第一次使用邮件发送功能，则会弹出提示，提醒用户需要配置邮箱账号。

高手私房菜

本节视频教学录像：2 分钟

技巧 1：手机连接打印机打印 PPT 文档

如今手机办公越来越便利，随时随地都可以处理文档和图片等。编辑好的 PPT 文档可直接通过手机连接打印机进行打印，一般较为常用的有两种方法。一种是手机和打印机同时连接同一个网络，在手机和电脑端分别按照打印机共享软件，实现打印机的共享，如打印工场、打印助手等；另一种是通过账号进行打印，则不局限局域网的限制，但是仍需要手机和电脑联网，安装软件通过账号访问电脑端打印机，进行打印，最为常用的就是 QQ。

本技巧以 QQ 为例，前提需要手机端和电脑端同时登录 QQ，且电脑端已正确安装打印机及驱动程序，具体步骤如下。

❶ 登录手机 QQ，进入【联系人】界面，单击【我的设备】分组下的【我的打印机】选项，如下图所示。

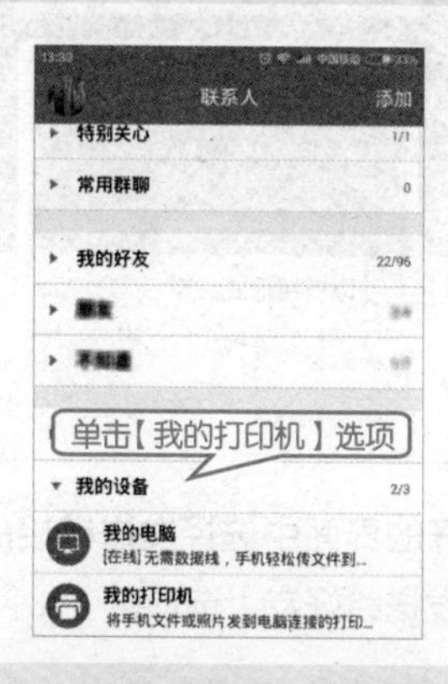

❷ 进入【我的打印机】界面，单击【打印文件】或【打印照片】按钮，可添加打印的文件和照片，如下图所示。

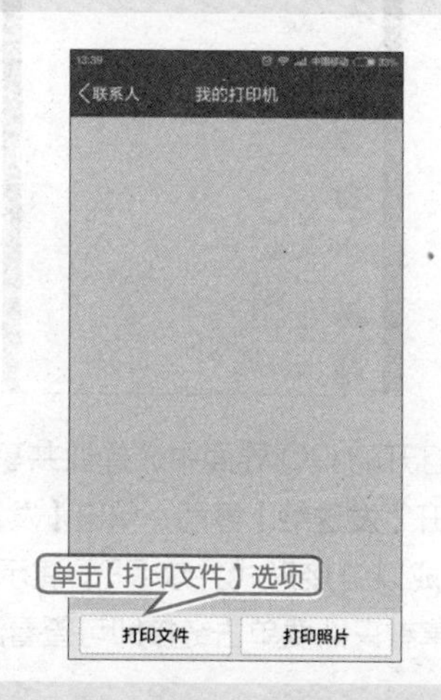

❸ 如单击【打印文件】按钮，则显示【最近文件】界面，用户可选择最近手机访问的文件进行打印，如下图所示。

❹ 如最近文件列表中没有要打印的文件，则单击【全部文件】按钮，选择手机中的要打印的文件，单击【确定】按钮，如右侧图所示。

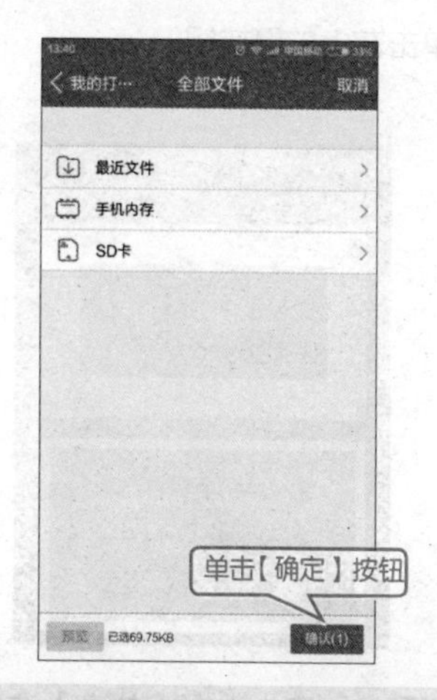

❺ 进入【打印选项】界面，可以选择要使用的打印机、打印机的份数、是否双面，设置后，单击【打印】按钮，如下图所示。

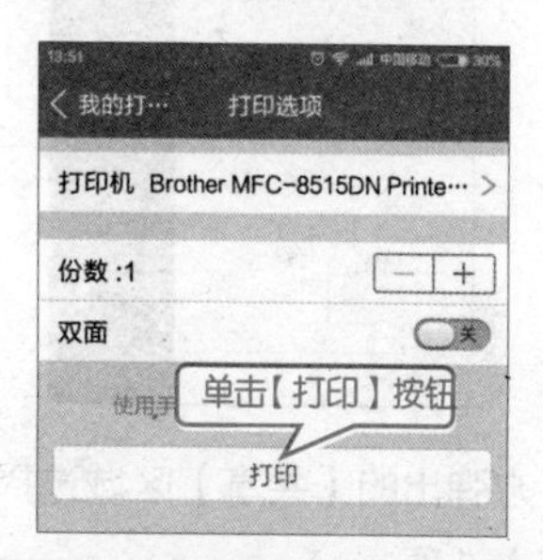

❻ 返回【我的打印机】界面，即会将该文件发送到打印机进行打印输出，如下图所示。

技巧 2：以链接的形式共享文档

使用 Microsoft PowerPoint 手机版编辑 PPT 之后，可以将 PPT 演示文稿生成链接，然后通过微信、QQ 等将链接发送给好友实现共享。

❶ 用 Microsoft PowerPoint 编辑演示文稿之后，单击左上的■按钮。

❷ 在打开的列表中选择【共享】选项。

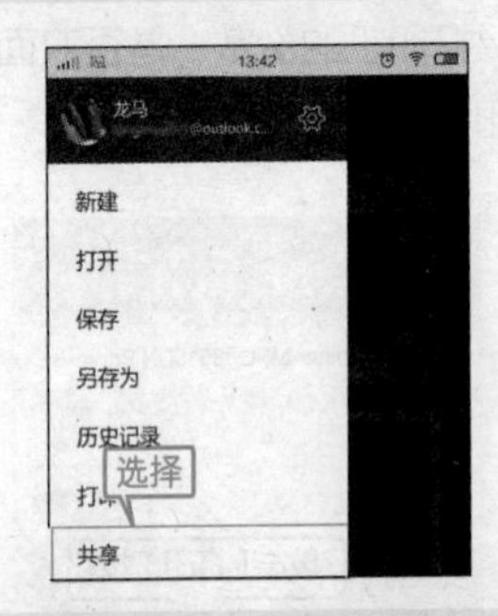

❸ 在下方弹出的【共享】区域选择【以链接形式共享】选项。

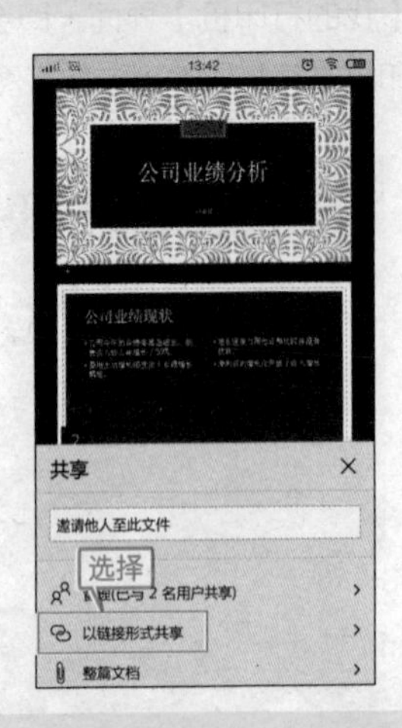

❹ 在打开的【以链接形式共享】面板中选择【编辑链接】选项。

❺ 在打开的界面中选择发送链接的方式，这里选择【发送给好友】选项。

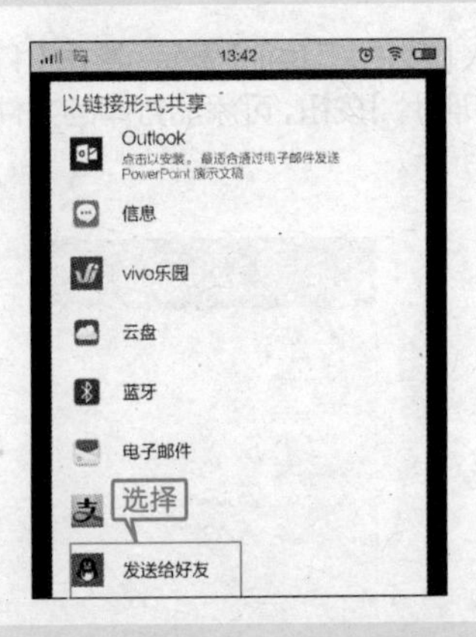

❻ 在打开的 QQ 界面中选择要共享的好友，将会打开【发送给】界面，单击【发送】按钮，即可完成以链接形式共享 PPT 演示文稿的操作，共享者只需要单击链接即可查看演示文稿。

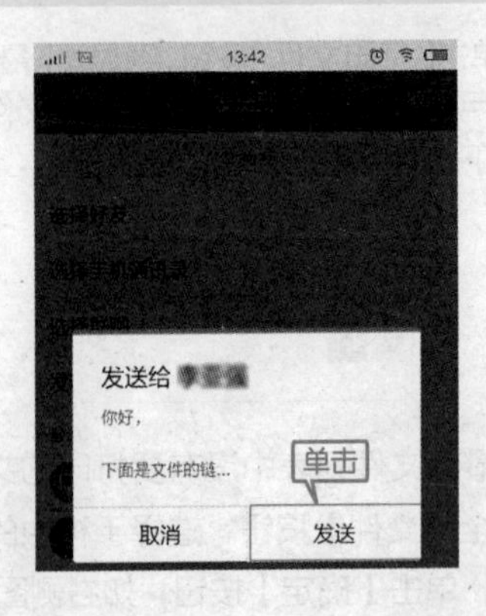

第 22 章

PowerPoint 的帮手

本章视频教学录像：17 分钟

高手指引

正是因为有了无数的应用软件，Windows 操作系统才变得如此强大，而 PowerPoint 也是如此，除了自身的强大功能外，它有众多的帮手，让用户对于 PPT 的使用更加顺手、便捷。

重点导读

- 快速提取 PPT 中的文字内容
- 将 PPT 转换为 Flash 动画
- 将 PPT 制作为屏幕保护程序
- 为大容量的 PPT 优化瘦身

22.1 快速提取 PPT 中的内容

本节视频教学录像：3 分钟

如果感觉有些 PPT 中的内容不错，可以用作论文中的资料，传统的方法是将一张一张的幻灯片中的内容复制粘贴到 Word 文档中。

在此介绍一种简便、快捷的方法，可以使用【ppt Convert to doc】工具将 PPT 中所有的文字内容快速提取出来。此工具只能转换扩展名为“ppt”的 PowerPoint 97-2003 格式的演示文稿，所以转换“pptx”演示文稿前，需要先另存为“ppt”格式。

❶ 打开“素材\ch22\书法文化.pptx”文件，选择【文件】➤【另存为】命令，将文件另存为【PowerPoint 97-2003 演示文稿】格式。

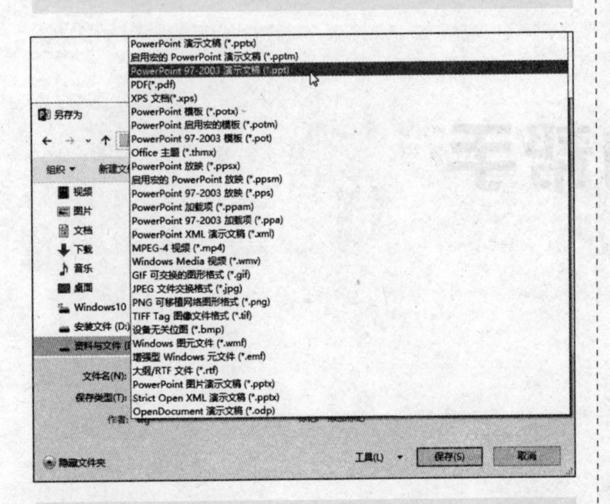

❷ 下载并运行【ppt Convert to doc】工具。

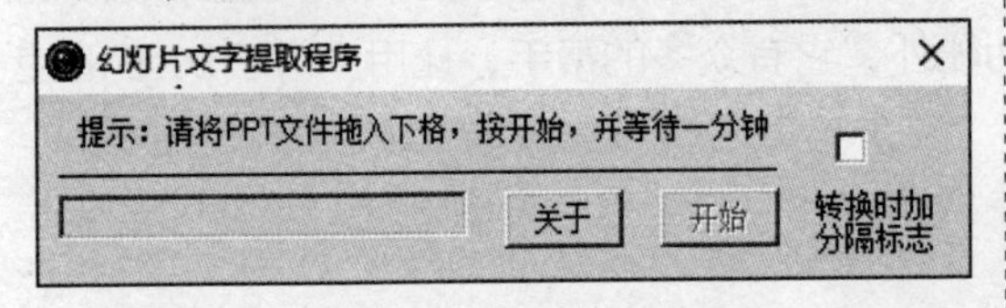

❸ 将另存后的扩展名为“ppt”文件拖到此程序中的长方形框中。

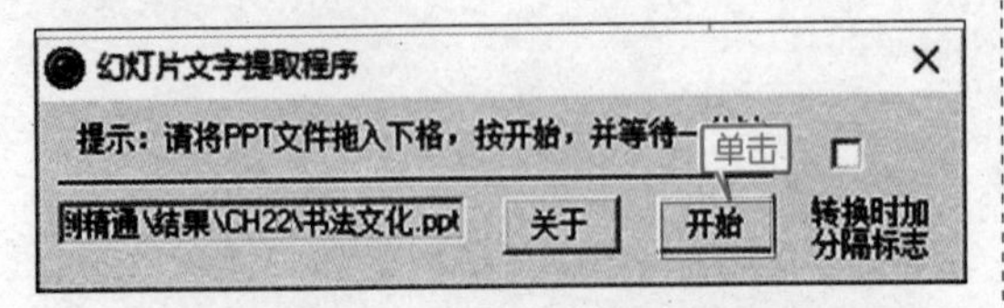

❹ 单击【开始】按钮，程序打开 Word 2016 并开始提取内容，提取完成后，弹出提示框，单击【确定】按钮即可。

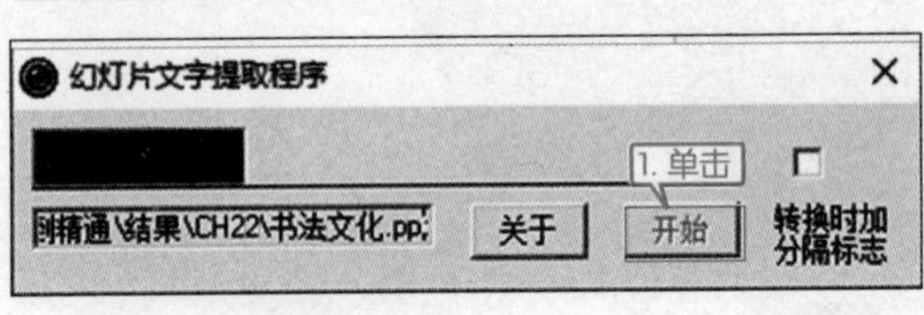

❺ 程序会在 PPT 文件所在目录中生成 Word 文档，文档的内容即为提取自 PPT 中的文字内容，如图所示。

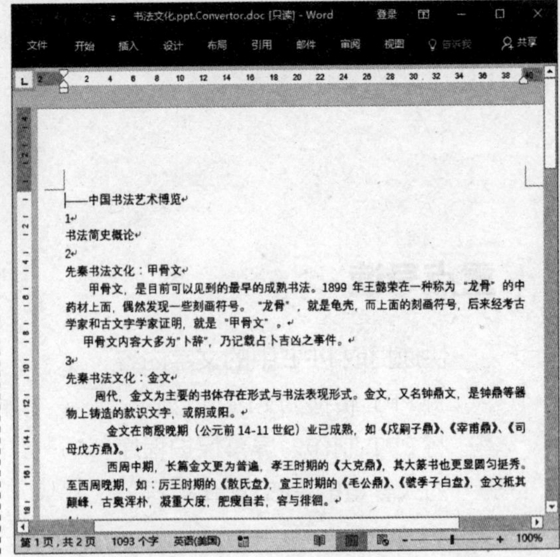

——中国书法艺术博览

1

书法简史概论

2

先秦书法文化：甲骨文

甲骨文，是目前可以见到的最早的成熟书法。1899 年王懿荣在一种称为“龙骨”的中药材上面，偶然发现一些刻画符号。“龙骨”，就是龟壳，而上面的刻画符号，后来经考古学家和古文字学家证明，就是“甲骨文”。

甲骨文内容大多为“卜辞”，乃记载占卜吉凶之事件。

3

先秦书法文化：金文

周代，金文为主要的书体存在形式与书法表现形式。金文，又名钟鼎文，是钟鼎等器物上铸造的款识文字，或阴或阳。

金文在商殷晚期（公元前 14-11 世纪）业已成熟，如《戍嗣子鼎》、《宰甫鼎》、《司母戊方鼎》。

西周中期，长篇金文更为普遍，孝王时期的《大克鼎》，其大篆书也更显圆匀挺秀。至西周晚期，如：厉王时期的《散氏盘》，宣王时期的《毛公鼎》、《虢季子白盘》，金文抵其颠峰，古奥浑朴，凝重大度，肥瘦自若，容与徘徊。

22.2 转换 PPT 为 Flash 动画

本节视频教学录像：3 分钟

如果需要在其他没有安装 PowerPoint 的计算机中播放 PPT 文件，就需要先安装 PowerPoint 或将 PPT 进行打包，可以通过【PowerPoint to Flash】软件将 PPT 转换为 Flash 格式的视频文件。这样不仅可以使用播放器进行播放，还可以将其添加到网页中。转换步骤如下。

❶ 安装并启动【PowerPoint to Flash】软件。

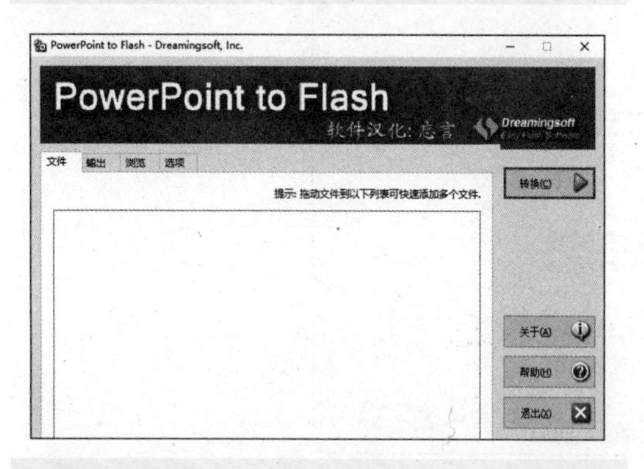

❷ 拖动“素材\ch22\书法文化.pptx”文件。

❸ 选择【输出】选项卡，设置文件的输出路径。

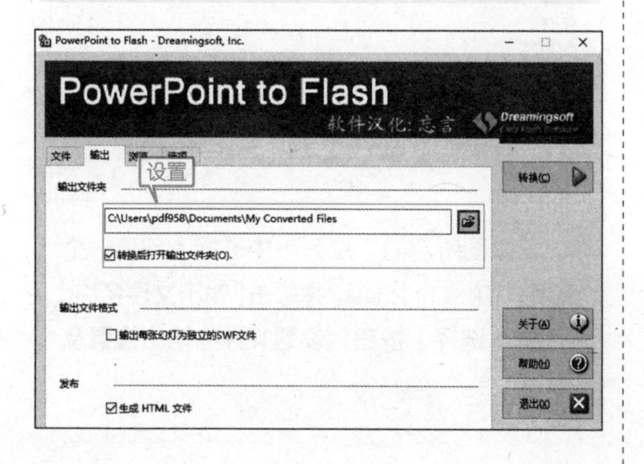

❹ 单击【选项】选项卡，设置生成 Flash 文件的大小和背景颜色。

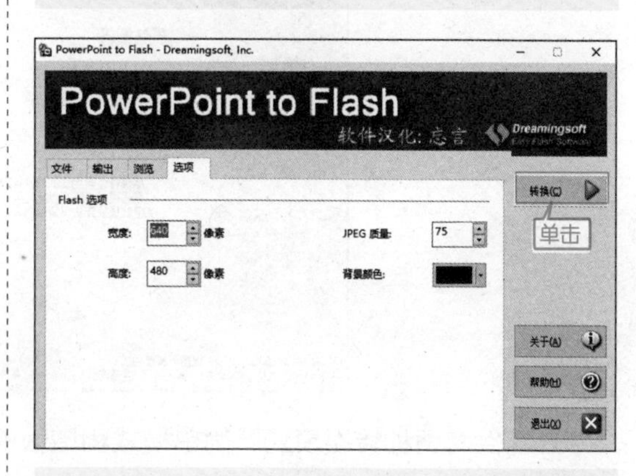

❺ 单击【转换】按钮，软件开始转换。

❻ 转换完成后，自动打开输入目录，输出了一个 Flash 文件和已嵌入 Flash 文件的 htm 网页文件，打开网页文件，即可在网页上使用鼠标或键盘控制 PPT 的放映。

22.3 将 PPT 应用为屏保

本节视频教学录像：5 分钟

使用 PowerPoint 2016 制作了个人相册 PPT 或其他炫目的 PPT 之后，如果想作为计算机的屏幕保护程序，可以通过 PowerPoint Slide Show Converter 这个软件来实现。软件的界面如下图所示。

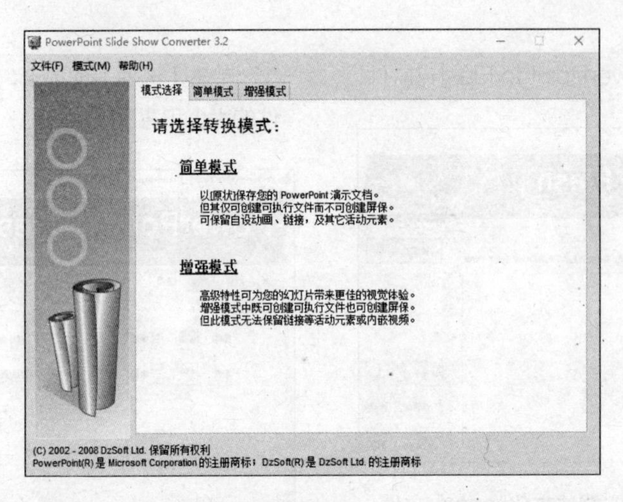

此软件有两种转换模式：简单模式和增强模式。简单模式可以将 PPT 转换为可执行程序文件（exe 格式），增强模式不仅可以将 PPT 转换为可执行程序文件，还可以转换为屏幕保护程序（src 格式）。

使用 PowerPoint Slide Show Converter 将 PPT 转换为屏幕保护程序的步骤如下。

❶ 安装并启动 PowerPoint Slide Show Converter 3.2 版本，在主界面上选择增强模式，程序将自动切换到【增强模式】选项卡。

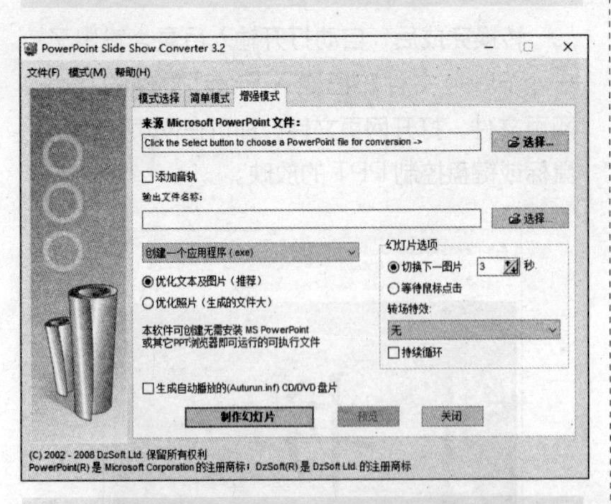

❷ 单击【来源 Microsoft PowerPoint 文件】后面的【选择】按钮，选择“素材\ch22\食品营养报告.pptx”文件，单击【打开】按钮。

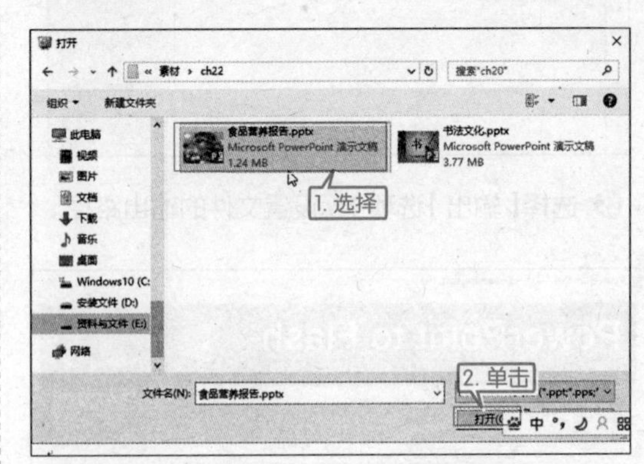

❸ 在如图所示的下拉列表中选择【创建一个屏保程序(.scr)】选项，并单击【输出文件名称】后面的【选择】按钮，设置文件的输出位置及名称。

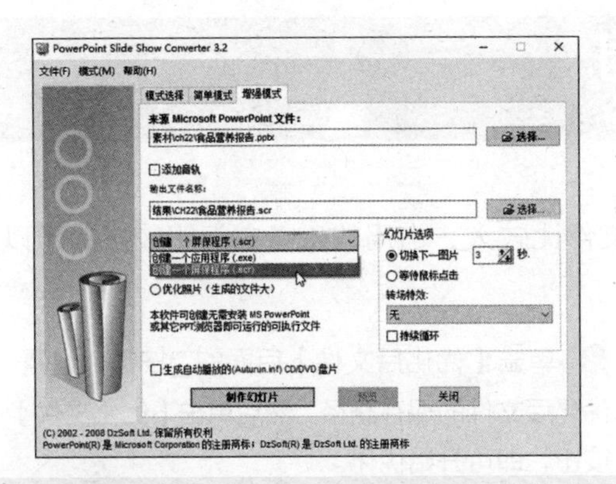

❹ 设置【幻灯片选项】区域，如设置切换时间和转场效果等。

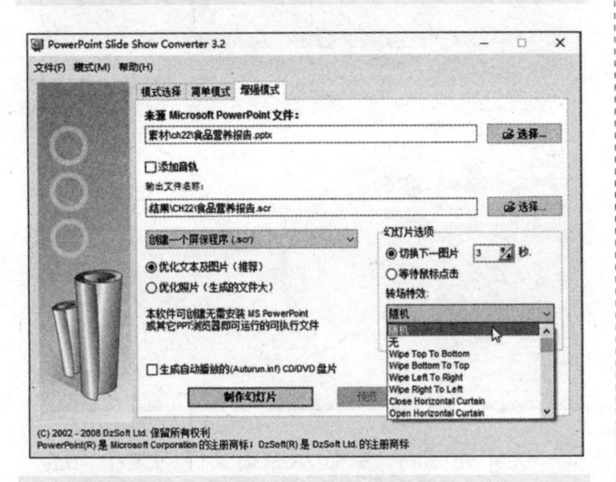

❺ 设置完成后单击【制作幻灯片】按钮，弹出进度对话框。

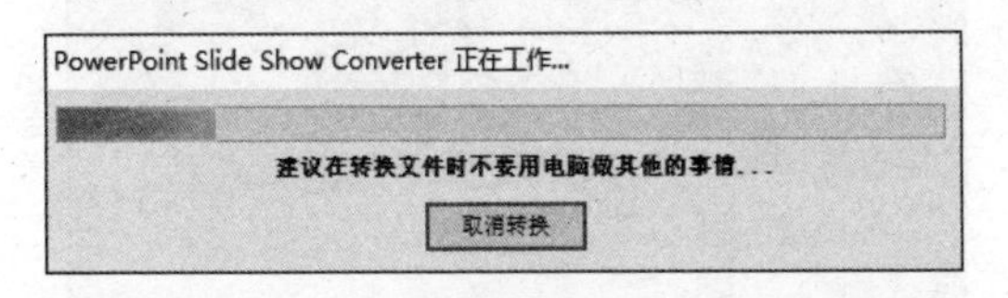

❻ 转换完成后，会弹出转换成功的信息框，在设置的输入文件夹中即可生成 scr 文件，运行生产的文件，如下图所示。

❼ 将生成的 scr 文件复制到“C:\Windows”文件夹中，然后在桌面上右键单击，在弹出的快捷菜单中选择【个性化】命令，在弹出的【个性化】对话框中选择【锁屏界面】选项，然后单击【屏幕保护程序设置】。

❽ 在弹出的【屏幕保护程序设置】对话框中的【屏幕保护程序】下拉列表中即可找到此程序，单击【确定】即可。

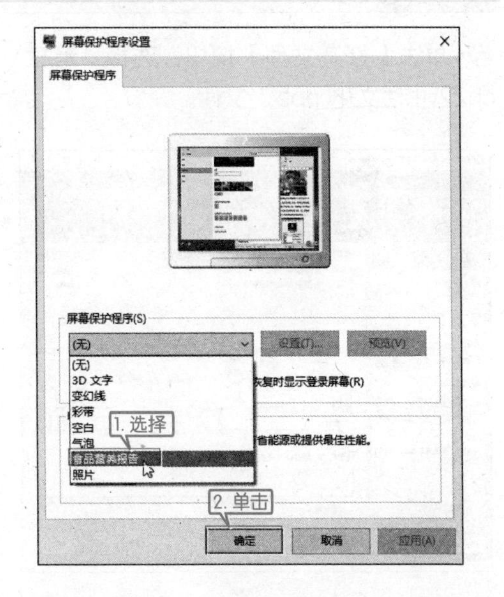

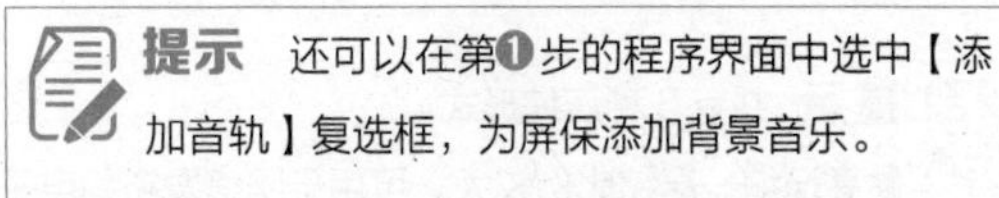

提示 还可以在第❶步的程序界面中选中【添加音轨】复选框，为屏保添加背景音乐。

22.4 为 PPT 瘦身

本节视频教学录像：2 分钟

由于 PPT 中使用了大量的图片，导致 PPT 文件比较大、占用的磁盘空间比较多。可以通过 PPTminimizer 程序来为 PPT 优化瘦身。

❶ 安装并启动 PPTminimizer 4.0 程序，界面如图所示。

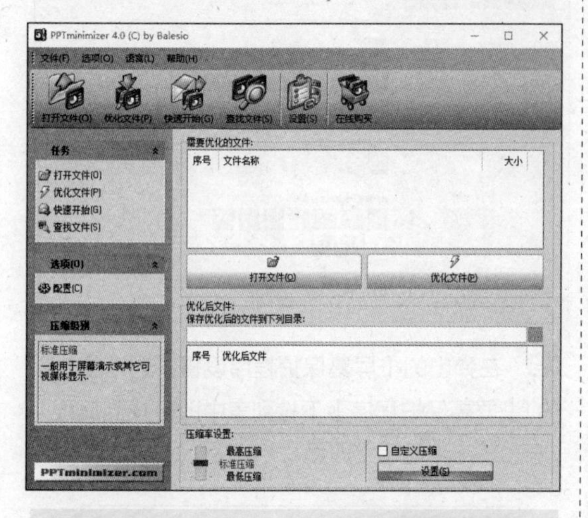

❷ 单击【打开文件】按钮，选择“素材\ch22\书法文化.pptx”文件。

❸ 单击【优化后文件】后面的按钮，设置优化后文件的保存路径。然后单击【优化文件】按钮，即可开始优化。

❹ 优化完成后，会显示原始文件的大小、压缩后文件的大小和压缩的比例。

提示 共有 3 种压缩形式。

最高压缩：压缩比例较大，可用于网络发布和电子邮件传输，压缩后的图像质量较差。

标准压缩：可用于屏幕演示。

最低压缩：压缩比例较小，可用于文件的打印，压缩后的文件较大。

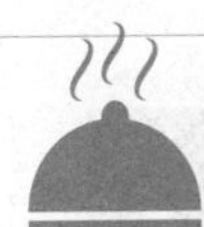

高手私房菜

本节视频教学录像：4 分钟

技巧：PPT 的演示帮手

在 PPT 放映时，可以通过 ZoomIt 这个软件来放大显示局部，此软件还可以实现画笔在 PPT 上写字或画图的功能以及课件计时的功能。使用方法如下。

❶ 下载并启动 ZoomIt v4.31 版本，程序界面如下图所示。选择【Zoom】选项卡，设置缩放的快捷键，如按下【Ctrl+1】键。

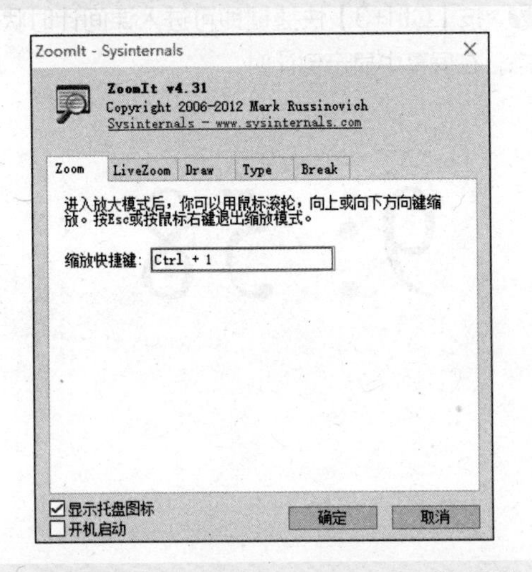

❷ 选择【Draw】选项卡，设置绘图的快捷键，如按下【Ctrl+2】键。

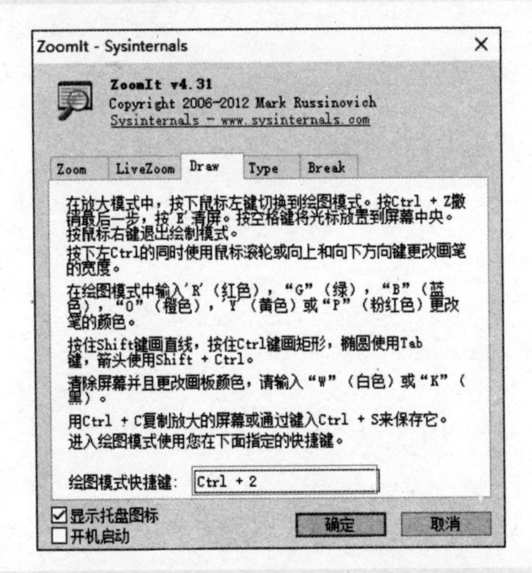

❸ 在 PPT 放映时，先进入绘图状态，然后按【T】键即可在 PPT 上输入单词。可以通过【字体】选项卡来设置字体。单击【Type】按钮，在弹出的对话框中设置字体的样式。

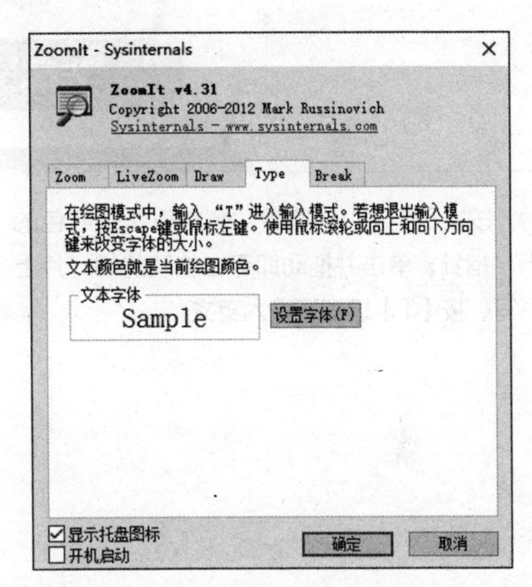

❹ 选择【Break】选项卡，此功能用于放映 PPT 时的课间休息计时。设置快捷键（如【Ctrl+3】）并设置定时的时间。

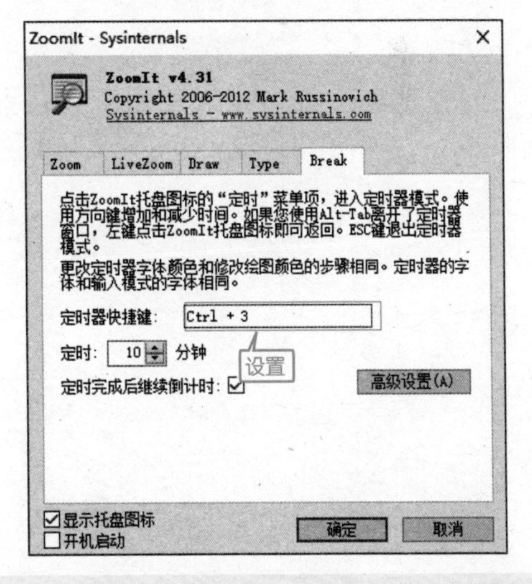

❺ 设置完成后单击【确定】按钮。放映 PPT，然后按【Ctrl+1】快捷键，移动鼠标指针，即可实现局部的放大。然后滚动鼠标滚轮，可实现当前屏幕的放大和缩小。

❻ 按【Ctrl+2】快捷键，会出现 1 个红色的十字指针，单击并拖动即可在放映的幻灯片上书写，按【T】键即可输入英文。

❼ 按【Ctrl+3】快捷键即可进入课间计时状态，在屏幕中显示倒计时。

9:58

第23章 快速设计 PPT 中元素的秘籍

本章视频教学录像：16 分钟

高手指引

PPT 除了内容，给人最直观的印象就是模板，合适的模板可以更有效地烘托出内容。模板就是由背景及其他一些元素组成，不要以为这些都是设计人员的事情，有了本章所讲述的这些工具，你也一样可以进行设计。

重点导读

- 制作水晶按钮
- 制作 Flash 图表
- 使用 Photoshop 抠图
- 使用 Photoshop 处理模糊的背景图片

23.1 制作水晶按钮或形状

本节视频教学录像：7 分钟

PowerPoint 2016 中的形状工具的功能已经比较强大了，通过轮廓、填充、阴影、三维格式、三维旋转等参数的综合设置，可以呈现出各式各样的按钮或者形状效果。但是，对于 PPT 设计的新手来说，设置过程比较烦琐，在此推荐一个快速制作水晶按钮的工具——Crystal Button。下图就是通过此软件快速制作完成的。

水晶按钮的制作步骤如下。

❶ 安装并启动 Crystal Button 2.8，启动后的界面如下图所示。左侧是工具栏，右侧是软件提供的模板，中间是水晶按钮效果预览区域。

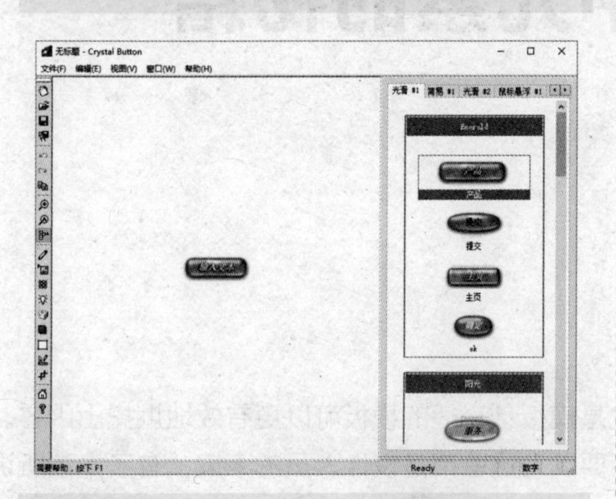

❷ 在右侧的列表中选择一种模板，这里选择【光滑】➤【浅蓝玻璃】➤【是】。

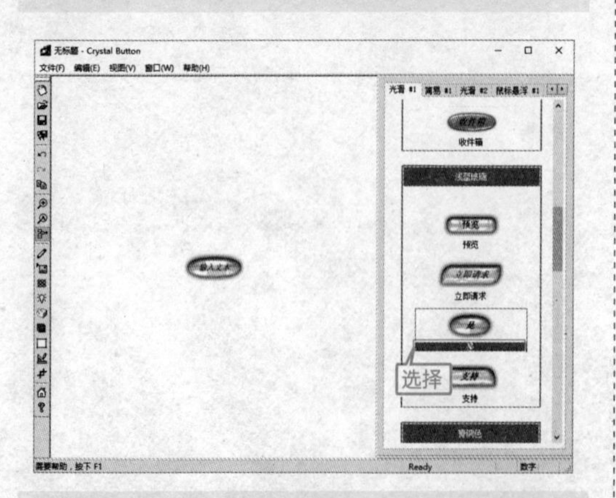

❸ 更改按钮上显示的文字。单击左侧工具栏中的【文字选项】按钮，在弹出的对话框中设置文字的内容、颜色、字体、字型和大小，如下图所示。

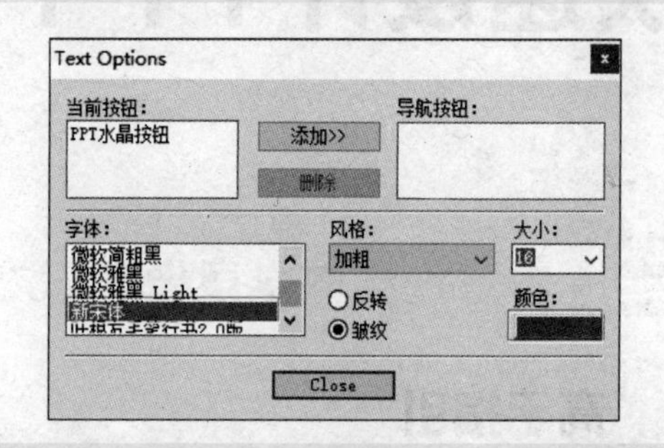

❹ 设置按钮的大小。单击左侧工具栏中的【图像选项】按钮，在弹出的对话框中撤选【自动调整大小】复选框，并输入宽度和高度，设置按钮的背景、文字的对齐类型和文字边距后，单击【关闭】按钮。

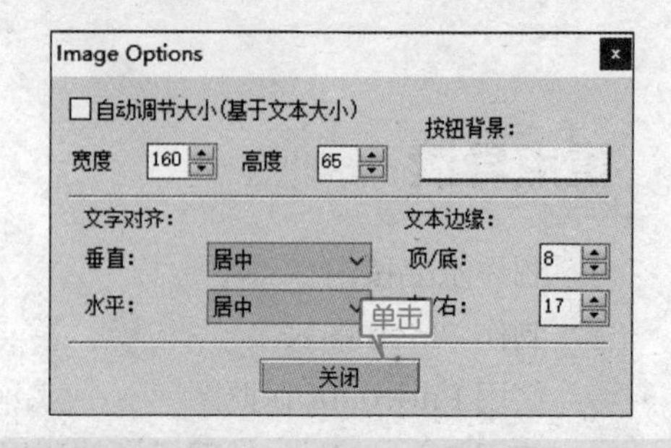

❺ 设置按钮的纹理。单击左侧工具栏中的【纹理选项】按钮，在弹出对话框中的【艺术化】选项卡中选择一种纹理，并设置杂色类型和不透明度，单击【关闭】按钮。

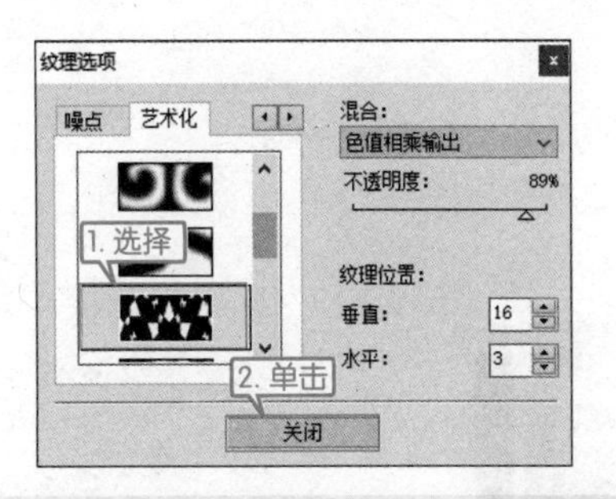

❻ 设置按钮的光照效果。单击左侧工具栏中的【灯光选项】按钮，在弹出的对话框中设置灯光的颜色、位置及内部灯光的颜色等，单击【关闭】按钮。

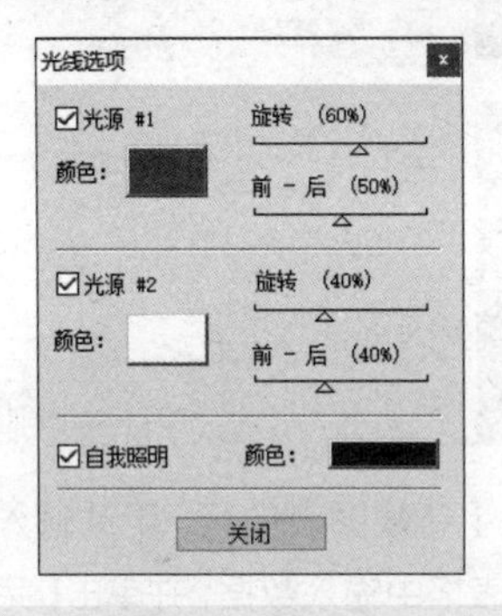

❼ 设置按钮的材质效果。单击左侧工具栏中的【材质选项】按钮，在弹出的对话框中设置材质的类型等，若选择【自定义】选项，则需要设置反射颜色、透明度等，设置完成后单击【关闭】按钮。

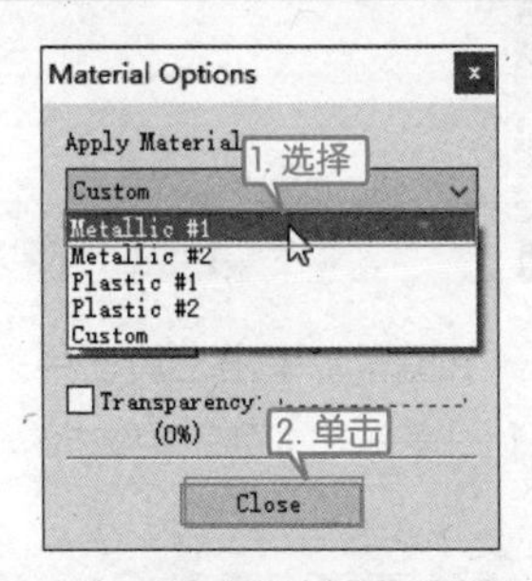

❽ 设置按钮的边框效果。单击左侧工具栏中的【边框选项】按钮，在弹出的对话框中设置边框、形状及宽度等，并单击【关闭】按钮。

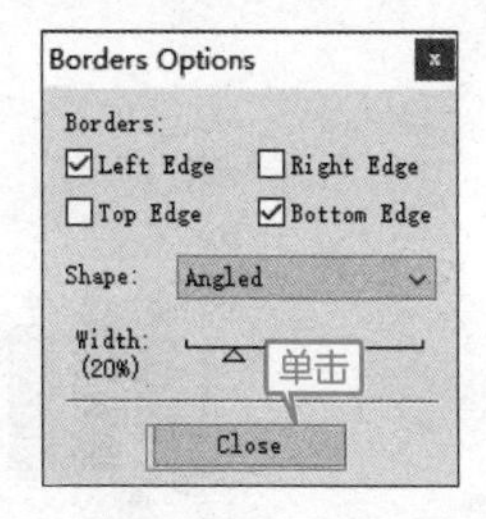

❾ 设置按钮的形状效果。单击左侧工具栏中的【形状选项】按钮，在弹出的对话框中选择一种形状，并可以设置水平翻转、垂直翻转和锐化度，设置完成后单击【关闭】按钮。

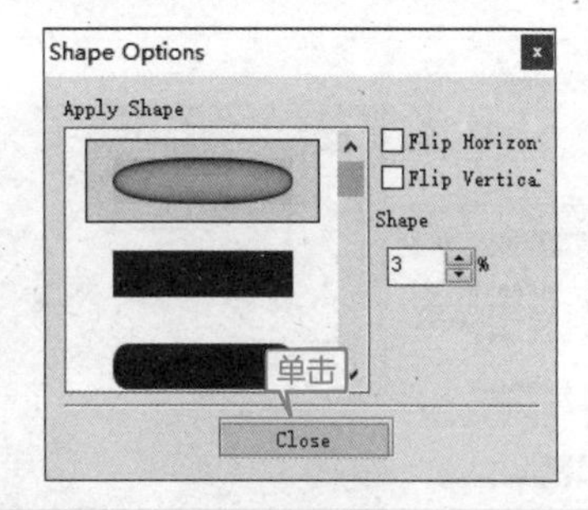

❿ 设置完成后，选择【文件】➤【导出按钮图像】选项，即可将按钮保存为 gif 格式的文件，如图所示。

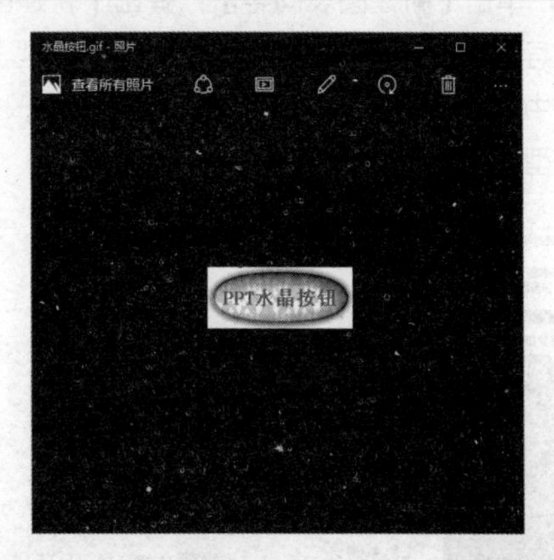

23.2 制作 Flash 图表

本节视频教学录像：4 分钟

PowerPoint 2016 中的图表工具能够根据数据生成各式各样的图表，并应用样式来美化图标，但是图表的动画功能有些局限性。下面介绍一种图表制作工具——Swiff Chart，通过此工具可以制作出华丽的图表和动画，并能够导出为 swf 格式文件并插入到 PPT 中。

下图就是使用 Swift Chart 快速制作的图表。

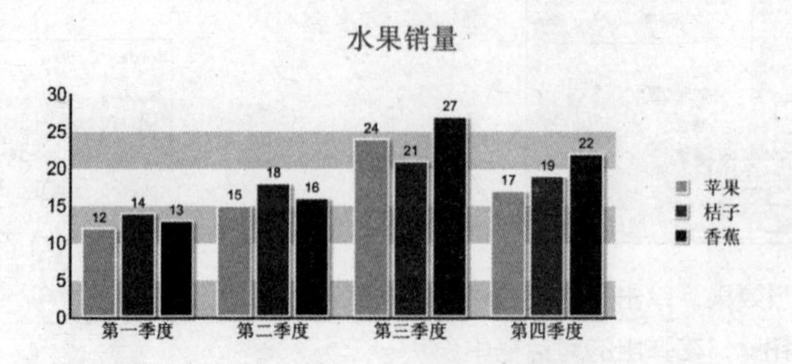

制作步骤如下。

❶ 安装并启动 Swift Chart 3.5 Pro，软件界面如图所示。

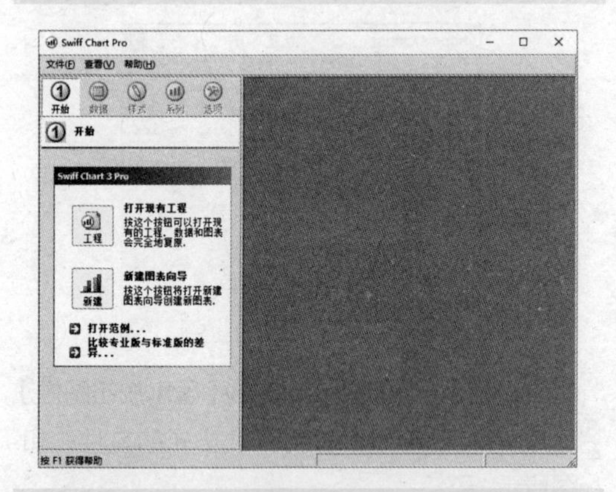

❷ 单击【新建图表向导】，弹出【新建图表向导 - 图表类型】对话框，在【图表类型】列表中选择【柱形图】选项，在右侧选择一种子类型。

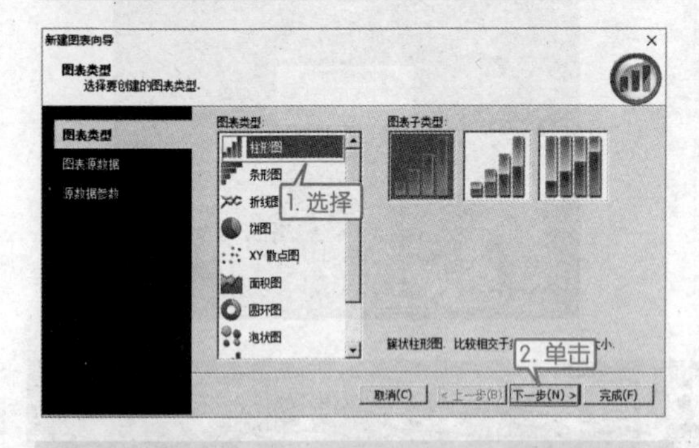

❸ 单击【下一步】按钮，弹出【新建图表向导 - 图表源数据】对话框，选中【手动输入数据】单选按钮，单击【下一步】按钮。

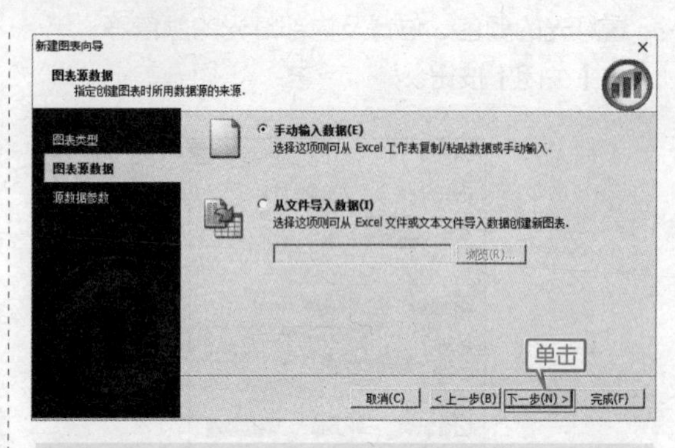

❹ 弹出【新建图表向导 - 手动输入数据】对话框，在表格中输入数据，并单击【完成】按钮。

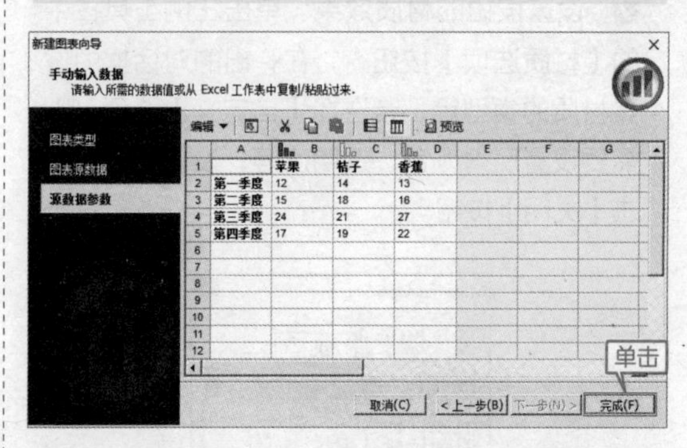

❺ 生成一个图表，单击工具栏中的【样式】按钮，在【图表样式】列表中选择一种样式。

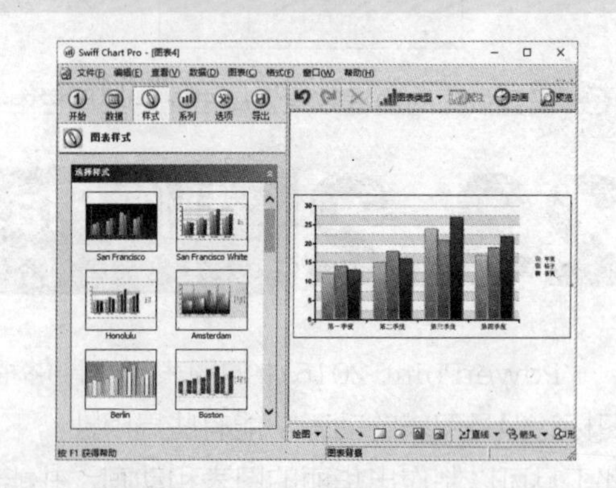

❻ 单击工具栏中的【系列】按钮，可以设置图表的数据系列和数据标签，如选择图表中的柱形图，并在左侧选中【显示数据标签】复选框，即可在柱形的上方显示数据标签。

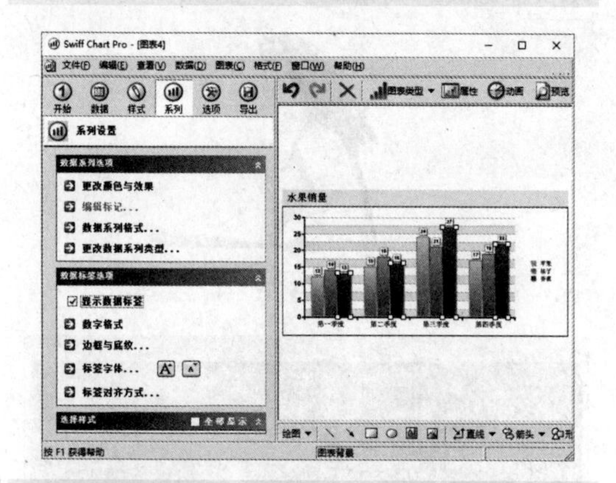

❼ 单击工具栏中的【选项】按钮，在左侧列表中单击【编辑图表标题】链接，打开【标题选项】，如下图所示。

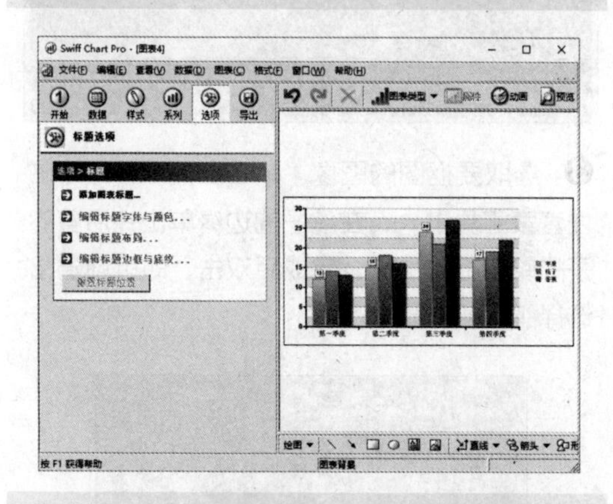

❽ 单击【添加图表标题】，打开【图表选项】对话框，在【图表标题】文本框中输入“水果销量”，并单击【确定】按钮。

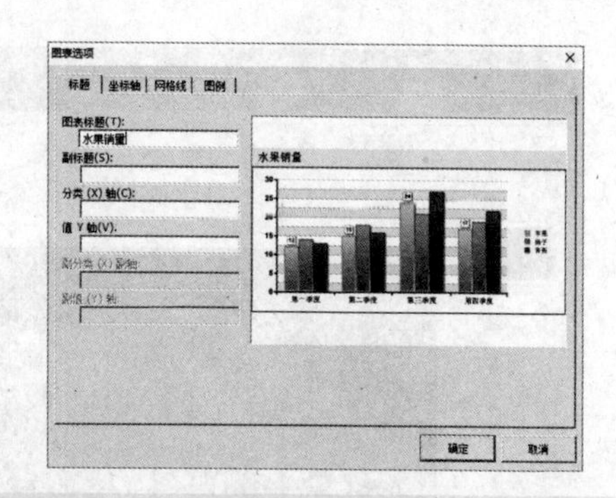

❾ 单击工具栏中的【导出】按钮，在左侧单击【导出为 Flash 影片】链接，设置影片大小等参数后单击【保存】按钮，将图标保存为“Flash 图表 .swf”文件。

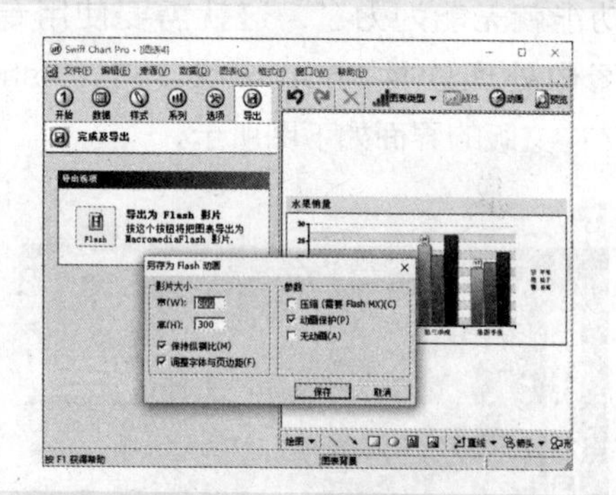

❿ 在 PowerPoint 2016 中选择【插入】选项卡【媒体】组中的【视频】按钮，将图表插入到幻灯片中，如下图所示。

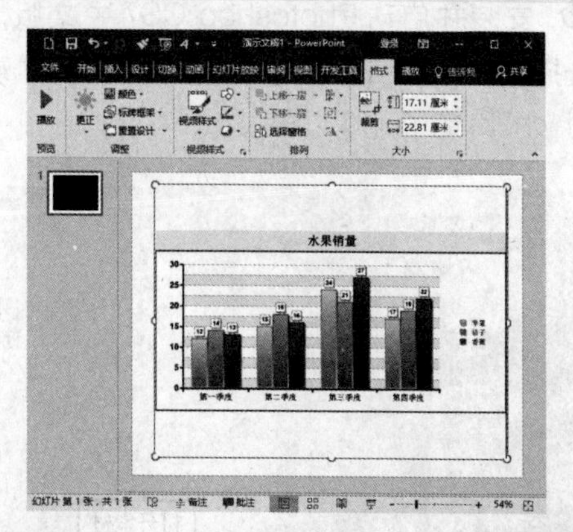

23.3 使用 Photoshop 抠图

本节视频教学录像：3 分钟

PowerPoint 2016 中提供了删除背景的功能，可以将比较单一的背景删除。如下图所示分别为在幻灯片中插入“素材 \ch23\ 鹦鹉 .jpg”文件和选择【删除背景】选项后的结果图。

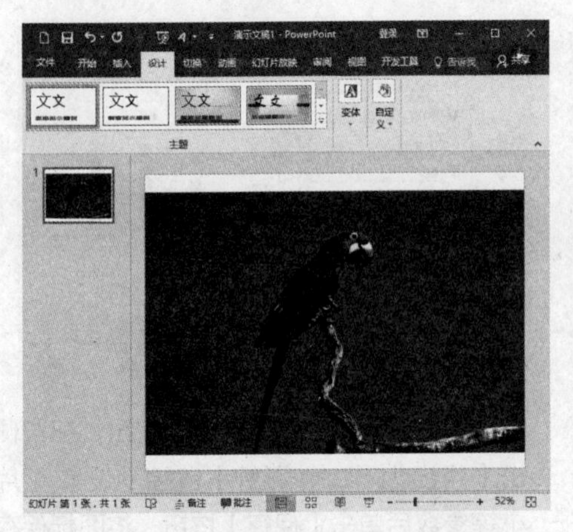

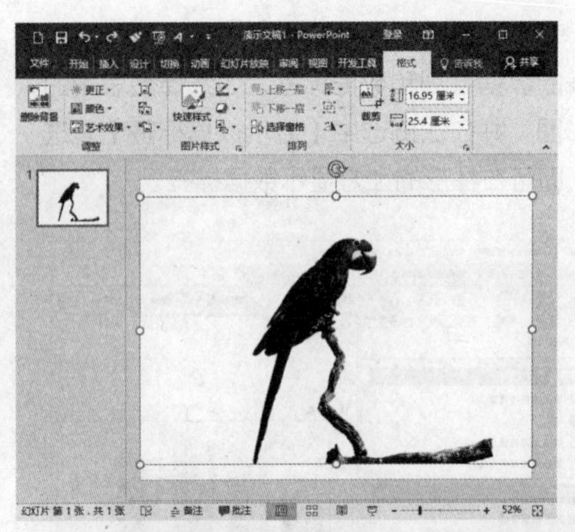

但是对于一些背景颜色比较多的图片，此功能就无能为力了，这就需要使用专业的图像处理软件 Photoshop。Photoshop CS7 中文版的界面如下图所示。

❶ 安装并启动 Photoshop CS7 中文版，选择【文件】➤【打开】菜单命令，打开“素材 \ch23\ 鸽子 .jpg”图片。

❷ 裁剪图片。在工具箱中选择【裁剪工具】，在图片上单击并拖动圈出如下图所示的区域，按【Enter】键即可。

❸ 选取要抠图的图像。单击工具箱中的【磁性套索工具】，在鸽子的边缘单击并沿着鸽子的轮廓拖动一周，完成后双击，即可创建出选择鸽子部分图像。

❹ 选择【文件】➤【新建】选项，在弹出的【新建】对话框中设置如下图所示，单击【确定】按钮。

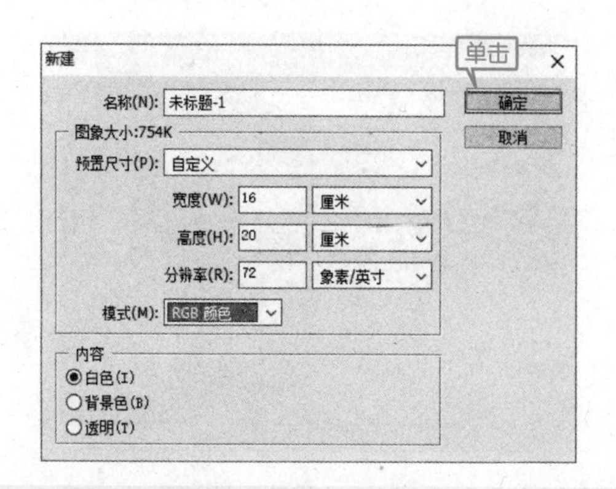

❺ 单击工具箱中的【选择工具】，按下【Alt】键的同时拖动“鸽子”的选区到新建的文件中。

❻ 选择【文件】➢【存储为】菜单命令，在弹出对话框的【格式】下拉列表中选择【CompuServe GIF】选项，并选择文件保存位置和输入名称，单击【保存】按钮，然后根据提示设置保存选项即可。在幻灯片中插入抠图后的图片，效果如图所示。

23.4 使模糊的背景图片变清晰

本节视频教学录像：2 分钟

可以使用一些风景照片作为幻灯片的背景，如果由于拍照时的环境因素导致照片比较模糊，可以使用 Photoshop 将图片清晰化处理，使用到的命令有【自动色调】、【自动对比度】和【锐化】等命令。图片处理前后的效果如图所示。

使用 Photoshop CS7 处理图片的步骤如下。

❶ 启动 Photoshop CS7 中文版，选择【文件】➢【打开】菜单命令，打开随书光盘中的“素材\ch23\模糊图片.jpg”图片。

❷ 按【Shift+Ctrl+L】组合键执行【自动色调】命令，效果如图所示。

❸ 按【Alt+Shift+Ctrl+L】组合键执行【自动对比度】命令，效果如图所示。

❹ 选择【滤镜】➢【锐化】➢【USM锐化】命令，弹出【USM锐化】对话框，具体设置如图所示。

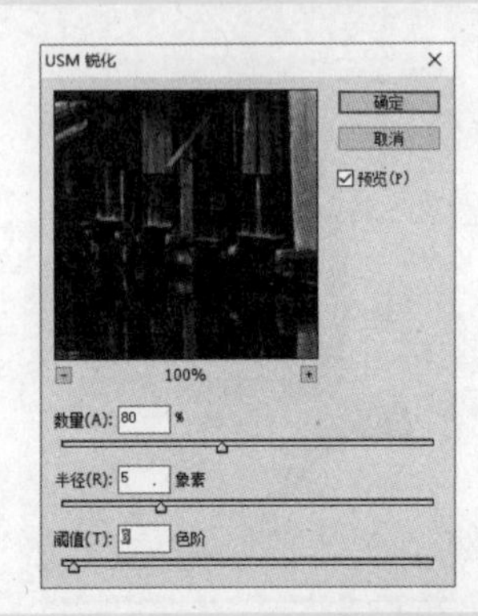

❺ 单击【确定】按钮，最终效果如图所示。

VBA 在 PowerPoint 2016 中的应用

本章视频教学录像：30 分钟

高手指引

使用 VBA 可以自动完成某些操作，从而帮助用户提高效率并减少失误。本章就来介绍 VBA 在 PowerPoint 2016 中的使用。

重点导读

- 认识宏
- 了解 VBA 编程基础
- 掌握 VBA 在 PowerPoint 中的实际应用

24.1 认识宏

本节视频教学录像：8 分钟

宏是由一系列的菜单选项和操作指令组成的、用来完成特定任务的指令集合。VisualBasic for Applications（VBA）是一种基于 Visual Basic 的宏语言。实际上宏是一个 Visual Basic 程序，这条命令可以是文档编辑中的任意操作或操作的任意组合。无论以何种方式创建的宏，最终都可以转换为 Visual Basic 的代码形式。

如果在 PowerPoint 中重复进行某项工作，可用宏使其自动执行。宏将一系列的 PowerPoint 命令和指令组合在一起，形成一个命令，以实现任务执行的自动化。用户可以创建并执行一个宏，以替代人工进行一系列费时而重复的操作。

1. 创建宏

在 PowerPoint 中进行的任何操作都能记录在宏中。在 PowerPoint 中创建宏的具体操作步骤如下。

❶ 在功能区面板上任意空白处单击鼠标右键，在弹出的快捷菜单中选择【自定义功能区】命令。

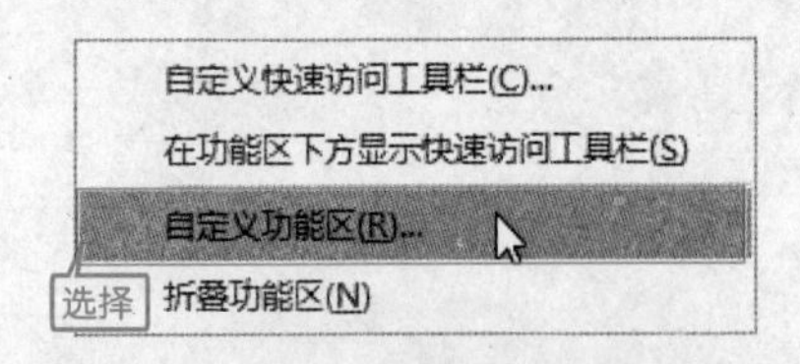

❷ 在弹出的【PowerPoint 选项】对话框中单击选中【自定义功能区】列表框中的【开发工具】复选框。

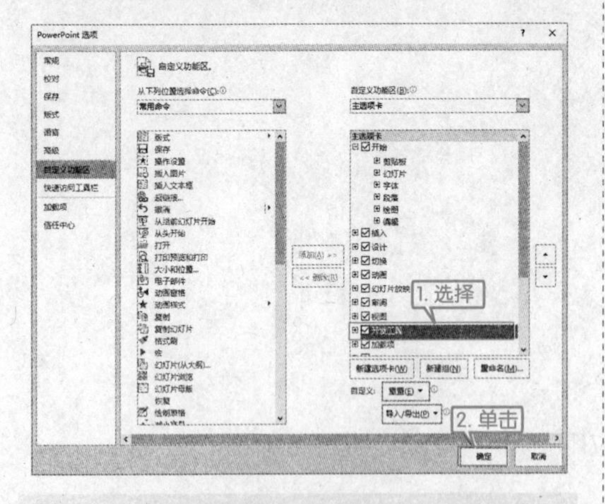

❸ 单击【确定】按钮，关闭对话框。即可将【开发工具】选项卡添加至功能区，单击【开发工具】选项卡，可以看到在该选项卡的【代码】组中包含了所有宏的操作按钮。

❹ 单击【宏】按钮，弹出【宏】对话框，在【宏名】文本框中输入宏名称，单击【创建】按钮。

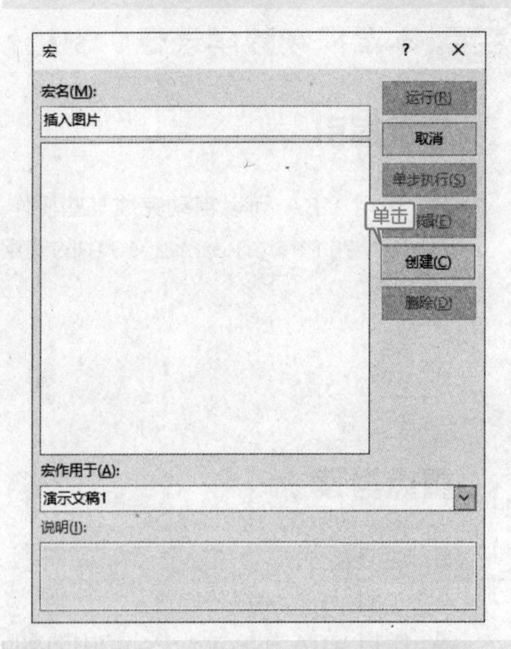

❺ 打开【Visual Basic】窗口，即可看到创建的宏名称。

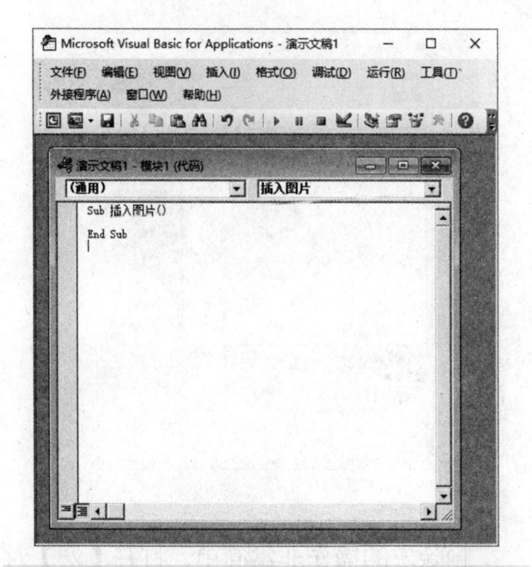

❻ 输入宏命令，单击【文件】➤【保存演示文稿 1】选项，保存创建的宏及演示文稿。

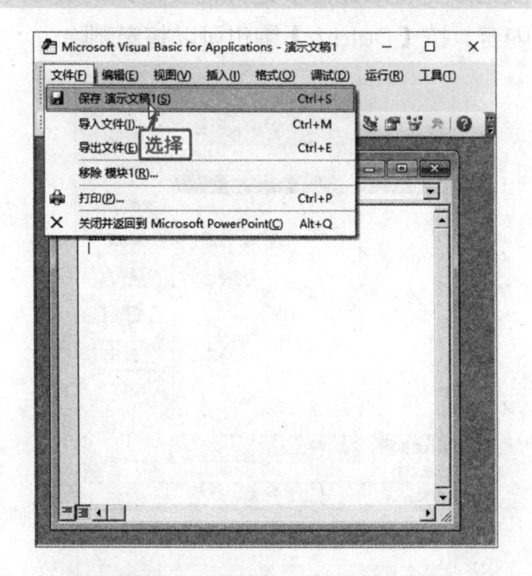

2. 运行宏

宏的运行是执行宏命令并在屏幕上显示运行结果的过程。在运行一个宏之前，首先要明确这个宏将进行什么样的操作。运行宏有多种方法，包括在【宏】对话框中运行宏、单步运行宏等。

(1) 利用【宏】对话框运行宏。

在【宏】对话框中运行宏是较常用的一种方法。单击【开发工具】选项卡下【代码】选项组中的【宏】按钮，弹出【宏】对话框。在【宏的位置】下拉列表框中选择【所有打开的工作簿】选项，在【宏名】列表框中就会显示出所有能够使用的宏命令，选择要执行的宏，单击【运行】按钮即可执行宏命令。

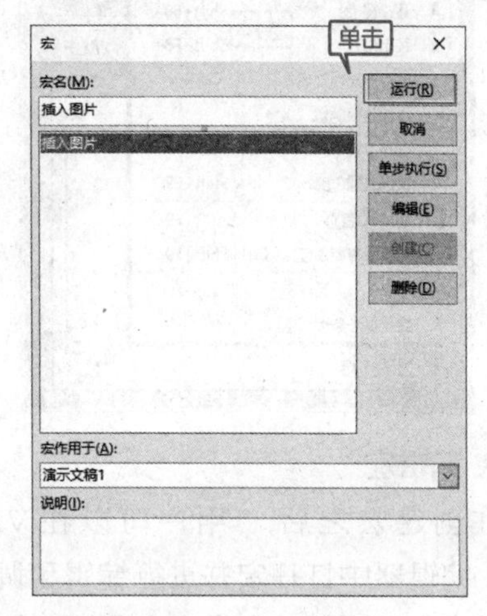

(2) 单步运行宏。

单步运行宏的具体操作步骤如下。

❶ 打开【宏】对话框，在【宏的位置】下拉列表框中选择【所有打开的工作簿】选项，在【宏名】列表框中选择宏命令，单击【单步执行】按钮。

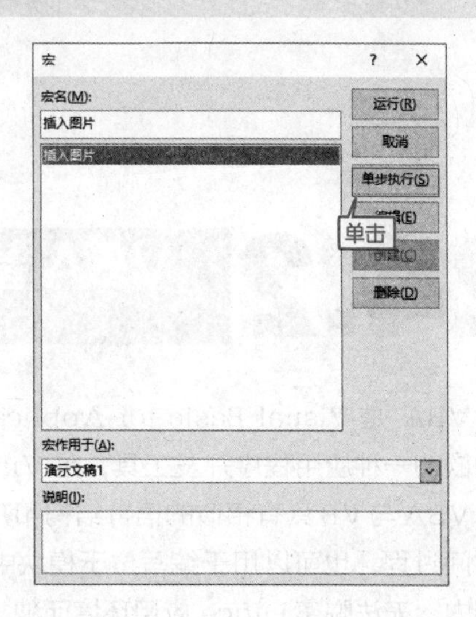

❷ 弹出编辑窗口。选择【调试】➤【逐语句】菜单命令，即可单步运行宏。

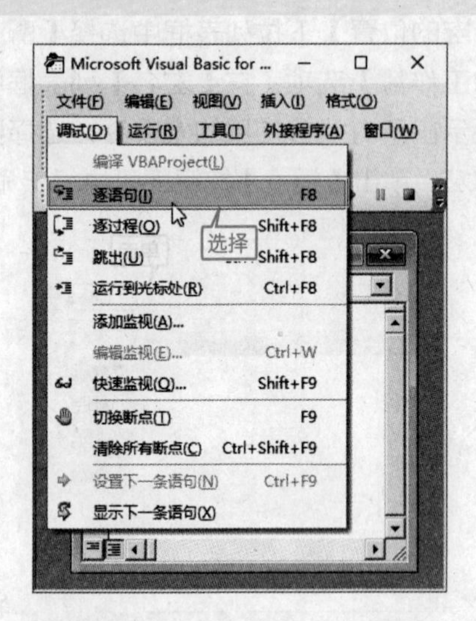

3. 编辑宏

在创建宏之后，用户可以在 Visual Basic 编辑器中打开宏并进行编辑和调试。打开【宏】对话框，在【宏名】列表框中选择需要修改的宏的名字，单击【编辑】按钮。即可在打开的编辑窗口中修改宏命令。

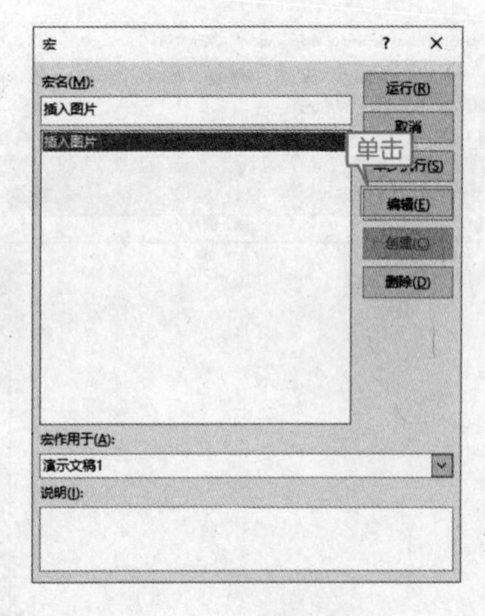

4. 删除宏

删除宏的操作非常简单，打开【宏】对话框，选中需要删除的宏名称，单击【删除】按钮即可将宏删除。选择需要修改的宏命令内容，按【Delete】键也可以将宏删除。

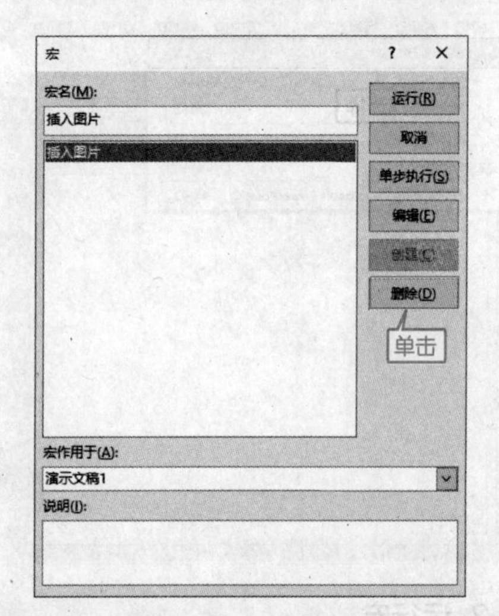

24.2 VBA 基础

本节视频教学录像：21 分钟

VBA 是 Visual Basic for Applications 的缩写，是 Microsoft 公司在其 Office 套件中内嵌的一种应用程序开发工具，是 Visual Basic 的一种宏语言。

VBA 与 VB 具有相似的语言结构和开发环境，主要用于编写 Office 对象（如窗口、控件等）的时间过程，也可以用于编写位于模块中的通用过程。但是，VBA 程序保存在 Office 2016 文档内，无法脱离 Office 应用环境而独立运行。

24.2.1 VBA 与宏的关系

在 Microsoft Office 中，使用宏可以完成许多任务，但是有些工作却需要使用 VBA 而不是宏来完成。

VBA 是一种应用程序自动化语言。所谓应用程序自动化，是指通过脚本让应用程序，例如 Excel、Word 自动化完成一些工作。例如在 Excel 里自动设置单元格的格式、给单元格充填某些内容、自动计算等，使宏完成这些工作的正是 VBA。

VBA 子过程总是以关键字 Sub 开始的，接下来是宏的名称（每个宏都必须有一个唯一的名称），然后是一对括号，End Sub 语句标志着过程的结束，中间包含该过程的代码。

宏有两个方面的好处：一是在录制好的宏基础上直接修改代码，可以减轻工作量；二是在 VBA 编写中碰到问题时，从宏的代码中可以学习解决方法。

宏的缺陷就是不够灵活，因此我们在碰到以下情况时，应尽量使用 VBA 来解决：使数据库易于维护；使用内置函数或自行创建函数；处理错误消息等。

24.2.2 VBA 的编程环境

打开的【Visual Basic】窗口就是编写 VBA 程序的地方，在使用 VBA 编写程序之前，我们首先了解一下 VBA 的编程环境。

1. 打开 VBA 编辑器

除了在创建宏时会自动打开 VBA 编辑器外，还有两种方法可以打开 VBA 编辑器。

(1) 单击【Visual Basic】按钮。

单击【开发工具】选项卡下【代码】选项组中的【Visual Basic】按钮，即可打开 VBA 编辑器。

(2) 使用快捷键。

按【Alt+F11】组合键也可打开 VBA 编辑器。

2. 操作界面

VBE（Visual Basic Editor 的简称）是指 PowerPoint 以及其他 Office 组件中集成的 VBA 代码编辑器，是查看、编辑、调试 VBA 程序的重要工具。

进入 VBE 后，首先看到的就是 VBE 的主窗口，主窗口通常由【工程资源管理器】、【代码窗口】、【菜单栏】和【工具栏】组成，如下图所示。

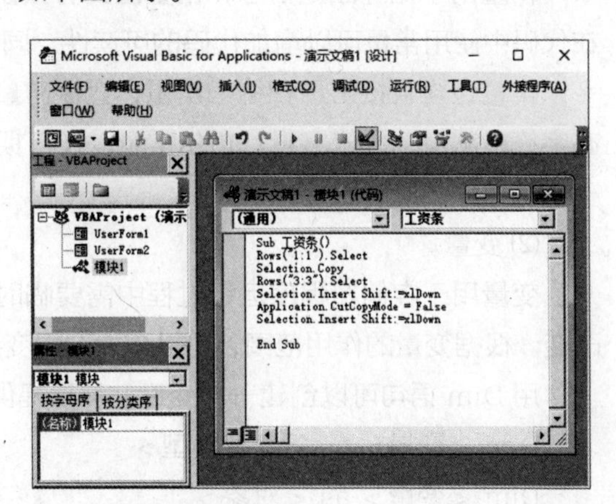

(1) 菜单栏。

VBE 的【菜单栏】中包含了 VBA 的各种组件命令。

(2) 工具栏。

默认情况下，工具栏位于菜单栏的下方，显示各种快捷操作工具。

(3) 工程资源管理器。

在工程资源管理器窗口中可以看到所有打开的演示文稿和已加载宏。工程资源管理器窗口以树形结构显示当前 PowerPoint 应用程序中的所有模块。

属性窗口可以列出选取对象的属性，在设计时可以修改这些对象的属性值。

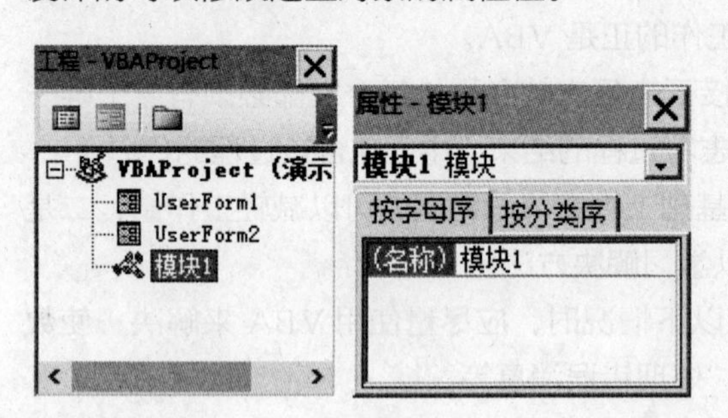

(4) 代码窗口。

【代码窗口】由对象列表框、过程列表框、代码编辑区、过程分隔线和视图按钮几部分组成。

24.2.3 VBA 应用基础

在学习 VBA 编程之前，读者应该熟悉 VBA 编程的一些基础知识，下面介绍一下 VBA 编程中的一些基本概念。

1. 常量与变量

在 Visual Basic 中对数据的操作离不开常量和变量。

(1) 常量。

常量用于储存固定信息，常量值具有只读特性，在程序运行期间，其值不能发生改变。在代码中使用常量可以增加代码的可读性，同时也可以使代码的维护升级更加容易。

常量包含直接常量和符号常量，直接常量实际上就是所赋的值为基本类型的常量，主要有字符串常量、数值常量、布尔常量以及日期常量等。符号常量是指通过定义用符号来表示一个常量。

(2) 变量。

变量用于存储在程序运行过程中需要临时保存的值或对象，在程序运行过程中其值可以改变。根据变量的作用范围，可以分为全局变量、模块 / 窗体变量和局部变量等 3 种。

用 Dim 语句可以创建一个变量，然后提供变量名和数据类型，如下所示。

Dim <变量> as <数据类型>

Dim <变量> as <对象>

但是，在 VBA 中并不是所有的数据类型都有对应的类型声明字符，在代码中可以使用的类型声明字符如下表所示。

数据类型	类型声明字符
Integer	%
Long	&
Single	!
Double	#
Currency	@
String	$

2. 运算符与表达式

运算符是代表 VBA 中某种运算功能的符号。常用的运算符有以下几种。

⑴ 连接运算符：用来合并字符串的运算符，包括 & 运算符和 + 运算符两种。

⑵ 算术运算符：用来进行数学计算的运算符。

⑶ 逻辑运算符：用来执行逻辑运算的运算符。

⑷ 比较运算符：用来进行比较的运算符。

如果在一个表达式中包含多种运算符，首先处理算术运算符，再处理比较运算符，最后处理逻辑运算符，字符串运算符不是算术运算符，但其优先顺序在所有算术运算符之后，在所有比较运算符之前。所有比较运算符的优先级顺序都相同，按它们出现的顺序依次从左到右处理。算术运算符和逻辑运算符的优先级顺序如下表所示。

算术运算符	比较运算符	逻辑运算符
指数运算（^）	相等（=）	Not
负数（–）	不等（<>）	And
乘法（*）和除法（/）	小于（<）	Or
整数除法（\）	大于（>）	Xor
求模运算（Mod）	小于等于（<=）	Eqv
加法（+）和减法（–）	大于等于（>=）	Lmp
字符串链接(&)	Liks、Ls	

表达式是由数字、运算符、数字分组符号（括号）、自由变量和约束变量等组成的。如“25+6”“26*5/6”“（21+23）*5”“x>=2”“A&B”等均为表达式。

表达式的优先级由高到低分别为：括号 > 函数 > 乘方 > 乘、除 > 加、减 > 字符连接运算符 > 关系运算符 > 逻辑运算符。

3. 数据类型

数据类型用来决定变量或者常量可以使用何种数据。VBA 中的数据类型包括 Byte、Boolean、Integer、Long、Currency、Decimal、Single、Double、String、Object、Variant（默认数据类型）和用户自定义类型等。不同的数据类型所需要的存储空间不同，取值范围也不相同。

数据类型	存储空间大小	范围
Byte	1 个字节	0 到 255
Boolean	2 个字节	Ture 或 False
Integer	2 个字节	– 32768 到 32767
Long（长整型）	4 个字节	– 2147483648 到 2147483647
Single（单精度浮点型）	4 个字节	负值：– 3.402823E38 到 – 1.401298E– 45 正值：1.401298E– 45 到 3.402823E38
Double（双精度浮点型）	8 个字节	负值：– 1.79769313486232E308 到 –4.94065645841247E– 324 正值：1.79769313486232E308 到 4.94065645841247E– 324
Currency	8 个字节	–922337203685477.5808 到 922337203685477.5807
Decimal	14 个字节	±79228162514264337593543950335(不带小数点) 或 ±7.9228162514264337593543950335(带 28 位小数点)
Date	8 个字节	100 年 1 月 1 日到 9999 年 12 月 31 日
String（定长）	字符串长度	1 到 65400
String（变长）	10 字节加字符串长度	0 到 20 亿
Object	4 个字节	任何 Object 引用
Variant（数字）	16 个字节	任何数字值，最大可达 Double 的范围
Variant（字符）	22 个字节加字符串长度	与变长 String 范围相同
用户自定义	所有元素所需数目	与本身的数据类型的范围相同

4. 过程

过程是可以执行的语句序列单位，所有可执行的代码必须包含在某个过程中，任何过程都不能嵌套在其他过程中。VBA 有以下三种过程：Sub 过程、Function 过程和 Property 过程。

Sub 过程执行指定的操作，但不返回运行结果，以关键字 Sub 开头和关键字 End Sub 结束。可以通过录制宏生成 Sub 过程，或者在 VBA 编辑器窗口中直接编写代码。

Function 过程执行指定的操作，可以返回代码的运行结果，以关键字 Function 开头和关键字 End Function 结束。Function 过程可以在其他过程中被调用。

Property 过程用于设定和获取自定义对象属性的值，或者设置对另一个对象的引用。

5. 语句结构

VBA 的语句结构和其他大多数编程语言相同或相似，下面介绍几种最基本的语句结构。

(1) 条件语句。

程序代码经常用到条件判断，并且根据判断结果执行不同的代码。在 VBA 中有 If…Then…Else 和 Select Case 两种条件语句。

(2) 循环语句。

在程序中多次重复执行的某段代码就可以使用循环语句，在 VBA 中有多种循环语句，如 For…Next 循环、Do…Loop 循环和 While…Wend 循环。

如下代码中使用 For…Next 循环实现 1 到 10 的累加功能。

```
Sub ForNext Demo()
Dim i A s Integer,iSum As Integer
iSum=0
For i=1 To 10
iSum=iSum+i
Next
Msgbox iSum,,"For…Next 循环"
End Sub
```

(3) With 语句。

With 语句可以针对某个指定对象执行一系列的语句。使用 With 语句不仅可以简化程序代码，而且可以提高代码的运行效率。With…End With 结构中以“.”开头的语句相当于引用了 With 语句中指定的对象，在 With…End With 结构中无法使用代码修改 With 语句所指定的对象，即不能使用 With 语句来设置多个不同的对象。

6. 常见语句

(1) 赋值语句。

赋值语句很可能是 Visual Basic 中使用最多的一个语句。赋值语句将一个表达式赋给一个对象或者变量。表达式可以是另外一个变量或者对象，也可以是一个常量，如字符串“Christopher”或者数字“4.5”。赋值语句格式如下所示。

```
<对象或变量> = <表达式>
```

(2) Dim 语句。

编程时，经常需要有地方来存放数值，就像在工作单位中存放数据一样，我们把这个“地方”叫作变量。

用 Dim 语句可以创建一个变量，然后提供变量名和数据类型，如下所示。

```
Dim <变量> as <数据类型>
Dim <变量> as <对象>
```

(3) Set 语句。

因为对象变量不同于一般的变量，所以在对象变量给对象变量赋值时需要使用 Set 语句。方法如下。

```
Set <变量> = <对象>
```

也可以使用 Set 语句创建对象的实例。创建对象实例的格式如下。

```
Set <对象> =NEW <对象类型>
```

(4) Sub 语句。

Sub 语句用来定义称作子程序的程序单元。像宏一样，子程序用来存放经常使用的一组语句。

```
Sub <子程序名> <可选的参数表>
<语句>
End Sub
```

调用子程序时，只要键入程序名，后跟用逗号隔开的表达式即可。表达式中包含子程序中定义的参数，格式如下。

```
<子程序名><可选的表达式>
```

(5) Function 语句。

Function 语句是一种特殊的子程序，它有返回值，其格式如下。

```
Function <函数名><可选的参数><类型>
<语句>
End Function
```

(6) If 语句。

If 语句也很重要，因为它可以测试一个条件或者一系列条件，共有三种形式。以下语句的作用是如果条件为真，那么 If 语句和 End If 语句之间的语句被执行。

```
If <条件> Then
<如果条件为真执行的语句>
End If
```

If 语句在条件为假时，也能执行一系列的语句。这些语句放在 Else 语句和 End If 语句之间，如下所示。

```
If <条件> Then
<条件为真时执行的语句>
Else
<条件为假时执行的语句>
End If
```

下面给出 If 语句的最后一种形式。这种形式的 If 语句，包含了很多 Else If 语句。在前一个条件为假时，计算下一个条件，这时 Else 语句才开始工作。如果条件为真，Else If 后的语句就被执行。可以根据需要插入很多 Else If 语句。

```
If <条件> Then
<条件为真时执行的语句>
Else If <条件 x > Then
<条件 x 为真时执行的语句>
Else
<条件为假时执行的语句>
End If
```

如果要根据单个变量的值来执行不同的语句，可以考虑使用 Else 语句。

(7) For。

For 语句在重复多次执行相同语句的情况下很有用。在循环中，变量每执行一次就增加一个增量。下面是 For 语句的格式。

```
For <变量> = <开始值> To <终了值>
Next <变量>
```

(8) Rem 语句。

Rem 语句是程序中的注释语句。在 Rem 语句之后，可以在该行的余下部分键入任何说明语句。如果注释不止一行，在每行的开头都要加上 Rem 语句。注意，可以使用英文状态下的单引号代替 Rem 语句。以下两个语句的作用是相同的。

```
Rem This is a comment
 'This is a comment
```

在 VBA 代码中，注释语句会显示为绿色文本。Visual Basic 忽略 Rem 语句后面的注释语句。

(9) With 语句。

在 Word 宏中经常使用 With 语句来简化复杂对象的使用过程。Word 里的对象都有多个属性，通过 With 语句，在使用对象的属性和方法时，只要在其前面加一个点号（.）即可避免大量重复输入对象名称。下面是 With 语句的用法。

```
With <对象>
<语句>
End With
```

7. 程序控制结构

在程序设计过程中，程序控制结构具有非常重要的作用，程序中各种逻辑和业务功能都要依靠程序控制结构来实现。

(1) 顺序结构。

顺序结构是指程序按照语句出现的先后次序执行。可以把顺序结构想象成一个没有分支的管道，把数据想象成水流，数据从入口进入后，依次执行每一条语句直到结束。

(2) 选择结构。

选择结构是指通过对给定的条件进行判断，然后根据判断结果执行不同任务的一种程序结构。

(3) 循环结构。

当程序需要重复执行一些任务时，就可以考虑采用循环结构。循环结构包括计数循环结构、条件循环结构和嵌套循环三种。

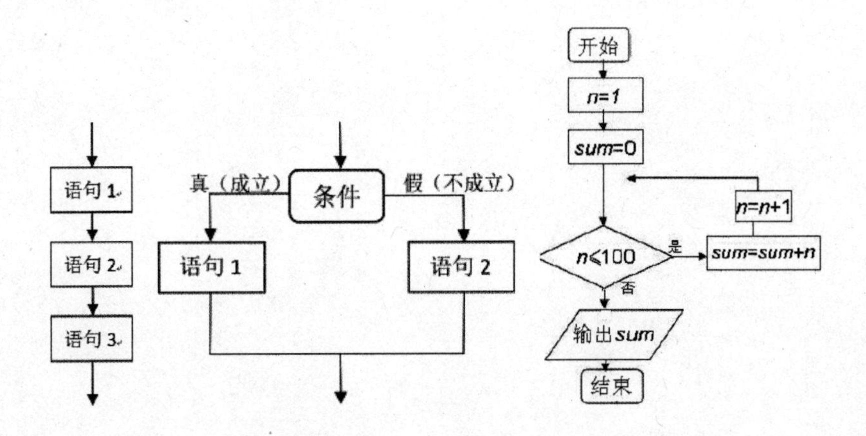

高手私房菜

本节视频教学录像：1 分钟

技巧：宏的安全性设置

合理设置宏的安全性，可以帮助用户有效降低使用宏的安全风险。

❶ 单击【开发工具】选项卡下【代码】组中的【宏安全性】按钮。

❷ 弹出【信任中心】对话框，单击选中【禁用所有宏，并发出通知】单选项，单击【确定】按钮即可。

提示 设置宏的安全性后，在打开包含代码的文件时，将弹出【安全警告】消息栏，如果用户信任该文件的来源，可以单击【安全警告】信息栏中的【启用内容】按钮，【安全警告】信息栏将自动关闭。此时，被禁用的宏将会被启用。